Christopher Dell
Die improvisierende Organisation

Sozialtheorie

Christopher Dell ist Theoretiker, Musiker und Komponist. Er lehrte Architekturtheorie u.a. an der Universität der Künste, Berlin und der Architectural Association, London und war Gastprofessor für Stadttheorie an der HCU Hamburg und der TU München. Sein Forschungsinteresse gilt Praxen und Organisationsverläufen der zeitgenössischen Stadt. Dell ist Gründer und Leiter des ifit, Institut für Improvisationstechnologie, Berlin.

Christopher Dell

Die improvisierende Organisation

Management nach dem Ende der Planbarkeit

[transcript]

Bibliografische Information der Deutschen Nationalbibliothek
Die Deutsche Nationalbibliothek verzeichnet diese Publikation in der Deutschen Nationalbibliografie; detaillierte bibliografische Daten sind im Internet über http://dnb.d-nb.de abrufbar.

Umschlagkonzept: Kordula Röckenhaus, Bielefeld
Umschlagabbildung: dima_gerasimov / photocase.com
Satz: Katharina Lang, Bielefeld
Druck: Majuskel Medienproduktion GmbH, Wetzlar
ISBN 978-3-8376-2259-1

Gedruckt auf alterungsbeständigem Papier mit chlorfrei gebleichtem Zellstoff.
Besuchen Sie uns im Internet: *http://www.transcript-verlag.de*
Bitte fordern Sie unser Gesamtverzeichnis und andere Broschüren an unter: *info@transcript-verlag.de*

Inhalt

»The idea of improvisation is important for organizational theory because it gathers together compactly and vividly a set of explanations suggesting that to understand organization is to understand organizing or, as Whitehead put it, understand ›being‹ as ›becoming‹«. Karl Weick[1]

1 | Weick 2001b, S. 297.

1. Einführung

Organisationaler Wandel, Performanz und Improvisation

In den vergangenen Jahrzehnten haben sich die Perspektiven im Komplex der Organisationstheorie verschoben. Unter anderem auf der Basis des »organisationalen Lernens« wurde ein »Prozeß der Erhöhung und Veränderung der organisationalen Wert- und Wissensbasis, die Verbesserung der Problemlösungs- und Handlungskompetenz sowie die Veränderung des gemeinsamen Bezugsrahmens von und für Mitglieder innerhalb der Organisation« in Gang gesetzt.[1] Damit änderte sich auch die Organisation von Organisation. Organisation ist nicht mehr nur als Planung und Ausbildung von Routinen, sondern vor allem als organisatorischer Wandlungsprozess zu verstehen. Innerhalb dieses Komplexes emergiert in der neuesten Zeit ein Untersuchungsfeld, das die Improvisation als eine Kompetenz des konstruktiven Umgangs mit dem Unbestimmten stärker in den Blick nimmt. »Organizational Improvisation is one of the more recent theoretical developments, and one which is only now beginning to capture the imagination of organization theorists« konstatieren Kamoche, Cunha und Cunha.[2] Der Wirtschaftswissenschaftler Müller beschreibt in diesem Zusammenhang Improvisation »als informationsverarbeitendes, gestaltungs- und auch zukunftsorientiertes Problemlösungsverhalten [...], bei dem die Realisierung der Problemlösungsmaßnahme ohne eine vollständige Reflexion von Alternativen und deren Konsequenzen beginnt und die Zwischenergebnisse der Realisierung durch simultane Rückkopplung in der weiteren Problemlösung berücksichtigt werden.«[3] Dies hat einen Paradigmenwechsel in der Organisationstheorie zur Folge: Denn in ihr wurde herkömmlicherweise »Planung als langfristig der Improvisation überlegene und erstrebenswerte Form der Problemlösung definiert, während die Improvisation eine untergeordnete Rolle spielt. Aufgrund von Planungsgrenzen wird in den Unternehmen in einem

1 | Probst und Büchel 1994, S. 17.

2 | Kamoche et al. 2002a, S. 1.

3 | Müller 2007.

Maße improvisiert, welches über dem der theoretischen Darstellungen liegt.«[4] Wie demgegenüber eine Theorie der Organisation aussehen könnte, die mit Improvisation nicht nur im untergeordneten Modus passiv auf die Anforderungen sogenannter Flexibilisierung reagiert, sondern die Fragestellung organisationaler Transformation in komplexen, von Unbestimmtheiten vollen Situationen aktiv auf die nächste Ebene der improvisierenden Organisation bringt, soll im Folgenden dargestellt werden.

Ziel der vorliegenden Arbeit ist es, vor dem Hintergrund organisationstheoretischer Veränderungen, Aspekte einer Neukonzeption der Organisation im Hinblick auf die Integration des Konzepts der Improvisation darzulegen. Die folgende Gliederung wird dabei angestrebt: Zu Beginn entfalten sich Überlegungen zur Organisationstheorie im Kontext der Performanz und des Performativitätsbegriffs, anhand derer sich eine ontologische Neubestimmung der Organisation weg vom Behälterbegriff, hin zur performativen Produziertheit derselben abzuzeichnen beginnt. Die Frage nach der Performanz wird dann noch einmal in zwei unterschiedlichen Kontexten näher thematisiert: Zum einen mit Jean-François Lyotard, Karl Deutsch und David Easton in Bezug auf die performanztheoretischen Hintergründe der Kybernetik und der Systemtheorie, einer Theorie, die vor allem auf die strukturellen Bedingungen von Performanz rekurriert. Zum anderen wird mit Judith Butler die Möglichkeit einer Fokussierung der Akteure und deren Agency (Handlungswirksamkeit) in den Blick genommen.

Anschließend werden aktuelle Organisationskonzeptionen im Hinblick auf das Prinzip der Improvisation analysiert. Im siebten Teil entfalten sich größer angelegte theoretische Blöcke als diskursanalytische Folien, die dazu dienen sollen, das Prinzip der Improvisation aus unterschiedlichen Perspektiven zu fundieren. Im ersten Abschnitt dieses Teils sollen unter Bezugnahme auf Anthony Giddens, Ernesto Laclau/Chantal Mouffe, Margaret Archer und Bruno Latour unterschiedliche Konzeptionen der *Structure-Agency*-Debatte vorgestellt werden, die in ihrer Fragestellung unterschiedliche Implikationen im Feld der Improvisation aufweisen. Im zweiten Abschnitt des siebten Teils wird der Versuch unternommen, Improvisationstechnologie als Subjektivierungsprozess und kritische Ontologie zu definieren. Dies geschieht unter Bezugnahme auf die von Michel Foucault eingeführten Technologien des Selbst und den Ritornellgedanken von Gilles Deleuze. Einer solchen Konzeption liegt ein bestimmter ökologischer Gedanke zugrunde, der vor allem auf die relationale Verschaltung des Bestehenden abhebt, und den Gregory Bateson in der Verknüpfung mit Metalernen überzeugend dargestellt hat. Den von Karl Weick vorgeschlagenen Prozess des Organisierens als Redesign aufnehmend, wird im Abschluss dieses Teils eine Matrix des organisationalen Improvisierens erstellt. Der letzte Teil

4 | Ebda.

bietet einen Ausblick auf Perspektiven der Organisationstheorie im Konnex der Improvisation.

VON DER PERFORMANZ ZUR IMPROVISATIONSTECHNOLOGIE

Organisationsformen der Arbeit befinden sich aktuell in einer radikalen Transformation. Das Bild der Organisation, das durch klare Abgrenzung zwischen Unternehmen und sozialen Systemen, zwischen Erwerbsarbeit und Lebenswelt gekennzeichnet war, beginnt zu erodieren. Dynamik des Wandels und des Wettbewerbs lösen in der »flüchtigen Moderne«[5] die stabile und langfristige Ausrichtung der Organisationen ab. Hinter diesen Transformationen steht die Verschiebung vom fordistischen hin zum postfordistischen Produktionsmodell.[6] Performanz des Einzelnen, indirekte Steuerung sowie neue Arbeits- und Produktionsformen sorgen für eine Umorientierung sowohl des Organisierens als auch der Wandlung ihrer Form. An die Stelle dauerhafter Arbeitsverhältnisse treten vermehrt flexible, kurzfristige und kleinteilige Organisationsformen. Dem Wirtschaftswissenschaftler Ivan Samson zufolge sind die meisten Unternehmen in Frankreich heute eher dem organisationalen Bereich der Kleingruppe zuzuordnen: »La grande majorité des unités restent des petites entreprises: près d'une entreprise sur deux n'a pas de salariés et 90 % en emploient moins de 10.«[7] Boltanski/Chiapello haben in ihrer Studie *Der neue Geist des Kapitalismus* das »Projekt« als vorherrschende Organisationsform ausgemacht.[8] Projektarbeit wird hier beschrieben als Arbeit, die vor allem »transorganisational« organisiert ist: Sie konzentriert sich weniger an festen und geschlossenen Orten, sondern ist örtlich und zeitlich fragmentiert. Gleichzeitig entsteht die Form des Projekts als Grenzen definierende Konstante in einer in Diffusion begriffenen Arbeitswelt: »Die projektbasierte Polis erweist sich ... als ein System aus Zwängen und Vorgaben, die einer vernetzten Welt Schranken setzen.«[9] Diese Tendenzen führen bei gleichzeitiger Konzentration auf die Performanz der Organisation vielfach zu einem veränderten Verhältnis von Produktions- und Lebenszeit. Pongartz und Voß konstatieren den Abbau der Grenze zwischen Arbeit und Privatleben: »Im Rahmen einer Verbetrieblichung von Lebensführung wird potentiell der gesamte Lebenszusammenhang der Arbeitskraft für die betriebliche Nutzung zugänglich gemacht.«[10]

5 | Bauman 2003.

6 | Weiskopf und Loacker 2006.

7 | Samson 2003, S. 6.

8 | Boltanski und Chiapello 2003, S. 152.

9 | A.a.O., S. 120.

10 | Voß und Pongratz 1998, S. 7.

Gleichzeitig wandelt sich das Verständnis von Organisationen überhaupt: Wurden *Organisationen* traditionell als abgegrenzte, identifizierbare Formen und im Gegensatz dazu *soziale Systeme* als mehr oder weniger offen strukturierte Ensembles verstanden, so beginnen die Grenzen immer mehr zu verschwimmen. Organisationen wandeln sich (in der transorganisationalen Auflösung) zunehmend in soziale Systeme, während soziale Systeme (wie z.B. Städte oder Universitäten) verstärkt zu Unternehmen mutieren. Im Zuge dieses Wandels wird Regieren im Umkehrschluss zum Management jener gesellschaftlicher Interdependenz, deren Leitmotiv lautet: »To manage is not to control.«[11], während *Governance* parallel dazu als »zielgerichtete Steuerung problematischer gesellschaftlicher Beziehungen [...] und Konfliktlagen mittels verlässlicher und dauerhafter Regelungen und Institutionen statt durch unvermittelte Macht- und Gewaltanwendung«[12] sich definieren lässt. Mit der zunehmenden Unschärfe organisationaler Grenzen fällt auch die Bestimmung von Organisation als Substanz oder Behälterform. Es emergiert ein Verständnis, das organisationale Form als Matrix oder Metaform von Relationen, die sich im Werden befinden, interpretiert. Organisation ist nicht mehr linear-sequenziell, sondern als durch relationale Praxis (= Improvisation) in iterativem Umgang mit Interaktionen performativ produziert zu denken. In diesem Sinne definiert Weick Organisationen als »ein Aneinanderreihen und Verknüpfen von Interaktionsprozessen, ein Zusammenspiel von unterschiedlichen Prozessen, aus denen schließlich habitualisierte Routinen und Netzwerke von Handlungen hervorgehen.«[13]

Hiermit annonciert sich eine spezifische Fragestellung der Definition von Organisation, die jedoch – so Weick – noch nicht den Weg in allzu viele Organisationstheorien gefunden hat.[14] Wie sich Improvisation auf Funktion, Struktur und Form der Organisation auswirkt und welche Neukonzeption von Organisation damit einhergeht, ist demnach noch ebenso wenig erschöpfend diskutiert, wie die Frage danach, wie die Verflüssigung von Organisationsformen auf Strukturationen (s. Kapitel 7.1.) aus dem Feld der improvisierenden Akteure reagiert. D.h. je mehr Organisationen beginnen, ihre Grenzen zu verlieren, desto mehr werden sie nach Bell und Staw zu schwachen Situationen (*Weak Situations*).[15] Schwache Situationen sind insofern »schwach«, dass sie nicht über uniformelle Codierung verfügen und somit keine uniformen Erwartungen an das Verhalten der Organisationsmitglieder stellen. Traditionell jedoch generieren Organisationen »starke Situationen«. Man könnte sagen, hierin sowie in der damit verbundenen Kontrolle der Arbeitsplatzsicherheit und Zentralisierung von

11 | Mayntz 1996, S. 156.

12 | Zürn 1998, S. 91.

13 | Weick 2001a, S. 123.

14 | Ebda.

15 | Bell und Staw 1989.

Information, liegt ihr genetischer Code und ihre Berechtigung. Mit der Auflösung der Formen und der Zunahme schwacher Situationen geraten die Akteure in den Blick und zwar deshalb, weil jede Form des konstruktiven Umgangs mit Unsicherheit oder Unordnung kleine und unmerkliche Lernprozesse auslöst, die wiederum Strukturen in weichere Situationen bringen: »[...] the stable collective improvisation of local evolution are sources of structure when situations weaken and work experience becomes fragmented.«[16] In diesem Zusammenhang kommt es nun weniger darauf an, ob das Design des Organisierens aus individueller oder aus kollektiver Handlung hervorgeht; wichtiger ist, dass die Mikrostärke die Makroschwäche formt. Das Konstatieren dieser Umkehrung meint jedoch weder eine radikale Autonomie des Individuums noch das Herbeiwünschen traditionell-teleologischer Planungsmodi. Vielmehr geht es um eine Bestandsaufnahme dessen, was sich im Moment, in all seinen Widersprüchen und Unsicherheiten, als Verfahren eines anderen Organisierens in unterschiedlichsten Formen abspielt. Improvisation erweist sich in diesem Konnex mithin als grundlegende, handlungsbasierte Ressource arbeitender Subjekte, die sich Organisationsdesigns dergestalt bauen, dass sie aus den sich wandelnden Arbeitsbedingungen Sinn generieren können.

Weick weist darauf hin, dass nicht nur Organisationen, sondern auch Akteure sich in ihrem Selbstverständnis und in ihren Arbeitsformen wandeln. »A crucial shift in traditional careers is the disappearance of external guidelines sequences of work experience, such as advancement in hierarchy. In their place we find more reliance on internal, self-generated guides such as growth, learning and integration.«[17] Während die Grenzen von Organisationen sich verflüssigen, performieren die organisationalen Akteure auf subtile Art und Weise diese Diffusionen. Das impliziert, dass sich die Kontrolle des Organisierens hin zu kleinteiligen Formen der Interaktion in Kleingruppen verschiebt, die sich wiederum zu größeren Verbänden diagrammatisch zusammenschalten können. Mit ihren Akteuren werden auch Makroorganisationsformen durchlässiger und flüssiger. Als neue Arbeitsformen entstehen Muster kollektiver Experimente, Projekte, Halbtags- oder Kurzzeitjobs sowie retrospektive und rekursive Improvisationsweisen.[18] Weick insistiert darauf, dass die Tatsache, dass diese Organisationsweisen kleinteilig sind, nicht bedeutet, dass sie im organisationalen Sinn trivial seien. Im Gegenteil: »precisely because they are patterns in a world of fragments, they can influence the expectations that distal stakeholders use when they define what constitutes work.«[19] Anders ist also auch, dass a) Arbeitserfahrung sich mehr und mehr von spezifischen, formal geschlossenen Organisatio-

16 | Weick 2001c, S. 211.

17 | Weick 2001c, S. 207.

18 | Gioia 1988.

19 | Weick 2001c, S. 208.

nen löst, b) Arbeitserfahrung selbst zur Organisationsweise wird und c) Arbeitserfahrung beginnt, sich als Verschaltung von Projekten und Akteuren selbst zu organisieren. Damit wird Arbeitserfahrung pro- bzw. enaktiv und stützt sich zunehmend auf Improvisation.[20]

Improvisatorische Lebensverläufe und lebenslanges Lernen verdrängen Karriereplanung, Normalbiografie und Senioritätsprinzip. An dieser Stelle lässt sich ein Konnex zu jenem Subjektverständnis ziehen, das Michel Foucault und Gilles Deleuze als »Prozess der Subjektivierung« bezeichnet haben. Das Subjekt bestimmt sich aus dieser Perspektive nicht als festgeschriebener identitätsbezogener Zustand, sondern als Subjektivierungsprozess, der sich an den Matrizes und in Schichten der eigenen Gründung abarbeitet: »Ich bin nicht mehr ich, sondern eine Fähigkeit des Denkens, sich zu sehen und sich quer zu einer Ebene zu entwickeln, die mich an mehreren Stellen durchquert [...].«[21] Subjektivierung verweist dabei sowohl auf gesellschaftliche Disziplinierungs- und Kontrollpraktiken wie auf die Performativität von Macht und auf die »Technologien des Selbst«, die es Individuen ermöglichen, die Gestaltung ihrer Subjektivität selbst »in die Hand« zu nehmen. Foucault spricht von einem Prozess, »durch den man die Konstitution eines Subjekts, genauer, einer Subjektivität erwirkt, die offensichtlich nur eine der gegebenen Möglichkeiten zur Organisation des Selbstbewusstsein ist.«[22] Das Konzept der Improvisation unterstellt in diesem Kontext, dass Individuen als Agenten ihrer »Sache« wirken, nicht jedoch, dass sie unabhängig sind und alles unter Kontrolle haben. Um zu lernen, organisieren sich die Improvisatoren in einem kontinuierlichen Mix aus Handlungswirksamkeit und Verschaltung in wie auch immer kleinteiligen Verbünden, »Communities of practise«[23], »Impro-Combos«[24], die sich meist durch Heterarchien auszeichnen, d.h. das sessionsartige Taking-turn (Abwechseln) des Leitens jeweilig solierender Interakteure. Insofern impliziert die Rede von der Improvisationstechnologie eine Revision des Improvisationsbegriffs selbst. Nicht mehr rekurriert Improvisation auf rein intuitives spontanes Handeln sondern erweist sich, unter Einbezug der reflexiven Urteilskraft, als eine Form performativer Praktik, die um sich weiß. Als Logie bildet Improvisationstechnologie eine Theorie des praktischen Feldes aus, mithin das theoretische Konzept *techne* des Selbst zu denken und auszuführen. Als Teil dieser Theoriebildung begreift sich vorliegende Arbeit.

Für die Konzeptionierung der Technologie der Improvisation als Verfahren der Produktion von Organisationsformen gilt erstens die Foucault'sche Annah-

20 | Ebda.

21 | Deleuze und Guattari 1996, S. 73.

22 | Foucault 2007, S. 251.

23 | Wenger 2006.

24 | Dell 2011c.

me, dass Subjektivität und mithin die lernende, transformierende Vergemeinschaftung von Subjektivität als situativ innerhalb gesellschaftlicher Dispositive[25] performativ produziert verstanden wird. Daraus folgernd werden zweitens Organisationen nicht mehr als neutrale »Behälter« verstanden, die immer schon irgendwie gegeben, strukturiert oder geplant sind und in denen Organisierende handeln. Vielmehr ist Organisation konzipiert als relationaler Prozess, der aus der Praktik des Verschaltens heterogener materialer, sozialer und affizierender bzw. affektiver Ressourcen hervorgeht.[26] Die Tradition verstand Organisation als Bewegung aus Form. Hier jedoch produziert der Prozess des Organisierens die Form aus Bewegung. Cooper und Law sprechen von einem »seamless web of interconnecting yet heterogeneous actions.«[27] Nach dieser Konzeption sind Organisation und Planung nicht länger gegen Improvisation oder Kreation auszuspielen, stehen Performativität und Reflexivität nicht mehr gegen Emergenz und Performanz, sondern bedingen einander in einem transformatorisch-konvergierenden Wechselspiel. Die Organisation erweist sich selbst als performativ-produktiver Prozess interpretiert, der immer neue Optionen oder topologische Nachbarschaftsordnungen (s. Kapitel 7.8.) verschaltet. Organisation gilt nicht mehr als abgeschlossene A-priori-Objektform, sondern als situativ zu erzeugende Form, die sich selbst so zu rahmen hat, dass sie als Organisation relational und diagrammatisch »jede Form [der] Verbindung von Kräfteverhältnissen«[28] eingehen kann.

Wenn wir sagen, Organisationen sind nicht mehr als Container oder Objekte, sondern als *enacted* oder aus einer Handlung emergierend zu denken, so fordert dies, in Übertragung der Performanztheorie auf Organisation mit Weick und Chia Organisationen eine »Ontologie des Werdens«[29] zugrunde zu legen. Tsoukas und Chia sprechen von Organisation als »an attempt to order the intrinsic flux of human action, to channel it toward certain ends, to give it a par-

---

25 | Der Begriff »Dispositiv« ist hier im Sinne von Foucault zu verstehen. Foucault hat die Deutung des Dispositivs als Erweiterung seiner relationalen Analysen aufgefasst. Mit Diskursen hatte Foucault Felder benannt, die Aussagen nach bestimmten Regeln der Formation verknüpfen. Das Dispositiv hingegen ist eine Maßstabsebene höher zu verorten: Es beschreibt machtstrategische Relationen von Diskursen, Praktiken, Wissen und Macht. Dispositive lassen somit auch als Kräfte- bzw. Macht-/Wissensverhältnisse definieren.

26 | Vgl. Cooper und Law 1995, S. 259f. Organisationen können sowohl als diskrete bzw. begrenzte Entitäten verstanden werden (distal) wie auch als kontinuierliche und unordentliche Prozesse (proximal). Letztere Perspektive erschließt sich vor allem in Bezugnahme auf Bruno Latours Actor-Network-Theorie. Vgl. auch Kornberger et al. 2006.

27 | Cooper und Law 1995, S. 246.

28 | Deleuze und Kocyba 1987, S. 175.

29 | Weick 2001c; Chia 1996.

ticular shape, through generalizing and institutionalizing particular meanings and rules.«[30] Performanz und deren konflikthafte und heterogene Bedingungen werden aus dieser Sicht als für die organisationale Struktur, Form und Funktion konstituierend erachtet.[31] Das heißt: Wenn Organisation performativ, also durch Handeln oder auch Enactment (Weick) in die Welt kommend gedacht wird, sind besonders die heterogenen Organisationspraktiken in ihrer kontextspezifischen Situiertheit und ihren formerzeugenden Prinzipien interessant. Als ein solches Prinzip identifizieren wir Improvisation.

Wenn wir von einer performativen Produziertheit von Organisationen ausgehen, so begründet sich die Basis unserer Untersuchung mit dem Begriff der Performanz und dessen möglichem strategischen Einsatz als Technologie der Improvisation. Daher ist der Begriff der Performanz zu klären und in den Kontext des Organisationalen zu stellen. Um in diesem Zusammenhang zu zeigen, wie *Subjektivitätskonstitution* der in Organisationen kooperierenden *Akteure* Organisationen gegenwärtig mitproduziert und -formt (und dadurch die Konditionen und konzeptionellen Voraussetzungen für eine Technologie der Improvisation darzulegen), ist die Untersuchung des Performanzparadigmas unerlässlich. Dabei wird sichtbar, dass der Begriff etymologisch mit unterschiedlichen Inhalten konnotiert ist: »performance« kann im Englischen wie Französischen sowohl »Ausführung« als auch »Darstellung« oder »Leistung« bedeuten.

Diese begriffliche Unschärfe hat zu einer breiten semantischen Diffusion der Rede von der Performanz geführt; ihr Deutungshorizont umfasst heute eine schier unübersehbare Gemengelage an Interpretationen und Stoßrichtungen. »Die vielgestaltige Verwendbarkeit des Performanzbegriffs, ebenso wie seine Mehrdeutigkeit, haben maßgeblich zur akademischen Breitenwirkung des garstigen Wortes beigetragen. Auf die Frage, was der Begriff Performanz eigentlich bedeutet, geben Sprachphilosophen und Linguisten einerseits, Theaterwissenschaftler, Rezeptionsästhetiker, Ethnologen oder Medienwissenschaftler andererseits sehr verschiedene Antworten. Performanz kann sich ebenso auf das ernsthafte Ausführen von Sprechakten, das inszenierende Aufführen von theatralen oder rituellen Handlungen, das materiale Verkörpern von Botschaften im ›Akt des Schreibens‹ oder auf die Konstitution von Imaginationen im ›Akt des Lesens‹ beziehen.«[32] Umgekehrt jedoch lässt die Ubiquität der Verwendung des Begriffs die These zu, dass Performanz als ein möglicher Schlüssel zum Verständnis gegenwärtiger Gesellschaftsformation zu werten ist, und zwar einer Gesellschaftsformation, die den Regeln einer totalen Inszenierung des Subjekts folgt. Alain Ehrenberg beobachtet einen *Culte de la Performance* und eine Ge-

30 | Tsoukas und Chia 2002, S. 570.

31 | Vgl. Styhre und Sundgren 2005; Cooper 1990.

32 | Siehe ausführlich den Reader: Wirth 2002.

neralisierung der Konkurrenz in der imaginären Topografie der Gesellschaft. »Les mouvements sociaux semblent avoir fait place aux gagneurs, le comfort à la suractivité et les passions politiques aux charmes rudes de la concurrence. L'action individuelle devient partout la valeur de référence, y compris dans la consommation qui promet un rapport ›actif‹ aux objects, aux services ou aux loisirs.«[33] Die aktuelle Wirksamkeit von Kultur unterstreicht Performativität als die fundamentale Logik aktuellen sozialen Lebens. Dass inszeniert wird, heißt Performanz. Performanz agiert im Modus der Darstellung, aber auch im Modus der Organisation und Technologie. Ein erfolgreich abgeschlossenes Geschäft, eine profitbringende Aktie ist Performanz. Performanz ist Ort der Konvergenz von Information, Organisation und Kommunikation, sie ist Ort des Immateriellen. »Zu sein« wird »zu performen« und Performanz zur Sprache medialer Allgegenwart und Massenkultur. Ästhetisierende Politik zeigt sich ebenso als kulturelle Produktion wie das Spektakel als Moment, in dem das gesellschaftliche Leben einer vollständigen Kommodifikation entgegenstrebt – Performanz beginnt sich so im Feld zwischen Episteme und Ideologie zu entfalten.

Zwischen Episteme und Ideologie

Mit Performanz wäre somit ein Erfahrungsbereich einer bestimmten Epoche zu untersuchen, der Ausformungen, Ähnlichkeiten kultureller Praktiken und Wissen erzeugt. Foucault hat für eine solche Untersuchung den Begriff »Episteme« vorgeschlagen. Eine Episteme ist nach seiner Definition ein spezifischer epistemologischer Raum einer bestimmten Epoche, eine allgemeine Form des Denkens und der Theoriebildung, die bestimmend darauf einwirkt, wie wir »reflektieren, [...] um vielleicht sich bald wieder aufzulösen und zu vergehen«.[34] Die spezifische Transformation von Kultur wäre nach Foucault als Emergenz einer neuen Episteme zu verstehen, wobei mit Episteme in diesem Transformationsprozess ein »komplexes Verhältnis sukzessiver Verschiebungen beschrieben wird.«[35] Episteme, als Teil der Analyse spezifischer Diskurse, dienen dazu, unterschiedliche gesellschaftliche Transformationstypen herauszuarbeiten. Für Foucault geht es jedoch nicht um die Summe der Erkenntnisse einer Epoche, sondern um die Frage nach der Ausbildung historisch-variabler Strukturen, die die Bedingungen für Formen der Erkenntnis darstellen. Episteme, darauf weist wiederum Deleuze hin, stehen für eine Beschreibung, die gesellschaftliche

33 | Ehrenberg 1991, S. 13.

34 | Reif und Barthes 1973, S. 149.

35 | Foucault 2001, S. 863.

Erfahrung weder ideologisch noch repressiv, sondern in ihrer Positivität und Funktion darzustellen sucht.[36]

Gleichwohl wäre Performanz als Wissensformation auch unter ihrem ideologischen Wirkungsgrad zu untersuchen. In dem Band *La performance, une nouvelle idéologie?* bemerkt Daniel Marcelli: »l'ideologie de la performance représente une sorte d'avatar culturel et social, produit d'un système qui place l'individu au centre de sa hiérarchie de valeur. [...] La performance est un symptôme d'un conflit social dans lequel nous sommes plongeés. Elle surprend et par cette surprise désinge l'individu dans sa singularité autocréatrice.«[37] Und Bernard Stiegler führt in seiner Studie *Constituer l'Europe* überzeugend aus, wie sich im aktuellen gesellschaftlichen Raum eine »idéologie de la performance« herausgebildet hat, »conduisant elle même à l'organisation de la concurrence généralisée.«[38] Stiegler spricht im Anschluss an Marcelli, Ehrenberg und Marcuse von einer managerialen Technik, deren Ziel die totale Mobilisierung libidinöser Energien ist und die so versucht, gleichzeitig Konsum und Produktion zu optimieren. Die Folge ist eine zunehmende Verlagerung von Arbeit in die Subjekte hinein: Die Motivation der Konsumenten und Produzenten wird zum zentralen Ort der organisationalen Recherche von Psychoanalyse, Behaviorismus und Kybernetik.[39] Damit einher geht eine Kulturalisierung der Ökonomie: »le capitalisme, devenant ›culturel‹, c'est-à-dire hyperindustriel, multiplie les marchés des services – ce qui charactérise notre époque.«[40] Die Ideologie der Performanz steht für eine totale Quantifizierbarkeit der Wünsche und Begierden. Organisationstheorien über Behaviorismus und Kybernetik stellen seit Taylor Performanz als Ausgangspunkt eines – so Stiegler – militaristischen Managementmodells dar: Aus der Quantifikation der Arbeitsperformanz und deren psychologischen Implikationen konstituiert sich eine generelle Theorie, die Techniken der Motivation ausbildet und Konsumenten wie Produzenten unter dem Kalkül der Performanz zu steuern sucht. Den Performanzen kommt dabei die Funktion des Indikators für Motivation zu. »Avec la notion de performance qui combine et intègre les idées de transformation et de quantification, la quantification devient l'opérateur de toute transformation. Et la performance devient le mot d'ordre de l'économie concurrentielle parce qu'elle permet de mesurer la motivation d'un produteur, de même que la performance d'un produit mesure

36 | Deleuze 1996, S. 14. Eine Ausprägung dessen lässt sich in der heterogenen Geschichte performativen Widerstands emanzipatorischer oder minoritärer Bewegungen seit den 60er-Jahren ablesen.

37 | Marcelli 2004.

38 | Stiegler 2005, S. 15.

39 | A.a.O., S. 29.

40 | Ebda.

de la motivation qu'il capte, canalise ou suscite chez un acheteur.«[41] Für Stiegler zeigt sich im organisationalen Paradigma der Performanz, wie Praktik durch Nutzung ersetzt wird, wie sich Aktivität in Passivität wandelt. Performanz wird als Kult der Adaption identifiziert, der Anpassung und Kontrolle über alles stellt: »Dès lors que le modèle de la performance consiste à adopter en s'adaptant, c'est-à-dire à entropiser l'extension du système technique mondial, l'adoption est de plus en plus artificielle: l'usage, dont résultent l'usure et l'obsolescence généralisée où tout devient jetable, [...] a remplacé la pratique, et c'est dans ce contexte que s'epuise [...] un modèle de la performance qui conduit, comme culte de l'adaption, à transformer le singulier an particulier.«[42]

EXKURS: LERNENDE ORGANISATION, SYSTEMTHEORIE UND IMPROVISATION

Die Theorie der autopoietischen Sozialsysteme geht davon aus, dass im Kontext sozialer Systeme die Kommunikation selbst als Komponente gewertet wird. »Daraus resultiert die Auffassung, daß nicht Menschen kommunizieren, sondern nur Kommunikation kommuniziert.«[43] Organisation wird dann im Anschluss an Luhmann verstanden als operatives Netzwerk der Kommunikation von Entscheidungen.[44] In diesem Kontext deutet sich eine Wissenschaft an, die weniger interessiert ist an der Möglichkeit von Organisation als Produktionsmaschinerie, sondern mehr an deren Konzeption als soziales System. Das bedeutet nicht, dass es nicht mehr um die Produktion geht: Allein das Verfahren des Produzierens wird vermehrt im Hinblick auf seine kooperative Lernfähigkeit analysiert und dynamisiert. Dabei gerät auch die organisationale Aktivität des Kreierens gemeinsamer Wirklichkeiten in den Blick. Argyris und Schön konstatieren: »Organizational learning occurs when members of the organization act as learning agents for the organization, responding to changes in the internal and external environments of the organizational theory-in-use, and embedding the results of their inquiry in private images and shared maps of organizations.«[45] Organisationales Lernen ist in diesem Kontext als Aktivität zu interpretieren, die in Situationen stattfindet, in denen organisationale Akteure Fragen gegenüberstehen, die a) nicht auf der Basis von Routinen bewältigt werden können und b) auch Routinen der Organisation selbst zum Untersuchungsgegenstand machen. Kern dessen ist die Differenz von Erwartungs- und

41 | Stiegler 2005, S. 31.

42 | A.a.O., S. 99.

43 | Reinhardt 1995, S. 43.

44 | Luhmann 2000.

45 | Argyris und Schön 1978, S. 29.

Wirklichkeitshorizont. Reaktion darauf ist ein Prozess, bei dem Gedanken und Handlungen auf Transformation gerichtet werden.

Um Ergebnisse und Erwartungen wieder in Übereinstimmung zu bringen, ändern sich Vorstellung und Verständnis von Organisation und organisationaler Phänomene, die Ordnungsweisen organisationaler Aktivitäten sowie die handlungsleitende Theorie von Organisationen. Organisationales Lernen ist in diesem Zusammenhang so zu verstehen, dass sich die mentalen Modelle, die Menschen in Organisationen über Organisation haben, ändern. Diese Änderung zeigt sich nicht nur – und das ist entscheidend – in den Handlungen, sondern auch in den Symbolen über Organisation – Argyris und Schön sprechen von »Bildern der Organisation«[46] –, in »Artefakten«[47] wie Diagrammen, Speichern und Programmen, die sich im organisatorischen Feld anordnen. Aufgrund des Verschaltet-Seins von Handlung und Theorie wird organisationales Lernen von Argyris und Schön also als »theories-in-use«[48] verstanden, die »Konstruktion und Veränderung gemeinsamer Vorstellungen und Annahmen über die Wirklichkeit«[49] hervorrufen (im Gegensatz zu den »espoused theories«, die vor allem auf Deklaration beruhen): »By ›espoused theory‹ we mean the theory of action which is advanced to explain or justify a given pattern of activity. By ›theory-in-use‹ we mean the theory of action which is implicit in the performance of that pattern of activity.«[50] Als »Gebrauchstheorien« oder als »theories-in-use« werden »diejenigen Theorien definiert, aus welchen sich konkrete Handlungen ableiten lassen.«[51] Theories-in-use liegen jedoch nicht als Gegebenes vor, sondern müssen durch die Beobachtung der in Frage stehenden Handlungs-Patterns konstruiert werden. Somit zeigen sie sich als »das Resultat der Wechselbeziehungen zwischen individuell und kollektiv geteilten Erfahrungen.«[52]

Theories-in-use und deren Konzeptionen der Handlungsmuster haben jedoch heute zu berücksichtigen, dass organisationales Lernen nicht nur in sich selbst kontingent sein kann, sondern zunehmend auch in kontingenten Umwelten agiert. Kontingenz – die Unvorhersagbarkeit und Unordnung von Situationen – aktiv zu bespielen heißt aber: improvisieren. Oder anders gesagt: Improvisieren erweist sich als die Befähigung, mit einer begrenzten Anzahl einfacher Regeln und minimalen Strukturen eine große Anzahl Verhaltens-, Handlungs- oder Kommunikations- Varianten zu generieren. Wir können bei Impro-

46 | Argyris und Schön 1999.

47 | A.a.O., S. 31.

48 | Argyris und Schön 1996, S. 13.

49 | Probst und Büchel 1994, S. 23-24.

50 | Argyris und Schön 1996, S. 13.

51 | Probst und Büchel 1994, S. 23-24.

52 | A.a.O., S. 24.

visation von einem Modus bzw. Instrument sprechen, das Feedback ermöglicht und herausfordert. Improvisation generiert einen Prozess wechselseitiger Verursachung zwischen System und Umwelt oder zwischen System und einem anderen System in seiner Umwelt, der als dieser Prozess zustande kommt, weil beide beteiligten Partner mitspielen. Auf die Organisation bezogen bedeutet Improvisation dann: Routinen, Muster zur konstruktiven Abweichungsverstärkung zu etablieren, die sich auf Ressourcen und Abläufe in der Umwelt auf der einen und die Transformation eigener Verhaltensmodi auf der anderen Seite beziehen. Eine improvisierende Organisation versucht, in Anerkennung von Kontingenz die Situation so zu steuern, dass sie sich selbst steuert. Das setzt voraus, dass die Organisation in der Lage ist, strategisch zu lernen. Hierbei wird ein neues mentales Modell erzeugt: Die Organisation interpretiert sich selbst nicht als Objekt, sondern versteht und reflektiert sich als Vorgang. Das bedeutet eine bereits in den Begriffen »Operation« und »Selbstorganisation« mitgedachte temporale Dimension hervorzuheben. Organisation versteht sich dann als Ereignis, das sich durch die Produktion anschlussfähiger Ereignisse reproduziert. Improvisation wiederum stellt eine besondere Form des Ereignisses dar: Sie produziert irreversible Reversibilitäten. Dies ist etwas, was wir aus der Musik kennen: Zeit vergeht einerseits, andererseits wird sie zur Koordination dessen, was durch Zeit für uns an Realität gewinnt, in Anspruch genommen. Edmund Husserl definierte einen solchen Sachverhalt als »Retention.«[53] Er meinte damit Folgendes: Wenn wir z.B. eine Melodie hören, so folgen wir den Tönen zum einen punktuell, zum anderen erinnern wir uns an die Töne, die vorher erklungen sind und erwarten gleichzeitig Töne, ungeachtet dessen, ob wir etwas darüber wissen, wie und ob überhaupt diese klingen werden. So bilden wir Richtungen des Handelns aus, Ausrichtungen des sinnlichen Momentes. Daraus entsteht, gleich einem Spiel, ein Handlungsfluss, der *Flow*. Innerhalb dieses *Flow* gibt es Gelegenheiten für uns, in den Zusammenhang des Vorher und Nachher einzugreifen, die Initiative zum Handeln zu ergreifen.

Um ihre Reproduktion zu sichern, versucht Organisation strategisch, Zeitpunkte, Beteiligte und sachliche Anlässe zu steuern, in dem Wissen, dass dies nie vollständig gelingen kann. Eine improvisierende Organisation organisiert ihre eigene Lernfähigkeit; sie trainiert die stabile Bewegung im Unstabilen – oder anders: Sie generiert Routinen, mit denen sie einerseits auf Variationen in der Umwelt reagiert und andererseits selbst Variationen provoziert. Lernen geht dann noch einen Schritt weiter: Es kann gelernt werden, wo man nicht gezwungen wird zu lernen, denn – Lernen aus Notwendigkeit weiß darum, dass Lernen ohne Kontingenz nicht möglich ist. Improvisation geht über reine Flexibilität hinaus. Sie arbeitet sich an Mustern, minimalen Strukturen und trainiert

53 | Siehe u.a.: Husserl 1985, S. 190. William James nennt diesen Effekt *Collateral Contemporaenity*, der die reale Ordnung unserer Welt ausmacht. James 1950, S. 635.

Routinen zur Abweichungsverstärkung und -behandlung ab und schließt so die Fähigkeit mit ein, die kognitive, das heißt mit Blick auf die Abweichung im Sachverhalt wie mit Blick auf die Abweichungen in den eigenen Handlungen bzw. Kommunikationen informierte Reaktion auf die Differenzen zu nutzen. Das bedeutet nicht, normative Reaktionen auf Distanz zu halten, sondern: Improvisation wird selbst zur Norm. Neue Erfahrungen geschehen dann nicht nur, sondern werden anhand der Routinen für die Zwecke der aktorialen Speicher aufbereitet. (s. Kapitel 7.10.)

Improvisationstechnologie zielt nicht auf die Hypostasierung des Informellen. Sie sucht vielmehr, Formen so zu interpretieren, Strukturen so zu erstellen, Funktionen so zu ermöglichen, dass Prozesse offen und gleichzeitig stabil gehalten werden können. Der Tabula-rasa-Gedanke der Planung wird zugunsten der Anerkennung von struktureller Wahrnehmung und Durchleuchtung und prozessualer Transformation aufgegeben. Ziel ist das Neuarrangement von in Situationen beteiligten Akteuren, Aktanten, Kollektiven, Materialien und Ressourcen. Improvisationstechnologie verzichtet nicht auf Pläne und Systeme, sie geht mit Systemen nur anders um bzw. hat eine andere Perspektive auf die Realität.

Mit der Systemtheorie erhalten wir einen Einblick, wie organisationales Lernen strukturell verschaltet, wie Organisation sozusagen relational wird und wie sich Metakommunikationen in und über Organisation als Lernen ausbilden. Die systemtheorisch etablierte Differenz zwischen Bewusstsein und Kommunikation hat jedoch zur Konsequenz, dass man sich fast ausschließlich auf die Kommunikation konzentriert. Im Weitertreiben der Systemtheorie in Richtung Kontingenz stoßen wir auf die Improvisation. Aus improvisationaler Perspektive rücken Handlung, Unbestimmtheit und materiale Bedingungen von Situationen in den Vordergrund. Um also Improvisation weiter im Konnex von Organisation konzeptionalisieren zu können, ist auch dasjenige in den Blick zu nehmen, was in der Systemtheorie nur eine untergeordnete Rolle spielt: der nicht-intentionale Horizont des Handelns. Mit der Systemtheorie kann bisher gedacht werden, wie Lernen als Beobachtung und Differenzierung funktioniert und wie sich soziale Systeme als emergente Ordnung etablieren. Allerdings werden die Akteure, die sich damit handelnd auseinandersetzen, auf strukturelle Kopplungen reduziert: Der Mensch ist selbst Umwelt und kann sich in zweiter Ordnung beobachten, Einfluss nehmen kann er nicht. Damit erfährt das Individuum in der Systemtheorie in Bezug auf die Gestaltung des Sozialen eine klare Degradierung.

Die heutige Gesellschaft lebt nicht nur in Differenzierungen, sondern auch in Amalgamen, Vermengungen, materialen Assemblagen. Sie kann die Programme und Projekte, die sie produziert, nicht mehr von einem archimedischen Punkt aus überblicken. Es stellt sich deshalb die Frage, ob es sinnvoll ist, weiter die Gesellschaft zum Bezugsrahmen von Kritik zu machen. In diese

Richtung argumentiert Luhmann, wenn er die mit »Kritik« bezeichnete Unterscheidung durch die Differenzierung von Beobachtern ersetzt und damit den autoreflexiven Gebrauch des Begriffs der Beobachtung an erster Stelle setzt.[54] Die Beobachtung zweiter Ordnung basiert auf jene aktiv in der Gesellschaft vollzogenen Differenzierungen, die sie darlegen soll. Gleichzeitig impliziert dies, dass über Gesellschaft als Umwelt der Systeme nichts mehr außerhalb dieser Beobachtungen ausgesagt werden kann. Somit sind auf Gesellschaft begründete Unterscheidungen nicht mehr sinnvoll. Was Luhmann jedoch übersieht, ist die Fragestellung im Modus ihrer Systemanalyse selbst: Ihr Rekurrieren auf operative Geschlossenheit blendet den Umstand aus, dass soziale Systeme mit zunehmender Komplexitätssteigerung selbst zu Assemblagen (s. Kapitel 7.4) konvergieren und damit in sich selbst zunehmend undifferenzierbar werden. Der damit einhergehende Ruf nach Management von Kontingenz, Ambivalenzbewältigung und konstruktiver Improvisation als »Problemlösung« bleibt jedoch hinter sich selbst zurück, wenn nicht geklärt ist, welche Fragestellungen hinter der Kritik liegen. Die Fragen zu klären erscheint evident und umso wichtiger, wenn die Koordinaten, die herangezogen werden, eben keine A-priori-Normen mehr zur Verfügung stellen. Zwar kann man Luhmann beipflichten, dass eine Konzeption vernunftgeleitet handelnder Subjekte aufgrund der Kontingenz des Sozialen nicht haltbar ist; gleichwohl ist die Konsequenz einer Reduktion des Sozialen auf Schaltkreise und das Operieren von Funktionssystemen eine Überhöhung des Strukturellen, sodass auch hier Zweifel angebracht sind. Wenn jedes Teilsystem seine eigenen Rationalitätskriterien besitzt, die zu überschreiten ihm nicht möglich ist, wie soll da Gestaltung oder Transformation möglich sein? Die Struktur des Gesellschaftlichen ist dann so stark geworden, dass »das[,] was als Gesellschaft sich realisiert hat, zu schlimmsten Befürchtungen Anlass gibt, aber nicht abgelehnt werden kann.«[55]

Der kritische Blick auf die Systemtheorie verweist auf die Tatsache, dass die Konstitution von Organisation selbst als performativer Prozess zu untersuchen ist. Das heißt, dass das, was vorher vorausgesetzt war, nämlich die Organisation als »Behälter«, selbst zum Gegenstand der Untersuchung wird. In dieser Hinsicht taucht die Frage auf, ob nicht das Handeln selbst als organisationsbildend angesehen werden muss. Der Fokus unserer Untersuchung liegt weniger darauf zu bestimmen, was Handlung ist, sondern vielmehr darauf zu ergründen, wie Handlung ausgeführt, dargestellt und funktionalisiert wird bzw. funktioniert. Somit rücken Performanz und Performativität von Organisation ins Zentrum des Interesses. Um hier eine Fundierung des Performanzbegriffs vorzunehmen, auf dem aufbauend dann die Improvisationstheorie agieren kann, werden im Anschluss unterschiedliche Konzeptionen allgemeiner und orga-

54 | Luhmann 1997.

55 | Luhmann 1990, S. 233.

nisationaler Performanz im Besonderen zueinander in Beziehung gesetzt, die daraus sich ergebenden Modifikationen in der Konstitution und Organisation von Organisationen erfasst und die Phänomene, über die ein improvisationaler Organisationsbegriff informieren soll, benannt.

2. Organisationale Performanz

Organisationstheorien des 20. Jahrhunderts stellen ein breites Wissen über die Performanz von Organisation bereit, das sich wiederum für eine Theorie organisationaler Improvisation einbinden lässt. In diesen Theorien werden jene performanzbezogenen Veränderungen erkennbar, die eine Neufassung des Organisationsbegriffs notwendig machen. Jon McKenzie beschreibt diese Transformation als *Shift* vom *Scientific Management* zum *Performance Management:* »scientific management or Taylorism [...] produced highly centralized bureaucracies whose rigid, top-down management where and still are perceived by workers and managers alike as controlling, conformist and monolithic. Performance management, in contrast, attunes itself to economic processes that are increasingly service-based globally oriented and electronically wired.«[1] Während sich Taylorismus als wissenschaftliches Management gibt, forciert das *Performance Management* die Kunst des Handelns und »sells itself as ars poetica of organizational practise«.[2]

McKenzie argumentiert nicht ohne Basis: Die Organisation von Arbeit hat sich in den letzten Jahrzehnten massiv gewandelt. Die Ausweitung technischer Performanz- und Effizienzstrategien hat zu einer immer höheren Produktivität bei synchron abnehmender klassischer materieller Arbeitstätigkeit geführt. In einer Komplementärentwicklung werden die kooperativen sogenannten »immateriellen« Arbeitsverhältnisse dominanter. Eine kritische Entwicklung auf der Nachfrageseite ist der signifikante Niedergang in der Beschäftigung der Industrie. Dieser Trend beginnt in der zweiten Hälfte des 20. Jahrhunderts, beschleunigt sich aber rapide in den letzten beiden Dekaden. In England sind 1950 35 % der Bevölkerung in der Industrie tätig, 1984 sind es nur 26 %, um 1990 auf 23 % zu fallen.[3] In derselben Periode steigt die Beschäftigung im Dienstleistungssektor in England von 47 auf 60 %, vor allem im Niedriglohnsektor: Reinigung, Fastfood und Verkauf. Der Anteil von Beschäftigung im privaten Sektor

1 | McKenzie 2001, S. 6.

2 | A.a.O., S. 7.

3 | Millward 1995.

steigt von 29 % 1984 auf 44 % im Jahr 1998. Der größte Anteil des Wachstums der Beschäftigung erfolgt in einem Bereich, den Thompson und McHugh als »no knowledge jobs« beschreiben.[4]

Weiteres zentrales Thema des Arbeitsmarkts, das parallel zu dem Diskurs der Globalisierung verläuft, ist der Gebrauch von nicht standarisierten Arbeitsverhältnissen und *Contingency Workers*.[5] Im Jahr 1993 sind 40 % der englischen Arbeitskraft in nicht regulären Arbeitsverhältnissen beschäftigt. Der *Workplace Employee Relations Survey* (*WERS 98*) zeigt, dass die nicht standarisierten Formen in den letzten Jahren mehr und mehr zur allgemeinen Praxis werden. Auch steigt die Zahl der Beschäftigten in Subverträgen. In England werden bereits 1998 90 % aller Arbeitsplätze mit Subverträgen reguliert. Es emergiert ein System lockerer Arbeitsbeziehungen[6], das die Beschäftigten immer neuen organisationalen Herausforderungen aussetzt. Der Prozess führt zu einer immer weiter gehenden Verflechtung des organisationalen Performanzfeldes. Bis 1980 sind ganze Institutionen nicht nur Gegenstand von Performanceevaluation: Organisationen werden auf Management organisationaler Performanz hin designt.

Die Ausweitung organisationaler Performanz und deren Theoretisierung ruft spezifische Managementformen hervor. In diesem Komplex spiegelt sich nicht nur die Transformation von Arbeit, sondern auch die Transformation von Organisationen. Dabei ist das Management organisationaler Performanz weniger als Folge einer linearen Entwicklung zu sehen, sondern vielmehr als sich immer neu veränderndes Ergebnis krisenhafter historischer Suchprozesse. Im Management organisationaler Performanz selbst scheint bereits die Hegemonie dessen auf, was Haug als »das Umkämpfte und das Medium des Kampfes«[7] thematisiert. Elemente des Neuen sind Deregulierung, Liberalisierung, Privatisierung, die die Kräfte des Marktes freisetzen sollen und vor allem Wettbewerbsfähigkeit als Out-Performance zum obersten Prinzip erheben. Neben der Schaffung globaler Finanz- und Kapitalmärkte und der Entwicklung transnationaler Produktionsnetzwerke sind es vor allem neue Formen der Arbeit und Arbeitskontrolle, die auf der Basis neuer Technologien die weiter gehende Durchkapitalisierung, Kommodifizierung und technologische Durchdringung nicht nur weiter Teile der Arbeit, sondern damit einhergehend des Alltags, der Umwelt, des Körpers und der Psyche des Menschen erzeugen.

Die organisationale Performanz entwickelt sich zu einem globalen Phänomen. Kaum ein Managementbericht kommt heute ohne den Begriff der Performanz aus. Organisationale Performanz ist dabei kein eindimensional bestimm-

4 | Thompson und McHugh 2002, S. 171.

5 | Bratton und Gold 2003, S. 88.

6 | Atkinson 1985, S. 17.

7 | Haug 1985, S. 174.

bares Forschungsparadigma, sondern eine Ansammlung diverser konzeptueller Modelle, Diskurse und Praktiken. Ihr Weg führt über unterschiedliche Schulen wie die Human-Relations-Bewegung, Systemtheorie, Informationsverarbeitung und Entscheidungstheorie, Organisationsentwicklung, die aktuellen Kultmethoden der High Performance und des Human-Resource-Managements. Da jedes dieser Modelle unterschiedliche Definitionen dessen, was als Performanz zu bezeichnen ist, entwickelt hat, ermöglichen sie unterschiedliche Wege, spezifische Performanz zu generieren und zu evaluieren. Gleichzeitig bleibt ihnen ein gemeinsamer Nenner: Performativität, also den Output zu maximieren und den Input zu minimieren.

Mit organisationaler Performanz ist ein Feld benannt, dessen Forschungsgegenstand sowohl die Arbeit von Produktherstellung, die organisationale Leistung von Verwaltung und Organisation als auch den Entscheidungsfindungsprozess des Managements beinhaltet. Ebenso wie im kulturellen, soziologischen wie technologischen Feld steht hier der Begriff von Performanz für eine Konstruktion. Performanzen sind keine gegebene Sache, sondern entstehen aus dem Generierungsprozess eines Forschungsparadigmas: dem des Managements organisationaler Performanz.

Arbeit in Organisation.
Von der Objektivierung zur Subjektivierung von Arbeit

Kern organisationaler Performanz ist die Fokussierung auf die Gruppenleistung.[8] Nicht mehr die Arbeitsleistung des Einzelnen steht im Vordergrund, sondern die in Organisation erbrachte Arbeit. Entscheidend für all diese Konzeptionen ist ihre Abgrenzung von und ihre Bezugnahme auf Taylor, wie Peter Drucker 1954 deutlich macht: Er beschreibt Taylorismus als »the most powerful as well as the most lasting contribution America has made to Western thought since the Federalist Papers.«[9]

Der *Shift* vom *Scientific* zum *Performance management* impliziert weitreichende Veränderungen in den Organisationsstrukturen von Unternehmen. In der Wirtschaftsform des *Scientific Management* herrschten stark hierarchisch gegliederte Produktionsabläufe, in denen jede kleine Tätigkeit bis ins Detail vormodelliert war. Zu Beginn des 20. Jahrhunderts gab Frederick Winslow Taylor in seinem Schlüsselwerk *The Principles of Scientific Management* eine genaue Gebrauchsanleitung der individuellen Arbeitschoreografie: »These tasks are carefully planned, so that both good and careful work are called for in their performance.«[10] Effizienz sollte durch die Eliminierung von Individualität und

8 | Folgender Absatz orientiert sich an: Dell 2011a, S. 50.

9 | Drucker 1954, S. 280.

10 | Taylor 1954, S. 39.

Eigenverantwortung erreicht werden. Die Taylor'sche Definition implizierte somit eine Objektivierung von Arbeit, »a substitution of a science for the individual jugdement of the workman.«[11]

Ganz anders die Performanzstrategien: Hier werden zentrale Ordnungsfunktionen durch dezentrales Arbeiten und Entscheiden ersetzt. Ausgehend von in militärischen Forschungen entwickelten kybernetischen Navigationskonzepten, versuchen Organisationen, Effizienz mittels systemischer Vernetzung einer dezentral agierenden Selbstorganisation zu erreichen. Dies zeigt sich vor allem an vier Punkten. Erstens wird rationale Arbeitskontrolle durch eigenverantwortliches Arbeiten anhand permanent neu auszuhandelnder Teilkompetenzen ersetzt. Zweitens resituieren neue »organische« Strukturen Arbeit in größeren organisatorischen und sozioökonomischen Umgebungen – das monolithische Taylor-Prinzip einer zentralistischen Arbeitsbürokratie verliert seine Gültigkeit. Drittens tritt an die Stelle einer industrialisierten Wirtschaft Taylor'scher Prägung das Performanzkonzept als organisatorisches Paradigma einer Informationsökonomie. Bestimmt von Computer- und Informationstechnologien verteilt sich sowohl das Treffen von Entscheidungen als auch das Prozessieren von Informationen nicht mehr hierarchisch, sondern vernetzt innerhalb der Organisation. Viertens schließlich zeigt sich, dass die Performanztechnologie auch als Metatechnologie arbeitet. Die ihr immanente Feedbackstruktur führt zum permanenten Hinterfragen ihrer eigenen Effizienz. Performanztechnologie tendiert dazu, ihre eigene Exklusivität zu unterlaufen, indem sie Diversität zulässt.

Ein entscheidender Paradigmenwechsel in der Technik des Regierens von Organisation tritt hervor: Anstelle einer Befehlsstruktur von außen werden Mitarbeiter ermächtigt (*empowered*), mitzubestimmen. Es ist eine Wechselbeziehung zwischen der Frage danach, was das Individuum für die Organisation tut, und der Frage danach, was die Organisation für die Performanz des Individuums bereitstellt. Hier eröffnet sich wieder die dialektische Bewegung von Performanz: Zum einen tendiert die Förderung der Fähigkeiten von Mitarbeitern[12] einer Organisation hin zu mehr Partizipation, zum anderen wird die Kontrolle in das Subjekt selbst verlagert. Selbstregulation wirkt als Paradigma der Aktivität in den fortgeschrittenen Kontrollgesellschaften, in denen Subjekte kontinuierlich ihre eigene Performanz im Hinblick auf Konkurrenz und Umwelt messen. Es entfaltet sich der paradoxe Tatbestand, dass gerade durch den Fokus auf Organisation, also des gemeinschaftlichen kooperativen Arbeitens, Arbeit Subjektivierung erfährt.

---

11 | A.a.O., S. 114.

12 | Ich bediene mich hier der männlichen Form, die weibliche ist immer mitgemeint.

2.1 SCIENTIFIC MANAGEMENT: BEOBACHTUNG VON ARBEIT ALS PERFORMANZ

Diese Subjektivierung geschieht nicht ex nihilo, sondern sie hat Geschichte. Am Beginn der genauen Beobachtung und Messung der Performanz von Arbeit steht Taylors Werk *The principles of Scientific Management*. Darin bezeichnet Taylor seinen Ansatz als »task management« und gebraucht den Begriff »Performance«, um die Ausführung bestimmter Aufgaben am Arbeitsplatz zu beschreiben. Taylor entwickelt somit ein Konzept der perfekten Choreografie und einer kompletten Durchplanung des Arbeitsplatzes. *One man, one task* lautet der Grundsatz dieser Managementtechnologie. Von Bedeutung in diesem Kontext ist Taylors Ansatz, die Formation von Organisationen in die ökonomische Analyse einzubeziehen. Entscheidend ist weniger die Organisation selbst, sondern das mentale Modell, mit dem die Organisation behandelt und analysiert wird. Dieser Schritt auf die metakognitive Ebene weist bereits darauf hin, dass es für die industrielle Revolution geschichtlich nicht nur entscheidend war, Maschinen zu erfinden, sondern auch auf diese Maschinen Kompetenz und Intelligenz zu transferieren.

Taylor charakterisiert *Scientific Management* mit vier grundlegenden Prinzipien: »First. The development of a true science. Second. The scientific selection of the workman. Third. His scientific education and development. Fourth. Intimate friendly cooperation between the management and the men.«[13] Es gelingt Taylor, Arbeit zu rekonzeptualisieren, indem er die Rolle des Managements neu bestimmt. Kernaufgabe des Managers wird die wissenschaftlich fundierte Beurteilung des Arbeitenden. Die Art und Weise, wie am Arbeitsplatz produziert wird, kommt unter wissenschaftliche Beobachtung. Taylor verlangt »the scientific selection and development of the workman, after each man has been studied, taught, and trained, and one may say experimented with, instead of allowing the workman to select themselves and develop in a haphazard way.«[14] Während vorher die Kontrolle der Arbeiter sehr zufällig und unentwickelt war, emergiert nun ein völlig neuer Berufszweig: der des *Scientific Managers*. Er leitet nach wissenschaftlichen Prinzipien die Produktion und teilt mit den Arbeitern »almost equally in the daily performance of each task, the management doing that part of the work for which they are best fitted, and the workman the balance.«[15]

Scientific Management verkündet die Rationalisierung und Institutionalisierung nicht nur von Arbeit, sondern auch von deren Vermittlung. Vormals informell weitergegebenes Wissen wird verdrängt durch formales Wissen. Die neuen Methoden beinhalten deshalb nicht nur die Veränderung von Arbeit, sondern auch die Wahrnehmung von Arbeit. Die Technik der Fotografie ermög-

13 | A.a.O., S. 130.

14 | A.a.O., S. 114-115.

15 | A.a.O., S. 115.

licht genaueste Beobachtung in Form von Bewegungsstudien. Auch die Analyse der Zeitabläufe sowie die Protokollierung und Planung gehören zu der neuen Arbeitskultur. Komplette Arbeitsgänge werden in Einzelkomponenten seziert. Jede Einzelbewegung wird untersucht und effizienter gemacht. Diese, vormals durch die Arbeiter selbst informell erarbeitete und prozessierte Wissensebene wird auf das Management übertragen. »To work to scientific laws the management must take over and perform much of the work which is now left to the men.«[16]

Die Praktiken des linearen Gebrauchs von Zeit- und Bewegungsstudien, Protokollierung, Kontrolle und Planung auf täglicher Basis, die durch Taylor angeregt und in den großen Fabriken der Fließbandproduktion eingeführt werden, verstärken auch die Differenz zwischen Management und den Arbeitskräften. »The workman is best suited to actually doing the work is incapable of fully understanding this science, whiteout the guidance and help of those who are working with him or over him, either through lack of education or through insufficient mental capability.«[17]

Beeinflusst von den fotografischen Bewegungsstudien von Frank Gilbreth interpretiert Taylor bestimmte Arbeiten als anthropologische Konstanten. »The man suited to handling pig iron is too stupid properly to train himself.«[18] Diese Anschauung hat Folgen auf die Art und Weise, wie Motivation beurteilt und erzeugt wird. Initiative der Arbeiter ist nicht erwünscht und wenn, dann nur unter vorsichtiger, genauer rationaler Beurteilung durch das Management implementierbar. Diese Reduzierung von Eigenenergie geht Hand in Hand mit der totalen Standarisierung von Performanz: Monotonie, Redundanz und Langeweile werden zu Grundcharakteristika dieser Arbeitsorganisation. Der Produzent wird selbst wie ein Produkt interpretiert.

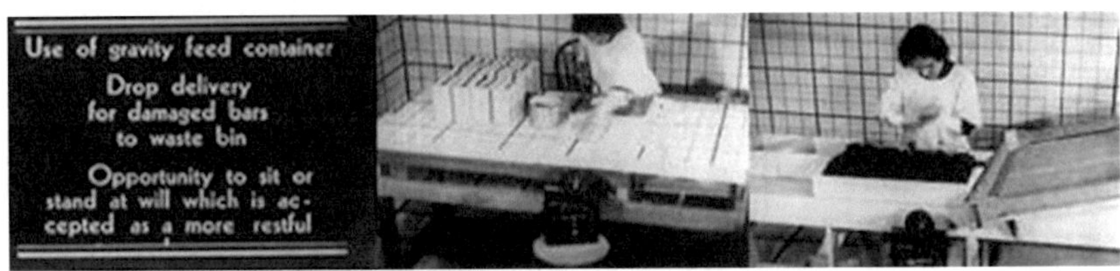

Abb. 1: Frank Gilbreth, Time and Motion Study, 1913

Arbeit wandelt sich zur analysierenden Performanz. Nach der Maxime *One man, one task* bekommt der einzelne Arbeiter eindimensionale Aufgaben zugeteilt. Kontrolle wird im Taylorismus komplett vom Arbeiter abgelöst. Nur

16 | A.a.O., S. 26.
17 | Ebda.
18 | A.a.O., S. 63.

durch Fremdeinwirkung – so Taylor – kann Arbeit effizienter werden. »It is only through enforced standardization of methods, enforced adoption of the best implements and working conditions, and enforced cooperation that this faster work can be assured. And the duty of enforcing of standards and of enforcing this cooperation rests with the management alone.«[19] Damit bleibt das Paradox der *Enforced Cooperation*, der erzwungenen Kooperation, eines der zweifelhaftesten Ziele Taylors und wirft ein bezeichnendes Licht auf die Ideologie hinter dieser Theorie. Als Hintergrund dieses Ansatzes zeigt sich die Suche nach einer neuen Form der Bewältigung des Konflikts zwischen Unternehmensführung und Produzenten. Gleichzeitig erzeugt dies wieder eine Gegenbewegung: Die radikale Mediatisierung von Arbeit im Organisationskomplex evoziert neue Arbeitskämpfe und als Reaktion darauf neue Strategien vonseiten des Managements.

2.2 Human Relations

Nach dem ökonomischen Kollaps der *Great Depression* steht das *Scientific Management* in den USA vor seinem Niedergang. Nicht nur die neuen wirtschaftlichen Bedingungen, auch die neuen verwaltungstechnischen Herausforderungen des *New Deal* sowie die Kriegstechnologien des Zweiten Weltkriegs verlangen nach neuen Methoden der Organisation. Mit der Erholung der amerikanischen Ökonomie nach dem Krieg setzt eine neue Epoche managerialer Methoden ein, deren Entwicklung stark von den militärischen Innovationen des Weltkriegs beeinflusst ist. Gleichzeitig werden mit dem Computer sowie mit Film und Fernsehen neue Medien der Darstellung und Beobachtung von Performanz möglich. Es eröffnet sich ein Modus zweiter Ordnung: Performanz von Performanz.

Ab den 1950er-Jahren entfaltet sich eine neue Form des Managements, dem es möglich geworden ist, den Prozess sowohl von Arbeitsabläufen als auch interaktiven Prozessen in den Vordergrund zu stellen. Es findet hier kein Wandel der Effizienz statt, sondern ein Wandel der Methode. Einst direkt aufs Individuum bezogene Arbeit wird zu organisationaler Performanz, die sich zwischen Individuum, Team und Organisation verortet. Der Prozess des Entstehens einer neuen Arbeitsform entfaltet sich vor einem breiten gesellschaftlichen Horizont – in Sektoren der Wirtschaft, Regierung, Non-Profit-Organisationen sowie der Bildungsinstitutionen.

Kernpunkt des Managements organisationaler Performanz ist der neue Modus der Steuerung. Die rationale externe Kontrolle der Beschäftigten verschiebt sich hin zu endogener Steuerung. Durch das *Empowerment*, die Ermäch-

19 | A.a.O., S. 83.

tigung des Beschäftigten, wird die Verbesserung der Effizienz in dessen eigene Verantwortung übergeben: Seine Kreativität, Intuition und Diversität werden durch das Individuum selbst instrumentalisiert. Organisationstechnologisch wird versucht, das Maschinenmodell des *Scientific Management* durch »organische«, systemorientierte Modelle zu ersetzen. Performanz wird somit in einem breiteren organisationalen und sozioökonomischen Umfeld resituiert. Das Prozessieren von Information und Entscheidungsfindung können nicht mehr in linearen *Top-down*-Strukturen funktionieren, sondern verorten sich diffus in der ganzen Organisation. Des Weiteren führt diese Managementtechnik eine Metaebene der Reflexion darüber ein, was Effizienz bedeutet und wie Effizienz zu definieren ist. Das heißt auch: Die Kämpfe darum, was wie zu evaluieren ist und wer welche Standards setzt, finden immer neue Schauplätze hegemonialer Auseinandersetzung.

Der Aufstieg organisationaler Performanz und der damit einhergehender neuer Managementtechniken bedeutet jedoch nicht, dass es keine Arbeit mehr im Modus des Taylorismus gibt. Vielmehr findet eine Verschiebung, Übercodierung und Überschreibung des tayloristischen Modells statt. Oftmals treten eine Durchmischung und funktionelle Ausdifferenzierung in der Art auf, dass innerhalb von Organisationen bestimmte Abteilungen im herstellenden und produzierenden Bereich streng hierarchisch organisiert sind, das Management, die Verwaltung oder die Forschung jedoch in neuen Modi agieren.

Eine Neuorientierung in der Bewertung von Arbeit und deren motivationaler Struktur wird durch die sogenannte *Human-Relations*-Bewegung ausgelöst. Sie beginnt mit den gruppenpsychologischen Studien Kurt Lewins in den 1920er-Jahren[20] und findet ihre Fortsetzung in den Hawthorne-Experimenten von Elton Mayos in den 1940er Jahren.[21] Ausgangspunkt der *Human Relations* ist die Reaktion auf die Symptome von Apathie und geistiger Abwesenheit von Arbeitern im industriellen Sektor. Mayo unternimmt Experimente in der Chicagoer Hawthorne-Fabrik, um den Effekt der Variation von Arbeitsbedingungen auf die Arbeit zu erforschen. Die herangezogenen Parameter wie Licht, Temperatur und Ventilation scheinen kaum eine Ergebnisveränderung herbeizuführen. Daraufhin entwickeln die Forscher des Hawthorne-Experiments neue Konzepte bezüglich der Arbeitsmotivation (jenseits von ökonomischen Faktoren). Sie finden heraus, dass soziale Anerkennung und Zusammenhalt einen großen Einfluss auf die Performanz der Arbeiter nehmen. Die Konsequenz aus diesen Ergebnissen ist eine Neuausrichtung managerialer Strategien: Statt auf Kontrolle und finanzielle Anreize wird auf die Beeinflussung der Arbeitsgruppe

20 | Siehe u.a.: Lewin et al. 1936; Lewin 1938; Lewin und Weiss Lewin 1953; Lewin 1982.

21 | Siehe u.a.: Preisendörfer 2008, S. 119f.; Roethlisberger et al. 1966; Franke und Kaul 1978.

gesetzt. Dies soll durch die Kultivierung eines Klimas erfolgen, das den sozialen Bedürfnissen der Arbeitnehmer gerecht wird. Hierzu werden unterschiedliche Maßnahmen wie Partizipation vorgeschlagen, nicht autoritäre Führung.

In der 1945 erscheinenden Studie *The Social Problems of an Industrial Civilization*[22] macht Mayo deutlich, welchen Einfluss soziale Faktoren auf die Performanz arbeitender Subjekte haben. Erfolgreiche Managementtechniken rekurrieren nach Mayo deshalb eher auf Gruppenarbeit als auf individuelle Leistung. Gruppen »approbiate customs, duties, routines, even rituals«[23] und erzeugen so motivationale Felder sozialer Energie, die für die Produktion genutzt werden können. Durch Teamwork und effektive Kommunikation kann das Management – so Mayo – die endogenen sozialen Dynamiken instrumentalisieren und organisationale Performanz verbessern. Dies stellt einen radikalen Paradigmenwechsel dar: der *Human-Relations*-Ansatz transformiert die Beziehung von Arbeitgeber und Arbeitnehmer insofern, als dass externe Kontrolle durch endogene indirekte Steuerung ersetzt wird.

2.3 Relationale Strategien. Theorien X und Y

Ihre volle Entfaltung erleben die Erkenntnisse der *Human-Relations*-Bewegung in der breiteren Managementtheorie und -praxis der US-Wirtschaft jedoch erst in den 1960er-Jahren. »Scientific management was followed be the human relations school, but the letters impact on performance appraisal was not felt for nearly 20 years until the proliferation of participative PA systems in the 1960s. These systems incorporated at least some of the elements of the human relations approach – in particular the emphasis on collaboration between the manager and employee.«[24]

In den 1960er-Jahren interpretiert Douglas McGregor die Humanisierung von Arbeit in Relation zu den Entwicklungen neuester Technologien. Unter Bezugnahme auf das Modell der Atomenergie schreibt er 1966 in *Leadership or Motivation*: »To a lesser degree and in a much more tentative fashion, we are in a position in the social sciences today like that of the physical sciences with respect to atomic energy in the thirties [...] We are becoming quite certain that, under proper conditions, unimagined sources of creative human energy could become available within the organizational setting.«[25] Für McGregor eröffnet sich durch den *Human-Relations*-Ansatz ein neuer Kosmos relationaler Strategien, die neue Potenziale menschlicher Kreativität freisetzen und industriell

22 | Mayo 1945.

23 | A.a.O., S. 81.

24 | DeVries 1981, S. 113.

25 | MacGregor et al. 1966, S. 4.

nutzbar machen können. Zentral in dieser Perspektive steht der Prozess der Entwicklung. McGregor geht mit dem Konzept der Entwicklung davon aus, dass Organisationsmitglieder von Natur aus positive Eigenschaften haben und dass eventuelle Probleme in Arbeitsvollzug und Personalmanagement nicht dadurch begründet sind, dass die betreffenden Subjekte daran die Schuld tragen, sondern dadurch, dass die Arbeits- und Organisationsverhältnisse defizitär sind. Mit seinen Theorien X und Y versucht McGregor dafür zu sensibilisieren, dass wir mit allem, was wir tun, sagen und denken, notwendigerweise immer von bestimmten Vorannahmen und Grundeinstellungen über das Wesen der Menschen ausgehen und dass diese negativ im Sinne der Theorie X oder positiv im Sinne der Theorie Y sein können.

In der Theorie X stellt die manageriale Organisation von Beschäftigten einen Prozess des »directing their efforts, motivating them, controlling their actions, modifying their behaviour to fit the needs of the organization«[26] dar. Die Theorie X deutet das arbeitende Individuum als passiv und abhängig von der permanenten Intervention des Managements. Beschäftigte müssen belohnt, bestraft und kontrolliert, die Arbeit muss dirigiert werden. Dagegen postuliert die Theorie Y, dass die Beschäftigten über das Potenzial und die Fähigkeit verfügen, die Zieladjustierung ihrer Performanz selbst vorzunehmen. Zur Kernaufgabe des Managements wird, »to arrange organizational conditions and methods of operation so that people can achieve their own goals best by directing their ›own‹ efforts toward organizational objectives.«[27] Die Aufgabe des Managements besteht nach McGregor folglich darin, eine Umwelt zu erzeugen, zu designen, in der sich die Beschäftigten permanent selbst steuern, organisieren und evaluieren. Diese Setzung und Gestaltung eines Rahmens schließt die Koordination von Zeit mit ein. Das Management »must involve the individual in setting ›targets‹ or objectives for ›himself‹ and in a self-evaluation of performance annually or semi-annually«.[28]

Die *Human Relations* sind aber auch Gegenstand harscher Kritik. Vielfach wird die Tatsache moniert, dass die *Human-Relations*-Bewegung den basalen ökonomischen Konflikt zwischen Arbeitgeber und Arbeitnehmer herunterspielt. Auch wird bei der Anwendung der *Human-Relations*-Techniken bzw. Methoden klar, dass nicht alle Arbeitnehmer auf diese ansprechen. Thompson[29] kritisiert in seiner Studie *The Nature of Work*, dass in dem Konzept der *Human Relations* vor allem umfassendere sozioökonomische Zusammenhänge vernachlässigt wurden. Dennoch sind *Human Relations* das einflussreiche Vorbild für die *Job-Redesign*-Bewegung managerialer Praktiken in der Post-War-Ära.

26 | A.a.O., S. 5.

27 | A.a.O., S. 15.

28 | A.a.O., S. 19.

29 | Thompson 1989.

Rose beschreibt diese Bewegung, in der McGregor, Herzberg und Maslow herausragen, deshalb später auch als *Neo-Human Relations School*.[30]

2.4 SYSTEM REVISITED

Neben den psychologischen Ansätzen der *Human Relations* wird in den 1950er-Jahren die Systemanalyse zum einflussreichen Modell organisationaler Performanz. Der System-Ansatz erweitert die organisatorische Performanz, indem er sie generalisiert und auf die Operation einer ganzen Organisation überträgt. Die Organisation wird als ein offenes System aufgefasst, das sich permanent inneren und äußeren Umständen anpasst. Die Grundtendenz dieses Ansatzes ist behavioristisch in dem Sinne, dass dieser mechanistisch mit Input-/Output-Relationen operiert. Jedoch stellt die Systemanalyse an die Stelle eines Reflexmodells symbolischer Vorgänge eine gründliche Betrachtung der Spezifik von Information sowie der kybernetischen Erfordernisse eines Steuerungssystems, das sowohl a) auf Rückmeldungen eines Verhaltensirrtums oder einer Diskrepanz zwischen tatsächlichem und erwünschtem Zustand der realen Umwelt anspricht als auch b) in differenzierter Weise auf eine solche Rückkopplung reagiert.

Allgemein wird bei diesem Ansatz Organisation als ein zielgerichtetes offenes, soziotechnisches System aufgefasst. Ein System besteht aus einer nach bestimmten Gesichtpunkten abgegrenzten Menge von Elementen, die durch ein Netz von Relationen verbunden sind. So besteht beispielsweise ein Zielsystem aus einer Menge von Zielen, zwischen denen Konkurrenz- bzw. Komplementaritätsbeziehungen, Mittel-Zweck-Beziehungen usw. bestehen. Vielfach wird der Systembegriff auf solche Mengen von Elementen beschränkt, die eine Ganzheit bilden. Eine Menge von Elementen bildet eine Ganzheit, wenn sich die Elemente wechselseitig (*Feedback*) in der Weise beeinflussen, dass sich Veränderungen eines Elements auf die anderen Elemente übertragen und somit eine Modifikation des gesamten Systems hervorrufen können. Ganzheiten in diesem Sinne sind Verhaltenssysteme: Organisationen werden als solche Verhaltenssysteme interpretiert. Die Rede von Organisationen als soziotechnischen Systemen rechtfertigt sich durch die Annahme, dass das Verhalten der Organisation nicht allein von sozialen, sondern auch von technischen Prozessen gesteuert wird.[31] Das neue mentale Modell der Organisation ist dann das eines lebenden, sich ständig wandelnden Systems. »The basic premise of Open Systems Theory is that organizations have common characteristics with all other living systems; from microscopic organisms, to plants, to animals, to humans. Understanding

30 | Rose 1988.

31 | Vgl. dazu: Dienstbach 1968, S. 40.

these characteristics allows us to work with the natural tendencies of an organization rather than struggling against them needlessly.«[32]

Als Kernpunkt der Systemanalyse erweist sich die Kalkulation von Umwelteinflüssen durch *Feedback* – eine Konzeption, die vor allem durch die Entwicklung und den Aufstieg der Computertechnologie und der damit einhergehenden Ermöglichung komplexer und aufwendiger Rechenvorgänge befördert wird. In dem Management organisationaler Performanz wird Rückkoppelung benutzt, um die Performanz eines ganzen Systems im Hinblick auf seine Subsysteme und Systemkomponenten zu messen, zu analysieren und anzupassen. In *Performance in American Bureaucracy* schlägt Robert C. Fried vor, »that we think of the administrative process as systems that take inputs of resources and demands from society and convert them into socially desired outputs and activities [...] The performance approach [...] stresses the pay-off phases of the administrative process (outputs, impacts, and feedback).«[33] Während die Systemtheorie vor allem auf den prozessualen Charakter von Systemen verweist (*Outputs* werden neue *Inputs* in dem Fortschreiten der Performanz einer Organisation), ist es für Verwaltungen und Unternehmen auf der Metaebene wichtig, die Resultatphasen eines solchen Prozesses zu betonen. Denn in der Resultatphase entsteht das, was wiederum gemessen, evaluiert und bewertet werden und zur Entscheidungsfindung beitragen soll.

Die Weiterführung neo-behavioristischer und kognitivistischer Ansätze durch die Systemanalyse besteht darin, dass sie darauf verzichtet, ihren Standpunkt hinsichtlich eines Bewusstseins oder einer nur automatenhaften Rolle der Information sowie der Informationsspeicherung und -verarbeitung explizit zu machen. »Jeder Standpunkt ist theoretisch mit dem kybernetischen Gesichtspunkt vereinbar«,[34] schreibt David P. Ausubel 1965 in der Einführung zu *Theories of Cognitive Organization and Functioning*. So folgt die Systemanalyse der Blackbox-Konzeption. Menschliches Verhalten wird in enge Beziehung zur elektronischen Datenverarbeitung gesetzt. Newell und Simon stellen hierzu die Hypothese auf, »dass die Verhaltensweisen eines Menschen, die die Psychologie untersucht, in Form eines Programms elementarer Informationsprozesse zu erklären sind.«[35] Letztlich beruht dies auf der Annahme, dass sowohl eine elektronische Datenverarbeitungsmaschine als auch der menschliche Organismus Informationsverarbeitungssysteme darstellen, die mithilfe von Listenverarbeitungssprachen beschrieben werden können, deren Hardware jedoch voneinander abweicht. Einer solchen Annahme liegt die Konzeption des Menschen als offenes, kybernetisches Verhaltenssystem zu Grunde. Ein Verhaltenssystem

32 | Hanna 1988, S. 8.

33 | Fried 1976, S. 12-13.

34 | Ausubel 1965, S. 11ff.

35 | Newell und Simon 1972, S. 24.

lässt sich beschreiben als eine Menge aktiver Elemente, die miteinander gekoppelt sind.[36]

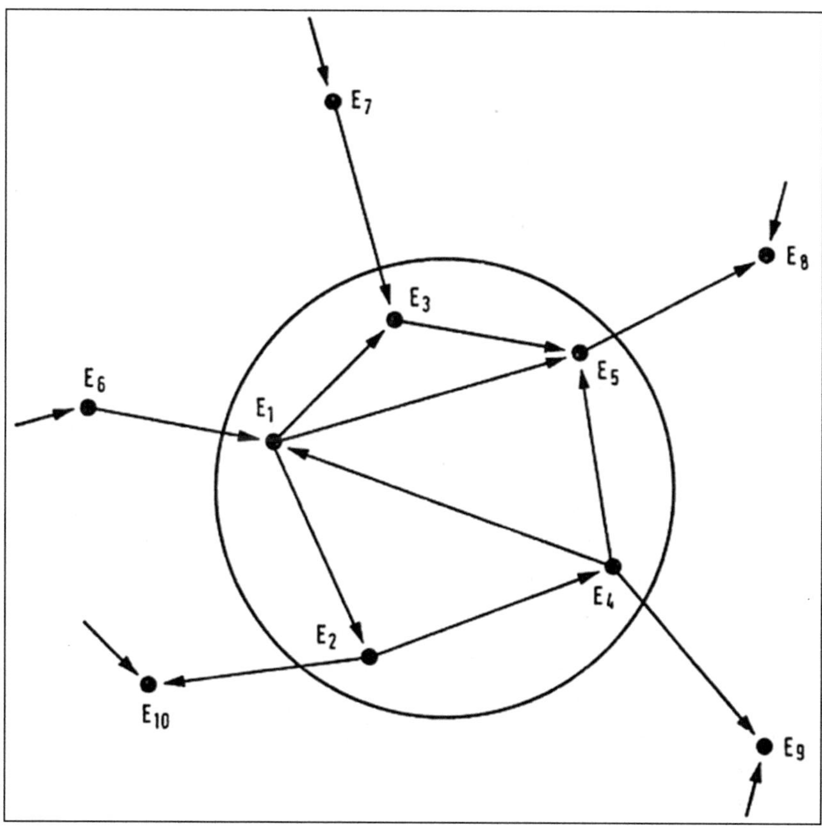

Abb. 2 :Schematische Darstellung eines »offenen« Verhaltenssystems, in: (Kirsch 1977), S. 77.

David Hannah konstatiert in seinem 1988 erschienen *Designing Organisations for High Performance,* dass Organisationen bis zum Zweiten Weltkrieg vornehmlich unter dem Modell der Maschine operiert haben. Deren Prämissen wurzeln in der Annahme, »that an organization is like a machine: a collection of parts that need to be standardized and centrally controlled«.[37] Demgegenüber dezentralisiert die Kybernetik die Organisation. Das Verfahren des Feedbacks soll dazu beitragen, die Ziele einer Organisation aus dem Prozess heraus zu kontrollieren und zu redefinieren. »Knowing whether or not the system is on target is a func-

36 | Zur Systemtheorie: Ackoff 1961, S. 26ff.; Wiener 1948.

37 | Hanna 1988, Reading 1988, S. 4.

tion of feedback. This term refers to information inputs that measure the acceptability of both outputs and the purpose of goals. The terms negative and positive feedback, from the field of cybernetics, distinguish between two important types of feedback. Negative feedback measures whether or not the output is on course with purpose and goals. Positive feedback measures whether or not the purpose and goals are aligned with environmental needs. It is sometimes called deviation-amplifying feedback.«[38] Sowohl negatives als auch positives *Feedback* erzeugen zweckdienliche Effekte: Negatives *Feedback* kalibriert die *Outputs* auf eine bestimmte Norm (= Absichten und Ziele, purpose and goals). Positives *Feedback* stellt ein Mittel dar, um die Normen umweltbezogen zu adjustieren.

Wegen der Rückkopplung beeinflusst der *Output* einer Organisation den *Input* dieser Organisation und damit letztlich deren Verhalten. Übersteuerungen treten bei *kumulativer* Rückkopplung auf: Eine Erhöhung des *Outputs* führt über *Feedback* zu einer Erhöhung des *Inputs,* was eine weitere Erhöhung des *Outputs* bewirkt usw. Im umgekehrten Fall kann die kompensierende Rückkopplung durch *Output*erhöhung eine *Input*verminderung hervorrufen, die den *Output* senkt, was wiederum den *Input* erhöht. Ob kumulative oder kompensierende *Feedbacks* das System zu einer Balance führen, hängt davon ab, wie flexibel der *Input* auf *Output*veränderungen reagiert. Im Falle kumulativer Rückkopplung kann das System übersteuern: das positive *Feedback* führt zu einer Übersteuerung der Möglichkeiten: Entscheidungen sind nicht mehr möglich. Durch kompensierende Rückkopplung oszilliert das System um einen Mittelwert mit gleichen und immer größer werdenden Amplituden: Negatives *Feedback* bewirkt Unflexibilität und Starre der Organisation. Kybernetische Systeme liegen dann vor, wenn die kompensierenden Rückkopplungen unter Kontrolle, d.h. geregelt sind. Die Regelung geht von einer Führungsgröße aus und stimmt so das Ausmaß der Rückkopplung auf das Ausmaß der Abweichung von der Führungsgröße ab. Kontrollierte Rückkopplung ermöglicht es dem System, auf Abweichungen zu reagieren und so ein Gleichgewicht herzustellen.

Weil die Systemtheorie auf der Computertechnologie aufbaut, ist ihre Abwendung vom Maschinenmodell von Organisationen nur metaphorisch zu lesen. Im Gegenteil führt die Metaphernbildung anhand des Computermodells zu neuen mechanistisch-technologischen Begriffsbildungen und Kategorien. Dies wird deutlich in der Rede von soziotechnischen Systemen. Ziel dieses Konzepts ist es, auf die Definition von Organisation zu verzichten und sich auf anschauliche Darstellungen zu beschränken.

38 | A.a.O., S. 18.

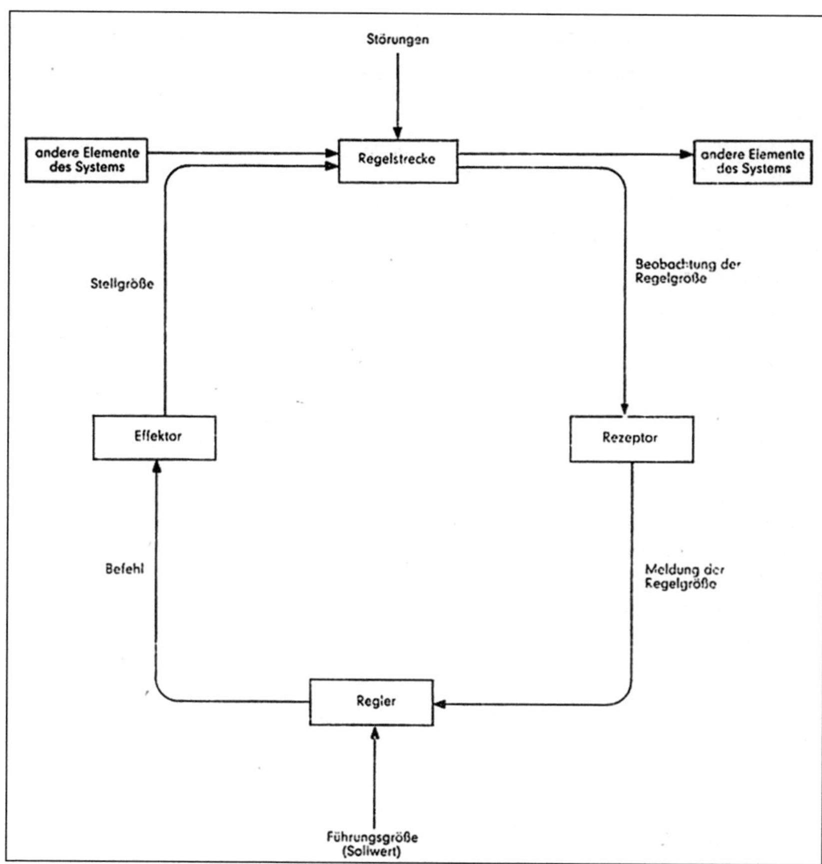

Abb. 3: Schema des Regelkreises, in: (Kirsch 1977), S. 85.

»Leichter – und vielleicht zweckmäßiger – ist es, Beispiele formaler Organisationen anzuführen, als den Terminus zu definieren. [...] Für unsere Untersuchungszwecke brauchen wir uns nicht um die präzisen Grenzen einer Organisation oder Nicht-Organisation [...] zu kümmern. Wir befassen uns mit empirischen Phänomenen, und die Welt besitzt eine unbequeme Art, sich nicht in saubere Klassifikationen einpassen zu lassen«[39], so March und Simon.

Kybernetik beschreibt Organisationen als komplexe Systeme. Komplexität von Systemen äußert sich im Wesentlichen in zwei Merkmalen: Organisationen weisen eine differenzierte Struktur auf und können aus mehreren Subsystemen zusammengesetzt gedacht werden, wobei die Struktur eines Systems als »die Anordnung seiner Subsysteme und Komponenten im dreidimensionalen

39 | March und Simon 1958, S. 141.

Raum in einem bestimmten Zeitpunkt«[40] definiert ist. Diese Struktur kann relativ konstant über eine längere Zeitperiode existieren oder sich von Moment zu Moment verändern, je nachdem, welche Merkmale der Prozess im System aufweist, wobei jede im Zeitablauf stattfindende Veränderung von Stoffen bzw. Energie oder von Informationen im System einen Prozess darstellt. Dieser von Miller eingeführte Definitionsvorschlag bezieht die Struktur auf Zeitpunkte. Ein anderer Ansatz u.a. von Wieser[41] denkt die Struktur eines Systems als Netz von Beziehungen. Die Struktur wird aus dieser Perspektive als eine Menge von Relationsaussagen beschrieben, deren Argumente auf den gleichen Zeitpunkt bezogen sind. Sowohl in der klassischen Organisationslehre als auch in der Kybernetik und in der allgemeinen Systemtheorie ist es vielfach üblich, die Struktur eines Systems als dessen Organisation zu bezeichnen. Das System *ist* nicht eine Organisation, sondern *hat* eine Organisation. Dabei ist in aller Regel die relativ dauerhafte Struktur als Organisation gemeint. In dieser Hinsicht bezeichnet Kybernetik stabile, selbststrukturierende Systeme auch als selbstorganisierende Systeme.[42]

Subsysteme sind Teilmengen von Systemelementen, die sich nach spezifischen Kriterien abgegrenzen und miteinander koppeln bzw. untereinander in Beziehungen treten. Die Organisationstheorie differenziert zwischen funktionalen und strukturellen Subsystemen:

Strukturelle Subsysteme stellen Gruppen im Sinne der sozialpsychologischen Gruppenforschung dar.[43] D.h. die Elemente der Gruppe verschalten sich untereinander intensiver und häufiger als mit der inneren und äußeren Umwelt der Organisation. Sie nehmen vielfach den Charakter kleiner Gruppen an und haben einen Face-to-Face-Kontakt. Diese Gruppen können sowohl formal (Abteilungen, Kommissionen) als auch informal, also ungeplant etwa aufgrund gleicher Interessen entstehen. Dabei ist davon auszugehen, dass sich formale und informale Gruppen personell überschneiden. Jedes Mitglied der Organisation ist in aller Regel Mitglied mehrerer Gruppen. Die Rede von soziotechnischen Systemen interpretiert also weniger das Individuum, sondern die kleine Gruppe, das Team, als Teilelement einer Organisation. Um die Beziehungen der Gruppen untereinander zu untersuchen, betrachtet diese Konzeption Gruppen meist als nicht weiter zu differenzierende Blackboxes.

Als funktionale Subsysteme fasst Systemtheorie all jene aktiven Elemente des organisationalen Systems zusammen, deren Verhalten der Erfüllung einer bestimmten Funktion dient. Im Gegensatz zu strukturellen Subsystemen bilden die funktionalen Subsysteme keine reale Einheit, sondern sind rein analy-

40 | Miller 1965, S. 211ff.

41 | Wieser 1959.

42 | Vgl. dazu: Mesarovic, S. 9ff.

43 | Homans 1960.

tischer Natur. Anknüpfend an die Funktionsanalyse der soziologischen Theorie sozialer Systeme, wie sie vor allem von Talcott Parsons[44] formuliert wurde, geht Systemtheorie davon aus, dass jede Organisation eine Reihe von Prozessen zur Befriedigung von funktionalen Erfordernissen des Systemüberlebens aufweisen muss. Sie gruppiert jeweils jene Systemelemente zu einem funktionalen Subsystem, deren Verhalten eine Funktion zum Systemüberleben erfüllt. Der Katalog dessen, was als Systembedürfnis zu bezeichnen ist, divergiert von Autor zu Autor. Exemplarisch hierfür steht der Ansatz von Katz und Kahn.[45] Dieser Ansatz unterscheidet zwischen a) dem Produktionssystem, das unmittelbar zur Performance der Organisation und erforderlichen Transformationsprozessen beiträgt, b) dem Erhaltungssystem, das zur Aufrechterhaltung der Performancefähigkeit der Organisation dient, c) dem Produktionsversorgungssystem, das die betriebswirtschaftlichen Funktionsbereiche »Beschaffung« und »Finanzierung« umfasst, d) dem institutionellen System, das für die Regelung der Beziehungen zwischen der Organisation und ihrer Umwelt sorgt (auch Public Relations fallen z.B. in diesen Bereich) und schließlich e) dem Managementsystem, das die übrigen Subsysteme koordiniert und mit der Abstimmung der durch die Umwelt sich ergebenden Anforderungen mit den zur Verfügung stehenden Ressourcen sowie den spezifischen Systemerfordernissen betraut ist.

Miller geht von einem anderen, mehr prozessorientierten Ansatz aus. Aus dieser Perspektive führt jedes Subsystem einen spezifischen Prozess für sein System aus und hält eine oder mehrere spezifische Variable in einem Beharrungszustand.[46] Die Miller'sche Typologie schlägt in diesem Zusammenhang drei Typen vor: erstens Subsysteme, die Stoffe bzw. Energie verarbeiten; zweitens Subsysteme, die Informationen verarbeiten und drittens Subsysteme, die beides verarbeiten. Die informationsverarbeitenden Subsysteme können als Informations- und Entscheidungssystem zusammengefasst werden.

Alle Menschen und Maschinen, die an einem bestimmten kollektiven Entscheidungsprozess beteiligt sind, können als spezifisches funktionales Subsystem aufgefasst werden. Da eine Organisation eine Vielzahl von Entscheidungsprozessen zu treffen hat, erscheint es richtig, Prozesse zu klassifizieren und diese zum Ausgangspunkt für die Abgrenzung funktionaler Subsysteme zu machen. Solche Subsysteme sind temporärer Natur, da sie nur in dem Zeitraum des zugrunde liegenden Entscheidungsprozesses existieren. Die Konzeption des *Planned Organizational Change*[47] untersucht solche temporären Anpassungssysteme. Innerhalb des Anpassungssystems differenziert sie folgende funktionalen Subsysteme: a) das System des *Change Agent,* das jene Personen

44 | Parsons 1951.

45 | Katz und Kahn 1966.

46 | Miller 1965, S. 338.

47 | Dienstbach 1972.

umfasst, die den Plan für den organisationalen Wandel ausarbeiten und durchsetzen (meist das Management), b) das *Client System*, bestehend aus dem Teil der Organisation, deren Struktur geändert werden soll, und c) der *Change Catalyst*, der in dem Konflikthandlungsprozess zwischen dem Change Agent und dem Client System eine vermittelnde und das gesamte System integrierende Funktion erfüllt. Des Weiteren sind an einem Prozess der Reorganisation meist Personen und/oder Gruppen beteiligt, die nicht unmittelbar Mitglied der Organisation sind. Solche externen Berater werden dennoch zweckmäßigerweise als Elemente des Anpassungssystems gelesen. In diesem Feld zeigt sich das Anpassungssystem als sogenanntes Zwischensystem.

Bemerkenswert ist hier, dass Systemtheorie die Hierarchie zwischen Subsystemen einer Organisation rein strukturell betrachtet und so formelle Machtbeziehungen ausklammert. Eng verbunden mit diesem Hierarchiebegriff ist der Begriff der Ebene. Miller[48] schlägt vor, zwischen level (Ebene) und echelon (Staffelung, militärischer Rang) zu unterscheiden, je nachdem, welcher Hierarchieaspekt von Systemen gemeint ist. Organisation erweist sich dann als ein komplexes Gebilde level-hierarchisch aufgebauter struktureller Subsysteme unterschiedlicher Ordnung, wobei Subsysteme höherer Ordnung stets mehrere strukturelle Subsysteme niederer Ordnung umfassen.

2.5 INFORMATIONS- UND ENTSCHEIDUNGSSYSTEM DER ORGANISATION (IES)

Die neuen Modelle eines Managements organisationaler Performanz emergieren in den Vereinigten Staaten vor dem Hintergrund der De-Industrialisierung und der korrespondierenden Entwicklung einer Ökonomie der Dienstleitungen und Informationstechnologien. Wie bereits beschrieben, wird ab den 1950er-Jahren Computertechnologie zum bestimmenden Feld organisationaler Performanz. Der Nobelpreisträger für Ökonomie, Herbert A. Simon, konstatiert: »The computer and the new decision-making techniques associated with it are bringing in changes in white-collar, executive and professional work as momentous as those the introduction of machinery has brought to manual jobs.«[49] Für Simon ändern sich nicht nur die Verfahren organisationaler Entscheidungsfindung; auch die Fähigkeit der Individuen zu entscheiden, wandelt sich durch die Informationstechnologie. Das heißt, dass die Aneignung neuer technischer Verfahren zu Veränderungen in historischer und anthropologischer Dimension führt, denn diese Verfahren ziehen zur Beschreibung menschlicher Organisationsvorgänge Computermetaphern und Schaltpläne heran.

---

48 | Miller 1965, S. 212ff. und 217f.

49 | Simon 1977.

Das *Information Processing and Decision-Making* (IPDM) (deutsch: Informations- und Entscheidungssystem, IES) bildet sich als eine der neuen Schulen organisationaler Techniken heraus. Theoretiker des IES fokussieren die Sammlung, Speicherung und Transmission von Informationen sowie die Entscheidungsfindungsprozesse, die mittels der Informationsverarbeitung gewonnen werden. Entscheidungsfindungsprozesse beinhalten die Identifizierung von Situationen, die Entwicklung möglicher Lösungen, die Wahl möglicher Handlungen und die Evaluation vorangegangener Entscheidungen. Das IES einer Organisation kann aus zwei unterschiedlichen Perspektiven charakterisiert werden. Zum einen geht IES als Inbegriff der informationsverarbeitenden Subsysteme der Organisation von den verschiedenen Informationsprozessen aus, die jede Organisation zu erfüllen hat. Zum anderen untersucht IES in der Rolle des partiellen Entscheidungssystems einer Organisation auch einzelne Entscheidungsprozesse.

Wie jedes Verhaltenssystem hat auch die Organisation eine Reihe von Informationsprozessen zu vollziehen. Dabei ist es für komplexe Organisationen charakteristisch, dass sie sich hierzu auch technischer Einrichtungen zur Verarbeitung, Speicherung und Kommunikation von Informationen bedienen. Hierin liegt ein Grund dafür, das IES als soziotechnisches System zu beschreiben. IES dient in erster Linie der Steuerung und Regelung von (oben von Miller beschriebenen) stofflich-energetischen Prozessen und Steuer- bzw. Regelstrecken. Neben diesen Objektprozessen kann auch die Entscheidungsfindung des IES selbst zum Objekt werden. Es ist deshalb sinnvoll, zwischen Objekt- und Metaprozessen zu unterscheiden. Wenn beispielsweise in einem Regelkreis höherer Ordnung die Struktur eines Regelkreises niederer Ordnung modifiziert wird, so liegt ein Metaprozess vor, der sich auf einen informationsverarbeitenden Objektprozess bezieht. Dieser kann selbst wiederum als informationeller Metaprozess eines stofflich-energetischen Objektprozesses fungieren. Aus dieser Perspektive zeigt sich das IES vielfach als ein hierarchisch (im Sinne von Ebenen) strukturiertes System maschenartiger Regelkreise. Zwischen Steuerung und Regelung ist hier jedoch zu differenzieren: Viele kompensierende Maßnahmen in der Organisation gelten Steuerungsprozessen, nicht jedoch Regelungen. Im Gegensatz zur Regelung, die kontrollierte Rückkopplungen voraussetzt, wird bei der Steuerung auf beobachtete Störungen durch kompensierende Maßnahmen reagiert, ohne dass der Erfolg oder der Misserfolg der Kompensation zurückgemeldet wird. Identifiziert man die Regelung und Steuerung organisatorischer Prozesse als Hauptmerkmal des IES, tritt damit das Entscheidungsphänomen selbst in den Vordergrund der Analyse. Regelungs- und Steuerungsprozesse wirken als Verfahren der Entscheidung. In deren Verlauf sind adäquate Maßnahmen zu finden, zu wählen und zu realisieren. Deshalb sprechen Organisationstheoretiker hier auch von einem Informations- und Entscheidungssystem.

Über die Genealogie des IES schreibt E. Frank Harrison 1975: »Decision theory as an academic discipline is still relatively young. It is only since the Second World War, that operations research, statistical analysis, and computer programming imparted a ›scientific‹ aura to the process of choice and only within the last ten or fifteen years that the behavioral sciences – sociology, psychology and social psychology – have begun to contribute to the body of knowledge comprising decision theory.«[50] Während die wissenschaftliche Aura des IES eher eine Kontinuität des *Scientific Management* suggeriert, tragen die Theoretiker des IES stark zu einer Verschiebung von Managementpraktiken und der Generalisierung organisationaler Praxen bei. Vor allem in der Analyse dessen, was Managementprozesse der Kommunikation, Information und Entscheidung ausmachen, eröffnen sie eine bis dato unbekannte Metaperspektive.

Die Argumentation zur Legitimierung ihrer Disziplin liegt für die Theoretiker des IES vor allem in der Bezugnahme auf den schnellen und fundamentalen Wandel in der US-Ökonomie. Systemanalysten fokussieren in diesem Zusammenhang vor allem den Niedergang von *Blue-collar*-Arbeit und der zunehmenden Bedeutung von *White-collar-Jobs*. Die Ursachen für den Wandel werden vor allem den technologischen Entwicklungen zugeschrieben. 1982 beschreibt William C. Howell die korrespondierenden Veränderungen in der Strategie der organisationalen Performanz bezogen auf das IES: »If, indeed, we have become a white-collar society, this suggest a shift in parameters of work behavior and therefore of human performance requirements. Although we should avoid the temptation to overgeneralize (there are, after all, still a number of very physical jobs), the trend is clearly away from tasks requiring people to supply or directly control energy and towards those requiring them to process information. More than anything this trend reflects changes in our society. Another trend, reflecting modern philosophies of management as much as technology, has spread the decision function to progressively lower echelons of the organization. […] What all this means is that human productivity is becoming more and more a matter of efficient information processing and decision making. Productivity in our white-collar society is mediated by cognitive processes rather than by brute force.«[51]

Typisch für die neuen Formen des Managements organisationaler Performanz ist, neben der euphemistischen Beschwörung einer Entmaterialisierung von Arbeit, auch die weiter zunehmende Ausblendung von Machtverhältnissen. Die Aussage, dass Entscheidungsfunktionen auf *Lower Echelons* der Organisation übergehen, verschweigt die Tatsache, dass diese Entscheidungen verschiedenen Wertigkeiten von Macht unterliegen.

50 | Harrison 1975, S. 5.

51 | Howell, S. 3.

Wie die *Human-Relations*-Bewegung sehen es die Theoretiker des IES als Notwendigkeit an, die Beschäftigten auf den niedrigen Ebenen der Organisation zu *empowern*. Und sie sehen menschliche Performanz direkt an technologische Entwicklungen geknüpft. Die Besonderheit des IES liegt darin, dass es die Beziehung zwischen der Diffusion des Entscheidungsprozesses und der Einführung technischer Systeme neu definiert. Informationstechnologie wird zum einen genutzt, um innerhalb von Organisationen Prozesse aufzuzeichnen, zu speichern und Informationen zu prozessieren sowie zur direkten Kommunikation via Telemedien einzusetzen. Des Weiteren führt das IES eine Metaebene ein, indem es die Entscheidungsfindung auf der Metaebene als technisches System interpretiert, liest und analysiert. Das IES generalisiert Performanz insofern, als es sowohl physische als auch kognitive Prozesse in die Analyse einbezieht. 1960 setzt Simon als einer der Hauptvertreter der neuen Management-Systemtheorie in *The new Science of Management Decision* Management und Entscheidungsfindung gleich. Er teilt die Entscheidungsfindung in vier Phasen ein: »finding occasions for making decisions, finding possible courses of action, choosing among courses of action, and evaluating past choices.«[52] In der dritten Phase differenziert er zwischen programmierten und unprogrammierten Entscheidungen. Programmierte Entscheidungen beinhalten Routinesituationen mit definierten Kriterien. Deshalb rekurrieren programmierte Entscheidungen auf Regeln und uniformem Prozessieren. Unprogrammierte Entscheidungen beinhalten neue Situationen mit unbekannten Kriterien und undefinierten Informationskanälen und hängen ab von Urteilskraft, Kreativität und Heuristik.

In der traditionellen Maschinenorganisation steht es allein dem Topmanagement und der Unternehmensführung zu, unprogrammierte Entscheidungen zu treffen, während programmierte Entscheidungen dem mittleren und unteren Management obliegen. Nach Simon erzeugt die Computertechnologie eine Veränderung dieser Situation: »At all organizational levels, as decision processes become more explicit, and as their components are more and more embedded in computer programs, decisions and the analyses that underlie them become more and more transportable [...] Since information, goal premises and constraints from all sorts of organizational and extraorganizationel sources can provide inputs to the analytical processes, the locus of decision making becomes even more diffuse than it has been in the past.«[53] Simon ist sich sehr wohl bewusst, dass in der zunehmenden Ortlosigkeit von Entscheidungen Unklarheit darüber herrscht, wer, was, wann, wo entscheidet – Macht und Kontrolle werden verdeckter und indirekter.

52 | Simon 1977, S. 40.

53 | A.a.O., S. 120.

Verhalten

Die Rückführung organisatorischer Entscheidungen auf Individualentscheidungen entspricht auch dem epistemologischen Konzept der Computertechnologie. Deren reduktionistische Perspektive führt organisatorische Phänomene auf das Verhalten von Einzelkomponenten/Individuen zurück, die sich im Modus Ja/Nein bzw. 1/0 entscheiden. McGuire[54] geht hier von einem als *behavioral* bezeichneten Begriff der Organisation aus. Damit soll ein abstrakter Blick auf organisationale Vorgänge ermöglicht und eine Materialisierung (Ratifikation) vermieden werden. Ziel ist das Überschreiten der in der soziologischen Theorie zu diesem Zeitpunkt vorherrschenden Theorie der Funktionsanalyse. Funktionsanalyse erklärt organisationale Phänomene aus funktionalen Erfordernissen des Systems, ohne auf Eigenschaften, Motive usw. der am sozialen System Beteiligten Bezug zu nemen. Die von Parsons entwickelte Handlungstheorie ist als paradigmatisches Beispiel hierfür zu nennen. Parsons unterscheidet drei Handlungssysteme: das Persönlichkeitssystem, das soziale System und das kulturelle System: »Persönlichkeitssysteme und soziale Systeme sind sehr eng miteinander verbunden, aber sie sind weder identisch noch ist das eine durch das andere erklärbar; das soziale System ist nicht eine Mehrheit von Persönlichkeiten. Kulturelle Systeme schließlich haben ihre eigenen Formen und Probleme der Integration, welche weder auf diejenigen von Persönlichkeitssystemen oder sozialen Systemen noch auf die Formen und Probleme beider zurückzuführen sind.«[55]

Demgegenüber versuchen die Theoretiker des IES, ganz im Sinne der *Human-Relations*-Bewegung, Menschen und Organisation wieder zu verknüpfen um so die reduktionistische Materialisierung zu vermeiden bzw. Menschen wieder zurück in die sozialen Systeme zu bringen. Der von Homans geprägte Begriff des »Bringing Men Back In«[56] steht hierfür. Homans leugnet nicht, dass die Interaktion von Individuen in sozialen Systemen bzw. in kollektiven Entscheidungsprozessen zu Phänomenen führt, die eine Betrachtung von isolierten Individuen nicht zu erfassen vermag. Die Emergenz solcher Phänomene kann jedoch, so Homans, nicht als eine hinreichende Begründung für eine Materialisierung sozialer Systeme gelten. »Wichtig ist nicht die Tatsache der Emergenz selbst, sondern die Frage, wie die Emergenz zu erklären ist. Eine der Darstellungen in der Kleingruppenforschung erklärt wie ein Statussystem [...] im Laufe der Interaktion zwischen Mitgliedern der Gruppe auftaucht. Die Erklärung wird durch psychologische Sätze geliefert. Bestimmt werden keine

54 | McGuire 1964.

55 | Parsons und Shils 1951, S. 7.

56 | Homans 1966, S. 34ff.

funktionalen Sätze benötigt.«[57] Die Forderung nach einer Zurückführbarkeit organisatorischer Gesetzmäßigkeiten auf solche des individuellen Verhaltens der Organisationsteilnehmer schließt jedoch die Formulierung von Makrotheorien nicht aus. »In the face of complexity«, so Simon 1957 in *Models Of Man,* »an in-principle reductionist may be at the same time a pragmatic holist.«[58] Deshalb geht es im IES darum, zwischen Systemebenen (Individuum, Gruppe, Organisation) zu unterscheiden. Jede Systemebene ist Gegenstand spezifischer Theorien und begrifflicher Bezugsrahmen, die über einen in gewissem Sinne autonomen Status verfügen. Analogien zwischen dem Persönlichkeitssystem und sozialen Systemen weisen dann eine rein heuristische Funktion auf.

Die pragmatische Begründung semi-autonomer Betrachtungsebenen verweist auf eine Begrenzung des Reduktionismus im IES. Kirsch spricht deshalb von einem »beschränkten Reduktionismus.«[59] Die Entscheidungsprämisse wird als abstrakte kleinste Einheit organisatorischer Entscheidungsprozesse gelesen. Simon: »[...] eine komplexe Entscheidung ist wie ein großer Fluss, der von seinen vielen Nebenarmen die unzähligen Teilprämissen ableitet, aus denen er zusammengesetzt ist. Viele Individuen und Organisationseinheiten tragen zu jeder bedeutenden Entscheidung bei [...].«[60] Simon theoretisiert organisationale Performanz als systemischen Regelkreis, indem er direkte Anleihen bei der Industrietechnologie (und speziell bei den Bereichen, die mit Steuerung und Servomechanismen arbeiten) macht: »powerful, and extremely general, techniques have been developed in the past decade for the analysis of electrical and mechanical control systems and servomechanisms. There are obvious analogies between such systems and the human system, usually called production control systems, that are used to plan and schedule production business systems.«[61] Die Gleichsetzung mit und Installation von Computersystemen in Planung, Speicherung und Verbrauch zeigen, wie durch die neuen informationellen Prozesse traditionelle industrielle und organisatorische Abläufe recodiert und transformiert werden. Das Management organisationaler Performanz ersetzt nicht den Taylorismus, er schreibt sich in ihn ein. Durch die Implementierung eines Wechsels der Performanceparameter von physisch-physikalischen Prozessen hin zu kognitiven erzeugt und verstärkt die theoretische Plattform des IES die Generalisierung organisationaler Performanz.

57 | A.a.O., S. 42.

58 | Simon 1957b, S. 56.

59 | Kirsch 1977, S. 96.

60 | Simon 1957a, S. XII.

61 | Simon 1957b, S. 219.

Standards: Rollen als Elemente des kognitiven Informationssystems

Koordination innerhalb der Organisation basiert im IES vor allem auf der organisationalen Rollenanalyse. Deren Diktum lautet: Je länger und häufiger die interdependenten Entscheidungsträger einer Organisation in Interaktion treten, desto mehr lernen sie, welches Verhalten die anderen jeweils von ihnen fordern bzw. erwarten. Dieser Lernprozess[62] wird – im Sinne der instrumentalen Konditionierung – durch sanktionierende Manipulationen unterstützt. Nach IES konstituiert die Anzahl der an den Lernprozess gerichteten Erwartungen und Forderungen die Rolle eines Entscheidungsträgers.

Die Rollenkonzeption gilt im Feld des IES als das hauptsächliche Mittel der Verbindung von individualen und organisationalen Ebenen von Theorie und Forschung. »Sie ist gleichzeitig Baustein sozialer Systeme und die Summe der Anforderungen, mit denen solche Systeme ihre Mitglieder als Individuen konfrontieren«[63], so Kahn und Katz. Den Ausgangspunkt der Rollenanalyse bildet der topologische Begriff der Position. In der Regel wird mit dem Positionsbegriff »ein Ort in einem Feld sozialer Beziehungen bezeichnet.«[64] Vater, Mutter, Vereinsfunktionär, Chef sind Bezeichnungen von Positionen in sozialen Systemen. Eine Position ist als Leerstelle unabhängig von dem jeweiligen Inhaber zu lesen. Dabei wird davon ausgegangen, dass jedes Individuum einer Organisation eine Reihe kognitiver Informationen spezifischer Art gespeichert hat, die mit den Begriffszeichen der jeweiligen Positionen assoziiert sind. Zeichen, die Positionen darstellen, sind jeweils Patriarch einer hierarchisch gegliederten Struktur von Zeichenkonfigurationen.[65] Die mit einer Position assoziierten kognitiven Informationen können faktischer und wertender Natur sein. Im faktischen Charakter manifestieren sich Erwartungen hinsichtlich des Verhaltens des Positionsinhabers. Die wertende Dimension der Information bringt die Normen über das Verhalten zum Ausdruck. Eine Norm wird dann gedacht

62 | Vgl. hierzu: Katz und Kahn 1966.

63 | Katz und Kahn 1966, S. 124.

64 | Dahrendorf 1965, S. 24.

65 | Die Intension oder die Bedeutung von Zeichen ist eine Beschreibung, die für alle von dem Zeichen bezeichnete Elemente gemeinsam ist. Man kann diese Beschreibung auch als eine Regel auffassen, die eine Entscheidung darüber erlaubt, ob ein Objekt oder Ereignis Element der Extension des Zeichens ist oder nicht. Der Begriff »Hund« ist eine Regel, mit deren Hilfe wir anhand einer Beschreibung eines Gegenstandes entscheiden, ob es als Hund bezeichnet werden kann oder nicht. Solch eine Entscheidungsregel kann als eine Serie von Fragen über die Beschreibung des Gegenstandes ausgedrückt werden. Hunt 1962, S. 29.

als eine kognitive Information, die ein bestimmtes positiv bewertetes Verhalten fordert, bzw. ein negatives Verhalten verbietet.

Mithilfe dieser Termini konstituiert sich folgender Rollenbegriff: Eine Rolle ist der Ausdruck der kognitiven Information faktischer und wertender Art, die ein Individuum mit einer Position assoziiert. Thomas und Biddle setzen Rollen mit einer Menge von Standards, Beschreibungen, Normen und Begriffen gleich, die von irgendjemandem für das Verhalten einer Person oder Position gehalten werden. Normierung durch Fokussierung auf Performanz entspringt genau dieser epistemologisch reduktionistischen Sichtweise und Interpretation von organisationalen Vorgängen. Normierung koppelt sich hier an die in der Computertechnologie entwickelte neue Begrifflichkeit. Die Zuordnung des Rollenbegriffs zum kognitiven Informationssystem impliziert, dass zur Bezeichnung der den kognitiven Rolleninformationen entsprechenden Informationen Termini wie z.B. der der Regelung zu verwenden sind. So ist die Position eines Organisationsmitglieds als eine Menge von Regelungen gefasst. Das der das Verhalten der Positionsinhaber geht verbindlich aus dieser Menge hervor. Galbraith[66] ist der Überzeugung, dass sich auch das Machtgefüge durch die technische Dominanz innerhalb des soziotechnischen Organisationsgefüges des IES vom Management hin zur Technostruktur verlagert. Unter »Technostruktur« versteht Galbraith eine durch Kapitaleinsatz und komplexe Technologie geprägte Großunternehmung mit großer Anzahl dort tätiger Spezialisten, deren Einfluss auf Informationsvorteilen gründet. Die technologische Performanz erweist sich dann als dominierender Faktor organisationaler Performanz, nicht ohne auf bestimmte kulturelle Rollenstrukturen zurückzugreifen. Gleichzeitig verliert der politische Prozess an Sichtbarkeit, weil er sich innerhalb der Technostruktur abspielt.

Es entfaltet sich folgende Trias: Die Untersuchung der Bedingungen eines rollenkonformen Verhaltens (soziokulturelle Performanz) bildet eine Allianz mit der Untersuchung entscheidungstheoretischer Prämissen (organisationale Performanz) auf computer-anthropologischer Basis (technologische Performanz) – Rollen *sind* folglich potenzielle Entscheidungsprämissen. Verhaltensprozesse in Organisationen können somit als *Steuerungsprogramme* definiert und analysiert werden. Prozessbeschreibungen können – wenn sie einer konkreten Situation entspringen – die Funktion eines Ausführungsprogramms übernehmen, das das äußere Verhalten des Individuums steuert. Die technologische Performanz bedient sich kultureller Techniken wie Repertoire und Rolle, um daraus Standards und Normen abzuleiten und einzufordern. In dieser Sicht repräsentieren die Rollen der Organisationsteilnehmer ein Repertoire kognitiver Programme.[67] Rollenkonformität bedeutet folglich, dass Verhalten durch

66 | Galbraith 1968, S. 55ff.

67 | Vgl. Miller et al. 1960.

Programme gesteuert wird. Zu charakterisieren sind solche Programme analog zum Computer als hierarchisch strukturierte Test-Operation-Test-Exit- (TOTE-) Einheiten.

Miller definiert ein kognitives Programm als »Plan, der das Verhalten lenkt, [...] ganz ähnlich dem Begriff eines Programms, das eine elektronische Datenverarbeitungsanlage lenkt.«[68] Der mit TOTE beschriebene kybernetische Regelkreis verdeutlicht die hierarchische Struktur kognitiver Programme.

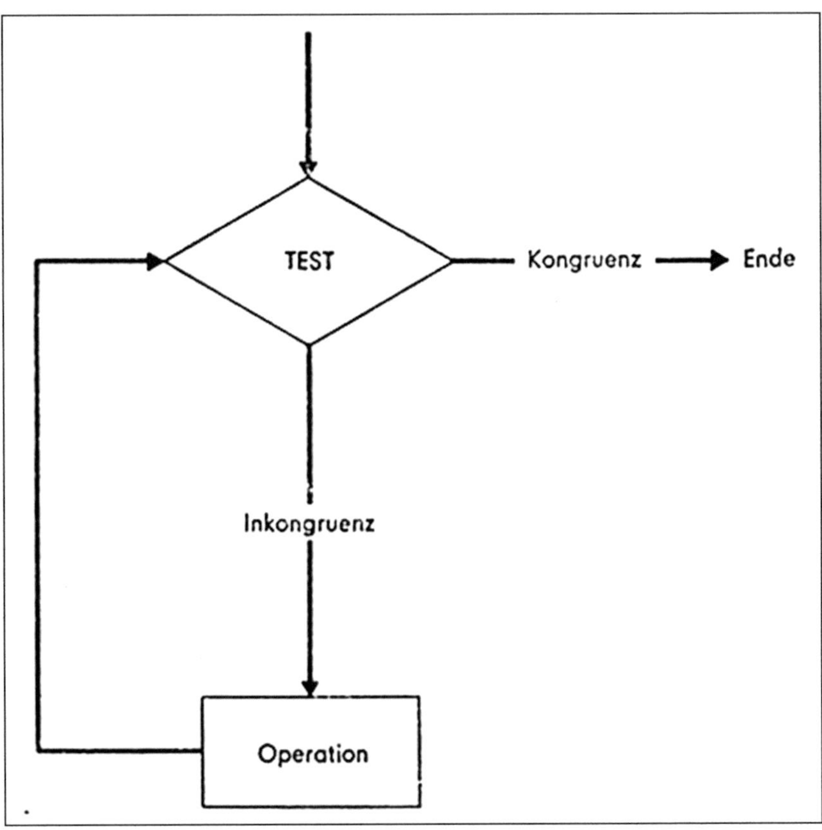

Abb. 4: Schema einer TOTE-Einheit In: (Kirsch 1977), S. 130f.

Dieses Schema setzt voraus, dass ein Standard existiert, gegen den der Stimulus-Input getestet werden kann. Zeigt der Test eine Inkongruenz zwischen dem Standard und dem tatsächlichen Wert, ruft dies eine Operation hervor, die darauf gerichtet ist, den Standard zu erreichen. Das System testet das Feedback des Ergebnisses der Operation erneut gegen den Standard. Diese Operationsphase

68 | A.a.O., S. 27ff.

wird so lange fortgesetzt, bis eine Kongruenz erreicht ist. Die TOTE-Einheit entspricht somit einem Regelkreis.

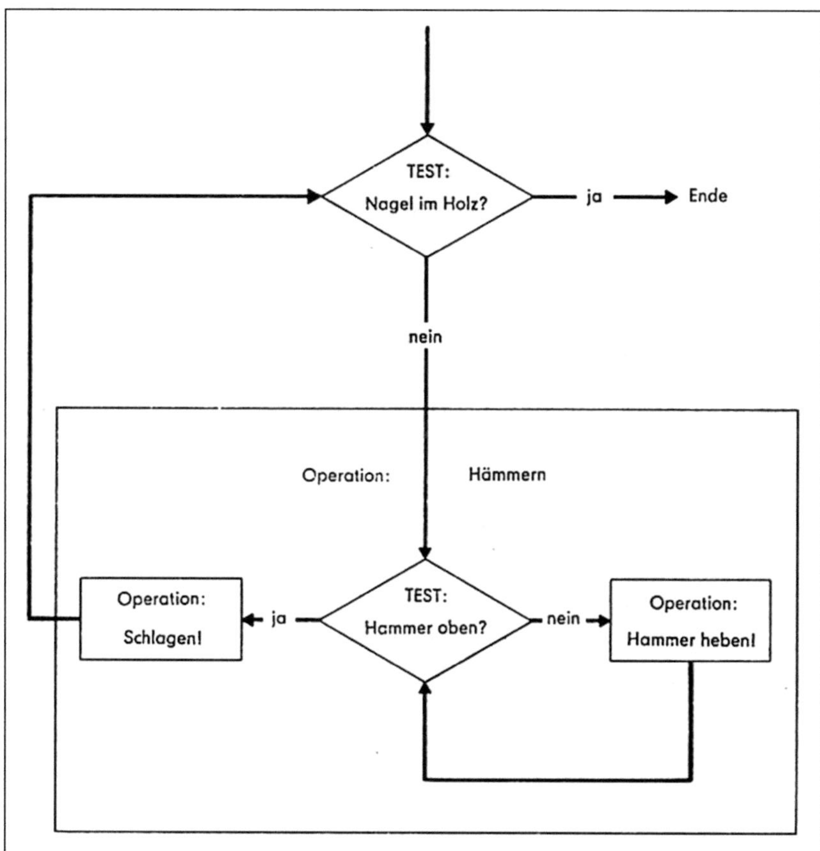

Abb. 5: Beispiel einer TOTE-Einheit

Das aus der Computerprogrammierung geläufige Flussdiagramm der TOTE-Einheit kann auf drei Abstraktionsebenen gelesen werden: erstens auf der Energieebene, dann entsprechen die Pfeile wahrnehmbaren physikalischen Strukturen. Als Ablaufdiagramm z.B. eines Energiestromes kann die TOTE-Einheit einen einfachen Reflex darstellen. Zweitens können die Pfeile als Informationsfluss gedeutet werden. Nach der Methode des Messens sendet das System in der Masse über einen Kanal Informationen darüber, wie der Output mit dem Input korreliert. Die dritte Ebene der Abstraktion »entspricht der Vorstellung dass das, was die Pfeile entlang fließt [...] jenes unfassbare Etwas ist, das Kontrolle genannt wird.«[69] Die hierin eingebundene Organisationspsychologie differenziert TOTE-Einheiten in molare und molekulare Einheiten.[70] Die molaren Einheiten repräsentieren die strategischen Einheiten eines Planes oder eines Programms, ihre molekularen Einheiten die taktischen Teile. Die taktischen Teile unterster Ebene werden als Subroutinen aufgefasst, die Programmen für Analogrechner entsprechen. Sie können sowohl angeboren als auch durch längere Übung angeeignet sein. Strategie auf der höheren Ebene wird mit der Planung von Informationsverarbeitung gleichgesetzt und entspricht fertigen Programmen. Dabei gilt, dass das Individuum über ein großes Repertoire an Programmen und Subroutinen verfügt, die es durch unterschiedliche Stimuli abruft.

March und Simon räumen 1958 in ihrer organisationstheoretischen Studie *Organizations* diesem Gesichtspunkt eine zentrale Stellung ein.[71] Aus ihrer Perspektive lässt sich ein Großteil organisatorischen Verhaltens aus der Menge mehr oder weniger abgestimmter Ausführungsprogramme der Organisation heraus erklären und prognostizieren. Programme sind aus diesem Blickwinkel in zweifacher Hinsicht als überindividuell zu definieren. Zum einen umfassen Programme in der Regel die ausführenden Tätigkeiten. Die Rollen der Individuen bilden performative Subroutinen innerhalb der umfassenden Programme. Zum anderen sind diese Subroutinen mit den organisatorischen Positionen verbunden, also vom jeweiligen Organisationsmitglied unabhängig. Betrachtet man die organisatorischen Rollen unter dem Aspekt ihrer Molarität bzw. Molekularität, stellt man fest, dass die Prozessbeschreibungen der Rollen die mehr strategischen Teile der entsprechenden kognitiven Programme beinhalten. Insofern ist die Gleichsetzung von Rollen und kognitiven Programmen nicht differenziert genug. Taktische Subroutinen fügt das Individuum meist selbst hinzu.[72] Problematisch wird die Analyse der Rollenkonformität dann, wenn Mehrdeutigkeit der Rollenerwartungen (*role ambiguity*) vorliegt.[73] In diesem Fall bilden Rollenerwartungen offene Beschränkungen, d.h. die Beschreibung des Problems ist nicht operational. Das Individuum muss die offenen Beschränkungen einschließen, um auf diese Weise ein operationales Problem zu bearbeiten. Die Rollenanalyse organisationaler Performanz kann also zum einen komplexitätsreduzierend auf die Deutung von Situationen einwirken und so operationale Lösungen ermöglichen. Sie ist jedoch auch jederzeit mit nicht ope-

69 | Ebda.

70 | Vgl. George 1963, S. 237ff.

71 | March und Simon 1958, S. 141ff.

72 | Dieser Einwand ist entscheidend bei der Definition einer Technologie der Improvisation und ihrer emanzipatorischen Qualitäten. Diese Qualitäten entspringen genau dem Tatbestand, dass das Individuum Taktiken selbst erfinden und etablieren kann, jenseits des gesellschaftlich »programmierten« Regelkanons.

73 | Kahn et al. 1964.

rationalen, hochkomplexen Problemen konfrontiert, die sich in diesem Schema nicht lösen lassen.

2.6 Die 80/90er – *Human Resource Management*

Insgesamt suggeriert der Wechsel von individuell choreografierter Ausführung zu sozial integrierter, teamorientierter Arbeitsform neue Möglichkeiten der Partizipation. Da die Distanz der Beschäftigten zum Unternehmen abnimmt und gleichzeitig Machtstrukturen an Sichtbarkeit verlieren, erhöht sich die Komplexität organisationaler Auseinandersetzungen. Die Ideologie der Humanisierung von Organisationskultur unterminiert den Blick für Machtstrukturen eher, als dass sie solche zu beheben hilft, wie sie doch zu intendieren vorgibt.

Begleitet durch Filme wie *The Man in the Gray Flannel Suit* von Johnson Nunnally und Bücher wie *Organization Man* von William H. Whyte beginnt sich der kulturelle Wechsel in Unternehmen ab den 1950er-Jahren zunehmend in der Kultur der Gesellschaft abzubilden. Ausgehend von den strukturellen Bildchiffren des Großraumbüros thematisieren Filme wie Billy Wilders *The Apartment* neue Kontrollverhältnisse und zeigen die neue Unübersichtlichkeit der Räume, in denen Macht in Organisationen verhandelt wird. *The Apartment* wendet sich gegen eine Kultur der Uniformität und Monotonie, der Anpassung und Mechanisierung. Der *Organization Man* zeigt sich hier als die Phantasmagorie des Idealbilds eines weißen angelsächsischen Protestanten, der sich alltäglich in die Organisation eingliedert und »funktioniert«. Auch wenn die amerikanische Arbeitswelt dieses Ideal nie ganz übernahm und übernehmen konnte, so inszenierte sich das Management der 1950er- bis 1970er-Jahre doch noch in dieser Art.

Im Zuge der gesellschaftlichen Transformation von Wohlfahrtsstaat hin zum Marktökonomismus erfolgt in den 80er- und 90er-Jahren eine radikale Änderung vor allem in wirtschaftlicher Hinsicht. Während sich staatliche Instanzen zunehmend aus der wirtschaftlichen Kontrolle zurückziehen, beginnt – begünstigt durch die Regierungen Reagan und Thatcher – eine Entfesselung bzw. Liberalisierung der Finanz- und Handelsökonomie. Flexible Spezialisierung[74], Post-Fordismus[75] und die Hegemonie des – wie Chomsky ihn nennt – *Washington Consensus*[76] führen zu einem »desorganisierten« Kapitalismus. Der Markt bestimmt die Preise, die Privatisierung bewirkt niedrige Inflationsraten und zunächst makroökonomische Stabilität. Giddens und Hutton konstatieren: »The open global economy is a precious acquisition offering opportunity, cre-

74 | Piore und Sabel 1984.

75 | Hall und Jacques 1989.

76 | Chomsky 1998.

ativity and wealth. But is it a system that is precarious and potentially dangerous – it is on the edge.«[77]

Abb. 6: Jack Lemmon in »The Apartment«

Hinter dieser Bestandaufnahme steht die Botschaft: Nur der Highperformer wird in dieser Gefahrensituation überleben. Aus dieser Perspektive gelten Arbeitskräfte als »Humankapital« oder als »menschliche Ressource«. Arbeitsrollen sind für den maximalen Beitrag des Arbeitnehmers so zu »designen«, dass organisationale Ziele (Benchmarks) erreicht werden können. Bereits 1979 schreibt der spätere Nobelpreisträger für Ökonomie, Theodore W. Schultz: »Consider all human abilities to be either innate or acquired. Every person is born with a particular set of genes, which determines his innate ability.«[78] Aussagen dieser Art rekurrieren direkt auf die behavioristischen Analysen organisationaler Performanz der 1950er- und 60er-Jahre. Andererseits bestärkt ein Mehr an wissensbasierter Arbeit und die wachsende Anerkennung der Tatsache, dass Beschäftigte selbst den Schlüssel zu einem nachhaltigen Wettbewerbsvorteil darstellen, ein neues Interesse des Managements an organisationaler Performanz. Allerdings werden diese Prämissen nun auf einer globalen Ebene weitergedacht: Globalisierung steht als symbolischer Begriff für die neue Entwicklung am Arbeitsplatz am Ende des 20. Jahrhunderts. Michael Beer, Professor an der Harvard Business School, stellt fest: »The whole emphasis on people, as one of

77 | Hutton und Giddens 2000, S. 214.

78 | Schultz 1981, S. 21.

the most competitive advantages a company can create, demands that top management attract, cultivate and keep the best workforce they can possibly find.«[79]

Wir haben oben gezeigt, wie sich das *Scientific Management* zu neuen gruppenorientierten Modellen zwischen *Human Relations* und systemtheoretischen Konzeptionen entwickelt. Solche Konzeptionen beruhen zwar auf einem humanistischen Menschenbild, den Menschen interpretieren sie jedoch als Rolle und als Teil eines Systems. Das Modell selbst entfaltet seine volle Blüte erst während der postfordistischen Ära, als »schlanke Unternehmen, die mit einer Vielzahl an Beteiligten vernetzt arbeiten, eine Arbeitsorganisation in Team- bzw. Projektform, die auf eine Befriedigung der Kundenbedürfnisse abzielt, und eine allgemeine Mobilisierung der Arbeiter dank der Visionen ihrer Vordenker«[80] sich am Markt durchsetzen. Somit kann der *Human-Relations-* oder *Human-Resources-Ansatz* ab den 1980er-Jahren als etabliert gelten. In diesem Zusammenhang werden die Beschäftigten als Menschen mit Potenzialen interpretiert, die es durch den Manager zu erschließen, zu unterstützen und auszubauen gilt. Begriffe wie Motivation und Arbeitszufriedenheit nehmen in den neueren Organisationstheorien einen immer breiteren Raum ein. Die Menschen selbst rücken als eigentlicher Kapitalwert der Unternehmen in den Vordergrund und stellen den wichtigsten Produktivitätsfaktor der Unternehmen dar.[81]

Human Relations heißen aber jetzt *Human Ressource Management* (HRM); dieser Begriff avanciert zur Leitidee des Wandels von Arbeitsorganisation: neue organisationale Designs, flexible Arbeitsarrangements, psychologische Verträge (*psychological contracts*) und die Entwicklung sozialer Partnerschaften stehen im Vordergrund dieser Entwicklung. Die Wirtschaftswissenschaftler John Bratton und Jeffrey Gold geben folgende Definition des HRM: »Human Resource Management (HRM) is a strategic approach to managing employment relations which emphasizes that leveraging peoples capabilities is critical to achieving sustainable competitive advantage, this being achieved through a distinctive set of integrated employment policies, programs and practices.«[82] Noe et al. verstehen HRM als »The policies, practices, and systems that influence employees, behavior, attitudes, and performance.«[83] HRM kann demnach beschrieben werden als strategisches Planen und Bilden kognitiver Konstruktionen zur Mitarbeitermotivation und Stimulierung von *High-Performance*. Die Theoretiker des HRM stehen für die Integration von strategischem Management, organisationaler Restrukturierung und Erwachsenenbildung. Als Weiterentwicklung der *Human-Relation*-Bewegung artikuliert sich HRM mit der Bestätigung alter Ordnungen

79 | Beer 1984, S. 25.

80 | Boltanski und Chiapello 2003, S. 112.

81 | Staehle et al. 1999, S. 776ff.

82 | Bratton und Gold 2003, S. 7.

83 | Noe et al. 2007, S. 2.

wie *Downsizing* und *Rightsizing* – Euphemismen für »Entlassung« – und einer Kultur der Beschäftigungsunsicherheit sowie des arbeitsbezogenen Stresses. Diese Strategie ist jedoch nicht unumstritten. Für die eine Partei ist das HRM-Modell genau der Ansatz, der die neue ökonomische Ordnung unterstützt.[84] Andere sehen in diesem Modell eine manipulative Form von Steuerung, die die Arbeitsleistung intensiviert und als kulturelles Konstrukt das ganze Leben des Arbeitnehmers in unternehmerische Wertschöpfung zu verwandeln sucht. Das HRM hätte dann vor allem ein Ziel: anhand psychologischer Strategien die individuelle Arbeitsperformance und die organisationale Effizienz zu verbessern. »Die Tatsache, daß heute von Mitarbeitern, leitenden Angestellten und Humanpotential geredet wird«, so Wolfgang Staehle, »sollte [...] nicht darüber hinwegtäuschen, dass sich an den Abhängigkeitsverhältnissen nichts geändert hat; lediglich die Wertschätzung des Personals ist gestiegen und hat zu dessen Anerkennung als strategischem Erfolgsfaktor der Unternehmung geführt.«[85] Wurde das Personalwesen ursprünglich als ein Funktionsbereich neben anderen (wie Beschaffung, Produktion und Vertrieb) angesehen, wird nun versucht, den Faktor Arbeit neu auf Performanz hin zu personalisieren und damit auch die Aufgaben der Personalabteilungen zu modifizieren: »Personalarbeit reduziert sich nicht auf die bloße Anwendung von Personaltechniken [...] sondern sie ist eine genuine Managementaufgabe. Individuelle Unterschiede der Mitarbeiter gilt es dabei ebenso zu beachten wie die Notwendigkeiten zur organisatorischen Flexibilisierung, der Globalisierung von Unternehmungen und den wachsenden Herausforderungen an ein internationales und interkulturelles Personalmanagement.«[86]

HRM steht für eine Renaissance des Unitarismus und gewerkschaftlich ungeschützter Arbeitsverhältnisse. In der ökonomischen Theorie dreht sich die Debatte deshalb auch um die Frage, ob HRM Beschäftigte ermächtigt *(empowered)* und an Entscheidungsprozessen beteiligt oder ob es eine neue, subtile Form von Kontrolle darstellt.[87] Townley[88] argumentiert, in Anlehnung an Foucault, dass HRM-Praktiken Wissen über die Arbeitsaktivitäten und Verhaltensweisen der Beschäftigten produzieren und so neue Formen der Kontrolle durch die Unternehmensführung evozieren. HRM stellt sich insofern als gouvernementales Design heraus: es erlaubt, Beschäftigte besser zu regieren und organisationale Prozesse geschmeidiger zu lenken. Neben den paradoxalen Erscheinungen kämpft HRM auch um seine Legitimation innerhalb des Unter-

84 | Vgl. Beer 1984, S. 25.

85 | Staehle et al. 1999, S. 777.

86 | Ebda.

87 | Vgl. Watson 1986.

88 | Townley 1994.

nehmens. Die dominante empirische Frage bleibt: »What types of performance data are available to measure the HRM-performance link?«[89]

Nicht nur in Unternehmen, sondern auch in öffentlichen Verwaltungen wird HRM verstärkt zum Evaluationswerkzeug. Emma Deeks berichtet in der Zeitschrift *People Management* in der Ausgabe vom April 2001: »Northumberland is Star Performer for Best Value. Northumberland County Council's HR department has been awarded the best possible grade by the Best Value Inspection Service (BVIS) in the first wave of reviews of local government personnel services. [...] Northumberland is the first local government HR department to achieve three stars.« Terry Gorman, Präsident der Society of Chief Personnel Officers, nimmt den Ball sofort auf, nicht ohne einen weltanschaulichen Verweis auf den Modus des »psychological contract«, und bezeichnet das Ergebnis von Northumberland »as a triumph for local government HR and a model for everyone to aspire to.« Dies lässt auch Darra Singh, Direktorin der Nordregion von BVIS, nicht unberührt. Sie beschreibt das Departement als »excellent and likely to improve«. Gut sein reicht im HRM nicht; es gilt die Botschaft: Sei permanent bereit, dich zu verbessern! So lobt Singh den »positive and active approach to continuous improvement« der Abteilung.[90]

Von der Ökonomie zur Psychologie

Bemerkenswert ist, wie die HRM-Theorie die Beziehung von Arbeitgeber und Arbeitnehmer neu fasst. HRM beschreibt diese Beziehung als dynamische Überlagerung von ökonomischen, legalen, sozialen und psychologischen Beziehungen. In der Regel verstehen wir die ökonomische Beziehung des Arbeitsverhältnisses recht basal: Im Austausch für die Arbeit in einer bestimmten Arbeitszeit bekommen Beschäftigte ein Gehalt. Die legalen Bedingungen dessen sind formell oder informell geregelt und bestehen aus einem Netz aus Gesetzen und laut Statut geregelten Rechten und Pflichten. Die dritte Komponente besteht aus der sozialen Beziehung: Beschäftigte sind Mitglied einer sozialen Gruppe und verhalten sich gemäß den sozialen Normen, die ihre Handlungen am Arbeitsplatz beeinflussen. Die im HRM wichtigste und aktuellste Komponente ist jedoch die der psychologischen Beziehung im Arbeitsverhältnis. Sie besteht aus einem dynamischen, wechselseitigen Austausch von Versprechen und Erwartungen zwischen Beschäftigten und ihrer Organisation. Der Fokus auf die psychologische Beziehung erklärt, warum Unternehmen zunehmend kognitiv bestimmte Aspekte der Arbeit in den Vordergrund stellen und daraus ihre organisationale Umstrukturierung abzuleiten suchen. Damit einher geht das Postulat von Flexibilität und *Commitment*, das strukturell von einer steigende Anzahl

89 | Bratton und Gold 2003, S. 59.
90 | Deeks 2001.

informeller Jobs begleitet wird. Gleichzeitig soll, wenn sich ökonomische Bindungen lockern, die Hinwendung zur psychologischen Bindung als Mittel zur Stabilisierung des Arbeitsverhältnisses fungieren.

Die Organisationspsychologin Denise Rousseau spricht in diesem Kontext von einem *psychological contract*.[91] Rousseau zeigt auf, dass das Konzept des *psychological contract* in die 1960er-Jahre zurück reicht, aber erst in den letzten Jahren zum realisierten methodischen Rahmenwerk für die Analyse und Gestaltung von diversen Aspekten der Arbeitsverhältnisse avanciert. Der *psychological contract* umfasst unterschiedlichste, nicht schriftlich fixierte und meist auch unausgesprochene Erwartungen. Rousseau definiert den *psychological contract* als »individual beliefs, shaped by the organization, regarding the terms of an exchange agreement between individuals and their organization«.[92] Im Kern dieses Konzepts liegen die Hebel für individuelles Engagement, Motivation und Aufgaben-Performanz die jenseits von zu berechnenden Ergebnissen liegen. Bratton und Gold prägen die Kurzformel: »psychological contract = commitment and motivation = high performance«.[93] Problematisch in der Steuerung dieser Beziehung ist die Tatsache, dass sie sich schwer erkennen lässt. Verschiedene Beschäftigte haben unterschiedliche Vorstellungen betreffs ihres psychologischen Vertrages, selbst wenn der legale Vertrag derselbe ist. Gleichzeitig ist es für die Beschäftigten schwer, sich der Folgen des psychologischen Vertrages bewusst zu werden. Als empirischer Beleg hierfür kann die zunehmend zu beobachtende psychische Belastung am Arbeitsplatz gelten.

Organisationale Performanz als Strategie und Operation

Noe, Hollenbeck, Gerhart und Wright fassen die Tätigkeitsfelder des HRM wie folgt zusammen:[94]

- *Anfertigen von Stellenprofilen:* genaue Beschreibung der Aufgaben und der benötigten Qualifikationen eines bestimmten Arbeitsplatzes;
- *Stellenausschreibungen und Personalauswahl:* Suche nach geeigneten Arbeitskräften für offene Arbeitsplätze im Unternehmen, Hilfe im Bewerbungsverfahren;
- *Personalentwicklung:* Bereitstellung von Bildungsangeboten für die Beschäftigten, damit diese für bestehende Aufgaben adäquat geschult werden können;
- *Evaluation der Arbeitsleistungen:* Messung der geleisteten Arbeit sowie Kontrolle, ob diese mit den definierten Zielen übereinstimmen;

91 | Rousseau 1995.

92 | A.a.O., S. 9.

93 | Bratton und Gold 2003, S. 13.

94 | Noe et al. 2007, S. 15.

- *Löhne, Gehälter und Zusatzleistungen:* Planung und Verwaltung aller Leistungen, die das Unternehmen für die Beschäftigten minimal bereitstellen muss und maximal bereitstellen möchte (dazu gehört z.B. auch die Ausgestaltung des Arbeitsumfeldes);
- *Interne Kommunikation und Arbeitsbeziehungen:* Erstellen von Handbüchern und anderen internen Publikationen, Information der Beschäftigten (z.B. mittels Intranet), Herstellung von Kontakten innerhalb des Unternehmens, Konfliktmanagement;
- *Arbeitsrecht und Regelsysteme:* Hilfe bei arbeitsrechtlichen Problemen und bei Fragen der Gleichstellung, Ausarbeitung interner Regeln und Sanktionsmechanismen;
- *Unterstützung des strategischen Managements:* Planung und Anpassung von Personalkapazitäten, Prognose anstehender Aufgaben, Organisationsentwicklung.

Je mehr also die Anforderungen an die Beschäftigten der Unternehmen steigen, desto mehr nimmt die HRM-Aufgabe »Personalentwicklung« eine vorgeordnete Rolle ein. Personalentwicklung wird in diesem Zusammenhang als Erweiterung und Vertiefung bestehender Qualifikationen sowie Vermittlung neuer Qualifikationen bestimmt: »Hierzu zählen [...] neben der betrieblichen Bildungsarbeit, Maßnahmen der Laufbahnentwicklung, Karriereplanung, Versetzung und Beförderung, Sinnvermittlung, Organisationskulturgestaltung, Einführung von Teamarbeit und Aufgabenbereicherung sowie generell die Schaffung von persönlichkeitsförderlichen Arbeitsstrukturen und -prozessen.«[95] Als Ziele, an denen sich die Personalentwicklung zuvorderst orientiert, gelten[96]:

Positionierung im Wettbewerb, Erreichung und Sicherung eines hohen Niveaus fachlicher Kompetenz, Flexibilisierung sowie Erhöhung der Innovationsfähigkeit, Arbeitszufriedenheit und -gesundheit, Mitarbeiterbindung, Intensivierung sozialer Kompetenzen und der innerbetrieblichen Kommunikation. Diese strategischen Ziele werden operativ in didaktische Maßnahmen bzw. Formate überführt, die sich in drei hauptsächliche Bereiche gliedern:

1. Vermittlung von Sachwissen (*knowledge*),
2. Verbesserung von Fähigkeiten (*skills*),
3. Bildung von Einstellungen (*attitudes*).

Management organisationaler Performanz zeigt sich im Komplex des HRM zunehmend als Teil und Produzent eines strategischen Plans des Unternehmens. Das Management dirigiert den Wechsel, beeinflusst die Unternehmenskultur

95 | Staehle et al. 1999, S. 873.

96 | Vgl. Staehle et al. 1999, S. 884.

und erzeugt das *mindset*, das die strategischen Sachfragen bestimmt und produziert. Dies beinhaltet die permanente Bewertung und Prüfung der Qualität und Quantität der Belegschaft. Die Ziele, die hier entstehen, setzen die Parameter für die Performanz *in* der Organisation und dafür, wie die Arbeit in Rollen und Arbeitsplätzen organisiert wird. Die Performanz innerhalb von Rollen wird auf Basis der aus *performance reviews* gewonnener Daten mit der Unternehmensstrategie abgeglichen. So ist z.B. das Verfahren der Neueinstellung abhängig davon, wie eine Rolle definiert ist in Bezug auf jene Performanz, die die Strategie zu erfüllen in der Lage ist.[97] Solche Aufgaben wurden traditionell gelöst durch Arbeitsanalyseverfahren wie Interviews, Fragebögen und Beobachtungsprozesse. In den letzten Jahren verstärkt sich die Tendenz, vor allem Informationen aus der Analyse von Arbeitsperformanz zu nutzen, um eine Taxonomie von entweder kriterienbezogenen Verhaltensweisen oder Performanzstandards zu entwerfen. In diesem Zusammenhang werden Performanzstandards als Kompetenzen neu definiert. Woodruffe erklärt Kompetenz als »the set of behaviour patterns that the incumbent needs to bring to a position in order to perform its tasks and functions with competence.«[98] Kompetenz gilt hier als ein Rahmenwerk, das sowohl auf das arbeitsrelevante Verhalten wie auch die kompetente Performanz von Arbeit verweist. Dieses spezifische Rahmenwerk wird vom Management organisationaler Performanz innerhalb der jeweiligen Organisationen entwickelt und eingesetzt.

2.7 PERFORMANCE MANAGEMENT

Als Teil der Konsensbildung zwischen Unternehmensführung und Beschäftigten im HRM besteht ein hoher Druck auf Organisationen, die Kontrolle der Arbeitsperformanz zu erhöhen. In den 90er-Jahren wird deshalb *Performance Management*[99] (PM) als Verknüpfung von Beurteilung und Anerkennung zunehmend für Unternehmensführungen interessant. PM repräsentiert die strategische Integration von HRM-Prozessen als Ensemble interrelierender Aktivitäten, die an die Ziele der Organisation geknüpft werden: »In addition to goals, which provide the direction of the performance, PM will also provide a men as of supporting performance through diagnosing development needs, providing an ongoing feedback and review and coaching where required.«[100]

Kern des PM ist Controlling. Innerhalb des PM gibt es zahlreiche Kontrollfunktionen, die sich in drei Hauptbereiche gliedern lassen: 1. *Input*: basierend

97 | Siehe hierzu: Holbeche 1999.

98 | Woodruffe 1992, S. 17.

99 | Siehe u.a.: Bacal 1999; Boyett und Conn 1995.

100 | Bratton und Gold 2003, S. 263f.

auf Interviews werden die persönlichen Attribute wie Zuverlässigkeit, Loyalität, Entschiedenheit, Stabilität und Intelligenz der Beschäftigten evaluiert. 2. *Output*: die objektivste Möglichkeit der Bewertung der Performanz nach erbrachter Leistung. Typische Messungen betreffen Verkauf, Produktion, die Zahl zufriedener Kunden oder Kundenbeschwerden. An dritter Stelle steht *behaviour in performance*: Hier wird das Verhalten der Beschäftigten in Bezug auf die Anwendung von Begabung, Einstellung und Kompetenzen während der Performanz untersucht: »Such attention can occur on a continuous basis, taking into account both subjective and objective data.«[101] Der Controlling- Ansatz formt die Basis des PM zur Lenkung von Performanz und zur kontinuierlichen Unterstützung der Beschäftigten in ihrer Entwicklung. Ziel ist die Akzeptanz von verhaltenskodierten Bewertungsverfahren durch die Beschäftigten. Rahmenwerke von Kompetenzen, die mit effektiver Performance assoziiert werden, können innerhalb des PM die integrierende Verbindung sein zwischen der Identifikation von Schlüsselfaktoren der Performanz und einer Zielsetzung, die bewertbar ist.

In diesem Kontext spielt die Form der Evaluation und Kontrolle von Arbeitsleistung eine tragende Rolle. Das Management bedient sich dazu sogenannter *Performance-Review*- Techniken zur Erfassung von Arbeitsprozessen wie -ergebnissen. Prozesse werden dabei als explizite Handlungen verstanden, die methodisch organisiert und strukturiert sind und so die Überprüfbarkeit gewährleisten.[102] Als Ergebnisse von Arbeitsprozessen gelten explizit schriftlich erfasste Daten. Zweites Feld der Evaluation ist die Bewertung von Prozessen und Ergebnissen vor dem Hintergrund bereits erfasster Daten. Die Bewertung findet im Vergleich von Soll- und Istwerten statt. Dabei muss gewährleistet sein, dass der Sollwert intersubjektiv nachvollziehbar ist. Die Begründung des Sollwertes sollte möglichst vor der Evaluationsmaßnahme explizit gemacht werden. Das heißt, dass auch andere, nicht direkt an der Evaluation Beteiligte, verstehen, auf welcher Kriterienbasis Urteile getroffen werden. Folglich ist der Performanzzirkel organisiert wie ein Regelkreis: Daten erzeugen wieder neue *Performance Reviews*. Reflexion führt wieder zu neuem Nachdenken über zukünftige Evaluation: zur Verbesserung der Definition dessen, was eine Evaluation im spezifischen Fall leisten kann und soll. Daraus erwächst die dritte Funktion der Evaluation für das Management: die didaktische Funktion. Management kontrolliert sich selbst und unterscheidet zwischen dem Modus des »Nachher« (als Kontrolle dessen, was abgelaufen ist) und dem Modus des »Vorher« (als Steuerung dessen, was als kommende Maßnahme zu gestalten ist). Des Weiteren dient die Evaluation als Werkzeug der Metaaufsicht: eine Methode, die eigene Tätigkeit als Manager einer Organisation zu reflektieren und zu verstehen.

101 | A.a.O., S. 268.

102 | Mwita 2000.

Globalisierung und Deregulierung erhöhen die Konkurrenz zwischen Marktteilnehmern. Diese Bewegung erfordert neue Techniken der Beobachtung zweiter Ordnung. Anders gesagt: Das Management muss anfangen, sich selbst zu beobachten. Wegen des Interesses an der Vergleichbarkeit der Managementperformances rückt die Performancemessung nun in den Vordergrund. Aus diesem Prozess geht das Werkzeug des *Performance Presentation Standards* (PPS) hervor.[103] Die Beurteilung des Managements gründet auf den in der Performancemessung quantitativ berechneten und in ihre Komponenten zerlegten Ergebnissen. Während zu Beginn der 80er-Jahre noch absolute Performancezahlen genügten, erfolgt später eine differenziertere Betrachtung anhand von Performanceanalysen wie *Performance Contribution* und *Performance Attribution*. Portfoliomanagementprozesse lassen sich via Portfoliomanagementsystem (PMS) automatisieren.[104] »Um kompetitive Vorteile gegenüber anderen Marktteilnehmern für die implementierenden Verwalter solcher Systeme zu generieren, ist es wichtig, dass diese Performancemessungen und -analysen unter Einhaltung der gängigen PPS unterstützen. Anbieter von ausgereiften PMS-Lösungen sollten daher Performanceanalysen unter Berücksichtigung einer ausreichenden historischen Datenbasis bereitstellen.«[105]

Aus der Entwicklung organisationaler Performanz geht die Ressource Wissen als wichtigster Faktor gesellschaftlicher und auch wirtschaftlicher Transformation hervor. Erwirkt durch die neuen Informationstechnologien werden die Grenzen zwischen dem flexiblen, lernenden Humankapital und dem fixierten Kapital von Produktionsstätten zunehmend fließender. Dabei tritt eine entscheidende Neuerung auf: Das Produkt – in der Marx'schen Theorie noch das entscheidende Element der Produktionsverhältnisse – tritt zugunsten des Produzierens zurück. Die permanent lernende, immaterielle Arbeit definiert sich durch die Veränderung und nicht durch ein als Produkt Abgeschlossenes. Die Wissenschaft, die Information, das Wissen im Allgemeinen und die sprachliche Kommunikation bilden gemeinsam die zentrale Säule der Produktion und des Reichtums und nicht mehr das Produkt. Das Verstehen, das Wissen der arbeitenden Subjekte um die Inhalte und Verfahrensweisen der Produktion wird zur Basis ihre Produktivität. Dabei kommt der Befähigung zur Bildung immer neuer Kooperationsverhältnisse eine tragende Rolle zu. Weil das PM permanentes Coaching voraussetzt, sorgt es gleichzeitig für die Generierung eines erhöhten Bedarfs an Personalentwicklern, Trainern aber auch Controllern. »Performance Management is the term Performance Management itself may be seen as yet another philosophy or system, that came to prominence in the late 1980s to

103 | Siehe u.a.: Bickel op. 2000; Fischer 2001.

104 | Chow et al. 2009; Farr 1999.

105 | Fochler 2002.

early 1990s«[106], bemerkt Richard Williams nüchtern. Aber auch wenn im PM eine Wiederaufnahme eigentlich alter Performancestrategien der 1960er-Jahre, der Integration des *Management by Objectives* gelesen werden kann, so ist doch ein wachsender Peak-Performance-Kult unter Managern und Wirtschaftstheoretikern zu beobachten, der in der Konzentration auf die Bewertung von Teamoperationen und Studien vor allem in Hinblick auf Ziele, Resultate und Ergebnisse konvergiert.

Von der Wirtschaft diffundiert das Management organisationaler Performance in Regierungsorganisationen hinein, *Performance Management* wird zu einer gouvernementalen Schlüsselkonfiguration der Clinton-Administration. Eines der ehrgeizigsten Projekte der Clinton-Administration stellt die *National Performance Review* (NPR) dar, begonnen im Jahr 1993. Der NPR fokussiert nicht die Leistung von Individuen, sondern bewertet als Metastudie Teams und Organisationen und deren Innovationsgrad. »Most earlier attempts to reform the federal government went nowhere because they were done backwards: from the top down instead of the bottom up«, konstatiert Al Gore in der Studie *Common Sense Government*: »Works Better and Costs Less: They didn't ask for ideas from the American public-or from the government's own front-line workers. Most often, the efforts consisted of studies led by outsiders with no real stakes in the results.«[107] Grundanliegen des NPR ist es, die Evaluation performativer Effizienz von Regierungsorganisationen zu ermöglichen und daraus resultierende Empfehlungen abzuleiten. In dem Buch *Red Tape to Results* beschreibt Al Gore die NPR als »historic change« in der Form von Regierungsarbeit. »The Clinton administration believes it is time for a new customer service contract with the American people, a new guarantee of effective, efficient and responsive government.«[108] Bürger wandeln sich zu Kunden und die Organisation der Regierungsbehörden muss sich an dem privaten Dienstleistungssektor messen lassen: »it means getting our money's worth-a government that works better, faster, and cheaper than in the past, one that operates as well as, or better than, the best private business.«[109] Es geht nicht nur um einen neuen Arbeits-, sondern um einen neuen Lebensmodus: den der permanenten Performance im Dienste der Bürgerkunden: »This effort to reinvent government is becoming a way of life for employees in agencies and customers they serve across the nation. It's like the job of painting the Golden Gate Bridge: the task is so huge that by the time the painters get to the far end of the bridge, it's time to go back to the beginning and start again. It never stops. It's never ›finished‹.«[110]

106 | Williams 1998, S. 1.

107 | Gore 1995, S. 3-6.

108 | Gore, S. I.

109 | Gore 1995, S. 13.

110 | A.a.O., S. 14-17.

Die NRP selbst geht aus einer sechsmonatigen Studie hervor, welche die 27 Regierungsbehörden und 14 Regierungssysteme auf Budget, Personal, und Versorgungspraktiken untersucht. Der Bericht gibt ein Tableau von insgesamt 384 Empfehlungen, darunter vornehmlich Vorschläge zur Deregulierung, Vereinfachung von Prozessen, Verbesserung von Koordination. »In 1995, we sent the federal regulatory agencies to clean up Uncle Sam's garage. In 14 weeks, they came up with 16,000 pages of regulations to haul out to the curb. There's still more, further back in the shadows, that they haven't gotten to yet. It's a very big garage. The instructions to the clean-up crew were simple: 1. Cut obsolete regulations and fix the rest. Figure out how goals can be achieved in more efficient and less intrusive ways. 2. Reward results, not red tape. Change how you measure performance so that you focus on results, not process and punishment. 3. Get out of Washington: talk to your front-line employees and customer. 4. Negotiate, don't dictate.«[111]

Al Gores Abschlussbericht *Creating a Government That Works Better and Costs Less*, wird Präsident Clinton am 7. September 1993 bei einer Zeremonie übergeben. Der abschliessende Bericht enthält noch 119 der 384 ursprünglichen Empfehlungen. Die 38 ihn begleitenden Bulletins umfassen 2.000 Seiten, detaillieren 1.250 Maßnahmen und intendieren eine Einsparung in Höhe von 108 Milliarden US-Dollar. Direkt nach der Inaugurierung des Berichts touren Clinton und Gore durch die USA, um ihr Anliegen zu promoten. Gore tritt u.a. in der *David Letterman Show* auf, um dort seine als *Ashtray Campaign* berühmt gewordene Deregulierungsperformance abzuliefern. Mit einem Hammer bewaffnet zerstört er einen kostbaren, »überregulierten« Aschenbecher, um das Ausmaß von Regierungsverschwendung und -ineffizienz zu demonstrieren. Gore bewirbt seine *Reinventing-Government*-Kampagne, indem er performativ darauf aufmerksam macht, wie umständlich die Richtlinien für Beamte geworden sind. Er erhellt dies am Beispiel der Regelung, in wie viele Teile ein Aschenbecher zerbrechen muss, damit ein neuer angeschafft werden darf. Mit der Bestätigung des *Government Performance and Results Act* 1993 im Kongress erweist sich Performance als legislativ verankertes Prinzip. Programm ist die Initiierung einer »*performance reform with a series of pilot projects in setting program goals, measuring program performance against those goals, and reporting publicly on their progress.*«[112] Bis zum 13. Dezember 1993 unterzeichnet Clinton 16 Direktiven, darunter die Vorgabe, die *Workforce* der Regierungsbehörden um 252.000 Mitarbeiter zu reduzieren. Regierungsbehörden werden in *Performance-Based Organizations* umgewandelt. Regierungsbüros übernehmen nur noch Aufgaben, die messbare Ergebnisse liefern. Gleichzeitig wird die Autonomie der Behörde gestärkt. Dies beinhaltet die Einstellung eines *Chief Executive* auf

111 | A.a.O.

112 | Government Performance and Results Act of 1993, Sec2, b2, Washington.

einem *Performance Contract* für eine bestimmte Zeit, ein Konzept, dass aus England übernommen wird. 1996 führt Gore die *Performance-Based Partnership Grants* ein. Das bestehende System aus 600 *Grants* wird in *Federal-state-local Partnerships* umgewandelt, die sich eher an Performanceergebnissen als an Prozessen orientieren. Durch die Definition von Zielvorgaben für wichtige programmatische Bereiche soll den Bundesstaaten und lokalen Bezirken bzw. Kommunen eine größere Flexibilität im Gebrauch der *Federal Grant Funds* ermöglichen. Als Kampfbegriffe für die Kürzung der Ausgaben und das bessere Management von Staat identifiziert Gore *Downsizing, Streamlining, Restructuring und Privatizing:* »The cumulative effect of all 4 types of reform has been significant. In just two years, the size of government has been reduced 7.6 %, and the federal workforce has slimmed down by more than 160,000 workers.«[113] Regierungsorganisationen sollen den Charakter von Unternehmen annehmen: »If we want the best-managed government, then that government must be enterprising: MORE MEASUREMENT: Measuring performance tells us how the experiment is going. MORE ACCOUNTABILITY: We must have a government that is accountable-not just every four years at the voting booth, but every day. MORE COMPETITION: Competition increases quality and productivity and decreases cost. TO the maximum extent practical, we must demand that our government operate in ways that encourage-even require-competition.«[114] Mit diesem Credo ist das Paradigma der High-Performance auch im Feld der öffentlichen Verwaltung angekommen.

2.8 Erste Zwischenbilanz: Metamodelling

Wir haben gesehen, wie Performanz im organisationalen Feld Gebrauch macht sowohl von Modellen der Praxis als auch von Metamodellen der Untersuchung, der Modellierung selbst. Prozessbezogenheit wird zum primären Ziel. Die unterschiedlichen Formen der Performance beinhalten selbst Prozesse kreativer Metamodellbildung, das heißt, dass die Disziplin eine Verschiedenheit an referentiellen Performancemodellen generiert und generalisiert. Manche dienen als Metamodell im Feld der Objekte, manche in Bezug auf das Paradigma selbst. Indem sie werden, was sie sind, indem sie sich ereignen, eröffnen aktuelle organisationale Performances ihre eigene Iteration innerhalb eines Zitatennetzwerks, einem kulturellen Gedächtnis, einem Archiv von Verhaltensweisen und Diskursen. Ihre Wieder-erhaltbarkeit ist in konkrete Erfahrung und Handlung durch symbolische Generalisierung gebettet. McKenzie vergleicht in *Perform or Else* die Metamodelle *Rites of Passage* und Feedback. Feedback Loops

113 | Gore 1995, S. 117.

114 | Gore 1995, S. 136-138.

werden im Management organisationaler Performanz verwendet, um individuelle Performance, die Beziehung zwischen der Performance von Subsystemen und ganzer Systeme zu analysieren, zu designen und zu evaluieren. Des Weiteren treten in Reorganisationsprozessen sogenannte *Change Agents* auf den Plan, deren Aufgabe es ist, externes Feedback zu geben und so den Transformationsprozess der Organisation zu unterstützen und mit zu steuern. Feedback wird so zu einer spezifischen Performance, die die Richtung der *Overall Performance* mit bestimmen kann. Eine Performance über Performance agiert Feedback selbst als Metamodell.

Das kulturwissenschaftliche Konzept der *liminal rites* weist starke Parallelen zum Feedbackkonzept auf. Ausgehend von Arnold van Genneps Konzept der *rites of passage* sieht Victor Turner Performanz als Position des Zwischenraums sozialer Organisation des Alltags, als Ort der Transition zwischen Struktur und Anti-Struktur und zwischen fixierten Stadien kultureller Praxis. Kernpunkt stellt für Turner der Begriff der Schwelle, der Grenze dar: limen, Liminalität. Als Limina unterbrechen symbolischen Praxen – Rituale, Festivals, Unterhaltung etc. – die soziale Produktion und verändern, produzieren und rahmen das kulturelle Leben einer Gemeinschaft. Die *liminal role* verortet gesellschaftliche Akteure zwischen permanenten sozialen Rollen und Modi des Bewusstseins. Die Hauptcharakteristik der Liminalität zeigt sich darin, dass sie den Wahrnehmenden erlaubt zu akzeptieren, dass die Ereignisse sozialer Produktion zugleich reale (=konkret soziale bzw. materiale) und nicht-reale (=symbolische) Wirkung hervorrufen. Die zyklischen Prozesse der *Liminal rites* bestehen aus *expulsion and incorporation* (Aus- und Eingrenzung). Teilnehmer des *Liminal Process* werden für eine bestimmte Zeit von dem Rest der Gesellschaft getrennt und dann reinkorporiert. In diesem Sinne fungieren gesellschaftliche Akteure als Output und Input – ihre *Rites of Passage* zeigen sich als *Feedback Loops* einer ganzen Gesellschaftsform. (So könnte auch Arbeitslosengeld als *Liminal Rite* gelesen werden: als soziales Konstrukt einer Überbrückung in einer transitionalen Lebensphase.)

Sowohl Turners als auch Schechners Konzeptualisierung von Liminalität – den spezifischen Effekten von Ritualen auf individuelle Akteure und soziale Strukturen – nutzt deshalb auch Feedbackdiagramme, um die Wirksamkeit soziokultureller Performance zu theoretisieren.

Ein Beispiel ist Richard Schechners Essay *Selective Inattention* von 1977. Schechner zeigt anhand eines Diagramms, wie sich soziale und ästhetische Dramen wechselseitig durchdringen. »There is a flow to the relationship between social and aesthetic drama and specific enactments (shows) may ›journey‹ from one sphere into the other but only in the direction indicated.«[115] In der Theoretisierung der Art und Weise, wie der von ihm untersuchte Tribe der *Tsembaga*

115 | Schechner 1977, S. 144.

kaiko Tänze benutzt, um destruktive Verhaltensweisen zwischen unterschiedlichen Gruppen in konstruktive Allianzen zu transformieren, beschreibt Schechner explizit: »Quite unconsciously a positive feedback begins: the more splendid the displays of dancing, the stronger the alliances; the stronger the alliances the more splendid the dancing.«[116] Turner wiederum rekurriert auf Schechners Feedbackdiagramm in *Social Dramas and Stories About Them*. Für Turner sind soziale Dramen politische Prozesse, in denen »ends means, and resources are caught up in an interdependent feedback process.«[117] Verdeutlicht wird dies in dem Kommentar zu einer *Ndembu*-Geschichte über einen betrunkenen König, der von seinen Söhnen geschlagen und von seiner Tochter getröstet wird: »Just as the story itself still makes important points about family relationships and about the stresses between sex- and age-roles, and appears to be an emic generalization, clothed in metaphor and involving the projection of innumerable specific social dramas generated by these social tensions, so does it feedback into the social process, providing with a rethoric, a mode of employment, and a meaning.«[118] Turner betont hier die sozialen Spannungen und die negative, korrigierende Funktion von Feedback. Für Turner führen positive, verstärkende Feedbacks zu Schizophrenie oder der Auflösung der sozialen Gruppe.

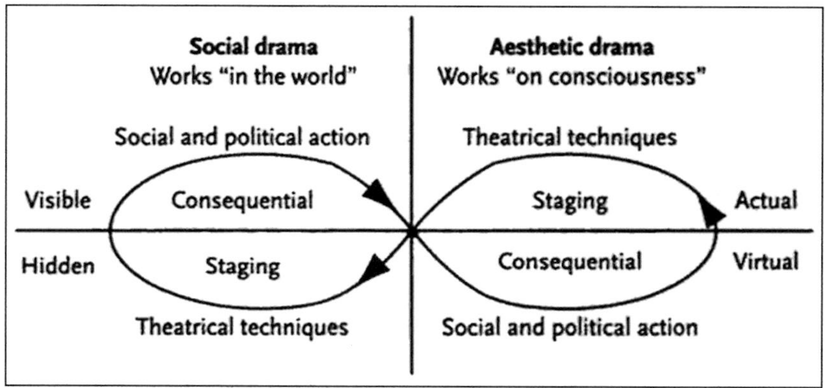

Abb. 7: Schechner 1977, S. 144.

Im Feld der Performanz durchdringen soziokulturelle und organisationale Vorstellungen wie Praxen einander. Das Performancemuster der Metamodellierung zeigt sich nicht nur in der Lage, Performances zu analysieren, zu generieren und zu evaluieren, es kann sie auch zitieren und neu verorten, indem es die evaluativen Kräfte, die die Diskurse und Praktiken binden, aufbricht. Das

116 | A.a.O., S. 66.

117 | Turner 1982, S. 71.

118 | A.a.O., S. 72.

Performanzmodell macht sichtbar, wie sich Diskurse und Praktiken als Formen rekombinieren, überschreiben und in neuen Zusammenhängen nutzen lassen. Durch diese Iterabilität werden verändernde Kräfte zu normativen Kräften und normative zu verändernden Kräften. Die Parameter der Effizienz bleiben in Organisationen bestimmend, auch wenn die Nutzung der *Performance Arts* z.B. im Management transformierende Kräfte freisetzen kann.[119] Peter Vail geht so weit, zu behaupten, dass Management eine darstellende Kunst sei und zieht daraus den Schluss: »If management is a performing art, the consciousness of the manager is transformed.«[120] Solche Transformationen können jedoch jederzeit von dem Diktat der Effizienz recodiert und überschrieben werden. Es ist einzuschließen, dass Effizienz – die Maximierung von Output und die Minimierung von Input – selbst verändernde Kräfte entwickeln kann. Es sind durchaus Situationen denkbar, in denen normative Kräfte transformatorisch wirken, in denen organisationale Effizienz sozial wirksam, widerständig und liminal wird. Problematisch bleibt, dass im Zuge von Entwicklung und Einsatz digitaler Medien und Telekommunikation die normativen Effekte der Effizienz sowohl in sozialen als auch in organisationalen Performances zum einen immer weniger geortet werden können und zum anderen gleichzeitig eine radikale Ubiquität erlangen. Die Multiplikation des Feedbacks navigiert zwischen totaler Kontrolle und Unsteuerbarkeit: Selbstauflösung von Gesellschaft.

119 | Siehe hierzu: Papke und Berg 2004, und Schmid 2004.

120 | Vaill 1989, S. 118.

3. Politiken der Performativität

Problematiken der kybernetischen Wissenskonzeption

3.1 Jean-François Lyotard. Das postmoderne Wissen

Es wurde gezeigt, wie sich im Paradigma der Performanz Arbeits- bzw. Organisationsformen verändern. Nachdem Performanz bei Taylor als *Task* identifizier- und choreografierbar gemacht wird, findet eine Verlagerung von Einzel- zu Gruppensteuerung statt, die sich als Konzeption der Kybernetik bzw. Systemtheorie entfaltet. Es bleibt jedoch noch zu wenig beleuchtet, welche epistemologischen Felder hierbei entstehen und auf welcher politischen Philosophie diese gründen.

Wissenschaftliche Erfassung großer Datenmengen, Steuerung ökonomischer, politischer, sozialer Prozesse, Planung der Verwaltung und Systematisierung der Dokumentation – hierzu bedient sich die spätkapitalistische Gesellschaft nach dem Zweiten Weltkrieg zunehmend des aus der Naturwissenschaft übernommenen Instrumentariums. Materieller Ausdruck dieser Entwicklung ist die ubiquitäre Ausbreitung der Medien- und Computertechnologie in westlichen Staaten. Vorraussetzung einer Instrumentalisierung von Wissenschaft ist die Systemtheorie. Die politische Funktion dieser Theorie wird unmittelbar dort sichtbar, wo sie selbst in Prozessen politischer Planung unvermittelt die Grundlage politischen Handelns bildet. Die Systemtheorie tritt ab den 1950er-Jahren als hegemoniale Theorie der Gesellschaft auf und zu traditionellen Gesellschaftstheorien in Konkurrenz. Neben ihrem Versprechen einer herrschaftsfreien und auf technische Performanz reduzierten Wohlstandsgemeinschaft steht ihre ideologische Tendenz, Macht unsichtbar zu machen bzw. indirekt zu gestalten – der Topos Steuerung avanciert zum Nexus politischen Denkens und Handelns. Im Modus des systemtheoretischen Ansatzes versuchen Entscheidungsträger, die Navigation des Gesellschaftlichen auf durch Performanz geeichte Input-Output-Matrizen zu reduzieren. Dies funktioniert nur, wenn Systemtheorie die Kommensurabilität der Elemente und die Stabilität des Systems im Voraus annimmt. So leitet Systemtheorie die Legitimation sowohl der sozialen Gerechtigkeit als auch der Erkenntnis des Wissens aus der Leistung und der Effizienz des Systems ab. Der ökonomische Widerspruch innerhalb dieses Komplexes absoluter Performanz zeigt sich heute als gesellschaftliche Realität. Aktuelle Managementstrategien suchen nicht nur menschliche Arbeit durch maschinelle Produktionsmittel zu ersetzen; auch werden, um Kosten zu senken und Effizienz zu steigern, computertechnologische Kategorien auf menschliche Arbeit appliziert.

In seiner Untersuchung der epistemologischen Fundierung des neuen, als postmodern aufgefassten Paradigmas der Performanz und dessen spezifischen Wissensformen geht Jean-François Lyotard davon aus, »dass das Wissen in derselben Zeit, in der Gesellschaften in das sogenannte postindustrielle Zeitalter [...] eintreten, sein Statut wechselt.«[1] Lyotards These nimmt Bezug auf die prominenten Vertreter der Dienstleistungstheorie, Alain Touraine[2] und Daniel Bell[3]. Ausgehend von diesen Autoren beschreibt Lyotard die sich in der Post-War-Ära der westlichen Industrieländer abspielende Transition. Art und Weise sowie Geschwindigkeit dieses Wechsels verlaufen in den unterschiedlichen Ländern dischronisch.[4] Somit lässt sich der globale Transformationsprozess nicht ohne weiteres als Gesamtkomplex definieren.[5] Lyotard beobachtet in diesem Zusammenhang vor allem eine Wechselwirkung der Wissensfelder: Seit dem Aufkommen des Computers nehmen die führenden Wissenschaften vor allem die Sprache zum Gegenstand ihrer Forschung. Sie analysieren die Phonologie und die linguistischen Theorien, Probleme der Kommunikation und der Kybernetik, die modernen Algebren und die Informatik. Daraus entwickeln sich Fragestellungen nach Übersetzbarkeit der Systeme, Möglichkeiten der Speicherung und der Übertragung von Daten. Einher mit der Kommerzialisierung der Geräte geht eine Normierung gesellschaftlicher Kommunikation. Eine Hegemonie der Informatik erwächst, die einer spezifischen Logik zur Durchsetzung verhilft und damit auch Einfluss auf die Präskription dessen nimmt, was als die zum Wissen gehörige Aussage zu akzeptieren ist.

Wissen lässt sich per Datenträger veräußern. Das impliziert auch, dass sich Wissen vom Wissenden löst. Wissen kann verwertet, kommodifiziert werden. In der Folge verschiebt sich Wissen von staatlichen Institutionen hin zu einem gigantischen Markt. Die Merkantilisierung des Wissens führt zu einem Rückgang der Bedeutung des Staates als wichtigste Instanz der Wissensdistribution. Wissen wandelt sich zur »unmittelbaren Produktivkraft,« wie sie Marx bereits

1 | Lyotard 1994, S. 19.

2 | Touraine 1969.

3 | The Coming of Postindustrial Society.

4 | Lyotard spricht von »Dischronie«, Lyotard 1994, S. 19.

5 | Die Problematik des Begriffs postindustriell hat Bruno Flierl in seiner Studie Ideologiekritik des Städtebaus herausgearbeitet.

in den Grundrissen als »das allgemeine gesellschaftliche Wissen, *knowlegde*«[6], beschreibt und annoncert sich damit als ein Hauptprodukt im globalen Wettbewerb, als ein Feld für industrielle, kommerzielle sowie militärische und politische Strategien.[7] Im Komplex der Ideologie kommunikativer Durchsichtigkeit eindeutiger Signale wirkt der Staat intransparent. Er sendet »rauschende« Signale. Das bewirkt eine zunehmende Problematisierung und Verschlechterung der Beziehung zwischen Staat und Ökonomie. Je globaler die Wirtschaft im Modus der Telematik und weltweiter Warenzirkulation agieren kann, desto gefährdeter ist die Stabilität staatlicher Instanzen.

Wenn sich aktuelle Technologie auf die Sprache beruft, so tut sie dies in einem bestimmten Modus – dem der Performanz und Performativität. Performanz und Performativität eines Systems bedeuten die messbare Effizienz im Verhältnis Input/Output. Für Austin stellt das Performative die optimale Realisierung der Performanz dar.[8] Eine performative Aussage entfaltet ihre Wirkung auf den Referenten (dem, wovon die Aussage handelt) gleichzeitig mit ihrer Äußerung. Dies ist auf keinen Fall Gegenstand der Diskussion: Der Empfänger der Aussage findet sich ungefragt im performativ vom Sender erzeugten Kontext wieder. Das bedeutet für den Sender, dass er mit der Autorität ausgestattet sein muss, diese Aussage zu treffen. Und umgekehrt: Der Sender verfügt nur insofern über Autorität, als er auch tatsächlich eine autoritäre Wirkung beim Empfänger erzielt. Ein Performer verfügt über eine Legitimation nicht aufgrund eines narrativen, geschichtlichen Feldes, sondern aufgrund des Machens, des Ausführens der Handlung z.B. eines Sprechaktes[9] selbst. Die Legitimation wird so auf die kleinstmögliche Lokalität beschränkt.

In seiner Analyse bezieht sich Lyotard zunächst vor allem auf Talcott Parsons. In den 1950er-Jahren entwickelt Parsons das Bild eines Gesellschaftsmodells aus jenem Konzept, dessen Wirkung sich bereits in den *Operation-Research*-Abteilungen des Zweiten Weltkriegs entfaltet und seine Diffusion in die Gesellschaft mittels der neuen Informationstechnologien als das Konzept des selbstregulierenden Systems findet. In einer Hinwendung zur Virtualität

---

6 | Marx 1953, S. 593. »Die Entwicklung des capital fixe zeigt an, bis zu welchem Grade das allgemeine gesellschaftliche Wissen, knowledge, zur unmittelbaren *Produktivkraft geworden* ist und daher die Bedingungen des gesellschaftlichen Lebensprozesses selbst unter die Kontrolle des general intellect gekommen und ihm gemäß umgeschaffen sind. Bis zu welchem Grade die gesellschaftlichen Produktivkräfte produziert sind, nicht nur in der Form des Wissens, sondern als unmittelbare Organe der gesellschaftlichen Praxis; des realen Lebensprozesses.«

7 | Lyotard bezieht sich hier vor allem auf den Artikel von Stourdzé 1978.

8 | Austin 1972, S. 50ff.

9 | »Sprechakte [...] sind die grundlegenden oder kleinsten Einheiten der sprachlichen Kommunikation.« Searle 1971, S. 30.

von Sprache besteht die neue Definition von Gesellschaft nicht mehr aus dem noch in der Philosophie des 19. Jahrhunderts dargestellten, organischen Gesellschaftskörpers, sondern aus einem über die Kybernetik verfügbaren Regelkreis. Verwies der Marxismus noch auf einen Dualismus einander widerstreitender Kräfte, die die Durchdringung der »bürgerlichen Gesellschaften durch den Kapitalismus begleiten,«[10] wird soziale Gerechtigkeit nun als sekundärer Effekt angenommen: Primärer Zweck des Systems ist die Performativität, die Optimierung des globalen Verhältnisses seiner In- und Outputs, ergo seiner Leistungsfähigkeit; im vollständig geschlossenen Kreis der Tatsachen und Interpretationen einer systemischen Selbstregelung werden Wahrheit und Praxis vereinheitlicht und totalisiert. Parsons formuliert es so: »Die wichtigste Voraussetzung für eine erfolgreiche dynamische Analyse ist die permanente systematische Rückbeziehung jedes Problems auf den Zustand des Systems als Ganzen [...] Ein Prozess oder eine Reihe von Bedingungen können entweder zur Erhaltung (oder Entwicklung) des Systems beitragen, oder aber sie sind dysfunktional, das heißt sie beeinträchtigen Integration, die Wirksamkeit usw. des Systems.«[11] Wer nicht performt, läuft Gefahr, als gesellschaftlich nicht kompatibel zu gelten. Gesellschaftliche Akteure agieren entweder als Teil der Lösung oder als Teil des Problems. Das Performanzparadigma interpretiert Regeländerungen, Dysfunktionalitäten wie Krisen und Arbeitskämpfe als Spannungen, die unter der Absicherung allgemeinen Konsenses durch den Regelkreis, zur Stabilisierung des Systems und zur Verbesserung seiner Leistung beitragen. Einziges Alternativszenario ist Entropie, gedeutet als Zerfall. Eine Argumentation, die im Neoliberalismus des freien Marktes ihre volle Entfaltung findet: Maximierung des Drucks, Zunahme der Technisierung von Gesellschaft und asketische Anstrengung des Einzelnen, um im internationalen Markt wettbewerbsfähig zu bleiben.

Performativität und Legitimation

Im systemanalytischen Ansatz bedingen Technik und Performanz einander. Techniken sind anthropologisch Prothesen von Körpern oder physiologischen Systemen des Menschen. Aufgabe der Prothese ist es, Daten zu empfangen und im Modus der technologischen Performanz, der Optimierung von Leistung = Steigerung des Outputs (erreichte Informationen oder Veränderungen) bei gleichzeitiger Minimierung des Inputs (aufgewendete Energie) auf das System einzuwirken. In diesem Konzept geht es nicht um Erkenntnis, sondern um Effizienz: Eine Technologie ist performativ, wenn sie etwas mehr macht und weniger verbraucht. In dem Paradigma der Performanz spiegelt sich die

10 | Lyotard 1994, S. 47.

11 | Parsons 1964, S. 36-38.

Verschiebung des Wissens von der Suche nach Wissen hin zum Imperativ der Verbesserung von Leistung und der Realisierung von Kapital: »Im zeitgenössischen Wissen gewinnen die Techniken nur durch Vermittlung des Geistes der verallgemeinerten Performativität an Bedeutung«[12], konstatiert Lyotard.

Als Auswirkung des performativen Imperativs offenbaren sich Kapitalisierung von Forschung, Ausrichtung von Wissenschaft auf Anwendung sowie direkte und indirekte Förderung rentabler Innovationen. In dieser Bewegung diffundieren auch die Organisationsnormen des Kapitals in die Wissenschaft. Organisation von Arbeit, wie sie in Unternehmen existiert, Hierarchien, Arbeitsbestimmungen, Organisation von Forschungsgruppen, Akquise von Forschungsgeldern und Kunden sowie vor allem die Evaluation von Leistungen wirken als Kernpunkte aktueller wissenschaftlicher Arbeit. Als Beispiel aus Deutschland wäre der Juniorprofessor anzuführen: Er stellt einen neuen Wissenschaftlertyp dar, für den die Einwerbung von Drittmitteln zum Hauptaufgabenfeld gehört. So formuliert Jürgen Klaube in *Die Detektive der Aufklärung* in der *Frankfurter Allgemeinen Zeitung* vom 26. November 2004: Die jungen Wissenschaftler gewöhnen sich bereits »daran, rasch Antennen dafür auszubilden, was in ihrem Fach und von dessen Prominenz – die ja über die Drittmittel entscheiden – gerade als Trend gehandelt wird«[13]. Um die Nützlichkeit des Wissens als Performanz sicherzustellen, wird an den Universitäten in »engen Zeithorizonten«, »projektförmig« gearbeitet, um dadurch jederzeit »evaluierbar« zu sein. So steigt der Anteil administrativer und rhetorischer Aufgaben an wissenschaftlicher Arbeit: Anträge schreiben, Kontakte pflegen, Werbung treiben.

Und auch inhaltlich dreht sich die Wissenschaftsfunktion: Galt traditionell das erkenntnistheoretische Prinzip des Beweises als Legitimationsprinzip von Wissenschaft, beobachtet Lyotard hier eine Erweiterung um das Kriterium der Performativität. Durch Performativität legimitiert sich der Diskurs der Macht. Und: Beweisführung kann sich sogar verstärken, indem sie die Performativität ins Feld führt. Eine umgekehrte Wirkung setzt ein: Das massiv in das wissenschaftliche Wissen integrierte Kriterium der Performativität beeinflusst umgekehrt das Kriterium der Wahrheit. Gleiches gilt nach systemanalytischen Grundsätzen auch für die Normativität von Gesetzen. Luhmann geht sogar so weit zu sagen, dass in postindustriellen Gesellschaften die normative Kraft von Gesetzen durch die Performativität des Verfahrens substituiert wird.[14] Eine gesetzliche Entscheidung gilt als gerecht, wenn sie ausgeführt wird: Die ausführende Macht legitimiert sich durch ihre Performativität. Die *Amplification of Reality* wird real: Mittels der eingesetzten Techniken wird Realität verstärkt und auf die Kurzformel *Wirkung und Effizienz = Legitimation und Autorität* gebracht.

12 | Lyotard 1994, S. 132.

13 | Klaube 2004.

14 | Luhmann 1969.

»So nimmt die Legitimierung durch die Macht Gestalt an.«[15] Weil Recht und Wissenschaft an Performanz gekoppelt sind, wird ein Legitimationsfeedback in Kraft gesetzt: »die gute Performativität [...] legitimiert die Wissenschaft und das Recht durch ihre Effizienz und diese durch jene.«[16] Das bedeutet: Performative Macht legitimiert sich selbst im Modus des Regelkreises. *Control* wird Hauptmodus eines Verfahrens verallgemeinerter Informatisierung: Kontrolle des Kontextes bedeutet Verbesserung der Leistung im konstituierten Kontext im Horizont der Bemächtigung der Legimitation durch Bemächtigung der Realität mithilfe von Technologien. So wie im postindustriellen Diktum, dass man desto mehr verkaufen kann, je mehr man über den Kunden weiß, vergrößert sich die Performativität einer Aussage mit dem Ausmaß von Informationen, die hinsichtlich eines Referenten verfügbar sind.

Das Subjekt als Kunde

Im Zuge der bestmöglichen Kundenkommunikation wird die Funktion der Regulierung mehr und mehr automatisiert. Daher liegt die Problematik vor allem in der Verfügbarkeit des Wissens, in dem Zugang zum Datenspeicher. Die Verfügung über Information wird Machtbereich der sogenannten Thinktanks, des neuen Expertenpools der Unternehmensmanager, spezialisierter Wissenschaftler und Leiter großer gesellschaftlicher Verbände, die die traditionelle politische Klasse mehr und mehr verdrängen oder inkorporieren. Der Staat, die Parteien und die Gewerkschaften verlieren an Bedeutung.[17] Aus dieser Entwicklung leitet Jean Baudrillard[18] einen Mangel an Identifikationstypen und die Zersetzung des sozialen Bandes ab. Soziale Gemeinschaften werden zu einer aus individuellen Atomen bestehenden Masse, die isolierten Subjekte verlieren sich in disparaten Bewegungen. Lyotard teilt diese Ansicht jedoch nicht. Baudrillards Argumentation entspringt für ihn aus einer überkommenen Perspektive, die noch einer Ideologie der Vorstellung von einer organischen Gesellschaft verhaftet ist. Auch für Lyotard ist das Subjekt nicht mehr das zu emanzipierende Autonome, wie es die Aufklärung einst inaugurierte. Aber es ist auch nicht verschwunden. Das Subjekt existiert heute in einem Gefüge von Relationen, »das noch nie so kom-

15 | Lyotard 1994, S. 138.

16 | Ebda.

17 | Lyotard identifiziert hiermit auch den Niedergang des politischen Glamour: mit Stalin, Mao und Castro verschwinden die letzten Eponyme der Revolution. Dem ließe sich der Erfolg Reagans und Schwarzeneggers in der Politik entgegenhalten, die den umgekehrten Weg gingen: Sie haben den Glamour Hollywoods auf die Politik transponiert.

18 | Baudrillard 1979.

plex und beweglich war.«[19] Weder verfügt das Subjekt über absolute Autonomie noch ist es machtlos. Wenn Gesellschaft sich als ein System im kybernetischen Sinn versteht, liest sie dieses System als eine Topologie von Kreuzungen, an denen die Kommunikation zusammengeführt und wieder verteilt wird. In dieser Topologie sind es immer noch die Subjekte selbst, die als Knoten des Kommunikationskreislaufs fungieren. Im Kampf des Systems gegen die Entropie begünstigen Subjekte sogar Verschiebungen innerhalb des Kreislaufs. Die Reorganisation der Verortung von Sender, Empfänger oder Referent im System wird allerdings nur in dem Maße toleriert, wie sie zur Verbesserung der Performanz des Systems beiträgt und wie sie zur Wiederanpassung in der Lage ist. Gleichzeitig hört das System nicht auf, Querdenker, Innovatoren und »echte« Charaktere zu fordern, zu kommodifizieren und zu konsumieren. Es herrscht das Diktum des Pop: Jede Subkultur wird Teil des Marktes, um wieder zu verschwinden, sich anzupassen oder ihre Relevanz einzubüßen.

So kann auch die Globalisierung auf die Bildungssysteme einwirken – im weltweiten Wettbewerb ändern sich die Schwerpunkte der Bildung je nach dem, was auf dem Weltmarkt nachgefragt wird. Aus systemtheoretischer Perspektive steigt die Relevanz sozialer Systeme mit zunehmender Performativität. Mit dem Ende der Emanzipationserzählung verschiebt sich die Bedeutung von Universitäten als Stätten der Ausbildung von Wissen und Idealen hin zu Stätten der Ausbildung von Kompetenzen. Anders formuliert: Wissen und Kompetenz beginnen, sich zu überlagern und ineinander überzugehen. Bezeichnend für diese Änderung ist die Gleichsetzung funktionalistischer Performativität und objektiven Wissens, wie sie Parsons formuliert: »Die Orientierung an der rationalen Erkenntnis ist implizit in der Kultur des instrumentellen Aktivismus gemeinsam [...].«[20] Die Vermittlung von Wissen als Funktion der nationalen Emanzipation wird gleichgesetzt mit dem Nachschub an Akteuren, »die in der Lage sind, ihre Rolle auf den pragmatischen Posten deren Institutionen bedürfen, erwartungsgemäß einzunehmen.«[21] Im Kontext der Vermarktung von Wissen verkauft sich jenes Wissen am besten, welches auch Machtsteigerung verspricht. Ein gigantischer Markt an operationellen Kompetenzen erwächst. »Die Besitzer dieser Art von Wissen sind und werden das Objekt von Angeboten, ja sogar Einsatz verschiedener Formen von Verführungspolitik sein.«[22] Wissen besteht hier nicht in einer Kompetenz, die unter Ausschluss anderer nur eine bestimmte Art von Aussagen umfasst, sondern es ermöglicht dem Subjekt leistungsfähige Performanzen bezüglich unterschiedlicher Objekte des

19 | Lyotard 1994, S. 55.

20 | Parsons und Platt 1968, S. 507.

21 | Lyotard 1994, S. 142.

22 | Genau dieser Doktrin folgt, so Lyotard, das amerikanische Universitätssystem seit dem 2. Weltkrieg. Lyotard 1994, S. 150.

Diskurses. Wissen konvergiert mit der Bildung von Kompetenzen als im Subjekt verkörperte Form, die sich aus unterschiedlichen Arten der Befähigung zu Selbst-Konstitution zusammensetzt. Und: Evaluierende Aussagen hängen folglich von dem Kriterium der Effizienz ab.

Paradox der Kontrolle

Kontrolle des Kontextes impliziert die Hinwendung zur Strategie: Bei gleicher Kompetenz hängt der Zuwachs an Performativität von der Strategie ab, die es dem Akteur ermöglicht, entweder neue Handlungsmöglichkeiten zu eröffnen oder die Regeln des Verfahrens zu modifizieren. Legitimation wird Spiel der Strategie. So wendet sich eine neue Pragmatik der wissenschaftlichen Forschung hin zur Suche nach neuen Argumentationen, neuen Strategien und neuen Regeln. Der Wissenschaftler wird zunehmend zum Manager. Aber die Strategie unterläuft gerade das, was die Systemtheorie dekliniert: Als deterministische, positivistische Philosophie der Effizienz definiert sie Legitimität durch ein Verhältnis von Input und Output unter der Voraussetzung, dass ein System stabil ist. Wenn das System stabil ist, gehorcht es linearen Regeln, aus denen sich konstante Funktionen ableiten lassen, die wiederum die Prognose des Outputs ermöglichen. Die Idee der Performanz impliziert hier die Idee eines Systems von großer Stabilität und dem thermodynamischen Satz der Kalkulierbarkeit des Verhältnisses zwischen Wärme und Arbeit.

Diese Stabilität ist in sozialen Systemen jedoch so nicht aufrechtzuerhalten. Als Beispiel nennt Lyotard Bürokratien, die Systeme oder Subsysteme, die ihrer Kontrolle unterliegen, in einem Prozess des negativen Feedbacks zum Erlahmen bringen. Nach Léon Brillouin[23] ist Information nicht energieunabhängig, sie kostet selbst Energie. Die Negentropie, die sie konstituiert, ruft die Entropie hervor. Daraus folgt: eine Gesellschaft als System ist ad definitionem nicht kontrollierbar. Die Reaktion auf eben jene Unkontrollierbarkeit äußert sich in der verstärkten Hinwendung zu den von Foucault als gouvernemental identifizierten Sozialtechniken und Strategien in postindustriellen Gesellschaften. Gouvernementalität bedeutet, Systeme ohne direkte Kontrolle zu kontrollieren und zwar im Modus der indirekten Steuerung. Je mehr Strategie ins Spiel kommt, desto instabiler wird das System. Der Aufstieg von Wissen und Technologie zum wesentlichen Kampfplatz globaler Konflikte forciert die Frage nach politischer Legitimation auch deshalb, weil technologisches Wissen und Mikrophysik der Macht (wie Foucault sie nennt)[24] aktueller Gesellschaften direkt miteinander gekoppelt sind. Wenn entschieden werden soll, was Wissen ist und welche Entscheidungen zu treffen sind, erweist sich die Frage des Wissens im Zeitalter

23 | Brillouin 1956.

24 | Foucault 1976.

der Informatik mehr denn je als eine Frage der Gouvernementalität, des guten Regierens. Dieses Regieren ist jedoch unabhängig vom Staat zu lesen: Regieren emergiert vielmehr als Teil der individuellen Kompetenz zur Navigation im deregulierten sozialen Raum.

Nachrichten/Aussagen funktionieren nicht nur als Übermittler von Information. Eine kybernetische Maschine verarbeitet Informationen; was oder wer aber entscheidet über das Programm, nach welchem die Informationen prozessiert werden? Ein System braucht präskriptive und evaluierende Aussagen darüber, was als Maximierung der Leistung zu definieren ist. Das Strategische daran äußert sich in der Frage, ob es Subjekten möglich ist, mangels eines konstanten Gesetzes in einer für sie vorteilhaften Art zu agieren, und dies, indem sie ihre Handlungen, Regeln und Spiele variieren. Das bedeutet weiterhin, dass der Zufall nicht mehr dem Objekt, der Indifferenz oder den Verhältnissen zuzuordnen ist, sondern der eigenen Strategie, dem eigenen Verhalten der Akteure. Wahrscheinlichkeit ist nicht mehr konstitutives Axiom einer Objektstruktur, sondern regelndes Axiom einer Verhaltensstruktur. Das Prinzip der neuen Performanz heißt dann: Agonistik als das Prinzip der absoluten Konkurrenz. Diese Fragen sind Fragen einer Mikrophysik der Macht.

Die Konsistenz eines sozialen Systems ist davon abhängig, das Verhalten der Akteure stabil zu halten. Wenn die Akteure allerdings in zunehmenden Maße die Variation ihrer Handlungen und ihres Verhaltens ansteuern, wird das System instabil: Die Kontrollvariablen wechseln kontinuierlich. In einer Gleichung ausgedrückt: Die Lösungsvariable L ist abhängig von der Anzahl der Kontrollvariablen K^n und der Zustandsvariablen Z. Damit endet die Diskussion über Determinismus und Nichtdeterminismus: »Der mehr oder weniger determinierte Charakter eines Zustands ist durch den lokalen Zustand dieses Prozesses determiniert«[25], schreibt Thom 1972 in *Stabilité structurelle et morphogenèse*. Innerhalb eines Prozesses wird, in Abstimmung mit den lokalen Daten, in jedem Moment des Prozesses die am wenigsten komplexe Morphologie realisiert. Diese Tatsache zeigt sich stabil, die Daten ermöglichen jedoch nicht die Stabilisierung der Form. Es ist also eher von einer Unvereinbarkeit der Kontrollvariablen auszugehen. Hiermit emergiert die Regel der allgemeinen Agonistik von »strategischen« Reihen. Eine strategische Reihe wird durch die Anzahl der ins Spiel gebrachten Variablen definiert. Die Hinwendung zur Strategie verändert das Feld des Wissens: Die ableitbare Funktion als Paradigma der Erkenntnis und Prognose verliert an Bedeutung. Im Paradigma der Strategie äußert sich eine neue Performanz: die der Unentscheidbarkeit. Eine Performanz an den Rändern von Präzision und Kontrolle emergiert, welche Konflikte unvollständiger Informationen prozessiert und das Legitimationsmodell der Performanz

25 | Thom, R., Stabilité structurelle et morphogenèse. Essai d'une théorie générale des modèles, Reading 1972, S. 25, zit.n.: Lyotard 1994, S. 171.

um die Form von Unentscheidbarkeit als permanenter Differenz erweitert. Diese ist immer lokal: Morphogenese ist nicht ohne Regeln, aber ihre Bestimmung kann nur lokal erfolgen. Hinsichtlich des Ideals der Transparenz des Diskurses bewirkt die Eigenschaft der Unvorhersehbarkeit die Bildung von Diffusität. Der Zeitpunkt des Konsenses erfährt eine permanente Retardierung: Er wird auf ein nicht näher definiertes Später verschoben.

Luhmann sagt, das System könne nur funktionieren, indem es stabil bleibt, also Komplexität reduziert.[26] Andererseits muss die Anpassung der individuellen Vektoren an das Gesamtziel die Stabilität des Systems bewirken. Komplexitätsreduktion ist die Kompetenz der Macht. Wenn zu viel Information zirkuliert, kommt es zum *Overload* und zur gleichzeitigen Reduzierung der Performativität. Der Schutz des Systems ist die Pädagogik vermittels des Konzepts der Modellierung: Durch Emulation werden Entscheidungen frei von Störungen gelenkt, um mit den Entscheidungen des Systems kompatibel zu werden. Eine perfekte Lernmaschine: Die administrativen Verfahren sollen »die Individuen das ›wollen‹ machen, was das System benötigt, um performativ zu sein.«[27]

Waren es in der Disziplinargesellschaft noch die administrativen Verfahren, die Individuen dazu bringen wollten, selbst zu wollen, das zu machen, was das System benötigt, um zu funktionieren, so agiert in der Kontrollgesellschaft eine subsidiäre Führung als Hauptmerkmal einer systematischen Lernmaschine der Performanz. Das heißt, innerhalb des Feldes einer Mikrophysik der Macht wird das Kalkül der Interaktion anstelle der Definition von Wesenheiten gesetzt. Die Akteure tragen die Verantwortung nicht nur für ihre Aussagen, sondern »auch für die Regeln, denen sie sich unterordnen, um sie annehmbar zu machen.«[28] Dadurch entstehen Probleme der Kommunikation innerhalb des Systems: Wenn die Kultur ohne Erzählung auskommt, muss sie ihre Kommunikation mit sich selbst prüfen. Die Gesellschaft gerät so in einen infiniten Regress der Legimitation, der nur durch die Gewalt des Operativen, der Ausführung der Performanz unterbrochen werden kann. Im Kriterium der Macht wird Legitimation nicht aus der Verbesserung der Lebensumstände, sondern aus der Performativitätsverbesserung des Systems gespeist. Folgen einer solchen Politik lassen sich u.a. am Niedergang des Sozial- bzw. Wohlfahrtsstaates ablesen: Regulatoren des Systems fungieren nicht mehr im Sinne der Bedürfnisse der sozial Schwachen, denn diese erhöhen ja nur die Ausgaben des Systems, anstatt es leistungsfähiger zu machen. Das Dilemma hierbei ist, dass eine zu große Anzahl an Unzufriedenen das Gleichgewicht des Systems destabilisiert. Darauf reagiert das System der Performanz mit dem, was Foucault »Biopolitik« genannt hat: Es fordert neue Normen, nach denen Leben zu definieren ist. In

26 | Luhmann 1969.

27 | Lyotard 1994, S. 179.

28 | Lyotard 1994, S. 180.

diesem Modus funktioniert das System der Performanz wie eine avantgardistische Maschine, die Menschen entmenschlicht, »um sie später auf einem anderen Niveau wieder zu vermenschlichen.«[29] Der Aufstieg der Wellness-Branche kann zu dieser Kategorie gerechnet werden: Ausgelaugt von der Arbeit rehumanisieren sich die Menschen im Highspeed, um ihr Humankapital aufrechtzuerhalten und zu erhöhen.

In diesem Zuge marginalisiert sich das Individuelle. Einer Person droht der Ausschluss, wenn sie den Mindestkonsens verweigert oder der Performanz nicht standhält. Lyotard bezeichnet dies als ein Verfahren des Terrors. Es ist ein Verfahren der Eliminierung oder Androhung der Eliminierung eines gesellschaftlichen Akteurs aus dem gesellschaftlichen Regelkreis. Indirekte Steuerung bedeutet aber auch: Eine Nichteliminierung kann nicht passiv als Aufgeben der Verweigerung geschehen, sondern muss aktiv vollzogen werden. Daraus erwächst eine Situation, die dem Orwell'schen Paradox gleicht: Das System macht klar, dass es sich nicht mit negativem Gehorsam und mit Unterwerfung zufriedengibt. Die Beugung muss freiwillig und affirmativ geschehen.[30] Eine Neudefinition der Lebensnormen steht dann unter dem Motto der Strategie: Verbesserung des Systems bezüglich der Macht. Ermächtigung *(Empowerment)* verspricht Partizipation, Liberalisierung und Bereicherung des Lebens, in der Realität jedoch erzeugt sie jene Spannungen im System, die letztlich dessen Leistung verbessern helfen. Innerhalb dieses Komplexes erweist sich Geschwindigkeit, die Strategie des richtigen Timings, als Hauptkomponente der Macht.

Der Verwertungszusammenhang der Systemtheorie hat im Bereich politischer Entscheidungsfindung den Anspruch, als Instrument und Mittel für eine fundamentale Demokratisierung komplexer Entscheidungsorganisationen zu funktionieren. Dabei bleibt offen, wie in den verschiedenen entwickelten Modellen das zentrale Verhältnis von Performativität, Effizienzsteigerung und Demokratisierung ausbalanciert werden kann. Die Neubewertung dieses Verhältnisses leitet einen Paradigmenwechsel ein. Vor dem Hintergrund einer der Demokratie bis dato ungeprüft zugesprochenen Dysfunktionalität bezüglich Effizienz wird ein neues Credo ausgesprochen: die Behauptung, Demokratisierung und Performativität in einem Wachstumsmodell so verknüpfen zu können, dass ihre gemeinsame Maximierung möglich erscheint. Wenn aber in einem Optimierungsmodell mit zwei Variablen die Relation der beiden zueinander formallogisch außerhalb des Modells definiert werden muss, zeigt sich, dass mit der verbalen Artikulation das Problem der bewussten Setzung der Wertepräferenz für eine der beiden Größen nicht gelöst, sondern allenfalls verdeckt werden kann. Daran entzündet sich die heute entscheidende Frage: Wie sieht die Korrelation von Performanz und Demokratie aus, wenn sie sich der sprach-

29 | A.a.O., S. 182.

30 | Watzlawik hat dieses Phänomen analysiert in: Watzlawick et al. 1969, S. 203ff.

lichen und mathematischen, durch Operationalisierungsvorgänge bedingten Komplexität entledigt und sich auf die gesellschaftspolitischen Probleme und die Zielkonflikte zwischen divergierenden Interessen in einer konkreten, d.h. historisch bestimmten Situation projiziert? Lyotard liest aus dieser Fragestellung die Tendenz des postindustriellen Zeitalters zur Enthistorisierung[31] heraus: die neue Gouvernementalität abstrahiert materiale, historisch bedingte Vorgänge und verbucht und evaluiert sie als unkonkrete Systemvorgänge.

Kein Konsens ist möglich

Der systemtheoretische Ansatz setzt sich somit permanent der Gefahr aus, den Parameter Konsens zur Optimierung seiner Performanz zu instrumentalisieren. Aus diesem Tatbestand leitet Yves Stourdzé in *Les États-Unis*[32] den zunehmenden Vertrauensverlust der Bürger in den Staat ab. Bürger sehen im Konsens nur noch ein Mittel zur Legitimierung von Macht. Aus Misstrauen in die Fähigkeit des Staates Konsens zu authentisieren und Performanz integer herzustellen, erwächst bei den Bürgern aktiv die Tendenz, Verwaltungen zu täuschen und zu destabilisieren. Dies lässt sich z.B. an der verstärkten Steuerbetrugsmentalität beobachten.

Auf der anderen Seite äußert sich im postindustriellen Zwang zum lebenslangen Lernen eine Überlagerung von Wissen und Kompetenz, von Erkenntnis und Ökonomie: Die Universität und andere Weiterbildungsinstitutionen übernehmen eine neue Rolle in der Kontrolle des Kontextes und der Erhöhung der Performativität bzw. Konsensleistung des sozial-ökonomischen Systems. Waren Universitäten vormals als möglicher Ort der Kritik an bzw. Analyse von Gesellschaft situiert, zeigen sie sich nun vor allem in der Funktion des Recyclings und der permanenten Eingliederung. Universitäten vermitteln Ausbildung nicht mehr als abgeschlossenes Paket, sondern je nach Marktlage à la carte (Lyotard). Die Erweiterung des Horizonts der Arbeitsleistung, der zunehmenden Artikulation technischer und ethnischer Erfahrung (z.B. Jobrotation und Diversity-Management), der Erwerb von Informationen, Kenntnissen (z.B. in Fortbildungen und Seminaren) überlagert sich mit der Verbesserung der Kompetenz und der damit verbundenen Hoffnung auf beruflichen Aufstieg. Dieser Prozess verläuft keineswegs geradlinig. Auch wenn es das Anliegen der Entscheidungsträger ist, neue Verfahren zur Kontrolle von Leistung und Hierarchien zu implementieren, um den Output zu maximieren, kommt es dabei zu Komplikationen. Aus dem Experimentieren mit Diskursen, Werten und Institutionen erwachsen Verwirrungen. Unendlich viele Daten werden gesammelt, kaum einer weiß, wie sie auszuwerten und zu bewerten sind. Aus dem Überfluss von Daten und In-

31 | Lyotard 1994, S. 175.

32 | Stourdzé 1978 .

formation entsteht ein *Overload;* dementsprechend sind die sozio-politischen Rückwirkungen häufig wenig operational.

Wir sehen eine Metamorphose durch Legitimationsprozesse, die sich nach dem Zweiten Weltkrieg beschleunigt. Mit dem Ersatz von Wahrheit durch Performanz und deren Erweiterung um die Inkommensurabilität findet eine Verschiebung von Wissensdeutung und Wissensbedeutung statt. Aus dieser Entwicklung leitet Lyotard das Ende der großen Erzählungen ab: Der Rekurs auf die großen Erzählungen ist abgeschlossen, man kann sich im Diskurs der postindustriellen Wissenschaft, so Lyotard, »weder auf die Dialektik des Geistes noch auf die Emanzipation der Menschheit berufen.«[33] Das impliziert weiterhin eine Erosion des Konsensprinzips als Kriterium der Gültigkeit. Das Habermas'sche Diktum der idealen Diskurssituation[34] ist, weil es auf der Gültigkeit einer Geschichte der Emanzipation basiert, nicht mehr tragfähig. Habermas setzt hier zweierlei voraus. Erstens, dass sich alle Akteure eines Diskurses über Regeln und über universell gültige Metavorschriften einig sind oder einigen können. Diese Vorannahme negiert jedoch die Tatsache, dass diese Regeln heteromorph sind und heterogenen pragmatischen Regeln zugehören. Zweitens setzt Habermas voraus, dass ein Dialog mit einem Konsens abgeschlossen werden kann. Lyotards Analyse zeigt jedoch erstens, »dass der Konsens nur ein Zustand der Diskurse und nicht ihr Ziel ist«[35] – d.h. es gibt keinen universellen Konsens. Wenn überhaupt von einem Konsens über die Regeln eines Diskurses gesprochen werden kann, so wäre dieser Konsens nur lokal bestimmbar, »das heißt von gegenwärtigen Mitspielern erreicht und Gegenstand eventueller Auflösung.«[36] Wenn zweitens davon auszugehen ist, dass erst Heterogenität des Diskurses seine Erneuerung ermöglicht, würde ein Konsens, wie Habermas ihn denkt, zur infiniten Redundanz führen.

Lyotard zeigt also, wie die Systemtheorie seit den 1960er-Jahren Einzug in die Gesellschaftswissenschaften hält. Er analysiert die Systemtheorie in der Phase des Ausbaus und der konkreten analytischen Anwendung ihrer *Patterns* und *Frameworks* in Verbindung mit kybernetischen und kommunikationstheoretischen Ansätzen als die adäquate theoretische Konzeption zur Aufdeckung und Konzeptionierung zusätzlichen Demokratisierungspotenzials. Demokratie meint hier die theoretische Reflexion in der Wissenschaft von gesellschaftlich nicht länger notwendiger Herrschaft und deren Bedingungen unter dem Aspekt ihrer Abschaffung und Aufhebung. Demokratische Wissenschaft ist herrschaftskritisch. Positiv ausgedrückt geht es ihr um die Grundlagen der Reflexion über die Bedingungen und Möglichkeiten einer demokratischen Orga-

33 | Lyotard 1994, S. 175.

34 | Habermas 1981.

35 | Lyotard 1994, S. 190.

36 | A.a.O., S. 191.

nisation des Zusammenlebens von Menschen. In der Argumentation bei der Wertfestsetzung der demokratietheoretischen Literatur jedoch wird, im Sinne der Systemtheorie, nicht von den Bedürfnissen des Einzelnen, sondern vielmehr von Gruppen, Organisationen und *Communities* ausgegangen. Um die dahinter stehenden Prämissen näher zu beleuchten, möchte ich im Anschluss näher auf zwei Modelle der politischen Philosophie der Kybernetik eingehen: das *Dynamic Response Model of a Political System* von David Easton und *The Nerves of Government* von Karl Deutsch.

3.2 David Easton: Kybernetisches Modell und gesellschaftliche Performanz

Mit *The Political System*[37] macht David Easton 1953 den entscheidenden Schritt zur Theoretisierung systemischer Konzepte im Gegenstandsbereich der Politikwissenschaft.

In Bezug auf Parsons zielt Easton darauf ab, eine umfassende, empirisch orientierte Makrotheorie des Politischen zu erarbeiten. Nach seiner Auffassung führt der Weg dorthin nicht über eine bloße Addition partieller Theorien, sondern indem die invarianten Funktionen jeglichen politischen Geschehens auf einen fixen Bezugspunkt hin konzeptualisiert werden: auf das politische System. In seiner Studie *A Framework for Political Analysis* geht Easton von einem zentralen Bezugpunkt aus, der nicht auf lediglich individueller Wertung beruht, sondern ein immanentes Ziel sämtlicher existierender Systeme darstellt. Dieser zentrale Punkt kulminiert in dem Satz: »How can any political system ever persist the world be one of stability or of change?«[38] Ziel eines jeden Systems ist das Überleben (*Persistence*), konstatiert Easton mit biologistischen Anleihen: »It is compatable to asking with respect to biological life: How can human beings manage to exist? Or for that matter, what processes must be maintained if life is to persist, especially under conditions where the environment may at times be extremely hostile?«[39] Zur Beantwortung der Frage, wie es dem politischen System in einer Umwelt, aus der laufend Ansprüche gestellt werden, zu überleben gelingt (= in der Lage zu bleiben, seine Hauptfunktionen aufrechtzuerhalten), entwickelt Easton ein komplexes *Dynamic Response Model of a Political System.*[40] Innerhalb dieses Schemas werden unterschiedliche Grundvariablen ausdifferenziert: Bedürfnisse (*Wants*), Forderungen (*Demands*), Unterstützung (*Support*), Weiterverarbeitung (*Conversion Process*), Allokationstätigkeiten (*Authorita-*

37 | Easton 1953.

38 | Easton 1965a.

39 | Easton 1965b.

40 | Easton 1965a, S. 110.

tive Allocations) sowie Akzeptanz (*Acception*). Diese Variablen verortet Easton in einer simplifizierten Struktur eines politischen Systems auf der einen und einer Umwelt auf der anderen Seite. Die Identitätsfrage bleibt jedoch ungeklärt: Es wird nicht deutlich, was jeweils zur Umwelt und was zum System gehört.

Die Dynamik dieses Schemas beschreibt Easton in einem Flussdiagramm, wobei entsprechend der Stellgröße im Regelkreis der Sollwert »Überleben« (*Persistence*) eingegeben wird. Die definierten Variablen treten immer dann in Kraft, wenn Gefahr droht, dass das System seinen Sollzustand, seine Performanz, nicht aufrechterhalten kann. Die Easton'sche Definition betrachtet Gesellschaft als einen Komplex diffizil miteinander verbundener Subsysteme, wobei jedes einzelne zur Erhaltung des Gesamtsystems beiträgt. Subsysteme können z.B. das kulturelle, das ökonomische oder das Rechtssystem darstellen. Entscheidend ist, dass die Abgrenzung eines politischen Subsystems einer Gesamtgesellschaft durch die Beschreibungen der wesentlichen Funktionen, die dieses als Beitrag zur Erhaltung des Gesamtsystems beisteuert, erfolgt. Erst durch die funktionelle Beschreibung beginnt ein System zu existieren.

Easton weist jedoch darauf hin, dass das *Political System* als Kategorie eines Subsystems rein analytischer Natur ist: »a social system that has been analytically seperated from other systems.«[41] Das hält Easton nicht davon ab, im nächsten Schritt eine Ontologisierung des ursprünglich als hypothetisch konzipierten Systembegriffs vorzunehmen und im realen politischen Handeln zu verorten. Easton definiert das politische System als ein System des Verhaltens, welches sich durch die Menge politischer Akte (*Interactions*) konstituiert, die in einem noch nicht näher bestimmten Verhältnis zueinander stehen. »Political interactions constitute a system of behaviour. This proposition is deceptive in its simplicity. The truth is that if the idea system is used with the rigor it permits and with all its currently inherent implications, it provides a starting point that is already heavily freighted with consequences for a whole pattern of analysis.«[42] In diesem Kontext setzt Easton den Prozess des Politikmachens dem des politischen Systems gleich und beschreibt das System als ein offenes: dessen Grenzen zeigen sich als durchlässig, sowohl was die Einwirkungen von der Umwelt als auch was Einwirkungen aus dem System auf die Umwelt betrifft. Das System hat die Fähigkeit, auf die Einwirkungen, die die *Persistence* gefährden, Gegenwirkungen zu tätigen, »*the capacitiy to respond to disturbances*«.[43] Dies erfolgt sowohl, indem das System seine eigenen Strukturen umorganisiert, seine Ziele verändert und sich somit den Bedingungen der Umwelt anpasst, als auch, indem es aktiv auf die Umwelt einwirkt und diese umstrukturiert. Zentrale Kategorie zur Erfassung aller von außen in das System eindringender Akte, »the impact of

41 | Easton 1965b, S. 18.

42 | Easton 1966, S. 144.

43 | Ebda.

the environment on the system«[44] ist die des Inputs. Easton interpretiert »the influences associated with the behaviour of persons in the environment or form other conditions there are as exchange or transactions that cross boundaries.«[45]

Für seine Untersuchung differenziert Easton den Begriff des Inputs in die Modi *Demand* und *Support*. Auch der Output wird, analog zu Input, dual beschrieben. In der einen Variante steht Output für den gesamten Bereich politischen Verhaltens innerhalb eines politischen Systems, sofern und soweit es in der Umwelt einen Effekt erzielen kann.[46] In der zweiten Variante steht »›outputs‹ für die Menge aller autoritativen Akte«[47] eines politischen Systems, die außerhalb desselben Wirkung haben. Anhand der Konzepte *Feedback* und *Response* fasst Easton die Verbindungen eines Systems mit seiner Umwelt als prozesshaft. *Feedback*[48] beschreibt ein spezifisches Interdependenzverhältnis, in dem die wechselseitige Beeinflussung in der zeitlichen Abfolge einen zielgerichteten Prozess der Regelung oder Steuerung ergibt. Interessant ist hier zu bemerken, dass im anglo-amerikanischen Gebrauch der Begriff *Control* sowohl für »Steuerung« als auch für »Regelung« steht. Im Deutschen steht »Steuerung« für einen Ablauf, der im Vorhinein von einem Ort außerhalb des Systems determiniert wird, ohne die Möglichkeit einer selbstständigen Regulierung. »Regelung« hingegen meint die selbsttätige Beobachtung und, im Falle einer Divergenz, der Wiederangleichung von Soll- und Istwert innerhalb einer Regelstrecke.

Die Grundeinheiten, die in den verschiedenen Prozessen des Feedbacks transportiert werden, sind in Eastons Definition Informationsquanten, die messbar und quantifizierbar sind:[49] »The return of information of this kind to the authorities I shall call feedback; the channels it follows and is intimately connected with, the feedback loop; the actual flow patterns and related effects, the feedback processes.«[50] Das politische Systems Eastons ist ein sich selbst regulierendes, kybernetisches Modell. Dunkel aber bleibt, wo bei dem politischen System der Sollwert, also die bei Easton nicht weiter reflektierte Prämisse der *Persistance* verortet werden kann. Was unbenannt bleibt: Die Aufrechterhaltung und Stabilisierung eines bestimmten Systemzustandes impliziert in der An-

44 | Easton 1965b, S. 25.

45 | Ebda.

46 | Faupel 1971, S. 383.

47 | A.a.O., S. 384.

48 | Feedback existiert mathematisch zwischen zwei Teilen, »when each affects the other, as for instance in $x' = 2xy$ $y' = x - y^2$; for y's value affects how x will change and so does x's value affect y.« Ashby 1970.

49 | Siehe dazu: Seiffert 1970.

50 | Easton 1965b, S. 366.

wendung auf konkrete Bedingungen die Aufrechterhaltung bestimmter Machtverhältnisse.

Mit *Response* bestimmt Easton diejenigen Aktivitäten, die politische Entscheidungsträger unter Einbezug des Informationsfeedbacks ausüben. »Responsiveness [...], will be interpreted to mean first, that the authorities are willing to take the information into account and give it consideration in their outputs and second, that they do so positively in the sense that they seek to use it to help avert discontent or to satisfy grievances over initial outputs or some unfulfilled demands.«[51] Die *Responsiveness* einer Regierung gegenüber den Bedürfnissen der von ihr Regierten wird hier zum wesentlichen Maßstab zur Evaluation eines demokratischen Zustandes. Easton weist aber auch darauf hin, dass im politischen System unterschiedliche Signalstärken und Signalintensitäten vorhanden sind: »the authorities tend to be responsive to the politically relevant members in the system.«[52] Negativ ausgedrückt zeigt diese Analyse, wie sich pluralistische Gesellschaft konkret entfaltet: In ihr ist die Berücksichtigung von Interessen von ihrem Organisationsgrad sowie von ihrer auf spezielle Ziele gerichteten Artikulation abhängig, während solchen Interessen, die einen hohen Allgemeinheitsgrad besitzen, eine geringe Durchsetzungschance zukommt.[53]

Hinsichtlich der politischen Transparenz behandelt Easton das politische System als Blackbox: Transparenz und aktive Partizipation der Systemmitglieder sind nicht relevant. Im Fokus des Interesses steht die Relation der Wirkungen und Steuerung von Inputs und Outputs.

Interne und externe Störungen des Systems beschreibt Easton als Stress: »those conditions that challenge the capacity of a system to persist.«[54] Wird ein kritischer Bereich überschritten, muss die Regierung die Regeln ändern: »Let us say that as a result the authorities are consistently unable to make decisions or if they strive to do so, the decisions are no longer regularly accepted as binding.«[55] Problematisch bleibt in diesem Zusammenhang die Unklarheit in der Definition der *Critical Range*, was auch in der starken gouvernementalen und elitistischen Ausrichtung von Eastons Perspektive begründet ist. Das ganze Rahmenwerk betont die Position der von Easton als politisch relevant bezeichneten Mitglieder des Systems. Easton leitet *Authorities* aus ihrer Funktion ab: »authorities will identify those who have this day-to-day responsibility for governing [...] all systems do make seem distinction between those who share this

51 | A.a.O., S. 433-434.

52 | A.a.O., S. 437.

53 | Genau dies ist in den Entwicklungen der sozialen Bewegungen, die *Resistant Communities* in den USA seit den 60er-Jahren zu beobachten.

54 | Easton 1965a, S. 90.

55 | A.a.O., S. 22.

responsibility and others who do not.«[56] Wie deren Macht und Stellung aber definiert ist, bleibt unklar. Mit dem Konzept des *Demand Input Overload,* dessen kausale Folge für das System *Stress* bedeutet, behandelt Easton das Problem der Bedürfnis- und Interessenartikulation primär unter dem Gesichtspunkt der Belastungen der Entscheidungsstrukturen des politischen Systems. Und mengentheoretisch wird die Artikulation von Interessen und Bedürfnissen nicht im Hinblick auf seine Legitimierung durch die Individuen, sondern im Hinblick auf den *Stress* für das System thematisiert.

Nun ist es sicher richtig, dass Gesellschaften Hierarchien ausbilden; allerdings nimmt der gouvernementale Blick in Eastons Konzept einen so zentralen Platz ein, dass die Untersuchung von Möglichkeiten der Partizipation der *Non-Authorities,* besonders bei der Prozessierung von *Demands* in *Allocations of Values* nicht berücksichtigt wird. Easton trennt zwischen denen, die Politik machen und denen, die Politik passiv rezipieren – und gibt damit eine Emanzipationserzählung derer, die außerhalb des Regierungsapparats stehen, auf. Gefragt wird also nicht, ob das Überleben des jeweils spezifischen Systems tatsächlich dem Bedürfnis der meisten Systemmitglieder entspricht. Der Begriff der Macht spielt in dieser Konzeption keine wichtige Rolle mehr: Macht verlagert sich in Mikrobewegungen. Die abstrakte Form der Systemtheorie verweist so auf eine postfordistische Realität, in der Arbeitsteilung als universelle Kategorie neben der Entfremdung im ökonomischen nunmehr auch Entfremdung im politischen Leben (und sozialen Leben[57]) bedingt. Offen bleibt auch, welchen qualitativ bestimmten Bedürfnisinterpretationen Chancen eingeräumt werden, auf der exekutiven Ebene Handlungen zu bewirken, und welche anderen Bedürfnisse an der institutionellen Artikulation gehindert und in nicht politische oder ideologische Medien der Verarbeitung abgedrängt werden. So erwächst aus Eastons Modell eine technologisch progressive, aber in politischer Hinsicht konservative Praxis, die als politische Artikulation und Handlung nur jene Formen gesellschaftlicher Praxis berücksichtigt, die von der politischen Realität des politischen Systems selbst als politisch relevant und performativ anerkannt werden.

3.3 Karl Deutsch. *The Nerves of Government*

Mit *The Nerves of Government*[58] legt Karl W. Deutsch 1963 sein theoretisches Hauptwerk vor, das nachhaltigen Einfluss auf die Weiterentwicklung der theoretischen Grundlegung und methodischen Inspiration der Sozialwissen-

56 | Easton 1965a, S. 39.

57 | Siehe: Bröckling et al. 2000.

58 | Deutsch 1963.

schaften der folgenden Jahre haben wird. Deutsch greift Gedanken seines persönlichen Freundes, des Naturwissenschaftlers und Kybernetikers der ersten Stunde, Norbert Wiener, auf, um sie auf die Beschreibung sozialer Systeme zu transponieren. Als Konvergenz aus kybernetischen, nachrichtentechnischen und kommunikationswissenschaftlichen Gedankengängen reflektiert Deutsch einen gesamtgesellschaftlichen Paradigmenwechsel, der weit über die Wissenschaften hinaus greift. Es zeigt sich die enge Verflechtung zwischen wissenschaftlicher Innovation mit der die Wissenschaft umschließenden Entwicklung industriell-technischer Bedürfnisse und Möglichkeiten. So führt Deutsch selbst für die entscheidenden Anstöße einer kybernetischen Theorie in der Sozialwissenschaft den »[...] gewaltigen Aufstieg der elektronischen Nachrichtentechnik, der Computer und automatischer Steuerungssysteme«[59] an. Er macht damit deutlich, dass wissenschaftliche Analyse nicht unabhängig von den gesellschaftlichen Entwicklungen sich zeigt und Erkenntnisinteresse nicht als methodisch irrelevantes Superadditum zu verstehen ist. Deutsch registriert den »Übergang zu einer ganz andersartigen Epoche«[60], die auf die Nutzbarmachung der kybernetischen Steuerungspotenziale nicht verzichten kann. Das impliziert jedoch auch, dass der manipulative, regulierende Charakter, den die von Deutsch entworfene Sozialtechnologie trägt, durchaus beabsichtigt und gewollt ist.

Dem Soziologen Deutsch geht es allerdings weniger um das System – eine explizite Erklärung der Verwendungsweise der Begriffe »politisches System« oder »soziales System«, wie sie sich bei Easton findet, fehlt in seiner Theorie –, sondern um die *Funktionsweise* des *Control*, der Steuerung. Da Deutschs Anspruch über den Sektor des politischen Handelns hinaus auf Verhaltensprozesse allgemeiner dynamischer Systeme abzielt, ist für ihn Regierung (*Government*) mit dem Begriff der Steuerung umrissen. Deutsch schlägt vor, den »Regierungsprozess nicht so sehr als ein Problem der Macht, sondern eher der Steuerung zu betrachten.«[61] Das heißt, Steuerung ist für ihn ein »Problem der Kommunikation«[62], der Navigation, und nicht der Machtausübung. Um die Kommunikationstechnik zu verstehen, möchte Deutsch die modernen Technologien zur Steuerung von Maschinen analysieren. Für Deutsch besteht »eine grundsätzliche Ähnlichkeit zwischen der Steuerung oder Selbststeuerung von Schiffen oder Maschinen und der Lenkung menschlicher Organisationen.«[63] Ein System wird hier informationstheoretisch begriffen als Zusammenhang von Kommunikationskanälen und -netzen, in dessen Zentrum oder Zentren funktional ausdifferenzierte Entscheidungsinstanzen liegen.

59 | Deutsch und Häckel 1970, S. 26.

60 | Ebda.

61 | A.a.O., S. 31.

62 | Ebda.

63 | A.a.O., S. 255.

Zentral in Deutschs Theorie steht der Begriff des Modells, der in vier Funktionen unterteilt wird: »Eine organisatorische Funktion, eine heuristische Funktion, eine Funktion der Voraussage und eine Funktion der Messung.«[64] Ein Modell bietet, indem es spezifische Informationen über einen Gegenstand in spezifisch zugeordnete Relationen setzt, eine Erklärung, die es gestattet, die betreffenden, spezifischen Vorgänge zu verstehen. Das Modell bekommt seinen Wert durch die Tatsache, dass es in weit größerem Maße unter kontrollierten Bedingungen manipulierbar ist als die Realität, die es darzustellen sucht. So begründet dies Ackhoff in *On Purposeful Systems*: »Models are used in such situations because they are easier to manipulate than is reality itself.«[65] Steuerungskompabilität ist jedoch auch dem Faktor der Reduktion geschuldet. Die Konstruktion eines Modells, das erst der Erkenntnis eines Realitätszusammenhanges dienen soll, setzt zuvor schon einen spezifischen Kodex von Annahmen über die Zusammenhänge eben dieses Realitätsbereichs voraus. Mayntz konstatiert: »Alles, was durch das Zusammenwirken der Variablen in einem Modell geschehen kann, ist bereits von den formulierten Abhängigkeiten unter ihnen vorbestimmt.«[66] Die Erklärung eines Objekts ist nicht differenzierend, sondern analogisierend, also auf die Einordnung von Bekanntem, auf Kontinuität gerichtet (so wie es das Anliegen von Systemen selbst ist, stabil zu bleiben). Deutsch fasst nun seine Überlegungen über die Funktion von Modellen dahin gehend zusammen, dass diese erstens in der Lage sein muss, die Fakten und Informationen, die sich aus der empirischen Forschung ergeben, zu organisieren. Zweitens soll das Modell heuristische Fähigkeiten besitzen, das heißt, es muss in der Lage sein, die organisierten Fakten und Informationen zu erklären. Drittens sollen Modelle Prognosen über das zukünftige Verhalten der untersuchten Phänomene erlauben. Viertens schließlich ist die exakte Messung des Modells Grundbedingung. Zur Verifizierung von Modellen schlägt Deutsch die empirische Variante der Überprüfung vor: »In jedem Fall müssen Modelle auf ihre Relevanz hin überprüft werden, das heißt, ob sie den uns interessierenden Aspekten empirischer Vorgänge entsprechen. Die Feststellung, ob ein Modell der Wirklichkeit entspricht, erfolgt in einem kritischen Prozess [...].«[67] Die Methoden dieser Überprüfung bleiben allerdings unklar.

Dasjenige Modell, das Deutsch als veritablen Ansatz der Analyse von Regierungsprozessen ansieht, ist das des kybernetischen Systems im Sinne eines sich selbst regelnden, sich selbst Ziele setzenden, in erheblichem Maße umweltunabhängigen funktionalen Subsystems für das Gesamtsystem der Gesellschaft; soziale Wirklichkeit konstituiert sich als binäres Entscheidungssystem.

64 | A.a.O., S. 44.

65 | Ackoff und Emery 1972, S. 79.

66 | Mayntz 1967, S. 29.

67 | Deutsch und Häckel 1970, S. 48.

Wobei aufgrund der querlaufenden Verbindungen zwischen politischen, ökonomischen, rechtlichen und anderen Entscheidungen zumindest fragwürdig bleibt, ob die von Deutsch postulierte funktionale Ausdifferenzierung des politischen Systems durch die Zuordnung aller für die Gesamtgesellschaft allgemeinverbindlicher Grundentscheidungen als Konstitutionsprinzip gelingen kann. Der Politikbegriff des Systemansatzes ist vor allem und spezifisch auf das administrative Verhalten politischer Systemteile ausgerichtet. Von der Makroebene ausgehend versteht Deutsch die individuelle Dimension der Selbsttätigkeit der Mitglieder als zu Steuerndes. Individuelle Tätigkeit findet auf der Ebene der Residualkategorie Eingang in das System, und zwar dann, wenn die Folgen dieser Tätigkeiten als Daten für die Entscheidungsfällung und die Prognostik des Systems relevant werden. Die Bedürfnisbefriedigung der Systemmitglieder eines gesellschaftlichen Systems zeigt sich nach der Theorie von Deutsch abhängig von dem Grad der Politisierung dieser Ansprüche. Das bedeutet konkret: sie sind abhängig von der Performanz der Systemmitglieder. Ansprüche müssen in einer Art organisiert und für das zentrale Entscheidungssystem als Datenmenge relevant *gemacht* werden und so Wirkung entfalten (bzw. *performed* = aufgeführt werden), sodass dem Entscheidungssystem eine Nichtberücksichtigung als Gefährdung seiner zukünftigen Autonomie erscheinen ließe.[68] Bedürfnisbefriedigung wird durch Wertzuweisungsentscheidungen allein unter dem funktionalen Gesichtspunkt der maximalen Performanz eines Systems und der Aufrechterhaltung seiner Autonomie betrachtet. Das heißt auch: Erst die Gefährdung der Autonomie des politischen Systems durch den Druck von Personengruppen – nicht von Individuen! –, die bei bisherigen Zuweisungen nicht berücksichtigt wurden, führt eine Veränderung im Entscheidungsverhalten der politischen Instanzen herbei.[69]

Handlung und System

Es ist der Abstraktheit der systemtheoretischen Analyse inhärent, dass der Struktur des Erklärungsmodells die Annahme bestimmter Beziehungen und Interdependenzen im Modell (die sich in der Realität erst zutragen sollen), als Eigenschaft der Realität selbst beigegeben wird. Dies ist besonders im Zusam-

---

68 | Richard Nixon wird diesem Paradigma folgen, als er sich im Wahlkampf 1968 für die Performance-Kunst und gegen den Vietnamkrieg engagiert, eine *Black-Power-Posture* übernimmt und sich so dem Fundament der intellektuellen Gegenelite (Jane Fonda, Susan Sontag, Robert Rauschenberg, *The Art Workers Coalition* etc.) anzunähern sucht. Hierzu ausführlich: Marable 1991, S. 98.

69 | Die soziale Bewegung, der Aufstieg gesellschaftlich marginaler Gruppen in den USA der 60er- und 70er-Jahre ist Beispiel dieser performativen Ausrichtung der amerikanischen Gesellschaft.

menhang mit menschlichen Handlungsweisen problematisch, die sich nicht auf intentionale Konstruktionsziele reduzieren lassen. Die partielle Gleichsetzung von kybernetischer Maschine und menschlicher Organisation kann daher als zumindest prekär gelten. Nur vermittels dieser heiklen Konstruktion jedoch gelingt es Deutsch, ein Modell, das sich noch in dem Stadium einer Entwicklung befindet und einen hohen Grad an operationeller Ungenauigkeit aufweist, zu totalisieren.

In dem Zuge rekurriert auch Deutsch auf Parsons Theorie des rationalen Handelns. Nach Parsons bilden die Funktion von sozialen Handlungen und der strukturelle Stellenwert dieser Handlungen in der Gesellschaft als Ganzes ein rückbezügliches, sich selbst regulierendes System. Dabei hebt Parsons vier strukturelle Probleme hervor, die ein gesellschaftliches System lösen muss, wenn es sein funktionales Gleichgewicht aufrechterhalten will: Umweltanpassung, Zielverwirklichung, Integration und Strukturerhaltung. Hintergrundfolie dessen ist ein Menschenbild des Homo oeconomicus, der sich aus rationalen Erwägungen heraus Wahl- und Entscheidungsfreiheit erarbeitet, während im Gegensatz dazu der Behaviorismus auf den Begriff des Verhaltens abhebt und Situationen des Handelns als radikal deterministisch begreift. Parsons formuliert seine Theorie in der Absetzbewegung zu Hobbes, der noch von einem Naturzustand ausgegangen war, hier nach der Möglichkeit sozialer Ordnung suchte und in der Formel *Force and Fraud* zeigt, wie im Kampf jeder gegen jeden Ziele einzelner durchgesetzt werden. Demgegenüber setzt Parsons einen gewissen Grad sozialer Ordnung voraus. Parsons will nicht im utilitaristischen Sinn sagen, dass sich Handeln an klaren individuellen Zielen orientiert. Sein Interesse gilt vielmehr den Schranken der Sozial- und Moralphilosophie. Als entscheidende Frage erweist sich für Parsons: Woher kommen die Ziele der Handelnden?

Nach Parsons besteht das Dilemma des Utilitarismus darin, dass er entweder die Willensfreiheit annehmen kann, dann aber behaupten muss, dass die Variation von Zielen zufällig entsteht, oder, dass Ziele nicht zufällig entstehen, es dann aber nicht klar ist, wie eine Wahl und eine Entscheidung möglich sind. Darin liegt das grundlegende Problem: Wenn Handlungsziele als durch und durch subjektivistisch gedacht werden, sind sie statistisch betrachtet zufällig, situationsunabhängig. Diese Annahme scheidet nach Parsons aus: Eine Wahl setzt schon Eigenstrukturen im Bereich der Wahlalternativen voraus.

Wenn nun davon ausgegangen wird, dass die Handlungsziele nicht aus Milieu, Vererbung etc. in das Subjekt hineinragen, sondern aus der Situation entwickelt werden, stehen wir vor der Frage, wie das geht. Parsons nimmt an, dass auf der Metaebene eines Systems Bezugsrahmen entwickelt werden, die Handlungsoptionen ermöglichen. Jede Formulierung einer empirischen Beobachtung benötigt einen begrifflichen Bezugsrahmen, der ihr zugrunde liegt. Die Frage lautet dann, wie wird dieser Bezugsrahmen gewählt, konstruiert und vor allem reflektiert. In einer Studie über den Ökonomen Alfred Marshall weist Parsons auf einen von Marshall entwickelten Begriff der *Activity* hin.[70] *Activity* meint Handlungen, die nicht direkt auf die Erfüllung von Wünschen gepolt sind, sondern in sich einen Wert darstellen. Anders gesagt: Der Wunsch liegt in der Handlung selbst. Gleichzeitig zeigt Parsons in Anlehnung an Durkheim, wie Handlungen nicht nur natürlichen Zwängen unterliegen, sondern stark an normative Zwänge gekoppelt sind: Soziale Normen können verinnerlicht werden und in die Handlungen sedimentieren.

Gesellschaftliche Verhältnisse sind damit kein Naturzustand: Sie können nicht von einem Einzelnen verändert werden, wohl aber durch die Transformation des Systems »Gesellschaft«, deren Teil der Einzelne ist. Verfolgte der Utilitarismus technisch ein Handlungsmodell, das von der rationalen Verfolgung gegebener Handlungsziele durch vereinzelte Individuen ausging, so wählt Parsons den Weg über die Soziologie: als Metaebene, die das Modell des rationalen Handelns als analytisch versteht, als Abstraktion einzelner Elemente des Handelns und nicht als Wiedergabe der Wirklichkeit. Soziologie ist für Parsons somit »the science which attempts to develop an analytical theory of social action systems in so far as these systems can be understood in terms of the property of common value integration.«[71] Systeme können in Bezug auf die Integration von ebenfalls analytisch zu verstehenden Werten und Normen in das Handeln verstanden werden. Die Analyse des Handelns muss jedoch selbst als Handlung aufgefasst und ihr Verfahren auf die in ihr genutzten Bezugsrahmen, also Vorstellungen über das Handeln beziehbar sein. In seinem Hauptwerk *Structure of Social Action* ist der handlungstheoretische Bezugsrahmen mitbedacht. Er besteht aus den Elementen des Handelns, den Zielen des Handelnden, aus Bedingungen und Mitteln der jeweiligen Situation und den Normen, die regulierend auf Mittelwahl und Zielbildung wirken. Parsons unterstellt hier ein physikalisches Verständnis gesellschaftlichen Raums als Behälter: »Every physical phenomenon must involve processes in time, which happen to particles which canbe located in space.«[72] Gleichzeitig geht er aber in Bezug auf das Handeln darüber hinaus: »Similarly it is impossible even to talk about action in terms that do not involve a means-end relationship.«[73] Parons meint dies jedoch nicht im utilitaristischen Sinn, sondern will auf eine Metarahmung des Handlungsprozesses hinaus: »It is the indispensable logical framework in which we describe and think about the phenomena of action.«[74] Das heißt konkret: Das Rationalmodell des Handelns geht auf »richtige« Elemente des Han-

70 | Parsons 1937, S. 697ff.

71 | A.a.O., S. 768.

72 | A.a.O., S. 733.

73 | Ebda.

74 | Ebda.

delns wie Ziele, Mittel, Bedingungen. Die Schlussfolgerung, die hier gezogen wird, ist folgende: Die beobachtete Wirklichkeit ist auf sich selbst reduzierbar, die beobachtete Form der Handlung ist teleologisch zu denken. Parsons Ansatz ist in diesem Sinne als Versuch zu verstehen, funktionalistische Ausdifferenzierung handlungstheoretisch erklären zu können und zu zeigen, wie subtil diese Unterscheidungen gebaut sind, die zwischen gesellschaftlichen Individuen bei gleichbleibender Distanz Kommunikation ermöglichen. Gleichzeitig fragt Parsons aber auch nach dem System als Struktur: Wie kann es kulturelle Konstanten, das heißt organische, psychische und soziale Kennzeichen des Menschen, die über Raum und Zeit unverändert bleiben, geben? Wo liegen die Grenzen menschlicher Formbarkeit und Selbstveränderungsfähigkeit durch Kulturtechniken? »Evolutionäre Universalien« nennt Parsons »Komplexe von Strukturen und entsprechenden Prozessen, deren Ausbildung die langfristige Anpassungskapazität von lebenden Systemen einer bestimmten Klasse derartig steigert, daß nur diejenigen Systeme, die diesen Komplex entwickeln, höhere Niveaus der generellen Anpassungskapazität erreichen.«[75] In Bezug auf menschliche Gesellschaften weist Parsons auf vier grundlegende evolutionäre Universalien hin: den Orientierungsmechanismus, der die Schaffung von Kultur und ihre Weitergabe leistet, den Kommunikationsmechanismus als Sprache, einen Organisationsmechanismus, und schließlich eine Technologie, die mit der aktiven Auseinandersetzung mit der Umgebung beginnt. Auf dieser Basis entwickeln sich weitere evolutionäre Universalien: ein System der sozialen Schichtung, ein System der ausdrücklichen kulturellen Legitimierung differenzierter gesellschaftlicher Funktionen, insbesondere der politischen Funktionen; Verwaltungsbürokratie sowie die Geld- und Marktorganisation. Damit dies gelingen kann, sind universalistische, d.h. allgemein gültige Normen erforderlich; ein Rechtssystem ist insofern ein entscheidender Aspekt der weiteren Entfaltung. Als letzte Universale fasst Parsons die demokratische Assoziation oder Genossenschaft mit gewählter Führung und allgemeinem Wahlrecht.

Vor dem Hintergrund der Parsons'schen Handlungstheorie interpretiert Deutsch das politische System als Entscheidungszentrum des gesamten gesellschaftlichen Systems, wobei sich das eine zu dem anderen als funktionales Subsystem zuordnet. Das heißt, Deutsch erörtert Politik ausschließlich vom entscheidungstheoretischen Standpunkt aus, der den Organisationsmechanismus vor allen Dingen aus der Perspektive des Kommunikationsmechanismus analysiert. Der Begriff des Politischen dient als Indikator für die Untersuchung aller Vorgänge, deren Ergebnis die Erzeugung, »Erhaltung oder Veränderung sozialer Zweckbindungen«[76] vorstellt. Dabei wird dem Begriff der Politik, der als differentia specifica dieses Subsystem von anderen unterscheidbar macht,

75 | Parsons 1969.

76 | Deutsch und Häckel 1970, S. 323.

die Dimension des Wertbegriffs einer Emanzipation entzogen. Anders formuliert: Aus technologischer Perspektive ist für Deutsch das Lernen des Systems und die damit verbundene Erhöhung der Performanz der Informationsverarbeitungsstellen des Entscheidungssystems das Gleiche wie Emanzipation.

Mit Foucault können wir sagen, dass Deutsch aufzeigt, wie sich Disziplin in postindustriellen Gesellschaften um die Funktionen Steuerung, Lenkung und Führung erweitert. Diese Funktionen hat Politik – mit Foucault gesprochen: Biopolitik – zu erfüllen. Das heißt: In der Politik geht es, neben der »Androhung des Zwanges und gewohnheitsmäßiger Folgeleistung vor allem um die Manipulierung vorrangiger Präferenzen und Prioritäten des sozialen Lebens.«[77] In der Regulation des Lebens ist die Erweiterung der Lernkapazitäten mit bedacht. Wie Easton bestimmt auch Deutsch Politik aus dem gouvernementalen Blickwinkel heraus: Politik ist Entscheidungsfällung eines auf Entscheidungsfällung spezialisierten Subsystems respektive dessen Mitgliedern. Nichtmitglieder befinden sich demgegenüber in passiver, objekthafter Position. Dieser an sich als konservativ zu bezeichnende Bezugsrahmen wird mit neuester Technologie, mit neuem, theoretisch und methodisch bis dato unkonventionellem Rüstzeug, versehen.

Wie ist nun diese politische Philosophie mit der Frage der Organisation verbunden? Es lässt sich feststellen, dass der argumentative Weg von Gesellschaftstheorie zu Kybernetik geradezu über das begriffliche Scharnier der Organisation verläuft. Der Begriff der Organisation wird hier allerdings sehr weit gefasst: Er beinhaltet so unterschiedliche Elemente wie den menschlichen Körper, das politische System einer Gesellschaft usw. Entscheidend ist, dass Deutsch die Gesellschaft als Organisation vor allem unter dem Gesichtspunkt der Kommunikation zwischen all ihren Teilen untersucht; der Staat als Form wird nicht mehr als Macht ausübende Gesamteinheit gelesen. »Kybernetik ist«, so Deutsch, »die systematische wissenschaftliche Beschäftigung mit Kommunikations- und Steuerungsvorgängen in Organisationen aller Art. Die Kybernetik geht von der Annahme aus, daß alle Organisationen sich in gewissen Merkmalen gleichen und durch Kommunikation zusammengehalten werden [...] Durch Kommunikation, das heißt durch die Fähigkeit Nachrichten zu übermitteln und auf sie zu reagieren, entstehen Organisationen.«[78] Deutsch subsumiert Organisationen somit unter dem Attribut des Virtuellen: nur durch Kommunikation existieren sie und nur durch die Beobachtung zweiter Ordnung sind sie zu analysieren. Indem das politische System seine Operationen auf den Staat zurechnet, übernimmt es auch, in der Untersuchung der Steuerung, die Beobachterposition des politischen Systems. Dies ist in dem Effekt wiederzufinden, dass postindustrielle Gesellschaften auf das Beobachten von Beobachtern, auf die Kontrolle der

77 | A.a.O., S. 301.

78 | A.a.O., S. 127-128.

Kontrollierenden umstellen. Die Umwelt des Beobachters gilt dabei als erkenntnisfrei, sie entsteht vielmehr in Abhängigkeit von einer Bezeichnungs- oder Kommunikationsleistung. Das zieht den Effekt nach sich, dass ein Beobachter, der anhand einer anderen Unterscheidung beobachtet, anderes sieht; er erzeugt andere Informationen. So wird es für das politische System zur Notwendigkeit, Beobachter zu beobachten, um seinen eigenen Regeln gemäß informiert zu sein. Politiker werden dann als direkt Handelnde imaginiert, obwohl sie sich als Beobachter zweiter Ordnung an dem orientieren, was im Gesamtsystem beobachtet und beschrieben wird. Gleichzeitig setzt die Annahme einer Selbststeuerung im Bereich der Politik eher eine Verschleierung der wertsetzenden Instanzen ins Werk als die adäquate Beschreibung empirisch evaluierbarer Verhältnisse. Dies im Zusammenspiel mit der kybernetischen Ausrichtung, die der Steigerung der Performanz (in Form einer extremen Ausweitung der Informationsverarbeitungskapazitäten des politischen Systems) den Vorrang gegenüber partizipativen Modi der Mitbestimmung der am Prozess Betroffenen gibt.

Autonomie des politischen Systems

Telos des von Deutsch formulierten politischen Systems ist die Erhaltung der Autonomie. Autonomie stellt für Deutsch keine Eigenschaft des Systems dar, sondern beschreibt einen dynamischen Prozess, der unter dem Zwang permanenter performativer Reproduktion steht. Mit diesem Prozess bezeichnet Deutsch die Verarbeitung verschiedener Kategorien von Informationen mit dem Ziel der Ermöglichung von Entscheidungen. D.h. das System besteht aus einem Netzwerk von informationsverarbeitenden, kommunikativen Strukturen und Prozessen. Netzwerke können aus drei verschiedenen Gruppen von Grundelementen zusammengesetzt sein: Organe, die in der Lage sind, Informationen zu empfangen, Organe, die fähig sind, in ihrer Umgebung eine Wirkung hervorzurufen, und Organe, die zwischen Empfangs- und Wirkungsorganen eine informelle Koppelung in Form eines Regelkreises herstellen können. So verortet sich die Autonomie einfacher Netzwerke »gänzlich in ihren Regelkreisen.«[79] Nur anhand der Regelkreise ist das System zur Steuerung in der Lage. Fallen diese aus, ist das System führungslos. Wenn die Regelkreise zerstört oder beschädigt werden, »gibt es keine Steuerung mehr«[80], was wiederum zur Auflösung der Autonomie führt.

Die Autonomie eines politischen Systems als das Entscheidungssystem einer Gesellschaft besteht nach Deutsch einerseits in der Fähigkeit, Informationen so zu Entscheidungen zu prozessieren, dass die Auswirkungen der Entscheidungen dafür sorgen, dass auch zukünftige Entscheidungen des Systems

79 | A.a.O., S. 192.

80 | A.a.O., S. 192.

unter Bedingungen der Autonomie gefällt werden können. Das heißt: Das System muss in der Lage sein, Prognosen aus den eigenen Regelkreisen abzuleiten. Andererseits müssen Informationen aktueller Inputs mit den Präferenzen des Systems selbst, die aus dem Speicher ablesbar sind, abgeglichen werden, um Entscheidungen, die der Autonomie gemäß sind, treffen zu können: »Autonomy, in this view, depends on the balancing of two feedback flows of data: one from the system's performance in the present and in its environment; the other from the system's past, in the form of symbols recalled from its memory.«[81] Als entscheidend für die Performanz eines Systems zeigt sich die quantitative Operabilisierung von Autonomie. Das jeweilige Maß an informationsverarbeitenden Strukturen sowie die zur konkreten Entscheidungsfällung in einem spezifischen System benötigte Zeit müssen in quantitativ evaluierbare Daten transferiert werden. Der Erkenntniswert dieses Begriffs der Autonomie eines Systems orientiert sich rein an der technologischen Fragestellung nach den Bedingungen einer größeren Rationalisierung und Erhöhung der Performanz der Informationsverarbeitung und Entscheidungsfindung.

Lernen und Wachstum

Um seine Autonomie gegenüber innen und außen wechselnden Bedingungen zu erhalten, hat das System – so die These von Deutsch – die Befähigung aufzuweisen, lernen zu können. Das System muss sich also in den Stand versetzen, nicht nur informationsverarbeitende Vorgänge verarbeiten, sondern auch interne Neuordnungen seiner Systemteile, Veränderungen seiner Ziele und eine Modifikation des Einsatzes seiner materiellen Ressourcen vornehmen zu können. Für Deutsch umfasst lernen demnach auch Strukturveränderungen oder neue Kombinationen aus menschlichen Kenntnissen, Arbeitskräften und materiellen Anlagen. Lernprozesse liegen vor, wenn der Austausch von Information zur Reorganisation des Systems beiträgt. Diese Reorganisation muss an die Performativität des Wissens eines Systems gekoppelt sein, andernfalls liegt pathologisches Lernen vor: »Pathologisch ist ein Lernprozess (mit entsprechender Veränderung der inneren Struktur), durch den die zukünftige Lernfähigkeit des Systems nicht erhöht, sondern vermindert wird.«[82] Schöpferisches Lernen hingegen bewirkt eine Ausweitung der Problemlösungskapazität des Systems. Jedes überlebensfähige System ist ein lernendes System, zumindest wenn von sozialem oder lebendem System die Rede ist. Denn durch die Dynamik der Beziehungen zur Umwelt werden ständige Veränderungen der allgemeinen Exis-

81 | Deutsch 1963, S. 206.

82 | Deutsch und Häckel 1970, S. 329.

tenz des Systems in Form einer wechselnden Beschaffenheit der an das System ergehenden Anforderungen[83] ausgelöst.

Der Begriff des Lernens steht somit zentral in Deutschs Konzeption von Regierung. Regierung bedeutet, Macht und Wissen aneinander zu koppeln. Das System lernt selbst, das heißt, es lernt, sich den wechselnden Bedingungen inner- und außerhalb des Systems anzupassen. Dies erfolgt, indem sich das System neue Ziele setzt oder alte Ziele so verändert, dass sie mit den aktuellen Ausgangsbedingungen in Kohärenz zu bringen sind. Das System ist in der Lage, Strukturen und Reaktionsmuster situationsgerecht zu modifizieren. »Structural data about learning capacity may be checked against observed data of learning performance.«[84] Aufzeichnungen von Performanz kann selbst wiederum die Basis des Messens zweiter Ordnung des Lernens sein. Deutsch bezieht sich hier – wie später auch Argyris und Schön – auf den Begriff des *Deutero-Learning* einer Organisation, wie ihn Bateson formuliert hat: »Deutero learning is second-order learning; its measurement would measure the speed at which an organization learns to learn, that is, the rate of improvement in its performance when confronted with a succession of different learning tasks.«[85]

An das Lernen unmittelbar gekoppelt ist der Begriff des Wachstums (*Growth*). Deutsch führt als Wachstumskriterien für politische Systeme folgende an: erstens, Anstieg des Humanpotenzials, zweitens wirtschaftliches Prosperieren, drittens Ausweitung von Autonomie, viertens eine Zunahme operativer Reserven (Ressourcen an Menschen und Materialien, die nicht unmittelbar im Arbeitsprozess integriert und im Falle krisenhafter Belastung einsatzfähig sind), fünftens eine Zunahme der Systemteile, die einer strategischen Vereinfachung der Situation des Systems im kognitiven Bereich dienen, sowie fünftens eine Erhöhung der Performativität im Entscheidungsfindungs- und Lernprozess, »a growth in the steering performance of the system, in the effectiveness of its use of data recalled from memory, and of information received from outside.«[86] Eng verknüpft mit dem Begriff des Wachstums ist in Deutschs Theorie der Begriff der Innovation. Innovation liegt dann vor, wenn bei der Durchführung einer gefundenen Lösung eine Modifikation und Erweiterung des Programms des Systems stattfindet. Wachstum und Innovation konvergieren vor allem im Prozess der Evaluation: »Es sollte auch möglich sein, [...] die Fähigkeiten einer Regierungsform oder einer Gesellschaftsordnung zur Lösung von Problemen zu berechnen [...] das heißt die Leistungsmöglichkeit einer Lösung auch tatsächlich zu verwirklichen,«[87] also performativ umzusetzen. Es bleibt jedoch das auch in

83 | A.a.O., S. 167.

84 | Deutsch 1966, S. 167.

85 | A.a.O., S. 169.

86 | A.a.O., S. 251.

87 | A.a.O., S. 235.

Eastons Konzept bestehende Dilemma, dass, wenn es um die Evaluation unterschiedlicher politischer Systeme gehen soll, eine unkontroverse Zielvorstellung für das System als Ganzes existieren muss. Ohne eine solche Zielvorstellung ist es unmöglich die Messzahl anzugeben, mit der die erhobenen Daten korreliert werden können. Es ist klar, dass bei sozialen Systemen von unkontroversen Zielrichtungen nicht die Rede sein kann. Deutschs Vorschlag zielt darauf ab, ein komplexes technologisches Regelwerk zu erstellen, das sich der gouvernementalen Entscheidungsprozesse annimmt, aber die dazu nötigen Werteprämissen ausklammert oder, einfacher formuliert, diese dem steuernden politischen System selbst zuschreibt. Das bedeutet: Macht wird durch die Funktion der Erhaltung von Autonomie eines Systems verdeckt, oder: Herrschaftsfragen einer Gesellschaft zu einem reinen Informationsproblem uminterpretiert. Die funktionale Ausdifferenzierung von einem zentralen Kontroll- und Regelzentrum führt auf der Ebene der theoretischen Konzeptionalisierung dazu, dass dem politischen System eine der Gesellschaft gegenüber autonome Position einzuräumen ist. Performativität bedeutet dann die Anzahl von Entscheidungen, die ein System innerhalb eines bestimmten Zeitraums zu fällen in der Lage ist, und die der qualitativen Prämisse der Vergrößerung der Autonomie des Systems unterliegen.

3.4 Dritte Zwischenbilanz: Kritik einer Politik der Kybernetik

Die Systemtheorie erweist sich in ihrem Anspruch, das politische System unabhängig von seiner je konkreten tatsächlichen historischen Ausprägung auf den Begriff zu bringen und zu erklären, als Vorgehensweise, die mit der »realistischen Demokratietheorie« eines Schumpeter[88] Hand in Hand geht. Der *Approach*, der zur Konstitution des Modells »Politik« in Gesellschaften dienen soll, übernimmt in der Beschreibung der wesentlichen Funktionen und Strukturen die Wirklichkeit des spezifischen politischen und gesellschaftlichen Systems, aus dem er stammt: »Die Ideologie der Wirklichkeit wird damit zur Theorie des Systemmodells, ohne daß sich diese Theorie auch nur bemüht, die Funktionalität ihrer Entstehung zu durchleuchten und sich von der Abhängigkeit von erkenntnisleitenden Herrschaftsinteressen frei zu machen.«[89]

Systemtheorie in der Gesellschaftsanalyse bevorzugt die *Wie*-Fragen. Sie fragt nicht: Wer herrscht? Was ist die Quelle seiner Herrschaft? Was ist die Basis seiner Legitimität?, sondern: Wie werden verschiedene Bereiche als steuerbare durch Problematisierungen konstituiert? Wie funktioniert das epistemische

88 | Schumpeter 1950.

89 | Behr 1973.

System, das diesen Problematisierungen zugrunde liegt? Wie verknüpft es Formen des Wissens mit dem Handeln auf Handlungen durch einzelne Performer? Wie rationalisiert die Steuerung spezifische Techniken und Praktiken im Verhältnis zu Zielen, Fehlerdiagnosen und Evaluationsschemata? Der politiktheoretische Diskurs der Systemtheorie begreift Steuerung in ihrer Interrelation zu Machttechniken als integraler Aspekt des Funktionierens eines Systems und nicht als äußerliches Element. Die voranalytische Unterscheidung von Mikro und Makro verliert an Geltung, da die Steuerung des politischen Systems, die Steuerung der Steuerung, sowohl in die Mikrobewegungen der Macht als auch in die globale Struktur eingebunden ist. »The articulation of numerous mini-programmes and technologies of government produces macro-governmental rationalities«[90], Regierung wird »any more or less calculated rational activity, undertaken by a multiplicity of authorities and agencies, employing a variety of techniques, forms of knowledge.«[91]

Neolib

In diesem Zusammenhang scheint sich der Verdacht der Ideologieanfälligkeit von Modelltheorien zu bestätigen. Modelle, die der Darstellung gesellschaftlicher Verhältnisse dienen, müssen neben der Frage nach ihrer richtigen Erfassung der Wirklichkeit und neben der Frage nach ihrer Tauglichkeit (also nach ihrem konkreten Erkenntnisgewinn), auch mit der Frage nach dem sich in ihnen äußernden Interessen konfrontiert werden (also der Frage nach ihrer Ideologiefähigkeit). Und umgekehrt: Wie die Analysen von Deutsch und Easton zeigen, fehlen vor allem die Bestimmungen dessen, was als Werterationalität zu definieren ist. Beide Autoren schicken die Frage nach Werterationalität in die Umlaufbahn des Regelkreises hinaus.

Was sich als Werterationalität im postindustriellen Zeitalter durchzusetzen scheint, ist jedoch klar erkennbar: Es ist die Werterationalität des Marktes. Bei der engen Verzahnung von Politik als institutionalisiertem Entscheidungs-, Beteiligungs- und Legitimationsmechanismus und Ökonomie als scheinbar diffusem Apparat zur Produktion von Gütern, ist es mehr als erstaunlich, dass in den systemtheoretischen Gesellschaftsstudien der ökonomische Sektor dennoch ausgespart und allein der Wissenschaft der Ökonomie zugewiesen wird. Ökonomie erweist sich als blinder Fleck einer systemanalytischen Gesellschaftstheorie, die mit dem epistemologischen Raum einer Regierung der Regierung auch eine veränderte Topologie des Sozialen eröffnet. Denn eine Neubeschreibung des Sozialen, wie sie bei Deutsch und Easton zum Tragen kommt, impliziert die Ausweitung der Steuerungskapazität von Technologie und Markt auf die sozia-

90 | Simons 1995, S. 37.

91 | Ebda.

len Lebensbereiche. Die Aufgabe der Regierung besteht in der Erfindung selbststeuernder Handlungssysteme für Individuen, Gruppen und Institutionen. »If the market is the embodiment of rules that guarantee freedom [»freedom« lässt sich hier mit Überleben eines Systems gleichsetzen, Anm. des Autors], then the reconfiguration of the social must take the form of markets.«[92] War das Funktionieren des Marktes ehemals das Ziel liberaler Regierungen, so wird dieses Funktionieren in dem Moment, da die konstruktivistische, systemische Implementation marktförmiger Rationalitäten den bevorzugten Regierungsvollzug darstellt, selbst zum Mittel. Ökonomische Regierung mutiert zum selbstreferentiellen System: »If the market teaches the manner in which we should guide our own conduct, then the way in which we gain access to guidance regarding our conduct will be through the construction of markets«[93], konstatiert Mitchell Dean 1999 in *Governmentality. Power and Rule in Modern Society.*

Die Konstruktion von Modellen geschichtlichen Handelns oder eines Systems, das sich aus Modellen konstituiert – wie z.B. der Easton'sche Systembegriff, der den *Policy-making Process* mit dem *Political System* gleichsetzt –, setzt die Festlegung zukünftigen Handelns auf bestimmte evaluierbare Parameter voraus. Genau deshalb sind formale Modelle geschichtslos und klammern das, was nicht prognostizierbar ist, aus. Modelle sind, im Gegensatz zur Realität, geschlossene Systeme. »Die Variablen formaler Modelle können wohl ihre Werte, nicht aber ihre Eigenart ändern, und die einmal formulierten Abhängigkeiten erscheinen als zeitlos naturgesetzlicher Art während sie doch vermittelt und veränderlich sein können. Das aber, was die Variablen in ihrem Sosein an dahinter stehender gesellschaftlicher Realität manifestieren, bleibt außerhalb des Modells.«[94]

Neoliberalismus offenbart sich als Konsequenz systemtheoretischer Entwicklung. Er vervielfältigt sich aus seiner eigenen performativen Faltbewegung und beseitigt Gesellschaft als Paradigma einer Regierung, die auf Bedürfnisse aller reagiert und reagieren muss. Dies geschieht nicht, weil sie dies nicht mehr will, sondern weil die Gesellschaft als Quelle von Bedürfnissen zu existieren aufhört. Der kybernetische Ansatz geht von pragmatischen Beziehungen seiner kleinsten Einheiten aus. Im sozialen System existieren jedoch agonale oder empathische Beziehungen. Das bedeutet ebenso, dass sich der soziale Akteur während der Kommunikation gegenüber dem System verändert oder verschiebt, nicht nur in seiner Eigenschaft als Empfänger, sondern auch als Sender. Um dieser Kategorie der sozialen Beziehungen gerecht zu werden, genügt die Systemtheorie nicht.

---

92 | Dean 1999, S. 172.

93 | A.a.O., S. 160.

94 | Mayntz 1967, S. 31.

Es bildet sich jedoch bereits innerhalb des Systems der Performanz eine neue Theorie heraus, die sich mit agonalen Themen auseinandersetzt: die poststrukturalistische Theorie von Performanz und Performativität. Auch Handlungen werden in der poststrukturalistischen Theorie neu konzeptionalisiert: In der Doppelbewegung von Performanz und Performativität finden jene nicht intentionalen Anteile ihre Berechtigung, die in der rationalen Handlungstheorie ausgeblendet werden. Dies ist essenziell, um später den Begriff der Improvisation fassen zu können. Das heißt konkret: Das Rationalmodell des Handelns arbeitet »richtige« Elemente des Handelns wie Ziele, Mittel und Bedingungen heraus. Falsch ist nur die Schlussfolgerung, dass die beobachtete Wirklichkeit auf sich selbst zu reduzieren ist. Denn dann würde die beobachtete Form der Handlung teleologisch interpretiert und die Zeit des Prozesses umgedreht, also a posteriori konzeptionalisiert. Des Weiteren ist nur dann von einem Zweck-Mittel-Schema als Definition des Handelns auszugehen, wenn man die richtige Ebene wählt: die des Bezugrahmens und nicht die der Handlung selbst, die freier agieren kann – der Bezugsrahmen ist nicht an sich, sondern nur strukturell bindend, wie die Kybernetik doch eigentlich richtig zeigt.

Vorgreifend sei hier bemerkt, dass sich eine solche Handlungstheorie als relevant für die Revision des Improvisationsbegriffs erweist: Improvisationsfähigkeit hängt nicht davon ab, möglichst weit vom Bezugsrahmen abzuweichen, sondern davon, möglichst weit abweichen zu können! Rationalistische Handlungstheorie und Kybernetik arbeiten für Improvisationstheorie heraus, dass Handlung einen reflektierenden Umgang mit dem Rahmen fordert. Gleichzeitig spielen jedoch auch andere als die soziotechnischen Rahmen in die Handlung hinein: rituelle, spielerische, mithin performative Handlungen, die nicht das Erreichen eines spezifischen Ziels, sondern den Ausdruck von Werthaltungen implizieren. Diese Art der Handlung ist nicht teleologisch an sich, sondern Ausdruck einer Haltung als Sein. Improvisationstheorie lehnt also das Modell des rationalen Handelns nicht an sich ab, sondern nur die Schlussfolgerungen, die hieraus gezogen werden. Anders gesagt: Improvisation geht nicht gegen formales Denken, im Gegenteil: Die Form ist als Bezugsrahmen entscheidend – lediglich das Verständnis der Form ist ein anderes. Improvisation wäre somit nicht als nicht normatives oder nicht rationalistisches Handeln zu sehen, sondern als öffnende, auf Möglichkeit gerichtete, in jedem Handeln enthaltene Dimension, die nur in unterschiedlichen Gradationen angewandt, gebraucht wird.

4. Judith Butler

Performanz und Performativität

Mit der vorhergehenden Analyse konnte gezeigt werden, wie sich Organisationstheorie zunehmend dem Paradigma der Performanz zuwendet. Ein solches Paradigma verlangt, Organisation nicht mehr als abgeschlossenes neutrales Terrain, sondern als performativ hergestelltes Produkt zu interpretieren, das aus den Bewegungen von Akteuren und Dingen entsteht. Um nun zu ergründen, wie ein solcher Sachverhalt mit einer Theorie der Improvisation verbunden ist, wäre noch einmal aus kulturtheoretischer Sicht näher zu bestimmen, was Performanz bzw. Performativität meint, und wie sich deren Doppelbewegung näher beschreiben lässt.

Die Debatte um Performanz nimmt in den Sprachwissenschaften, konkret in Ferdinand de Saussures linguistischem Strukturalismus ihren Ausgang. Verkürzt gesagt überträgt De Saussure die mathematische Definition von Struktur auf die Sprache und leitet daraus die Unterscheidung zwischen *Langue* und *Parole* ab. *Langue* umfasst die in einem Sprachsystem angelegten Möglichkeiten, etwas zu sagen. Diese bestehen aus Strukturen (d.h. Zeichen und Regeln), auf die die Gesamtheit aller Teilnehmenden einer Sprachgemeinschaft zugreifen kann. *Parole* hingegen bedeutet das einmalige, tatsächlich aktualisierte Ereignis des Sprechens selbst. Daraus ergeben sich zwei Hauptachsen, nach denen Sprache zu untersuchen ist. Zum einen der chronologische Längsschnitt, bei dem die Diachronie (diachronisch = durch die Zeit hindurch) von Sprachsystemen von Interesse ist, und zum anderen die Sprachrelationen auf der synchronen (synchronisch = statisch, zusammen zur selben Zeit) Ebene der inneren Struktur eines Sprachsystems in einem bestimmten, sozusagen »gefrorenen« Zeitpunkt.

Im Laufe seiner Entwicklung setzt es sich im linguistischen Strukturalismus durch, in Bezug auf Kommunikation nicht mehr *Langue* und *Parole,* sondern Kompetenz (Sprachfähigkeit) und Performanz (Sprachgebrauch) zu unterscheiden.[1] Einführungen zur Linguistik wählen dafür oft ein Bild aus der Musik.

---

1 | Baumgärtner et al. 1976, S. 115-120.

Der Unterschied zwischen Kompetenz und Performanz zeigt sich dort als der zwischen Partitur und Aufführung im Sinne einer *Vorlage* und deren anschließenden *Realisierung*. Als für unseren Kontext relevant erweist sich vor allem das Begreifen von Performanz als aktuellem Gebrauch, den ein Sprecher von seiner Kompetenz macht.

Der Begriff des Performativen geht auf die Sprechakttheorie von John Austin zurück. Austin hebt in der Weiterführung des Strukturalismus auf die »Funktion« von Äußerungen im »Sprachverkehr«[2] ab. Seine Frage lautet: Inwiefern haben bestimmte Sprechweisen den Charakter einer Handlung? Als Kriterium hierfür zieht Austin die Folgen heran, die Äußerungen in einem kommunikativen Kontext für Beteiligte haben können. Bezeichnete die Linguistik zuvor mit Performanz lediglich den realisierten Sprachgebrauch, so differenziert Austin nun zwischen konstativen Äußerungen, die einen bestehenden Sachverhalt beschreiben oder Tatsachen behaupten und folglich wahr oder falsch sind, und performativen Äußerungen, die in Form einer Feststellung das Festgestelle zugleich sind. Mit performativen Sprechakten werden Handlungen vollzogen, Tatsachen geschaffen und Identitäten gesetzt. Sie können insofern nicht wahr oder falsch sein, sondern beziehen sich allein auf das Gelingen oder Fehlschlagen, mithin die Funktion.[3]

Poststrukturalistische Positionen greifen diese Ansätze auf und ziehen eine neue Achse entlang der Unterscheidung von Performanz (*Performance*) und Performativität. Diese Unterscheidung basiert auf dem Verständnis von *Performanz* als Aufführung oder Ausführung einer Handlung durch handelnde Subjekte. Demgegenüber positioniert sich der Begriff der *Performativität*, der die Vorstellung eines autonomen, intentional agierenden Subjekts unterminiert. Mit *Performativität* ist jene Kraft oder Intensität bezeichnet, die das handelnde Subjekt und die Handlung in und durch die Performanz zuerst produziert. Wichtig für die Improvisationstheorie wird: Mit dem Zusammenspiel von Performanz und Performativität lassen sich nicht intentionale Handlungsanteile konzeptionell integrieren sowie der Handlungs- und Subjektbegriff erweitern, ohne in diesem Zuge auf den Begriff des handelnden Subjekts verzichten zu müssen.

4.1 PERFORMATIVE KONSTITUTION VON GESELLSCHAFT

In die Theorie der Gesellschaft wird der Begriff der Performativität vor allem in Anschluss an Judith Butlers Analyse der Geschlechterverhältnisse eingebracht.

2 | Austin 2005, S. 118.

3 | Austin lässt im Verlauf seiner Analyse die Unterscheidung zwischen konstativen und performativen Äußerungen fallen und ersetzt sie durch den Dreischritt von lokutionären, illokutionären und perlokutionären Akten (Austin 2005, S. 42-120).

Butlers Kritik an strikt normativ ausgerichteten Gesellschaftstheorien baut auf der These auf, dass Geschlechterzugehörigkeit keine biologische oder metaphysische Gegebenheit, sondern Produkt performativer Praxis ist: »Dass die Geschlechter-Realität ... durch aufrechterhaltende gesellschaftliche Performanzen geschaffen wird, bedeutet gerade, daß die Begriffe des wesenhaften Geschlechts und der wahren oder unvergänglichen Männlichkeit und Weiblichkeit ebenfalls konstituiert sind.«[4] Butler kritisiert damit die humanistische Konzeptionierung des Subjekts als mit Willen, Freiheit und Intentionalität ausgestattete Form, die sich in einer öffentliche Sphäre mittels ihrer Handlungen ausdrückt. *Agency* (Handlungsfähig- oder -wirksamkeit) kann – so Butler – nicht mit einem solchermaßen vorausgesetzten Subjekt erklärt werden, sondern nur in der konkreten Analyse der Bedingungen, unter denen *Agency* als Performanz in den komplexen Relationen von Macht, Diskurs und Praxis konstituiert wird. »(D)ies ist eine ganz andere Frage als die metaphysische, die danach fragt, was das Selbst ist, damit seine Handlungsfähigkeit theoretisch vor irgendeiner Bezugnahme auf Macht sichergestellt werden kann.«[5]

Verknüpft mit dieser Argumentation ist die Fragestellung, wie Repräsentation und Performance emanzipatorisch wirken können, sind sie doch an der Produktion jener kulturellen Codes beteiligt, gegen die sich Widerstand richten soll. Besonders die Frauenbewegung greift diese Fragestellung auf. Ende der 1980er-Jahre ist es unter feministischen Theoretikerinnen bereits Konsens, die kulturellen und sozialen Konstruktionen und Annahmen traditioneller Geschlechterrollen auf der Folie ihrer Performativität zu untersuchen.

Die Frage der Autonomie eines weiblichen Subjekts ist nicht ohne die Frage der Hegemonie zu klären. Konkret: Transformation kann nicht in Bewegung geraten, solange die spezifische Form der Herrschaft in der Produktion jenes binären Rahmens agiert, der das Denken über die Geschlechtsidentität leitet. Genau aus diesem Grund fragt die feministische Theorie, welche Konfigurationen der Macht das Subjekt und die innere Stabilität der binären Termini Mann und Frau konstruieren. Das Konzept der Hegemonie aufgreifend, ortet Butler ein epistemisches Regime der Heterosexualität. Ausgehend von der Lektüre strukturalistischer, psychoanalytischer und feministischer Darstellungen beschreibt sie das Inzesttabu als ein Mechanismus der Macht, der versucht, innerhalb eines heterosexuellen Regulationsregimes diskrete und innerlich kohärente, geschlechtlich bestimmte Identitäten zu erzwingen. Butler geht es darum, neue Wege der Emanzipation aufzuzeigen, indem sie auf die Performativität von Geschlechtsidentität rekurriert. Weiblich sein ist folglich keine vorursprüngliche Objektivität, sondern eine *kulturelle Performanz.*[6] Das Geschlecht wird durch

4 | Butler 1991, S. 207f.

5 | Butler 1993b, S. 127.

6 | Butler 1991, S. 9.

diskursiv eingeschränkte performative Akte konstituiert, die den Körper zitierend und iterierend in den binären Kategorien hervorbringen. In diesem Sinne treibt die Performanztheoretikerin Peggy Phelan die Gleichsetzung von Iterierbarkeit und Zitierbarkeit noch weiter, um zu konstatieren, dass »performative utterances«, ebenso wie ein »live performance event« weder wiederholt noch reproduziert werden können.[7]

Butler entfaltet einen Spannungsbogen zwischen den Begriffen »Performativität« und »Performanz«, wobei sie die Frage nach der Performativität mit der »Macht des Diskurses, das hervorzubringen, was er benennt«[8] verknüpft. Performativität als soziales Phänomen beschreibt die Prozesse, durch die Identitäten und Einheiten sozialer Realität durch wiederholte Annäherungen an normative Modelle hergestellt werden. »To supply the character and content to a law that secures the borders between ›inside‹ and ›outside‹ of symbolic intelligibility is«, so Judith Butler, »to preempt the specific social and historical analysis that is required, to conflate into ›one‹ law the effect of a convergence of many, and to prelude the very possibility of a future rearticulation of that boundary which is central to the democratic project.«[9] Primäre Zuweisungen und Zuschreibungen werden durch Performativität unterminiert. Das heißt, es gibt in dieser spezifischen Form der Performanztheorie keine fundamentalen Gesetzmäßigkeiten mehr, sondern Verhandlungen über Sachverhalte. So existieren und konkurrieren miteinander unterschiedliche Prinzipien der Konstitution und Exklusion im Modus der Performativität. Globalisierung intensiviert Performativität, indem sie unterschiedliche Kulturen miteinander in Kontakt und Austausch bringt und so das Hinterfragen von Normen verstärkt. Performativität erweist sich als Schnittstelle zwischen individuellem Subjekt und der Gesellschaft, an der die Kräfte entstehen, die in einem operativen Modus erstens die Differenzen und Anrufungen, die das Subjekt erst konstituieren, zur Konvergenz führen, und zweitens die größeren Arrangements des Sozialen reartikulieren. Diese Reartikulation, die Aufforderung zur Transformation, steht in enger Relation zu Ernesto Laclaus (s. Kapitel 7.2.) Definition des sozialen Wandels: »Hegemonic relations depend upon the fact that the meaning of each element in a social system is not definetely fixed. If it were fixed, it would be impossible to rearticulate it in a different way, and thus rearticulation could only be thought under such categories as false consciousness.«[10]

Wenngleich Performativität Traditionen zum Aufbrechen bringen kann, so ist ihr Widerstandspotential insofern begrenzt, als dass aus Widerstand auch neue Formen der Macht derer hervorgehen, die bekämpft werden sollen. Die

7 | Phelan 1993, S. 19.

8 | Butler 1997, S. 309.

9 | Butler 1993a, S. 206-207.

10 | Laclau 1988a, S. 254.

in Kapitel 2. und 3. beschriebenen Transformationen der Organisationsweisen sind Ausdruck neuer kapitalistischer Produktionsverhältnisse, deren Regierungstechniken wiederum zum Großteil auf den Erosionen traditioneller Ordnungsmodelle gründen. Konsequenterweise besteht zurecht die Befürchtung, dass die Unmöglichkeit, normatives Verhalten als konstitutiv für subversive Performanz zu gebrauchen, ausbeutende Systeme eher unterstützt als unterläuft. Performativität bezieht sich auf die interaktionalen Pakte, interpretativen Rahmenwerke, auf institutionelle Konditionierungen und Wissensproduktion. Wobei in Betracht zu ziehen ist, dass performative Kräfte in unterschiedlichen Diskursen, in unterschiedlichen ideologischen Gemeinschaften und in unterschiedlichen Kulturen unterschiedliche Bedeutungen und Auswirkungen haben können.

Die performative Äußerung wird von Butler nicht nur als »*ein* Bereich, in dem die Macht *als* Diskurs agiert«[11], gedeutet, sondern für Butler zeigt sich die Verknüpfung von Herrschaft und Diskurs selbst dem performativen, in die Iterabilität eingelagerten Zwang zur Repetition unterworfen. So stehen für Butler bestimmte Akte des Benennens, wie etwa die Feststellung der Hebamme »Es ist ein Mädchen!«, für das Initiieren eines performativen Prozesses, »mit dem ein bestimmtes ›Zum-Mädchen-Werden‹ erzwungen wird«.[12] Die Benennung »Sei ein Mädchen!« hat als performativer Akt nicht nur direktive und/oder deklarative Funktionen, sondern auch die Aufforderung zur Performance. In dieser Performance schafft die Hebamme einen Rahmen für die Selbstinszenierung des Mädchens, innerhalb derer es sozusagen performativ die Norm zitiert, um sich der Benennung entsprechend zu qualifizieren.

4.2 Performative Acts

Butler fasst die Konstituierung von Geschlechtern somit als iterative performative Handlungen (*Performative Acts*), die sich dadurch auszeichnen, dass sie etwas benennen, hervorrufen und/oder in Szene setzen. In ihrer Performanz sind sie jedoch nicht Ausdruck vorgängiger Intention: »Hinter den Äußerungen der Geschlechtsidentität liegt keine geschlechtlich bestimmte Identität. Vielmehr wird diese Identität gerade performativ durch diese Äußerungen hervorgebracht, die angeblich ihr Resultat sind.«[13] Das hat zur Konsequenz, dass die strukturationstheoretische Betrachtungsweise (s. Kapitel 7.1.), Subjekte würden von den Regeln, durch die sie erzeugt werden, determiniert, nicht aufrechtzuerhalten ist, und zwar vor allem deshalb »weil die Bezeichnung kein fundierender Akt,

11 | Butler 1997, S. 318.

12 | Ebda.

13 | Butler 1991, S. 49.

sondern ein regulierter Wiederholungsprozess ist.«[14] Judith Butler definiert Geschlecht nicht als ein sozial oder kulturell gegebenes Attribut, sondern als performativ produziert. Das Subjekt ist nicht vorursprünglich, sondern konstruiert sich aus performativen Handlungen, eingeschlossen derjenigen Handlungen, die ein spezifisches Geschlecht bezeichnen. In welchem Sinne ist dann Geschlechtsidentität ein performativer Akt? Indem er wie andere rituelle gesellschaftliche Inszenierungen eine wiederholte, also ritualisierte Darbietung erfordert. Der performative Akt stellt keine singuläre Einheit dar, sondern ist eingebettet in eine »ritualized production, a ritual reiterated under and through constraint, under and through the force of prohibition and taboo«[15]. Und hierin liegt der für die *Performance Studies* entscheidende Dreh- und Angelpunkt: Gerade die gesellschaftlich randständigen, minoritären Gruppen der Lesben- und Schwulen-Community thematisieren durch ihre parodistischen, performativ-subversiven Praktiken die gesellschaftliche Tendenz zur Naturalisierung von Geschlechtsidentität, und heben so die performative Konstruktion eines als ursprünglich und wahr behaupteten Geschlechts hervor. Butler nimmt hier auf Louis Althusser Bezug. Althusser stellt in *Ideology and the Ideological State Apparatuses*[16] die These auf, dass die Idee eines menschlichen Subjekts in seinen Handlungen existiert oder existieren sollte. »If this is not the case, it lends him to the actions ... that he does perform.«[17] Bezogen auf das prinzipielle Konzept von Ideologie spricht Althusser von Handlungen, die in Praktiken eingebettet sind. Diese Praktiken werden von Ritualen gesteuert und reguliert. Es sind dies jene Rituale, in die Praktiken eingeschrieben sind, »within the material existence of an ideological appartus, be it only a small part of the apparatus.«[18] Für Althusser sind wir in jeder Situation bereits Subjekte und als solche üben wir Rituale der ideologischen Erkennung aus, die uns die Garantie geben, dass wir konkrete, individuelle und unterscheidbare Subjekte sind. Performance wird zum Verhalten durch Wiederholung. Wiederholung wird erzeugt und geregelt durch gesellschaftliche Rituale. Diese Rituale scheinen wenig Raum für Kategorien transformativer Performance zu lassen, da der Ausgangspunkt nicht ein Subjekt sein kann, das außerhalb der Performance von Identität steht, sondern ein Subjekt, ein Selbst, das im Zuge der Performance erst produziert wird.

Gender Acts sind öffentlich und sie haben eine zeitliche und kollektive Dimension. Innerhalb dieser von herrschenden Diskursen – Butler nennt sie auch *hegemonial* – bestimmten Dimensionen wird Performanz mit dem strategischen Ziel ausgeführt, die Geschlechteridentität in ihrem binären Rahmen zu

14 | A.a.O., S. 213.

15 | Butler 1993a, S. 95.

16 | Althusser 1971, S. 39.

17 | Ebda.

18 | Ebda.

halten. Dieses Ziel ist keinem Subjekt zugehörig, sondern begründet und stabilisiert die Identität des Subjekts. Wenn Geschlechtsidentität ein diskontinuierlicher Akt ist – und darauf will Butler hinaus –, dann handelt es sich um eine konstruierte Identität, eine performative Leistung. Das Subjet wird frei und »die räumliche Metapher vom Grund enthüllt sich als stilisierte Konfigurierung, ja als durch die Geschlechtsidentität bestimmte Verkörperung von Zeit.«[19] Hier insistiert Butler auf die Möglichkeit der Veränderung innerhalb von Wiederholung. Unter Bezugnahme auf Derrida vertritt Butler die Überzeugung, dass *Performative Utterances* dem Zitieren gleichen. Ein Zitat kann ein abwesendes Original niemals auf exakte Weise wiederholen. Butler rekurriert hier auf Derridas berühmte Frage: »Could a performative succeed, it its formulation did not repeat a ›coded‹ or iterable utterance, ... if it were not identifiable in some ways as a ›citation‹?«[20] Eine solche Frage impliziert, dass der Erfolg einer performativen Handlung stets provisorisch ist. Nach Butler liegt dies jedoch nicht an einer Intention, die eine Handlung erfolgreich steuert, sondern ist in der Tatsache begründet, dass Handlungen »Echos« vorheriger Handlungen sind. »Action echoes prior actions and accumulates the force of authority through the repetition or citation of a prior, authoritative set of practises.«[21] Eine performative Handlung funktioniert »to the extent, that it draws and covers over the constitutive conventions by wich it is mobilized.«[22] Kein Begriff und keine Behauptung können performativ funktionieren, ohne die Kraft der Historizität einzubeziehen. Diese Perspektive auf Performativität schließt ein, dass Diskurse eine Geschichte haben. Es geht Butler also nicht darum, den Identitätsbegriff als solchen abzulehnen, sondern darum, auf die Risiken aufmerksam zu machen, die der Gebrauch des Begriffs »Identität« im Positiven wie im Negativen impliziert.

So wird auch z.B. der Begriff »*Queer*« zu einem Ort »of collective contestation, the point of departure for a set of historical reflections and futural imaginings, ... never fully owned, but always and only redeployed, twisted, queered from a prior usage and in the direction of urgent and expanding political purposes.«[23] Das geschlechtlich bestimmte Subjekt konstituiert sich durch ritualisiert wiederholte Akte und versucht, sich dem ideellen Kohärenzmodell des substanziellen Grunds anzunähern. Gerade die Bedingtheit der Identität als eine diskontinuierliche widerlegt den Grund als Ordnung und deckt seine immanente Kontingenz auf. Ein enormer hegemonialer Apparat des Identitätsdenkens arbeitet mit großem sozialen Aufwand des Strafens und Überwachens kontinuierlich daran, die Offenheit von gesellschaftlichen Mustern zu vernei-

19 | Butler 1991, S. 207.

20 | Derrida 1988, S. 18.

21 | Butler 1993a, S. 227.

22 | Ebda.

23 | A.a.O., S. 171.

nen oder zu verkleinern, um die totale Kongruenz zwischen Konzept und Erfahrung, purer Identität und Wiederholung zu erhalten. Aber – das ist ein Nexus der Performanztheorie –: totale Normierung kann niemals ganz und vollständig gelingen.

Für Elin Diamond liegt die Unmöglichkeit der Totalisierung von Norm bereits im Begriff der Performanz selbst begründet, da Performanz sich nicht nur in soziale Praktiken *embedded* zeigt, nicht nur selbst wiederum Spuren anderer Performanz enthält (Performanz ist *embedded* in Performanz durch Zeitlichkeit), sondern soziale Praktiken und damit sozialen Raum produziert, ohne dabei komplett auf vorherige Erfahrung zu rekurrieren: »While a performance embeds traces of other performances, it also produces an experience whose interpretation only partially depends on pervious experience. Hence the termonology of ›re‹ in discussion of performance, as in *re*member, *re*inscribe, *re*configure, *re*iterate, *re*store. ›Re‹ acknowledges the pre-existing discursive field, the repetition within the performative present, but ›figure‹, ›Script‹ and ›iterate‹ asset the possibility of something that *exceeds* our knowledge, that alters the shape of sites and imagines new unsuspected subject positions.«[24] Das Subjekt verändert in der Zeitlichkeit der Performanz den Ort, verändert seine Position nicht nur im sondern auch und vor allem *als* Raum.

4.3 Body-Politics

Die Kritik des Körpers bildet die Grundlage für Butlers Theorie. Feministische Theorie sah in der physischen Performanz die Option, der symbolisch-logischen und diskursiven Sprache des Patriarchats zu entkommen. Sie verstand traditionelle Sprache in diesem Zusammenhang als eine männliche Konstruktion, die sich als dominiert von den Operationen einer männlich attribuierten Logik zeigt. Der »performative Körper« eröffnete eine Alternative gegenüber einer symbolischen Ordnung der Sprache, die keine Öffnungen für die Repräsentation des Weiblichen bereitstelle. So liegt für Marcia Moen in dem Fühlen des Körpers eine Richtigkeit (*Rightness*), die »den Körper in eine aktive Rolle bringt und ihm den Widerstand gegen die Beeinflussung durch Macht-Wissen Diskurse ermöglicht.«[25] Der Körper zeigt sich nicht nur als eine alternative Form des Wissens, sondern auch als subversive Praktik gegen dominante symbolische Ordnungen. Jeanie Forte sieht daher in der aktuellen, physischen Performanz einen viel stärkeren Widerstand, als ihn die Theorie jemals zu leisten vermag: »Physical presence, real time, and real women in dissonance with their

24 | Diamond 1995, S. 5.

25 | Moen 1991, S. 439.

representations, threatening the patriarchal structure with the revolutionary text of their actual bodies.«[26]

Unklar bleibt jedoch, ob eine solche Vereinfachung emanzipatorischer Praxis wirksam ist. Einerseits lässt sich nicht klar bestimmen, ob der körperliche Diskurs wirklich eine »weibliche« Subjektivität erzeugt, andererseits bleibt die Frage offen, ob dies ein erstrebenswertes Ziel des Feminismus bilden sollte. Denn ein einzelner Modus von Subjektivität birgt das Risiko, sich zu einem Essenzialismus zu verfestigen, der nur die traditionellen strukturellen Machtbeziehungen zwischen dominanten und unterwürfigen Positionen verstärkt. Butler wirft daher den Theorien der Leiblichkeit eine »unkritischen Reproduktion der Cartesianischen Unterscheidung zwischen Freiheit und Körper«[27] vor. Die ontologische Unterscheidung von Geist und Körper habe in der Tradition des philosophischen Denkens seit jeher den Konnex politischer und physischer Unterordnung und Hierarchie gefördert. Jede unkritische Reproduktion dieses Dualismus müsse, so Butler, »neu durchdacht«[28] werden. Sie schlägt vor, das Subjekt so zu dezentrieren, dass ein Diskurs entsteht, der sowohl Performer als auch Zuschauer ermutigt, sich kritisch mit dem Apparat von Repräsentation auseinanderzusetzen. Dazu gehört auch die Infragestellung der traditionellen Subjekt-Objekt Beziehung und – so Jill Dolan – die kritische Reflexion über Repräsentation »as a site for the production of cultural meanings that perpetuate conservative gender roles«[29]. In diesem Kontext emergiert Hybridität als Zauberwort einer Bewegung, die Identität in eine mehr unbestimmte und kontingente Beziehung zur Identifikation setzen will. Die poststrukturalistische Analyse besagt: Wenn Zeichen wirklich in einer arbiträren Beziehung zu dem stehen, was sie bezeichnen, dann ist alles, was wir antizipieren können, ein Amalgam individueller Lesarten, deren disparate Eigenschaften nur die pluralistische und fragmentierte Gesellschaft verstärkt, die diese Lesarten in erster Linie ja produziert.

4.4 SUBVERSIVE ACT

Die Möglichkeit zur Parodie, zur Veränderung der Geschlechtsidentität z.B. im *Drag Act*, liegt für Butler in den arbiträren Beziehungen zwischen den performativen Akten und der darin liegenden Option des Unterlaufens der Wiederholung begründet. Butler beschreibt die emanzipatorisch-kritische Kraft des *Drag Act*, der vermittels performativer Parodie mit herkömmlichen Gender-Vor-

26 | Forte 1990, S. 260.
27 | Butler 1991, S. 31.
28 | Ebda.
29 | Dolan 1989, S. 59-60.

stellungen bricht, diese unterläuft und gleichzeitig einen Raum des Anderssein eröffnet: »This perpetual displacement institutes a fluitdity of identities that suggests an openness to resignification and recontextualization; parodic proliferation deprives hegemonic culture and its critics of the claim to naturalized or essentialist gender identities.«[30] Obwohl die Geschlechterbedeutungen, auf die in den parodistischen *Drag Shows* zurückgegriffen wird, der kulturellen Hegemonie selbst entstammen, sind sie, so Butler, »nevertheless denaturalized and mobilized through their parodic recontextualization.«[31] Die Performanz der Travestie spielt mit der Differenz zwischen Anatomie des Darstellers (*Performer*) und der dargestellten (*performed*) Geschlechtsidentität. Moe Meyer geht hier noch einen Schritt weiter und spricht dem *Queer Label* eine oppositionelle Kritik homosexueller *Middle-Class*-Assimilation zu: »In the sense that queer label emerges as a class critique, then what is opposed are bourgeois models of identity. What queer signals is an ontological challenge that displaces bourgeois notion of the Self as unique abiding and continuous while substituting instead a concept of the Self as performative, improvisational, discontinuous and processually constituted and stylized acts.«[32]

Sowohl Butler als auch Meyer beziehen sich in ihrer Beschreibung der Subversionstaktiken auf die Arbeit von Linda Hutcheon. Hutcheon redefiniert Parodie in strenger Abgrenzung herkömmlicher Muster wie Ironie oder Satire. Für Hutcheon ist Parodie eine intertextuelle Manipulation multipler Konventionen, »an extended repetion with critical difference«[33],»that has a hermeneutic function with both cultural and even ideological implications.«[34] Parodie wird gedeutet als Prozess und nicht als Form. Die Beziehung zwischen Texten wird zu einem Indikator von Machtverhältnissen zwischen sozialen Akteuren, die diese Texte performen: dem einen, der über das Original verfügt, und dem anderen, der die parodistische Alternative besitzt. Strukturen der Bezeichnung können hier nur in Bezug auf Macht und Dominanz gelesen werden – mehr noch: Macht und Dominanz vermögen Codes der Bezeichnung zu produzieren. Verweisend auf Thomas King's *Performing Akimbo*[35] macht Meyer deutlich, dass Queer-Praktiken als kritisches Manöver nicht auf die sexuelle Frage zu beschränken sind, sondern eine Wirkung haben, »that has valuable applications for marginal social identities in general«[36]. Ausgehend von ihrer *Queer Theory* sieht auch Butler die poststrukturalistische Form der Kritik und Sicht auf Per-

30 | Butler 1990, S. 69.

31 | Ebda.

32 | Meyer 1994, S. 32.

33 | Hutcheon 1985, S. 2.

34 | A.a.O., S. 5.

35 | King 1994.

36 | Meyer 1994, S. 72.

formativität nicht nur für die feministische Bewegung, sondern für andere minoritäre Bewegungen wie die *Anti-Race Movement* als relevant an. »Indeed, it may be that the critique of the term (queer) represents will initiate a resurgence of both feminist and anti-racist mobilization within lesbian and gay politics or open up new possibilities for coalitional alliances that do not presume that these constituencies are radically distinct from one another.«[37] Und umgekehrt kann die Bestimmung von Gender keine erschöpfende Bestimmung von Identität leisten. Vor allem deshalb nicht, weil die Bildung der Geschlechtsidentität in den unterschiedlichen geschichtlichen Kontexten nicht einheitlich verläuft und »sich mit den rassischen, ethnischen, sexuellen, regionalen und klassenspezifischen Modalitäten diskursiv konstituierter Identitäten überschneidet.«[38]

4.5 Vierte Zwischenbilanz: Rahmen und Relation. Epistemologie der Performativität

Performativität bezieht sich auf interaktionale Pakte, interpretative Rahmenwerke, institutionelle Konditionierungen und Wissensproduktion; hierbei ist in Betracht zu ziehen, dass performative Kräfte in unterschiedlichen Diskursen, in unterschiedlichen ideologischen Gemeinschaften und unterschiedlichen Kulturen unterschiedliche Bedeutungen und Auswirkungen haben. Die Rede von einer epistemologischen Performativität, wie sie Lyotard beschrieben hat, basiert auf der Annahme, dass der Erhalt eines Status quo, die Reproduktion sozialer Hierarchien von Ethnie, Geschlecht, Sexualität durch die wiederholte Performanz von Normen produziert wird. Jeden Tag üben wir, innerhalb des öffentlichen Raums, innerhalb von Institutionen wie Schule, Kirche und am Arbeitsplatz, Rituale der Konformität ein, sei es in der Art, wie wir uns kleiden, bewegen, artikulieren etc. Durch die Tatsache jedoch, dass keine Wiederholung der Norm, der Performanz exakt ist, entsteht Raum für Öffnung, für Transgression. Die Doppelbewegung von Performanz und Performativität erzeugt ein neues Wissenssubjekt, ein Subjekt, das fragmentiert, dezentriert und sich in multipel-hybriden Identitäten äußert. Aus der mechanischen Reproduktion, der digitalen Speicherung, dem Prozessieren und der Transmission von Daten, der Explosion wissenschaftlicher und organisationaler Forschung, dem weltweiten Diffundieren postkolonialer und postsozialistischer Energien erwächst mit Performanz ein kulturell-epistemisches Kräftefeld, das weniger zu einem von Lyotard postulierten Ende der Geschichte führt, sondern vielmehr zu deren Multiplikation, Fragmentierung, Rekombination, Degeneration und Ausdifferenzierung beiträgt.

---

37 | Butler 1993a, S. 228f.

38 | Butler 1991, S. 18.

Es bleibt aber die Frage offen, ob wir anhand des Begriffs der Performanz eine Episteme gegenwärtiger Gesellschaft bestimmen können und ob, mit Foucault, eine Reduktion der Analyse auf den strukturellen Begriff der Episteme überhaupt gangbar ist. Unterstellt dieses Verfahren nicht eine kohärente Logik, praktische Konsistenz und eine Möglichkeit der Reduktion universeller Phänomene auf Teilaspekte? Setzt es nicht eine Lücke zwischen praktischem und theoretischem (epistemologischem) und zwischen mentalem und sozialem Bereich voraus, die eigentlich zu überwinden wäre? Vor dem Hintergrund unserer Untersuchung kann es jedenfalls nicht mehr darum gehen, einfach auf die Anwendung eines epistemologischen Denkens auf praktische Sachverhalte zu rekurrieren.

Das Denken von Performanz als epistemologischer Teil eines Diskurses über Organisation ist also keine Lösung, denn: Ein Diskurs über Organisation kann niemals das Wissen der Organisation erzeugen. Und ohne ein solches Wissen sind wir wieder auf den Diskurs zurückgeworfen. Umgekehrt erweckt die Rede vom Wissen einer Organisation den Eindruck, dass Organisation die Wahrheiten, die sie selbst produziert, auch toleriert. Das bedeutet jedoch nicht, dass strukturelle bzw. systemtheoretische Analyse wertlos sei; im Gegenteil: Gerade die Frage nach der strukturellen Verknüpfung als Teil der Frage nach der Wechselwirkung von Performanz und Organisation ist mitentscheidend für das dialektische Verhältnis von Produktion der Organisation. Wissen ist zu denken als integriert in die Kräfte der Produktion und in einer vermittelten Form als soziale Beziehungen innerhalb der Produktion. Genau diese Beziehungen sind es, die mit dem Konzept des Performanzprinzips zu analysieren sind und auf deren dringliche Veränderung hinzuweisen ist. Wie Judith Butler gezeigt hat, ist es genau die Performativität der Wiederholung, die auch Veränderung ermöglicht – keine Wiederholung ist wirklich gleich.

Als strategische Konsequenz aus dem Konzept der *Performative Acts* leitet Butler die Parodie und die Vervielfältigung der Geschlechterkonfigurationen ab. Parodie ist eine Strategie, die primär Ordnungen hinterfragt und auf alltägliche Praxen ent-naturalisierend, ent-identifizierend wirkt. Es wird erst einmal »aufgemischt«. Zuweisungen in Un-Ordnungen zu bringen kann aber nur ein erster Schritt sein. Bliebe man hier stehen, überschätzte man sowohl die Starrheit herrschender Ordnungen auf der Ebene der Inhalte als auch die Stabilität eben jener Ordnungen in Bezug auf ihre Fähigkeit, hierarchische Konfigurationen in der Transformation zu erhalten. Es gilt bei aller spielerisch parodierenden Performance und dem Verweis auf diskursiv spielerische Verhältnisse, den analytischen Begriff der Performativität wieder ins Blickfeld zu rücken. Butler hat dies erkannt und schreibt dazu: »In dem Maß, in dem Subjektpositionen in einer und durch eine Logik der Verwerfung und Verwerflichkeit hergestellt werden, wird die Spezifität der Identität durch den Verlust und die Verringerung von Verbundenheit erkauft, und die Landkarte der Macht, die Identitäten differentiell produziert und einteilt, kann nicht mehr gelesen werden. Die Vervielfachung von Subjektpositionen auf einer pluralistischen Achse hätte die Vervielfachung ausschließender und erniedrigender Schritte zur Folge, die lediglich noch größere Fraktionierung herstellen könnte, eine verstärkte Zunahme von Differenzen ohne irgendeine Möglichkeit, zwischen ihnen zu vermitteln.«[39]

Anzumerken ist jedoch: Weil Butler sich auf die Performativität als Konstruktion und Strukturierung konzentriert, bleibt die Ebene der konkreten Praxis und der Struktur, auf die Butler ja eigentlich als Verfahren rekurriert, seltsam unklar. So bleiben die Normen und Gesetze frei schwebend und strukturell wie material nicht eingebunden. Dies führt dazu, dass Butler die Anknüpfungspunkte für Veränderung nicht konturieren kann. In welche Strukturen sind die spezifischen Praxen und Diskurse eingebunden? Um die Kontinuitäten und Veränderungen von Identitäten analysieren zu können, ist es notwendig, die Ebene der Strukturen von Organisation, in denen die diskursiven Identitäten reproduziert und reguliert werden, einzubeziehen. Damit wäre auch die Frage der Identität neu zu stellen; nicht mehr als Frage nach der »Identität als einer zuvor errichteten Position oder einheitlichen Entität, sondern als Teil einer dynamischen Landkarte der Macht, in der Identitäten gebildet und/oder ausgelöscht, eingesetzt und/oder lahmgelegt werden.«[40]

Performativität und Organisation

Wenn wir die Performanz/Performativitätsargumentation auf Organisation übertragen, kann Organisation nicht mehr als die Verwirklichung einer vorab gegebenen Ordnung verstanden werden. Vielmehr ist Organisation als Konflikt um die Definition der Ordnung bzw. Unordnung und den performativen Konsequenzen dieser Definition zu interpretieren. Wenn Organisation weder die Verwirklichung einer vorab gegebenen Ordnung darstellt noch durch einen wesenhaften Bezug auf einen Organisationsapparat definiert ist, lässt sich Organisation in letzter Konsequenz überhaupt nicht als Substanz definieren. Organisation hat weder eine bestimmte Substanz noch ist sie Substanz von etwas anderem. Sie lässt sich eher als Intensitätsgrad oder Kräftefeld auffassen. Organisation ist weder strukturelle noch formale Gegebenheit, sondern Produkt performativer Praxis. Anstatt anzunehmen, Organisation sei ihrem Wesen nach ein strukturelles Feld, das durch Praxis deformiert wird, gehen wir davon aus, dass Praxis die Organisation überhaupt erst performativ hervorbringt, um so danach zu fragen, mit welchen performativen Mitteln organisationale Identität als Organisation sich konstituiert.

---

39 | Butler 1997, S. 157.

40 | A.a.O, S. 161.

Performative Praxen in Organisation rufen Organisation hervor. Sie produzieren Organisation als Realität, obwohl es den Organisationsmitgliedern oftmals so scheint, als ob Organisation als Form lediglich Ausdruck dahinterliegender Strukturen sei. Organisationen bestehen aus *Performative Acts*. Butler hat diesen Gedankengang anhand derjenigen performativen Handlungen expliziert, die Geschlechter konstituieren. *Performative Acts* als all das, was als Ausdruck von z.B. Geschlechterzugehörigkeit gilt, benennen etwas, rufen hervor und inszenieren. Sie sind aber nicht – das ist der entscheidende Punkt – Ausdruck einer vorgängigen Intention oder Identität: »Hinter den Äußerungen der Geschlechtsidentität liegt keine geschlechtlich bestimmte Identität. Vielmehr wird diese Identität gerade performativ durch diese Äußerungen hervorgebracht, die angeblich ihr Resultat sind.«[41] Ebenso wie die Naturalisierung der Geschlechteridentität ist, so unsere These, auch die vermeintliche Naturalisierung von Organisation in Frage zu stellen. Formen der Organisation gelten traditionell als Zustand, der entweder gegen den Wandel von Umwelten geschützt (mechanistisches Modell) oder im Kontext von Wettbewerb als Adaption an den Wandel (flexibles Modell) zur Herstellung von Wettbewerbsfähigkeit modifiziert werden muss und auf die die Organisationsführung zu reagieren hat. Wenn aber – und davon gehen wir mit der Performanztheorie aus – Organisation eine soziale Praxis ist, die permanent durch performative Praxen hergestellt wird, so werden neue Modelle von Organisation interessant. Anders ausgedrückt: Wenn Organisationen als performative Praxen aufgefasst werden, die konkrete soziale, politische, ökonomische und kulturelle Realitäten hervorbringen, erlangt das »Wie« der Organisation dieser Praxen Wichtigkeit. Und mithin auch die Frage, wie die, die die Performanz von Organisation ausführen, nicht nur eine solche wie ein vorgeschriebenes bzw. vorgängiges Theaterstück immer neu »aufführen« sondern auch an deren Produktion, Regelung und Transformation beteiligt werden können.

Performative Acts sind für Butler Handlungen, die sich dadurch auszeichnen, dass sie etwas benennen, hervorrufen und/oder in Szene setzen. In der Transposition von Butlers Konzeption ließe sich Organisation als von performativen Akten hervorgebracht fassen, die nicht auf eine vorgängige Struktur, Funktion oder Form reduzierbar sind, sondern vielmehr diese in der performativen Produktion ihrer selbst mit produzieren. Organisationskultur ist dann so zu denken, dass organisationale Identität durch kulturelle Praxen hervorgebracht wird, die beständig bestimmte Muster (als Konventionen) rezitieren, reproduzieren und iterieren. Identität als Konstruktion impliziert jedoch keine Dichotomie von Scheinhaftigkeit und Authentizität (womit auch der Entfremdungsdiskurs hinfällig wird). Das einzige, was scheinhaftig ist, ist das, was wir traditionell für das Reale der Organisation als Struktur halten. Mit Butler können wird sagen,

41 | Butler 1991, S. 49.

dass die kulturelle Konfiguration als Gemachtes ihre Hegemonie dadurch festigt, dass sie uns als naturalisiert bzw. ursprünglich erscheint. Nicht die Identität produziert die Handlungen, sondern umgekehrt: Die Handlungen produzieren performativ Identität. Der Naturalisierungseffekt hat in Organisationen die Folge, dass diejenigen Organisationsmitglieder, die die Identität der Organisation nicht der organisationalen Norm entsprechend in Szene setzen, sanktioniert werden. Die Frage, ob die Identitätsproduktion selbst dysfunktional geworden ist, stellt sich dann erst gar nicht, wobei die Organisation dann genau das aus dem Blick verliert, was ihr Umdenken bewegen könnte. Traditionelle Identitätskonzeptionen können das Funktionieren erklären, wenn es funktioniert. Wenn es nicht funktioniert, muss, quasi Tabula rasa, ein neues Konzept erfunden werden, da ein *Redesign* schwer möglich ist: Es fehlt die Einsicht in das, was Foucault »die produktive Effizienz den strategischen Reichtum und die Positivität der Macht«[42] nennt. Die Charakterisierung der Konstituierung organisationaler Identität als *Performtive Act*, als ständiges Re-Zitieren und Iterieren von Mustern zur Hervorbringung der Identität, verweist auf jene Ebene organisationaler Form, in der das *Enactment* von Organisation umgesetzt wird. (s. Kapitel 5. 21.)

Mit Butler verliert die Geschlechtsidentität ihre Fundierung bzw. Abgeschlossenheit. Nach Butler stellen das biologische Geschlecht und der Körper keine Naturgegebenheit dar, sondern sind als Oberfläche kultureller Einschreibungen performativer Effekt einer diskursiven Praxis zu bestimmen. Die Konzeption von Performativität problematisiert somit auch den Subjektbegriff: Anstatt das Subjekt auf Intentionalität zurückzuführen, die mit sprachlichen Äußerungen Handlungen vollzieht, zeigt sich Geschlechtsidentität nach Butler als etwas Performatives; und zwar indem sie das Subjekt nicht mehr als Ausdruck seiner Identität, sondern umgekehrt, als den konstituierenden Effekt subjektiver und kontingenter Handlungen interpretiert. Auf Organisationen übertragen lässt sich sagen: Es gibt keine organisationale Identität *hinter* den Äußerungen und Ausdrucksformen von Organisation durch die Akteure; diese Identität wird durch eben diese Äußerungen performativ hervorgebracht. Performativität ist jedoch nicht ein einzelner Akt, sondern ist eingebettet in die heterogene Geschichte der Organisation und erneuert, transformiert und reproduziert sich als »reiterative Praxis«[43] im Konnex eines strukturell-regulativen Feldes, das, aufgrund seiner formalen Offenheit, stets die Fallhöhe des Scheiterns mit sich trägt. Gerade in dem Verweis auf den zitathaften Charakter performativer Äußerungen und Interpellationen betont Butler den Aspekt zeitlich-geschichtlicher Situiertheit von Performativität. Denn diese entsteht erst dadurch, dass eine performative Äußerung als Glied in einer zitathaften Serie vergangener Sprechakte bzw. Muster »anruft«, zitiert, iteriert und aktiviert sowie auf zukünftige

42 | Foucault 1995, S. 106.

43 | Posselt 2003.

Sprechakte verweist. »Das Subjekt wird von den Regeln, durch die es erzeugt wird nicht determiniert, weil die Bezeichnung kein fundierender Akt, sondern ein regulierter Wiederholungsprozess ist.«[44] Das heißt, Transformation entsteht nicht als Ausnahme innerhalb herrschender Ordnungen, sondern speist sich aus der prinzipiellen Unmöglichkeit identischer Reproduktion.

Mit der rein strukturell orientierten bzw. systemtheoretischen Einordnung von Organisation können wir Organisationsbedingungen verdeutlichen. Sie scheint aber weniger dafür geeignet, Transformationen innerhalb der bestehenden Organisationsstruktur oder sogar Brüche mit dieser zu erfassen. Denn es bleibt ausgeblendet, wie die Subjekte immer aufs Neue eine Organisation *enacten*. Eine Konzeption der performativen Produktion von Organisation verweist auf die jeweils heterogene Geschichtlichkeit dessen, was als Ordnung immer schon für vorhanden und/oder evident erachtet worden ist. Mit dem Begriff der *Performative Acts* kann auf die Notwendigkeit verwiesen werden, dass wir Identität immer aufs Neue aktualisieren und inszenieren und damit darauf, dass organisationale Strukturen immer dynamisch, prozesshaft und potenziell veränderbar sind. Was wir an Macht, Form, Struktur, Ordnung für gegeben halten, wird als performative Produktion lesbar. Wobei in diesem Kontext Macht als die Naturalisierung organisationaler Funktion, Form und Struktur definiert werden kann, die im Spannungsverhältnis zwischen strukturellen Systemen und individuellen Praktiken zu verorten ist.

Butler zeigt auf, dass die Performanztheorie keine bestimmte, hinter den Äußerungen des Subjekts zu verortende Identität annimmt. Das Subjekt bringt in seinen Subjektivierungsweisen (s. Kapitel 7.6.) Identität performativ durch Äußerungen hervor. Damit positioniert sich Performanztheorie gegenläufig zur Annahme, Subjektivierungsweisen seien das Ergebnis von Identität. Seyla Benhabib wirft in diesem Konnex die Frage auf, wo in einer solchen Theorie die Möglichkeit und das Verfahren vorgesehen sind, an der Produktion der Äußerungen, die uns konstituieren, verändernd teilzuhaben, statt diese nur zu unterlaufen? Das Paradigma der Performanz erlaubt es uns, die Performativität der Handlungen, Äußerungen sowie ihre konstituierende Wirkkraft zu denken und damit Veränderung und Alteration als ontologischen Teil des Prozesses der Performativität zu thematisieren. Mit der Performanztheorie können wir eine historische Arbeit in Angriff nehmen, die es uns – so Butler – ermöglicht, die *Agency*, also die Handlungsfähigkeit der Strukturen, die uns konstituieren, anzueignen. Aber wegen des Fokus auf das Aufführen bzw. Machen und die dahinter liegenden Strukturen, rückt in den Hintergrund, wie Performanz als Ko-Produktion zu verstehen sein könnte, wie Performanz als Verfahren entsteht und kreiert wird. Benhabib zieht im Kontext dieser Problematik die Metapher des Theaterstücks heran. Danach wird mit der Performanztheorie geklärt, wie

44 | Butler 1991, S. 213.

die Phänomenologie der Aufführung beschaffen ist. Zu fragen bleibt aber, über welches Mitspracherecht die an einer performativen Situation teilhabenden Akteure bei der »Produktion des Stücks«[45] verfügen, wenn sie nichts weiter sind als die Gesamtsumme normativ bestimmter Äußerungen, die sie inszenieren? Peter Wail hat also allen Grund zu resümieren: »One mistake the arts would never make is to presume that a part or role can be exactly specified independent of the performer, yet this is the idea that has dominated work organizations throught the 20th century.«[46]

Mit der Untersuchung des Performanzbegriffs konnten wir hier nicht alle Implikationen ansprechen. Es sollte jedoch die Motivation dieser spezifischen Versammlung an Perspektiven deutlich geworden sein. Sie zielt darauf ab, im Komplex der Performanz jenes begrifflich Uneinholbare am (Organisations-) Machen zu thematisieren, welches umgekehrt jede Form des (Organisations-) Machens affiziert. Anders gesagt: Nur über den Modus von Performanz und Performativität kann man jenes Improvisationsverständnis hinter sich lassen, das Improvisation als Widerpart zu Rationalität bzw. Planung festzuschreiben sucht. Das heißt auch: Um zu erfahren, welche Metaphern, Vorstellungen und Verfahrensweisen der Improvisation in der Organisation angewandt werden (oder angewandt werden können), und um in diesem Zuge deren epistemische Räume und Dynamiken zu evozieren, ist es unabdingbar, sich selbst in Improvisationsräume hineinzubegeben, anhand derer mit neuen Denkbewegungen und Betrachtungsweisen experimentiert werden kann. An der Doppelbewegung von Performanz und Performativität und der parallelen Hinwendung zur Improvisation möchten wir jene Programme traditioneller wissenschaftstypischer Grenzziehungen konterkarieren, die davon ausgehen, die Welt ließe sich zuverlässig in Ordnungsschemata aufteilen: Hier das freie Experiment, die Künstler, der Abenteuerspielplatz und dort der Ernst des Lebens, die ernsthafte Realität, die objektiven Tatsachen wissenschaftlicher Provenienz. Dass diese Zuschreibungen nicht mehr funktionieren, wird immer offenkundiger. Gerade Realität ist auf Improvisation angewiesen: »Man stürzt hervor [aus seiner Bleibe], man riskiert eine Improvisation. Aber improvisieren heißt,« so Gilles Deleuze und Felix Guattari, »wieder zur Welt zu gelangen, oder: sich mit ihr zu vermengen.«[47]

»Deeply ingrained in the tradition of western management, from Frederic Taylor to Herbert Simon, is a view of the organization as a machine for information processing,«[48] fasst René Bowen die unterschiedlichen Performanzkonzeptionen und deren Einfluss auf die Organisationstheorie zusammen. In dem

45 | Benhabib et al. 1993, S. 15.

46 | Vaill 1989, S. 124.

47 | Deleuze und Guattari 1980, S. 383.

48 | Bowen, S. 40.

Zusammenhang wird Wissen als eine Substanz, als ein Objekt interpretiert, das von einem Container oder Teilsystem zu einem anderen Container oder Teilsystem transferiert werden kann. Brown und Duguid[49] betonen jedoch, dass ein neues Modell des Wissens nötig ist, das Wissen mehr als dynamischen Partizipationsprozess versteht. »Knowledge creation, knowledge development and knowledge sharing are considered in this perspective as essentially relational processes. People create knowledge be engaging in joint action as forms of participation in community of practice.«[50] Diese Konzeption führt auch zu einem anderen Verständnis des Lernens: Wissensentwicklung und Wissensproduktion ist immer in den Kontext von performativen Praxen von Akteuren situiert, die Wissen in ihren Aktivitäten und Interaktionen *enacten*. Bestimmte Konstellationen von Akteuren und Dingen erzeugen bestimmte Wissensformen. Wissen wird dann relational gedacht: »A relational concept of knowledge draws the attention to the relational implications of specific genres.«[51] Damit wird deutlich: Während tradiertes Systemdenken vor allen Dingen die kompromisslose Optimierung von Systemen zum Ziel hatte, ist nun eher der strukturelle Aufbau von Systemen bezüglich ihrer Kreationsfähigkeit zu hinterfragen bzw. zu beleuchten. In diesem Zusammenhang ist die Erkenntnis der Notwendigkeit des situativen Handelns als Improvisation zu thematisieren.

Die kritische Auseinandersetzung mit der Performanztheorie hat gezeigt, dass die Konstitution von Organisation selbst als performativer Prozess zu fassen ist. Das heißt, dass das, war vorher vorausgesetzt war, nämlich die Organisation als Behälter, selbst zum Gegenstand der Untersuchung wird. In dieser Hinsicht muss das Handeln als organisationsbildend angesehen werden. Dabei ist in unserer Untersuchung weniger von Belang, was Handlung bedeutet, sondern wie Handlung ausgeführt, dargestellt und funktionalisiert wird, also mithin die Performanz und Performativität von Organisation. Diese Fragestellung ist erstens daran gekoppelt, wie Organisationstheorien des 20. Jahrhunderts Veränderungen feststellen, die eine Neufassung des Organisationsbegriffs notwendig erscheinen lassen. Zweitens stellen die Organisationstheorien ein breites Wissen um die Performanz von Organisation bereit, das wiederum für eine Theorie organisationaler Improvisation eingebunden werden kann. Es konnten unterschiedliche Konzeptionen von allgemeiner Performanz und organisationaler Performanz im Besonderen zueinander in Beziehung gesetzt und so die Veränderungen in der Konstitution und Organisation von Organisationen erfasst werden. Wobei die Phänomene, über die ein zukünftiger, improvisatorischer Organisationsbegriff informieren soll, genannt sind. Ergebnis dessen wäre das Bild einer relationalen Organisation, die sich im Handlungsmodus

49 | Brown und Duguid 1991.

50 | Wenger 1998.

51 | Bowen, S. 41.

der Improvisation organisiert. Die kritische Interpretation der Untersuchung hat auch ergeben, dass die in der organisationstheoretischen Forschung übliche Trennung zwischen Organisation und Performanz analytisch nützlich sein kann. Problematisch wird es dann, wenn diese Trennung ontologisiert wird, und zwar mit der impliziten Unterstellung, das eine, nämlich das Handeln, spiele sich im anderen, nämlich der Organisation ab. Diese Annahme hat nicht nur geringen Erklärungswert, sie lenkt von den aktuellen Fragestellungen von Organisationen ab, die lautet: Wie organisieren sich Organisationen als performativ in die Welt kommend?

Peter Vail hat in seinem Buch *Managing as performing art*[52] die Konsequenz aktueller Entwicklungen für Organisationen deutlich gemacht: »If you are a manager/leader in an organization, to be is to act and to live with the consequences of your actions.«[53] Die lernende Organisation beschreibt er deshalb »as one which has an internal structure and process marked by an imaginative flexibility of style in its leadership and by empowered contributions from its membership«[54]. Turbulente Umgebungen und permanenter Wandel werden heute in der Organisationstheorie als Fakten vorausgesetzt. Diese Fakten haben das Interesse am organisationalen Lernen und dessen beschreibende Form, die lernende Organisation ins Interesse der Organisationswissenschaft gerückt. Auf der anderen Seite konnten wir sehen, wie diese Veränderung der Organisationsumgebung auch zur zunehmenden Beachtung von Handeln und dessen Ausführung, Darstellung, Effizienz (Performanz) und Aussage (Performativität) führt. »This apparent contradiction would inclines us to reflect, as researchers and practitioners, on how to attain an optimal level of trade-off between time to learn and time to act.«[55] Die beiden disparaten Konzeptionen zusammenzuführen ist das Ziel der Improvisationstheorie. Es geht also darum, den Fokus auf die Interaktion von Handeln und Reflexion zu legen. Statt aber darauf abzuheben, wie Handlung und Reflexion am besten gegeneinander zu verrechnen wären, wie viel zu erlernen sei, damit man am besten handle, wollen wir nach einem organisationalen Prozess fragen, der es erlaubt, zu lernen, während man handelt und zu handeln, während man lernt, mithin nach der organisationalen Improvisation als Technologie. Im Folgenden stellen wir die Kernmomente einer solchen organisationalen Improvisation dar.

52 | Vaill 1989.

53 | A.a.O., S. xiii.

54 | Ebda.

55 | Cunha et al. 2001.

5. Organisationale Improvisation[1]

Wir haben Teilaspekte der Performanz im Rahmen spezifischer disziplinärer bzw. thematischer Felder bearbeitet. Die Aufgabe, die sich nun stellt, ist, den Prozess der Konstitution von Organisation in den Mittelpunkt zu stellen. Es reicht nicht aus, Organisation als Performanz zu bestimmen, weil, wie Behabib gezeigt hat, damit die Produktionsverhältnisse selbst und die Teilhabe an Performanz noch nicht geklärt sind. Im Mittelpunkt der Ausführungen steht deshalb nun die Frage, wie wer performiert, wie Performanzen emergieren, transformieren und als Performanz Organisation strukturieren, und welche Konsequenzen eine solche Bestimmung für den Strukturbegriff selbst beinhaltet. Mit Bezug auf unterschiedliche Autoren, die die Konstitution von Organisation als improvisatorischen Prozess herleiten, formuliere ich einen Vorschlag, wie organisationale Improvisation als organisationstheoretischer Begriff systematisch gefasst werden kann.

Warum Improvisation? Improvisation ist doch eigentlich recht trivial, sie gehört zum alltäglichen Leben von Organisation. Für die Organisation zahlreicher organisationaler Handlungen benötigen wir Improvisation. Man kann jedoch konstatieren, dass dem *Wie* der Improvisation bisher wenig Beachtung geschenkt wurde. Sie ist einfach da, aber nicht wichtig. Improvisation ist wie ein blinder Fleck, der in die Felder unseres Handelns hineinragt. Sie ermöglicht Handlung, ist aber nicht Teil unseres Wissensbestandes, denn eigentlich haben wir ja alles wie geplant im Griff und nur zufällig »improvisiert«. Aber diese Perspektive beginnt sich zu ändern. Die Ordnung der Dinge, so wie sie bis ins

---

1 | Die folgenden Gedankengänge zur organisationalen Improvisation verdanke ich unterschiedlichen Quellen: Erstens der Zusammenarbeit mit dem Orglab der Universität Duisburg-Essen im Kontext des Forschungsprojekts MICC; zweitens Michael Rüsenberg, der der Erste war, der im deutschsprachigen Raum über dieses Thema berichtete und mir zahlreiche Informationsmaterialien zur Verfügung gestellt hat; drittens der Magisterarbeit »organisiertes Improvisieren = improvisierendes Organisieren. Improvisation als eigenständiges organisationstheoretisches Phänomen« von Annamaria Plichta, die umfangreiches Material zum Thema gesammelt hat (Plichta 2009).

20. Jahrhundert vorherrschend war, erodiert zunehmend. Das heißt, Ordnung wird immer weniger durch die Vermittlungsinstanzen planungsorientierter Provenienz bestimmt, sondern verortet sich zunehmend neu. »Entstanden ist ein Provisorium, welches nicht mehr als Zustand des Zu-Bewältigenden gedacht und gelesen werden kann, sondern dieses Provisorium ist der Status Quo an sich. Wissenserwerb ist dann nicht mehr an lineare Ursache-Wirkung- Modelle gekoppelt sondern verortet sich im Ternären Code des In-Bewegung-Seins. Das schnelle, reflexive wie aktive Nomadisieren im Provisorium setzt Eines voraus: [...] Improvisation.«[2]

Von Organisationen, in denen Routinen entwickelt werden, um Improvisation auszuschließen, können wir annehmen, dass sie das spontan-reflektive Handeln nicht auf der Agenda haben. Sie sind vor allem »bestrebt, das Unerwartete einzudämmen«[3]. Manager werden angehalten, sich auf Planung, Strategie und Vision zu konzentrieren. Vernachlässigt werden dabei »bestimmte Fähigkeiten wie Flexibilität, intelligente Reaktion und Improvisation«[4]. Jedoch: Auch dieser Zustand beginnt sich aufgrund der aktuellen Entwicklungen zu ändern. Handlungsmodelle, die auf der Annahme vorhersehbarer und stabiler Umwelten basieren, beginnen in einer hoch turbulenten Welt schneller technologischer Veränderung, Globalisierung und radikal transformierender *Business Environments* an Relevanz einzubüßen. Besonders gilt das für Unternehmen, die in sogenannten *High-Velocity Environments* agieren. »Solche Umwelten zeichnen sich durch schnelle und unregelmäßige Veränderungen in der Nachfrage, im Wettbewerb, bei der Technik [...] aus, so daß Informationen häufig ungenau, nicht verfügbar oder veraltet sind.«[5] Kontinuierlicher Wandel wird zum permanenten Phänomen, das Organisationen zwingt, sich konstant selbst neu zu erfinden.[6] In diesem Umfeld emergiert »Organizational Improvisation as one of the more recent theoretical developments, and one which is only now beginning to capture the imagination of organization theorists«[7] so Kamoche, Cunha und Cunha.

5.1 Mögliche Definitionen von Improvisation

Kamoche, Cunha und Cunha beschreiben Improvisation als »the merging of planning and action, the realization of action as it unfolds, thinking and act-

2 | Dell 2002, S. 16.

3 | Weick und Sutcliffe 2003, S. 31.

4 | A.a.o., S. 82.

5 | Eisenhardt 1993.

6 | Vgl. Chakravarthy 1997.

7 | Kamoche et al. 2002a, S. 1.

ing extemporaneously«.[8] Entscheidend bei dieser Definition ist, a) die Konvergenz zwischen Reflexion und Handlung zu denken, b) spezifische Situationen konzeptionell auf Ressourcen hin so zu zerlegen und zu scannen, dass c) ein beständiges *Redesign*, also Neuversammeln und Verschalten der organisational vorhandenen Ressourcen möglich wird, und schließlich d) die Befähigung, aus bestehenden Ressourcen heraus organisational zu agieren. Mit Miner, Moorman und Bassoff wird organisationale Handlung in diesem Zusammenhang wie folgt gefasst: »Actions are organizational if they are taken by one or more individuals on behalf of a team, an organization and/or a project.«[9] Für Weick stellt sich Improvisation zum einen als ein *Mindset* für organisationale Analyse und zum anderen als Praxis dar, die mit den in der Situation vorhandenen Ressourcen arbeitet.[10] In diesem Zusammenhang unterscheiden Cunha et al. zwischen materiellen, kognitiven (mentale Modelle, die von den Organisationsmitgliedern genutzt werden), affektiven (Gefühl für emotionale und transzendentale Eingebundenheit in die Gruppe) und sozialen (nicht nur formalen, sondern auch *Tacit Rules*) Ressourcen.[11] Bastien und Hostager definieren Improvisation als »a truly collective approach to the entire process of innovation, for it requires that the invention, adoption and implementation occurs within the context of a shared awareness of the group performance as it unfolds over time.«[12] Crossan und Sorrenti wiederum sehen Improvisation als »intuition guiding action in a spontaneous way«[13], wobei die Grade der Intuition und Spontaneität variieren können. Auch wird Improvisation als Modus beschrieben, sich auf Umweltwandlungen einzustellen: »The improvisational model may therefore be interpreted as an adaptive response to changes needed when organizations redesign from efficiency-oriented hierarchic bureaucracies to flexibly-structured learning entities, aiming to solve problems through connected self-organizing processes.«[14] Lehner spricht von einem organisationalen Verhalten, »bei dem die Beteiligten zwischen der Orientierung an vorgegebenen Strukturen [...] und der Orientierung an den Anderen in der Organisation [...] rhythmisch und diskontinuierlich wechseln. Dies fördert Kreativität, Innovation, Schnelligkeit, Flexibilität und die Entwicklung von Ressourcen und Wissen in der Organi-

8 | Ebda.

9 | Miner, Anne S.; Bassoff, Paula; Moorman, Christine, Organizational improvisation in new product development. Unpublished manuscript. University of Wisconsin at Madison (1996: 5). Zitiert nach: Kamoche et al. 2002b, S. 98.

10 | Weick 1993.

11 | Vgl. Cunha et al. 2001.

12 | Bastien und Hostager 2002, S. 14.

13 | Crossan und Sorrenti 2002, S. 29.

14 | Daft und Lewin 1993.

sation.«[15] Barrett benennt als zentrale Bestandteile von Improvisation: »1. Provocative competence: Deliberate efforts to interrupt habit patterns 2. Embracing errors as a source of learning 3. Shared orientation toward minimal structures that allow maximum flexibility 4. Distributed task: continual negotiation and dialogue toward dynamic synchronization 5. Reliance on retrospective sensemaking 6. ›Hanging out‹: Membership in a community of practice 7. Taking turns soloing and supporting.«[16]

Nach Moorman und Miner zeigt sich Improvisation als »the degree to which composition and execution converge in time.«[17] Weick beschreibt die Tätigkeit des Improvisierens hingegen als »bringing to the surface, testing, and restructuring one's intuitive understanding of phenomena on the spot, at a time when action can still make a difference«[18]. Diese Definitionen weisen darauf hin, dass es sich bei Improvisation um ein spezifisches zeitbasiertes Phänomen handelt, in dem Handlung, Ausführung und Konzeption konvergieren. Crossan, Lane, White und Klus[19] schlagen deshalb vor, Improvisation als Konvergenzpunkt von Planung und Situationismus zu beschreiben und damit Improvisation zwischen Strategieformulierung und situativer Implementierung zu verorten. Ähnlich argumentiert Weick, wenn er Improvisation als »just-in-time strategy«[20] bezeichnet. »Just-in-time strategies are distinguished by less investment in front-end loading (try to anticipate everything that will happen or that you will need) and more investment in general knowledge, a large skill repertoire, the ability to do a quick study, trust in intuitions, and sophistication in cutting losses.«[21] Diese Beschreibung der Improvisation im organisationalen Kontext konvergiert mit jener Erfahrung musikalischer Improvisationspraxis, die minimale Strukturen (in Form von musikalischen Strukturen) strategisch einsetzt und rekombiniert, um neue Formen aus der Bewegung situativer Praxis zu erzeugen. Der Unterschied der sich zur Zeit noch zwischen Musikern und Organisationsmitgliedern auftut, liegt in dem strategischen Bewusstsein. Musiker wissen um das performative Wissen, das sich in ihrer Praxis abspielt und arbeiten damit strategisch. Organisationen hingegen werten Improvisationen aktuell meist als Reperaturmittel und Zwischenfall, nicht jedoch als strategisches Material. Barrett sagt hierzu: »Managers often attempt to create the impression that improvisa-

15 | Lehner, Johannes, Improvisation, in: Schreyögg, Georg/Werder Axel (Hg.) Handwörterbuch der Unternehmensführung und Organisation. Stuttgart: 2004, S. 457, zit.n. Plichta 2009, S. 41.

16 | A.a.O., S. 618.

17 | Moorman und Miner 1998b, S. 702.

18 | Weick 1995, S. 147.

19 | Crossan et al. 1996.

20 | Weick 2001e.

21 | A.a.O., S. 352.

tion does not happen in organizations, that tightly designed control systems minimize unnecessary idiosyncratic actions and deviations from formal plans. People in organizations are often jumping into action without clear plans, making up reasons as they proceed, discovering new routes once action is initiated, proposing multiple interpretations, navigating through discrepancies, combining disparate and incomplete materials and then discovering what their original purpose was. To pretend that improvisation is not happening in organizations is to not understand the nature of improvisation.«[22]

Das zentrale Element im Konzept der Improvisation ist, Strukturen dergestalt zu nutzen, dass temporale Logiken erstellt, retrospektive Formen generiert und so Ordnung in Unordnung hergestellt werden können. Gerade weil Improvisation die temporale Struktur fokussiert, ist es ihr möglich, die Formfrage von der Organisationsbene 1 (=gedeutet als Objekt) auf die Organisationsebene 2 (=gedeutet als Aktivität, Situation und Praktik) zu verschieben. In der Gegenüberstellung von Jazz und Organisation macht Weick folgende Qualitäten der Improvisation aus: Erstens fallen in der Improvisation Ausführung und Komposition zusammen. Diese Konzeption hilft der Organisationstheorie darin, Dichotomien zwischen Prozess und Struktur, Planung und Implementierung, Prozess und Produkt und Prospekt und Retrospekt zunehmend in Frage zu stellen. Zweitens hebt Improvisation die disziplinären Grenzen auf. Drittes Merkmal des Jazz ist, dass er eine Ästhetik der *Flows* und des Prozesses entwickelt hat, die ihn dazu befähigt, strukturelle Qualitäten in Situationen zu erkennen, zu ordnen und auf Potenziale abzutasten. Viertens kreiert Improvisation Formen, die es den Improvisationsteilnehmern ermöglichen, Diversität zu produzieren und gleichzeitig verknüpft zu sein. Und schließlich ist Jazz fünftens in der Lage, sich in Formlosigkeit hinein zu bewegen, in der Sicherheit, aus der Bewegung heraus Formen kreieren zu können.[23]

5.2 HANDLUNGSMODELL

Ich selbst habe Improvisation als »ein Handlungsmodell zum konstruktiven Umgang mit Unordnung«[24] definiert. »Improvisation erkennt Unordnung an und versucht mit den Potenzialen, die in einer Situation vorhanden sind, zu arbeiten. Improvisation bedeutet dann, mit den Materialien der Wirklichkeit zu arbeiten und gleichzeitig diese Wirklichkeit mit zu gestalten.«[25] Damit wird der Bricolage-Aspekt des Umgangs mit Bestehendem und dessen Materialität eben-

22 | Barrett 1998, S. 617.

23 | Weick 1999.

24 | Dell 2004, S. 9.

25 | Ebda.

so ernst genommen wie die Logiken des Operationsraums Improvisation, die mental und material nicht vorwegnehmbar sind. Auch wenn Improvisation traditionell als ein Begriff der Ästhetik gilt, wird mit Verweis auf das Handlungsmodell weniger von der Ästhetik, als von der Operation und deren Logik ausgegangen. In diesem Zusammenhang zielt Beobachtung nicht so sehr auf den Moment der Präsenz, als vielmehr auf den Prozess der Auseinandersetzung mit den materialen Eigenschaften spezifischer organisationaler Situationen, Dingkonstellationen und den materialen Eigenschaften der Notation der Beobachtung. Improvisation als Handlungsmodell changiert als Prozess des Überführens in einen Entwurf, um immer wieder weiter geschrieben zu werden, immer neu anzufangen: Als eine Art Deterritorialisierungsprozess, der in seiner Rekonstruktion eine Reterritorialisierung erfährt, in der »irgendwie« – und hierein liegt die operationale Logik – mit dem Material zurechtzukommen ist. Die Iteration (s. Kapitel 4.) konstituiert das Handeln (als Performanz) zuallererst, markant ist das permanente Anfangen, das sich eines impliziten Wissens bedient und somit den Anteil des Subjekts an der Handlung erhöht.

Wie oben bereits angedeutet, ist Improvisation eigentlich ein niedrigschwelliger Begriff: Wir tun es alle alltäglich. »Improvisation existiert als Alltagspraxis im Umdeuten von Regeln, im Spielen mit und Erweitern von gegebenen Handlungsräumen. Diese Beweglichkeit, nämlich die Kunst, sich geschickt innerhalb des institutionellen Rahmens zu behaupten und zu orientieren«[26] ist uns allen bekannt. Momente des Alltags, in denen wir Dinge und Codes umfunktionieren und Materialien spielerisch nutzen und interpretieren, sind uns nicht fremd, auch nicht in organisationalen Kontexten. Das Einzige, was uns fehlt, ist das Bewusstsein dafür, dass es sich hier um eine Wissensform handelt, die technologisiert und instrumentalisiert werden kann. Insofern ist der Verweis auf eine ästhetische Praxis, die genau mit dem Verfahren des improvisationalen Lernens agiert (wie in diesem Fall Jazz), sinnvoll. Über die Ästhetik wird sozusagen der Kanal für das eigene Bewusstsein alltäglicher Handlungsweisen und deren technologischem bzw. instrumentellem Potenzial geöffnet.

Weil im Prozess der Improvisation die Befähigung in Anspruch genommen wird, relational neue Verweisungszusammenhänge, Handlungs- und Nutzungsoptionen zu identifizieren und neu ins Spiel zu bringen, zeigt sich Improvisation nicht nur als ein affirmatives oder reparierendes, sondern durchaus auch als ein kritisches Konstrukt. Der Fokus des Improvisierens liegt auf der Erhöhung der Verschaltmöglichkeiten eigener Fähigkeiten und solchen der Gruppe. Deshalb erlangt das Erkennen von »Strukturveränderungen und der kreativ-konstruktive Umgang damit«[27] höchste Wichtigkeit. »In der Improvisation wird affirmativ-praktische Kritik an den Regeln geübt, die sie selbst erzeugt

26 | Dell 2002, S. 163.

27 | A.a.O., S. 56.

hat. Improvisation ist permanentes Hinterfragen auf praktische Relevanz hin, auf Tauglichkeit der Strukturen und Strategien hin. Ohne unablässige Selbstkritik zerfällt das vitale, innovative Element des improvisatorischen Handelns.«[28] Improvisation basiert somit nicht nur auf der ontologischen Prämisse, dass organisationale Realität performativ ist, also aus Handlung entsteht, sondern macht diesen Umstand gerade zur Ressource ihrer Entfaltung. In diesem Zusammenhang wird Organisation weder auf eine objektive Realität reduziert, die der Organisation Handeln aufzwingt, noch als rein subjektiv konstruiert oder gar behauptet, alle Unterschiede zwischen Erwartungen bzw. Planungen und erfahrenen Umweltkonditionen seien durch bessere Planung behebbar. Wenn wir mit Weick davon ausgehen, dass Organisationen durch ihre Mitglieder *enacted* werden, d.h. Performativität sich ebenso wandelt wie Umwelt, ist Improvisation immer notwendig, um diesen Wandel mit zu gestalten. Denn nur mit Improvisation lässt sich Handlung in der Handlung steuern.

5.3 IMPROVISATIONAL TURN

Im Jahre 1995 findet in Vancouver der Kongress *Jazz as Metaphor for Organizing the 21st Century* der *Academy of Management National Conference* statt, 5.000 Teilnehmer sind dabei. Debattenbeiträge und Vorträge finden sich in der drei Jahre später veröffentlichten Ausgabe von *Organization Science*[29]. Tenor der Publikation ist die Verkündung eines Paradigmenwechsels: Galten Improvisationen im mechanistisch-bürokratischen Organisationsmodell noch als unerwünschtes Resultat oder Planungsfehler, so bietet Improvisation heute »ein nützliches Modell, um Lernprozesse und Innovation in Organisationen zu verstehen«[30]. Somit kann von einem *Improvisational Turn* in der Organisationstheorie ab Mitte der 1990er-Jahre gesprochen werden, mit dem Organisationstheoretiker beginnen, den Brückenschlag von Organisation und Improvisation zu vollziehen. »Das mechanistische, bürokratische Organisationsmodell [...] ist passé. Manager stehen mehr und mehr interaktiver Komplexität und Unwägbarkeiten gegenüber [...] Um innovativ zu sein, müssen Manager – ganz wie Jazzmusiker – mit Stichworten auskommen, sich unstrukturierten Aufgaben stellen, unvollständiges Wissen anwenden. Manager müssen – wie Jazzmusiker – in Dialog und Austausch treten,«[31] konstatiert Barrett und Hatch fügt hinzu: »If you look at the list of characteristics that are associated with the 21st century organization, you find concepts like flexible, adaptable, responsive to the environment,

28 | Ebda.

29 | Organization Science, Vol. 9, Nr. 5, Sept-Oct 1998, S. 539-623.

30 | Barrett 1998, übers. und zit.n.: Rüsenberg 2004, S. 205.

31 | Ebda.

loose boundaries, minimal hierarchy. When you look at the list for a second, if you're interested in jazz, you recognize that all of those ideas could easily be associated with a jazz band as 21st century organization.«[32] Vor diesem Hintergrund lassen sich die konstruktiven Elemente einer organisationstheoretischen Bewegung identifizieren, die sich sowohl mit der Metapher wie auch mit dem Verfahren des Jazz auseinandersetzt, um herkömmliche Organisationsmodelle kritisch zu befragen und, unter dem Paradigma der Improvisation, einen Paradigmenwechsel einzuläuten, der die Organisationsform des 21. Jahrhunderts zu beschreiben sucht.[33]

Auch im deutschen Sprachraum beginnt sich eine neue Auseinandersetzung zu entfalten. So untersucht der Wirtschaftswissenschaftler David Müller dieses Thema und deutet Improvisation als Begriff neu. In seinem Aufsatz *Bestimmungsfaktoren der Improvisation im Unternehmen*[34] hat Müller nicht nur die wichtigsten Bedingungen für das Gelingen von Improvisation in Unternehmen benannt, sondern auch organisationale Improvisation als »informationsverarbeitendes, gestaltungs- und auch zukunftsorientiertes Problemlösungsverhalten«[35] neu interpretiert. Das Wirtschaftsmagazin *brand eins*[36] widmet der Improvisation im Oktober 2008 ein ganzes Themenheft, der Wirtschaftswissenschaftler Will Friedmann veranstaltet im März 2006 in Bremen das Symposium *manexchangement. Learning from jazz and science,* auch die Organisationswissenschaftlerin Annamaria Plichta hat in ihrer Diplomarbeit *organisiertes Improvisieren = improvisierendes Organisieren*[37] Wichtiges zum Thema zusammengetragen. Bereits 1995 fragt die Beratergruppe Neuwaldegg in Band 3 ihrer Reihe *Management unterwegs* unter dem Titel *Strategie: Jazz oder Symphonie*: »Ist zeitgemäße Strategie ein klares Gebäude von Zielen und Programmen, an dem sich operative Entscheidungen des Managements mehr oder minder unhinterfragt zu orientieren haben oder gibt Strategie dem Geschehen das Thema vor, dem entlang es sich assoziativ durch eine unvorhersehbare Welt improvisiert und experimentiert?«[38]

32 | Hatch 1998.

33 | Ebda.

34 | Müller 2007.

35 | A.a.O., S. 255.

36 | brand eins, Heft 10. Hamburg 2008.

37 | Plichta 2009.

38 | Beratergruppe Neuwaldegg 1995, S. 11.

5.4 METAPHER

Als primärer Bezugsrahmen und Metapher für die organisationale Improvisation gilt der Jazz und für die Organisation das Team der Jazzband, das – so Karl Weick – den Weg aus Turbulenzen anhand kontinuierlicher Improvisation sucht und »in response to continous change in local details«[39] die Gestaltung durch das Gestalten ersetzt.

Wie aber lässt sich so eine Metapher in der Wissenschaft valabel einsetzen? Der Sprachwissenschaftler Donald Davidson bemerkt hierzu, dass Metaphern vor allen Dingen dazu dienen, der Bewegung einer inhaltlichen Unbestimmtheit zu nutzen: »We can explain metaphor as a kind of ambiguity. [...] the force of the metaphor depends on our uncertainty as we waver between [...] meanings.«[40] Es lässt sich wenig Definitives über den Inhalt von Metaphern sagen, wohl aber über ihren Effekt beim Gebrauch. »Metaphors often make us notice aspects we did not notice before, no doubt they bring surprising analogies and similarities to our attention.«[41] Für den Philosophen Michel de Certeau ist die Metapher eine »Art und Weise, wie man zum Anderen übergeht«[42], also mithin die Möglichkeit, Transformation sprachlich zu forcieren und sich neue Denkfelder zu erschließen. Wichtig im wissenschaftlichen Kontext ist die kognitive Metapherntheorie[43] von Lakoff und Johnson, die Metaphern neben illustrativer oder kreativer auch erkenntnisleitende und theoriekonstitutive Funktion zuspricht. Dies will sagen, dass »metaphorischer Sprachgebrauch und exakte Wissenschaftlichkeit sich nicht ausschließen«[44] Metaphernbildung ist als eine mediale Praxis zu verstehen, die auch und gerade für wissenschaftliche Prozesse als Instrument für Wissensproduktion sowie zur Transformation von Theoriebildung benutzt werden kann. Mediale Praxis meint hier ein Tun, das vorhandene Etikettierungen und Muster in einen medialen Raum gibt, der mit seiner Unschärfe und öffnenden Reduktion bzw. Akzentuierung eine Entkrustung und damit auch ein Neu-Versammeln oder Neu-Anordnen von gegebenem Theoriematerial ermöglicht: »Because they operate at a high level of generality, reveal the generic properties of a variety of phenomena and can thus be used to explain phenomena across widely different domain.«[45]

39 | Weick 2001c, S. 88.

40 | Davidson 1981, S. 204.

41 | A.a.O., S. 216.

42 | de Certeau 1988, S. 2007.

43 | Lakoff und Johnson 1980.

44 | Niederhauser 1995, S. 295.

45 | Tsoukas 1993, S. 338.

In *Bilder der Organisation*[46] hat Gareth Morgan acht wesentliche Metaphernkategorien identifiziert, die sich zum Erkennen von Organisation gebrauchen lassen. Morgan versteht Metapher in diesem Zusammenhang als »eine hilfreiche Art des Denkens und der Fokussierung von Aufmerksamkeit.«[47] In ihrer Unschärfe erlaubt es die Metapher, Komplexität zu erhöhen und damit auch unscharfe organisationale Aspekte differenziert zu fassen und zu vermitteln. Als mediale Praxis verweisen Metaphern nicht nur auf die Art und Weise, wie wir Organisationen reflektieren. Sie meinen auch immer die Vorstellung, die wir über die Gestaltung von Organisation haben. Das Besondere ist dann, dass dieser kreative, gestaltende Aspekt gerade über die Theoriebildung diskursiv auf Organisationen zurückwirken kann. »Wenn wir unterschiedliche Metaphern zum Verständnis des komplexen und paradoxen Charakters von Organisationsstrukturen verwenden, können wir eine Organisation leiten und gestalten, wie wir das vielleicht bisher nicht für möglich gehalten haben,«[48] schreibt Morgan. Preisendörfer ergänzt: »Um organisationale Strukturen und Prozesse besser verstehen zu können, haben sich Organisationsforscher Bilder zurecht gelegt, mit denen sie Organisationen vergleichen und metaphorisch beleuchten.«[49] In der organisationalen Theoriebildung bieten sich also Organisationsmetaphern an, um einen medialen Kanal, Filter oder eine Perspektive auf die Organisation zu implementieren und damit ganz spezifische Organisationsweisen zu untersuchen und sichtbar zu machen.

Jedoch: Eine Metapher ist erst dann dienlich, wenn sie einen originalen Beitrag zu einem neuen Verständnis leisten kann. Nach Rorty wird der Wert einer Metapher daran gemessen, ob sie aktuell gebrauchtes Vokabular und die darin enthaltenen Beschreibungen zu korrigieren in der Lage ist.[50] Der Annahme von Hatch zufolge ist dies bei der Jazz-Improvisation der Fall: »In contrast to previous approaches to organizational structure that are not sensual but rather analytical [...] the jazz metaphor encourages us to think about organizational structure with our ears and to engange our bodies and emotions in the process.«[51] Des Weiteren fokussiert Jazz laut Hatch auf *Spiel* und *Performanz* – zwei Parameter, die Organisationstruktur als Prozess zu beschreiben helfen. Unbrauchbar wird jedoch auch die Metapher Jazz dann, wenn sie nicht mehr als Instrument oder Struktur, sondern als Form interpretiert und damit vordergründig zur Simplifizierung komplexer Sachverhalte verwendet wird. Weick weist deshalb darauf

46 | Morgan 1997.

47 | A.a.O., S. 19.

48 | A.a.O., S. 16.

49 | Preisendörfer, Peter, Organisationssoziologie. Grundlagen, Theorien und Problemstellungen, Wiesbaden 2005, S. 19, zit.n. Plichta 2009, S. 24.

50 | Vgl. Rorty 1989.

51 | Hatch 1999.

hin, dass Metaphern auf der konkreten Ebene immer nur begrenzt einsatzbar sind, »weil sie den Leuten immer nur eine begrenzte Anzahl von Möglichkeiten zur Lösung von Problemen und von Arten, sich zu organisieren, in Erwägung zu ziehen erlaubt.«[52] Auf der Metaebene denkt Weick den Metaphernbegriff jedoch radikal. Seiner Ansicht nach ist jeglicher Begriff von Realität Metapher, d.h., dass auch das Wort »Realität« selbst eine Art und Weise darstellt, zu versuchen, »to make sense out of the stream of experience hat flows by [...].«[53] Wenn wir sagen, es existiere eine Realität von Organisation um daraufhin die Formen, Funktionen und Strukturen zu untersuchen, die dieser Realität unterliegen, so ist dies Weick zufolge nur eine von vielen Möglichkeiten, Sinn aus dem Prozess des Organisierens zu machen. Anders gesagt: Weick möchte darauf hinweisen, dass das Bewusstsein für die Unbestimmtheit des Verfahrens und die entscheidende Rolle, die die organisationalen Akteure in ihr spielen, verloren zu gehen droht, wenn aus dem Blick gerät, dass es sich bei dem Begriff Realität um eine Metapher handelt. Man denkt in diesem Fall, es gebe eine Realität »da draußen« z.B. als »Umwelt« oder »Umgebung« und verkennt den Beitrag, den man selbst zu dieser Umgebung und deren Interpretation beiträgt. Wenn wir handeln als »hätten« wir eine Umgebung sui generis, tendieren wir dazu, auszublenden, dass wir Umgebungen eher kreieren als entdecken, dass wir die Ordnungen der Umgebung eher beilegen, als dass sie »vorliegen«.[54] Wenn wir also davon ausgehen, dass eine Organisation nur wissen kann, was sie denkt, wenn sie sieht, was sie tut, dann ist die Metapher ein kognitives Werkzeug, das es der Organisation ermöglichen soll, die Sichtbarkeit ihrer eigenen Handlungen für sich selbst zu erzeugen.

5.5 Planung vs. Nichtplanung. Gradationen von Improvisation

»Unlike other [...] forms of organized activity that attempt to rely on a pre-developed plan, improvisation is widely open to transformation, redirection, and unprecedentend terms.«[55] Frank Barrett

Wichtig ist also, die Metapher der Musik bzw. der Musikform Jazz nicht als Einszu-eins-Übersetzung zu interpretieren, sondern als Werkzeug, das in die Lage versetzt, die Möglichkeit zu eröffnen, a) ein bestimmtes Verfahren des Organi-

52 | Weick 1985, S. 77.

53 | Weick 2001c, S. 188.

54 | Genau so denkt auch Kant in seiner *Kritik der Urteilskraft.*

55 | Barrett 1998, S. 616.

sierens zu entdecken und b) dieses Verfahren zu konzeptionalisieren.[56] In diesem Kontext tut sich für die Organisationstheorie jedoch eine Problematik auf: Mag die Improvisation bei Musikern positiv konnotiert sein, im allgemeinen Sprachgebrauch ist sie es nicht. Meist wird Improvisation mit Nichtplanung oder Ungeplantem in Verbindung gebracht. Das heißt, wenn Planung möglich ist, ist auch Improvisation auszuschalten – wenn etwas schiefgeht, muss man improvisieren, was im Optimalfall der Planung jedoch zu vermeiden ist. Anders gesagt: Beim herkömmlichen Nachdenken über Improvisation herrscht ein dichotomisches Verhältnis zwischen Planung vs. Nichtplanung. Diese Perspektive ist allerdings aktuell im Begriff, sich zu wandeln. So sprechen Crossan und Sorrenti im Kontext von Improvisation nicht von ungeplantem Handeln, sondern vielmehr von einer Konvergenz von Planung und Echtzeithandeln. Improvisation bedeutet für sie: »to plan in real time.«[57] Die alte Perspektive auf Planung setzte voraus, »dass das Umfeld des Plans stabil ist oder zumindest richtig eingeschätzt werden kann.«[58] Diese Voraussetzung ist jedoch immer schwieriger zu erfüllen. Deshalb betont Müller, dass ein » zukunftsbezogenes Wissen, über die Feststellung hinaus, dass die Zukunft unsicher ist, nicht möglich«[59] ist. Das hat zur Folge, dass sich »in der neueren betriebswirtschaftlichen Managementliteratur [...] die Bedeutung der Planung eher reduziert.«[60] Auch die Beratergruppe Neuwaldegg macht sehr gut den fundamentalen Wandel zwischen traditioneller und improvisationaler Organisationstheorie in Bezug auf Planung deutlich: Strategie wäre dann kein eindeutiger Plan aus Zielen und Programmen, an dem sich Organisieren mehr oder minder unhinterfragt zu orientieren hat, sondern Strategie gäbe dem Organisieren ein Motiv vor, das ihm ermöglicht, konstruktiv durch eine »unvorhersehbare Welt«[61] zu improvisieren. Danach wäre Planung bzw. Strategie nicht mehr gegen Ungeplantes ausspielbar; vielmehr ginge es um ein ganz anderes Denken von Strategie und Planung.

Organisationale Akteure orientieren sich, in dem sie Relevanz und Zulässigkeit zuvor in Interaktion improvisierter Lösungsschritte einordnen, um auf Basis dieser Interaktion die weitere Vorgehensweise entwickeln zu können. Diese Arbeitsweise kann mit Giddens als rekursiv bezeichnet werden (s. Kapitel 7.1.). Sie erfordert ein hohes Maß an Koordination der Aktivitäten einzelner

56 | Siehe hierzu auch: Dell 2011b.

57 | Crossan und Sorrenti 1997.

58 | Scheer, August-Wilhelm: Jazz-Improvisation und Management. In: o.V. (Hg.) Unternehmertum leben – Unternehmertum lehren. Bonn. 2002, S. 1, zit.n. Plichta 2009, S. 20.

59 | Müller 2007, S. 260.

60 | Scheer, a.a.O., S. 1.

61 | Beratergruppe Neuwaldegg 1995, S. 11.

Akteure oder Teams mit den Aktivitäten anderer Organisationseinheiten. Vor allem der Informationsfluss muss gewährleistet sein, sowohl über Relevanz als auch Zulässigkeit bisher realisierter Aktionen. »Die zeitstetigen Informationen ermöglichen eine Fortführung der Improvisation auf Basis bisheriger Problemlösungsschritte und eine eventuell erforderliche Fehlerkorrektur. Je mehr Echtzeit-Informationen im Unternehmen verfügbar sind, desto größer sind die Erfolgswahrscheinlichkeiten der Improvisation.«[62] Nach Müller ist ein Alternativenvergleich von Planung und Improvisation nur dann widerspruchsfrei, »wenn nicht nur die Planung, sondern auch die sich daran anschließende Realisierung der Improvisation gegenübergestellt wird. Improvisation ist eine Einheit aus Willensbildung und -realisierung. Demzufolge ist nicht nur der Plan als Ergebnis der Planung, sondern auch dessen Umsetzung in einen Vorteilhaftigkeitsvergleich zu integrieren. Eine ausschließliche Betrachtung der Planung bzw. ihres Ergebnisses, des Plans, führt zwangsläufig zur Feststellung der tendenziellen Überlegenheit im Vergleich zur Improvisation, da die Realisierbarkeit des Plans noch nicht bewiesen wurde und noch keine Ergebnisse der Planrealisierung vorliegen.«[63] Improvisation ist demnach als ein spezifischer Umgang mit Planung zu bestimmen, der ermöglicht, dass Planung situativ wird und sich selbst zu überschreiten in der Lage ist: als »Taktik, bestehende Regeln zur Kenntnis zu nehmen, umzudeuten und für eigene Zwecke zu transformieren. Dies ohne die Illusion, dass es sich hierbei um einen beständigen, zukunftsgestaltenden Sachverhalt handelt. Die Improvisation [...] geht von der Vergänglichkeit der Umstände aus und spielt mit ihr.«[64] Improvisatoren gehen affirmativ mit dem Tatbestand um, dass wir uns niemals im Vorhinein ganz sicher sein können, wie sich eine Situation im Verlauf des Prozesses der Improvisation entwickeln wird.

Aus unterschiedlichen Dimensionen, auf die Planung und Improvisation bezogen werden können, ragen zwei heraus: Zeit und Unsicherheit. Unter statischen Zeitformen und wenig Unsicherheit sind organisationale Akteure problemlos in der Lage, Organisation und ihre Umgebung mit detaillierter Analyse zu planen. Jedoch unter dynamischen Zeitformen und hoher Unsicherheit reicht die Planungseinstellung nicht aus und muss mit Improvisation ergänzt werden: »Under conditions of time pressure and/or uncertainty, a planning orientation is insufficient and improvisation is proposed as an alternative or complementary orientation. It is not only likely to occur in these circumstances, but also likely to lead to better firm performance.«[65] Somit entsteht mit Improvisation ein prozesshaftes Planen, das sich immer wieder aktualisiert: Ein

62 | Müller 2007, S. 273.

63 | Müller 2007, S. 262.

64 | Dell 2002, S. 158.

65 | Crossan et al. 2005, S. 137.

Prozess, »dessen Inhalte sich im Lauf der Zeit immer wieder verändern, dessen Qualität sich andauernd verbessern lässt und dessen Erfolge nicht immer sofort zu sehen oder besser zu hören sind.«[66] Improvisation wohnt eine Art Prozessökonomie inne, in der das vielfältige Potenzial der Improvisation in Bezug auf das Entdecken von neuem Material zum Tragen kommt und die gleichzeitig eine Erweiterung von autobiografischen Repertoires der improvisierenden Subjekte verfolgt. In diesem Zuge wird jener Pragmatismus überschritten, der nur aufs jeweils »Erfolgreiche« fokussiert. »Indem Improvisation systematisch offen ist für das Mögliche, welches bei einer Sache, griechisch: *pragma,* wohnt, handelt sie körperlich antizipierend in die Zukunft hinein und überschreitet transversal den Pragmatismus eines linearen Plans.«[67] Es ist hier also die Orientierung an der Materialität der jeweiligen Situation und der Zerlegung bzw. spezifischen Analyse dessen am Werk, nicht jedoch ein Pragmatismus, der sich ausschließlich um die Optimierung bestehender Verhältnisse bemüht. Improvisation ist vielmehr Prozess, der sich selbst und seine Materialität zum Thema der Arbeit macht und sie in strategische Ebenen überführt – »Improvisatoren, die Matrizes der gesellschaftlichen Bewegung inkorporiert haben und daraus spielerisch Instrumente zur Konstruktion von sozialen Wirklichkeiten ableiten, können dann Praxis als über-ein-Ziel-hinausgehend auffassen.«[68]

Im Kontext der Planung kann zwischen unterschiedlichen Gradationen des improvisationalen Anteils an Performanz differenziert werden. Weick gliedert improvisationale Performanz in vier Ebenen: Erstens die Interpretation, in der Pläne strikt befolgt werden. Zweitens *Embellishment,* was so viel heißt wie »das Umspielen des Plans«; d.h. der Plan ist erkennbar und wird nur minimal variiert. Als dritte Ebene bezeichnet Weick die Variation; dort werden improvisierte Aktionen in ein geplantes Feld eingefügt. Und schließlich die Improvisation, die radikal von einem gefassten Plan abweichen kann. Mit Kamoche et al. folgen wir der These, die besagt, dass Weicks Kategorisierung analytisch hilfreich, aber ontologisch nicht auf die Improvisation anwendbar ist, da sie je nach Situation alle Ebenen umfassen kann. Kamoche et al. sprechen deshalb von einen Kontinuum, in dem sich die Kategorien überlagern: »We propose below to assess the occurrence of organizational improvisation, we argue that framing this phenomenon in a continuum is an option more attuned with organizational (and research) practice than the use of a set of discrete categories with unclear boundaries. Furthermore, although we do not contend that every deviation from a planned course of action should be labeled as improvisational, we maintain that treating only radical departures from plans as improvisational is not a wholly tenable position, especially in light of earlier and current research

66 | Busch 1996, S. 87.

67 | Dell 2002, S. 17.

68 | Ebda.

on this phenomenon.«[69] Auf improvisierende Akteure bezogen kann man also sagen, dass sie Entscheidungen in *real-time* treffen. Das heißt jedoch nicht, dass sie keine Pläne entwerfen: Sie interpretieren Pläne nicht als Form, sondern als Struktur, die man benutzen und neu arrangieren kann, um den Prozess konstruktiv und stabil zu halten. Alles, was in der gegebenen Situation an Material vorhanden ist, wird gescannt und diagrammatisch-performativ ins Produzieren gebracht (s. Kapitel 7.7.).

Es geht bei der Improvisation also nicht darum, a) für die Handlung ein ideelles Bild als Plan zu finden, b) dieses als Ziel, *Telos,* zu formulieren, um dann c) zu versuchen, es in die Realität zu überführen, bzw. in die Tat umzusetzen. Das Paradox der Improvisation besteht darin, keine Idealform zu besitzen, sondern das Imperfekte, das bedingungslos Unordentliche zu orten und spielbar zu machen. Improvisation beinhaltet somit die Kritik an jener Vernunft, die annimmt, man müsse im Handeln der Idealform eines im Intellekt geprägten Bildes von diesem Handeln nahekommen und deshalb aus dem Bild ein Modell formen, das in einen Plan zur Realisierung des Bildes zu überführen sei. Diesem Plan, der sozusagen aus dem externen Raum der Vernunft stammt, hat sich die Praxis zu unterwerfen. Das Problem dieser Sorte Vernunft besteht nun darin, dass sie, in dem sie nur von einem *Eidos,* einem Plan ausgeht, möglicherweise Potenziale, die in eine andere Richtung weisen, und somit erweiterte Potenziale aufzeigen, ausschließt. Gerade weil Improvisation lernfähig ist, verfährt sie genau gegenteilig: Sie sondiert die Lage und ortet die Potenziale der Situation als Übung körperlicher Fähigkeiten und intuitiver Reflexleistungen. Deshalb ist sie für die Organisation situativ-kommunikativer Beziehungsgeflechte geeigneter als das lineare Umsetzen von Plänen.

5.6 Rahmung als retrospektive Metaform. Sensemaking of

Wenn sich Improvisation vor allen Dingen auf Analyse von und Arbeit mit Struktur stützt, so bedeutet dies weder, dass sie keine Form hat, noch dass Improvisation sich allein dem Informellen widmet. Das Gegenteil ist der Fall: gerade weil Improvisation aus der relationalen Bewegung mit Strukturen Form generiert, ist für sie die Formfrage immer virulent. Nur: die Formfrage dreht sich herum. Nicht mehr steht ein vorgegebenes *Telos* im Vordergrund, sondern die kohärente Bewegung des Prozesses und seiner Wirklichkeitskonstitution selbst. Form wird also anders interpretiert. Gioia spricht in diesem Zusammenhang von der reprospektiven Form. Modellhaft skizziert Gioia den Gegensatz zwischen Blueprint und reprospektiver Form. Ein Blueprint liegt vor, wenn der

69 | Kamoche et al. 2002b, S. 108.

Akteur »plans in advance every detail of the work of art before beginning any part of its execution.«[70] Eine reprospektive Form hingegen entsteht dann, wenn der Akteur mit einer minimalen Struktur beginnt und den Plan durch Handlung sich entwickeln lässt. »A jazz improviser, for example, might begin his solo with a [...] five-note phrase and then see, as he proceeds, that he can use this same five-note phrase in other contexts in the course of his improvisation.«[71] Die Struktur, die in unterschiedlichen Konstellationen sowohl im Makro- wie im Mikrokontext durchgespielt, relational verschaltet wird, erhält ihre Form retrospektiv durch die Bewegung.

Um den *Flow* der Aktivitäten a posteriori ordnen zu können, beginnt das von Weick vorgeschlagene *Sensemaking* damit, bestimmte Fragmente aus dem *Flow* hervorzuheben, zu samplen, freizustellen, zu rahmen. Weick nennt dies *Bracketing:* »Bracketing is an incipient state of sensemaking.«[72] In diesem Kontext meint *Bracketing* »inventing a new meaning (interpretation) for something that has already occurred during the organizing process, *but does not yet have a name*, has never been recognized as a separate autonomous process, object, event«[73]. Gerade weil Improvisation ohne *Telos* und ohne vorangenommene Form an einen Prozess herangeht, wird *Sensemaking* wichtig, denn innerhalb des Prozesses entsteht eine Unmenge an Rohdaten, die gefiltert, *gebracketet* werden müssen. In den Anfangsstadien eines Prozesses ist also eine investigative Phänomenologie einzuschalten: Die Phänomene »have to be forcibly carved out of the undifferentiated flux of raw experience and conceptually fixed and labeled so that they can become the common currency for communicational exchanges.«[74]

Der nächste Schritt besteht darin, die Samples zu etikettieren: »Sensemaking is about labeling and categorizing to stabilize the streaming of experience.«[75] Das Etikettieren funktioniert als Strategie der »differentiation and simple-location, identification and classification, regularizing and routinization [to translate] the intractable or obdurate into a form that is more amenable to functional deployment.«[76] Zentral ist hier der Verweis auf das »functional deployment.«[77] In der Organisation besteht das *Functional Deployment* darin, interdepententen

70 | Gioia 1988, S. 60.

71 | Ebda.

72 | A.a.O., S. 411.

73 | Magala 1997, S. 324.

74 | Chia 2000, S. 517.

75 | Weick et al. 2005, S. 411.

76 | Ebda.

77 | Nach Hauser und Clausing wurde Quality Function Deployment in den 1970er-Jahren von Yoji Akao entwickelt. »Quality Function Deployment besteht aus einem System aufeinander abgestimmter Planungs- und Kommunikationsprozeduren«, anhand

Ereignissen Labels zu geben und zwar so, dass sie plausible Akte des Organisierens, Koordinierens und Verteilens vorstellen bzw. ermöglichen. »Thus, the ways in which events are first envisioned immediately begins the work of organizing because events are bracketed and labeled in ways that predispose people to find common ground.«[78] Um eine gemeinsame Grundlage herzustellen, ignoriert das Etikettieren Differenzen zwischen Akteuren und konzentriert sich rein auf die strukturellen Eigenschaften von Ereignissen; dies deshalb, weil sie formal offen bleiben, strukturell jedoch gefüllt sein müssen, um so kognitive Repräsentationen zu produzieren, die in der Lage sind, rekurrente Performanzen zu fördern: »For an activity to be said to be organized«, so Tsoukas und Chia, »it implies that types of behavior in types of situations are systematically connected to types of actors. An organized activity provides actors with a given set of cognitive categories and a typology of actions.«[79]

Die Betonung der Struktur ist auf eine bestimmte Modalität von Struktur selbst angewiesen: auf die radiale Struktur. Tsoukas und Chia meinen damit, »that there a few central instances of the category that have all the features associated with the category, but mostly the category contains peripheral instances that have only a few of these features.«[80] Diese Differenz ist entscheidend. Wenn die organisationalen Akteure auf der Basis von prototypischen Fällen innerhalb der von ihnen gesetzter Kategorien agieren (wobei vorauszusetzen ist, dass sie sich darüber bewusst sind und bleiben, dass diese Kategorien Setzungen und nicht Objektivitäten darstellen), gelingt es ihnen, ihre Aktionen stabil zu machen und zu halten. Wenn Akteure jedoch auf der Basis peripherer Fälle agieren, die mehrdeutig sind, wird Handlung variabler, aber auch unbestimmter und kann dazu tendieren, Transformation (auch der Organisation) hervorzurufen. Somit wird Kommunikation und Austausch zur zentralen Komponente von *Sensemaking*. Kommunikation wird im Kontext des *Sensemaking* definiert als »an ongoing process of making sense of the circumstances in which people collectively find ourselves and of the events that affect them. The sensemaking, to the extent that it involves communication, takes place in interactive talk and draws on the resources of language in order to formulate and exchange through talk [...] symbolically encoded representations of these circumstances. As this occurs, a situation is talked into existence and the basis is laid for action to deal with it.«[81] Wenn Organisation als performativ bestimmt wird, kann *Sensemaking* als Aktivität gedacht werden, die Organisation als Ereignis sozusagen deklariert,

---

dessen die Aktivitäten der Organisation abgestimmt werden. Hauser und Clausing 1988, S. 57.

78 | Weick 1993, S. 411.

79 | Tsoukas und Chia 2002, S. 573.

80 | A.a.O., S. 574.

81 | Taylor und van Every 2000, S. 58.

versprachlicht, ordnet und auch legitimiert. Dies wiederum lässt vermuten, dass in den Handlungen und Kommunikationen bereits Muster (*Patterns*) des Organisierens eingelagert sind, »that occur on behalf of the presumed organization and in the texts of those activities that are preserved in social structures«[82].

Die *Patterns* sind als ein strukturelles Reservoir zu denken, das in einer gewissen Unschärfe vorliegt, aber jederzeit aktiviert und, als strukturelles Ensemble von Elementen, neu zusammengefügt, in neuen Relationen durch Improvisation verschaltet werden kann. Vor diesem Hintergrund konstatiert Weick zu Recht: »In a fluid world, wise people know that they don't fully understand what is happening right now, because they have never seen precisely this event before.«[83] Und: »As the capability for improvisation is increased, people with the attitude of wisdom come to see that even though their existing knowledge is fallible, it can be recombined to meet novel circumstances.«[84] Das heißt, dass eine kluge Person weiß, dass sie immer nur einen Teil des Wissens einer Situation handhabbar machen kann. Die Aussicht auf und die Befähigung zur Rekombination des Wissens und der damit verknüpften Skripte der materialen, affektiven und sozialen Ressourcen erhöht den Level des gewussten Wissens in Relation zum Wissens-Möglichen. Daher wird Wissen im Kontext von Improvisation sowohl als fehlbar wie auch als substanziell gebraucht bzw. interpretiert. Hieraus resultiert der Improvisations-Kompromiss bezüglich des Wissens, »which is [...] optimal for sensemaking and action.«[85]

Aus dieser Konzeption entfaltet sich ein Diagramm des ökologischen Wandels (s. Kapitel 7.9.) von Organisation: »It proposes that sensemaking can be treated as reciprocal exchanges between actors (Enactment) and their environments (Ecological Change) that are made meaningful (Selection) and preserved (Retention). But these exchanges will continue only if the preserved content is both believed [positive causal linkage] and doubted [negative causal linkage] in future enacting and selecting.«[86] Nur anhand des mehrdeutigen Gebrauchs bereits existierenden (expliziten oder impliziten) Wissens können Organisationen lernen und von Erfahrungen profitieren, Handlungen *updaten*. Jennings und Greenwood nennen dies das Modell der »enactment theory«[87] (s. Kapitel 7.10.).

Das *Sensemaking* stellt infrage, dass es nur eine Wahrheit geben könnte – mehr noch, dass es überhaupt eine dem Handeln vorgängige Wahrheit gibt, die sich auf eine Exteriotität beruft. Mit dem *Sensemaking* schlägt Weick ein Gegenmodell eines kontinuierlichen Neu- und Überschreibens von Handlungs-

82 | Weick 1995, S. 413.

83 | Weick 1993, S. 636.

84 | Weick 2001c, S. 358.

85 | Ebda.

86 | Weick et al. 2005, S. 414.

87 | Jennings und Greenwood 2003.

abläufen, Prozessen, Geschichten dergestalt vor, dass diese verständlicher, kohärenter werden, mehr beobachtete Daten bzw. Spuren aufnehmen können und damit auch resilienter im Umgang mit Kritik werden. »As the search for meanings continues, people may describe their activities as the pursuit of accuracy in order to get it right. But that description is important mostly because it sustains motivation.«[88]

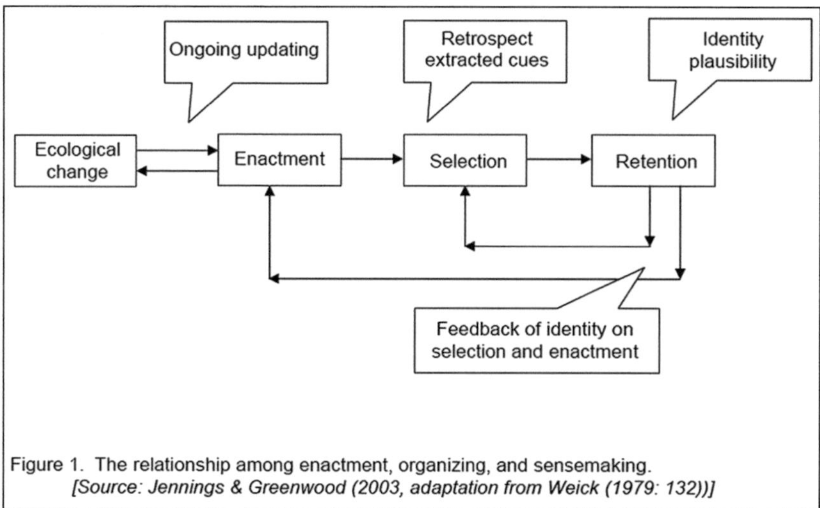

Figure 1. The relationship among enactment, organizing, and sensemaking.
[Source: Jennings & Greenwood (2003, adaptation from Weick (1979: 132))]

Abb. 8: aus: (Weick et al. 2005), S. 414.

In diesem Zuge dreht sich der Prozess in seiner Strukturierung um: Improvisation geht davon aus, dass der Sinn des Prozesses sich aus dem Prozess selbst entwickelt. Alles Erfahrene wird verwendet, um als Möglichkeit in die Zukunft projiziert zu werden. Geschichte ist dann kein Ballast, sondern wird in ihrer Heterogenität anerkannt und als Material für Zukünftiges ins Spiel geworfen. »The improviser may be unable to look ahead at what he is going to play, but he can look behind at what he has just played.«[89] Durch die Übung, Materialien in minimale Strukturen zerlegen zu können, wird das bereits erhandelte Material in Projektionen darüber überführt, wie der Prozess weitergehen kann. Dieses Vorgehen fokussiert kein Ziel, sondern steuert, um das Spiel sozusagen retroaktiv zu produzieren, vielmehr einen Zielkorridor an. In diesem retroaktiven Aspekt der Improvisation sieht Weick das entscheidende Merkmal des Organisierens als Prozess: »Wie kann ich wissen, was ich denke, bevor ich sehe,

88 | Jennings und Greenwood 2003, S. 415.

89 | Zitiert nach: Weick 1999, S. 547.

was ich sage?«[90] Man könnte also Improvisation mit Weick als Technik fassen, die Erfahrungswissen, also ein Wissen, das sich in der Praxis implizit umsetzt, nutzt und herstellt.

5.7 Strategie und Improvisation

Halten wir mit Barrett fest: »Improvisation and retrospective sense making are required to complete daily tasks.«[91] Organisationen behaupten jedoch meist, Improvisation sei nur eine vorübergehende Aushebelung der Routine, sozusagen ein zu behebender Fehler im System und spielen so Improvisation gegen Organisation aus. Dahinter steht die Fokussierung auf eine Planungsrationalität, der Glaube daran, Zukunft berechenbar machen zu können. Diese Konzeption wird jedoch dann dysfunktional, wenn sich die Situationen, auf die der Plan angewendet werden soll, als kontingenter, variabler und komplexer als erwartet herausstellen. Strategien und Ziele für eine Organisation lassen sich schnell in einem Rationalraum der Vernunft »planen«. Die Frage danach, ob sich dies »realisieren« lässt, wird im Vertrauen auf »Planungssicherheit« oft ausgeblendet. Was fehlt, ist die Befähigung der Organisationsmitglieder zur Prozessierung von Unsicherheiten. Soll man deshalb auf den Plan verzichten? Nein, im Gegenteil. Es geht um das Verfahren, und zwar darum, wie man Planung gestaltet und relational offen hält. Die traditionelle Dichotomie zwischen einer Konzeption, die Sicherheit durch immer genauere und rationalere Planung zu erzeugen sucht, und einer mit Kontingenz, Mehrdeutigkeit und Unbestimmtheit vollen realen Unsicherheit, ist in diesem Konnex nicht mehr sinnvoll. Vielmehr gilt es, Aspekte beider Ebenen und Verfahrensweisen in der Technologie der Improvisation zu integrieren und konstruktiv ins Spiel zu werfen.

Die Auseinandersetzung mit Improvisation im Feld der Planung zeigt: Improvisatoren verzichten nicht auf Strategie, sie gehen nur anders mit Strategie um. Traditionelle Strategieweisen in Organisationen sind in ihrer teleologischen Grundausrichtung nicht in der Lage, auf unvorhergesehene Entwicklungen zu reagieren. Sie sehen sich gezwungen, auftretende Konflikte durch zielabschirmendes Verhalten zu unterdrücken und nehmen sich damit die Option, Unbestimmtheit zu integrieren. Für Organisationen ist es daher essenziell zu fragen, inwiefern ihre Strategien strukturell wirklich funktionieren oder eher behindernd wirken. Organisationen müssen Strategien so aufbauen (strukturieren), dass sie in die Lage versetzt werden, im Verlauf des Prozesses des Organisierens zu prüfen, welche der vorgegebenen Strukturen den Handlungsspiel-

90 | Weick 1985, S. 195.

91 | Barrett 1998, S. 615.

raum eher einengen als ihn ausweiten, und welche Strukturen bzw. Routinen dysfunktional geworden sind.

Es gilt Organisation disjunktiv zu machen! Was bedeutet »disjunktiv«? Alltägliches Organisieren impliziert eine Logik, die sich, ganz im taktischen Sinne, auf die Umstände bezieht und damit der Handlung ihre Autonomie entzieht. Das ist deshalb sinnvoll, weil diese Form der Handlung eine bestimmte Qualität enthält: Alltägliche Praktiken gehören zur Klasse der disjunktiven Operationen, »sie schaffen Räume, in denen Spielzüge von Situationen abhängig sind.«[92] Claude Levi-Strauss hat die Unterscheidung von disjunktiven und konjunktiven Praktiken eingeführt[93], um in seinen strukturalistischen Untersuchungen zur Kultur zwischen dem trennenden (disjunktiven) Spiel und den verbindenden, rückführenden (konjunktiven) Ritualen zu differenzieren. Für uns ist diese Methode deshalb interessant, weil daraus ersichtlich wird, in welchem Maße herkömmliche Organisationskonzepte vor allem auf konjunktiven Modellen aufbauen. Dies tun sie schon allein deshalb, weil sie erstens meinen, bereits die strategische Ebene erreicht zu haben (zu »besitzen«), zweitens weil sie davon ausgehen, das Strategische schließe das Disjunktive aus. Wenn aber Heterogenität und Differenz zunehmend als zeitgenössische Organisationen ausmachende Momente sich auszeichnen, gerät konjunktive Planung in Gefahr, genau das auszublenden, was ihr als Handlungsressourcen zur Verfügung steht. Der Einbezug und die Erfindung disjunktiver Modelle, die in der Lage sind, Differenzen ins Spiel organisationaler Planung einzuführen, erweist sich aufgrund dieses Sachverhalts aktuell von größter Bedeutung.

Und noch eine Unterscheidung wird im Kontext organisationaler Improvisation besonders wichtig: die von Mintzberg und Waters[94] eingeführte Unterscheidung zwischen deliberaten und emergenten Strategien. Mit der Rede von emergenten Strategien ziehen die Autoren die Konzeption, dass organisationales Handeln einer A-priori-Planung und einem systematischen und wohlchoreographierten Skript folge, in Zweifel. Auch emergente Strategien stehen für die improvisationale Sichtweise, Wandel als aus dem Prozess von organisationaler Bewegung entstehend zu begreifen. Der bereits vielfach anerkannte Ansatz könnte in Zukunft helfen, die Frage danach, wie diese Strategien entstehen, wie sie funktionieren oder durch Handeln ins Funktionieren gebracht werden (also durch Improvisation als Technologie) näher zu beschreiben.

92 | de Certeau 1988, S. 66.

93 | Lévi-Strauss 1968, S. 47.

94 | Mintzberg und Waters 1985.

5.8 Minimale Strukturen

Es zeigt sich: Improvisation ist strukturiert. Das zu denken ist neu. Improvisation verfügt über einen roten Faden, eine Transparenz. Allerdings ist hier Form nicht Causa der Bewegung, sondern umgekehrt: Form entsteht aus Bewegung. Um dennoch Orientierung wahren zu können, arbeitet Improvisation vor allem strukturell: durch das strukturelle Durchleuchten einer Situation, durch das Ausgehen von minimalen strukturellen Einheiten, entweder Elementen oder ganzen Mustern, Themen, werden Improvisationen durch Variationstechniken weiterentwickelt. Für Organisation würde das bedeuten, übergeordnete Ziele, Strategien nicht mehr als formgebende Verfahren zu interpretieren, sondern sie zu Strukturen zu machen; das hieße, Strategien nach unten, sozusagen auf den Level der Taktik zu transponieren. Strategien stellten dann die Metaform, sozusagen den Bezugsrahmen dar, der Varianten gegenüber offen ist. Dabei gilt: »Je rigider die Vorschrift für die Behandlung einer Situation ist, desto kleiner ist der Improvisationsspielraum. Wird eine bestimmte Region mit Regeln verdichtet, können Nebenschauplätze entstehen, an denen die Improvisation jenseits der geregelten Praxis weiter wuchert. Die Regeln können auch aus bereits Improvisiertem entstanden sein und nun ihren fixierten Ort gefunden haben. Denn sowohl die Regel als auch die Improvisation entspringt einem Modus operandi des Gemeinsinns.«[95] Entscheidend ist nicht nur das Gleichgewicht zwischen formaler Abgeschlossenheit und Offenheit, sondern auch die Art und Weise, wie und in welcher Konstellation man als Verfahren mit Strukturen verfährt, also in die Lage kommt, Strukturen variabel zu verschalten.

Improvisation entsteht somit nicht aus dem Nichts, sondern basiert auf »minimal structures.«[96] Der Wert der minimalen Struktur liegt laut Weick darin, dass »small structures such as simple melody [...], general assumptions, and incomplete expectations can all lead to large outcomes and effective action«[97]. Eisenberg beobachtet »improvisational freedom is only possible against a well-defined (and often simple) backdrop of rules and roles«[98]. So sieht Eisenberg den Prozess des *Jamming* als eine Art »minimalists view of organizing, of making do with minimal commonalities and elaborating simple structures in complex ways«[99]. Kamoche und Cunha identifizieren in ihrer Studie *Minimal structures: From jazz improvisation to product innovation* zwei Elemente minimaler Strukturen: a) soziale, und b) technische Strukturen. Soziale Strukturen bestehen aus Verhaltensnormen, kommunikativen Codes, Führung und *Partnering: collecti-*

95 | Dell 2002, S. 52.

96 | Kamoche und Cunha 2001.

97 | Weick 1989.

98 | Eisenberg 1990, S. 154.

99 | Eisenberg 1990, S. 154.

ve creation of a collective mind.[100] Technische Struktur beinhaltet performative Konventionen, Prototypen und Werkzeuge. Kamoche und Cunha weisen des Weiteren darauf hin, dass Minimalstrukturen größtenteils implizit und *tacit* sind. Das bedeutet, dass sie sich nur informell in der Praxis selbst zeigen. Anhand des Kontexts der Produktentwicklung machen die Autoren deutlich, wie Improvisation qua minimaler Strukturen eine Überschreitung sequenzieller, komprimierender oder flexibler Produktentwicklungsverfahren bedeutet. In der Nutzung minimaler Strukturen kann Improvisation eine Synthese zwischen Kontrolle und Flexibilität herstellen. »Multidisciplinary teams working autonomously within the company's product strategy. [...] The improvisational model may therefore be interpreted as an adaptive response to changes needed when organizations redesign from efficiency-oriented hierarchic bureaucracies to flexibly-structured learning entities, aiming to solve problems through connected self-organizing processes.«[101] In diese Richtung zielt auch Mary Jo Hatch, wenn sie minimale Strukturen mit dem Moment der Implementierung von Unbestimmtheit konnotiert: »The empty places of the structure of a tune produce ambiguity.«[102] Minimale Strukturen produzieren in ihrer Unterbestimmtheit Leerräume – *empty Spaces* – die für den, der sie als solche interpretieren und verarbeiten kann, ein formal unterbestimmtes Feld eröffnen, in dem sich Improvisation als generatives Ordnungskonzept prozessual entfaltet. Wobei das Design der minimalen Strukturen sich als entscheidend für den Ermöglichungsgrad bzw. -radius, den sie bereitstellen, erweist.

In der Jazzmusik ist die Verwendung minimaler Strukturen ein komplexer Vorgang, der sich auf unterschiedlichen Matrizes wie polyrhythmische Layer, polyharmonische Gerüste und melodische Komplexe abspielt. Minimale Strukturen ermöglichen den Musikern, ihre Flexibilität steuerbar zu machen und aus Motivkernen heraus harmonische Felder zu durchqueren, ohne vorher den Verlauf festgelegt zu haben. Gleichzeitig steuern minimale Strukturen die unterschiedlichen Aufgaben im Teamplay wie Solo und Begleitung, Rhythmusgruppe und Solist im Zusammenspiel. Im Verlauf der Improvisation können die Strukturen wie Signale funktionieren, können Solisten zu unterstützen, in den *Groove* zu bringen und die Kommunikation zwischen den Musikern im Improvisationsverlauf zu verdichten und *Feedback* zu ermöglichen. Das heißt auch, diese Strukturen bilden kulturelle Räume. Um in ein Ensemble integriert zu werden, um mit bestimmten Musikern spielen zu können, müssen die Musiker die Strukturen aus bestimmten Jazzsprachen beherrschen, die Normen kennen und teilen.

---

100 | Weick und Roberts 1993.

101 | Kamoche und Cunha 2001, S. 757.

102 | Hatch 1999, S. 7.

Minimale Strukturen wirken in zweierlei Hinsicht: erstens formal, weil sie den Musikern ein Maximum an formaler Offenheit ermöglichen und so helfen, formal offene Prozesse stabil zu halten ohne abschließend zu wirken. Zweitens halten minimale Strukturen die veränderliche Funktions- bzw. Aufgabenverteilung während der Interaktion kohärent. In diesem Zusammenhang wird die Variantenbildung unterstützt. Das bedeutet umgekehrt, dass alle an einer Situation beteiligten Improvisatoren Einblick in und Zugang zu Struktur und Ressourcenlage sowie über ein Mandat zum Improvisieren verfügen müssen. Damit ist auch die Kultur des jeweiligen Ensembles, dessen Normen, Standards und Sichtweisen impliziert.

Die Rolle der Struktur nimmt somit in der Improvisation eine zentrale Stellung ein. Barrett und Peplowki bestätigen: Jazzimprovisation »is guided by a non-negotiable framework that constrains what soloists can play. This structure provides the necessary backdrop to coordinate action and organize choice of notes«[103]. Musiker benutzen Struktur in unterschiedlichen Weisen, um Innovation hervorzurufen. Freiheit des Arbeitens entsteht nicht durch Strukturlosigkeit, sondern durch das Zerlegen musikalischer Ereignisse in ihre Bestandteile, um sie wieder neu zusammenzusetzen. Es wird sozusagen von der Musik abstrahiert, um zu dem zu gelangen, was überhaupt möglich ist, z.B. Arpeggios, harmonische Erweiterungen, rhythmische Verschiebungen etc. Strukturen werden beim Üben sozusagen als Szenario von Möglichkeiten herausdestilliert. Sobald die Strukturen handhabbar gemacht sind, ist es möglich, sie wieder auf musikalische Situationen zu übertragen. Die Musiker müssen also permanent darüber reflektieren, was möglich ist, wie ein musikalischer Raum zusammengesetzt ist, und was sie mit diesen Möglichkeiten machen wollen, welche Stilrichtung, welche Ästhetik sie spielen möchten.

Improvisation kann man nicht nur strukturell lernen, man braucht auch *Best-Practise*-Beispiele. Um auf mimetische Art und Weise zu lernen, ziehen Jazzmusiker Referenzen hinzu, um sich daraus Inspiration zu holen. Improvisierende Musiker untersuchen also immer andere improvisierende Musiker, analysieren, wie andere Musiker die Musik zerlegen und welche Verfahren sie anwenden, um gewonnenen Strukturen zuzuordnen. So können sich Musiker in den unterschiedlichen Richtungen selbstorganisierend, selbstlernend weiterentwickeln, indem sie sozusagen einen eigenen Speicher als Katalog zur Verfügung stehender Strukturen als Materialien anlegen. Durch das diagrammatische Arbeiten an und mit dem Katalog erzeugen die Musiker neue innovative Verknüpfungen der Parameter, werden im Spiel immer neue Lösungsansätze erprobt und gleichzeitig die Speicher erweitert. Musiker nutzen also Struktur auf eine Art und Weise, die es ihnen ermöglicht, kreativ die strukturellen Fundierungen ihres Spiels zu modulieren, zu modifizieren. So wird die Minimal-

103 | Barrett und Peplowski 1998, S. 558.

struktur zur Basis des Spiels. Im situativen Umgang mit minimaler Struktur produziert Improvisation ein sehr spezifisches Verständnis von Materialien und Regeln. Die Strukturen müssen lose gekoppelt sein, um ein größtmögliches Maß an Handlungsvarianz zu bieten. Für Jazzmusiker impliziert dies, ein extrem reduziertes Set an Vorgaben hinsichtlich Struktur, Form und Funktion (= Rhythmus, Melodie, Harmonie, Soli vs. Begleitung usw.) als Grundlage des Arbeitens zu verwenden. Minimale Strukturen dienen den Improvisatoren als notweniger Anker. Die Strukturen müssen minimal bleiben, da Jazzmusiker einen hohen Grad an Unbestimmtheit brauchen, um arbeiten zu können. Für einen Organisationsentwickler mag dies wie ein Paradoxon klingen: Gerade weil sie sich die Techniken erarbeitet haben, Unbestimmtheit als Ressource sich zu erschließen, sind Musiker auf Unsicherheitsgradation angewiesen. Je höher die formale Strukturierung, je stärker die Bindung an vorgegebene Strukturen, desto weniger Optionen können die Musiker entwickeln.[104] Die Gründung auf Unbestimmtheit impliziert jedoch nicht, dass Musiker ziellos wären – im Gegenteil. Sie bestimmen eine Art Ziel als Metaform, die rein strategisch performativ ausgelegt ist. Damit ist auch eine Neubestimmung von Strategie als Begriff nötig.

In Organisationen ist die minimale Struktur bestimmend für die improvisationale Performance. Minimale Strukturen (als Regeln, Rohdaten in Prozessen, Motive) können von Strukturen des organisationalen Aufbaus (im Mikro- wie im Makrolevel) sowohl behindert wie auch gefördert werden.[105] Wir erkennen, dass man nicht nur untersuchen muss, wie Strukturen in dem Organisationsraum verteilt sind, sondern auch, wie sie organisational funktionieren und zum Funktionieren gebracht werden. Es genügt nicht, bestimmte Positionen zu räumen oder zu besetzen, sondern es geht darum, die Struktur selbst als veränderlich zu verstehen. Deleuze kreiert für diesen Vorgang den Begriff der Virtualität als Steuerungsinstrument von Prozessen. Wenn das »leere« Feld des offenen Prozesses anhand von Strukturen zu bespielen ist, dann ist das Feld nicht »wirklich« leer, sondern voller, nahezu unendlicher Verschaltmöglichkeiten, Nachbarschaftsordnungen von Positionen, Strukturen, Elementen, die es aus der Handlung heraus zu aktualisieren gilt. Dieses Verfahren wird von Deleuze auch als Heterogenese beschrieben, als das kreative Hervorbringen von Differentem (s. Kapitel 7.8.). Denken wird im darstellerischen und erhandelnden Sinne performativ, als »Theater« des Prozesses, dargestellt durch die »Begriffsperson«. Sie bringt die unpersönliche Autogenese des Denkens zusammen mit der singulären Artikulation, der vektorialen Dynamik und der Frage der Wertbestimmung, Wertsetzung. Das Subjekt ist dann kein festgeschriebener identitätsbezogener Zustand, sondern ein Subjektivierungsprozess, der sich an

104 | Barrett 1998, S. 611ff.

105 | Brown und Eisenhardt 1997; Powell und DiMaggio 1991, S. 63-82.

den Matrizes, Schichten der Fonds abarbeitet: »Ich bin nicht mehr ich, sondern eine Fähigkeit des Denkens, sich zu sehen und sich quer durch eine Ebene zu entwickeln, die mich an mehreren Stellen durchquert [...]. Im [philosophischen] Aussageakt tut man nicht etwas, indem man es ausspricht, sondern man macht die Bewegung in dem man sie denkt, vermittels einer Begriffsperson [...]. Wer ist ich? Immer eine dritte Person.«[106] (s. Kapitel 7.6.)

Wie aber funktionieren die minimalen Strukturen in Organisationen? Weick stellt heraus, dass im traditionellen Jazz die Songs die »source of constrained possibilities«[107] darstellen. »They represent a kind of mutual equivalence structure which allows people to be diverse in equivalent ways, which then allows their actions to be meshed.«[108] Das heißt, die minimale Struktur (man könnte auch sagen: das Motiv) produziert Kohäsion in diversifizierenden Prozessen. Die Struktur koordiniert den Prozess in der Zeit. Ordnung wird nicht vor, sondern während des Prozesses erzeugt. Dies wiederum ist – so Weick – für Innovation entscheidend. Im Kontext der Organisation hat sich gezeigt, dass Organisationen, während sie auf Innovationen gehen, sich meist auf den Anfang, den Plan, das Problem oder die »zündende« Anfangsidee konzentrieren. Wenn der Prozess in seiner Polychronie und Heterogenität im Gang ist, haben die Organisationsmitglieder jedoch Schwierigkeiten, die Koordination aufrechtzuerhalten. »[...] as people develop their ideas at different rates, with different elaboration, and different assumptions, and different transitions, no one knows where anyone else is.«[109] Bei der Improvisation ist dies nicht der Fall: Alle Teilnehmer sind konstant in der Lage, die Orientierung im Feld zu halten, während sie handeln und kommunizieren. Das heißt, während die Innovation emergiert, können die persönlichen Strukturen eingebracht werden, während die minimale Struktur den Kurs einordnet. Umgekehrt ermöglicht die minimale Struktur den Organisationsmitgliedern, statt dauernd identifizieren zu müssen und damit den Innovationsprozess zu unterbrechen, sich vor allem auf neue Verknüpfungen, Variationen, Fragmentierungen, Regruppierungen, kurz: auf das Redesign von Material und Ideen zu konzentrieren. In dieser Struktur gibt es auch keine Fehler als solche, sondern Materialien eines relationalen Verfahrens, deren Wert vor allem in der Verknüpfung liegt. Es können also Materialien generiert werden, die in diesem Moment für dieses Projekt oder diesen Zeitpunkt nicht passen; aber ihre Wertigkeit ist immer relational, also relativ zu etwas (z.B. zu einem Projekt). Das bedeutet nicht, einem *Anything goes* das Wort zu Reden (Relativismus), sondern vielmehr eine andere Perspektive auf Wertschöpfung einzunehmen (Relationalismus). Urteile werden immer in Bezug auf die Rela-

106 | Deleuze und Guattari 2007, S. 73.

107 | The Aesthetic of Imperfection, S. 547.

108 | Ebda.

109 | A.a.O., S. 547.

tion der gegebenen minimalen Struktur und dem gefällt, was daraus gemacht worden ist. Sie werden also in Bezug zur retrospektiven Form gesetzt. Erfolg ist dasjenige, womit ein Akteur beginnt und was er damit und daraus macht. Wenn also ein Fehler passiert, wird entscheidend, wie der Akteur damit arbeitet, wie er ihn in den Prozess einfügt, normalisiert, transformiert und in einen nächsten Schritt überführt. Weder lehnt Improvisation Pläne ab, um in einen Prä-Plan-Zustand zurückzufallen, noch bemisst sie sich daran, inwieweit sie von einem Plan abweichend ist oder ihn eingehalten hat. Ihr Ziel ist vielmehr der Post-Plan-Zustand. Um die Ordnungsweisen von Plänen zu wissen, um diese in iterative, generative Prozesse handelnd einzuführen. Ihre Wertigkeit bemisst sich an dem Grad der Organisation und Form, die sie der strukturellen Arbeit zu geben in der Lage ist, um die maximale Funktionsvarianz hervorzurufen, unter Anerkennung dessen, was in einer bestimmten Situation »da« ist. Also an einer Form die retrospektiv aus den vorhandenen und erzeugten Materialien und deren relationaler An-Ordnung und Verschaltung in einem bestimmten zeitlichen Rahmen produziert wird.

Weder sind die Materialien ungeordnet oder informell noch die Arbeit ohne Logik: Allein das Verfahren ist ein anderes. Statt trichterartig auf die eine beste Lösung eines Problems zu gehen, das man bereits vorher festgelegt hat (und das damit schon eine bestimmte Lösung impliziert, also Innovation eher hindert), versucht man hier relational vorzugehen: also möglichst viel Material zu generieren und dieses so zu strukturieren, dass es in immer neue Verschaltoptionen regruppierbar ist. Das durch Improvisation produzierte Material bleibt somit immer im Blick der Handelnden und kann so Innovation auslösen. Will eine Organisation Unsicherheit und Unbestimmtheit nicht ausblenden, sondern als Ressource mit in den Prozess einbeziehen, ist Improvisation die Produktionsweise, die die lose Kopplung ankert und ihr Orientierung verleiht. Die Minimalstruktur wird hier zu einem leitenden Motiv, als »organizing device that represents a simple form within wich variety can accumulate […] to coordinate with a minimum of consensus a maximum of diversity.«[110]

Improvisation sichert anhand des spezifischen Verfahrens mit Minimalstruktur Form in nicht linearen Prozessen. Eine minimale Struktur hat demnach eine Art Ankerfunktion für die Navigationsarbeit in der Bewegung selbst, ein »anchor created by a timebound melody, imposes a tightly coupled structure on that basic indeterminacy.«[111] Die Navigation findet sozusagen Motiv-basiert statt. Motiv wäre dann die kleinste strukturelle Einheit, ein Thema, ein Material etc, das am Beginn eines Prozesses steht und im Verlauf des Prozesse zwar moduliert und variiert wird, jedoch immer relationaler Bezugspunkt der Arbeit bleibt und so Orientierung sichert. (s. Kapitel 7.8.) Noch einmal: d.h. nicht, dass

110 | A.a.O., S. 548.

111 | A.a.O., S. 548.

man auf den Plan verzichtet, sondern nur, dass man den Plan anders anordnet – als strukturelles Feld, als Katalog neu zu verschaltender Elemente. Ein Improvisator ist »a pure agent of structure. That person draws organization out of raw material.«[112] Er trägt bei zu »an emerging structure being built by the group in which he or she is playing and creates possibilities for the other players.«[113]

Warum rücken wir die Minimalität der Strukturen in den Vordergrund? Minimal müssen Strukturen sein, damit sie variabel verschaltet werden können. Minimale Strukturen erhalten ihre funktionale Wertigkeit erst durch Relationalität. Weick weist darauf hin, dass damit ein neues Verständnis von Organisation und ein neuer Ansatz des maßstäblichen Verhältnisses von Struktur und *Agency* (s. Kapitel 7.) eingeführt wird: »The order in organizational life comes just as much from the subtle, the small, the relational, the oral, the particular, and the momentary, as it does from the conspicuous, the large, the substantive, the written, the general, and the sustained. To work with the idea of sensemaking is to appreciate that smallness does not equate with insignificance.«[114] Organisationale Formen entstehen sozusagen aus Arbeit an und Spiel mit Strukturen, die relational und topologisch ins organisationale Handlungsfeld projiziert werden: »Small structures and short moments can have large consequences.«[115] Dies kann nur funktionieren, wenn wir die Rohdaten einer Situation nicht nur zerlegen, sondern auch in Muster, Kategorien, übergeordnete Fragestellungen und Felder einordnen können. Das ist wichtig, um den Strom des Ereignisses zu stabilisieren. Einordnung geschieht durch eine Strategie von »differentiation and simple-location, identification and classification, regularizing and routinization to translate the intractable or obdurate into a form that is more amenable to functional deployment.«[116] Entscheidend hierbei ist das »functional deployment«. In der Medizin meint der Begriff das Verstehen bestimmter Behandlungen mit spezifischen diagnostischen Benennungen bzw. Etikettierungen. Auch durch das Organisieren lässt sich dieses Verfahren – so Weick –anwenden: »In organizing in general, functional deployment means imposing labels on interdependent events in ways that suggest plausible acts of managing, coordinating, and distributing. Thus, the ways in which events are first envisioned immediately begins the work of organizing because events are bracketed and labeled in ways that predispose people to find common ground.«[117] Um einen gemeinsamen Grund zu entwickeln, lässt das *Functional Deployment* die Unterscheidung von Akteuren fallen und benutzt kognitive Repräsentationen nur, um rekurrier-

112 | A.a.O., S. 549.

113 | A.a.O., S. 550.

114 | Weick et al. 2005.

115 | A.a.O., S. 5.

116 | Chia 2000, S. 517.

117 | Weick et al. 2005, S. 9.

ende Aktionsweisen hervorzurufen. »For an activity to be said to be organized, it implies that types of behavior in types of situation are systematically connected to types of actors [...] An organized activity provides actors with a given set of cognitive categories and a typology of actions.«[118] Wichtigstes Merkmal dieser Typen und Kategorien ist, dass sie über eine gewisse Plastizität verfügen. Erst dann können sie die Radialität steuern: »Categories have plasticity because they are socially defined, because they have to be adapted to local circumstances, and because they have a radial structure.«[119] Radialität der Struktur bedeutet dann, die relationalen Aspekte von Strukturen in Situationen ernst- und zum Anlass bzw. Ausgangspunkt der Aktion zu nehmen: »By radial structure we mean that there a few central instances of the category that have all the features associated with the category, but mostly the category contains peripheral instances that have only a few of these features.«[120] Die Differenz ist entscheidend: »If people act on the basis of central prototypic cases within a category then their action is stable; but if they act on the basis of peripheral cases that are more equivocal in meaning, their action is more variable, more indeterminate, more likely to alter organizing, and more consequential for adapting.«[121]

5.9 REKURSIVES VERHALTEN

Wenn ich konstruktiv mit Unordnung umgehen will, muss ich die Ordnung in der Unordnung erkennen können und Unordnung in Ordnung als relationales Feld minimaler Strukturen. Damit dies in eine konstruktive Arbeit münden kann, ist ein »rekursives Verhalten« wichtig. Dieses »orientiert sich an den Ergebnissen der bisherigen Tätigkeiten sowie an den aktuell verfügbaren Ressourcen.«[122] Somit wird es zur entscheidenden Fähigkeit, permanent sich mit der Verfügbarkeit und Verwendbarkeit von situationsspezifischen Ressourcen auseinanderzusetzen und für ein solches Agieren Ordnungs- bzw. Darstellungsmittel zu erfinden. Denn nur wenn man in der Lage ist, Ressourcen zu orten, zu beurteilen, zu speichern und weiter zu prozessieren, kann man offene Prozesse konstruktiv halten. Das rekursive Verhalten impliziert nicht allein technische Fertigkeiten, sondern auch bestehendes organisationales Wissen. Improvisation ist dann immer auch die Befähigung zur Setzung, aus der sich die jeweils nächsten Schritte rekursiv ergeben. Dabei spielt das Zusammenspiel von Deutung, Erinnerung und Projektion eine zentrale Rolle. In der Rekursion wird ge-

118 | Tsoukas und Chia 2002, S. 573.

119 | Weick et al. 2005, S. 411.

120 | Ebda.

121 | Ebda.

122 | Müller 2007, S. 272.

nau von der Entscheidung abgesehen und Unentscheidbarkeit eingeführt; dies wiederum ruft eine Eigenzeit der Rekursion hervor, in der die Organisation in die Lage versetzt wird, mit Unentscheidbarkeiten sich auseinanderzusetzen und auch: überhaupt einmal als solche zu erkennen. Die Zeit der Rekursion läuft darauf hinaus, dass Organisationen Zeit dafür erhalten, die von ihr hervorgebrachten Interpretation ihrer eigenen Aktivitäten nachträglich zu legitimieren, »ihre eigenen Operationen als Argumente ihrer eigenen Operationen«[123] zu verwenden. Die Eigenzeit der Rekursion hat die Qualität, einen Imaginationsraum zu produzieren, in dem a) Interpretationen sowohl fixiert wie verändert werden können b) auftauchende Interpretationen als Möglichkeiten akzeptiert und verhandelt werden müssen. Rekursion sorgt auch dafür, dass der Imaginationsraum topologisch bleibt, d.h. auch wenn die Möglichkeiten nur sequenziell artikuliert werden können, ist die Reihe der Varianten kataloghaft so verteilt, dass neue relationale Verknüpfungen und optionale Nachbarschaftsordnungen entstehen können. Somit wird eine Teleologie der Organisation überwunden. Das organisationale Wissen zeigt sich ebenso als historisch situiert wie als rekursiver Prozess. Der Prozess der andauernden Korrekturen und deren relationaler Verknüpfungen ruft einen technologisch gewordenen Improvisationsvorgang hervor, »dessen Ende stets offen ist, der über sich hinausweist, aber noch im Hinausweisen über sich auf sich zurückweist.«[124] Als Verfahren einer nicht teleologisch programmierten Emergenz zeigt sich die Wissensproduktion der Organisation in der Verwebung von Produzierendem und Produziertem unter Einfluss der Interaktion der am Produktionsprozess Teilnehmenden als komplexes, dynamisches, improvisatorisches Feld. Wobei in Betracht gezogen wird, dass die historischen Bedingungen des Produktionsfeldes und dessen ständige, mitunter plötzliche Modifikation aus der Feldstruktur selbst heraus generiert werden. Um also die Sache am Laufen, um die Struktur des epistemologischen Raums einer Organisation koppelbar zu halten, ist diese immer erst historisch offenzulegen.

5.10 Kultur der Improvisation und Ontologie der Produktion

Das alleinige Resultat eines Organisationsverlaufs kann unabhängig davon betrachtet werden, ob der Verlauf improvisiert wurde oder nicht. Das Resultat sagt nichts über den Verlauf aus. Nun gibt es zwei Optionen: Zum einen kann man fragen, ob es entscheidend ist, dass sich das Resultat eines Organisationsverlaufs nur über das Mittel der Improvisation erreichen lässt. Ob das stimmt, lie-

123 | Baecker 1999, S. 161.

124 | Rheinberger 2006, S. 52.

ße sich mit Tests unterschiedlicher Organisationsverläufe herausfinden. Dies wäre eine Betrachtung, die man auch unabhängig von einem Nachweis, ob Improvisation am Prozess beteiligt war oder nicht, führen könnte. Man kann sich das wie ein Theaterstück vorstellen: Wenn wir als Zuschauer nur die Aufführung sehen und nicht wissen, ob improvisiert wird oder nicht, ist das Resultat auch unabhängig davon interpretierbar, ob Improvisation stattfindet oder nicht.

Was aber für Theateraufführungen gilt, ist bei der Organisation zu kurz gegriffen. Es gibt im Fall der Organisation noch ein zweites Kriterium, das weniger auf das Resultat als auf die Ontologie des Prozesses abhebt. Man sagt dann, dass das, wie man etwas macht, für die Seinsweise einer Organisation und ihre Kultur entscheidend ist. Dass man improvisiert, gehört dann zur Seinsweise des Organisierens dazu. Die Fragestellung geht über das Fragen nach Bedeutung hinaus und schließt das ethische Moment der Seinsweise der organisierenden Subjekte mit und damit deren *Commitment* ein. *Commitment* fokussiert den Organisationsprozess auf drei Dinge: eine vergangene Handlung, eine sozial akzeptierbare Rechtfertigung dieser Handlung und ein Potenzial für subsequente Aktivitäten, die die Rechtfertigung unterstützen oder unterminieren können. Indem es Verhaltensweisen, soziale Unterstützung und Erwartungen zusammenbindet, verstärkt *Commitment* organisationale Interaktionsmuster. Die sequenzielle Ordnung des *Commitment* entfaltet sich als kausaler *Loop,* der subsequente Handlungsmuster stabilisieren oder verstärken kann. Genau diese Muster sind es, die Organisationsmitglieder später als Design, als gestaltete Form wahrnehmen: »Commitments lead to patterns and, ultimately, to what we see as designs.«[125] Man könnte den Grad an *Commitment* in einer Organisation auch das Kriterium ihrer Nachhaltigkeit nennen. Ein solches Kriterium von Nachhaltigkeit zieht in Betracht, dass in dem Verfahren der Improvisation eine Lernqualität enthalten ist, die durch stetiges Experimentieren mit minimalstrukturellen Elementen lernt und damit Potenzial für zukünftiges Handeln ansammelt. Jedes improvisatorische Handeln fließt in den Speicher lernender Erfahrung mit ein. Umgekehrt ist eine solche Erfahrung auch eine wichtige Komponente für die Kalkulierbarkeit der Resultate von Improvisation bzw. deren Qualität. Je erfahrener die Improvisatoren, desto höher das Niveau der Ergebnisse. »Erfolgreiches Arbeiten mit improvisatorischen Strategien setzt eine hohe Kultur der Improvisation voraus. Nur hoher Qualitätsstandard kann Prozesse und Handlungen hervorrufen, die sich durchaus im Ergebnis mit geplanten, abgeschlossenen Werken messen lassen können, diesen sogar in Punkto Aktualität [...] überlegen sind.«[126] An der Schnittstelle von Improvisation und *Commitment* liegt die Herausforderung des Organisierens. Es geht nicht darum, vorauszusagen, was in jedem organisationalen Moment genau passieren wird

125 | Weick 2001c, S. 14.

126 | Dell 2002, S. 31.

(also auf fixierte Weise zu planen), sondern darum, den Modus zu reiterieren, wie *Commitment* organisationales Verhalten lenkt und als Filter des organisationalen Prozesses und dessen Interaktionen wirkt. Gesucht wird das Verständnis jener Ereignisse, die dem Fluss organisationaler Momente Richtung und Sinn verleihen: genau das ist es, was *Commitments* tun. Wenn eine Person ein *Commitment* eingeht, werden subsequente Ereignisse oft so beurteilt bzw. interpretiert, dass die Zuverlässigkeit (Weick spricht von »*soundness*«) das *Commitment* bestätigt: »Thus, commitments constrain the meanings that people impose on streams of experience.«[127] *Soundness* setzt einen Prozess in Gang, der die Art und Weise, wie Organisation sich und ihr Handeln sieht, verändert und damit wieder neue Handlungsoptionen und in Folge dessen andere Ergebnisse bzw. höhere Komplexitätsgrade provoziert.

5.11 Regelung. Strukturierung

Es zeigt sich, dass die formale Öffnung durch Improvisation eine Erhöhung struktureller Durchsicht erfordert, und zwar so, dass Strukturen konstruktiv in Bewegung geraten können. Das heißt, wenn wir improvisatorische Elemente in eine Organisation integrieren wollen, ist der Aspekt der Regelung von großer Wichtigkeit. Überraschend wird deutlich, dass Improvisation gerade nicht am besten ohne Regeln funktioniert, im Gegenteil. Hier ist wie gesagt das Diktum der minimal Struktur entscheidend: Die Regeln müssen simpel, streng und klar aufgebaut sein. Es kann die starke Einschränkung im konstruktiven Kontrast zur individuellen Entfaltung eines improvisierenden Subjekts stehen. Je mehr Improvisation durch Codes im Vorfeld eines Organisationsvorgangs determiniert ist, je mehr ist das Resultat abhängig von dem Improvisierenden und seiner Erfahrung im Umgang mit diesen Codes. Jeder Improvisierende bringt dabei zusätzlich eigene Personalcodes mit in den Prozess ein. Diese können einerseits als Beschränkung, andererseits auch als Potenzial gelesen werden.

Will man real improvisatorische Elemente in die organisationale Arbeit integrieren, bedarf es einer erhöhten Aufmerksamkeit für das Verfahren des Organisierens selbst, einem Tatbestand, der auch in der Improvisation des Jazz eine übergeordnete Rolle einnimmt. Zu der »Gemachtheit« der Prozesse schreibt Bert Noglik: »Wichtiger als die Kenntnis überlieferter musikalischer Formmodelle und Gestaltungsprinzipien erweist sich für die Rezeption improvisierter Musik eine auf das spontane Erfassen von Zusammenhängen gerichtete Offenheit und Aufmerksamkeit.«[128] Auch hier gilt: Mit zunehmender Erfahrung im Umgang mit Improvisation kann diese Aufmerksamkeit geschärft und

127 | Weick 2001c, S. 28.

128 | Noglik 1990, S. 335.

Vertrauen auf die eigene Offenheit gewonnen werden. Codes stellen Vereinbarungen dar, die das Ergebnis improvisatorischen Handelns steuern können. Sie sind keine formalen Festlegungen, sondern vielmehr als Rahmungen und minimale Strukturangaben zu verstehen. Das Prinzip der Improvisation lässt sich somit in unterschiedlichste Parameter modulieren. Der Prozess gewinnt an Vielschichtigkeit, je mehr Dimensionen dabei ins Spiel gebracht werden. Die Determinierende bildet sich dabei aus der Vereinbarkeit der vorher bestimmten Codes mit den individuellen Codes des improvisierenden Subjekts. Genau in diesem Aushandlungsprozess erfährt die Improvisation ihren Mehrwert: Sie kann individuelle Kompetenzen maximal aufnehmen. Das bedeutet für den improvisierenden Musiker jedoch, sich eine sichere Offenheit zu erarbeiten. Sein Erfahrungswissen ist es, das es ihm ermöglicht, sich der Vereinbarkeit der spezifischen Codes zu nähern. Davon profitiert auch der Improvisator selbst: Er kann die neuen »erspielten« Codes gewissermaßen in das Reservoir, den Speicher der eigenen Personalcodes integrieren und diesen damit erweitern. Somit stellt sich die Improvisation als ein Mittel der ökonomisch und pragmatisch orientierten Organisationsweise heraus. Ihr Funktionieren jedoch setzt eine hohe Kultur der Improvisation voraus und braucht Zeit, um ein Erfahrungswissen überhaupt erst aufzubauen. Ist dieses ins Werk gesetzt, spart man jedoch wieder Zeit: Improvisation ermöglicht dann eine Position der Gelassenheit und sichert Handlungsfähigkeit ab. Es fällt leichter, Entscheidungen zu treffen, was wiederum zu einer performativen Variantologie führt: statt im Modus Eins-zu-eins-Probleme zu lösen, kommt es bei der Improvisation zu einem fortwährenden Fluss der Ideen und Verknüpfungen als relationale Praxis.

Heißt all dies, dass in sehr determinierten Organisationsformen weniger improvisiert wird? Nein, das Gegenteil ist der Fall. Paradoxerweise nimmt die Notwendigkeit, zu improvisieren, zu, » je rigider die Vorschrift für die Behandlung einer Situation ist«[129], je strenger eine Organisation von Normen und Regeln kontrolliert wird. Wäre es dann im Sinne der Improvisation nicht besser, alles strikt vorzuschreiben und dann die Sache von selbst übersteuern zu lassen? Könnte man sagen. Aber in diesem Szenario wäre das Bewusstsein der Organisation von sich selbst nicht sehr hoch, denn sie sähe ja Improvisation nur als Reparaturmodus und nicht als das, was sie auch sein könnte: mehr als nur ein Anpassungsvorgang an eine äußere Dynamik. Damit verlöre die Organisation Zugang zur Improvisation im Modus 2 (s. Kapitel 6.1.), die in ihrer diagrammatischen Entfaltung neue Bewegungen, Funktionen und Verschaltungen liefert, Verläufe kreiert, die mit der Ausgangsintention strukturell verknüpft sind und durch das performative Verschaltspiel neue Optionen aufzeigen. Im Modus 2 wird das Diagramm sozusagen mit Strukturen, Regeln verdichtet und öffnet

129 | Dell 2002, S. 52.

so den Zielkorridor und neue Anschlussstellen, an denen die Improvisation als relationale Praxis Prozesse in Gang setzt (s. Kapitel 7.8.).

5.12 Improvisation und Zeit/In the Groove/Procedural, Declarative und Minimal Memory

Als entscheidendes Charakteristikum der Improvisation wurde bereits die Anwesenheit im Jetzt, das *Embodiement* der Gegenwart, formuliert. Entscheidungen müssen in *real-time* gefällt werden, und zwar in Bezug auf die in einer Situation enthaltenen Elemente und Interpretationen. Damit rückt der zeitliche Aspekt der Improvisation in den Vordergrund. Eine Urteilskraft in *real-time* impliziert, sinnvolle Entscheidungen in einem kurzen Zeitraum zu treffen. »Vermittels des impliziten, performativen körperlichen Wissens und Erinnerns agieren wir innerhalb der Improvisation in Räumen, die ganz anderen Zugang zu den Subsystemen unseres Körpers und seines Reservoirs haben. Die unmittelbare Berührung des Produzierten erzeugt und verstärkt eine Sensibilität des Handelns [...] Reflexion, Kritik und Produktion fallen in eins.«[130] Aus der jeweiligen Situation können auf diese Weise Korridore an Optionen herausgefiltert werden. In diesem Kontext rückt der performative Aspekt des Timings und des Rhythmus in den Blick. Gerade in der Zunahme der Komplexität an Organisationsweisen und Lebensformen werden traditionelle Rhythmisierungen des Arbeitslebens und -prozesses aufgelöst. Hatch beschreibt diesen Tatbestand in ihrem Essay *Exploring the Empty Spaces of Organizing*[131]. In diesem Zusammenhang stellt sie die Temporalität organisationaler Verläufe als strukturelles Material heraus und diskutiert den daraus hervorgehenden Begriff der »Temporality of Structure« in Bezugnahme auf den Jazz. Hatch gliedert die Zeitlichkeit in die Aspekte Tempo und Vergangenheit, Gegenwart und Zukunft. In der Improvisation trägt die Zeit selbst den Organisationsverlauf: »In such case, rather than a leader-driven performance, the tempo itself carries performance along.«[132] Dabei kommt der Setzung eines bestimmten strukturellen Motivs besondere Bedeutung zu. Dieses minimale Motiv bildet eine Struktur, die immer wieder, im Sinne einer *Minimal Memory* erinnert und restrukturiert werden kann: »Playing the head of a jazz standard is likely to evoke memories that link past and present [...]. Citation, in which jazz musicians play famous solos, phrases or styles associated with other (often more famous) musicians, likewise the past with the present.«[133] Somit ergibt sich für das Improvisieren jene »unmittelbare Berüh-

130 | Dell 2002, S. 74.

131 | Hatch 1999.

132 | Hatch 1999, S. 11.

133 | A.a.O., S. 12.

rung des Produzierten«[134], die von den Jazzmusikern die besondere Aufmerksamkeit und Achtsamkeit für die Jetztzeit verlangt. Zeit wird im Improvisieren, im Gestimmtsein des *Groove* sozusagen plastisch, sie dehnt sich aus: »Die spielerische Geschicklichkeit äußert sich demnach nicht nur im Wie, sondern auch im Wann«[135] in dem Vergangenheit, Gegenwart und Zukunft einbezogen sind und sich vor allem horizontal rhythmisieren. Es wird hier eine radikale Horizontalität der Jazz- (bzw. improvisierten) Musik deutlich, die sich von dem europäischen vertikal orientierten Gerüst stark unterscheidet. Die Reduktion auf die Modalität der kleinen Form eröffnet sozusagen das mannigfaltige Spiel des Zyklischen als Rhythmus im horizontalen Sinn. Deshalb gibt es kein *Telos* dieser Musik, nur eine Seinsform als Prozess.

Solche Perspektive verweist auf die temporale Dimension und die geschichtliche Situiertheit improvisatorischen Wissens, Deutens und dessen *Memory*. Wie aber wird Deutung im Jazz hergestellt? »It don't mean a thing if it ain't got that swing«, sagt Duke Ellington. Es bedeutet nichts, wenn es nicht swingt. Dieser Satz definiert Musik nicht wirklich ex negativo. Vielmehr knüpft er Bedeutung an die Ontologie des Verfahrens *Swing, Groove,* Gestimmtheit des Zusammenspiels. Das ist clever: Ellington sagt nicht, was die Musik meint, sondern nur, dass sie nichts meint, wenn sie nicht die Bedingung des Swingens erfüllt. Mal ganz abgesehen davon, dass es nicht einfach ist, zu definieren, was swingt und was nicht, wird es noch schwerer zu sagen, was Musik bedeuten kann. Denn Sinn kann in der Musik nicht dadurch erzeugt werden, dass etwas etwas anderes bedeuten kann – so wie das Wort »Tisch« auch den Gegenstand Tisch bedeutet. Musik ist in diesem Sinne eine nicht repräsentationale Kunst. Eine andere Möglichkeit, Sinn herzustellen wäre, Sinn aus rhythmischer Kohärenz (= *Swing*) zu deuten, also zu sagen: Diese oder jene Musik ist für mich kohärent, sie swingt, ergo sie bedeutet mir etwas. Meiner Ansicht nach denkt auch Ellington in diese Richtung, denn *Swing* ist ja ein Kohärenzzustand eines rhythmischen *Flow*. Allerdings könnte man einwenden, dass dieser Kohärenzzustand keine Allgemeingültigkeit besitzt: Was für den einen kohärent klingt, mag für den anderen fremd, unangenehm oder störend klingen. Das Gefühl für Kohärenz verändert sich jedoch auch mit der Hörerfahrung des einzelnen selbst: Erinnerte, bereits erfahrene Musik, mag beim zweiten Hören stimmiger erscheinen. Was die Sache für den Jazz schwierig macht, denn anders als in der klassischen Musik ändert sich der Text bei jeder Aufführung. Auf dem Symposium *Where You Come From Is Where You Go. A Jazz Conversation* an der Columbia University New York sagte der zur Zeit dort als Gastprofessor lehrende Wolfram Knauer, dass Jazz mit »minimal memory« arbeite, also mit kleinsten erinnerbaren Erinnerungsstücken. Das ist interessant. Es würde bedeuten, dass

134 | Dell 2002, S. 47.

135 | A.a.O., S. 60.

im Jazz nicht nur die Musiker immer neue Strukturen verknüpfen, sondern dass auch die Hörer immer neue Hörsyntheseleistungen zu bewerkstelligen haben. Jazzhören wäre dann um einiges aktiver als z.B. Klassikhören. Warum? Weil Klassikhören durch Partitur sozusagen das Detektivische aus dem Hören entfernt – anders herum: Klassik hat, wie Furtwängler richtig feststellte, ein Fernhören, der Jazz nicht. Auch wenn die »melodischen, rhythmischen und harmonischen Elemente [...] bei einer Beethoven-Symphonie ganz außerordentlich viel einfacher als bei einem Jazz-Stück«[136] sind, so liegt »der entscheidende Unterschied [...] nur in einem: Jazz fehlt das Fernhören.«[137] Der Jazz und seine Komplexität gehen nur »auf den Moment«, während die Takte der Beethoven-Symphonie »das Ergebnis genialsten Fernhörens«[138] darstellen. Jazz hat kein Fern-Hören, er hat ein Nah-Hören, aber dafür ein Fern-Spielen, da er die Produktion a) selbst in den Mittelpunkt der Jetztzeit stellt und b) in maßstäblich differente Zukünfte zu projizieren weiß. Wahrnehmung und Erfahrung sind in diesem Kontext entscheidende Parameter: Das Detektivische meint hier mit Bloch »die kleinen Zeichen, ganz nebenbei, von denen der Detektiv die wichtigsten Nachrichten erfährt.«[139] Das Verstehen, des musikalischen Sinns, also mithin dessen, was die Musik meint, hängt jedoch nicht nur mit der direkten Erfahrung des Zeichen- bzw. Tönezusammenlesens zusammen, sondern auch mit der Historizität musikalischer Verläufe. Die Erfahrung des Hörers koppelt sich an vorherige Erfahrungen, die der Hörer bereits mit der Musik gemacht hat. Es ist dabei jedoch nicht so, dass andere Jazzstücke in der Erfahrung des Hörers präsent wären (auch wenn er in Soli z.B. Anspielungen auf ein Monk-Stück erkennt), sondern seine Erfahrung mit anderen Jazzstücken beeinflusst den Charakter seines Hörens.

Zum Beispiel: Hörer A und Hörer B hören das Stück *In Walked Bud* von Thelonious Monk. Nehmen wir an, A kennt Monks Musik gut, B hat nie vorher Jazz gehört. Beide Hören das Stück als Musik. A's Erfahrung wird qualitativ anders sein als die von B. Er wird andere Monk-Stücke in Bezug setzen können. Hinzu kommt, dass er u.U. auch den Spieler kennt der hier improvisiert (Milt Jackson) und dessen Entwicklung mit einbeziehen kann. A's Erfahrung des Werks ist durch seine innere Beziehung zu dem Werk Monks und Jacksons gefärbt. A hört dabei nicht zwei Dinge, also das, was klingt, und eine frühere Version des Stücks, sondern die beiden Stücke überlagern sich, koinzidieren. Man kann sagen: A hört erinnerungsgeladen. Aber mit dem Zusatz, dass es sich – nach Knauer – um minimale Erinnerung handelt. Je öfter A hört, desto mehr trainiert er, diese Minimal-Erinnerungen zu verknüpfen und daraus Sinn zu

136 | Furtwängler 1955, S. 203.

137 | Ebda.

138 | Ebda.

139 | Bloch 1985, S. 248.

schöpfen. A entwickelt so eine Konzeption von Monk, von Jazz, von Swing und damit seine eigene historische improvisationale Wissens-Situiertheit.

Auch Moorman und Miner[140] setzen sich mit der Frage der *Memory* in der Improvisation Jazz auseinander. Sie unterscheiden hier zwischen *Procedural* und *Declarative Memory*. Deren Zusammenspiel moderiert die Beziehung zwischen Improvisation und organisationalen Ergebnissen, während gleichzeitig die improvisationale Praxis Einfluss auf das Gedächtnis der Organisation selbst hat. *Procedural Memory* kann als Gedächtnis »how things are done«[141] oder Gedächtnis für »things you can do«[142] definiert werden. Das heißt, *Procedural Memory* ist das Gedächtnis des Performativen, das sich sowohl in praktischen Fähigkeiten wie auch in Routinen ausdrückt. Es ist wichtig an dieser Stelle zu bemerken, dass *Procedural Memory* vor allem in das Unbewusste der Organisation, mithin seine Kultur sedimentiert. Das *Declarative Memory* hingegen ist das »memory for facts, events, or propositions«[143] und ist genereller angelegt als *Procedural Memory*. Die wichtigste Charakteristik von *Declarative Memory* ist, dass es für unterschiedliche Nutzungen eingesetzt werden kann, also strukturell variabel ist.

Procedural und *Declarative Memories* haben unterschiedliche Effekte auf die Improvisation.

Das *Procedural Memory* verstärkt die Aussicht, dass Improvisation Kohärenz erreicht und in schnelle Aktion mündet. Gleichzeitig erhöht sie das Risiko falscher Automatismen. Das *Declarative Memory* hingegen erlaubt komplexere Bedeutungen und Relationen. Da es jedoch viel Zeit an Recherche und Übung braucht, setzt *Declarative Memory* einen anderen Zeithorizont und eine andere Organisationskultur voraus. Ob Improvisation wirklich innovativ ist, hängt nach Moorman und Miner davon ab, ob Improvisatoren fähig sind, *Declarative Memory* so einzusetzen, dass sie kreativen Gebrauch vom *Procedural Memory* machen kann. Als essenzielle Kompetenzen für Organisationsmitglieder erweisen sich deshalb: a) Routinen relational einzusetzen, sodass sie in neue Kontexte verschaltet werden können und b) die Befähigung, minimale Strukturen wie auch Routinen performativ auf innovative Weise zu rekombinieren. Das Zusammenspiel von *Declarative* und *Procedural Memory* in organisationaler Improvisation bleibt jedoch kontingent und abhängig von dem schnellen prozeduralen, performativen Zugang zu *Declarative-Memory*-Speichern.

Hatch diskutiert die Rolle des *Memory* anhand des improvisationalen Werts vorhergehender Improvisationen in Bezug auf gegenwärtige oder zukünftige Improvisationsprozesse. Auch bei Hatch dient *Memory* als Struktur: »the future

140 | Miner et al. 2001.

141 | Cohen und Bacdayan 1994.

142 | Berliner 1994, S. 102.

143 | Anderson 1983; Cohen 1991, S. 137.

is invited into the present via expectation created by recollection of similar experiences in the past.«[144] Das heißt, dass in der Improvisation *Minimal Memories* von länger oder kürzer vergangenen Aktionen, Entdeckungen, Beziehungen und Dialogen diejenigen Aktionen, Entdeckungen, Beziehungen und Dialoge stützen, die auf sie folgen. Organisationen lagern solche Gedächtnisstützen in Form von Mustern und Geschichten auf drei Ebenen ein:

1. »Organizational beliefs, knowledge, frames of reference, models, values and norms [...] as well as organizational myths, legends and stories.
2. Formal and informal routines, procedures and scripts.
3. Physical artifacts that embody, to varying degrees, the results of prior learning.«[145]

Improvisierende Organisationen verfügen demnach über ein ausdifferenziertes System, ihr Gedächtnis als Wissensspeicher zu nutzen. Moorman und Miner belegen dies anhand einer vergleichenden Untersuchung von 92 Produktentwicklungsprojekten. Die Untersuchung diagnostiziert vor allem eine positive Korrelation zwischen Gedächtnisdispersion (besonders in der ersten Ebene) in Organisationen und ihrem kreativen Output.[146]

5.13 MINIMALE STRUKTUR UND WISSEN

Pawlowski, Watson und Nenov[147] erweitern den Begriff der minimalen Struktur auf das Wissen: »Minimal structures of knowledge are defined as: 1) boundary objects, 2) comprised of cross-practice organizational knowledge 3) that enable communities of practice in an organization to coordinate their actions, and 4) serve to facilitate and constrain organizational improvisation. Minimal structures of knowledge are, then, a particular type of boundary object and particular type of minimal structure related specifically to cross-practice boundary knowledge.«[148] Bezugnehmend auf Barrett und Peplowski[149] gehen sie davon aus, dass »minimal structures of knowledge«[150] den nötigen Hintergrund des Wissens bereitstellen, um die Koordination und Auswahl der organisationalen

144 | Hatch 2002, S. 89.
145 | Miner et al. 2001, S. 93.
146 | Moorman und Miner 1998a.
147 | Pawlowski et al.
148 | A.a.O., S. 9.
149 | Barrett und Peplowski 1998.
150 | Pawlowski et al.

Handlungen zu koordinieren und die relationale Verschaltung von »cross-practice linkages« und Abhängigkeitsverhältnissen zu sichern.

Als *Boundary Objects* ermöglichen minimale Strukturen des Wissens Wissensgemeinschaften, ihre Verbindungen zu organisieren. Hauptcharakteristikum der *Boundary Objects* ist Flexibilität: »both plastic enough to adapt to local needs and constraints of the several parties employing them, yet robust enough to maintain a common identity across sites.«[151] Minimale Strukturen des Wissens als *Boundary Objects* haben auch die Funktion, Möglichkeitskorridore zu filtern. Das Benötigen von Interpretation und Deutungsarbeit innerhalb einer Improvisation beinhaltet das Wissen um die Verknüpfungen und Interdepenzenen der Praxen relativ zu diesen Objekten. Es ist also das die Praxis kreuzende Wissen, das der Organisation als Wissensgemeinschaft ermöglicht, zu verstehen, wie die Handlungen dieser Gemeinschaft andere Handlungen beeinflussen. Die minimalen Wissensstrukturen verstärken Improvisation im Modus 2, indem sie ein Verständnis für die in den Varianten der Handlungen enthaltenen Implikationen aufzeigen und dem Wissenspeicher zuführen. Strukturen limitieren also die Freiheit der organisationalen Handlungen nicht an sich. Es kommt auf das Verfahren an, also was man mit den Strukturen macht und wie man sie als Wissen zur Verfügung stellt und in die Produktion einspeist. Impro-Combos (s. Kapitel 5.16.), als Untereinheiten von Organisationen, können dieses Wissen in innovative Prozesse wie Produktentwicklung implementieren.[152] Je disziplinübergreifender die Teams arbeiten, desto größer ist jedoch die Herausforderung, ihre unterschiedlichen Perspektiven und Deutungshorizonte abzugleichen und so innovative Ergebnisse hervorzubringen.[153] Weick konstatiert, dass die Fähigkeit »to identify or agree on minimal structures for embellishing«[154] als eine der Hauptmerkmale für Teams gilt, die eine hohe Improvisationskompetenz aufweisen. Somit ist das Augenmerk nicht nur auf die Entwicklung der Minimalstrukturen durch Organisationen zu richten, sondern auch und gerade auf die Ausbildung eines relationalen performativen Wissens *als* Minimalstruktur.

Wir können also sagen, dass in der organisationalen Improvisation Zeit zur Koordination von Strukturen, sobald sie an Realität gewinnen, in Anspruch genommen wird. Zeit als Untersuchungsgegenstand von Organisation ist jedoch wenig erforscht. Die organisationswissenschaftlichen Studien, die es gibt[155], arbeiten dabei zwei Aspekte von Zeit heraus, die als besonders wichtig gelten

151 | Star und Griesemer 1989, S. 393.

152 | Grant 1996.

153 | Dougherty 1992; Ancona und Caldwell 1992.

154 | Weick 2001b, S. 299.

155 | Vgl. u. a, Dubinskas 1988; Hassard 1991.

können: zum einen a) Tempo und zum anderen b) das Verhältnis von Vergangenheit, Zukunft und Gegenwart.

Zu a): In seiner Beschreibung von Tempo in Hochtechnologie-Unternehmen beschreibt Frank Dubinskas Tempo als strategische Manipulation von Zeit. »[...] the setting of tempo, the stretching of boundaries, the rushing and relaxing of schedules, and the celebration of passages. This artful manipulation of time is part of the practical and intentional reconstruction of orderliness.«[156] Strategische Manipulation von Zeit wird oft der Unternehmensführung zugeschrieben. Gersick hat jedoch in seiner Untersuchung von Gruppenprojekten Muster des *Pacing* in Projektteams entdeckt. Solches *Pacing* tritt auch in Jazzensembles auf. Wie Arbeitsprozesse können Jazzstücke ein bestimmtes Tempo haben, das sich gut anfühlt, das effizient ist. Für die Organisation gilt deshalb wie für das Jazzensemble: Wenn Tempo ein Bestandteil der Organisationsstruktur ist, kann die Modulation des Tempos große Koordinationsprobleme hervorrufen. Besonders ist das der Fall, wenn das Tempo von außen vorgegeben wird. Hat eine Arbeitsgruppe die Ressourcen, um Tempomodulationen selbst zu organisieren, ist die Koordination besser möglich. Das verlangt, dass alle Teammitglieder in Tempowechseln geübt und aufeinander eingespielt sind.

Besonders dann, wenn sich Arbeitsprozesse überlagern, muss das organisationale Äquivalent zur Zeitkonstruktion von Struktur so angelegt sein, dass alle zur gleichen Zeit an einem Projekt ineinandergreifend arbeiten, sodass Ideen und Fähigkeiten in intensiven Momenten der Interaktion zusammenkommen. Diese Momente haben das Potenzial, jedes Teammitglied in inspirierender Art und Weise zu informieren. Als Voraussetzung dessen können räumliche Nähe oder gute Kommunikationsvernetzung via Internet gelten.

Zu b): Gherardi und Strati rahmen organisationale Zeit als »the activity of the organizational actors themselves, who see key events as being bounded by a beginning and an end«[157]. Wie im Spiel eines Jazzensembles laufen traditionelle Strukturen und Neues im Jetzt ineinander und organisieren sich in der Zeit. Und das geschieht im Modus der Kultur: »As organizations perform, their memories are inviked by cultural practices [...] Likewise, memories of the organization's past color present attentions and thereby shape the future via their capacity to stimulate expectations and anticipations that further influence attention creating a comminling of past and future in the threefold present.«[158] Die Jazzmetapher der Improvisation gibt ein Bild davon, wie Erinnerungen und Erwartungen von organisationalen Akteuren in jedem möglichen Moment konvergieren und so die strukturellen wie emotionalen Dimensionen von Arbeit sich organisieren, um Handlungen zu beeinflussen. Um einen Effekt im orga-

156 | Dubinskas 1988, S. 14.

157 | Gherardi und Strati 1988, S. 159.

158 | Hatch 1999, S. 30.

nisationalen Ergebnis zu erreichen, beschreibt die Jazzmetapher den Weg des Eindringens in den Prozess: ein direktes Engagement im mehrschichtigen Jetzt der Performanz. Und: Improvisation als Hermeneutik von Erinnerung, Aufmerksamkeit und Erwartung kann nur im Team aktiviert werden und gelingen.

5.14 Improvisation und Lernen

»[...] designers reconceive their roles as catalysts for a system's self-design by focusing on third order strategies for carrying out second order learning.«[159]

Cunha versteht Improvisieren als kontinuierlichen Prozess des Lernens: »In the improvisational mode, people act in order to learn.«[160] Improvisation ruft deshalb Lernen hervor, weil sie Differenz, Lücken, Lockerheit und Zwischenräume enthält, die für die aktive Deutungsarbeit der Akteure zur Verfügung stehen und so deren Erfahrung zu qualifizieren hilft. Deutungsarbeit wird auf diese Weise vielschichtig. In einem improvisationalen Prozess entwickeln Akteure jene Sensoren, die sie benötigen, um die Mehrdeutigkeit einer Situation direkt zu erfassen, zu interpretieren und nutzbar zu machen. Improvisation kann als ein Prozess beschrieben werden, der es erlaubt, *Serendipity* (= das plötzliche Finden von etwas Wertvollem) als einen Prozess der Handlung zu integrieren, der als proaktives Lernen funktioniert. Analyse wird dann reformuliert und zwar so, dass der performative Aspekt des Lernens in den Vordergrund gerückt wird – »was von außen chaotisch wirken kann, ist im Inneren strukturierter und konzentrierter als das eindimensionale Befolgen von Regeln. Nur wirkt es in seiner Offenheit formlos. Dennoch ist Improvisation nicht a priori kohärent. Es obliegt immer den jeweils Handelnden, gemeinsam das Beste aus der Situation zu machen, wobei ein Scheitern immer mitgedacht werden muss.«[161]

Weil Improvisation extrem fehlerfreundlich ist[162], kann sie durch die Umnutzung und Umdeutung von Misslungenem zum Lernen der Organisation beitragen. Das ist vor allem deshalb wichtig, weil Organisationen prinzipiell routinebasierte soziale Produkte darstellen. Es ist nicht überraschend, dass unerwartete Veränderungen (egal, ob intern oder extern hervorgerufen) von der Organisation als Irritation gedeutet werden. Auch Improvisatoren geraten in Situationen, in denen sie irritiert sind. Jedoch ist diese Möglichkeit zur Irritation schon in der Verfahrenstechnik eingebaut, in manchen Fällen sogar intendiert.

159 | Barrett 1998, S. 615.

160 | Cunha 2005, S. 8.

161 | Dell 2002, S. 58.

162 | Weick 2002.

Barrett führt den Tatbestand auf die »shared task knowledge«[163] zurück, die als Basisfeld dient, um Störungen aufzugreifen und wieder als neue Muster zu verarbeiten. Und: Weil Improvisation auf Handlung beruht, sind ihre organisationalen Instanzen privilegierte Milieus für die Transmission von *Tacit Knowlegde*[164] – einer Wissensform, die für Organisationen zunehmend an Bedeutung gewinnt.

Für Cunha et al. zeigt sich »learning embedded in improvisation«[165]. Deshalb kann umgekehrt die Konzeption des organisationalen Lernens gerade im Kontext von Improvisation erweitert werden: »The theory of organizational learning can benefit much from the development of a theory of organizational improvisation.«[166] Nach Weick und Westley[167] ist organisationales Lernen herkömmlich ein Konstrukt, das nur via Überlagerung antithetischer Sachverhalte bestimmt werden kann. In diesem Kontext wäre Improvisation, mit ihrer gleichzeitigen Betonung von minimalen Strukturen zur Anregung divergenten und kreativen Verhaltens auf der einen und zur Erzeugung von Effizienz einer Organisation auf der anderen Seite genau jene Plattform, die zum Studium des antithetischen Phänomens einlädt. Lernen und Improvisation stellen sich dann zwar epistemologisch different dar, jedoch sind beide in die organisationale Praxis als Verfahren eingelagert.

Um für die Organisation als Lernendes nützlich zu sein, muss Improvisation jedoch gerahmt werden. »If we frame learning in organizational setting, then improvisation arises as a learning place.«[168] Selbst wenn der Inhalt der Improvisation nicht formalisiert ist, kann improvisatorische Erfahrung für zukünftige Praxis dienen. Normatives, performatives Wissen ensteht unabhängig von der Emergenz deskriptiven Wissens aus der Improvisation. Besonders dann, wenn vorhandenes Material nicht zum Lesen einer Situation ausreicht, ist Improvisation darauf angewiesen, mit der Ausführung Lernen und Wissen performativ zu interpretieren. Im Umgang mit der Situation als Ressource wird gelernt: »In what concerns cognitive, affective and social resources, the improviser(s) must, apart from learning that adroitery, acquire (i.e. learn) those resources in the first place.«[169] Dieses Wissen wird anschlußfähig, wenn Improvisation organisational gerahmt wird: »If we frame learning in an organizational setting, then improvisation arises as ›learning place‹.«[170] Das bedeutet, dass

163 | Barrett 1998, S. 613.
164 | Polányi 1967; Schön 1983, S. 49, 52.
165 | Cunha et al. 2001.
166 | Ebda.
167 | Weick und Westley 1996.
168 | Cunha et al. 2001.
169 | Cunha et al. 2001.
170 | Weick und Westley 1996, S. 452.

auch dann, wenn Struktur und Funktion von Improvisation nicht formalisiert sind, die Rahmung der Erfahrung zum Speicher des Wissens und des Weiterverarbeitens oder Projizierens in Zukünftiges werden kann. Für organisationales Lernen gilt in diesem Zusammenhang: deskriptives Wissen als Material von Improvisation ist optional, performatives Wissen hingegen essenziell. Das macht es auch möglich, die Fehlertoleranz zu erhöhen: Das wissenschaftlich-statische Lernen kann um performative Prozesse erweitert werden, in denen gerade der konstruktive Umgang mit Fehlern als Ressource gilt, während es im wissenschaftlich-statischen Lernen vor allem um die Fehlervermeidung geht. Improvisationale Performanz wird durch Performanz gesteuert, also die Performativität des Handelns selbst. Das heißt für die Organisation, dass Improvisation jenen Transmissionsriemen darstellt, an dem sich implizites Wissen (eine Wissensform, der in Organisationen immer mehr Bedeutung zukommt) verortet und verbreitet. Und anders herum: Gerade weil diese Wissensform durch Handlung weitergetragen wird, tun Organisationen gut daran, das Verständnis ihrer eigenen Performativität und ihrer performativen Konstituiertheit in den Blick zu nehmen.[171] Das heißt auch, dass die Frage der Improvisation für die Organisation nirgends so virulent ist wie beim Prozess des Lernens. Anders gesagt: Improvisation könnte als Medium oder mediale Praxis zwischen diesen widersprüchlichen Begriffen (Lernen = Transformation, Organisation = Routine oder Struktur) agieren oder dazu beitragen, diese Begriffe so zu verflüssigen, dass der Widerspruch ein geringerer wird.

5.15 Annäherungswissen. Abstraktion und Relationalität

In *On Building an Administrative Science*[172], konstatiert James Thompson, dass die spezifische Eigenschaft der Organisationswissenschaft darin bestehe, deduktive und induktive Methoden zu kombinieren. Die methodologischen Problematiken der Wissenschaft der relationalen Verschaltung von Methoden liegen auch in angewandten Bereichen vor: »Administrative science will demand a focus on relationships, the use of abstract concepts, and the development of operational definitions. Applied sciences have the further need for criteria of measurement and evaluation. Present abstract concepts of administrative processes must be operationalized and new ones developed or borrowed from the basic social sciences.«[173] Wissen heißt also immer auch Versammeln: »Available knowledge in scattered sources needs to be assembled and analyzed. Research

171 | Siehe auch: Nonaka 1991; Mintzberg 1995b.

172 | Thompson 1956, S. 102.

173 | Ebda.

must go beyond description and must be reflected against theory. It must study the obvious as well as the unknown.«[174] Daraus leitet sich für Thompson die Forderung ab, den Druck, sofort anwendbare Produkte zu liefern, von den angewandten Wissenschaften zu nehmen. Hiermit wird Grundlegendes in Bezug auf Wissen erneuert: »On closer inspection, it foreshadows values that stand up well as a framework for renewal that both accepts mutation and creates analogy.«[175] In diesem Zusammenhang macht Weick darauf aufmerksam, dass Thompson auf Wissenschaftlichkeit nicht verzichtet, jedoch sein Augenmerk nicht nur auf Quantifizierung, Statistiken und Experimente des Labors setzt, sondern induktive und deduktive Verfahren zu mischen sucht. Vor dem Hintergrund dieser Argumentation lässt sich auch Improvisation als Organisationstechnologie beschreiben, die vor allem auf das Ins-Werk-Setzen von Relationalität rekurriert. Dabei ist, wie Thompson und Weick konstatieren, Relationalität oft nur angenommen statt demonstriert. Konfigurationen und Kontingenzen werden häufig zu Gunsten simplifizierender Beziehungseigenschaften ignoriert. Gleichzeitig wäre es falsch zu sagen, Improvisation komme ohne den Gebrauch abstrakter Konzeptionen aus. Gerade die abstrakte Strukturierung von Materialien einer Situation als Diagrammatik ermöglicht das neue innovative Verschalten ins Zukünftige. Auch ist Abstraktion nötig, um das eins-zu-eins Übernehmen von *Best-Practise*-Konzeptionen zu vermeiden und im Gegenteil kritisch zu halten.

Als weiteres Kriterium für Wissen nennt Thompson »the development of operational definitions«[176], die Konzeptionen und rohe Erfahrung miteinander verknüpfen können. In dieser Arbeit geht es – wie Weick zeigt – nicht darum, einem positivistischen Dogma zu folgen, sondern vielmehr darum, Innovation zu ermöglichen. Abschließende Definitionen sind zu vermeiden und operationale Distinktionen oder Delineationen so zu entwickeln, »that theories can be differentiated at the scientific level, as well as at the metaphysical level.«[177] Improvisation lässt sich als permanenter Theorietest verstehen, der nicht vereinfachenden Definitionismus anstrebt, sondern eine multiple Operationalität mit unterschiedlichen *Redesings* sowie den klugen Gebrauch unterschiedlicher Bestimmungen. Man könnte von einem Annäherungswissen sprechen, das, als »convertibility of symbolic currency«[178] mehr in Symbolen oder nicht repräsentationalen Notationen sich speichern lässt denn in abbildhaften Repräsentationen. Schließlich zeigt sich die Frage nach den Kriterien: Wie können Relationen beurteilt werden? Welche Relationen sind vorteilhafter als andere? »Values of achievement, utility, service, preservation, and maintenance are mentioned as

174 | Ebda.

175 | Ebda.

176 | A.a.O., S. 111.

177 | Weick 1996, S. 308.

178 | Thompson 1956, S. 107.

examples, with the clear caveat that administrative science has yet to address this issue. The importance of doing so lies in trying to predict the consequences of various administrative actions.«[179]

Aus dem Blickwinkel organisationaler Improvisation lässt sich Organisation als relationale Anordnung performativer Strukturen deuten. Dieser Ansatz kongruiert mit Hatchs Konzeption des »cultural dynamics model of change«[180], die vor allem auf Prozesse kulturellen Wandels im dynamischen Austausch zwischen Annahmen, Werten, Symbolen und Artefakten abhebt. Wenn organisationale Akteure Geschichten teilen, so partizipieren sie in der Kreation, Interpretation und Kommunikation von Annahmen, Werten, Symbolen und Artefakten.[181] Dieser jederzeit gegenwärtige Aushandlungsprozess über das, was die jeweils spezifische Realität der Organisation darstellt bzw. ausmacht, kann nicht von dem Untersuchungsprozess über Organisation abgekoppelt werden: »our knowledge of a social system is different. It can be used by the system to change itself, thus invalidating or disconfirming the findings immediately or at some later time. Thus the human group differs from objects in an important way: Human beings have the capacity for symbolic interaction and, through language, they have the ability to collaborate in the investigation of their own world. Because of our human capacity for symbolic interaction, the introduction of new knowledge concerning aspects of our world carries with it the strong likelihood of changing that world itself.«[182] Das heißt, Bedeutungs- und Wissensproduktion in Organisation ist ein dynamischer, relationaler Prozess. Mit Barrett, Thomas und Hocevar lässt sich somit sagen, dass der Diskurs und seine Musterbildung eine zentrale Rolle im Prozess organisationalen Wandels einnehmen: »For it is through patterns of discourse that we form relational bonds with one another; that we create, transform, and maintain structure; and that we reinforce or challenge our beliefs.«[183]

5.16 Learning by Teamplaying. Die Improcombo

Improvisation 2. Ordnung (s. Kapitel 6.1.) beinhaltet konstantes Lernen in Organisation, das sich aus dem improvisatorischen Umgang mit organisationalen Situationen selbst, aus dem prozessualen Arbeiten an und mit situativ vorliegendem Material entwickelt. Umgekehrt gilt: *Improvisation 2. Ordnung* erzeugt mehr Wissen und funktioniert besser, wenn sie im Team stattfindet. Improvisa-

179 | Weick 1996, S. 308.

180 | Hatch 1993.

181 | Siehe hierzu auch: Rancière 2008, ab S. 23.

182 | Cooperrider 2000, S. 74.

183 | Barrett 1995, S. 353.

tionales Lernen gliedert sich in ein duales System: Wann immer *Improvisation 2. Ordnung* stattfindet, muss zum einen schon eine Kompetenz zur improvisatorischen Behandlung von Situationen erlernt worden sein. Zum andern trägt die Improvisation zum Lernen dieser Kompetenz in Gruppenkontexten bei. Ein solches Geflecht liegt in der *Impro-Combo* vor. Eine *Impro-Combo 2. Ordnung* ist eine wissensintensive Organisation; sie verfügt bereits über einen gewissen Grad an Ressourcen der Improvisationsfähigkeit und kann diese in ihrer Struktur erweitern. Auf Grund ihres hohen Kommunikationsaufwandes kann die *Impro-Combo* jedoch nur in kleinmaßstäblichen Organisationseinheiten funktionieren. D.h., dass großmaßstäbliche Organisationen, die technologisch improvisieren wollen, einen Weg finden müssen, ihre Form in kleinere miteinander verschaltete Einheiten herunterzuskalieren.

Improvisation verzichtet nicht auf Hierarchie, sie ist nur in der Lage, Hierarchie rotieren zu lassen. Barrett nennt dies mit Verweis auf den Jazz die »practice of taking turn«[184], innerhalb der sich Arbeitsteilung kooperierend organisiert. Der Jazz unterteilt hier in die Modi des *Soloing* und des *Comping* (Begleiten). Traditionelle Jazzformen sind so aufgebaut, dass nach der Melodie, die sozusagen die zu bespielende Form dar- und vorstellt, die Musiker die Form als Struktur reinterpretieren und je nach Stilistik mehr oder weniger neu im Spiel zusammensetzen. Dabei entstehen unterschiedliche Aufgabenverteilungen und Phasen des Solierens. Beim Solieren wechseln sich die Musiker ab. Innerhalb des gegebenen Rahmens der Form bestimmt für die Dauer des solistischen Arbeitens die jeweilig solierende Person die Hauptorientierung der Gruppe. Gemeinsam erspielen die Musiker in unterschiedlichen Funktionen an der Struktur die neue Form, wobei neue Strukturverschaltungen das weitere Spiel unmittelbar mitsteuern und produzieren. Das *Taking Turns* kann entweder im Vorhinein festgelegt oder während des Spiels durch »cues«[185], sogenannte Zeichen, situativ aus dem Spiel heraus verteilt werden. Üblich ist im traditionellen Jazz, dass die Staffelübergabe nur zum Ende einer Form stattfinden kann. In dem Moment der Staffelübergabe verschiebt sich das Funktionsgefüge sofort, der neue Solist schiebt sich nach vorne und die anderen Musiker treten in den Hintergrund und rahmen das Solieren: »a practice known as comping.«[186]

Zentral in der Jazzimprovisation steht das Lernen durch Spielen. Neben der Fokussierung auf technische Parameter, die durch fokussierte (minimale) technische Exerzitien auf dem Instrument perfektioniert werden, (wie z.B. alle jeweils möglichen Akkordbrechungen oder Skalen in allen Tonarten im gesamten Tonumfang des Instrumentes zu beherrschen) wird das Improvisationsreservoir des Einzelnen vor allem durch das Zusammenspiel mit anderen erweitert.

184 | Barrett 1998, S. 616.

185 | Vgl. Müller 2007, S. 265.

186 | Hatch 1999, S. 3.

Der Jazz hat dafür »informal educational systems for disseminating knowledge«[187] entwickelt, wie z.B. die semi-institutionelle Form der »jam session«[188]. Die Session bietet die Form, die die informelle Aktion sozusagen rahmt. Die Session ermöglicht es den Musikern, in unterschiedlichsten Konstellationen zusammenzukommen, um – ausgehend von einem bestimmten Thema (z.B. Motiv), einem bestimmten Material (z.B. *Groove*) oder einem Versuchsaufbau (z.B. grafische Partitur) – »miteinander zu interagieren, Ideen auszutauschen und von dem Erfahrungsschatz und Wissen der jeweiligen anderen zu profitieren.«[189]

In seinen Organisationsstudien hat Rochlin u.a. auch die Arbeit auf Flugzeugträgern untersucht. Er hat festgestellt, dass dort Krisen häufig durch informelle Netzwerke eingedämmt werden.[190] Wenn unerwartete Ereignisse eintreten, schließen sich erfahrene Besatzungsmitglieder eigenverantwortlich zu Ad-hoc-Netzwerken zusammen, um fachkundige Problemlösungen herbeizuführen. So wird das rasche Bündeln von Fachkenntnissen möglich. Dies ist ein iterativer, rekursiver Prozess: Die Fähigkeit, sich auf informellem Wege projektbezogen zu einer Improvisationseinheit zusammenzuschließen, erweitert wiederum die Kenntnisse und Handlungsmöglichkeiten, mit denen man einem Problem begegnen kann. Neben den in der Situation vorhandenen Materialien können so generalisierte, nicht gebundene Ressourcen entscheidend zur Flexibilität beitragen. Improvisationsfahigkeit von Experten meistert durch konstruktive Bespielung turbulente Situationen. Hinzu kommt: Improvisation fördert den Gruppenzusammenhalt; jedoch, je grösser die Gruppe, »the more complex the process of negotiation becomes«[191]. Und: Die Entwicklung einer Improvisationskultur ist wichtig: »A climate of friendship and trust governs the situation. [...] The absence of an improvisational climate may be the greatest barrier to improvisation.«[192]

In diesem Sinne lässt sich improvisierende Organisation auch als *Communitiy of Practice* bezeichen: »Communities of practice are groups of people who share a concern or a passion for something they do and learn how to do it better as they interact regularly.«[193] Improvisation ist lernendes Handeln, das von Interaktion in praktizierenden *Communities* profitiert. Damit wird auch die Handlungswirksamkeit relational gedacht und nicht nur einzelnen Akteuren zugeordnet: *Agency* ist relational, nicht individualistisch. Das Spiel mit einer

187 | Barrett 1998, S. 616.

188 | Ebda.

189 | Plichta 2009.

190 | Rochlin 1989.

191 | Ebda.

192 | Crossan und Sorrenti 2002, S. 43-44.

193 | Wenger 2006.

Situation entsteht aus dem Kern der Interaktion, nicht nur aus dem solistischen Subjekt. Die Übung der Verbundenheit verschiebt den Fokus von der Entscheidungsfindung hin zur relationalen Verbundenheit. Lernen ist dann mit Lave und Wenger die Aktivität einer »increasing participation in a community«[194]. Improvisation ist weder auf ein individuelles Subjekt, noch auf Diskurse reduzierbar sondern agiert vielmehr »ökologisch« (s. Kapitel 7.9.).

Weick nennt in diesem Kontext *High Reliability Organizations* (HROs) als Meister der *Best-Practise* im Feld der Teamimprovisation. Er definiert HROs als Organisationen, die sich mit prekären, komplexen Situationen auseinandersetzen und vor allem antizipatorisch arbeiten, wie z.B. Fluglotsen oder Notfallmediziner. Das Besondere ihrer Organisationsform besteht darin, dass sie erst gar nicht in Versuchung kommen, Routinen in der Routine auszubilden, sondern Routine im Umgang mit dem Unerwarteten. Sie bilden sich deshalb in der Fähigkeit aus, eine seismografische Sensibilität für minimale Verzerrungen von Situationen zu entwickeln, um Katastrophen zu vermeiden. Was aber vormals nur für HROs galt, beginnt nun auch für Organisationen im Allgemeinen interessant zu werden. Gerade Manager nennen, wenn sie heute nach ihren dringlichsten Fragestellungen gefragt werden, den konstruktiven Umgang mit dem Unerwarteten. Dies ist für Weick und Sutcliffe ein Grund mehr, die oftmals nur für einen kleinen fachlichen Kreis erreichbaren Forschungsergebnisse[195] über HROs organisationstheoretisch zu fassen. Das Werk *Managing the Unexpected* gründet auf der These, dass HROs in Zeiten zunehmender Unsicherheiten für alle Organisationsformen von Relevanz sind. Für Weick stechen in diesem Zusammenhang fünf von HROs ausgebildete Kernmerkmale heraus: Als erste Eigenschaft gilt eine bestimmte Aufmerksamkeit gegenüber Fehlern als Ressource. Wir beobachten hier das Paradoxon, dass die HROs genau weil sie nichts falsch machen dürfen, jede noch so kleine Störung als Chance interpretieren, um daraus potenzielle Verbesserungsmöglichkeiten zu gewinnen. Weil Fehler als performative »Fenster zum Gesamtsystem«[196] sozusagen ein Medium zur Wissensgenerierung darstellen, werden die Teammitglieder angehalten, Fehler zu orten und offenzulegen.

Zweites Merkmal ist das Ablehnen vereinfachender Interpretationen. Die Aufgabe, Achtsamkeit aufrechtzuerhalten, nehmen HROs zum Anlass, Komplexität zum Spiel zu erheben. Das löst einen paradigmatischen Wandel in der Wertsetzung in Organisationen aus: Nicht dasjenige Team hat den meisten Wert, das durch intensives Planen eine vereinfachende »Lösung für ein Problem gefunden hat, sondern das Team«[197], das Lösungen und Problem-

194 | Lave und Wenger 1991, S. 48-49.

195 | Weick et al. 1999.

196 | Weick und Sutcliffe 2003, S. 70.

197 | Groth 2004.

stellungen hinterfragt. Als drittes Element pflegen HROs sensiblen Umgang mit betrieblichen Abläufen als Improvisation. Weil HROs anerkennen, dass es ein Ding der Unmöglichkeit ist, alle Abläufe bis ins Detail hierarchisch zu planen, zu kontrollieren bzw. alle Unordnungen zu beseitigen, verteilen Teamleiter in HROs komplexe Aufgaben unter Mitarbeitern: »In HROs werden Befugnisse beispielsweise in Richtung Know-how delegiert, wo immer es liegt, und nicht die Hierarchie hinauf und herunter in Richtung Dienstalter oder Dienstrang.«[198] Als vierte Eigenschaft nennen Weick und Sutcliffe den Eingang von improvisatorischen Situationen. Zwar entwerfen HROs für alle möglichen Szenarien Tausende von Plänen. Sie tun dies jedoch in dem Bewusstsein, dass der naive Glaube an den Plan a) nur eine Scheinsicherheit evoziert und dass b) diese Scheinsicherheit neue Lösungswege blockiert. Deshalb investieren HROs zusätzlich zum multiplen Planungsdenken in grundlegende Ressourcen wie schnelle Rückkoppelungen und kommunikativen Austausch und den Ausbau der Improvisationsfähigkeit. Um konstruktiv mit Unordnung umgehen zu können, braucht man ein lernendes Wissen, ein Methoden- und Werkzeugrepertoire an unterschiedlichsten relationalen Verschaltmöglichkeiten, aus denen neue Handlungen ermöglicht werden. Dies führt zum fünften und letzten Punkt, dem des Respekts vor fachlichem Wissen (*Skills*). HROs suchen immer danach, jeweilige Fragestellungen den jeweilig kompetentesten Teammitgliedern zuzuführen. Mal nicht zu wissen, wie es geht, und dann den anderen zu fragen, ist Teil der Sache: »Es ist ein Zeichen von Stärke und Selbstbewusstsein, zu erkennen, wann man die Grenzen des eigenen Wissens erreicht hat und die Hilfe anderer in Anspruch nehmen sollte.«[199]

Je offener ein Prozess ist, desto weniger können die an ihm Beteiligten treffsicher vorhersagen, wie er sich entwickeln wird und desto weniger macht es Sinn, einen Plan abzuarbeiten, ohne nach links und rechts zu schauen. Vielmehr wird es wichtig, sein eigenes Handeln in den aktuellen Kontext zu stellen und eine Aufmerksamkeit für den Moment auszubilden. Für Jazzmusiker ist es elementar, sich nicht nur auf das eigene Spiel zu konzentrieren, sondern, in einer Art peripherem Hören bzw. Spielen, auch die Aktionen der anderen Spieler »in real-time« zu verfolgen, nachzuvollziehen und zu antizipieren. Barrett weist darauf hin, dass die Musiker in einem ständigen Dialog und Austausch miteinander stehen.[200] In Echtzeit werden unterschiedliche Deutungen des Spielmaterials ausgehandelt und vereinbart, stellen die Musiker permanent die Anschlussfähigkeit ihrer Aktionen her. Jeder Improvisator schafft neue Anschlusswerte und bewahrt gleichzeitig seine eigene Individualität. Improvisation funktioniert dann wie ein Scharnier, dass in einen konstanten *Record-mode*

198 | Weick und Sutcliffe 2003, S. 77.

199 | A.a.O., S. 92.

200 | Vgl. Barrett 1998, S. 613.

geschaltet ist und die tacit, die stillen Ebenen der Denk- und Handlungsbewegung, prozessiert, ein- und austreten lässt. Damit einher geht das Moment der erwarteten oder unerwarteten Richtungsänderung, das die Mitspieler dazu animiert, »ihr eigenes Spiel in Abstimmung mit den anderen neu auszurichten.«[201] Innerhalb dieses Aushandlungsprozesses wird (ausgehend von Erfahrung und Erfahrungswissen) darauf vertraut, dass »jederzeit ein gemeinsamer Orientierungsrahmen wieder hergestellt werden kann.«[202] Der Modus der Aufmerksamkeit und der Befähigung zur Konzeptionalisierung und Verschaltung dessen mit eigenem Handeln ermöglicht es, Veränderungen und Potenziale seismografisch aufzuspüren und damit möglicherweise Inkohärenzen vorzubeugen.

Improvisation ist niemals gleich und somit in sich lernfähig, wohingegen Planung immer auf externe Impulse angewiesen ist.[203] Gerade weil Improvisation den Plan überschreitet, ist für die improvisatorische Handlung Vorbereitung nötig. Dabei ist zu unterscheiden zwischen der Aktionszeit der Improvisation, die sich der Plötzlichkeit und dem Möglichen als radikal Neuem öffnet, und der Vorbereitungszeit, die in performativer Struktur Muster der Reaktionsfähigkeit trainiert. In diesem Kontext wäre Improvisation als das Prinzip zu bezeichnen, das auf der Metaebene funktioniert und Praxis ermöglicht. Umgekehrt gilt: wenn ich über Improvisation Bescheid weiß und sie geübt habe, erreiche ich eine bessere Improvisationsqualität. Wie bereits angedeutet, erweist sich somit der relationale Aspekt für Improvisation als wesentlich. In ihrer Beweglichkeit ist sie in sich selbst lernend organisiert, d.h. »jede Handlung füllt das Wissensreservoir des Einzelnen und der Gruppe weiter auf.«[204] Wenn wir sagen, Improvisation überschreitet den Plan, so ist damit gemeint, dass Improvisation nicht auf eindimensionale, lineare Handlungsstränge zu reduzieren ist, aber auch nicht auf solche verzichtet. Improvisation besteht aus einer Vielzahl von Zielsetzungen und kann Ziele in der Praxis neu entwickeln. Diese sind wiederum mit Strategien und taktischen Spielzügen verbunden, die der Improvisation einen Ort der Selbst-Gründung sichern.

5.17 METAFORM: RAHMUNG UND SCHRIFT

Improvisation ist Metatätigkeit: Jeder, der improvisieren will, muss sich über Rahmungen klar werden, über die Rahmung von Prozessen. Denn: Gerade weil Improvisation aus der Handlung Strukturen generiert, muss der Improvisa-

201 | Plichta 2009, S. 60.

202 | Ebda.

203 | Mintzberg 1995a, S. 25.

204 | Dell 2002, S. 62.

tor versuchen, über die Situation als Totalität Bescheid zu wissen, für globale Tendenzen und Wirkungsgefüge ein Bewusstsein haben. Es geht nicht darum, einem Plan zu folgen und diesen so gut wie möglich auszuführen. Dazu bräuchte man auch nicht die Totalität, die Matrix des Prozesses zu analysieren, denn der Plan würde durch den Prozess führen. Für den Ansatz der Improvisation ist es unerlässlich, der »Partitur«, der Hintergrundfolie des Prozesses auf die Spur zu kommen, um überhaupt prozessual handlungsfähig zu werden, um sich prozessual zum Prozess verhalten zu können, dergestalt, dass die eigene Transformation mit impliziert ist. Es geht darum, das strukturelle Gerüst und die Möglichkeiten, die darin stecken, zu erforschen. Wenn dies gelingen soll, muss man in die Situationen »rein kommen« und gleichzeitig Externalisierung mit Rahmung verhindern. Auch wenn sich Improvisatoren in bestimmten Situationen für Optionen entscheiden, tun sie dies in dem Bewusstsein, dass es auch andere Optionen gegeben hätte. Üben des Umgangs mit Rahmungen, minimalen Strukturen und Prozessanalyse hat deshalb zum Ziel, Improvisation so zu strukturieren, dass das Bewusstsein über eine Vielzahl an Entscheidungsoptionen nicht entscheidungsunfähig macht.

Um die Vektoren, Interessen der Akteure bzw. der Organisationsmitglieder zu integrieren, braucht es einen spezifischen Typ der Form, den Typ der Metaform als Diagramm, als Rahmung (s. Kapitel 7.8.). Das Diagramm ist das Funktionieren als Metaform, ein Funktionieren als abstrakter Relais praktischer Technologie, das zwischen spezifischer Verwendung und Konzeption vermittelnd wirkt. Da sie primär auf Prozessbezogenheit zielt, macht Improvisation als transdisziplinäres Feld Gebrauch sowohl von Modellen der Praxis als auch von Metamodellen der Untersuchung, der Modellierung selbst. Das heißt, dass jede Disziplin eine Verschiedenheit an referenziellen Improvisationsmodellen generiert und generalisiert. Manche dienen als Metamodell im Feld der Objekte, manche in Bezug auf das Paradigma selbst. Indem sie werden was sie sind, indem sie sich ereignen, eröffnen improvisationale Performances ihre eigene Iteration innerhalb eines Zitatennetzwerks, einem kulturellen Gedächtnis, einem Archiv von *Restored Behaviours* und Diskursen als das, was man auch das Unbewusste der Organisation nennen könnte. Ihre Wiedererhaltbarkeit ist in konkrete Erfahrung und Handlung durch symbolische Generalisierung gebettet.

Die weiter oben beschriebene Session kann somit auch als didaktisches Werkzeug der Rahmenformung gedeutet werden, die es ermöglicht, das *Teamplay*-Lernen formal zu verschalten. Man könnte die Session auch als themenorientierten Diskurs in einem bestimmten Zeitraum mit einer bestimmten Anzahl von Partizipanten beschreiben. Session ist die Rahmung, um Ausfransen und Übersteuern vorzubeugen. Das didaktische Moment der Session wird erhöht, wenn sie in Schrift überführt wird und so auch anderen zu einer anderen Zeit zugänglich gemacht wird. Dabei können sowohl traditionelle wie auch neue Schriftformen wie *Audiorecording*, Video zum Einsatz kommen. Die Entstehung dieser Schriftformen hat entscheidend zur Explosion der Improvisation und ihrer Technologie im 20. Jahrhundert beigetragen und zwar deshalb, weil es zu dieser Zeit erstmals neue mediale Möglichkeiten neuer Schriftformen gab, um Prozesse aufzunehmen, zu speichern und diese Samples in neue Prozesse einzuspeisen und weiterzuentwickeln. Jazzmusiker transkribieren und analysieren *Recordings* von Sessions. Wie und warum funktioniert das? Es werden die Strukturen, die sich aus dem Handlungsverlauf des Diskurses ergeben haben, offengelegt und für weiteres Vorgehen gesampelt, d.h. kataloghaft und in Serien aufbereitet, nach Themenfeldern geordnet, gelistet, an andere Themen geknüpft, vergrößert, verkleinert etc. Ziel der Improvisation ist hier das Lernen des Umgangs mit Metaarbeit, Selbstbeobachtung im Prozess, um Reflexion und Handeln verschränken zu lernen. Auch in Organisationen lassen sich vergleichbare Rahmungen für Muster informellen Lernens verorten, wie z.B. Brainstormings, Küchengespräche etc. Diese sind, als offene Formen, auf Zeit formal abgesichert und in den Organisationsverlauf bewusst integrierbar.

Bei den Lern-Spiel-Strategien der Improvisation handelt es sich um offene Systeme, die sich im Wandel und in ständiger Erneuerung befinden, ebenso wie sich die spielenden Subjekte mit ihrer jeweils spezifischen Biografie durch die Zeit im Wandel ihrer Subjektivierungsprozesse bewegen. Für eine fertiggestellte Komposition und vergangene, festgehaltene Improvisationen gilt dies nicht (mehr). Das heißt jedoch nicht, dass Improvisation auf Schrift verzichtet, im Gegenteil: In der Analyse und Betrachtung der Ergebnisse bzw. der medialen Spuren, der Schriften des improvisatorischen Spiels liegt die Möglichkeit begriffen, sich den (z.T. unterbewusst) benutzten Codes analytisch zu nähern. In diesem Zusammenhang ist zu berücksichtigen, dass die Zeit und die Personen, die die entsprechenden Improvisationen erspielt haben, mit einzubeziehen sind. Dies ist auch deshalb von Bedeutung, da die Subjekte nicht nur Subjektives in den Prozess der Improvisation einbringen, sondern diese Subjektivität im Prozess selbst weiterbilden, sozusagen lernend machen. Somit können die Codes einer Improvisation mit Vinko Globokar als »soziale Übereinkunft«[205] beschrieben werden. Darin liegt eine offene Hermeneutik begriffen, die den Umgang mit einem Umstand im improvisatorischen Handeln beeinflusst, sich jedoch nicht als ein abgeschlossenes »Verstehen« einer der Improvisation oder der improvisierenden Subjekte äußerlichen »Bedeutung« interpretieren lässt. Vergangenheit wird Möglichkeit, der Ort der Autobiografie zeigt sich »als Ausgangspunkt für das flexible Handeln. Ohne ihn, ohne sein Wissen, wird Improvisation zu einem steuerlosen Schiff, jederzeit in Gefahr, zu zerschellen. Improvisation könnte also als Navigationstechnologie beschrieben werden, die innerhalb ihres Verortungsprozesses die Geschichtlichkeit des Autobiographi-

205 | Brinkmann 1979, S. 38.

schen einbezieht: Sie versucht die ins Unterbewusstsein verdrängten anderen Möglichkeiten aus der Vergangenheit für Zukünftigkeiten nutzbar zu machen.«[206] Damit wird auch die habituelle Disposition des Autobiografischen als prozesshaft und veränderlich interpretiert: »Der Ort der Autobiographie ist nur insofern fest, als dass er sich in uns befindet und unsere Identität erzeugt. Sein zweites Konstituierendes ist allerdings der Andere, das Gegenüber, die soziale Gemeinschaft. In der Kommunikation verorten wir uns und unseren Habitus immer neu. Der soziale Habitus, der Improvisation erst möglich macht, ist mobil und nomadisch, obgleich er immer in sich ruht.«[207]

Auch wenn Improvisation somit im Autobiografischen verankert ist, benötigt sie dennoch das schriftliche Festhalten des Materials. Und zwar zum Üben, weniger zum Ausführen: »Stellt auf der einen Seite die abstrakte Komposition eine rein geistige Schöpfung dar, der gegenüber der extreme Virtuose das technische Prinzip verkörpert, so zeichnet sich die improvisatorische Äußerung durch die Verschmelzung beider Prinzipien aus, indem in ihr das geistige, ideelle Moment des musikalischen Schaffens mit dem materiellen der körperlichen Realisierung zur untrennbaren Einheit wird.«[208] In ihrer Überschreitung der Schrift, sorgt Improvisation für den nomadischen Entfaltungsort des Gedächtnisses des Wissens. Ohne Schrift ist der Ort des Gedächtnisses nomadisch, er wandert von Situation zu Situation. Dennoch ist er verwurzelt, und zwar in der den Subjekten jeweilig eigenen Biografie, in ihrer Lebenszeit, in die und aus der Improvisation spielt.

Im Vordergrund stehen in diesem Kontext – wie auch bei einem Jazzensemble – die »Normen, Standards und Sichtweisen der KollegInnen«[209] kennenzulernen[210], um miteinander improvisieren zu können. Die Session als Rahmung für informelle Räume ist nicht nur Ort des Wissenstransfers, sondern auch der Ausbildung einer kulturellen Praxis von Organisationen. Sessions sind, so Barrett, »informal educational systems for disseminating knowledge«[211], die sich sozusagen informell institutionalisieren. So spricht Barrett etwa von »the institution of the jam session.«[212] Plichta fügt hinzu: »Der informelle Rahmen der Jam Session erlaubt den JazzmusikerInnen in unterschiedlichen Konstellationen zusammenzukommen, unvorbereitet miteinander zu interagieren, Ideen auszutauschen und von dem Erfahrungsschatz und Wissen der jeweiligen an-

206 | Dell 2002, S. 51.
207 | Ebda.
208 | Kurt und Näumann 2008, S. 24.
209 | Plichta 2009, S. 62.
210 | Vgl. Müller 2007, S. 264.
211 | Barrett 1998, S. 616.
212 | Ebda.

deren zu profitieren.«[213] Improvisieren wird gelernt, ausgeübt und *enacted* – im Rahmen temporaler *Communities.*

5.18 Clustering

»It's a very difficult transition for someone who has been a typical classical musician for decades. A lot of my classical music friends say to me, ›I'd love to be able to improvise. Tell me how to do it. You're a teacher – help me out.‹ It's not out of the question. But I have to tell them, ›You'll learn a process, you'll understand it, but you'll have to unlearn or replace a lot of ingrained habits‹.«[214] Gary Burton

Aufgrund ihrer relationalen Verfahrensweise verlangt Improvisation immer das Scannen desjenigen, was gerade »ist« und was man damit machen kann. Improvisation ortet Strukturen und Muster, um diese als Ausgang von Transformation zu benutzen. Das hat zwei Vorteile: Erstens werden Muster als solche überhaupt erst erkannt, zweitens können so Transformationen auf Bestehendem aufgebaut werden. Dies aber fordert eine neue Perspektive auf das Bestehende. Es ist in diesem Zusammenhang auf der einen Seite zu beobachten, dass Akteure im Prozess des Organisierens traditionell dazu tendieren, »mit dem Rückspiegel in die Zukunft«[215] zu blicken und sich auf unbestimmte Weise eher auf bereits erhandelte Routinen zu verlassen, als neue Routinen zu konzipieren. Gleichzeitig diffundieren auf der anderen Seite Routinen und Handlungsmuster zunehmend als naturalisierte Ordnungen in Organisationen hinein, ohne noch als solche wahrgenommen zu werden. Wissenskonstellationen werden als undiskutierbare Tatsachen hingestellt, ohne Rücksichtnahme darauf, dass auch diese Tatsachen zu einem bestimmten Zeitpunkt verhandelt bzw. erhandelt wurden. Dies be- bzw. verhindert Transformation. In der Jazzimprovisation gelten Strukturen als Material zum Spielen. Improvisatoren nehmen Muster auf, reagieren auf sie, integrieren sie in ihr Spiel und verarbeiten sie durch Variationen weiter. So entstehen generativ immer neue Muster im Weiterschreiben der improvisatorischen Spur. Auch und gerade das, was an Mustern nicht funktioniert, kann Ausgangspunkt neuer Spielwege sein: »What might have appeared as an error becomes integrated into a new pattern of activity.«[216]

In diesem Umgang mit Mustern ist also auch ein Um-Lernen (*Relearning*) eingebaut, das Muster ständig hinterfragt und mit einem Verlernen gekoppelt ist. Deshalb arbeiten Improvisatoren mit minimal codierten Schriftformen wie

213 | Plichta 2009, S. 62.

214 | Schrage 1996.

215 | Nagel und Wimmer 2004, S. 337.

216 | Barrett 1998, S. 610.

z.B. Symbolen. Die Symbolzuordnung kann immer wieder neu im polysemischen Feld konstituiert werden, und alte Ordnungen fallen dem Vergessen – und sei es nur temporär – anheim. Das Vergessen selbst äußert sich hier sozusagen als Verkörperung der Erneuerung. »Indem die Ordnung in die tieferen Schichten des Körpers sinkt, ist sie zwar noch ein Anwesendes, welches das Neue mitprägt, räumt jedoch gleichzeitig auch den Weg für Neues frei. Im bewussten Vergessen liegt also die Möglichkeit auf Vergegenwärtigung, auf die Eröffnung ganz im Moment zu sein. Ohne Vergessen wären wir im improvisatorischen Verlauf paralysiert, wären wir unfähig, uns auf Vergangenes und außer uns Liegendes zu beziehen und zugleich innovativ zu sein.«[217] Gary Burton macht darauf aufmerksam, dass es aus diesem Grunde sehr schwierig ist, klassischen Musikern das Improvisieren beizubringen und zwar deshalb, weil man ihnen das Vergessen so schwierig beibringen kann: »It turns out that classically trained musicians are the toughest ones to teach. It's easier to teach somebody who's a beginning musician. Performing music – or managing in a company, for that matter – is all about developing habits and ways of doing things that your unconscious mind controls. A very modest example of this would be the way people learn to play the piano. You don't start out for the first year saying, ›This year we're going to start using just these two fingers and get good at that, and then next year go to four fingers‹. You don't work your way up to ten because that would mean relearning your concept of how to function on the instrument all over again. You learn one way of doing it and that becomes your natural, spontaneous physical connection to the process.«[218]

Bestimmte improvisatorische Verläufe können – so Müller – zu »Ereignis-Clustern zusammengefasst werden: Zu spezifischen Zeitpunkten wird eine Ereignis-Cluster erzeugende Aktion realisiert. Diese Zeitpunkte sind häufig an lokale musikalische Kriterien wie Pausen, Phrasen oder Kadenzen gebunden.«[219] Die Improvisation entfaltet sich so als Prozessverlauf, der sowohl Wahrnehmungs- und Erkennungsleistung beinhaltet wie auch das permanente Prozessieren und Projizieren des Wahrgenommenen in Entscheidungen für zukünftige Aktionen und Cluster. Jedes neue Cluster bringt Ideen, Möglichkeiten und Anschlussoptionen hervor, die in neue Situationen hinübergespielt werden. Eine permanente Urteilskraft in *real-time* ist Grundbedingung dieses Arbeitens: »Der Musiker verarbeitet zeitstetig Informationen aus den verschiedenen Teilbereichen und vorangegangenen Clustern, vergleicht den tatsächlichen mit dem angestrebten Zustand und initiiert die Aktion, welche den folgenden Zustand definiert.«[220] Der Neurobiologe Wilfried Gruhn bestätigt, dass es zu

217 | Dell 2002, S. 22.

218 | Schrage 1996.

219 | Müller 2007, S. 264.

220 | Ebda.

den Charakteristiken des improvisatorischen Spiels die proaktive Kompetenz der Musiker gehört, bekannte Motive, Strukturen nicht nur anzuwenden, sondern zu überschreiten. Strukturen werden als Material verwendet, das neu zu verschalten ist. Improvisation beinhaltet somit die Fähigkeit, aus der Situation heraus neue Melodien zu entwickeln und auch die konzeptionelle Rahmung zu erweitern. So können Varianten, die in bisheriger Betrachtung als Fehler eingestuft wurden, zu neuartigen Verbindungen weiterentwickelt werden.[221]

Um zeitgleiche Rückkopplung und Orientierung herstellen zu können, müssen die Improvisatoren in der Lage sein, unterschiedliche Parameter auf mikro- und makrostruktureller Ebene zu integrieren. Für Musiker bedeutet dies, in der Zusammenführung der Komponenten Form, Struktur und Funktion, respektive Melodie, Rhythmus und Harmonie und/oder Klangfarbe eine breite Wissensbasis zu erarbeiten, auf die sie zurückgreifen können. Die Improvisation besteht somit aus einer Sequenz serieller musikalischer Aktionen als Prozess, in denen Tonfolgen und Takte zu Ereignisclustern konvergieren. Anders formuliert: Zu spezifischen Zeitpunkten werden Praxen als Ereigniscluster hervorgebracht. Diese seriellen Einschnitte (s. Kapitel 7.8.) sind zumeist an lokale musikalische Kriterien wie Pausen, Motive oder Kadenzen geknüpft. Improvisation erweist sich in der Summe als Ergebnis und Spezifikation realisierter Entscheidungen, mithin eine Reihe von Ereignissen und Situationen, bei denen die Produktion neuer Cluster auf Basis vorhergehender Ereigniscluster erfolgt. Auch im Modus Zeit gelten somit unterschiedliche Maßstäbe: Neben direkten Mikrozeitrelationen mit unmittelbar vorangegangenen Aktionen wirken auf das folgende Cluster auch die persönliche Biografie, subjektive Zielvorstellungen, die Wissensbasis und die Referenz, verstanden als Rahmung (= Schema bzw. Metaform) und/oder Motive (= minimale Struktur), ein. Improvisatoren verarbeiten zeitstetig auf diagrammatische Weise Informationen aus verschiedenen Teilbereichen vorangegangener Cluster, vergleichen diese mit dem aktuellen Zustand und initiieren jene Aktionen, die den kommenden Zustand mitdefinieren.

5.19 Improvisation und Innovation. New Product Development

Improvisationaler Umgang mit minimalen Strukturen ist nicht nur für das organisationale Lernen, sondern auch dafür mitentscheidend, wie innovativ Organisationen sein können. Weick konstatiert: »Either there is too little structure or the wrong kind of structure in organizations, and that is what makes it hard

221 | Vgl. die empirische Studie zu Einflussfaktoren von Improvisation in Musik: Gruhn 1998, S. 240-241.

for them to innovate.«[222] Innovation und Erneuerung lassen sich somit auch als Art und Weise bestimmen, in der Organisationen Ordnung und Diversität verschalten. Deshalb definiert Weick Innovation als »problem of how to achieve order within diversity.«[223] Diese Fragestellung ist für Organisationen relativ neu. Während die Makroebene der Innovation bereits hinlänglich untersucht worden ist (als eines der prominentesten Beispiele gilt das Studio von Andy ven de Ven an der Carlson School of Management der Universität von Minnesota),[224] steht die Erforschung der Mikroprozesse von Innovation in Organisationen als »a concern with process, with the activity of improvisation«[225] noch weitgehend aus.

Kamoche und Cunha[226] zeigen in diesem Zusammenhang mit dem *Improvisational Model* ein neues Modell organisationaler Innovation auf, das spezifische Elemente technischer und sozialer Struktur nicht mehr nur als Handlung determinierend, sondern vielmehr als *Template* bestimmt, durch welche innovative Handlung stattfinden und kohärent gehalten werden kann. *Templates* sind formale Rahmungen oder auch Schemata, auf denen improvisiert wird. Obwohl sie als Rahmung Formen darstellen, funktionieren *Templates* als minimale Struktur. Wie Weick bereits betont, macht die Befähigung, Situationen und die darin enthaltenen Strukturen in minimale Strukturen zu zerlegen, die Qualität von Improvisation aus. Cunha et al. interpretieren *Minimal Structures* aus zwei Elementen bestehend: soziale und technische Strukturen. Sie entwickeln ein improvisationales Modell der Minimalstruktur für das *New Product Development,* in dem sie soziale und technische Strukturen mit analogen Prozessen im Jazz in Beziehung setzen. So werden soziale Strukturen (wie kommunikative Codes, *Call-response, Cues,* Körpersignale und *Taking Turns*) mit der sozialen Struktur der Cross-functional- und Cross-project-Kommunikation und *Networking* im *New Product Development* (NPD) verglichen. Das Experimentieren mit neuen Tonfolgen, Stilen und Texturen stellt ein Beispiel musikalischer Technikstruktur des Jazz dar. Dieses lässt sich in Bezug setzen zu a) der Anwendung unüblicher Werkzeuge, Methoden und Technologien, b) dem experimentalen Kreieren von Produkten, Bricolage und multipler Iterationen und c) dem Testen bzw. Prototypisieren im NPD.

Kamoche und Cunha sehen Unternehmen mit erhöhten Unsicherheiten und damit einem zunehmenden Wandlungsdruck konfrontiert. Die damit einhergehenden neuen Anforderungen an organisationale Entwicklung gelten im Besonderen für die Frage der Innovation und das NPD. Eine Schwierigkeit

222 | Weick 1999, S. 545.

223 | A.a.O., S. 541.

224 | Siehe u.a.: Poole 2000; Poole und van de Ven 2004; van de Ven 2007.

225 | Weick 1999, S. 542.

226 | Kamoche und Cunha 2001.

besteht jedoch darin, dass die dominierenden NPD-Ansätze auf einer hohen Strukturierung fußen und im Allgemeinen so gestaltet sind, dass sie in stabilen Umgebungen funktionieren. »The dominant NPD approaches are built on high levels of structure and, in general, are designed to operate in stable environments.«[227] Betont strukturelle Ansätze führen nach Cooper[228] zu verbesserten innovativen Produkten und helfen – so Crawford[229] –, Risiken von erhöhter Entscheidungsgeschwindigkeit zu reduzieren.

Um neu an das NPD heranzugehen und die Innovationsfähigkeit zu erhöhen, ist also die Strukturierungspolicy von Organisationen zu prüfen. Alternative Vorschläge, die hier in den letzten Jahren in Erscheinung getreten sind, heben vor allem auf erhöhte Flexibilität ab. So konstatieren Thomke und Reinertsen[230], dass komplexe Umgebungen flexible Reaktionen und Anpassungen verlangen. Dies geht jedoch meist auf Kosten der Struktur. In diesem Zusammenhang weist Eisenhardt[231] daraufhin, dass schnelleres *Decision Making* zwar mit erhöhter Performance gleichgesetzt wird, das Ignorieren wichtiger struktureller Richtlinien jedoch negative Folgen haben kann. Der Dichotomie Struktur vs. Flexibilität stellen Kamoche und Cunha ein drittes Modell gegenüber: »While the ›flexible model‹ achieves a shift away from structure to flexibility, we contend that, in the highly uncertain business environment of today, a fine synthesis between the two is what is really needed.«[232] Sie nennen ihren Ansatz dialektisch und meinen damit die improvisationale Verdichtung von Flexibilität und Struktur. »We therefore take a dialectical approach in building an improvisational model which captures the highly organic dimensions of the ›flexible model‹ but then goes further to achieve such flexibility upon a ›minimal structure‹.«[233]

Damit einher geht auch eine Neukonzeption des Strukturbegriffs durch die Autoren, die in Bezugnahme auf Improvisation im Jazz gelingen soll. Es ist nicht an eine Eins-zu-eins-Übersetzung gedacht, sondern es wird eine konzeptionelle Neuausrichtung organisationalen Handelns als Verfahren angestrebt. Jazzimprovisation eignet sich in diesem Kontext vor allem deshalb, weil sie auch und vor allem auf Performativität von Improvisation rekurriert. Um die Potenziale ebenso wie die Limitierungen dieses Konzepts für Organisationen lesbar zu machen, heben Kamoche und Cunha besonders auf den »performa-

227 | A.a.O., S. 733.

228 | Cooper 1993.

229 | Crawford 1992.

230 | Thomke und Reinertsen 1998.

231 | Eisenhardt 1989.

232 | Kamoche und Cunha 2001, S. 734.

233 | A.a.O., S. 734.

tive character of this art form«[234] ab. Ausgehend von diesem Verständnis von Improvisation fügen sie den gängigen Modellen des NPD, dem sequenziellen Modell, dem Kompressionsmodell und dem Flexibilitätsmodell noch ein viertes hinzu: »the improvisational model, based on our understanding of jazz improvisation.«[235] Jedes der von Kamoche und Cunha dargelegten NPD-Modelle verfügt über ein Set von Annahmen, Zielen, Charakteristiken, Vorteilen und Nachteilen. Diese Ebenen bilden zusammen eine Logik interner Konsistenz, die es den Autoren erlaubt, jedes Modell nicht nur formal, sondern als eine Konfiguration von Elementen abzubilden. Gleichzeitig suchen die Autoren nach einer Metapher für jedes Modell, »to capture the structural-performative aspects of each model.«[236]

Die jeweiligen Modelle gliedern sich wie folgt:

a) Das sequenzielle Modell basiert auf systematischer Planung und geht von der Annahme aus, dass die Ausführung von Aktivitäten einer rationalen Logik folgt und Abweichungen von der Norm vorhersehbar und vermeidbar sind. Die Ziele dieses Modells bestehen aus einem »clear-cut, relatively straightforward, and thorough set of guidelines for product development«[237]. Um diese Ziele zu erreichen und Unsicherheit von dem Innovationsprozess fernzuhalten, werden mechanistische Werkzeuge angewendet.[238] Formal besteht der Prozess aus einer dreiteiligen Sequenz: »New product strategy, exploration, screening, business analysis, development, testing, commercialization. This process is best captured by the metaphor of the relay race in which one stage follows another in predetermined fashion.«[239] Hoopes und Postrel[240] haben gezeigt, dass das sequenzielle Modell zwar in sicheren Umgebungen funktioniert, jedoch durch die funktionale Spezialisierung Lücken in der Wissenskommunikation verursacht. Laut Griffin[241] ist die Wirkung des sequenziellen Modells zu eindimensional, weil es spezialisierte Funktionen nicht aufnehmen kann. Außerdem, so belegen Wind und Mahajan[242], vermag das Modell nicht, wirkliche innovative Durchbrüche zu erzielen. Diese und andere Nachteile führen zu dem Kompressionsmodell.

234 | A.a.O., S. 734.
235 | A.a.O., S. 736.
236 | A.a.O., S. 736.
237 | Cooper 1993.
238 | Siehe auch: Dosi 1988.
239 | Kamoche und Cunha 2001, S. 739.
240 | Hoopes und Postrel 1999.
241 | Griffin 1997.
242 | Wind und Mahajan 1997.

b) Das Kompressionsmodell kann als ein Sequenzmodell interpretiert werden, das sich auf schnelle Änderungen einzustellen sucht. Dieses Modell basiert auf der Annahme, dass schnelle Änderungen voraussehbar sind und der Ablauf des Modells den Änderungen angepasst werden kann. Das Ziel besteht dann darin, den sequenziellen Ablauf zu verschnellen, sozusagen zu komprimieren. In seiner Essenz ist das Kompressionsmodell vergleichbar mit Coopers[243] Third-generation-Modellen, die das *Paralleling* von Aktivitäten beinhalten. Das Kernelement des Kompressionsmodells bleibt die Planung: »If predevelopment planning is accurate, the entire process can be rationalized, delays eliminated and mistakes avoided.«[244] Ein Nachteil dieses Modells ist, dass es Wandel nicht akzeptiert, sondern nur durch schnelles Agieren zu umgehen sucht. Es besteht die Gefahr, wichtige Schritte zu übergehen und mögliche Optionen zu übersehen. Auch liegt ein zu hoher Druck auf der Anpassung an vorgegebene Strukturen bei erhöhter Geschwindigkeit. »This may create traps of acceleration in which ill-advised shortcuts adversely affect quality. Also, by opting for a high degree of planning and limiting flexibility, as in the sequential model, this model is ill-equipped to cope with unpredictable and highly unstructured eventualities.«[245]

c) Das darauf folgende, flexible Modell sieht turbulente Umgebungen als Norm[246] und macht deshalb Flexibilität zur Hauptaufgabe organisationalen Handelns[247]. Vertreter dieses Modells gehen von der Annahme aus, dass vor allem Geschwindigkeit und Gradation des Wandels neue Perspektiven eröffnen. Vor diesem Hintergrund artikulieren sie den Ruf nach einer Revolutionierung des NPD durch Flexibilität.[248] Das flexible Modell impliziert, dass Unsicherheit eher absorbiert als beseitigt werden kann. Unsicherheit gilt als Gelegenheit und nicht als Bedrohung. Ziel ist hohe Flexibilität und hohe Anpassungsfähigkeit an Veränderungen in der Organisationsumgebung. Variation, Wandel und Konkurrenz avancieren zu Kernelementen des Innovationsprozesses: »The flexible model therefore considers the importance of market competitiveness to NPD, assuming that competitive markets require more competitive NPD processes.«[249] Nach Iansiti fordert dieses Modell »rapid and flexible iterations through system specification, detailed component design, and system testing.«[250] Formal ersetzt

243 | Cooper 1994.

244 | Kamoche und Cunha 2001, S. 740.

245 | A.a.O., S. 741.

246 | Iansiti 1995, S. 2.

247 | Pettigrew 2000.

248 | Wheelwright und Clark 1992.

249 | Kamoche und Cunha 2001, S. 742.

250 | Iansiti 1995, S. 2.

das flexible Modell die serialisierte Ordnung vorhergehender Modelle durch eine Konvergenz, Unschärfe und Öffnung der Aktivitäten und taktet diese vor allem in *Real-Time*-Prozessen ein. Bei aller Offenheit hat dieses Modell einige Nachteile. Flexibilität zum Hauptkriterium zu erheben, kann die Kohärenz der Produktinnovation unterminieren: »It can seriously jeopardize the viability of products. This makes it inadequate for efficiency seeking organizations.«[251] Da dieses *High-velocity*-Modell mit hohen Turbulenzanteilen agiert, überrascht es nicht, dass es vor allem in der Computerindustrie[252] getestet und eingesetzt wurde, deren Kerneigenschaften in *velocity* und hoher Produktinnovationsrate bestehen[253]. »There is a risk of possible delays in concept freezing in anticipation of new, though late, essential information, or the possibility that competing product concepts might as well be kept open, thus delaying the final decision on which concept to adopt. There is also the risk of freezing the wrong concept. This model is also more demanding than earlier models in terms of coordination, because linearity has been traded for organicism. Thus the potential failure to manage the resultant freedom effectively, can engender a propensity for chaos.«[254] Die Aufzählung der Nachteile des Flexibilitätsmodells zeigt, unter Einbezug der Mängel rein sequenzieller Modelle, auf, dass weder reine Flexibilität noch reine Rationalität als Modellbasis funktionieren können. Kamoche und Cunha schlagen nun mit dem improvsiationalen Modell eine Neuerung vor, die eine andere Option zu öffnen sucht: »The need for an improvisational model of NPD derives from the growing awareness that the innovation process is highly unpredictable and uncontrollable and that linearity may be more retrospective reconstruction than fact.«[255]

d) Improvisationales Modell

Die Autoren konstatieren, dass Improvisation im Kontext des NPD vor allem in unbestimmten Situationen eine adäquate Form der organisationalen Handlung darstellt. In ihrer Begründung rekurrieren sie vor allem auf a) die Performativität von Musik im Allgemeinen und b) die minimale Struktur der Jazzimprovisation im Besonderen. Interessant an der Musik ist, dass sie sich über performative Materialien wie Melodie, Harmonie, Rhythmus, Tempo definiert und ihre Form (als Komposition oder Improvisation) performativ hergestellt wird. Improvisation ist sozusagen eine musikalische Form, die ihre Performativität auch in ihren Produktionsverlauf selbst einspeist. Auch Hatch stellt heraus: »Jazz differs from other musical forms ›in the improvisational use it makes of

251 | Ebda.

252 | Iansiti und MacCormack 1997.

253 | Curry und Kenney 1999.

254 | Kamoche und Cunha 2001, S. 742.

255 | A.a.O., S. 743.

structure, where musicians use structure in creative ways to enable them to alter the structural foundations of their playing.«[256]

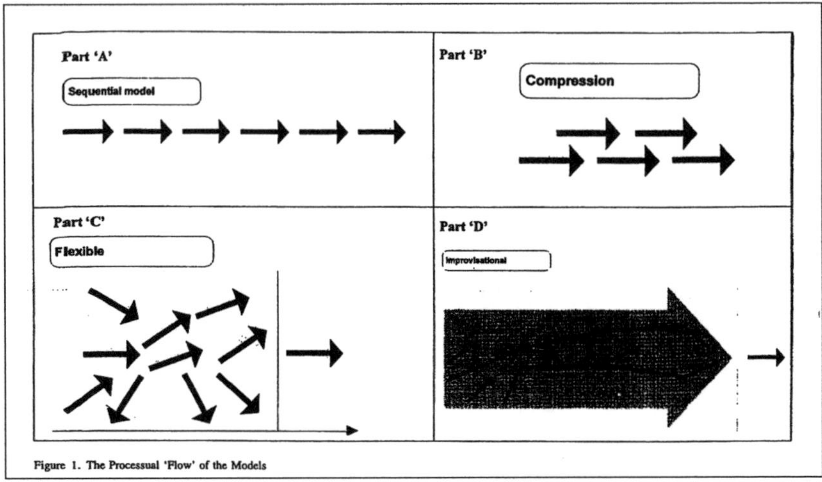

Abb. 9: aus: (Kamoche und Cunha 2001), S. 738.

Bezugnehmend auf Bastien und Hostager[257] interpretieren Kamoche und Cunha *Minimal Structures* bestehend aus zwei Elementen: der sozialen Struktur und der technischen Struktur. Nach Bastien und Hostager gibt es zwei Sets strukturaler Konventionen im Jazz: *Musical Structures* und *Social Practices.* Sie konstatieren, dass »these structures serve to constrain the turbulence of the jazz process by specifying particular ways of inventing and coordinating musical ideas.«[258] In der Konzeption von Kamoche und Cunha kommt beiden Typen der Struktur essenzielle Bedeutung zu. Indem diese Strukturebenen die Kreation und die Werkzeuge, die für diese Kreation nötig sind, zusammenbringen, tragen sie funktional dazu bei, die performativen Dynamiken (*Performative Dynamics*) konstruktiv zu steuern. Dabei werden nicht nur diejenigen Elemente impliziert, die aus den soziotechnischen Systemkonzeptionen bekannt sind[259], sondern auch körperliche, affektive und emotionale Parameter, die vor allem auf Kommunikation abheben.

Als soziale Strukturen im Jazz gelten vor allem Verhaltensnormen und kommunikative Codes. Unter Verhaltensnormen fallen die Funktionsteilung im Spiel, der Gebrauch der Form und der Struktur. Kommunikation fällt unter *Cue-*

256 | Hatch 1997.

257 | Bastien und Hostager 2002.

258 | Ebda.

259 | Emery und Trist 1960.

ing, Platzierung von Strukturen, *Call*- und *Response*-Phasen u.a. Soziale Strukturen halten den offenen Improvisationtionsprozess in formaler Hinsicht in Gang. Bastien und Hostager stellen fest: »Social structures paradoxically enable collective musical innovation by constraining the range of musical and behavioural choices available to the players.«[260] Weiteres Kernelement der Sozialstrukturen ist das *Co-Design*, das die kollaborative Multiautorenschaft ermöglicht. Weick und Roberts sprechen in diesem Zusammenhang von der Kreation eines kollektiven Bewusstseins (*Collective Mind*)[261]. *Co-Design* ist jedoch keine Verpflichtung auf konfliktfreie Kollektivität, sondern verlangt ein Klima und eine Kultur der »constructive controversy«[262]. Vertrauen wird so zum wichtigen Bestandteil des organisationalen Prozesses »as a fundamental ingredient in sustaining performative interdependence and social cohesion. This special form of trust comes partly from the possession of adequate and comparable skills amongst the band members, and partly from the need to create a psychological buffer against errors arising from the experimental nature of improvisation«[263]. Unter sozialer Struktur verstehen Kamoche und Cunha jedoch auch Einstellungen und Werte, vor allem gegenüber Risiken und Experimenten.

Die technischen Strukturen werden von Kamoche und Cunha auch als »musikalische« Strukturen bezeichnet. Diese bestehen aus zwei Elementen: erstens den kognitiven Regelwerken für das Speichern und Generieren musikalischer Ideen und zweitens den bereits oben beschriebenen *Templates*. Im traditionellen Jazz besteht dieses *Template* aus einem Song. Bastien und Hostager konstatieren, dass »songs are a more concrete and limiting musical structure than jazz theory in that they embody particular patterns of chords and chordal progressions. The song is a basic template upon which musicians can generate innovative variation.«[264] Um auf einem *Template* improvisieren zu können, benötigen die Improvisatoren ein breites Fundament an Wissen, das sie performativ einsetzen und mit dem *Template* abarbeiten können. Viertes Element der technischen Struktur stellt die Modifikation der Instrumente dar: »This inventiveness and constant modification of musical ›tools‹ resembles the art of bricolage.«[265] Letztes Element ist das konstante Be- und Umarbeiten der Performanz, wobei, wie in der Jazzimprovisation, das improvisationale Modell auf der Konvergenz von Planung und Performanz basiert.

Um nun zu zeigen, wie das improvisationale Modell NPD verbessern kann, stellen Kamoche und Cunha einen direkten Vergleich mit dem flexiblen Modell

260 | A.a.O.

261 | Weick und Roberts 1993.

262 | West 1995.

263 | Kamoche und Cunha 2001, S. 746.

264 | Bastien und Hostager 2002.

265 | Kamoche und Cunha 2001, S. 748.

an. Beide Modelle lassen sich als wandelbasiert beschreiben und rekurrieren mehr auf Exploration als auf reiner Anwendung. Während jedoch das flexible Modell vor allem auf Variation abhebt, Flexibilität zum Maximum steigert und Funktionen wie auch Strukturen zu negieren sucht, bezieht das improvisationale Modell Funktion und Struktur mit ein, interpretiert sie nur anders als die sequenziellen Modelle. Sahen Letztere Struktur noch als rigide, maximale Formkonstante, auf deren formaler Basis, zeitlich nachgerückt, Emergenz entsteht, so ist die Struktur für Improvisation minimal und Ort der Emergenz selbst: als »a template upon which improvisation can take place«[266]. Die Realisierung dieses Modells basiert auf der minimalen Struktur, in der die adäquate Körnung von Verantwortlichkeiten, Schwerpunkten und Verfahren geklärt und in die Praxisfelder implementiert werden. »By combining structure and flexibility, the improvisational model introduces scholars and managers to a kind of synthesis that has not been sufficiently developed in the past but that must now be addressed.«[267] Das improvisationale Modell konvergiert hier mit dem von Tatikonda und Rosenthal[268] vorgeschlagenen Modus »flexibility within a structure« der *Effective Product Development Execution*. Während also das flexible Modell nach operationaler Flexibilität strebt, um sich an schnellere Umweltbewegungen anzupassen, also exogen orientiert ist, zeigt sich das improvisationale Modell als ein endogenes Erforschen von Möglichkeiten und Innovation auf Grundlage sozialer und technischen Strukturen, »ranging from revolving leadership to experimenting with unusual tools and procedures.«[269]

Wie kann nun das oben genannte Template der Minimalstruktur näher im Kontext der NPD bestimmt werden? Templates, über die im NPD Prozess improvisiert wird, können aus unterschiedlichen Aspekten wie Produktkonzept, Entwurf, Skizze oder Experimentation mit neuen Technologien abgeleitet werden. Templates können auch aus Produktvisionen, begrifflichen Motiven[270] bestehen, ebenso wie aus Produktprototypen, von denen aus Variationen kreiert werden.[271] Ein Template dient sowohl als Orientierungshilfe im offenen Prozess wie auch als Motor von Aktion. Weitere Aspekte sind die »rhythmic transition processes«[272], die mit periodischen Rekapitulationen respektive »phase gates« gekoppelt werden können.[273] Wie im Jazz verlangt auch hier der Umgang mit dem Template eine hohe Qualifikation. »A high degree of individual competence

266 | A.a.O., S. 749.

267 | A.a.O. S. 750.

268 | Tatikonda und Rosenthal 2000.

269 | Kamoche und Cunha 2001, S. 750.

270 | Nonaka 1991.

271 | Weick 1999.

272 | Brown und Eisenhardt 1997.

273 | Tatikonda und Rosenthal 2000.

is central to the technical structures in innovation.«[274] In innovativen Prozessen sind funktions- und disziplinübergreifende Kompetenzen schon deshalb nötig, weil Teamwork konstruktiv gestaltet und gehalten werden muss. Weiterhin ist es essenziell, dass alle Teammitglieder über ein umfassendes Wissen über die Ressourcenlage des Prozesses verfügen und auch darüber, wie dieses Wissen performativ gemacht, also in kollektive Aktionen in multipler Perspektive eingebracht werden kann. »Knowledge of the productive process is helpful in creating an ability to use whatever materials/tools are on hand and to apply them to the task in a manner similar to the art of bricolage.«[275]

Das improvisationale Modell geht davon aus, dass Experimentation über das Potenzial verfügt, Organisationen lernend zu machen. Im NPD manifestiert sich dies in den multiplen Iterationen, »design alterations«[276] und in der Suche nach Alternativen. »This has some implications for organizational learning both within the improvisational model and in some forms of the ›flexible‹ model. Frequent experimentation and testing have also been found to uncover inappropriate aspects of design.«[277] Improvisation beinhaltet das konstante und systematische Remodellieren, das durch die performative Aktion und Interaktion hervorgerufen wird. Dieser Gebrauch einer »Urteilskraft in real-time«[278] ist grundlegendes Moment der Produkt- wie Prozessinnovation.

5.20 Kritik des improvisationalen Modells

Auch wenn das improvisationale Modell eine wichtige Neuerung im NPD darstellt, ist es wahrscheinlich – so Kamoche und Cunha –, »that managers who opt to implement this model may encounter some difficulties which might affect the achievement of performance standards.«[279] Die Schwierigkeiten, dieses Modell organisational zu implementieren, sind unterschiedlichster Art. So kann das Scheitern in der adäquaten Synthetisierung von Struktur und Flexibilität dazu führen, dass Teams oder Teammitglieder die Orientierung verlieren und dann entweder kontraproduktiv arbeiten oder zu einem noch stärkeren Kontrollmodus regredieren. Ein Grund hierfür liegt möglicherweise in der mangelnden Befähigung der Akteure zur Improvisation. Wichtig ist deshalb vor allem, wie die Beteiligten im Prozess lernen können, Organisationssituationen des Improvisierens so aufzubauen oder zu rahmen, dass ein Scheitern nicht zum Regress

274 | Kamoche und Cunha 2001, S. 754.

275 | Ebda.

276 | A.a.O., S. 755.

277 | Ebda.

278 | Siehe u.a.: Dell 2002.

279 | Kamoche und Cunha 2001, S. 756.

führt, sondern zu einer Technologie der Improvisation. Weick spricht hier von einer Urteilskraft, die dazu befähigt, Situationen retrospektiv interpretieren und eine Ästhetik der Imperfektion entwickeln zu können, d.h., Imperfektion als Gestalt zu erkennen und lesbar zu machen. Ein anderer Anlass für das Scheitern kann aber auch in der Tatsache liegen, dass Führungskräfte es ablehnen, Arbeitsautonomie zuzulassen[280], oder darin, die reale Ressourcenlage offenzulegen. Hier Abhilfe zu schaffen klingt einfacher, als es ist, wie Eisenhardt und Tabrizi[281] gezeigt haben. Gerade beschleunigte Rhythmisierung von Teamarbeit und Interaktion unter Unbestimmtheit bringen kognitive und emotionale Intensitäten mit sich, zu denen alle Akteure in allen Hierarchieebenen eine bestimmte Haltung entwickeln müssen.

Damit verknüpft ist eine organisationale Kultur der Improvisation, die auch die Annahmen über Situationsrelationen beinhaltet. Wird der Begriff Improvisation von der Organisation nicht neu interpretiert, verbleibt der improvisationale Prozess immer im Modus 1 der Zwischenlösung bzw. der Reparatur. Obwohl Improvisation gerade die Parameter des Realen anzuerkennen sucht, ohne ihnen eine A-priori-Ordnung überzustülpen bzw. zu unterstellen, bleibt im Fall des Modus 1 Improvisation für die Organisation nicht nur im unkonstruktiven Sinne unordentlich, sondern sogar unrealistisch und zwar weil sie a) nicht über die Mittel verfügt, die Struktur (als Ressource) in der Unordnung zu erkennen, und b) nicht die Fähigkeiten besitzt, diese Erkenntnis in Aktionen umzusetzen. Wenn eine Organisation nicht dazu in der Lage ist, Unbestimmtheit als Ressource zu interpretieren, lesbar und nutzbar zu machen, wird sie deshalb auch Schwierigkeiten haben, Flexibilität und Struktur organisational zusammenzuführen und zu rahmen, also genau die Synthese selbst zu strukturieren und umgekehrt. »The absence of teamwork, appropriate training and reward strategies, and a supportive culture, may stall the process. The improvisational model may also run against the practice of many [...] organizations, where clear, second-order controls are the norm.«[282] Die aktuell gegebene Ausgangssituation zeigt an, dass viele Organisationen noch nicht über einen adäquaten Improvisationsbegriff verfügen, sie aber gleichzeitig von den zunehmenden Unbestimmtheiten ihrer Umwelt verunsichert werden. Daher erscheint es sinnvoll, künstlerische Handlungsformen und Strategien, die nicht nur improvisational agieren sondern auch bereits ein technologisches Verhältnis zur Improvisation aufgebaut haben, als Inspirationsquelle für organisationales Arbeiten heranzuziehen: »The main point is that there appear to be important lessons to be

280 | Gerwin und Moffat 1997.

281 | Eisenhardt und Tabrizi 1995.

282 | Kamoche und Cunha 2001, S. 756.

learned from the way improvisation in the arts redefines the concept of structure to permit creativity, innovation and continuous learning.«[283]

Zusammenfassend ist das improvisationale Modell als eine Möglichkeit zu sehen, die aufzeigt, wie Organisationen konstruktiv agieren können, wenn sie gezwungen sind oder den Wunsch haben, sich von einer rein mechanistischen oder einer rein flexiblen Organisation hin zu einer organisational-lernenden Synthese von Struktur und Flexibilität zu *redesignen*. Gleichzeitig – und darauf weist auch die Arbeit von Hatch hin (s. Kapitel 7.5.) – bietet das improvisationale Modell die Gelegenheit, das Verhältnis von Struktur, *Agency* und Innovation im disziplinübergreifenden Modus mit den Künsten neu zu denken. Innovation wäre als »the adoption of any device, system, process, problem, program, product or service that is new to the organization«[284] zu definieren. Die Gemeinsamkeit mit Improvisation liegt darin, dass es auf die Kreation von Situationen ankommt. Der Unterschied zwischen Innovation und Improvisation liegt aber wiederum in der Konzentration der Innovation auf das Innen der Organisation: Alles wird so kalkuliert, dass Innovation in bestimmten dafür vorgesehenen Experimentalräumen geschieht. Damit geht die Haltung einher, Innovation auf Resträume beschränken zu können. Improvisation hingegen hinterfragt auch, warum etwas wann in welchem Kontext kreiert werden soll. Genau deshalb beginnt Improvisation zunehmend für die Erforschung organisationaler Innovation interessant zu werden: »Improvisation has been posited as an alternative model of organizational innovation whose growing importance is again due to the quantum changes on competitive landscapes. However, this model is still in the margins of mainstream new product development research.«[285]

5.21 Enactment: Performative Ontologie der Organisation

Weick macht darauf aufmerksam, welche ontologischen Bedingungen für die improvisationale Organisation gelten: Improvisation impliziert, dass die Seinsweise der Organisation nicht empirisch (als Objekt aus vorgängiger Erfahrung) noch epistemologisch (als fixiertes Objekt) sondern performativ (als Prozess) zu bestimmen ist. Improvisation »gathers together compactly and vividly a set of explanations suggesting that to understand organizations is to understand organizing.«[286] Den am Prozess beteiligten Personen ist durch ihre Befähigung zur und Teilhabe an der Zirkularität und durch das zeitliche Zusammenfallen

283 | Ebda.

284 | Dougherty 1996, S. 424.

285 | Kamoche et al. 2002b, S. 109.

286 | Weick 2001c, S. 297.

von Konzeption, Ausführung, Reflexion und Kritik[287] nicht nur ein hohes Maß an Kontrolle über das Produkt gegeben; sie sind zugleich immer auch Zeugen und Interpreten der »Produktentwicklung«[288] und können so unmittelbar Kurskorrekturen vornehmen, etwaigen Störungen gegensteuern oder auch Störungen provozieren, um diese, zur Variantenanreicherung, in den Prozess einzuspeisen: »Action and talk are treated as cycles rather than as a linear sequence.«[289] Improvisation verlangt den Organisationsmitgliedern eine »Wachheit, Präsenz und Partizipation«[290] gegenüber Prozessvorgängen und Mitspielern ab und eröffnet »ein neues Feld improvisatorischer performances, die ob ihrer mimetischen Qualität die Praktiken der Gedächtniskunst auf sinnlicher Ebene mobilisieren.«[291]

Was ändert sich? In der traditionellen Organisationstheorie ebenso wie in der Systemtheorie werden Organisationen und ihre Umwelten als feststehende und stabile Formen begriffen. Kontingenzen gelten als Sonderfälle, die Transformation erforderlich machen. Wenn Organisationen aber als performativ in die Welt kommend, als Prozess, verstanden werden, können Organisationen und ihre Umwelten zum einen als polyvalent und dynamisch und zum anderen als etwas begriffen werden, das nicht als ein »an sich« vorgängig existiert, sondern permanent erst durch die Mitglieder im Prozess des Organisierens in der Zeit produziert wird. Jede Analyse ist immer nur ein momentaner *Freeze,* ein »snapshot of ongoing processes.«[292] Es reicht also nicht aus, im Sinne der Systemtheorie den Prozess in Betracht zu ziehen und seine Steuerung zu untersuchen. Vielmehr muss – wie Weick es tut – gezeigt werden, dass der Prozess des Organisierens selbst das Konstituierende einer Organisation ist, das sich aus dem Zusammenspiel von *Agency* und Struktur entfaltet (s. Kapitel 7.5.). Es geht damit um eine kritische Ontologie, die das Sein einer Organisation zu verstehen sucht – eines Seins, das durch ein performatives Werden (= Prozess des Organisierens) in die Welt kommt[293]. Der Prozess des Handelns wird Werk: »the artistic act as much as the artistic work.«[294]

Mit der Fokussierung auf die Beobachterperspektive geht die Tendenz einher, das Verhältnis der an Wandelprozessen Beteiligten zum Prozess auszublenden oder auf eine eindimensionale Vorstellung zu reduzieren. So rekonstruieren Rindova und Kotha einen permanenten Wandel zweiter Ordnung, ohne die

287 | Vgl. Dell 2002, S. 47.

288 | Vgl. Barrett 1998, S. 613.

289 | Weick et al. 2005, S. 13.

290 | Dell 2002, S. 38.

291 | Ebda.

292 | Weik 2005, S. 167.

293 | Weick 2001c, S. 297.

294 | Weick 1999, S. 547.

Paradoxie der Transformation als Form zu berücksichtigen.[295] Zwischen Organisation und Umwelt wird eine eindimensionale Beziehung unterstellt, bei der Erstere auf Herausforderungen Letzterer antwortet. Dass die Antworten auf die Umwelt zurückwirken, Organisationen ihr Umfeld inszenieren[296], hätte dazu führen können, die Zirkularität und Selbstreferentialität von Wandel ähnlich wie bei Tsoukas und Papoulias zu beobachten. Auch Clegg et al.[297] kritisieren die eindimensional unterstellte Beziehung zwischen den Polen Umwelt und Organisation als triviale Vorstellung.

Jeder Ansatz, Paradoxien auf einseitige Lösungen zu reduzieren[298], verkennt die Tatsache, dass Paradoxien unauflösbar sind. Statt das Spannungsverhältnis zwischen sich widersprechenden Polen zu verschärfen, fokussieren Clegg et al. deshalb die Beziehung zwischen sich widersprechenden Inhalten. Diese Beziehung ist das Interstitium, in dem Improvisation zwischen Planung und Handlung vermittelt. Beech[299] verweist darauf, die Transformation von Paradoxien und nicht ihre Auflösung zu untersuchen. Die Fragestellung der Unterscheidung bzw. Bestimmung von Organisation im Umfeld oder Interaktion im Organisationskontext ist nicht unproblematisch. Die Definition von Organisation in Bezug auf interne und externe Kontexte offenbart, dass auf der einen Seite der Forschung vor allem auf die Organisation in Beziehung zu ihrem Umfeld abgehoben wird[300]. Diese Seite kann zumindest zeigen, wie Organisation und Umfeld sich gegenseitig konstituieren. Jedoch bleiben aus dieser Perspektive entsprechende interne Prozesse verborgen und die Organisation auf eine Top-down-Bewegung reduziert. Auf der anderen Seite stehen Theorien, die vor allem die individuellen Interaktionskontexte bevorzugen[301], Praktiken in den Blick nehmen[302] oder nach diskursiv-linguistischen Mustern suchen[303], die Hinweise darauf geben sollen, wie individuelle Akteure mit Wandel und mit Paradoxien umgehen. Aus dieser Sicht wird der Mikrokontext individueller Handhabungen im Kontext konkreter Interaktionszusammenhänge betrachtet. Diese Schwerpunktsetzung verschiebt Organisation oder -situationen deutlich. Dabei wird jedoch vernachlässigt, wie sich Praktiken im sozialen Kontext entwickeln, sprich mit welchen Ressourcen und Fragestellungen wie umgegangen

---

295 | Siehe auch: Luhmann 2000.

296 | Vgl. Daft/Weick, Daft und Weick 1984.

297 | Clegg et al. 2002.

298 | Wie z.B. bei Poole und van de Ven 1989.

299 | Beech 2004.

300 | Davis et al. 1997.

301 | Vogd 2006.

302 | Chia 2006.

303 | Mueller et al. 2004.

wird und welche strukturellen Transformationen der Organisation daraus hervorgehen können.

Im Konzept der Improvisation wird Organisation im Rückgriff auf ihre Kultur nicht als substanzielle Form oder neutraler Behälter verstanden, in dem organisationale Akteure handeln, sondern als – so Weick – »flows of experience.«[304] Organisation ist performativ, d.h., sie entsteht durch Ausübung – Wiederholung, Routine, Rituale, Muster – und ihr Wissen ist *Tacit*. Als performativer Akt ist Organisation prozesshaft und entwickelt sich durch ein Handeln, das an Wertvorstellungen, Materialien und Strukturen geknüpft ist. Das Erforschungswürdige an diesem Konzept ist, dass organisationale Akteure meist kein bewusstes Konzept der Performanz von Organisation haben, also von dem, was sie als Kultur einer Organisation »machen« – organisationalen Akteuren fehlt mithin oft die Urteilkraft fürs Relationale, Situative und Performative. Es ist Weick, der mit der Konzeption des *Enactment* immer wieder auf die Performativität von Organisation insistiert. Weick stellt *Enactment* in den Zusammenhang des *Sensemaking*, das er nun performativ definiert als: »Acting your way in the meaning.«[305] Der Prozess des Handelnd-Bedeutungen-Erzeugens trägt folgende Merkmale: Er a) entfaltet sich als *Enactment*, b) ist retrospektiv zu deuten, c) gründet auf Identitätskonstruktionen. Der Prozess filtert relational spezifische Andockmöglichkeiten heraus. Seine Genauigkeit liegt eher in der Plausibilität des Verschaltens begründet als in der Setzung von Identität. Deshalb kann der Prozess nur funktionieren, wenn die Motive des Handelns als Struktur und Vektor einbezogen werden: »[...] organizations create their own environments, organizations environments are largely invented by the organizations themselves.«[306]

Enactment wird von Weick als ein Handeln verstanden, das Bedeutung erzeugt: »If people enact their environments, then a loss of fit between the environment and the organization takes on a new meaning.«[307] *Enactment* bedeutet zugleich Handeln und das Handeln wahrnehmend formen. Dem *Enactment* wohnt immer ein kreativer Aspekt inne: Durch Handlung lässt man etwas Wirklichkeit werden. Nach Weick bestehen Organisationen und ihre Umwelt aus *Enactments*, wobei das *Enactment* sowohl den Erzeugungs- wie den Vermittlungsprozess bildet. Um Unterschiede zu erkennen oder machen zu können, muss eine Organisation etwas tun. Gleichzeitig muss sie diese Handlungen formen, d.h. Ereignissequenzen herauslösen und strukturell durchleuchten. Andererseits wird durch das Handeln Rohmaterial produziert, das wiederum auf Anschlussfähigkeit hin zu untersuchen ist. Umwelt ist damit ebenso wie

304 | Weick 2001c, S. 204.

305 | Weick 2001a, S. 130.

306 | Weick 2001d, S. 84.

307 | A.a.O., S. 86.

die Organisation performativ: Sie wird erhandelt, kommt durch Handlung in die Welt und kann nicht als eine Entität unabänderlicher Rahmenbedingungen (Strukturen) verstanden werden.

In seiner Beschreibung des *Enactment* bezieht sich Weick auf Mary Parker Follett. Als Kern deren Denkens identifiziert Weick die Vorstellung, »that people receive stimuli as a result of their own activity which is suggested by the word enactment.«[308] Nach Follet sind wir immer an der Produktion dessen, was wir als Realität oder auch als Umwelt bezeichnen, aktiv beteiligt: »we are neither the master nor the slave of our environment.«[309] Wenn wir also davon ausgehen, dass Situationen und deren soziale, materiale und technische Bedingungen Effekte auf die Handlungen von Subjekten haben, so ist dies richtig. Nicht richtig ist jedoch, dass die Handlungen der Subjekte auf die Stimuli ihrer situativen Umgebung reduziert werden können: »The activity of an individual is only in a certain sense caused by the stimulus of the situation, because that activity is itself helping to produce the situation which causes the activity of an individual. In other words, behavior is a relating not of subject and object as such, but of two activities.«[310] Sobald also Handlungen ins Spiel kommen, versuchen die Subjekte die Ergebnisse dieser Handlungen so zu strukturieren, dass sie retrospektiv Sinn ergeben und so auf neue Handlungen verweisen können. Dieses Konzept geht davon aus, dass ohne Erhandeln nichts vorangeht. Ein reines Nachdenken über zukünftige Situationen als Planung kann somit rein ontologisch nicht funktionieren, weil ohne Handlung den Situationen als Ereignis die ontologische Grundlage entzogen würde. Damit wird auch klar, dass ein Mehr an Planung keinen Mehrwert erzeugt: »Once people begin to act (enactment) they tend to generate tangible outcomes (cues) in some social context (social) and this helps them discover (retrospect) what is occurring (ongoing), what needs to be explained (plausibility) and what is to be done next (identity enhancement). Managers keep forgetting that it is what they do, not what they plan, that explains their success. They keep giving credit to the wrong thing – namely the plan – and having made this error, they then spend more time planning than acting. They are astonished when more planning improves nothing.«[311] Somit ist dasjenige, von dem wir oft behaupten, es sei ein naturalisierter Fakt, eine »gegebene« Realität, die uns zu den oder den Handlungen zwingen würde, vielmehr ein performativ produziertes *Enactment*, das aber nicht auf einen Individualismus oder Utilitarismus zu reduzieren ist, sondern

308 | Weick 1995, S. 32.

309 | Follett, Mary Parker, Creative Experience, New York 1924, S. 118, zitiert nach Weick 2001b, S. 32.

310 | Ebda.

311 | Weick 1995, S. 55.

durchaus in Interaktion mit den Akteuren und Dingen situativer Relationen zustande kommt.

Wenn Weick von *Enactment* spricht, so tut er dies, um klar zu machen, dass wir unsere Wirklichkeiten mit herstellen: »I use the word enactment to preserve the fact that, in organizational life, people often produce part of the environment they face.«[312] *Enactment* spricht von der Tatsache, dass Wirklichkeit produziert erhandelt wird und gleichzeitig Rahmung, Form des zu Erhandelnden. *Enactment* gibt den organisationalen Akteuren sozusagen in seinem Verweis auf die performative Verfasstheit organisationaler Realität einen Anhaltspunkt dafür, wie die Formung von Prozessen aussehen könnte, ohne dass die Akteure im Vorhinein den genauen Verlauf des Prozesses prognostizieren müssen (was nach vorhergehenden Überlegungen nie vollständig möglich ist): »Enactment in the pursuit of projects provide the frame within which cues are extracted and interpredeted.«[313]

In der Absetzbewegung zur traditionellen Organisationstheorie, die vor allem auf Intention zielt, rekurriert Weick auf *Attention,* Achtsamkeit, und Interpretation dessen, was geschieht bzw. geschehen ist. Damit wendet sich auch die Frage des Sinns von Organisation von dem Vor- oder Herausfinden eines Sinns zur Produktion desselben als *Sensemaking*. Weick baut hier folgende Argumentation auf: Organisationen sind auf *Commitment,* auf Engagement und Beteiligung angewiesen. Vor dem Hintergrund des *Enactment* und der Organisation als performativ Produziertes ist dieses sinnvoll. Nun aber ist nachzuvollziehen, wie Organisationen herkömmlich definiert werden, so u.a. von Daft als zielgerichtete soziale Entität, als konkret strukturiertes Handlungssystem, das über eine definierbare Grenze verfügt.[314] Wie viele andere auch, sieht Daft Organisation als strukturierte Form, als definiertes Werkzeug. Wie dieses Werkzeug aber hergestellt wird, bleibt im Unklaren. Und hier wird das *Commitment* wichtig. Organisationen werden in diesem Zusammenhang oft als soziale Formen interpretiert, die *Commitment* erzeugen, weil sie klare Ziele und Identitäten haben. Das Entstehen dieser Ziele jedoch geschieht durch Interpretation und Diskurs. Weick schließt daraus: »Organizational action is as much goal interpreted as it is goal directed.«[315] Weick vollzieht also einen *Shift* von der Zielgerichtetheit zur Zielinterpretation: »Sensemaking involves the ongoing retrospective development of plausible images that rationalize what people are doing. Viewed as a significant process of organizing, sensemaking unfolds as a sequence in which people concerned with identity in the social context of other actors engage ongoing circumstances from which they extract cues and make plausible

312 | A.a.O., S. 30.

313 | A.a.O., S. 59.

314 | Daft 1986, S. 9.

315 | Weick 2001c, S. 7.

sense retrospectively, while enacting more or less order into those ongoing circumstances.«[316] An dieser Stelle erweist es sich als notwendig, noch einmal genauer auf das *Sensemaking* einzugehen. *Sensemaking* ist nach Prus »the meaningful linkeaging of symbols and activity, that enables people to come to terms with the ongoing struggle of existence.«[317] Weick versteht unter *Sensemaking* mithin die Form dessen, wie organisationale Akteure zwischen Handlung und Konzeption, zwischen Erfahrung und Vorstellung hin und her navigieren. Die Rede vom *Sensemaking* erlaubt es, den analytischen Fokus auf die Prozesse zu richten, in denen Individuen Symbole kreieren und benutzen. Ins Zentrum des Interesses rückt damit die Untersuchung der symbolischen Prozesse selbst und deren Art und Weise, Wirklichkeit herzustellen und zu vernachhaltigen. *Sensemaking* geht nicht davon aus, dass Individuen ihre Handlungen in Bezug zu einer Realität ausrichten, sondern dass sie Bilder einer erweiterten Realität kreieren und verstetigen, auch, um nachgängig zu rationalisieren, was sie tun. Damit gerät jene diagrammatische Arbeit in den Blick, mit der die Individuen ihre Realität sozusagen verwirklichen, indem sie in ihre jeweiligen Situationsmuster Bedeutung hineinlesen und deren Ressourcen verschalten.

Zurück zum *Enactment*: Weicks Bestimmung von Organisation als *enacted* konzipiert Organisation performativ. Auch Tsoukas und Chia bestätigen diese Perspektive, indem sie vor allem darauf abheben, dass die in Organisation implizierte Ordnung der Organisation nicht vorgängig sein kann, sondern Ordnung im Fluss des Organisierens selbst entsteht. Sie drücken dies so aus: »Organization is an attempt to order the intrinsic flux of human action, to channel it toward certain ends, to give it a particular shape, through generalizing and institutionalizing particular meanings and rules.«[318] Organisationen erhalten die Ordnung ihres operativen Bildes, also die Vorstellung davon, was zu tun ist, durch die retrospektive Form des *Sensemaking*. Weder können Organisationen dem *Sensemaking* vorgeschaltet sein, noch kann das operative Bild von Organisation das *Sensemaking* hervorrufen: »A central theme in both organizing and sensemaking is that people organize to make sense of equivocal inputs and enact this sense back into the world to make that world more orderly.«[319] Wie Chia es formuliert, beginnen wir mit »an undifferentiated flux of fleeting senseimpressions and it is out of this brute aboriginal flux of lived experience that attention carves out and conception names.«[320] Das *Sensemaking* beginnt also nicht ex nihilo, sondern das Organisieren erscheint als ein *Stream* von Ak-

---

316 | Weick et al. 2005, S. 414.

317 | Prus, Robert, Symbolic Interaction and Ethnographic Research, Albany 1996, S. 232, zitiert nach: Weick 1995, S. 96.

318 | Tsoukas und Chia 2002, S. 570.

319 | Weick 1995, S. 409.

320 | Chia 2000, S. 517.

tionen, Potenzialen und Konsequenzen. Alle Aktivitäten »furnish a raw flow of activity«[321], aus dem wir bestimmte *Cues* aussondern und näher betrachten können.

Für die Organisationstheorie ergibt sich, dass organisationale Identitäten durch Handlungsformen verkörpert werden, aus der Interaktion mit soziokulturellen Umwelten emergieren und ein spezifisches Wissen entwickeln. Aus organisationstheoretischer Perspektive wird damit die Frage relevant, ob sich die Lernumwelten von Organisationsmitgliedern im Hinblick auf akteurtypisierte Bewegungsspielräume unterscheiden. Die Entwicklung von performativen und damit improvisatorischen Fähigkeiten ist essenziell mit der Möglichkeit zur aktiven Erfahrung verknüpft. Die performativ-soziale Organisation entspricht dann den ihr eigenen Differenzierungsmechanismen und wird in verschiedenen Unterscheidungsformen verkörpert, die die Organisation selbst wiederum für sich lesbar machen und anschlussfähig halten muss. Damit problematisiert Weick jegliche auf der systemtheoretischen Unterscheidung von Umwelt und Subjekt basierende Definition von Organisation: »Allgemein formuliert beeinflusst die Umwelt Organisationen durch unerwartete Ereignisse und alles, was sich in der Umwelt ändert. Schaut man aber genauer hin, merkt man, dass die überraschenden Umweltereignisse und Veränderungen aufgrund von Etikettierungen, die ihr von den Organisationen angeheftet werden, überhaupt erst ausgemacht werden: Die Umwelt beeinflusst Organisationen durch die Art, wie sie wahrgenommen wird!«[322] Wenn eine Organisation die Umwelt als feindlich oder bösartig betrachtet und sich entsprechend verhält, »wird die Umwelt auch diese Eigenschaften haben.«[323] Weick geht es um die Aktion der Relationierung zwischen den verschiedenen Elementen von Situationen. In diesem Verfahren wird das Arbeiten mit Mustern deshalb wichtig, weil sie es ermöglichen, Handlungen als Spur zu speichern und für zukünftiges Handeln anschlussfähig zu halten. Die konstruktivistische Perspektive wird sozusagen mit der handlungstheoretischen Prozessperspektive zusammengedacht. In diesem Zusammenhang versteht Weick das *Enactment* als ein aktives »Einhandeln« der Umwelt. Man könnte sagen, Strukturalismus wird umgedreht: Wie im Strukturalismus werden die existierenden Strukturen anerkannt und nicht auf eine individualistische Sichtweise verkürzt oder ausgeblendet. Aber: Im Gegensatz zum strukturalistischen Prinzip werden Strukturen nicht a priori als bestimmend erachtet – da Organisationen und mithin soziale Welt performativ produziert werden, ist man den Strukturen der Umwelt nicht passiv ausgesetzt, sondern kreiert aktiv seine Umwelt mit. Dieser Vorgang kann nicht externalisiert werden: Jede Änderung der Umwelt bewirkt auch eine Transformation des Selbst. (s. Kapitel 7.7.)

321 | Weick 1995, S. 411.

322 | Weick 2001a, S. 133.

323 | A.a.O., S. 123.

Dies passiert jedoch nicht einfach so, sondern impliziert mannigfaltige Verfahren der Improvisation, in denen die Sinngebungs- und Arrangementprozesse das Rohmaterial des Realen zu dem versammeln, was es dann »ist«.[324]

Für die Sicht auf Organisationen hat dies weitreichende Konsequenzen: »Wenn die Leute ihre Umgebung ändern wollen, müssen sie sich selbst und ihr Handeln ändern – nicht jemanden anderen.«[325] Damit aktiv eingehandelte Umwelten (*Enactment*) möglich werden, gilt es Interpretationsschemata zu entwickeln, die als Karten gespeichert werden und wiederum auf neue *Enactment-* bzw. Selektionsverfahren einwirken. Rekapitulieren wir: Organisation ist weder Substanz noch Form als Behälter, sondern Form als Metaform von Relationen. Organisation wird performativ produziert als relationale Praxis. Deshalb definiert Weick Organisationen als ein iteratives Verknüpfen von Interaktionsprozessen, in dessen Zentrum ein dauerndes Neu-Beginnen steht: »Dropping one's tools is a proxy for unlearning, for adaptation, for flexibility, in short, for many of the dramas that engage organizational scholars.«[326] Seine Instrumente loszulassen bedeutet für den Organisationsspezialisten, aus seinem disziplinären Blindfeld auszubrechen: »What else is ›the law of the instrument‹ but a pointed comment that social scientists refuse to drop their paradigms, parables, and propositions when their own personal survival is threatened. To drop one's tools, then, is an allegory for all seasons that is capable of connecting the past with the present.«[327] Das Neu-Beginnen entsteht im Spiel der Improvisation selbst, in der zwar Ideen und Instrumente losgelassen, aber Gruppenrelationen gestärkt werden: »The lightness associated with ›the play of ideas‹, improvisation, and experimentation disappears when dropping ideas or keeping them becomes confused with dropping or keeping group ties. Research on groupthink shows how easily group identity and thinking fuse, such that one cannot be evaluated apart from the other.«[328] Diese Gruppenverbindung ist wichtig, da ja nachgerade komplexe Fragestellungen erst in Organisation entwickelt werden können: »Problems are too complex these days for individual minds to comprehend.«[329]

Die reziproke Beziehung zwischen ökologischem Wandel und *Enactment* beinhaltet *Sensemaking*-Aktivitäten, die darauf aus sind, Anomalien, Dysfunktionen, Unordnungen auszumachen, Ordnungen in den Prozess zu *enacten*, ohne ihn formal abzuschließen und situative Ressourcenlagen zu orten. Der organisationale, also formale Moment der *Sensemaking*-Aktivitäten besteht nun darin, zu rahmen und zu notieren. Die Aktivitäten des Rahmens und Notie-

324 | Vgl. Groth 2003.

325 | Weick 1985, S. 219.

326 | Weick 1996, S. 303.

327 | Ebda.

328 | Weick 1995, S. 30.

329 | Weick et al. 1996.

rens werden nicht durch Form, sondern von Differenz ausgelöst, mithin von Diskrepanzen und Mehrdeutigkeiten in gerade stattfindenden Projekten. Rahmen und Notieren ist Teil der Projektbewegung und an jeder Stelle auch die Möglichkeit, einerseits den Fluss des Prozesses und dessen Bedingungen zu transformieren und andererseits auf abrupte Weise Metaordnungen über Unordnungen zu legen, und so in unordentliche Situationen Ordnungsschemata einzuführen ohne diese abschließend zu überplanen. Gerade weil Rahmungen Metaform bleiben, weil sie als diagrammatische Schemata zwischen Erlebtem und Realem, zwischen Innen und Außen der organisationalen Subjekte und deren Handlungsweisen vermitteln, müssen sie im Akt der Kategorisierung sehr einfach sein. Einfach aufgebaute Rahmungen ermöglichen es, Strukturen als Daten subjektiver Erfahrung bzw. materialer Bedingungen so erkennbar zu machen, dass Strukturen neue Verweiszusammenhänge bzw. Anschlußmöglichkeiten aufzeigen. Weil hier gleiche Daten Unterschiedliches bedeuten können, sind sie eher als Typ-Formen zu verstehen.

Das Einführen des Urteilens in den Organisationsprozess erhöht die Anzahl der Bedeutungen von Typ-Formen, wobei die Kombination von retrospektiver Form, mentalem Modell und Artikulation wiederum eine narrative Reduktion des »gerahmten« Materials generiert. Es sei immer mitgedacht, dass es sich hierbei um interpretative und nicht um epistemologische Vorgänge handelt. Damit ist annonciert, dass sich das in das organisationale Narrativ eingelagerte Wissen provisorisch bzw. situativ konstituiert: Mit ihm kann nur improvisatorisch umgegangen werden. Seine Solidität erhält der Organisationsprozess durch das Speichern, durch das Archiv der Notationen (Relationmappings) als Katalog. (s. Kapitel 7.10.) Wenn ein Narrativ in einem Reservoir gespeichert wird, kann es im Reservoir durch Nachbarschaftsbezüge, Differenzen, Relationen, Querverweise, durchgespielte Serien, Typologien angereichert werden. (s. Kapitel 7.8.) Das Narrativ wird sozusagen mit anderen Historizitäten verknüpft, mit Etikettierungen versehen und als Quelle zukünftigen Handelns und Deutens genutzt.

Typologie heißt in diesem Zusammenhang: Form ist nur etwas, in dem etwas transportiert, also relational gemacht wird. Die Bewegung der Typologie folgt dem Merkmal. Die Frage der typologischen Form heißt also: Um welche Eigenschaften geht es? Die endgültige Form ist nicht wesentlich, sondern die Eigenschaften, die herausdestilliert werden. Noch einmal: Welches sind die wesentlichen Eigenschaften, die ein *gebracketes* Prozessereignis beschreiben? Vor diesem Hintergrund kann dann die Struktur der Organisation auf konstruktiv-relationale Weise in den Blick gelangen: Was ist organisationsräumlich, -zeitlich und im Hinblick auf unterschiedliche Ressourcen relevant? Um dann zu fragen: Welche Funktionen sind damit verknüpft, welche Nutzungen werden hervorgerufen, aktiviert bzw. neu eingeführt? Organisation könnte dann als Form bezeichnet werden, die man strukturell performed, um auf diese Weise Typologien zu bilden und ein Tableau zu erhalten, das neue Funktionszusammenhänge ermöglicht. Typologien sichern die Bewegung im Tableau ab. Das Spiel mit dem Tableau produziert Motive und ordnet Motive relational neu an. Auf der Basis der gewonnen Motivstrukturen kann Organisation Szenarien durch ihre organisationalen Maßstäbe deklinieren, Orientierungsleistung herstellen und den konstruktiven Umgang mit Unordnung, Improvisieren ermöglichen. Daraus folgt: »The close fit between processes of organizing and processes of sensemaking illustrates the recurring argument that people organize to make sense of equivocal inputs and enact this sense back into the world to make that world more orderly.«[330]

Es kristallisiert sich heraus, dass mit der Untersuchung von Improvisation in Organisationen notwendig auch eine Neubestimmung der Organisation selbst in den Blick gerät. Nach Weick können Organisationen als »ein Aneinanderreihen und Verknüpfen von Interaktionsprozessen, ein Zusammenspiel von unterschiedlichen Prozessen, aus denen schließlich habitualisierte Routinen und Netzwerke von Handlungen hervorgehen«[331] definiert werden. In dieser Absetzbewegung, weg von traditionellen, formorientierten Organisationstheorien, fokussiert Weick vor allem das Verfahren des Organisierens selbst. Er hebt in diesem Zusammenhang weniger auf die Form ab, unterscheidet also weniger zwischen z.B. Wirtschaftsunternehmen und sonstigen Organisationsformen, sondern nimmt das organisationale Sein als Handlung des Organisierens in den Blick: Organisationen sind als performativer Prozess zu bestimmen! Dies macht Sinn, ist doch zu beobachten, dass die traditionelle Definition von Organisationen als abgegrenzte, identifizierbare Formen gegenüber sozialen Systemen als mehr oder weniger offen strukturiertes Ensemble erodiert. Organisationen mutieren immer mehr zu sozialen Systemen und umgekehrt. (s. Kapitel 1.) Bewusst rekurriert Weick in diesem Zusammenhang auf komplexe und kontingente Situationen, in denen Pläne nicht mehr hinreichen und dennoch soziales Handeln zu koordinieren ist. Das Verschalten des Handelns in Unbestimmtheit ruft spezifische Sinngebungsprozesse hervor, in denen eine »Grammatik des Organisierens«[332] sichtbar wird. Improvisation verknüpft unterschiedliche organisationale Konzeptionen: »It is a mixture of the pre-composed and the spontaneous, just as organizational action mixes together some proportion of control with innovation, exploitation with exploration, routine with non-routine, automatic with controlled.«[333]

330 | Weick et al. 2005, S. 414.

331 | Weick 2001a, S. 123.

332 | Weick 1985, S. 12.

333 | Weick 2001c, S. 297.

5.22 Zur Ressourcenlage organisationaler Situationen

Wir haben Improvisation bestimmt als Handlungsmodell, das dadurch in der Lage ist, konstruktiv mit Unordnung bzw. Unbestimmtheit umzugehen, weil es strategisch mit den vorhandenen Ressourcen einer Situation agieren kann. Wie sind nun die materialen, kognitiven, affektiven und sozialen Ressourcen näher bestimmt? Zunächst wird deutlich, dass – so wie in einem Jazzensemble auch – jeder Organisationsteilnehmer über die Gesamtlage der »Organisationspartitur« Bescheid wissen muss. Partitur meint hier das Diagramm (notiert oder nicht) und die relationale Anordnung der vorhandenen materialen, kognitiven, affektiven und sozialen Ressourcen, »meaning that organizational members must have an intimate knowledge of those resources and must be adroit at working with and combining them«[334]. Um welche Ressourcen geht es genau? Kamoche, Cunha und Cunha haben die Frage der Ressourcenlage in organisationaler Improvisation näher untersucht. Auf dieser Grundlage entwickeln sie eine Typologie derjenigen Ressourcen, über und mit denen in und als Organisation improvisiert werden kann.

Die vier Kategorien eröffnen sich wie folgt: Erstens ergeben sich die materialen Ressourcen. Sie stellen eine generelle Kategorie dar, die all jene Ressourcen bestimmt, die »außerhalb« des Individuums und einem organisationalen sozialen System liegen. »Examples of these resources are information systems, financial resources, buildings and other ›physical‹ infra-structures.«[335] Zweitens werden kognitive Ressourcen von Kamoche und Cunha als jene Kategorie gefasst, die das Set mentaler Modelle enthält, die die Organisationsmitglieder ausbilden und mit sich tragen. Diese Modelle können sowohl explizit als auch implizit sein und sowohl innerhalb als auch außerhalb der Organisation akquiriert werden. Diese Kategorie nimmt auch die Theorie der lernenden Organisation in sich auf, »because they too come to bear when members conceive in real time, especially in group situations«[336]. Drittens erweist sich die Kategorie der affektiven Ressourcen als entscheidende, durch die Improvisationstheorie hervorgerufene, Erweiterung organisationaler Ressourcenbestimmung. Eisenberg[337] und Hatch[338] beschreiben, dass emotionale Affiziertheit der Improvisatoren in der Performance einen Modus der Transzendenz, der Verbundenheit und dadurch einen produktiven Kontakt zu dem Unterbewussten herstellt, das wiederum eng mit der Analyse und Verschaltung vorhandener Ressourcen verknüpft ist. Die Unschärfe des Unterbewusstseins macht durch seine Mustererkennung

334 | Kamoche et al. 2002b, S. 106.

335 | A.a.O., S. 106.

336 | A.a.O., S. 107.

337 | Eisenberg 1990.

338 | Hatch 1999.

und Musterarbeit sozusagen den Möglichkeitsraum der Performance größer. Dies gilt auch und im Besonderen für Gruppenarbeit: »Recent (and not so recent) group behavior theory also shows that the adequate emotional state can help teams avoid the pitfalls of group deviations. Hatch has also referred the importance of ›locking in‹ a specific emotional state among group improvisers she designates as ›the groove‹, arguing that this is a necessary condition for improvisation to happen.«[339] Mit der Kategorie der sozialen Ressourcen beziehen sich Kamoche und Cunha viertens auf die sozialen Strukturen unter Organisationsmitgliedern. Diese Strukturen bestehen nicht nur aus formalen Beziehungen, sondern auch aus expliziten und impliziten Regeln wie informellen Mustern der Interaktion. »Labeling resources, in this category, social instead of organizational is a purposeful choice because, as in jazz music, the knowledge and embodiment of these structures can be acquired outside the organization (e.g. skills acquired through professional training). In this case, these structures would then be laid upon each one of the members' experiences in organizational teamwork, in the likeness of what happens in the development of swift trust.«[340] Die Kategorisierung dieser Ressourcen basiert auf der Grundprämisse der minimalen Struktur und dem kataloghaften Arbeiten, wie wir es oben beschrieben haben. Im Komplex der Ressourcen wird die Frage des Verhältnisses von Improvisation zu Bricolage relevant. Dieses Verhältnis lässt sich durch die folgende Aussage adäquat fassen: »Faced with the task, say, of repairing a faulty machine he [the bricoleur] looks over the material at hand and improvises a solution.«[341] Gardner macht deutlich, dass Bricolage oft in Improvisation enthalten ist. Wenn organisationale Akteure nicht die Ressourcen oder die Zeit haben, zu planen, müssen sie eben improvisieren und reparieren, was geht. Das strategische Moment der Improvisation aber liegt darin, a) über das Set der Ressourcen genau Bescheid zu wissen und b) Vergangenheit und Zukunft in der Gegenwart zusammenzubinden, weil man eine Aufmerksamkeit und ein Wissen darüber hat, welche Ressourcen wann warum genutzt, gebraucht wurden und welche neuen Nutzungsmöglichkeiten sich in welcher Konstellation der Ressourcen neu ergeben könnten. Qualifizierte Erfahrung bedeutet, so zu handeln, dass der Einbezug subjektiver bzw. impliziter Erfahrungsgehalte und der Einbezug formaler expliziter Wissensbestände konvergieren.

---

339 | Kamoche et al. 2002b, S. 107.

340 | Ebda.

341 | Berry und Irvine 1986, S. 272.

6. Improvisationstechnologie

6.1 Das Vier-Ebenen-Modell

Im Kontext meiner Arbeit möchte ich vier Organisationsebenen unterscheiden. Auf der ersten oder auch untersten Ebene verorte ich den Modus »Improvisation erster Ordnung«, ein Modus, der rein reaktiv und reparierend zu Werke geht, alles ad hoc löst und ohne Plan ist. Auf der zweiten Ebene ist die geplante Organisation anzusiedeln, die erkenntnistheoretisch vorgeht und versucht, Kontingenz zu überschreiben, sie auszulöschen. Die Parameter »Funktion«, »Form« und »Struktur« sind hier statisch. Die dritte Ebene enthält die performative, kybernetische Organisation. Diese erkennt Kontingenz an und ist formal geöffnet. Allerdings sucht sie aus Kontingenz ein Objekt zu machen und Prozess auf Input/Output-Variablen zu reduzieren. Struktur wird außerhalb der Zeit stehend (synchronisch) gedacht. Die Funktion ist festgelegt, der Prozess wird auf die Funktion hin gesteuert. (s. Kapitel 3.) Erst auf der vierten Ebene, der Ebene der Improvisation zweiter Ordnung (als Improvisationstechnologie) kann Organisation Struktur, Form und Funktion als variabel und verhandelbar konzeptionalisieren. Die Improvisation zweiter Ordnung (als Improvisationstechnologie) konzentriert sich auf die Ordnung der Ordnung, mithin die Organisation von Unordnung. Indem sie das Vektorfeld der Kräfte in Situationen fokussiert, wird in Potenzialen gedacht; auch Funktionen, Nutzungen können innerhalb des Prozesses entstehen, ebenso wie Strukturen und Formen.

Das Handlungsmodell »Improvisation« wird in Situationen relevant, in denen organisationales Handeln Komplexität und Unvorhersehbarkeit ausgesetzt ist. Die Zahl solcher Situationen nimmt zu, auch wenn dies in den Strategien der Organisationen meist noch nicht sichtbar ist. D.h. die Bedingungen von Organisationen haben sich in den vergangenen Jahrzehnten grundlegend gewandelt, das organisationale Bild, an dem sich Organisationen orientieren, dagegen kaum. Das stellt Organisationen zunehmend vor die Frage, wie sie in unordentlichen kontingenten Situationen handlungsfähig bleiben und diese *Agency* strukturell und lernend ausbauen können. »Die organisationsexterne Umwelt ist,« so Müller, »durch ein bestimmtes Maß an Komplexität und Unsicherheit sowie Schnelligkeit von Veränderungen gekennzeichnet [...]. Dieses

Maß bestimmt [...] die Notwendigkeit zur Improvisation.«[1] Für Organisationen bedeutet dies, sich besonders achtsam innerhalb des Spannungsverhältnisses zwischen Sicherheitsbedarf durch Planung auf der einen Seite und der real existierenden Erfahrung der Unsicherheit auf der anderen Seite zu bewegen. Daraus lässt sich ableiten, dass der Modus 2 der Improvisationstechnologie als »Handlungsmodell zum konstruktiven Umgang mit Unordnung«[2] den Modus 1 der Improvisation als Reparatur abzulösen beginnt. Improvisation als Technologie erkennt Unordnung an und versucht, mit den Potentialen, die in einer Situation vorhanden sind, zu agieren. »Improvisation bedeutet dann, mit den Materialien der Wirklichkeit zu arbeiten und gleichzeitig diese Wirklichkeit mit zu gestalten.«[3]

6.2 Bricolage vs. Impromptu

In der Diskussion über die Improvisation taucht immer wieder der Begriff »Bricolage« auf. Oft werden beide Begriffe unscharf nebeneinandergestellt oder ineinander geblendet. Im Folgenden soll jedoch – Miguel Pina e Cunha folgend –, Improvisation als Überbegriff einer Methode oder Verfahrensweise des Agierens verwendet werden und als Subkategorien Impromptu und Bricolage gegeneinander abgesetzt werden. Deren Differenz kann wie folgt definiert werden als:

1. »impromptu action in an organizational context, and
2. bricolage, or the ability to draw on the available material, cognitive, affective and social resources, in order to solve the problem at hand.«[4]

Wie bereits oben dargelegt, ist Improvisation nicht gegen Planung auszuspielen. Vielmehr nimmt Improvisation die Planung in Anspruch und überschreitet diese. Was bedeutet das? Man kann sagen, dass man nicht nur im Kontext bestimmter Strukturen improvisiert, sondern dass diese Strukturen die Improvisation rahmen oder stabil halten können. Weick[5] und Hatch[6] haben gleichermaßen überzeugend dargestellt, dass Improvisation auf vorkomponierten Materialien beruht – seien es Pläne, Erfahrungen, vorgeschriebene Interaktionen oder Rollen. Das wäre als der Bricolage-Anteil der Improvisation

1 | Müller 2007, S. 271.
2 | Dell 2004, S. 119.
3 | Ebda.
4 | Cunha 2004, S. 2.
5 | Weick 2001b.
6 | Hatch 1999.

zu bezeichnen, als die Fähigkeit, Potenziale aus Vorhandenem abzuleiten. Grabher beschreibt Bricolage auch als »creation of novel combinations of familiar elements and by-products from previous projects«[7]. Es ist wichtig, gerade diesen strukturellen Aspekt der Bricolage hervorzuheben, weil dieser als gesamtes Handlungskonzept eher einen Reparaturcharakter aufweist und zum Einsatz kommt, wenn Mangel an Materialien herrscht. Ihr operativer Wert liegt vor allem darin, Potenziale im Hinblick auf bestimmte Funktionen hin auszuloten. Auch Weick definiert Bricolage als »using whatever resources and repertoire one has to perform the task one faces.«[8] Nach Thayer kann Bricolage verstanden werden als: »making things work by ingeniously using whatever is at hand, being unconcerned about the ›proper‹ tools and resources.«[9] Bei all diesen Definitionen wird jedoch nicht das Wie, also die Konzeptionalisierung des Umgangs mit Ressourcen mitgedacht bzw. thematisiert. Bei einer Gleichsetzung von Bricolage und Improvisation bliebe Letztere im Modus 1 – dem Bricolage- oder Reparaturmodus hängen. Bricolage hebt vor allem auf den strukturell-materialen Modus des Umgangs mit Situationen ab. Impromptu hingegen impliziert die Befähigung, Achtsamkeit für den Moment, subjektive Spontaneität und Handlungsschnelligkeit hervorzurufen. Im Gegensatz zur Improvisationstechnologie verfügen beide Modi weder über einen Metablick auf die strukturelle Ordnung von Situationen noch über konzeptionelle Speicherungsmethoden bezüglich situativer Prozessmaterialien.

6.3 Deep Listening

Wie schon angeführt ist Improvisation nicht planlos. Sie hat einen flüssigen Plan, einen Plan, der in die Navigation der Spielenden selbst als Matrix und Reservoir für Handlungsoptionen eingelagert ist. Um einen solchen flüssigen Plan in improvisatorische Handlung übersetzen zu können, wird beispielsweise im Jazz die Fähigkeit der Musikerinnen und Musiker zu *Listening and Responding* vorausgesetzt. Zuhören ist nicht passiv, sondern Inspiration für zukünftiges Handeln – als »aktiver, komplexer Prozess der Informationsverarbeitung«[10] zu begreifen. In diesen Bereich spielt das Impromptu hinein, das Weick auch als *Mindfulness* beschreibt. Das Konzept der *Mindfulness* erinnert stärker als die vorangegangenen Arbeiten Weicks an die Wichtigkeit, eine enge Anbindung körperlicher Regungen, individueller Wahrnehmungen und kollektiver Sinngebungsprozesse an die Entscheidungen eines Unternehmens herzustellen.

7 | Grabher 2004.

8 | Weick 2001d.

9 | Thayer 1988, S. 239.

10 | Busch 1996, S. 81.

Unternehmen bleiben nur dann sensibel gegenüber Umweltveränderungen, wenn es ihnen gelingt, diese affektiven wie affizierenden Ressourcen der Mitarbeiter in situ in Entscheidungsprozesse einzubeziehen. Jedes Subjekt einer Impro-Combo muss befugt sein, Stopp zu sagen, wenn etwas nicht stimmt, wenn die Lage zu externalisieren droht, weil man nicht mehr »im Spiel« ist, wenn man das vage Gefühl hat, es stimmt etwas nicht. Diese Konzeption weist zukünftigen Organisationstheorien den Weg: Es geht um die Frage, wie physische, psychische, soziale und technische Prozesse produktiv und zugleich evolutionsfähig gekoppelt werden können. Hier zeigt sich der Impromptu-Aspekt der Improvisation als Modus der Aufmerksamkeit, Achtsamkeit für und das *Embodiment* von Situation als Gefüge, wie sie auch in Aspekten der »Theorie U« von Scharmer[11] dargestellt sind. Scharmer zeigt, wie »tiefere Felder der gemeinsamen Wahrnehmung, der gemeinsamen Willensbildung, der gemeinsamen Gegenwärtigung und des gemeinsamen Experimentierens«[12] entstehen. Stationen des U-Prozesses zeigen sich als »Fähigkeit, im Moment des Aufbrechens der alten Strukturen einen sich öffnenden Möglichkeitsraum zu sehen, sich darauf einzulassen, einzutauchen, Ereignisse kommen zu lassen, dann den neuen Impuls zu verdichten und in die Welt zu bringen.«[13]

6.4 Vers l'Improtechnologie

Aktives Zuhören ermöglicht adäquates Handeln in Echtzeit, die Antizipation von Transformation und die Konstruktion von Ordnung *in* der Arbeit mit Unordnung (statt Projektion von Ordnung *über* Unordnung). Man braucht also zur Improvisation ein Team, das die Technik der Improvisation beherrscht und aufeinander eingespielt ist. Dabei ist die Improvisationstechnik Voraussetzung für die Befähigung der Akteure, Verantwortung für die Formen und die Dramaturgie zu übernehmen. Dies geht weit über die Interpretation eines Plans bzw. einer Partitur hinaus. Im spielerischen Prozess entstehen die Formen aus und während der Ausführung – sozusagen in *Realtime*. Improvisationstechniken stellen hierfür die Navigationswerkzeuge dar. Die Übernahme von Verantwortung ermöglicht es organisationalen Akteuren, selbstständig in das Geschehen einzugreifen. Damit verknüpft ist eine *Alertheit*, eine konstante Aufmerksamkeit für das zu Entstehende. Aufmerksamkeit erhöht die Spannung und Intensität der Wahrnehmung und Erfahrung prozessualer Zeitverläufe. Die Voraussetzung eines solchen Arbeitens könnte man mit dem Theatermacher Jan Lamers

11 | Scharmer 2009.

12 | A.a.O., S. 27.

13 | A.a.O., S. 25.

als eine Atelier-Hierarchie bezeichnen.[14] Diese Art der Hierarchie ermöglicht der Gruppe ein offenes Strukturieren des Prozesses in Form von »multipler Autorenschaft.«[15] Improvisation ist sozialer Prozess, der aufgrund seiner relationalen Beschaffenheit Konflikte nicht ausblendet sondern als Material gebraucht. »Im Moment der Nichtübereinstimmung wird das Finden und Erzeugen neuer Übereinkünfte eröffnet. Dabei ist der Konflikt nicht Ende der Situation, [...], sondern als Beweggrund für die Suche nach weiteren Anschlussmöglichkeiten in der Improvisation selbst gedeutet.«[16]

Improvisation als Technologie (im Modus 2) impliziert das maximale Verschalten vorhandener Strukturen und Ressourcen. Dies kann durchaus auch ein Plan, ein Set von Annahmen, ein Diagramm, eine soziale Struktur darstellen, auf deren Basis Variationen gebildet werden können. Der Dualität von *impromptu* und *bricolage* wäre also als ein Drittes die diagrammatisch-reflexive Handlung als Improvisationstechnologie hinzuzufügen. Improvisation als Technologie ist darauf ausgerichtet, auch den funktionalen Rahmen zu erweitern und neue Funktionsformen aus gegebenem Material (wie Pläne oder Karten etc.) abzuleiten. Jedoch ist nicht nur das gegebene Material von Bedeutung, sondern die durch die prozessuale Ontologie erzeugte Transformation. Das Material wird erlebbar durch Improvisation, durch stetige Vitalität der Performanz, eine spannungsgeladene Unbestimmtheit des Spiels bei maximaler Vielschichtigkeit der in- sowie externen Ressourcen, dem relationalen Verweben unterschiedlicher Strukturen. Durch das diagrammatische Verfahren der Improvisation werden bisher noch nicht gefundene Verschaltungen kreiert. Das Interessante dabei ist: Je besser ich improvisieren kann – also je mehr ich über die Situation weiß –, desto mehrdeutiger wird sie. Je mehr ich ersetze, alteriere und je größer ich den organisationalen Raum machen kann, desto mehrdeutiger wird dieser Raum. Und deshalb gibt es die Improvisation: als Befähigung, in Gemeinschaft (mithin organisational) konstruktiv mit Mehrdeutigkeit (als Kontingenz) umzugehen. (s. Kapitel 7.10.) Berliner sagt in diesem Zusammenhang: »Improvisation involves reworking pre-composed material and designs in relation to unanticipated ideas conceived, shaped, and transformed under the special conditions of performance, thereby adding unique features to every creation.«[17] Im organisationalen Kontext zeigt Eisenbergs Definition von Improvisation sehr gut das Verfahren der Improvisation: »making do with minimal commonalties and elaborating simple structures in complex ways.«[18]

14 | Lamers 1994, S. 44-69.

15 | Dell 2002, S. 29.

16 | A.a.O., S. 55.

17 | Berliner 1994, S. 241.

18 | Eisenberg 1990, S. 154.

Dies impliziert, Strukturen essenziell umzuformen und damit, als rekursiver Prozess, Strukturen aus Handlungen entstehen zu lassen.[19] Brown und Duguid[20] haben gezeigt, dass vor diesem Hintergrund das Teilen einer professionellen Kultur der Improvisation eine wichtige Bedingung für Improvisation in Organisation darstellt. Perry[21] sowie Brown und Eisenhardt[22] stellen dar, wie durch den Rahmen der Improvisation Strategien so artikuliert werden können, dass sie als struktureller Rahmen für stark strukturierte Organisationen in unsicheren Situationen wirken können. Gleichzeitig weisen Bastien und Hostager[23] sowie Lanzara[24] darauf hin, dass unstrukturierte Gruppen bzw. schwach strukturierte Organisationen ihrerseits *Centering*-Strategien anwenden, um so eine Struktur aufzubauen, auf der sie improvisieren. Beim Aufbau dieser Strukturen achten sie jedoch darauf, den Fixierungsgrad der Struktur nur bis zu dem Punkt voranzutreiben, dass Improvisation als Differenz möglich bleibt. Während also das Bricolage-Konzept eher auf Adaptation rekurriert, ist Improvisation als Technologie eine Form, Rahmungen für Innovation herzustellen. Adaptation kann als ein Ausrichten nach externen Konditionen bezeichnet werden.[25] Diese Konstruktion ist mit Improvisation insoweit verbunden, als eine Anerkennung des Bestehenden mit Transformation verknüpft wird. Außerdem kann Adaptation als Konzept dienen, alle Ressourcen so zu organisieren, dass sie für den Fall der Fälle vorhanden sind. Nichtdestrotz ist Adaptation ein defensives Agieren, dass mehr auf das Außen als das Innen der Organisation rekurriert. Daher ist dieses Konzept in hoch turbulenten Umgebungen zu langsam und nicht variabel genug.

6.5 Things at Play

In ihrer Studie *Organizational Improvisation and Learning: A Field Study* zeigen Miner, Bassoff und Moorman[26], dass Organisationsmitglieder in improvisationalen Settings vor allem auf zwei Momente rekurrieren: Sie rahmen die Bedeutung unerwarteter Ereignisse auf neue Weise, um so vorhergehende Ereignisse mit neuen Bedeutungen zu versehen. Improvisation impliziert somit nicht nur Interpretation, sondern auch Um-Interpretieren von Ereignissen. Dies entsteht

19 | Siehe auch: Scribner 1986; Thayer 1988.

20 | Brown und Duguid 1991.

21 | Perky 1991.

22 | Brown und Eisenhardt 1997.

23 | Bastien und Hostager 1991.

24 | Lanzara 1983.

25 | Hutchins 1991.

26 | Miner et al. 2001.

jedoch nur, wenn die Akteure in die Praxis selbst eingebunden sind. Das bedeutet, dass Wissen nicht unabhängig ist von der Aktion: »Some of these episodes resembled musical improvisation in which a musician plays an unintended note but goes on to play additional notes that create a pattern in which the previous wrong note now appears meaningful and melodic.«[27] Die Autoren schließen daraus, dass Improvisation einen neuen Lerntyp darstellen könnte: »Our observations revealed [...] that improvisation represents a special type of learning.«[28] Sie folgen hier Weicks These, dass bei der Improvisation »no split between composition and performance [...] no split between design and production«[29] herrscht. Moorman und Miner[30] konzentrieren sich in diesem Zusammenhang darauf, die Form von Improvisation zu beurteilen. Diese besteht darin, die Enge des Zeitraums zwischen Design und Ausführung zu bestimmen. Bei neuen Formen der Arbeit mit digitalen Medien stellt sich jedoch heraus, dass es Konvergenzen zwischen Ausführung und Design gibt, die nicht der Improvisation zugerechnet werden können: »The result is substantial temporal convergence between design and execution but is not improvisation, in our view, because each stage is still substantively distinct.«[31] Deshalb – so die Autoren – ist vor allem der Modus der Produktion selbst zu analysieren. Daraus folgt, dass Improvisation vor allem so aufgebaut ist, dass designte Dinge und der Designverlauf als Handlung sich gegenseitig affizieren: »In our study, we saw products being designed and created as the teams enacted them.«[32] Das bedeutet, dass der Produktionsmodus entscheidenden Einfluss auf das *Wie* der Komposition, des Entwurfs, jenseits der Reduktion auf zeitliche Konvergenz von Design und Aktion, hat: »With only temporal convergence, design could take place just prior to an action, yet action would little influence how the design might unfold.«[33] Die Autoren ziehen daraus den fundamentalen Schluss, dass Designprozess und Entwurf als Produktionsverlauf konvergieren: »assembly informed design at the same time that design informed assembly.«[34]

Improvisation impliziert also nicht nur ein Metalernen, welches sich rein organisational oder nur in Kommunikation abspielt, sondern Improvisation erweist sich als mit der Materialität der Dinge direkt verknüpft: »improvisation requires material or substantive convergence.«[35] Aber: Substanzielle Konvergenz

27 | A.a.O., S. 8.

28 | Ebda.

29 | Weick 2001d, S. 82.

30 | Moorman und Miner 1998a.

31 | Miner et al. 2001, S. 9.

32 | Ebda.

33 | Ebda.

34 | Ebda.

35 | Ebda.

impliziert temporale Konvergenz, temporale Konvergenz jedoch nicht zwangsläufig substanzielle Konvergenz. Hieraus ergibt sich eine neue Qualität in der Definition von Improvisation: »improvisation is the deliberate and substantive fusion of the design and execution of a novel production.«[36] Aus dieser Definition lässt sich nicht nur die Improvisation im Modus 2 (= Improvisationstechnologie) ableiten – es wird ebenfalls aufgezeigt, wie Modus 2 aus Modus 1 emergiert. Der Modus 1 als Reperaturmodus kann genutzt werden, um Fehler zu korrigieren; gleichwohl kann in dieser Fehlerkorrektur Innovation entstehen: »In some instances, team members initially framed their activity as solving a problem, but as they improvised, they generated novel actions or interpretations that transformed the problem into a perceived opportunity.«[37]

Improvisationales Lernen ist somit von experimentellem Lernen zu unterscheiden. Improvisation in Organisationen zielt darauf ab, spezifische Fragestellungen und Optionen im Spiel mit spezifischen Materialien, Medien und Situationen zu generieren. Auch wenn Improvisation neue Einsichten in und Rekombination von vorgängigen Praktiken einschließt, ist sie doch immer eng an lokale Bedingungen geknüpft. Diese lokalen Bedingungen können jedoch immer und überall in der Organisation auftreten. Experimentelle Lernsituationen hingegen sind Situationen, die kontrollierte Organisationsräume konstituieren, in denen neues Wissen produziert werden soll: »In experimenting, the organizations deliberately varied activities and conditions, such as changing the temperature in which a part was tried or giving potential customers different sizes of a product. The nature and degree of this variation was typically planned in advance and was designed to elicit general, explicit knowledge about causal factors.«[38] Nach Miner, Bassoff und Moorman zielt Improvisation nicht direkt auf neues Wissen ab, auch wenn dort Wissen entsteht: »This new knowledge was a collateral – not an intrinsic or even intentional – outcome of the improvisation and was constrained by the specific material, temporal, and cognitive situation.«[39]

In den von den Autoren untersuchten Firmen gibt es sehr ausgeprägte Routinen für Wissensproduktion in und durch Experimentieren. Weil Lernen als spezifisches Ziel des Experimentierens definiert wird, werden die Ergebnisse mit Sorgfalt beobachtet und aufgezeichnet. Der Ansatz des intentionalen Lernens sorgt dafür, dass Reflektion und Interpretation angeregt werden. Improvisationale Settings hingegen richten sich nicht auf Lernen aus – anders ausgedrückt: haben kein Bewusstsein für das Lernen entwickelt: »Rather, im-

36 | Ebda.

37 | A.a.O., S. 11.

38 | Ebda.

39 | Ebda.

provisation arose as the firms struggled to deal with surprises.«[40] Hier zeigt sich, dass Improvisation im Modus 1 dazu führt, die Aufmerksamkeit nur auf die spezifische Situation zu legen, ohne jedoch größere diagrammatische Zusammenhänge damit verknüpfen zu können: »When a problem was solved or an unexpected opportunity was exploited meant that improvisational learning was far more likely to produce context-dependent knowledge. Moreover, improvisational learning could not be used to test interaction effects in the way that experimentation could. Finally, because the goal was not learning, knowledge outcomes were often not recorded or preserved for retention or transmission in the organization.«[41]

Traditionelle Organisationstheorien verorten Wissen in Subjekten oder Gruppen. Die Autoren stellen aber nun die gegenläufige These auf, dass Wissen von Improvisation im Organisationalen selbst zu finden ist. Individuelle Improvisation ist schon aus der Tatsache heraus, dass sie von Situationen, Dingen, Assemblagen affiziert wird und mit den Dingen, Situationen spielt, immer Teil eines Kollektivs, sei es von Dingen oder Menschen. Damit ist auch das Design immer relational zum Vorhandenen, jedoch nur dann, wenn das Vorhandene relational interpretiert wird. Dies impliziert, dass ein Kollektiv neue Muster gestalten kann, ohne sie vorher zu planen.[42] Damit können wir bei Improvisation von kollektivem Design, Co-Design oder auch von kollektiver Autorschaft sprechen, die sich strategisch in die Zeit projiziert. Kompetenzen residieren damit nicht nur in Subjekten, sondern sie flottieren zwischen organisationalen Routinen, Kulturen und kollektiven Fähigkeiten: »These factors also imply that improvisational action can occur and be studied at any level of analysis, including strategic improvisation by an entire firm.«[43]

Miner, Bassoff und Moorman belegen in ihrer Studie die oben aufgestellte These, dass Planung und Improvisation nicht gegeneinander ausgespielt werden können. In den Modellen emergenten Wandels wird in diesem Zusammenhang sichtbar, wie Organisationen planen können, zu improvisieren, Routineprozesse zu implementieren, um Improvisation und die Beobachtung anzuregen, und in der Lage sind, die Auswertung eigener Improvisation vorzunehmen, auch wenn der aktuale Inhalt der Improvisation offen bzw. ungeplant bleibt. Modelle, die sich mit der Verbindung von ungeplanter Innovation und Ordnung auseinandersetzen, beschreiben, wie aggregate emergente Muster aus rationalen Handlungen auf niedrigen Ebenen entstehen[44] und wie unintendier-

40 | A.a.O., S. 23.

41 | Ebda.

42 | Hutchins 1991.

43 | Miner et al. 2001, S. 19.

44 | Baum und Singh 1994; Stein 1989.

te Ergebnisse und Handlungen auf der gleichen Ebene der Analyse auftreten.[45] Im Gegensatz dazu stammen organisationale Improvisationen nicht aus *Lower-level Actions*, die den Improvisatoren nicht bewusst sind; im Gegenteil: »They are designed and enacted at the same level of analysis.«[46] Auch sind sie keine nicht intendierten Ergebnisse, sie stellen vielmehr die reflektierte, absichtliche Kreation neuer Produktionen und Produktionsebenen dar. Improvisation kann somit als wichtiger Typus emergenter Ordnung[47] bezeichnet werden: »Its most distinct feature is that the design unfolds during and is fundamentally shaped by the interaction of the designer and the immediate moment and materials.«[48]

Als Kritik an der Studie wäre allerdings anzumerken, dass die Autoren mit der Unterscheidung zwischen improvisationalem und experimentalem Lernen hinter sich selbst zurückfallen. Sagten sie am Anfang, Improvisation würde neues Wissen hervorrufen, so sehen sie nun Improvisation mit einer Nichtintentionalität verknüpft, die sie vom Experimentieren unterscheidet. Dem Standpunkt dieser Studie entsprechend wären jedoch in der Improvisationstechnologie beide Modi zusammenzudenken; dadurch wäre dreierlei erreicht: Erstens würde dann – Rheinberger folgend – anerkannt, dass Experimentalsituationen immer Rahmungen zum Improvisieren sind, also selbst aus Improvisationen bestehen; zweitens würde die Intentionalität auf eine Metastufe gehoben werden; drittens wäre das Experimentieren nicht nur auf den Experimentalraum beschränkt, sondern der ganzen Organisation als Option zugänglich gemacht. Dies kann jedoch nur gelingen, wenn die Organisation über eine Improvisationskultur und organisationale Kompetenzen in der Improvisation verfügt, in der immer neue Rahmungen von Improvisation hergestellt werden können. Damit würde wieder an die Erkenntnis angeknüpft, dass Organisationen aus Improvisationen mehr gewinnen als nur schnelle Reparaturen, nämlich ein Bewusstsein für Rahmung von Aktion überhaupt und den instrumentellen Einsatz von Improvisation als konstruktivem Umgang mit Unordnung: »Repeated reviews of our data indicated that the organizations had gained something more fundamental from improvisation than the solutions to specific problems, exploitation of new opportunities, and the adaptive gains from repeating useful improvised productions. We observed that the organizations appeared to have learned how to limit the special risks of improvisational learning and/or to facilitate fruitful higher-level improvisational learning. In considering these practices, we concluded that both organizations appeared to have developed organizational competencies related to improvisation in different functional areas.«[49]

45 | Alinsky 1971; March und Olsen 1976b.

46 | Miner et al. 2001, S. 25.

47 | Berger und Luckmann 1967; Giddens 1984.

48 | Miner et al. 2001, S. 25.

49 | A.a.O., S. 17.

Somit bilden Organisationen durch organisationale Aktivitäten als Technologie eine Metaintentionalität oder auch Metaroutine aus: »We observed metaroutines in each of the organizations that enabled them to generate or facilitate improvisation.«[50]

6.6 Redesign

Der im Gebrauch der Jazzmetapher zu beobachtende Schulterschluss von Organisationstheorie und ästhetischen Praxen trägt die Frage der Gestaltung von Organisation ebenso mit sich wie die Problemstellung, wie Gestaltung in diesem Konnex zu definieren sei. Gestaltung hat nach Bruno Latour den Vorteil, dass sie die Organisationsdiskussion entideologisiert, »in its attention to detail and the semiotic skills it always carries with it«[51]. Als zweites Kriterium nennt Latour die Tatsache, »that it is never a process that begins from scratch: to design is always to redesign«[52]. Damit wird deutlich, dass es nicht mehr darum geht, alles planen zu können, sondern zum Um-Gestalten in der Lage zu sein – die Organisation selbst ist bereits zu einem Verlauf des permanenten Umgestaltens als Seinsform geworden. Der extra-reale Raum der Vernunft scheint nicht mehr der richtige Ort zum Planen zu sein, sondern vielmehr die Verhandlung in und über Realität. Deshalb liegt Latour richtig, wenn er insistiert: »Nothing much is left of the scenography of the modernist theory of action: no male hubris, no mastery, no appeal to the outside, no dream of expatriation in an outside space which would not require any life support of any sort, no nature, no grand gesture of radical departure – and yet still the necessity of redoing everything once again in a strange combination of conservation and innovation that is unprecedented in the short history of modernism.«[53] Nach diesem Diktum gilt es, in die organisationalen Situationen selbst hineinzukommen; nur dort sind die Strukturen zum Gestalten zu gewinnen, denn: Die Elemente des Gestaltens selbst sind dem Verlauf des Organisationalen inhärent; wir finden sie nirgends sonst. *Redesign* meint aber auch, sich die Fähigkeit und die Instrumente anzueignen – die Technologie der Improvisation wäre eine davon –, um situative Elemente lesen, analysieren, dokumentieren, relational ordnen und konstruktiv ins Spiel werfen zu können.

In seinem Aufsatz *Organizational Redesign as Improvisation*[54] stellt Weick fest, dass die Organisationstheorie gemeinhin noch an einem Gestaltungsbe-

50 | Ebda.

51 | Latour 2008, S. 4.

52 | Ebda.

53 | Ebda.

54 | Weick 2001d.

griff festhält, den die Architektur eingeführt hat. Ein entlang der Linien eines solchen Gestaltungsbegriffs modelliertes organisationales Design wird als Aktivität interpretiert, »that occurs at a fixed point of time«[55]. Mit Aktivität ist an dieser Stelle vor allem Entscheiden gemeint, das in Pläne übersetzt wird. »The plans are based on assumptions of ideal conditions and envision structures rather than processes. The structures are assumed to be stable solutions to a set of current problems that will change only incrementally.«[56] Strukturen werden als feste Bestandteile der Organisation interpretiert, die nur durch Planung ein- bzw. ausgebaut oder umgestellt werden können. Durch diese Konzeption verliert die Organisation jedoch immer den Zugang zum Realen selbst, muss sie doch den Umweg über eine externalisierte Planung nehmen. Design als Improvisation (und damit als *Redesign*) hingegen schlägt folgende Sicht vor: »redesign is a continuous activity, responsibility for the initiation of redesign is dispersed, interpretation is the essence of design, recoursefulness is more crucial than resources, the meaning of an action is usually known after the fact and little structures go a long way.«[57] Redesign wird zu einem kontinuierlichen Prozess umgedeutet, der Unsicherheiten nicht ausblendet, sondern als Strukturen zur Ressource macht: »To redesign an organization means that people need to redefine the crucial uncertainty facing the organization, to specify the critical resources needed to address that newly denied uncertainty and then encourage people to find or improvise the resources needed.«[58] Deshalb ist organisationale Improvisation ein lernendes Konstrukt: Weil die Fähigkeiten der Akteure das Design beeinflussen, werden komplexe Situationen nicht durch höheren technischen Aufwand, sondern durch ein Mehr an *Skills* gelöst: »The idea that ability affects design is also implicit in the choice to deal with technical complexity through greater complexity of the performer rather than greater complexity of the structure.«[59]

Weick betont: »The issue in most organizations is one of proportion and simultaneity rather than choice.«[60] Mit der Improvisation emergiert somit ein *Shift* vom Entscheiden hin zum Interpretieren: »Improvisation is largely an act of interpretation rather than decision-making. [...] To interpret means to encode external events into internal categories that are part of the group's culture and language system. The act of interpretation involves creating maps or representations that simplify some territory in order to facilitate action.«[61] Wobei anzumer-

55 | A.a.O., S. 57.

56 | Ebda.

57 | A.a.O., S. 58.

58 | A.a.O., S. 66.

59 | A.a.O., S. 68/69.

60 | Weick 2001b, S. 297.

61 | Weick 2001d, S. 72.

ken ist, dass die hier von Weick eingeforderten Simplifikationen eben nicht als Komplexitätsreduktion zum Zwecke von Entscheidungsfindung und Planung, sondern als Minimalisierung der Karte zu verstehen sind, die nötig werden, um sie diagrammatisch zu halten. Macht es sich Improvisation, wenn sie sich vom Entscheiden hin zum Interpretieren verschiebt, nicht zu einfach? Ist dann keine Entscheidung mehr nötig? Nein, im Gegenteil. Die Entscheidung wird nur relational verschoben, und zwar in ihrer Position. Es gibt nicht mehr den Designer, der Bescheid weiß und Ignoranten »unterrichtet« (sei es auf frontale oder partizipative Art und Weise). Improvisation richtet sich auf eine Ermöglichungsgestaltung hin und damit an alle diejenigen, die an einer Situation teilnehmen und lotet erst einmal die gestalterischen Ressourcen aus. Damit entsteht ein Design, das zwei Dinge tut: »Either it *enables* [Hervh. d. Verf.] people to learn more about their environment and rebuild some agreements about causal structure [...] or it enables them to generete truly novel solutions [...].«[62] Organisationen können also dann besonders gut als generische Designs agieren, wenn sie dichte Interaktionen ermutigen, »that enable people to come to agreements about preferences and sometimes about causal structures«.[63]

Präferenzen wären in diesem Kontext als eine Rahmung, eine Metaform zu bezeichnen, auf die man sich einigt, um den Prozess offenzuhalten und trotz erhöhter Konfliktbildung im *minimal-structure*-Entfaltungsbereich gemeinsam arbeiten zu können. Wenn es bei hohen Unsicherheitsgraden um Interpretation geht, ist es deshalb sinnvoller, sich auf die Erstellung dieser Rahmung (als Übereinkunft) zu konzentrieren als auf Effektivität, da Effektivität nur auf Entscheidungsfindung rekurriert und so wiederum das Ganze als Feld von Ressourcen aus dem Blick verliert: »An improvised design creates a point of reference around which meaning forms. To redesign is to respecify this generative point.«[64] Improvisation funktioniert nicht ohne Kontrolle, die Kontrolle ist nur auf besondere Weise strukturiert: »It is controlled controlled by frames of reference [...].«[65] Perrow nennt dies »Third-order Control«.[66] *Third-order Control* verkörpert sich in dem Vokabular der Organisation, ihrer Muster, Routinen, bevorzugten Kommunikationsweisen und Sozialisierungspraktiken. Man könnte auch von dem sprechen, was man organisationale Kultur nennt, und das ebenso mächtig in seiner Wirkung ist wie Strukturen (als Regeln) und bürokratische Standarisierung. Diese *Third-order Control* führt wiederum zu bestimmten Interpretationsmustern, Annahmen, Werten, die ihrerseits Entscheidungen und Handlungen beeinflussen. Weil die Wirkmacht impliziten Charak-

62 | A.a.O., S. 73.

63 | A.a.O., S. 74.

64 | A.a.O., S. 75.

65 | A.a.O., S. 77.

66 | Perrow 1986.

ter trägt, ist sie für Organisationsmitglieder schwer zu erkennen bzw. zu orten. Wirkmacht erzeugt Rechtfertigungen, die für das Bestehen der Organisation unabdingbar sind und zwar gerade weil Organisationen auf repetitiven Mustern aufbauen und die Änderung dieser Muster verhandeln und legitimieren müssen. Von diesem Prozess kann kein Organisationsmitglied ausgeschlossen werden. »If we argue that organizations are cultures rather than have cultures,« so Weick, »then everyone in the organization, including those at the top, is subject to third-order-control«.[67] Je mehr Organisationen zu Netzwerken werden, desto plausibler ist die Rede vom verteilten *Redesign*. Das bedeutet, »that redesign can be initiated in a wider variety of places, and that anyone with a compling framework is a potential designer«[68].

Ermöglichungsgestaltung als improvisationales *Redesign* erweist sich demnach als eine Gestaltung, die aktiviert und gleichzeitig auch das Handling von und die Sichtweise auf Strukturen bereithält. Gleichzeitig strukturiert, ordnet, speichert und katalogisiert Ermöglichungsgestaltung improvisationale Handlungen so, dass sie als offene Muster anschlussfähig werden und bleiben. Improvisation »animates people so that they create actions, which can then become patterned.«[69] Eine solche diagrammatische Arbeit mit und an Strukturen geht von folgender Prämisse aus: »Actions can be an important source of meaning and structure that hold a system together, but only when these actions become salient anchors for justification.«[70] Handlungen können Bedeutung produzieren. Dies gilt aber nur dann, wenn Organisation in der Lage ist, Handlungen als minimal-strukturelle Anker für Legitimation einzusetzen. Wichtig bleibt, dass Organisation die Form organisationaler Gestaltung immer offen strukturiert und ihre Erfolge nicht als fixierte Formen interpretiert. Denn durch die Annahme fixierter Formen würde sich Organisation vom Prozess der Handlung, in den sie ja hinein kommen will, wieder ausschließen. Das ist schwieriger, als es scheint: »One of the ironies of organizational design is, that its very effectiveness makes redesign and learning more difficult. Redesign is stimulated by [...] experiments, trial and error.«[71] Damit wird deutlich, dass es sich bei der Improvisation um einen unabgeschlossenen Prozess handelt. Die Tätigkeit des Designens löst die Gestaltung als fixierte Form ab: »[...] the way out of turbulence may lie in continuous improvisation in response to continuous change. Designing replaces design.«[72] Das hat Folgen für die Form und das Selbstverhältnis der Organisation: »By definition, organizations based on improvisation will reflect

67 | Weick 2001d, S. 78.

68 | A.a.O., S. 78.

69 | A.a.O., S. 75

70 | A.a.O., S. 76.

71 | A.a.O., S. 81.

72 | A.a.O., S. 88.

a continually changing set of competencies as resources are recombined in increasingly novel ways. As people are encouraged to grow and develop, the basis for new designs will also expand.«[73]

Improvisationen basieren auf Erfahrungswissen, das eingesetzt wird, um in der Situation reagieren zu können; gleichzeitig wird das Erfahrungswissen in der Situation der Improvisation selbst erweitert. Ein konstanter Remix des Wissensspeichers und des Zugangs zum Wissensspeicher ist relevant, »to gain retrospective access to a greater range of resources«[74]. Weick führt weiter aus: »To improve improvisation is to improve memory.«[75] Improvisieren rekurriert in seiner Innovationstätigkeit weniger auf ein Heureka! das genialen Einfalls als auf dem Rekombinieren oder Rearrangieren vorhandenen Materials, vorhandener Ressourcen, Erfahrungen und Wissens. Das erfordert eine Konzeptionalisierung der Situation und des Umgangs mit ihr: als Bewusstwerdung technischer Fähigkeiten, Erfahrungen und jeweiliger Regelwerke. Improvisatoren müssen nicht nur Wissen und Daten speichern, sondern auch in der Lage sein, die Relationalität des Versammelten zu lesen und neu zu verschalten. Dabei gilt es, Intuition zu schulen als »unbewusste, schnelle Verarbeitung von Erfahrungswissen.«[76] Dieses intuitive Handeln wird durch »Mustererkennung und -bewertung« strukturiert und »nutzt das Wiedererkennen von Situationen und Modellen und greift [...] auf implizites Wissen zurück.«[77] Diese Intuition ist mit einer Handlungsschnelligkeit zu verbinden, die situativ ausgerichtet ist und sich jeweils auf neue Situationen einstellen kann.

Mary Jo Hatch weist zu Recht darauf hin, dass es der Gebrauch der Jazz-Metapher ermöglicht, Organisationsstrukturen neu zu fassen. Jedoch geht es nicht um das Neue an sich: »not to try to argue against the old vocabulary, but rather to engage with a new one.«[78] So wie mit Latour Improvisation als Handlungsform beschrieben werden kann, die Konstellationen neu ordnet, so ist auch das Konzept organisationaler Improvisation keine Erfindung des Heureka, sondern denkt bereits Vorhandenes aus einer anderen Perspektive anders zusammen. Ziel ist, »that a fuller understanding of the process by which jazz is produced and evaluated, is a valuable tool of analysis for organizational theorists who want to understand innovation, the variation process in natural selection, idea generation, and creativity.«[79]

73 | A.a.O., S. 85.

74 | Weick 1999, S. 547.

75 | Ebda.

76 | Müller 2007, S. 258.

77 | A.a.O., S. 265.

78 | Hatch 1999, S. 13.

79 | A.a.O., S. 166.

Aus der performativen Perspektive, wie sie Feldmann[80] und Weick aufgezeigt haben, wird deutlich, dass Organisationen durch Performanz in die Welt kommen. Nun stellt sich aber vor dem Hintergrund der Emergenz die Frage nach dem organisationalen Modus dieser Performanz. Organisation kann nicht mehr als ein Theaterstück gedacht werden, das geplant, geschrieben und vornotiert wird, um dann »aufgeführt« zu werden. Organisationale Transformation ist vielmehr als ein Improvisationsvorgang zu verstehen, der von organisationalen Akteuren *enacted* wird, die versuchen, aus den Prozessen des Realen Sinn zu produzieren und kohärent zu diesen Prozessen zu agieren. Weick stellt bereits klar, dass unsere Vorstellung organisationalen Designs »as a bounded activity that occurs at a fixed point in time« die »structures rather than processes [...] [where] structures are assumed to be stable solutions to a set of current problems«[81] fokussiert, nicht mehr haltbar ist. Demgegenüber schlägt Weick Improvisation als Modell des organisationalen Design vor: »[...] tends to be emergent and visible only after the fact.«[82] Design ist kein Objekt, sondern ein zeitbasiertes, geschichtliches Konstrukt. »Design, viewed from the perspective of improvisation, is more emergent, more continuous, more filled with surprise, more difficult to control, more tied to the content of action, and more affected by what people pay attention [...]«[83] im Gegensatz zum objektalen Verständnis von Design.

6.7 Situative Perspektive auf organisationalen Wandel

Häufig wird in Organisationstheorien Wandel als Beigabe zu stabilen Verhältnissen interpretiert, so Pettigrew[84] und Wilson.[85] Bei der heutigen Lage zunehmender Kontingenz ist jedoch der Umgang mit Unordnung nicht mehr nur Hintergrundfolie stabilen Handelns in Routinen, sondern wird selbst zu einer organisationalen Form; die Organisationsforscherin Wanda Orlikowski nennt dies den *Situated Change*. Kontrapunktisch zum *Situated Change* ist der, für gewöhnlich von Organisationen verwendete, *Planned-Change-Ansatz* angelegt. Dieser *Ansatz* geht davon aus, dass vor allem Manager die primäre Quelle organisationalen Wandels darstellen. Aus dieser Perspektive wird angenommen, dass *manageriale* Akteure Wandel absichtlich herbeiführen, *Change*-Programme implementieren, um so Organisationen auf wandelnde Umgebungen neu ein-

80 | Feldman 2003; Feldman und Pentland 2003; Feldman und Rafaeli 2002.

81 | Weick 2001d, S. 347.

82 | Ebda.

83 | Ebda.

84 | Pettigrew 1985.

85 | Wilson 1992.

zustellen und für *High Performance* »fit« zu machen. Die Autoren dieses Ansatzes berufen sich vor allem auf Feldstudien von Lewin[86] sowie auf die von Burns/Stalker und von Galbraith vorgestellten kontingenten Rahmenwerke[87], auf Innovationstheorien von Hage und Aiken[88], Zaltman sowie Meyer und Goes und auf praktikerorientierte Beschreibungen organisationaler Effektivität durch Deming[89] oder Hammer und Champy[90]. Orlikowski kritisiert diese Perspektiven »for treating change as a discrete event to be managed separately from the ongoing processes of organizing, and for placing undue weight on the rationality of managers directing the change.«[91] Vor dem Hintergrund des aktuellen organisationstheoretischen Diskurses und seinen Annahmen über permanenten Wandel improvisationalen Lernens und organisationalen Handelns, kann es – so Orlikowski – nicht mehr funktionieren, die Gestaltung des Wandels nur der Organisationsführung zu überlassen. Vielmehr kann nur Wandel eingebettet in organisationale Handlung aller Akteure gelingen.

Orlikowski macht noch einen weiteren Ansatz aus, den sie den technologischen Ansatz nennt. Dieser rekurriert nicht primär auf die Akteure sondern setzt auf Wandel durch Technologie: »Technology is seen as a primary and relatively autonomous driver of organizational change, so that the adoption of new technology creates predictable changes in organizations' structures, work routines, information flows, and performance.«[92] Im organisationalen Kontext geht diese Perspektive von einem technologischen Determinismus und der Absenz von Handlungswirksamkeit aus. Diese Sichtweise wird jedoch dann problematisch, wenn in zunehmend flexiblen Zusammenhängen organisationale Akteure darauf angewiesen sind, schnell zu lernen und zu handeln und aus dem organisationalen Setting heraus neue Handlungsroutinen über die Zeit und in unterschiedlichen Situationen zu entwickeln und zu kreieren.

Als vierter Ansatz erweist sich der *Punctuated-Equilibrium*-Ansatz. Dieser Ansatz ist radikaler als die ersten beiden beschriebenen. Das Konzept des *Punctuated Equilibrium* sucht die Annahme zu widerlegen, dass organisationaler Wandel langsam, schrittweise und kumulativ vor sich geht,[93] wie Meyer et al. betonen. Stattdessen schlägt der *Punctuated-Equilibrium*-Ansatz ein Wandlungsmodell vor, das episodisch, plötzlich und radikal auftritt. Gersick konstatiert: »Relatively long periods of stability (equilibrium) are punctuated by compact

86 | Lewin und Cartwright 1951.

87 | Burns und Stalker 1961; Galbraith 1973.

88 | Hage und Aiken 1970 .

89 | Deming 1986.

90 | Hammer und Champy 1993.

91 | Orlikowski 1996, S. 64.

92 | S. 64 (siehe auch: Blau et al. 1976; Carter 1984; Leavitt und Whisler 1985).

93 | Meyer et al. 1993.

periods of qualitative, metamorphic change (revolution).«[94] Punktuelle Diskontinuitäten werden durch Modifikationen interner oder externer organisationaler Bedingungen hervorgerufen, also z.B. die Einführung neuer Technologien, Prozess-*Redesign* oder Regulierungsänderungen im Marktumfeld. Die Schwierigkeit an diesem Modell ist, dass es von einer primären Stabilität ausgeht. Ob nun ein bestimmter Zustand verbessert oder zu einem neuen Zustand gewechselt wird, immer ist die Stabilität des *Equilibrium*, so Mintzberg[95], vorrangig. Im Zusammenhang mit Organisationen, die vor allem informell und selbstorganisierend agieren und sich dem Experimentieren oder Improvisieren widmen, hat diese Annahme jedoch wenig Wert.

Orlikowski hebt hervor, dass alle drei oben genannten Ansätze Mintzbergs die Unterscheidung zwischen beabsichtigten und emergenten Strategien negieren. Während beabsichtigter Wandel die Realisierung neuer Muster des Organisierens genau nach Plan bezeichnet, ist emergenter Wandel die Realisierung neuer Muster des Organisierens als implizite Form unter Abwesenheit expliziter Intentionen. Nach Mintzberg und Waters[96] kann emergenter Wandel nicht antizipiert und geplant, sondern nur in Handlung selbst verwirklicht werden. Bezogen auf die drei oben genannten Modelle lässt sich also sagen, dass sie die In-situ-Handlungen des organisationalen Prozesses nicht berücksichtigen und deshalb nicht auf emergenten Wandel rekurrieren können. Emergenz wird jedoch heute zum Kernbestand organisationalen Handelns: »The notion of emergence is particularly relevant today as unprecedented environmental, technological, and organizational developments facilitate patterns of organizing which cannot be explained or prescribed by appealing to a priori plans and intentions.«[97] Es ist also zu konstatieren, dass der herkömmliche Diskurs bezüglich technologiebasierter organisationaler Transformation Annahmen in sich trägt, die in einem Diskurs über organisationale Emergenz und Selbstorganisation nicht hilfreich sind. Genau aus diesem Grund setzt Orlokowski mit ihrer *Situated-Change*-Perspektive in diesem Konnex auf Improvisation als neuem technologischen Ansatz, der die Dichotomie zwischen Planung und Nichtplanung überwindet. Ihr Ansatz problematisiert die Annahme, dass organisationaler Wandel, will er erfolgreich und sinnvoll sein, vorkommen durchgeplant werden muss ebenso, wie die Beschränkung des organisationalen Wandels auf technologische oder punktuelle Maßnahmen: »While recognizing that organizational transformation can be and often is performed as a deliberate, orchestrated main event with key players, substantial technological and other resources, and considerable observable and experiential commotion«, untersucht Orlokowski

94 | Gersick 1991, S. 12.

95 | Mintzberg 1987.

96 | Mintzberg und Waters 1985.

97 | Orlikowski 1996, S. 65.

»another kind of organizational transformation [...], one that is enacted more subtly, more slowly, and more smoothly, but no less significantly.«[98] Die spezifische Form organisationaler Transformation des *Situated Change* rekurriert auf die performativen organisationalen Praxen der Organisationsmitglieder und emergiert aus ihrem mehr oder weniger impliziten Bespielen von und Experimentieren mit alltäglichen, kontingenten Situationen und nicht-intentionalen Vorkommnissen. March argumentiert daher wie folgt: »Because of the magnitude of some changes in organizations, we are inclined to look for comparably dramatic explanations for change, but the search for drama may often be a mistake [...] Change takes place because most of the time most people of an organization do about what they are supposed to do; that is, they are intelligently attentive to their environments and their jobs.«[99] In die gleiche Richtung denkt Barley, wenn er schreibt: »[...] because forms of action and interaction are always negotiated and confirmed as actors with different interests and interpretations encounter shifting events [...], slippage between institutional templates and the actualities of daily use is probable. In such slippage resides the possibility of social innovation.«[100]

Orlikowskis Ansatz der organisationaler Transformation als *Situated Change* basiert auf der Annahme, dass Organisationen performativ hergestellt werden, also aus Handlung und nicht aus stabilen Objekten bestehen. Sie sind, im Sinne der Giddens'schen *Strukturationstheorie* (s. Kapitel 7.1.) *enacted* durch die laufende *Agency* der Organisationsmitglieder und haben außerhalb dieser Handlungen keine Existenz. Mit Butler lässt sich sagen, dass Routinen, Normen und Regeln durch Handlung reproduziert oder transformiert werden; das heißt auch: Wandel von Organisation ist in den Handlungen situiert. Darin spiegelt sich auch Marchs Bemerkung, dass »in its fundamental structure a theory of organizational change should not be remarkably different from a theory of ordinary action.«[101] In diesem Sinne argumentiert auch Hutchins gegenläufig zu klassischen Perspektiven auf Wandel als managerialer Planung: »Several important aspects of a new organization are achieved not by conscious reflection but by local adaptations.«[102] Rice und Rogers' Konzeption der *Reinvention*[103] und Ciborra und Lanzaras Begriff des »designing-in-action«[104] wie auch Schöns *Reflective Practitioner* weisen bereits auf improvisationale Modi des Organisierens hin.

98 | Ebda.

99 | March 1981, S. 564.

100 | Barley 1988, S. 51.

101 | March 1981, S. 564.

102 | Hutchins 1991, S. 14.

103 | Rice und Rogers 1980.

104 | Ciborra und Lanzara 1991.

Beim Zusammendenken von Giddens' Strukturdenken und Weicks Metapher des *Improvisational* entfaltet Orlikowski aus der Untersuchung von technologischen Neuerungen in Organisationen eine Perspektive auf Wandel »as inherent in everyday practice and as inseparable from the ongoing and situated actions of organizational members«[105].

In ihrer Studie beschreibt sie, wie Improvisation Wandel generiert, wie organisationale Akteure durch Praktiken, organisationale Strukturen und Koordinationsmechanismen Wandel herstellen. Orlikowski sieht diese Perspektive jedoch nicht als Ersatz traditioneller Ansätze, sondern als komplementär: »In most organizations, transformations will occur through a variety of logics.«[106] Natürlich ist Planung hilfreich und nicht unnötig. Jedoch weist Orlikowski auf die kritische Rolle hin, die ein über Zeit *enacteted Situated Change* im Gebrauch von Technologien einnimmt: »Such a practice logic has been largely overlooked in studies of organizational transformation, and appears to be particularly relevant to contemporary concerns of organizing.«[107] Danach ist organisationales Design emergent und nur nach dem Geschehen selbst sichtbar. *Situated Change* ist weder nur absichtlich geplant noch diskontinuierlich, sondern besteht aus rekurrenten und reziproken Variationen von Praktiken über ein bestimmtes Intervall von Zeit, das sich wiederum mit anderen Intervallen überlagert bzw. überschneidet und neue Rekurrenzen hervorruft: »Each change in practice creates the conditions for further breakdowns, unanticipated outcomes, and innovations. There is no beginning or end to this process.«[108] Orlikowski betont damit »the situated micro-level changes that actors enact over time as they make sense of and act in the world.«[109]

Im Konnex von organisationalem Wandel und Improvisation lässt sich also sagen: Bei Improvisation wird Transformation als Normalzustand und Struktur, Form und Funktion nicht mehr als Gegebenes, sondern als erklärungsbedürftig betrachtet. Transformation ist dann kontinuierliche Bewegung, deren Anfang und Ende immer neu gesetzt werden, aber auch als gesetzt verstanden werden muss.[110] Rindova und Kotha[111] sprechen in diesem Zusammenhang von einem *Continual Morphing*. Deshalb fokussiert Improvisationstheorie nicht nur darauf, wie Organisation improvisierend in bestehenden Strukturen arbeiten kann, sondern auch, wie sie selbst als Technologie entwickelt und damit strukturelle Änderungen vornimmt. Die Dichotomie von stabil und instabil fällt zuguns-

105 | Orlikowski 1996, S. 67.

106 | Ebda.

107 | Ebda.

108 | Ebda.

109 | A.a.O., S. 91.

110 | A.a.O.

111 | Rindova und Kotha 2001, S. 1273.

ten eines Wandelvorgangs, der, auf materiale Konstellationen relational bezugnehmend, zirkulär und rekursiv konzipiert ist: Transformationen bringen im *enactment* weitere Anschlüsse und damit Veränderungen hervor. Daher lässt sich sagen: » […] improvisation is more than a metaphor. It is an orientation and a technique to enhance the strategic renewal of an organization. The bridge between theory and practice is made through exercises used to develop the capacity to improvise […].«[112] Crossan konstatiert: »It may be necessary to further unpack the intuitive dimension to ensure that we do not lose sight of the discipline, practice and experience on which intuition is based.«[113] Das bedeutet: Nicht nur Affekte, sondern auch die Technik des konstruktiven Umgangs mit Affiziertheit spielt in die Improvisation hinein (s. Kapitel 7.8.). Pettigrew[114] weist in diesem Zusammenhang darauf hin, dass sowohl externe als auch interne Kontexte als dynamisch zu interpretieren sind.

Während Rindova und Kotha organisationale Veränderungen vor allem als Antwort auf Herausforderungen der Umwelt interpretieren, sehen Tsoukas und Papoulias[115] Organisation und ihre Umwelt als gegenseitige Bedingung. Erstere benötigt andere Rahmenbedingungen und umgekehrt entwickeln sich diese erst, wenn sich die veränderte Organisation aus Sicht ihrer Umwelt bewährt. Organisationaler Wandel ist damit als rekursiv zu verstehen: »It is the medium as well as the outcome of such a project.«[116] Handlungen führen zu Veränderungen, die auf sie zurückwirken, indem sie die Reaktionen sensibilisierter Organisationsmitglieder auf zukünftige Handlungsformen der Organisation verändern.

112 | Crossan 1998, S. 59.

113 | Ebda.

114 | Pettigrew 1987.

115 | Tsoukas und Papoulias 2005.

116 | A.a.O., S. 81.

7. Diskursanalytische Folien zur Improvisation

»The question of discourse, and the manner in which it shapes our epistemology and understanding of organization, are central to an expanded realm of organizational analysis. It is one which recognizes that the [...] world we live in and the social artefacts we rely upon to successfully negotiate our way through life, are always already institutionalized *effects* of primary organizational impulses. Social objects and phenomena such as ›the organization‹, ›the economy‹, ›the market‹ or even ›stakeholders‹ or ›the weather‹, do not have a straightforward and unproblematic existence independent of our discursively-shaped understandings. Instead, they have to be forcibly carved out of the undifferentiated flux of raw experience and conceptually fixed and labelled so that they can become the common currency for communicational exchanges. [...] social reality, with is all-too-familiar features, has to be continually constructed and sustained through such aggregative discursive acts of reality-construction. [...] What is less commonly understood is *how* this reality gets constructed in the first place and what sustains it.«[1] Robert Chia

Im Zentrum des folgenden Abschnitts der Arbeit steht an erster Stelle die Reflexion unterschiedlicher Theorien, Konzepte und Wissensbestände, die sich im Rahmen einer Fundierung der Improvisationstheorie dazu eignen, kritisch analysiert zu werden und innerhalb dessen die Bezugsetzung zu unterschiedlichen Aspekten der Improvisation zu vollziehen. Methodisch ergibt sich daraus ein diskursanalytischer Zugang zu relevanten Theoriebeständen, der zur weitergehenden Bestimmung des Begriffs Improvisation dienen soll.

Exkurs: Zur Diskursanalyse

Diskursanalyse zeigt eine Metastruktur an, die auf unterschiedliche Analyseformen von Diskursphänomenen verweist. Als bestimmend dafür, wie eine Diskursanalyse funktioniert, gilt somit immer, was die, die sie ausführen, unter

1 | Chia 2000.

Diskurs verstehen. Im Konnex seiner *Theorie des kommunikativen Handelns* fundiert Habermas Diskurs mit Intersubjektivität und der idealiter gesetzten herrschaftsfreien Kommunikation einer Diskursgemeinschaft.[2] Demgegenüber ist für Foucault mit Diskurs ein Ereignis annonciert, in dem irgendwie geregelte Verknüpfungen oder Formationen von Aussagen erscheinen und sich manifestieren. Diskursive Ereignisse wirken hier sowohl begründend wie verändernd. Anders als die Habermas'sche Variante zieht die Diskursanalyse Foucaults das Vertrauen in die Wahrhaftigkeit der Aussagen in Zweifel. Aus Foucaults Sicht liegen Sprechsituationen, gerade in Bezug auf ihre Materialität und Performanz, immer verzerrt vor. Foucault will die kontingente und performative Materialität von in spezifischen Situationen zu bestimmten Zeiten in bestimmten Kontexten getätigten Aussagen nicht durch universelle Annahmen überplanen, sondern als Ressource in die Analyse einbeziehen: Focault sagt von sich selbst, er habe »statt allmählich die so schwimmende Bedeutung des Wortes »Diskurs« zu verengen »seine Bedeutung vervielfacht ...: einmal allgemeines Gebiet aller Aussagen, dann individualisierbare Gruppe von Aussagen, schließlich regulierte Praxis, die von einer bestimmten Zahl von Aussagen berichtet«[3]. Damit verweist Foucault erstens auf das Feld der Äußerungen, die »durch die Gesamtheit aller effektiven Aussagen (*énoncés*) [...] in ihrer Dispersion von Ereignissen und in der Eindringlichkeit, die jedem eignet, konstituiert«[4] wird. Zweitens fragt Foucault nach den Feld-immanenten Regeln, die aus der strukturellen Anordnung bzw. Versammlung der diskursiven Performanzen hervorgehen. Das ist deshalb wichtig, weil sich Diskurse auch durch die spezifische Art und Weise artikulieren, in der sie angeordnet sind. Die dritte Ebene bezieht sich weniger auf die konkreten Äußerungen, sondern auf die strukturellen Bezugspunkte ihrer Ermöglichung bzw. Ausschließung. Damit wird der Tatsache Rechnung getragen, dass Aussagen entweder unter einer gesetzten Ordnung vorliegen und dann nicht wirklich das preisgeben, was sie bewegt, oder umgekehrt: Die Untersuchung findet die Aussagen, die noch nicht Eingang in die Ordnung gefunden haben, verstreut und dissoziiert vor. Materialität diskursiver Praktiken impliziert hier die Rede von Technologien, deren Operabilität und Funktionieren sich als »dynamische Wechselwirkung und Verschaltung divergenter Materialitäten« beschreiben lässt, »unabhängig davon, ob es sich um sprachliche, handlungsförmige oder sachtechnische Phänomene handelt.«[5] Diskurse setzen keine universelle Einheit, keinen Telos des Sozialen, sondern vielmehr agonale Strukturen voraus.[6] Sie emergieren als Substrate von Aushandlungsprozessen,

2 | Vgl. Habermas 1981; Habermas 1985.

3 | Foucault und Köppen 1997, S. 116.

4 | Foucault und Köppen 1997, S. 41.

5 | Lösch et al. 2001, S. 16.

6 | Vgl. Foucault und Ott 1999.

die – wie wir bei Butler sehen konnten – aus heterogenen Produktions- und Konstitutionsbedingungen hervorgehen und auf Performanz basieren. Performanz heißt, sie äußern sich in relational-materiellen Anordnungen, Technologien und Praktiken. Foucault fasst Diskurs als eine »symbolische Ordnung, die allen unter ihrer Geltung sozialisierten Subjekten das Miteinander-Sprechen und Miteinander-Handeln erlaubt [...].«[7] Diese »symbolische Ordnung« rangiert zwischen Realem und Idealem und nimmt eine Mittlerrolle der strukturalen Verschaltung ein. Im Gegensatz zum Strukturalismus jedoch deutet Foucault diese Strukturen nicht transzendental sondern relational: Sein Ansatz der Diskursanalyse soll die diskursiven Regelmäßigkeiten in ihrer Verschaltung und Verschaltbarkeit, also der Transformation und heterogenen Mannigfaltigkeit aufzeigen. Gegen die Behauptung einer vorausgesetzten Ordnung und Kontinuität geht es Foucault darum, die Relate von Ordnung und Unordnung aufzuzeigen, gegen Vereinheitlichung die Verstreutheit der diskursiven Ereignisse anzuerkennen und die Ordnung aufzuzeigen, die in Differenz und Verstreutheit liegt. Damit wird auch das Verfahren der Analyse selbst kontingent und beweglich als Prozess, setzt sich ab von metaphysischen Prinzipien teleologischer Formendeutung und bewegt sich hin zu einer kontingenten Faktizität des Performativen, die, und das ist das Entscheidende, nicht ohne, sondern nur mit einer anderen Logik agiert. Diese Logiken gilt es in der Bewegung des Analyseprozesses mit freizulegen. Statt auf die Erfüllung starker teleologischer Vorraussetzungen zielt die Untersuchung also vor allem auf das Registrieren, Sammeln und Ordnen im Umspielen als historischer Erfahrung von diskursiven Ereignissen.

Foucault baut sein Modell der Diskursanalyse auf der Setzung der Aussage. Eine Definition dessen, was eine Aussage ist, gibt Foucault jedoch nicht: »Nun habe ich mich davor gehütet, eine Definition der Aussage im vorhinein zu geben [...] um der Naivität meines Ausgangspunktes eine Rechtfertigung nachzuschicken.«[8] Foucault definiert die Aussage vielmehr ex negativo. Sie ist weder Proposition noch Satz oder Sprechakt. Man könnte von einem » Atom des Diskurses«[9] sprechen, das jene kleinste Einheit eines Feldes darstellt, die als konstitutives Element des Diskurses wirkt. Aber auch dieser strukturalistische Deutungsansatz täuscht. Foucaults Verweigerung der Definition hat also ihren Grund: »Es ist nämlich evident, dass die Aussagen nicht in dem Sinne existieren, in dem Sprache existiert und mit ihr eine Menge von durch ihre oppositionellen Züge und ihre Anwendungsregeln definierten Zeichen; Sprache ist in der Tat niemals in sich selbst und in ihrer Totalität gegeben.«[10] Das per-

7 | Foucault 1991, S. 32.

8 | Foucault 1991, S. 115f.

9 | Foucault 1991, S. 117.

10 | Foucault 1991, S. 123.

formative Inkrafttreten der Aussage ist Grundbedingung für die Existenz von Sprache, jedoch nur in Form ihres funktionalen Prinzips: »Wenn es keine Aussage gäbe, existierte die Sprache nicht. Aber keine Aussage ist unerläßlich damit die Sprache existiert.«[11] Foucault will in diesem Zusammenhang vor allem auf eines hinaus: zeigen, dass eine Aussage nicht essenzialisierbar ist – Aussagen rekurrieren weder auf eine reguläre sprachliche Konstellation noch lassen sie sich auf die materiale Erscheinung von Zeichen reduzieren. Man könnte also sagen, Aussagen seien zur Sprachbildung nicht essenziell nötig. Das stimmt jedoch nur dann, wenn man die Unterscheidung der differenten Ebenen ihrer Existenz unterlässt: »Die Aussage existiert [...] weder auf dieselbe Weise wie die Sprache [...] noch auf dieselbe Weise wie irgendwelche der Wahrnehmung gegebenen Gegenstände.«[12]

Foucault sagt: Eine Aussage stellt keine Essenz dar, sondern eine Funktion. Diese Funktion ist in der Relationalität der Aussage zu verorten: »Man darf in der Aussage keine [...] strukturierte Einheit suchen, sondern eine, die [...] in einer logischen grammatischen oder lokutorischen Verflechtung erfasst ist.«[13] Das heißt, die Aussage erschließt sich nicht über die Struktur, sondern über ihre Funktion, »die in Beziehung zu [...] verschiedenen Einheiten vertikal sich auswirkt und die von einer Serie von Zeichen zu sagen gestattet, ob sie darin vorhanden sind oder nicht.«[14] Die Aussage ist keine atomare Einheit im strukturalistischen Sinn, sondern eine Funktion, »die ein Gebiet von Strukturen und möglichen Einheiten durchkreuzt und sie mit konkreten Inhalten in der Zeit und im Raum erscheinen lässt«[15].

Foucault definiert Diskurs somit als eine Versammlung und Anordnung sprachlicher Performanzen. Wir sehen nun, wie anhand des Begriffs der Performanz am Scharnier von Funktion und Gebrauch gedreht wird. Denn es zeichnet die Anwendungsschemata und Gebrauchsregeln der Sprache aus, dass die für die Aussagen ein »Feld der Stabilisierung« bilden, »das trotz aller Änderungsunterschiede sie in ihrer Identität zu wiederholen gestattet«[16]. Identität meint hier also kein Individualisierungskriterium. Im Vordergrund steht vielmehr ein strukturell-motivisch angelegtes Variationsprinzip welches ermöglicht, Identität im herkömmlichen Sinn zu meiden, ohne jedoch völlig auf sie zu verzichten – die Identität der Aussage »ist selbst relativ und schillert gemäß

11 | Foucault 1991, S. 124.

12 | Foucault 1991, S. 125.

13 | Foucault 1991, S. 126.

14 | Ebda.

15 | Ebda.

16 | Foucault 1991, S. 151.

dem Gebrauch, den man von der Aussage macht und gemäß der Weise, auf die man sie handhabt.«[17]

Wenn ich, wie ich dies im Folgenden zu tun gedenke, auf rhetorische Konfiguration abhebe, so mache ich das nicht, um Aussagen mit ursprünglichen Identitäten zu vermengen. Sondern ich möchte mit Foucault in der »Prozedur der experimentellen Überprüfung« eine »Aussagegesamtheit von Zitat und Umspielen hervorrufen.«[18] Dorthin gelange ich, in dem ich Beständigkeit von Struktur und Form durch die »Funktion des Anwendungsfeldes« absichere, »in das sie sich eingehüllt«[19] finden. Eine Aussage stellt weder ein strukturales Ereignis noch ideale Form dar, der man eine beliebige Materie zuordnen kann. Als funktionales Gebilde ist sie »mit einem Gewicht ausgestattet, das in Beziehung zu dem Feld steht, in dem sie sich befindet, mit einer Beständigkeit ausgestattet, die verschiedene Verwendungen erlaubt. [...] Diese wiederholbare Materialität, die die Aussagefunktion charakterisiert, lässt die Aussage als ein spezifisches paradoxes [...] Objekt erscheinen.«[20] So entfaltet sich eine Trias, in der a) Struktur erneut begonnen, b) Form erneut aktualisiert und c) Funktion zirkulierend wiederholt werden kann: »Statt als ein für allemal Gesagtes [...] zu sein, erscheint die Aussage gleichzeitig, wie sie in ihrer Materialität auftaucht, [...] tritt in Raster ein, stellt sich in Anwedungsfelder, bietet sich Übertragungen und möglichen Modifikationen an, integriert sich in Operationen und Strategien [...].«[21]

Die Diskursanalyse sucht in ihrem Umspielen demnach nicht den einen Sinn, die eine zu verstehende hermeneutische Fixierung, sondern stellt ihre Funktion in Relation zum Feld her. Sie weist kein Subjekt zu, sondern öffnet »eine Menge von möglichen subjektiven Positionen.«[22] Das Diagrammatische an dieser Arbeit besteht darin, dass die Analyse weder Grenzen noch Identität festzurrt, sondern eine Matrix, ein Feld, ein Gebiet der relationalen Anordnung von Aussagen eröffnet. Diagrammatik auch deshalb, weil hier weder rein intelligibel noch rein sensibel, sondern medial gearbeitet wird. Das heißt, es eröffnet sich ein Feld der schematischen Vermittlungsebene als »Gebiet der Koordination«[23], eine Anordnung, die Aussagen als Einheiten in einem Raum ansiedelt, »in dem sie eingeschlossen, benutzt und wiederholt werden«. Ich lege das Augenmerk nicht auf die atomische Aussage, sondern auf das Beziehungs- und Wirkungsfeld »der Aussagefunktion« und auf »die Bedingungen, unter

17 | Foucault 1991, S. 152.

18 | Ebda.

19 | Ebda.

20 | Foucault 1991, S. 153.

21 | Ebda.

22 | Foucault 1991, S. 154.

23 | Ebda.

denen sie verschiedene Einheiten erscheinen lässt.«[24] Dabei berücksichtige ich, dass jede Menge von Zeichen, die sprachlich produziert werden, Performanz genannt werden können. Die Aussage verfügt über eine eigene Modalität der Existenz in dem performativen Feld, eine Modalität, die weder Essenz, Substanz noch Objekt ist. Diese Modalität steht jedoch in Relation zu Objektbereichen, ist unter sprachlichen Performanzen »angesiedelt« und »mit einer wiederholbaren Materialität«[25] ausgestattet. Genau damit diese Modalität funktionieren kann, greife ich auf den Terminus »Diskurs« zurück: »Auf die allgemeinste Weise bezeichnet er eine Menge von sprachlichen Performanzen.«[26] Die unter der ihr eigenen Existenzmodalität in Serie geschalteten Aussagen ergeben als ein spezifisches Verteilungs- und Anordnungsprinzip eine »diskursive Formation«. Somit wäre Diskurs genauer zu fassen als »eine Menge von Aussagen, die einem gleichen Formationssystem zugehören.«[27]

Als System des Funktionierens bildet der hier ausgestellte Analyseblock in Form der spezifischen Zusammenstellung von Autoren und deren Theoriefiguren eine Art Archiv aus, das in seiner Anordnung zeigt, wie die hier angeführten Motive sich weder »bis ins Unendliche in einer amorphen Vielzahl anhäufen«[28] noch einer rigiden Linearität zuzuschreiben sind. Vielmehr steht die hier angewandte Methode dafür, die »distinkten Figuren« herauszuarbeiten, die sich in ihrer thematischen Umspielung »aufgrund vielfältiger Beziehungen miteinander verbinden«[29]. Die Darstellung dieses Archivs »entfaltet seine Möglichkeiten ausgehend von Diskursen«[30] genau dann, wenn ich sie umspiele, d.h. sie hören dann auf, jemandem zu gehören. Aus der niemals vollständigen Hervorbringung des Archivs geht alsdann die Folie, der Hintergrund des Diskurses um Improvisation in Organisation hervor und bezeichnet so »das Thema einer Beschreibung, die schon das Gesagte auf dem Niveau seiner Existenz befragt.«[31] Die als eine solche Archäologie angesetzte Analyse des Diskurses befreit sich von Linearität von Bewusstsein oder Sprache ebenso wie von der äußerlichen Form. Sie arbeitet vom Inneren der Strukturen her, als »Praxis, die ihre eigenen Formen der Verkettung und Abfolge besitzt.«[32] Damit entfernt sie sich von Glättungen und Symmetrien, bewegt sich hin zu den »Einschnitten, Rissen, [...] völlig neuen Formen der Positivität und plötzlichen Neuverteilun-

24 | Ebda.

25 | Foucault 1991, S. 156.

26 | Ebda.

27 | Ebda.

28 | Foucault 1991, S. 187.

29 | Ebda.

30 | Foucault 1991, S. 189.

31 | Foucault 1991, S. 190.

32 | Foucault 1991, S. 241.

gen.«[33] Daher auch die asymmetrische Ausgestaltung der einzelnen Folien bzw. Kapitel in Struktur und Form bzw. Länge. Von der asymmetrischen Rhythmik erhoffe ich mir eine »Musikalisierung« des Diskurses, die auf die Überlagerung und Gegenüberstellung unterschiedlicher Diskursdichten hinarbeitet. In einer Absetzbewegung zu einer Wissenschaft, die »die ganze Dichte der Aneinanderhakungen [...] auf den monotonen Akt einer stetig zu wiederholenden Gründung reduziert«[34] sollen mit dem hier angewendeten Verfahren auch die der diskursiven Praxis eigenen Ebenen, Schwellen, Brüche erkennbar werden. Man könnte an dieser Stelle mit Foucault auch von Epistemen sprechen. Nach Foucault ist die Episteme »keine Form von Erkenntnis und kein Typ von Rationalität, die, indem sie die verschiedensten Wissenschaften durchdringt, die souveräne Einheit des Subjekts, eines Geistes oder eines Zeitalters manifestierte; es ist die Gesamtheit der Beziehungen, die man in einer gegebenen Zeit innerhalb der Wissenschaften entdecken kann, wenn man sie auf der Ebene der diskursiven Regelmäßigkeiten analysiert.«[35] Die Bewegung der Episteme »eröffnet ein unerschöpfliches Feld und kann nie geschlossen werden; ihr Ziel ist nicht, das System von Postulaten zu durchlaufen, sondern ein unbegrenztes Feld von Beziehungen zu durchlaufen.«[36] Ganz im Sinne des *Redesign* gilt es zu zeigen, dass eine Transformation im Diskurs »nicht ›neue Ideen‹, ein wenig Erfindungskraft und Kreativität, eine andere Mentalität, sondern Transformationen einer Praxis, eventuell in solche Praxisgebiete die ihr benachbart sind, und Transformationen in ihre gemeinsame Gliederung voraussetzt«[37] und damit darauf zu insistieren, dass eine Veränderung des Diskurses möglich ist.

Zusammenfassend lässt sich sagen, dass ich im Konnex meiner Arbeit deshalb auf Diskursanalyse zugreife, a) weil ich mich vor allem für die Performanz des Diskurses und die strukturellen Bewegungen, die diese hervorrufen, interessiere und b), weil dem Topos der Improvisation als Provisorisches gar nicht anders beizukommen ist.[38] Wenn man sagen kann, dass Diskursanalyse den Konnex von sprachlicher Performanz, sprachlicher Form und die strukturelle Ordnung dieser untersucht, so frage ich hier nach den Veränderungen, die die Begriffe, Objekte und theoretischen Schemata im Inneren der diskursiven Formation durchprozessieren, ebenso wie nach den Veränderungen, die mehrere diskursive Formen zugleich tangieren. Das bedeutet formal, dass Datenerhebung, Befragung, Analyse, Auswertung und Interpretation sich in den Texten verweben und dabei durch Motivarbeit strukturell gehalten werden. Insofern

33 | Ebda.

34 | Ebda.

35 | Foucault 1991, S. 272.

36 | Foucault 1991, S. 273.

37 | Foucault 1991, S. 298.

38 | Zur Sprachlosigkeit der Improvisation siehe: Dell 2002.

unterscheidet sich dieser Abschnitt auch von den vorherigen darin, dass er auf die Zwischenbilanzen verzichtet, sich die Zwischenbilanzen sozusagen in den Texten und deren Performanz selbst abspielen, punktuell hervortreten.

Dies im Hinlick darauf, dass eine Ansammlung von Daten über ein Objekt schnell an der eigentlichen Sachlage vorbeigehen kann, und zwar deshalb, weil in der isolierten Betrachtung nicht deutlich wird, wie der Diskurs in einem Netz von Relationen funktioniert. Solange eine solche Relationalität nicht erhellt ist, kann nichts über einen Diskurs ausgesagt werden, weil dessen Konstitution von der Funktion bestimmt wird. Der Diskurs wirkt als Punkt in einem Relationengeflecht von Vektoren, die jeweils mit Konflikten durchsetzt sind. D.h. alle noch so sorgfältig erhobenen Daten finden sich als Makulatur wieder, wenn nicht deutlich wird, wie die Konflikte und Differenzen des Relationalen beschaffen sind.

Die spezifische Form der Diskursanalyse in der vorliegenden Arbeit

Bei meinem spezifischen Vorgehen mache ich es so, dass ich unterschiedliche Protagonisten als Performer ihrer Diskurse vorstelle und deren Performanzen durch das Diskursfeld wandern lasse. Um ein relationales Denken zu ermöglichen, wäre »Feld« hier im Sinne von Pierre Bourdieu einzusetzen. Bourdieu sagt, dass es nicht nur möglich, sondern auch zwingend ist, methodisch zwischen Beziehungen und Elementen zu trennen – die Konstellation des Produktionsprozesses selbst ist jedoch immer mitzudenken. Bourdieu geht so an die Forschung heran, dass er erst die relationalen Verhältnisse untersucht, um dann die Erkenntnisse über die Elemente zu erweitern. Um dieser Relationalität gerecht zu werden, führt Bourdieu den Begriff des Feldes ein, an dem sich das »relationale Denken« entfalten kann: »Ich muss mich vergewissern, ob nicht das Objekt, das ich mir vorgenommen habe, in ein Netz von Relationen eingebunden ist und ob seine Eigenschaften nicht zu wesentlichen Teilen diesem Relationsnetz verdankt. Der Feldbegriff erinnert uns an die erste Regel der Methode, dass nämlich jene erste Neigung, die soziale Welt realistisch zu denken, oder substantialistisch, [...] mit allen Mitteln zu bekämpfen ist: man muss relational denken.«[39]

D.h. ich verwende formal zwei unterschiedliche Varianten. Die erste Variante entfaltet sich in den Kapiteln 3 und 4 und ist durch eine Sequenz bestimmt, die sich zwischen Datenerhebung und Interpretation (als jeweilige Zwischenbilanz) aufspannt. Im Block der diskursanalytischen Folien in Kapitel 7 zeigt sich Diskursanalyse auf der nächsten, sozusagen improvisatorischen Stufe: Erhebung und Interpration sind motivisch ineinander gearbeitet. Dort besteht meine spezifische Verwendung der Methode in dem relationalen Umspielen einzel-

39 | Bourdieu und Wacquant 1996, S. 262.

ner Denkmotive in einem von den jeweiligen Autoren geöffneten Diskursfeld und dem relationalen Verweben der Felder zu einem Archiv. Die Regeln und Regelmäßigkeiten des Diskurses, seine Beteiligung an der Wirklichkeitskonstitution und seine geschichtlichen Transformationen, die Organisation der von ihm hervorgerufenen Aussagen und dessen Prinzipien der relationalen Anordnung und damit auch die Heterogenität in ihrem Potenzial sollen somit sichtbar gemacht werden. Das Forschungsinteresse richtet sich auf die Frage, wie welche Aussagen mit anderen in Relation stehen und welche Bewegungen sie in ihrer Relation als Möglichkeit eröffnen. Ziel ist also keine abgeschlossene Hermeneutik (nach dem Motto »Der Text meint dies.«) sondern die Per-Formierung der Formen des Diskurses (in Strukturen, Praktiken, Performanzen), die sich durch die Texte hindurchziehen. Dahinter steht die Vermutung, dass dasjenige, das ich mit dem Thema Improvisation untersuchen möchte, nicht einfach gegeben ist, sondern in der Interaktion von Diskurspraktiken erst hervorgebracht und transformiert wird. Nach der Soziologin Hannelore Bublitz können Diskurse »nicht unmittelbar verstanden werden, sondern müssen durch ein methodisches Instrumentarium diskursanalytisch erschlossen werden. Die D(iskurs)-Analyse hat sich nicht nur zu einem spezifischen kultur- und sozialwissenschaftlichen Forschungsprogramm, sondern auch zu einer spezifischen Methodologie entwickelt, die die historische Rekonstruktion gesellschaftlicher Strukturen anleitet.«[40] Der von mir durchgeführte diskursanalytische Ansatz widmet sich somit vor allem der inneren Struktur der hier aufgespannten Diskursfelder. Motivische Arbeit bedeutet folglich, die strukturellen Zuordnungen von rhetorischen und argumentativen Figuren (Motiven) zu Texten und Textbestandteilen innerhalb des diskursiven Gesamtkontextes vorzunehmen. Damit soll die Aufgabe der Diskursanalyse ernst genommen werden, die darin besteht, das Dissoziierte, Un-Versammelte zu versammeln und in seinen Nachbarschaftsordnungen offenzulegen und neu zu verweben.

Es ist in diesem Zusammenhang keine nicht interpretative Methodik intendiert.[41] Das Vorgehen sucht vielmehr, ein interpretierendes Verstehen in den Prozess einzubauen. Dabei spielen ebenso die Formation der Begriffe (wie z.B. im ersten Abschnitt Struktur und *Agency*) hinein wie Formen der Reihung (also Verteilung der begrifflichen Muster), der Koexistenz und der Intervention. Koexistenz meint hier die Präsenz und das Umspielen von Motiven als Aussagen, die an anderen Orten im Feld bereits eingeführt wurden und wieder aufgegriffen, kritisiert bzw. diskutiert werden. Die Intervention meint den begriffserweiternden, transformierenden Aspekt des Umspielens. Als Ertrag eines solchen Verfahrens verspreche ich mir in der Möglichkeit, die in den obigen Abschnitten herausgearbeiteten Merkmale der Improvisation nun auf die Untersuchung

40 | Bublitz 2008, S. 47f.

41 | Siehe u.a. Kendall und Wickham 1999, S. 26.

derselben anzuwenden und so Ergebnisse herauszuarbeiten, die mit anderen, teleologisch geprägten Verfahren nicht erfassbar sind. Die von mir gewählte Variante der motivisch-relationalen Diskursanalyse soll so als struktureller Rahmen dienen, die komplexen Auseinandersetzungsprozesse um diskursive Fragen, die sozusagen als Folie hinter dem Feld »Improvisation« stehen, zu erhellen, Muster herauszuarbeiten und damit grundlegende Perspektiven auf die Improvisation zu eröffnen – wohl wissend, dass einige der hier herangezogenen Autoren diesen Begriff nicht oder in »falscher« Bedeutung verwenden. Im Durchlaufen des diskursiven Feldes durch die Autoren erwächst ein strategisches Spiel der Interaktion,[42] das ermöglichen soll, den Diskurs als relationales Gefüge auch strategisch nutzbar zu machen und die Dynamik der Auseinandersetzung mit und der Ausarbeitung von Improvisation als Technologie aufzuzeigen.

42 | Vgl. Foucault 2003.

Teil I
Handlung vs. Struktur

Im ersten Teil der diskursanalytischen Folien sollen unterschiedliche Konzeptionen der *Structure-Agency-Debatte* vorgestellt werden, die in ihrer Fragestellung unterschiedliche Implikationen im Feld der Improvisation aufweist. Die Improvisationstheorie steht schnell im Verdacht einer Individualisierung oder einem Interaktionismus das Wort zu reden. Es ist im Folgenden zu zeigen, dass dieser Vorwurf nur dann greift, wenn man in den alten Dualismen von Individuum vs. Struktur hängen bleibt bzw. wenn Strukturen nicht selbst performativ, sondern nur formal interpretiert werden. Ausgehend von Giddens‹ Strukturationstheorie über den Antagonismus von Laclau und Mouffe, essenziellen Aspekten des kritischen Realismus von Margret Archer und des *Morphongenetic Approach* tritt schließlich mit Mary Jo Hatch jene Wende zu einem performativen Strukturbegriff hervor, die für die Improvisationstheorie als wesentlich sich zeigt. Giddens ist in diesem Zusammenhang wichtig, weil er Struktur als Kernmotiv seines Blicks auf soziale Systeme in Bezug auf die Handlungswirksamkeit des Individuums herausarbeitet und hier auch die Raum- und Zeitbezogenheit des alltäglichen Handelns und dessen Rekursivität in den Blick nimmt. Während Giddens aber vor allem auf die Wiederholung und Routine des Vergangenen setzt, zielen Laclau und Mouffe auf »die Wiedereinführung von Zukünftigkeit in das Denken sozialer Formationen«[43]. Laclau sagt: »Unsere ganze Analyse richtet sich gegen eine objektivistische Konzeption und hat die Reduktion von ›Fakten‹ auf ›Sinn‹ und vom ›Gegebenen‹ auf dessen Möglichkeitsbedingungen zur Voraussetzung.«[44] Seine gemeinsam mit Mouffe entwickelte spezifische Form der Diskursanalyse geht von der Annahme aus, dass das Soziale nicht mit den präpolitischen Kategorien wie Ordnung, Wahrheit usw. arbeitet. Dies impliziert, dass sich die Strukturierung des Sozialen um die Frage der Konzeptualisierung des Politischen dreht. So rücken vor allem Relationalität und Möglichkeit in den Blick, die sich durch die Auseinandersetzungen und Konflikte des politischen Handelns strukturieren.

Archers Kritischer Realismus gilt als die konziseste Kritik an Giddens Strukturationstheorie, in der sie eine *Conflation*, also eine analytisch unzulässige Vermengung in der Dualität von Struktur ausmacht. Mit dem Kritischen Realismus insistiert Archer darauf, dass Menschen reale Sorgen, Anliegen und Beteiligung an der Welt haben, die sich unabhängig von einem Wandel des Diskurses vollziehen. Im Gegensatz zu Giddens betont Archer die kulturtheoretischen Aspek-

43 | Butler 1998.

44 | Laclau 1990, S. 212-213.

te. Um jedoch etwas über die kulturelle Interaktion von *Structure* und *Agency* auszusagen zu können, hält Archer die Kategorien von *Structure* und *Agency* streng auseinander. Vor allem der für ihre Theorie charakteristische Einbezug der Zeit ermöglicht es Archer, die Beziehungen zwischen struktureller Konditionierung und sozialer Interaktion auf der einen und emergierende Muster struktureller Elaboration auf der anderen Seite sichtbar zu machen.

Mary Jo Hatch schließlich zeigt auf, wie die *Structure-Agency-Debatte* noch eine völlig neue Richtung erhält, wenn Struktur in Bezugnahme auf die Improvisation als performativ gedacht werden kann. Die amerikanische Organisationstheoretikerin versucht – an Anlehung an Richard Rorty und dessen *Redescribing*-Ansatz – die *Structure-Agency-Debatte* über die Metapher des Jazz zu redefinieren. In diesem Zusammenhang ragen drei Elemente hervor:

erstens Mehrdeutigkeit, zweitens Emotionalität und drittens Zeitlichkeit von Strukturen. Hatch reagiert damit auf eine postmoderne Organisationsliteratur, die sich ganz den Verflüssigungen von Organisation widmet und dabei die strukturellen Problematiken aus dem Blick verliert. Aktuelle Entwicklungen zeigen jedoch, dass Organisationsmitglieder zunehmend über fehlende Struktur klagen. Um hier nicht in alte Dualismen zurückzufallen schlägt Hatch ein Modell vor, das sie dem Zusammenspiel der Jazzmusiker entlehnt und das sie in die Lage versetzt, Struktur neu, nämlich performativ, zu denken.

Struktur und *Agency*: Grundsätzliches

»Finding new ways to address organizational challenges as well as filling gaps that existing methods of apprehending organizational reality have not fully adressed. Indeed one of the underlying rationales for improvisation has to do with the dissatisfaction with the enduring conception of structure.«[45]

Im Zentrum der sozialtheoretischen Debatte um Struktur und *Agency* steht die Frage, wie sich Handlungen im Spannungsfeld von Individuum und Gesellschaft verorten lassen. Wie kann ich mit anderen etwas tun, wenn ihre Ziele andere sind als meine? Wie werden diese Ziele ausgedrückt bzw. normativ implementiert? Mit Recht sagt Colin Hay, dass wir genau diesem Problem im Alltag immer wieder begegnen: »Every time we construct, however tentatively, a notion of social, political or economic causality we appeal, whether explicitly or (more likely) implicitly, to ideas about structure and agency.«[46]

Innerhalb dieses Diskurses stehen sich zwei konträre Denkrichtungen gegenüber. Der *Agency*-Ansatz (auch als »methodologischer Individualismus« bezeichnet) geht davon aus, dass die einzige Wirklichkeit, der wir habhaft wer-

45 | Kamoche et al. 2002a, S. 5.

46 | Hay 1995, S. 189.

den können, diejenige ist, die aus Handlungen von Individuen hervorgeht. Weil strukturelle Kräfte wie Hegemonie oder Klasse als Epiphänomene (und damit als nicht real) eingestuft werden, ist über Struktur keine empirisch belegbare Aussage möglich. Eine im Individualismus implizierte Epistemologie muss deshalb von Individuen ausgehen, um Klassen zu erklären und nicht umgekehrt. Demgegenüber gilt dem Strukturalismus Struktur gemeinhin als Erklärung der sozialen, ökonomischen und politischen Kontexte, in und auf deren Basis Handlung stattfindet. Der Strukturalismus negiert den menschlichen Akteur als soziale Entität und legt den Schwerpunkt auf die Situiertheit des menschlichen Handelns in Struktur und auf die strukturellen Bedingungen, die jeweiliges Handeln auslösen oder bestimmen. Individuen werden als Resultat der Strukturen, in denen sie existieren, verstanden; Verhalten ist keinem freien Willen zuzuschreiben, sondern ist Produkt struktureller Faktoren.[47] Die Differenz von Struktur und *Agency* lässt sich also mit Loyal und Barnes wie folgt zusammenfassen: »Agency stands for the freedom of the contingently acting subject over and against the constraints that are thought to derive from enduring social structures. To the extent that human beings have agency, they may act independently of and in opposition to structural constraints, and/or may (re) constitute social structures through their freely chosen actions. To the extent that they lack agency, human beings are conceived of as automata, following the dictates of social structures and exercising no choice in what they do. That, at any rate, is the commonest way of contrasting agency and structure in the context of what has become known as the structure/agency debate.«[48]

7.1 Anthony Giddens: Rekursivität organisationalen Handelns

Die von Anthony Giddens aufgestellte Strukturationstheorie sucht den oben skizzierten Gegensatz zu überwinden. Sie geht von einer *Dualität der Struktur* aus, in der sich eine Wechselwirkung zwischen Handeln und Struktur ausdrückt. Nach dieser Theorie haben soziale Strukturen keinen rigiden determinierenden Effekt, sondern sind als Medium und Resultat wiederholter Handlungen zu bestimmen.

Wenn wir den Widerspruch des methodologischen Individualismus und des Strukturalismus als Widerspuch von »Akteuren ohne Systeme« vs. »Systeme ohne Akteure« charakterisieren, platziert sich Giddens auf den ersten Blick genau zwischen diese Extreme: Seine Theorie »provide[s] an account of human

47 | So würde z.B. ein strukturalistischer Marxist sagen, dass Handlung und Wahl durch Klassenzugehörigkeit determiniert sind.

48 | Loyal und Barnes 2001.

agency which recognizes that human beings are purposive actors, who virtually all the time know what they are doing (under some description) and why. At the same time [as understanding that] [...] the actions of each individual are embedded in social contexts ›stretching away‹ from his or her activities and which causally influence their nature.«[49] Stuart McAnulla beschreibt den Strukturationsansatz wie folgt: »Giddens in the form of what he calls ›Structuration‹ theory has set out to try and transcend the dualism of structure and agency. His basic argument is that, rather than representing different phenomena, they are mutually dependent and internally related.«[50] Akteure verfügen über Regeln und Ressourcen, die Handlungen ermöglichen oder behindern. Diese Handlungen können wiederum zur Rekonstituierung von Struktur führen, die wiederum zukünftiges Handeln beeinflusst. Man könnte also sagen, Struktur und *Agency* sind zwei Seiten einer Medaille.

Agency und Reflexivität

Mit der Einführung des Neologismus *Strukturation* möchte Giddens darauf verweisen, dass Struktur als Aktives gedacht und in dem Begriff *Strukturation* die Struktur- und Handlungsaspekte kombiniert werden können. Es lässt sich hieraus eine Bevorzugung des Handelns deuten: Struktur wird als durch Handlung in die Welt kommend verstanden. Giddens schlägt vor, den Akteur als verkörperte Einheit zu begreifen, welcher über kausale Kräfte verfügt. Diese kausalen Kräfte kann der Akteur einsetzen, um in Form von in Sequenzen laufender Ereignisse in der Welt zu intervenieren. Die verkörperlichte Potenzialität ist das, was einen Akteur ausmacht. Giddens definiert »action or agency as the stream of actual or contemplated causal interventions of corporal beings in the ongoing process of events-in-the-world.«[51] Seine Bevorzugung der *Agency* besteht in dem analytischen[52] Element, Handlung als eine Transformation anzusehen, in die Entscheidungen eingelagert sind. Der Akteur »could have acted otherwise.«[53] Diese Konzeption spricht der *Agency* gesellschaftsverändernde Macht zu. Man wäre geneigt zu sagen: Giddens Form des *Agency*-Ansatzes interpretiert das Individuum als atomisierte Entität, die einen voluntaristischen Zugang zum Handeln hat. Dies trifft jedoch nur bedingt zu, da Giddens versucht, unter Einbezug der Strukturen auch institutionelle Gesichtspunkte zu berücksichtigen: »Bei diesen Problemen geht es um das Wesen menschlichen Handelns

49 | Giddens 1984, S. 258.

50 | McAnulla 2002, S. 271.

51 | Giddens 1976, S. 75.

52 | Analytisch will hier sagen, dass die Trennung nicht ontologistisch intendiert ist, sondern nur aus analytischen Zwecken eingesetzt wird.

53 | Giddens 1976, S. 75.

und der handelnden Person; um die Frage der Konzeptualisierung von Interaktion und ihrer Beziehung zu Institutionen; und schließlich um die praktische Bedeutung sozialwissenschaftlicher Analyse. [...] Das heißt, im Zentrum stehen das Verständnis menschlichen Handelns und sozialer Institutionen.«[54] Giddens geht es also nachgerade darum, objektivistische (Parsons) wie voluntaristische Theorieansätze aufzuheben. Wie bereits oben beschrieben, prioriisiert Parsons Objekt, Gesellschaft und Struktur sozialer Systeme gegenüber den Subjekten. Demgegenüber geben voluntaristische Konzeptionen, wie etwa die von Garfinkel[55] und Schütz,[56] Subjekten den Vorrang. Giddens Versuch besteht darin, die scharfe konzeptionelle Trennung von Akteuren einerseits und von Gesellschaft, Organisation und ihren Strukturen andererseits aufzuheben und auf deren wechselseitiger Konstitution abzuheben (was einige Dilemmata mit sich führt und Archer später als conflationist theory kritisiert wird). Die Theorie der Strukturation setzt somit eine Gleichursprünglichkeit und wechselseitige Bedingtheit (von Giddens auch als *Rekursivität* bezeichnet) von Handeln und Struktur voraus. In diesem Zusammenhang gelten soziale Strukturen als Produkte und Medien sozialen Handelns: Strukturen werden durch das Handeln reflektierender Akteure erzeugt und reproduziert. Gleichzeitig bilden Strukturen die Regeln und Ressourcen des Handelns. Giddens betont jedoch, dass die Handlungen von Subjekten auch als Strukturen zu verstehen sind, d.h. Subjekte stellen ihre Identität (die aus Strukturen besteht) in Prozessen her, in denen auch weitere Strukturen produziert werden. *Agency* lässt sich nicht als Handeln isolierter Akteure begreifen, sondern ist im Kontext von Institutionen zu analysieren. Institutionen fasst Giddens in Bezug auf Handlung: Sie bestehen aus routinisierten Praktiken, die von der Mehrzahl der Akteure angewandt und anerkannt werden. In diesem Zusammenhang definiert Giddens Soziale Systeme als »patterning of social relations across time- space, understood as reproduced practices.«[57] Soziale Systeme bestehen aus den geordneten bzw. regelmäßig wiederkehrenden Interdependenzbeziehungen zwischen Akteuren oder Gruppen von Akteuren.

Woher aber kommen Handlungen? Handlungen sind für Giddens durch die Handlungsmotivation mit den Bedürfnissen des Akteurs verbunden.[58] Dabei setzt Giddens eine Identität der Akteure voraus, innerhalb derer die Motive als »Gesamtpläne oder Programme«[59] organisiert werden. Gleichzeitig spricht Giddens den Akteuren Handlungsrationalität zu. »Unter Rationalisierung des

54 | Giddens 1988, S. 30.

55 | Garfinkel 1967.

56 | Schütz 1960.

57 | Giddens 1984, S. 377.

58 | Giddens 1988, S. 56.

59 | Giddens 1988, S. 57.

Handelns verstehe ich, dass Akteure – ebenfalls routinemäßig und ohne viel Aufhebens davon zu machen – ein theoretisches Verständnis für ihr Handeln entwickeln.«[60] Als weiteres Merkmal des Handelns bestimmt Giddens die reflexive Steuerung des Handelns, mit der die Akteure ihr Handeln und das ihrer Interaktionpartner beeinflussen. Akteure handeln in pluralistischen Kontexten. Soziale Macht ist zwischen sozialen Gruppen verteilt, wobei in Giddens Konzeption keine der Gruppen dominiert. Deshalb ist die Analyse des Sozialen auf das angewiesen, was die Individuen erzählen, was sie »reflexiv« machen können. Umgekehrt gilt: Weil sich das Individuum über die Implikationen seines Handelns bewusst ist, kann es für sein Handeln verantwortlich gemacht werden.

Struktur als Medium

Strukturen bezeichnet Giddens als »rekursiv organisierte Menge von Regeln und Ressourcen.«[61] Weil mit Regeln Handlungen Sinn und Norm verliehen werden, sind sie Gegenstand von gesellschaftlichen Verhandlungs- und Kodifizierungsprozessen. Als Merkmal von Strukturen sind Regeln jedoch nicht ohne Bezugnahme auf die Ressourcen verständlich. Ressourcen sind »Medien, durch die Macht als ein Routineelement der Realisierung von Verhalten in der gesellschaftlichen Reproduktion ausgeübt wird.«[62] Giddens unterscheidet hier zwischen allokativen, d.h. materiellen Ressourcen, und autoritativen bzw. symbolischen Ressourcen, die auf Personen Bezug nehmen.[63] Struktur wird von Giddens in Strukturmomente unterteilt, die die Doppelfunktion von Ermöglichung (*Enabling*) und Einschränkung (*Constraining*) ausfüllen. Während Strukturen »an der sozialen Reproduktion rekursiv«[64] mitwirken, gilt für die Strukturmomente, »dass Beziehungen über Zeit und Raum stabilisiert werden.«[65] Die Strukturmomente wirken sozusagen als Vermittler zwischen den gesellschaftlichen Strukturprinzipien (als »Regeln-Resourcen-Komplexe, die an der institutionellen Vernetzung sozialer Systeme beteiligt sind«[66]) und der reflexiven Handlungssteuerung durch die Akteure. Akteure können auf Strukturmomente als Hilfsmittel zugreifen. Gleichzeitig sind Strukturmomente aber

60 | Giddens 1988, S. 55f.

61 | Giddens 1988, S. 37.

62 | Giddens 1988, S. 67.

63 | Unter den Attributen allokativ (lat.: locare, mlat.: allocare »platzieren«, im weiteren Sinne »zuteilen«) versteht man allgemein die Zuordnung von beschränkten Ressourcen zu potentiellen Verwendern. Mt autoritativ ist seinen Geltungsbereich ausübend auf Autorität beruhend, maßgebend, entscheidend gemeint.

64 | Giddens 1988, S. 43.

65 | Ebda.

66 | Giddens 1988, S. 240.

auch Resultate von Handlungen, in denen Strukturmomente bestätigt oder neue eingeführt werden. »Alle Strukturmomente sozialer Systeme, dies als Leitsatz einer Theorie der Strukturierung, sind Mittel und Ergebnis der kontingent ausgeführten Handlungen situierter Akteure.«[67]

Rekursivität

Rekursiv meint bei Giddens, dass Handlungen »nicht nur durch die sozialen Akteure hervorgebracht werden sondern von ihnen mit Hilfe eben jener Mittel fortwährend reproduziert werden, durch die sie sich als Akteure ausdrücken. In und durch ihre Handlungen reproduzieren die Handelnden die Bedingungen, die ihr Handeln ermöglichen.«[68] Giddens versucht sein Konzept der Rekursivität von Strukturen am Modell der Sprache zu explizieren. Mitglieder einer Sprachgemeinschaft verwenden bestimmte Regeln und linguistische Praxisformen. Um sprechen zu können, müssen sie sowohl um die Regeln wissen wie auch diese Regeln in ein Sprechen umsetzen können.[69] Giddens überträgt diesen gesellschaftlichen Sachverhalt nun auf die Beschreibung des Gesellschaftlichen selbst. Gesellschaftliche Strukturen sind, als Regeln und Ressourcen, rekursiv in dem Sinne, dass sie Handeln ermöglichen und gleichzeitig im handelnden Rückgriff auf die Strukturen reproduziert, sozusagen *en-acted*, performativ hergestellt werden. Damit zeigt Giddens, wie Menschen im alltäglichen Handeln auf Wissensvorräte zurückgreifen. Regeln (Strukturen) der Konstitution/Produktion von Organisation werden somit nicht als vorauszusetzender Hintergrund sondern als Wissensfeld behandelt.

Die grundlegende Denkfigur der Theorie der Strukturation besteht also darin, soziales Handeln als rekursiv zu interpretieren. Soziale Praktiken kommen durch Handeln in die Welt. Soziale Praktiken meint dann ein bestimmtes strukturelles Handlungsfeld oder -set, auf das sich Akteure in ihrem situativen Handeln immer wieder beziehen. Dadurch werden Handlungen als soziale Praktik produziert und reproduziert. Umgekehrt basiert soziales Handeln auf dem Vorhandensein sozialer Praktiken: Nur durch intersubjektive Bezugnahme der an einer Handlungssituation beteiligten Akteure auf diese intersubjektiven Praktiken wird Verständigung möglich: »In and trough their activities agents reproduce the constitutions that make these activities possible.«[70] Rekursivität wird zu jenem Schaltbegriff, an dem es möglich wird, die Relation von Handeln und Organisation in Form wechselseitiger Konstitution zu fassen. Damit wiederum Rekursivität möglich ist, wird vorausgesetzt, dass Akteure reflexiv sind in dem

67 | Giddens 1988, S. 24.

68 | Giddens 1988, S. 52.

69 | Giddens 1988, S. 76.

70 | Giddens 1984, S. 2.

Sinne, dass sie nicht nur über soziale Praktiken Bescheid wissen, sondern auch diese adäquat anwenden können. Als *Knowledgeable Agents* (kompetente Akteure) brauchen die Handelnden spezifische Wissensbestände, die sie in die Lage versetzen, innerhalb situativer Bedingtheiten bestimmte Handlungsweisen zu aktivieren und das eigene Handeln an das anderer anschlussfähig zu halten.

Routinen. Diskursives Bewusstsein und praktisches Bewusstsein

Routinen sind nach Giddens eine Schlüsselkategorie zum Verständnis des Sozialen als organisationaler Prozess: »Routinen sind konstitutiv sowohl für die kontinuierliche Reproduktion der Persönlichkeitsstrukturen der Akteure in ihrem Alltagshandeln, wie auch für die sozialen Institutionen; Institutionen sind solche nämlich nur kraft ihrer fortwährenden Reproduktion.«[71] In Routinen werden sowohl die Formen der Institution/Organisation reproduziert wie auch Handlungen habitualisiert. Sie bilden die Grundlage dafür, dass Rekursivität in gesellschaftliches Handeln eingelagert werden kann. Die Repetition alltäglichen Handelns als Routine reproduziert sozusagen rekursiv gesellschaftliche Strukturen. In dieser Funktion agieren Routinen auch als Spender von Gewissheiten und Sicherheiten. Mit dieser Konstruktion gelingt es Giddens, das makrosoziologische Phänomen der Institution sozusagen im Rückgriff auf die mikrosoziologische Wirkweise der Routine zu erklären. Institutionen sind Ausdruck einer Praxis. Als die »dauerhaften Merkmale des gesellschaftlichen Lebens«[72] sind sie performativ als dauerhaft in Routinen reproduzierte Formen. Umgekehrt lässt sich damit sagen, dass ihre Dauerhaftigkeit auf permanente Reproduktion angewiesen ist.

Auch in das Handeln der Menschen sind Routinen eingebaut: Im Alltag müssen wir über viele unserer Handlungen nicht mehr nachdenken. Die Routinen bieten sozusagen ein Set von Handlungsweisen, anhand derer wir unseren Alltag gestalten. Diese Wechselwirkung von Handlung und vorgefertigten Formen des Handelns lässt sich vermittels Gegenüberstellung von Handlung und Struktur beschreiben. Dabei unterscheidet Giddens zwischen praktischem Bewusstsein, diskursivem Bewusstsein und den unbewussten Motiven bzw. Wahrnehmungen. Diskursives Bewusstsein besteht aus Sachverhalten, die Menschen in Worte fassen können. In ihm wird all das sichtbar, was Akteure über ihr Tun aussagen bzw. sprachlich mitteilen. Mit diskursivem Bewusstsein ist also eine Form der Reflexivität gemeint, die als steuernder Einfluss, den Handelnde auf ihr Leben nehmen, ebenso wirkt wie die Fähigkeit, dieses Handeln zu erläutern. Praktisches Bewusstsein besteht nach Giddens aus dem Wissen, das emotional und körperlich im Alltag aktualisiert wird. Diese Bewusstseinsebene ist in

71 | Giddens 1988, S. 37.

72 | Giddens 1988, S. 76.

das regelmäßige alltägliche Tun eingelagert und enthält größtenteils implizites Wissen. Mit ihm lassen sich praktische Ordnungsvorgänge wie z.B. die Konstitution von Raum fassen. Wir orientieren uns, indem wir aus einem Reservoir an Routinen, Optionen und Varianten, die wir in der räumlichen Bewegung anwenden, auswählen und diese neu ordnen. Der Unterschied zwischen praktischem und diskursivem Bewusstsein liegt nicht im Handeln selbst, sondern in dessen Bewusstmachung. Beide Formen des Bewusstseins werden durch unbewusste Formen ergänzt oder konterkariert, deren Inhalt als verdrängte Motive des Handelns bestimmt wird. Unbewusste Motive hingegen liegen »tiefer« und können vor allem Abweichungen von den Routinen auslösen.

Kritik

Mit Christoph Görg lässt sich sagen, dass Giddens' Theorie der Strukturierung vor allem deshalb wichtig ist, weil sie dazu anleitet »Strukturen nicht allein als Zwang, sondern auch als *Ermöglichungsbedingung* für Handeln aufzufassen und damit die Dichotomisierung der beiden Begriffe aufzugeben.«[73] Diese Theorie weist jedoch die Schwierigkeit auf, dass sie den Handlungsbegriff »objektivistisch« verkürzt. So kann Giddens nicht angeben, »wie ein intentionales Handeln zu denken wäre, dessen reflexive Selbsteuerung sich gegen die strukturellen Muster gesellschaftlicher Reproduktion entfaltet.«[74] Die Strukturationstheorie interpretiert Struktur wie folgt: »Struktur als rekursiv organisierte Menge von Regeln und Ressourcen ist außerhalb von Raum und Zeit, außer ihren Realisierungen ihrer Koordination als Erinnerungsspuren, und ist durch eine ›Abwesenheit des Subjekts‹ gekennzeichnet.«[75] Hier bleibt jedoch offen, wie Realisierung im Verhältnis zu Aktualisierung zu bestimmen ist. Und was bedeutet »Abwesenheit des Subjekts«? Giddens betont, dass Strukturen den Menschen nicht äußerlich sind: Sie verwirklichen sich in Form von Erinnerungsspuren und sozialen Praktiken. In diesem Zusammenhang interpretiert Giddens jedoch den Körper als ein reines Medium des Ausdrucks, der Bewegung und Positionierung. Wie jedoch die Verkörperung geschieht, bleibt unangesprochen. Ein weiterer Kritikpunkt ist, dass die Dualität der Struktur vor allem auf den starken Routinecharakter sozialer Strukturen abhebt; Handlungsspielräume bleiben unterbelichtet. Handeln ist gerade durch Emergenz (Archer) definiert, mithin dadurch, dass Akteure auch anders handeln könnten. Joas[76] und de Certeau[77] machen darauf aufmerksam, dass über die bei Giddens gesetzte Vollständigkeit

73 | Görg 1994, S. 42.

74 | Görg 1994, S. 55.

75 | Görg 1994, S. 37.

76 | Joas 1992.

77 | de Certeau 1988.

der Regeln und Routinen des Handelns wie auch der Verträge keine abschließenden Aussagen getroffen werden können.

7.2 Laclau und Mouffe: Dislozierung und Antagonismus

Welches Subjekt? Poststrukturalistische Einwände

Giddens muss für sein Konzept auf ein reflexives Subjekt rekurrieren, das sich in rationalen Handlungen äußern kann. Die Konzeption autonomer Subjektivität und rationaler Handlungsfähigkeit hat jedoch in den vergangenen Jahrzehnten grundlegende Problematisierungen erfahren. In der Frage nach *Agency* ist deshalb zu bedenken, wie Subjekte, die immer nur relational, also aus ihren vielfachen Verstrickungen im jeweiligen gesellschaftlich-kulturellen Kontext bestimmbar sind, einem angemessenen analytischen Zugang zu dieser Bestimmtheit zugeführt werden können. Ebenso strittig ist, wie Handlungsfähigkeit (*Agency*) der Subjekte innerhalb dieser Verhältnisse zu fassen ist.

Wenn wir sagen, Subjektivität und *Agency* seien relational, so ist damit gemeint, dass sie gesellschaftlich konstituiert werden. Mit dieser Beschreibung ist jedoch noch keine Aussage darüber getroffen, was Gesellschaft ist, sondern nur, dass gesellschaftliche Verhältnisse nicht externalisierbar sind. Man kann sich auf keinen Ort außerhalb dieser Relationen berufen, an dem eine »objektive« Kritik möglich wäre. Damit sind auch die traditionellen Dualismen von Individuum vs. Gesellschaft, Handlung vs. Struktur, Voluntarismus vs. Determinismus, Autonomie vs. Heteronomie zumindest fragwürdig. Das hat auch Folgen für die Ethik. Sie ist herkömmlich als die Möglichkeit einer Selbstbestimmung gesellschaftlich situierter Subjekte gedacht, die vor dem Hintergrund normativer Annahmen, welche an die Kriterien der Vernunft gekoppelt sind, verhandelt wird. Diese Sichtweise wird an dem Punkt problematisch, an dem universalistische Annahmen über das menschliche Subjekt nicht mehr eindeutig getroffen werden können. Eine solche Annahme ist z.B. die These, dass Kritik immer einer Immanenz verhaftet bleibt. Mit der Absetzbewegung zum Universalismus ist jedoch nicht zwangsläufig der Rückzug in einen Strukturdeterminismus verbunden. Die Option besteht darin, einen Perspektivenwechsel vorzunehmen, der es ermöglicht, gesellschaftliche Situationen als performativ produziert zu verstehen. In solch einem Fall wird der Begriff der *Agency* von neuem relevant, und zwar deshalb, weil in *Agency* die Befähigung inbegriffen ist, Verhältnisse zu produzieren und damit auch dazu, die Möglichkeit, sich zu Verhältnissen zu verhalten, diese zu transformieren oder nur zu reproduzieren.

Fragen zum Antagonismus

Was bedeutet es, wenn der universalistische Subjektbegriff zurückgewiesen und gesagt wird, Subjekt wie Objektivität seien kontingenter Natur? Heißt das, es herrscht nur Unbestimmtheit? Und: Ist damit die Abwesenheit notwendiger Beziehungen (also die Tatsache, dass Identitäten, die Bedeutung von Objekten und gesellschaftliche Praxen fixiert werden können) konstatiert und jeglicher kohärente Diskurs unmöglich? An dieser Frage setzen Laclau und Mouffe mit ihrem Begriff des Antagonismus an. Zwar kritisieren sie einen essenzialistischen Subjektbegriff. Sie gehen jedoch nicht davon aus, dass es notwendige Beziehungen nicht gibt. Aber sie beobachten, dass diese Beziehungen immer wieder durch Formen des *Antagonismus* unterminiert werden. Mit Antagonismus meinen Laclau und Mouffe jedoch nicht, wie üblich, ein objektives Verhältnis zwischen widerstreitenden realen Objekten bzw. begrifflichen Objekten. Laclau und Mouffe definieren Antagonismus vielmehr im Modus der Performativität und zwar als »ein Verhältnis, worin die Grenzen jeder Objektivität *gezeigt* werden.«[78] Sie gehen in diesem Zusammenhang davon aus, dass Elemente einer Totalität nicht fixiert sind. Deshalb muss es ein Äußeres dieser Totalität geben, das nicht auf ein inneres Moment seiner selbst reduziert werden kann. Dialektik im Hegel'schen Sinne sah die Negation objektiver Gehalte nur als Moment einer umfangreicheren, These und Antithese umfassenden Totalität. Laclaus und Mouffes Antagonismus jedoch ist als Negation einer gegebenen Ordnung zu verstehen, die eben die Grenze einer Ordnung aufzuzeigen sucht, deren Jenseits sich der Wahrnehmung, dem »Sagbaren« entzieht.[79]

Die Kraft, die im Antagonismus liegt, ist einer in sich widersprüchlichen Funktion zuzuweisen: Während sie die volle Konstitution der Identität dessen, zu dem sie in Opposition steht, sperrt, zeigt sich die antagonistische Kraft als Teil der Existenzbedingungen eben dieser Identität. Eine solche Sperrung kann jedoch nur stattfinden, wenn es so etwas wie eine Identität gibt. Damit dreht sich das Spiel um: Kontingenz ist nicht mehr Negation von Notwendigkeit, sondern vielmehr das Element einer Unreinheit, die die volle Konstitution von Identität mit Unschärfe versorgt. Die zweite Funktion ergibt sich nach Laclau und Mouffe aus der Relationalität aller Identitäten. Wenn Identitäten nicht mehr als wesensmäßig, also isoliert bestimmbar sind, so können sie relational, also im Verhältnis zu anderen Identitäten gefasst werden. So wird Antagonismus geradezu zur Existenzbedingung jener Identität, die er gleichzeitig unterminiert.[80] Die zentrale These von Laclau und Mouffe besteht somit in der Annahme, dass Identitäten – als Bedeutung von Objekten und gesellschaftliche

---

78 | Laclau und Mouffe 1991; Original: Laclau und Mouffe 1985, S. 181.

79 | Laclau und Mouffe 1985, S. 176-183.

80 | Laclau 1990, S. 27.

Praxen – durchaus bestimmt werden und somit auch in notwendige Beziehungen treten können. Daraus ist jedoch nicht abzuleiten, dass diese Ordnungen naturalisierbar, also von unendlicher Dauer noch in einer umfassenden Totalität abschließbar sind.

Diese Definition von Antagonismus stellt die grundlegende Denkfigur der politischen Philosophie von Laclau und Mouffe dar. In der permanenten Aushandlung darüber, was Ordnung ist, liegt nach Mouffe der Kern des Politischen: »Jede Ordnung ist die temporäre und widerrufliche Artikulation kontingenter Verfahrensweisen. Die Grenze zwischen dem Gesellschaftlichen und dem Politischen ist nicht festgelegt und erfordert ständige Verschiebungen und Neuverhandlungen zwischen den gesellschaftlich Handelnden. Es könnte immer auch anders sein – daher basiert jede Ordnung auf dem Ausschluß anderer Möglichkeiten. In *diesem* Sinne kann sie auch ›politisch‹ genannt werden, da sie der Ausdruck bestimmter Machtverhältnisse ist. Macht ist für das Gesellschaftliche konstitutiv, weil das Gesellschaftliche ohne die ihm seine Form gebenden Machtverhältnisse nicht sein könnte. Was in einem bestimmten Augenblick für die ›natürliche‹ Ordnung gehalten wird – gemäß dem ihr entsprechenden ›common sense‹ – ›ist das Ergebnis sedimentierter Verfahrensweisen; gesellschaftliche Ordnung ist niemals Manifestation einer tieferen Objektivität, die sich von den Verfahrensweisen trennen ließe, denen es sein Dasein verdankt. [...] Jede gesellschaftliche Ordnung ist politischer Natur und basiert auf einer Form von Ausschließung. Es gibt immer andere unterdrückte Möglichkeiten, die aber reaktiviert werden können.«[81]

Und: Was für Ordnungen gilt, gilt auch für Strukturen, die als normative Gesetze gesellschaftlicher Praxis die Wiederholungen von Handlungen steuern. Nach Laclau und Mouffe können Strukturen niemals eine Geschlossenheit erlangen, in der alle Elemente bestimmt wären. Die permanenten Brüche und Verschiebungen von Strukturen und strukturellen Elementen nennen Laclau und Mouffe *Dislozierungen*. Diese Dislozierungen sind aktives Moment und Grundbedingung von Kontingenz. Mit einer solchen Form der Bestimmung unbestimmter Anteile von Strukturen ist auch über das strukturale Element der Subjektivität etwas ausgesagt: Weil sich die Identität der Subjekte aus ständig von Antagonismen unterminierten Relationen zu anderen Identitäten ergibt, können Subjekte über keine in sich geschlossene Identität verfügen. Aus dieser Annahme erwächst eine gegenseitige Definition von Subjekt und Struktur. Das Subjekt entsteht aus der Bewegung der Verschiebung von Strukturen. Die Unmöglichkeit einer Struktur, sich vollständig zu konstituieren, ist nicht nur Vorraussetzung für die Handlungsfähigkeit der Subjekte, sondern auch für ihre Identität. Umgekehrt bezeugt die Existenz der Struktur, dass Subjekte Äußerun-

81 | Mouffe 2007, S. 26f.

gen und Handlungen nicht immer wieder generieren müssen.[82] Das Subjekt ist nicht Teil der Struktur, ihm kommt Existenz zu, weil die Struktur sich nicht schließen kann. Somit liegt in der strukturellen Unterbestimmtheit eine ontologische Grundbedingung des handelnden Subjekts: »Was passiert, wenn eine Struktur, die mich determiniert, sich nicht vollständig realisieren kann, weil ein radikales Außen – welches mit dem Inneren der Struktur keinen gemeinsamen Grund teilt – sie disloziert? Die Struktur wird mich offensichtlich nicht determinieren können, und zwar nicht weil ich ein *Sein* unabhängig von der Struktur habe, sondern weil es dieser misslang, sich vollständig zu konstituieren [...]. Ich bin *verdammt* dazu, frei zu sein, nicht weil ich keine strukturelle Identität habe, wie es die Existentialisten behaupten, sondern weil ich eine *mißlungene* strukturelle Identität habe. Dies bedeutet, dass das Subjekt partiell selbstbestimmt ist.«[83] Mit »Sein« ist hier keine Ontologisierung intendiert, denn Laclau meint nicht, dass Selbstbestimmung als Ausdruck eines »Wesens« des Subjekts zu verstehen ist. Im Gegenteil, es liegt ja eher ein Mangel an Wesensbestimmheit vor. Daraus folgt: Die Dislozierung von Strukturen wirkt nicht in alle Ebenen der *Agency* hinein. Laclau und Mouffe geben diesem Sachverhalt ein räumliches Bild, indem sie von »Subjektpositionen« als strukturell vorgegebenen Positionen sprechen.[84] Diese Positionen, die ein Subjekt einnimmt, wirken strukturierend auf bestimmte Ebenen der *Agency* hinsichtlich der dislozierten Struktur ein.[85] Eine partielle »Subjektwerdung« der Struktur lässt andere Ebenen der *Agency* nicht unberührt, was wiederum zu erneuten Dislozierungsprozessen anderer Strukturen führt.

Fassen wir zusammen: Die Dichotomie von Struktur und *Agency* wird von Laclau und Mouffe nicht negiert. Gerade weil sie das Subjekt als Resultat einer Dislozierung einer Struktur definieren, setzen Laclau und Mouffe den Gegensatz von Struktur vs. *Agency* als in die gesellschaftliche Wirklichkeit eingeschrieben voraus. Allerdings ist der Grad der *Conflation* (Verschmelzung), wie Archer sagen würde, hier noch extremer als bei Giddens, der ja beide Enden des Gegensatzes noch als eigenständige Entitäten konzipiert. Bei Laclau und Mouffe jedoch konstituieren sich *Agency* und Struktur nur als Folgeerscheinungen ihrer jeweiligen Dislozierung – was auch impliziert, dass keine Identität zwischen Individuum und Subjekt im emphatischen Sinne (d.h. einem reflexiven, bewussten Menschen) angenommen wird, was bei Giddens noch der Fall ist.

Wenn aber bei Laclau und Mouffe das Subjekt aus der Dislozierung einer Struktur resultiert, kann daraus nicht gefolgert werden, dass die Autoren die Unterscheidung zwischen Struktur und Handeln auflösen, dem Handeln den

82 | Laclau 1990, S. 41.

83 | Laclau 1990, S. 44, Übersetzung Christoph Scherrer, siehe: Scherrer 1995.

84 | Laclau 1990, S. 61.

85 | Vgl. Laclau 1990, S. 66.

Vorrang geben und damit einem »anything goes« Vorschub leisten würden.[86] Vielmehr gerät mit der Frage nach der Performanz organisationaler Ordnungsprozesse in den Blick, wie Kontingenz (verortet im Prozess der Dislozierung) als konstitutiver Teil organisationaler Praxen und damit als primäre ontologische Gründung des Gesellschaftlichen gedacht werden kann. Kritisch anzumerken ist jedoch, dass der Abstraktionsgrad der Begrifflichkeiten, die Laclau und Mouffe verwenden, sehr hoch ist. Sie eignen sich daher eher zur Erschließung des Prinzips *Agency* als zur konkreten Analyse. Anders formuliert: Die Theoretisierung der konkreten Prozesse der Etablierung und Dislozierung von Strukturen und Identitäten auch und gerade vor dem Hintergrund ökonomischer Reproduktion stehen noch aus.

Auf die Selbstbezüglichkeit des Subjekts zu verzichten, intendiert kein relativistisches Zurücktreten hinter die Moderne. Es meint nur: Wir tragen alle der Veränderung der aktuellen Lage Rechnung. Gab es für die Organisationstheorien der Maschinenorganisation noch die große Erzählung, so ist die universalistische Logik der klassischen Organisation heute ad acta gelegt. Diese Überwindung ist genau die Bedingung für eine Pluralisierung derselben. Mit Laclau und Mouffe könnte man sagen: Es wird Zeit, die Inhalte der Organisation als Verfahren freizulegen und auf neue Weise zu reartikulieren. Die Autoren interpretieren Universalismus als *Differenz* und *Dislokation* qua Entleerung zum positiven Grund als Horizont: »Es ist der Unterschied zwischen Grund und Horizont, der, wie ich denke, uns in die Lage versetzt, die Veränderungen im ontologischen Status emanzipatorischer Diskurse und allgemein metanarrative im Übergang von der Moderne zur Postmoderne zu verstehen. [...] Ein Horizont ist dann ein leerer Ort, ein Punkt, an dem Gesellschaft ihre eigentliche Grundlosigkeit symbolisiert, in dem konkrete argumentative Praktiken vor einem Hintergrund radikaler Freiheit, radikaler Kontingenz operieren.«[87]

Hier liegt der springende Punkt: eine Praxis der Improvisation, die das Provisorium nicht als zu Bewältigendes begreift, sondern als Status Quo. Entspräche dies nicht einer Hegel'schen *List der Vernunft*, die die Möglichkeit jeglicher universalistischer Effekte zunichte macht? Was geschieht, wenn soziale Akteure nur noch partikularistische Ziele verfolgen? Dem gegenüber steht eine Form des Verhältnisses zwischen Universalismus und Partikularismus, die sich aus Bewegungen konstituiert, die innerhalb des Systems von Alternativen erscheint, die gleichzeitig von ihnen produziert werden.

86 | Siehe u.a. Cainzos 1994, S. 95f., und Reinfeldt und Schwarz 1993, zitiert nach Scherrer 1995.

87 | Laclau 1988b, S. 81.

7.2.1 Welche Transformation? Giddens revisited

Das beständige Aufspüren von Spuren des Widerstandes und diskursiver »Widerständigkeit« als permanente Dislozierung und das Motiv, strukturelle Elemente mehrdimensional als Diskursräume von Strukturpositionen zu beschreiben, kann jedoch in den Verdacht geraten, das Fehlen einer expliziten Transformationsperspektive zu kaschieren und die Rede von Emanzipation als »totalitär« zu diskreditieren. Mit diesem Widerspruch kommen wir wieder auf Giddens zurück, der die das Handeln ermöglichende wie einschränkende Rolle struktureller Elemente und ihres Austauschs als Strukturierungen zu beschreiben vermag. Strukturierungen sind nach Giddens Praktiken, die Handeln und das Handeln ermöglichende Strukturen verknüpfen und realisieren. Aus dieser Verknüpfung emergiert ein soziales Praxisfeld, in dem Handeln und Strukturen konstituiert, produziert und reproduziert werden. Strukturen ermöglichen bzw. schränken Handeln ein und sind ihrerseits Resultat des Handelns und werden erst im Handeln verwirklicht und kontinuiert.

Wie aber ist nach Giddens Transformation zu denken? Transformationen benötigen Deutungstransfer als Signifikation. Signifikationen stehen für die Verknüpfung von Handlung und Struktur mit symbolischen Sinnwelten, die die an der Transformation Beteiligten sich aneignen und hervorbringen und vor allem als kulturelle Formen alltagsweltlich verfügbar machen. Auch in diese symbolischen Sinnwelten sind die beiden Dimensionen der Regeln und Ressourcen eingelagert. Wenn nun Deutungstransfers stattfinden, werden Metastrukturierungen wichtig – Strukturierungen, die sich auf andere Strukturierungen beziehen – und solche, die dafür zuständig und in der Lage sind, Praktiken, Regeln und Ressourcen in einen anderen Kontext umzubetten. Sie funktionieren also re-strukturierend. Diese Re-Strukturierung ist nun nicht konflikt- oder widerspruchsfrei zu haben.

Der Nachteil von Giddens Theorie besteht darin, darüber nichts oder zu wenig auszusagen. Sein Konzept läuft eher auf eine globalisierte Konsensmaschine hinaus, in der die Differenz mittels kultureller Wandlungsprozesse aufgehoben wird. Damit bleibt Giddens dem Gedanken der Moderne verhaftet, dass der Verlauf gesellschaftlicher Entwicklung teleologisch geprägt ist und gesellschaftliche Strukturen auf persönliche Gemeinschaftsbeziehungen zurückgeführt werden können, die in ihrer Modernität und Reflexivität auf Konsens zusteuern. Anders gesagt: Aufgrund seines teleologischen Konzepts geht Giddens von einem gesellschaftlichen Handlungsfeld aus, in dem Konflikte und Unordnung als zu bewältigende, dysfunktionale Widersprüche erscheinen, die als solche zu beheben sind. In diesem Zuge wird auch offensichtlich, dass Metastrukturierungen (als kulturelle Strukturen) für Giddens nur dann existieren, wenn sie repräsentiert werden. Als prozessimmanentes Potenzial und Motivation für Auseinandersetzung haben sie bei Giddens keine Relevanz.

7.3 Emergenz Denken. Archers kritischer Realismus

»For it is part and parcel of daily experience to feel both free and enchained, capable of shaping our own future and yet confronted by towering, seemingly impersonal constraints. Consequently in facing up to the problem of structure and agency social theorists are not just addressing crucial technical problems in the study of society, they are also confronting the most pressing social problem of the human condition.«[88]
Margret Archer

In *Realist Social Theory. The Morphogenetic Approach*[89] kritisiert Archer Giddens dahin gehend, dass er weder die relativ spontane Emergenz struktureller Elemente bedenke, noch eine Perspektive darauf eröffne, wie Strukturen und Regeln *Agency* auch real und nicht nur im reflexiven und diskursiven Verhalten der Akteure ermöglichen bzw. einschränken. Auch werde bei Giddens *Agency* soweit zurückgenommen, dass ihr eine reale Möglichkeit, gesellschaftliche Strukturen fundamental und nachhaltig zu verändern, zu beseitigen oder neu zu schaffen, abgesprochen wird. Zu Beginn ihres Buches *Being Human*[90] konstatiert Archer, dass die soziologische Debatte vor allem in zwei Lager einzuteilen ist: *Structuration Theorists* (dazu zählt sie vor allem Giddens und Bourdieu), die eine »duality of *Structure*« verfolgen, auf der einen und den »Social Realists« oder »critical realists« die für einen »analytical dualism« stehen, auf der anderen Seite.[91] Das zentrale Moment, das beide vereint, besteht in der Frage danach, wie die Verbindung zwischen Gesellschaft und ihren Menschen, zwischen *Structure* und *Agency* zu denken ist.

Die Strukturationstheorie zielt darauf ab, die Dichotomie Objektivismus vs. Subjektivismus neo-klassischer Metaphysik (der von der Sozialwissenschaft in die Opposition von *Structure* und *Agency* übersetzt wurde) zu überwinden. Der kritische Realismus verfolgt ein ähnliches Ziel, wenn er versucht, den epistemologischen Realismus eines transzendentalen Subjekts zu verteidigen, ohne in die Dichotomien der Frühmoderne zu verfallen: »The ›inner conversation‹ is how our personal emergent powers are exercised on and in the world natural, practical and social, which is our tiune environment. This ›interior dialogue‹ is not just a window upon the world, rather it is what determines our being-in-the-world, though not in the times and the circumstances of our choosing. Fundamentally, the ›inner conversation‹ is constitutive of our concrete singularity. However, it is also and necessarily a conversation about reality. This is because the triune world sets us three problems, none of which can be evad-

88 | Archer 1996, S. xii.

89 | Archer 1995.

90 | Archer 2000.

91 | A.a.O., S. 1.

ed, made as we are. It confronts us with three inescapable concerns: with our physical well-being, our performative competence and our self-worth. The world therefore makes us creatures of concern and thus enters through three seperate doorways into our constitution. Yet we react back powerfully and particularistically, because the world cannot dictate to us, what to care about most: at best it can set the costs for failing to accomodate a given concern.«[92] Mit diesem Zitat ist das Ziel von Archers »*morphogenetischem Ansatz*« umschrieben: die Entstehung komplexer sozialer Phänomene zu berücksichtigen und Emergenz und Funktion zu erklären, ohne soziale Integrationsprozesse immer voraussetzen zu müssen. Damit möchte Archer vor allem jene Handlungszusammenhänge sozialer Praktik in den Blick bekommen, die von den »conflationists« vernachlässigt werden.

Als Alternative zu Modernismus und Postmodernismus schlägt Archer eine bestimmte Form des Realismus vor. Dieser Realismus hat, so Archer, die Frage des Menschen zu verteidigen,[93] denn der Mensch scheint in diskursiven Strukturen und die Menschheit in Textualismus verschwunden zu sein. Archer kritisiert an dieser Stelle etwas, was sie »linguistic fallacy«[94] nennt: die Art und Weise, wie verkörperlichtes soziales Handeln auf kommunikatives Handeln, dann auf Kommunikation, dann auf Sprache und schlussendlich auf diskursive Strukturen und Texte verkürzt wurde. Foucault, Levi-Strauss, Lyotard und andere Autoren (die sie auch mit dem Label »postmodern« versieht), agieren laut Archer im Modus der *Downward Conflation*. Beschrieben ist damit ein »displacement of the human subject and celebration of the power of social forces to shape and to mould […].«[95]

Mit dem Kritischen Realismus insistiert Archer hingegen darauf, dass Menschen durchaus Sorgen, Anliegen und Beteiligung an der Welt haben, die sich unabhängig vom Wandel des Diskurses vollziehen. So führt Archer[96] in der Fortführung von Roy Bhaskars »transformational model of social activity«[97] eine neue Sichtweise in die Debatte um *Structure* und *Agency* ein. Zwar geht Archer wie Giddens von einem strukturellen Wandel über Zeit auf der Basis von Handlungen sozialer Akteure aus; anders als Giddens verortet Archer ihren Ansatz jedoch explizit in kulturtheoretischer Hinsicht. Wenn Handlung und Struktur ineinander gedacht werden, können Kausalitäten zwischen beiden nicht Gegenstand der Untersuchung sein. Um etwas über die Interaktion von *Structure* und

92 | A.a.O., S. 318.

93 | Vgl. a.a.O., S. 25.

94 | Archer bezieht sich hier u.a. auf den soziolinguistischen Ansatz von Hasan, der für einen Subjektivismus oder auch Interaktionismus steht. Hasan 1999 und Callewaert.

95 | Archer 2000, S. 19.

96 | Archer 1998.

97 | Bhaskar 1979.

Agency auszusagen, rekurriert Archer auf einen analytischen Dualismus, der die Kategorien von *Structure* und *Agency* auseinanderhält. Die Unterscheidung zwischen einer zeitlichen Phase der Konditionierung, der Interaktion und der Phase der strukturellen Elaboration ermöglicht es, die Beziehungen zwischen struktureller Konditionierung und sozialer Interaktion auf der einen und emergierende Muster struktureller Elaboration auf der anderen Seite zu erhellen.

Anders formuliert: Archer sieht in der Giddens'schen Dualität von Struktur und Handlung eine *central Conflation*[98] am Werk. Diese zentrale Verschmelzung entspricht, so Archers Argument, einer reduktionistischen Zusammenschau von Handlung und Struktur. Dem setzt sie die Axiomatik eines »analytical dualism« entgegen. Um die Relationen von Handlung und Struktur in der Zeit besser anschaulich zu machen, sollen beide Kategorien streng unterschieden und in jeweilige Zeitzyklen zerlegt werden. Damit entsteht die Möglichkeit, strukturelle Konditionierungen sowie die sich daraus entwickelnden handlungsspezifischen Interaktionen und die emergierende, resultatstiftende Elaboration über die Zeitachse in eine Trias zu unterteilen. Jedem Schritt kann eine spezifische Analyseebene zugewiesen werden.

Gegen eine Epiphänomenologie

Grundsätzlich geht der kritische Realismus davon aus, dass Individualismus und Strukturalismus nur epiphänomenale Beschreibungen darstellen.[99] Diese epiphänomenalen Sozialtheorien können auf eine Re-Deskription eines einzigen essenziellen Problems reduziert werden: den Konflikt zwischen *Agency* und Struktur: »The perennial conflict between individualistic and collectivist theories [...].«[100] Archer argumentiert weiter: »In the heritage of Individualism it was ›structure‹ which became the inert and dependent element, whilst Collectivism fostered instead the subordination and neglect of ›agency‹.«[101]

Archer redet jedoch keinem Idealismus das Wort, sondern verlangt vielmehr eine spezifische neue Form des Empirismus. Ihrer Ansicht nach war es gerade das unkritische »rooting in empiricism«[102], das das Scheitern der epiphänomenalen Sozialtheorie verursacht hat. Die unkritische Form des Empirismus ist gezwungen, ihre Erklärungen in beobachtbaren Vorgängen (Verhalten oder Rede) zu begründen: »[...] individualists with their trump card (for who could doubt the existence of flesh-and-blood people) and the collectivists with their stumbling block (since how could they validate the existence of any prop-

98 | Archer 1995, S. 61, 87ff.; Archer 1996, S. 687f.

99 | Archer 1996; S. XV.

100 | Archer 1995, S. 7.

101 | A.a.O., S. 33.

102 | A.a.O., S. 8.

erty unless they could translate it into a series of observational statements about people).«[103]

Entscheidend ist Archers relationistische Wendung in Bezug auf die *Agency-Structure*-Fragestellung. Archer interpretiert die Gegenüberstellung dieser Kategorien als Relation und nicht als Menge. Damit wird deutlich, dass die Schwachstelle der epiphänomenalen Erkenntnistheorie darin besteht, die Dynamik des Relationalen zu übersehen. Phänomenologie und Hermeneutik sind als individualistische methodologische Sozialtheorien nicht in der Lage, die ermöglichenden und beeinträchtigenden Relationen, die zwischen Akteuren (*Agents*) und Gesellschaft (*Structure*) bestehen, zu adressieren. Aufgrund ihrer individualistischen oder idealistischen Orientierung tendieren diese Theorien dazu, die Signifikanz externer struktureller (sozialer oder kultureller) Faktoren zu minimieren, und zwar immer dann, wenn sie konkrete soziale Interaktionen zu beschreiben suchen. Ihre Perspektive beruht auf dem Privileg, das sie der objektiv demonstrierbaren und empirisch belegbaren Realität von Face-to-face-Interaktionen von Kleingruppen zuschreiben. Auf diesem Weg weisen sie der *Agency* eine Freiheit zu, die sie nicht hat – mehr noch: eine Freiheit, mit der sie nichts anfangen kann, da erst im Gebrauch der Strukturen Emergenz entsteht. Diese Privilegierung der Lebenswelt als Feld eines phänomenologischen Subjektivismus oder einer handlungskommunikativen Hermeneutik führt zu einer Überhöhung personal korrespondierenden Verstehens und zu einer Vernachlässigung der relationalen Dynamik zwischen *Agency* und Struktur. Demgegenüber konstatiert Archer: »there is no ›isolated‹ micro world – no *Lebenswelt* ›insulated‹ from the socio-cultural system in the sense of being uncontrolled by it, nor a hermetically sealed domain whose day-to-day doings are guaranteed to be of no systemic ›import‹.«[104]

Archer kritisiert Strukturalisten oder Kollektivisten dahin gehend, dass sie außerstande seien, die richtigen ontologischen Schlüsse aus ihren Erkenntnissen zu ziehen und zwar dass »a causal criterion of existence is acceptable«[105]. Bezugnehmend auf Mandelbaum[106] und Gellner[107] beharrt Archer auf der Annahme, dass es Verbindungen zwischen Kausalität und ontologischer Wahrhaftigkeit gibt und diese gerade im Hinblick auf Emergenz eine entscheidende Rolle spielen. Nun gelte es, die Mauer (»brick wall«[108]), die das »framework of empiricism«[109] aufgebaut und die ein Weiterkommen verhindert hat, einzu-

103 | Ebda.

104 | A.a.O., S. 10.

105 | A.a.O., S. 23.

106 | Mandelbaum 1973.

107 | Gellner 1968.

108 | Archer 1995, S. 52.

109 | A.a.O., S. 50.

reißen. Die Schuld an dieser Mauer trug eine erkenntnistheoretische Epoche, in der das Nichtbeobachtbare, das die Kollektivisten als für das soziale Leben einflussreich erachteten, nicht empirisch belegbar war: Man konnte ja nicht mit dem Finger darauf zeigen, so wie man auf Material oder organische Objekte oder ihre Qualitäten oder Aktivitäten zeigen kann.[110] Damit verfehlte das Nichtbeobachtbare das empirische Kriterium für Existenz. Wenn jedoch methodologisch nach den Regeln menschlichen Zusammenlebens gefragt wird, ist Kollektivismus nicht mehr haltbar, denn: »Most of the time, in open social systems, regularities at the level of events are just what emergent features do not generate.«[111]

Damit kommt Archer auf das Kernkonzept des kritischen Realismus zu sprechen: den Prozess der Emergenz. Für Archer beschreibt dieses Konzept die Art und Weise, in der Struktur und *Agency* (die Teile und die Menschen) »emergent strata of social reality«[112] darstellen. Genauer gesagt: Der Begriff der Emergenz fasst »the way in which particular combinations of things, processes and practices in social life frequently give rise to new emergent properties. The defining characteristic of emergent properties is their irreducibility. They are more than the sum of their constituents, since they are a product of their combination, and as such are able to modify these constituents.«[113]

Conflation

Nach Archer zeigt sich das Feld der Sozialtheorie in zwei Lager geteilt. Die Untersuchenden befinden sich in »a state of inarticulate unawareness [...] at one extreme interpretive sociologists undertook small-scale interactional studies and simply placed a big etc. after them, implying that the compilation of enough sensitive ethnographies would generate an understanding of society by aggregation. At the other, large scale multivariate analysis pressed on towards some predictive goal without reference to the interactional processes generating such variables«[114]. Die ›idealistischen‹[115] neophänomenologischen und symbolischen Interaktionisten waren – so Archer – die ersten, die versucht haben, die Begrenzungen zu überschreiten, indem sie Struktur und *Agency* verknüpften. Archer nennt diesen Vorgang *Elision*[116], was soviel wie Auslassung bedeu-

110 | A.a.O., S. 52.

111 | A.a.O., S. 54.

112 | A.a.O., S. 60.

113 | Carter und New 2004, S. 7.

114 | Archer 1995, S. 58.

115 | A.a.O., S. 60.

116 | Elision: Aus dem lateinischen ēlīsiō, das Herausstoßen, Auslassung, »Mit Elision wird der Ausfall von Segmenten bezeichnet.« Kohler 1977, S. 213.

tet. Aus diesem Vorgehen entwickelt sich eine neue theoretische Richtung,[117] die z.B. Giddens Strukturationstheorie hervorbringt. Jedoch ist der Grad der Vermengung von Struktur und *Agency* bei Giddens zu hoch. »Examination of their interplay, of the effects of one upon the other and of any statement about their relative contribution to stability and change at any given time«[118] gehen verloren. Einer der Hauptgründe für dieses Scheitern liegt nach Archer darin, dass die Strukturationstheorie Sprache als Modell für Gesellschaft nimmt. Mit der auf Sprache bezogenen korrekten Aussage, dass »many elements of syntax are mutually implicative«[119], wird nun diese linguistische Konstruktion benutzt, um zu konstatieren, dass in Gesellschaft »every aspect of ›structure‹ is held to be activity dependent in the present tense and equally open to transformation, and [...] [thus the] causal efficacy of structure is dependent upon its evocation by agency.«[120]

Damit steht die Strukturationstheorie im Licht einer »phonological revolution«[121], die die Möglichkeit eines analytischen Dualismus dahin gehend negiert, dass sie die Scheidung und relative zeitliche Autonomie von *Agency* und Struktur ablehnt. Das hat Folgen: »Because ›structure‹ is inseparable from ›agency‹ then, *there is no sense in which it can be either emergent or autonomous or pre-existent or causally influential.*«[122] Die Vertreter elisionistischer Theorien glaubten, den Gegensatz von Individualismus und Kollektivismus überwunden zu haben. Doch stand die Sozialtheorie noch immer zwischen zwei konkurrierenden Weltsichten: »[...] ›Elision‹ (the term used for those grouping themselves around Structuration theory) and ›Emergence‹ (those exploring the interface between transcendental realism and social theory) are based upon different ontological conceptions, related to disparate methodological injunctions and thus have quite distinct implications for practical social theorizing.«[123]

Archer sucht das Vorgehen der Struktuation mit dem Begriff der *Conflation* zu fassen, der in zwei unterschiedliche Bewegungen unterteilt wird: »downward conflation« (Varianten des Strukturalismus) und »upward conflation« (z.B. symbolischer Interaktionismus). Mit diesen Begriffen sollen also jene reduktionistischen Traditionen der Theoriebildung kritisiert werden, die Struktur als Handeln bestimmend (»downward conflation«) oder Handeln als Struktur bestimmend (»upward conflation«) bezeichnen. Beim ersten wird das soziale Handeln als Epiphänomen tieferer struktureller Konditionierung interpretiert,

117 | Carter und New 2004, S. 60.

118 | A.a.O., S. 14.

119 | A.a.O., S. 95.

120 | A.a.O., S. 60.

121 | Archer 1996, S. 43.

122 | Carter und New 2004, S. 97.

123 | A.a.O., S. 60-61.

während beim zweiten persistente Strukturen zugunsten von Prozessen sozialer Interaktion vernachlässigt werden.

Giddens versucht, diese Polarisierung zu überwinden, indem er auf die gemeinsame Konstituierung von *Agency* und *Structure* abhebt. Aber auch dieser Lösungsansatz der Identifikation von Struktur mit dem Handeln, den Archer als »central conflation« bezeichnet, gilt ihr als nicht zielführend, weil er die Dringlichkeit, die Beziehungen zwischen *Agency* und *Structure* zu untersuchen, übersieht. Archers kritischer Realismus besteht nun darin, auf der ontologischen Realität differenzierter Phänomene zu insistieren, die als Material die Grundlage oder Bedingung dafür bilden, dass Handlung überhaupt erst zur sozialen Praktik wird. Diese differenzierten, von Archer auch als *emergent* bezeichneten Phänomene sind damit Voraussetzung für die Analyse des Zusammenwirkens von Struktur und Handlung. Soziale Phänomene bilden strukturierte Ordnungen auf zweierlei Weise: Sie emergieren durch Aktionen und besitzen auch eine eigene Form; d.h., dass die phänomenologische wie auch diagrammatische Aufschlüsselung sozialer Prozesse in differenzierte Strukturformen nur auf der Grundlage der Emergenz der Strukturphänomene gelingen kann.

In *Culture and Agency* kritisiert Archer Bourdieu als zweiten soziologischen Denker (neben Giddens), der *Structure* und *Agency* nach oben konflationiere (upward conflation) und somit davon ausgehe, dass soziale Interaktion das kulturelle System kreiert. Als Beleg dafür zieht Archer Bourdieus Analysen des Erziehungssystems in *Reproduction in education, society and culture*[124] heran. Hier unterstellt Archer Bourdieu einen Instrumentalismus: Bourdieu bezeichne das kulturelle System als dominante Ideologie, mit der die herrschende Klasse die dominierte Klasse manipuliere.[125] Man mag über Archers Urteil geteilter Meinung sein. Wichtig ist der Blickwinkel, den sie hier eröffnet. Archer weist ein Konzept symbolischer Gewalt als Unterdrückungsinstrument zurück, weil dieses Konzept die arbiträren Implementierungsweisen von Kultur übersieht.[126] Ihrer Ansicht nach betrachtet Bourdieu Praxen immer noch aus der Sicht eines Voluntarismus-Determinismus-Kontinuums, ohne die spezifischen Bedingungen herauszuarbeiten, unter denen Freiheit überhaupt entsteht. Bourdieu figuriert damit (in einer Linie mit Giddens) als Repräsentant einer *Central Conflation*, die zwischen sozialer Interaktion und der kulturellen Domäne nicht analytisch unterscheidet. Die *Conflationists* behandeln Eigenschaften und Kräfte eines Handelnden nicht unabhängig von den Eigenschaften und Kräften seiner Umgebung. Dadurch wird aber das Zusammenspiel der beiden ununtersuchbar. Archer hingegen sieht im kulturellen System kein Nebenprodukt sozialer

124 | Bourdieu und Passeron 1990.

125 | Archer 1996, S. 60f.

126 | A.a.O., S. 214-215.

Interaktion oder umgekehrt, beide haben gleichrangig an der Konstitution des Sozialen teil.

Auch Bourdieus Theorie der Praxis lehnt Archer ab. Diese Theorie unterminiere den Zugang von Praxis zum theoretischen Diskurs und nehme Praxis die Möglichkeit, als Fundierung von Wissen zu gelten. Schlimmer noch: Bourdieu sehe die Unbestimmtheit praktischen Sinns als Beleg dafür, dass praktische Logik keiner theoretischen Logik folgt. Demgegenüber betont Archer die Anschlussfähigkeit der Logiken von Theorie und Praxis.[127] Statt theoretisches Wissen gegen praktisches Wissen auszuspielen, will Archer vielmehr darauf hinaus, die Übersetzungsleistung zwischen beiden zu erarbeiten.[128] Konsequenterweise kann Archer auch Bourdieus Idee nicht akzeptieren, nach der das *Embodiement* körperlicher Vernunft eine Rationalität als Habitus bildet, die völlig implizit und vorbewusst agiert und damit nicht durch bewusste Aktivität verändert werden kann. Archer hingegen insistiert darauf, dass auch implizites Körperwissen bewusst kodifiziert werden kann.[129]

Morphogenetischer Ansatz

Aufbauend auf der Kritik an Giddens und Bourdieu konturiert Archer ihr eigenes Modell einer sozialen Interaktion. Dieses Modell kombiniert Lockwoods Konzept des analytischen Dualismus[130] mit der Philosophie des kritischen Realismus, um so im Begriff des morphogenetischen Ansatzes[131] (*morpho* steht für Wandel, *genetisch* für den *Agency*-Charakter des Wandels) strukturell-agentiale Interaktion neu zu fassen. Archer beschreibt diesen Ansatz als »the practical methodological embodiment of the realist social Ontology«[132]. Im Kontext des morphogenetischen Wandels dient der analytische Dualismus dazu, a) kulturelle und soziale Strukturen auseinanderzuhalten und b) Struktur und *Agency* zu unterscheiden. Wenn soziologische Erklärungen das Zusammenspiel emergenter Entitäten (seinen sie struktural oder agential) beschreiben – so Archers Argument –, müssen sie darauf verzichten, die kausale Signifikanz emergenter Entitäten auf einem a priori zu gründen. Ziel des analytischen Dualismus ist die »explanatory power«[133], die aus der partiellen Analyse gesellschaftlicher Eigenschaften (»the ›parts‹ and the ›people‹«[134]) folgt. Weil man – so Archers Argu-

127 | A.a.O., S. 150-151.

128 | A.a.O., S. 179-180.

129 | A.a.O., S. 166-167.

130 | Lockwood 1964.

131 | Archer 1996, S. 165.

132 | Carter und New 2004, S. 16.

133 | A.a.O., S. 171.

134 | A.a.O., S. 65.

ment – den so beschriebenen Dingen diskrete Essenz zubilligen kann, ist diese »analytic distinctness«[135] von einer ontologischen Substanz oder Realität begleitet. Mit dieser Argumentation geht die prinzipielle These des kritischen Realismus einher, erstens »that *Structure* necessarily predates the action(s) leading to its reproduction or transformation« und zweitens »that structural elaboration necessarily postdates the action sequences which give rise to it.«[136] Bedeutet die Anerkennung der historischen Vorläufigkeit der Struktur im Umkehrschluss, dass der *Agency* alle volitionale (willensmäßige) Kapazität abgesprochen wird? Gerade nicht. Denn hier greift der Begriff der Emergenz: Die der *Agency* inhärenten Kräfte agentialer Emergenz schließen einen absoluten Determinismus aus.

Als Form entfaltet sich in Archers Konzeption ein explanatorischer Dreischritt von »structural conditioning → social interaction → structural elaboration.«[137] Analoges lässt sich für soziale und kulturelle Strukturen sagen, ebenso für primäre und vergemeinschaftete Formen der *Agency*. Dieser Zyklus generiert als Produkt eine »analytical history of emergence.«[138] Um bei gleichzeitiger Anerkennung der stratifizierten, offenen und nomischen (unterbestimmten) Eigenschaft des Kausalprinzips sozialer Realität eine »explenatory conflation« zu vermeiden, führt Archer das Thema Zeit ins Feld. Zeit wird dabei nicht als sequenziell-linearer Behälter verstanden, sondern als Bestandteil einer sich in Phasen entfaltenden medialen Praxis des emergenten Produktionsprozesses selbst: Temporalität »is incorporated as sequential tracts and phases rather than simply as a medium through which events take place.«[139] Erst durch die Vermittlung in und durch Zeit und seine spezifische Konsistenz können spezifische Prozesse generativer Aktivität und ihrer elaborativen »emergent consequences«[140] auftreten und ins Funktionieren kommen.

In ihrem morphogenetischen Ansatz unterscheidet Archer zwischen *Structure, Culture* und *People*. Letztere differenzieren sich in individuelle (*Actors*) und kollektive Akteure (*Agents*). *Actors* und *Agents* können *Agencies* nur auf einer vorgegebenen strukturellen Position und innerhalb eines präexistenten kulturellen Horizonts vollziehen. Dieses Zusammenwirken von *Structure* und *Agency* wird von Archer als »double morphogenesis«[141] bezeichnet. Hier ist zwischen zwei Bewegungen zu unterscheiden: Als Form der *Morphostasis* bestätigt und als *Morphogenesis* verändert der Vollzug der *Agency* Struktur und Kultur. Das hat

---

135 | A.a.O., S. 171.
136 | A.a.O., S. 15.
137 | A.a.O., S. 16.
138 | A.a.O., S. 91.
139 | A.a.O., S. 89.
140 | A.a.O., S. 62.
141 | A.a.O., S. 247.

entscheidende Konsequenzen: Die Handlung erzeugt nicht nur Transformation oder Reproduktion, auch die Akteure entwickeln sich während der Handlung.

Im Gegensatz zu Giddens Strukturationstheorie werden von Archer Struktur, Kultur und Menschen gegenüber jeweiligen Handlungen emergente Eigenschaften zugeschrieben: »activity dependance« besteht nicht im Moment der Handlung (»the present«), sondern in der der Handlung vorausgehenden Zeit, dem »the past tense«. Strukturen werden nicht von Akteuren »instantiiert«, sondern sie zwängen sich ihnen sozusagen auf. Wenn sich Akteure gegen die Strukturen stellen, hat dies auch Auswirkungen sowohl auf die Akteure als auch auf die Struktur.

Tiefenontologie – Emergenz und Medialität der Zeit

Es war das Anliegen der Moderne, Menschen als rationale Wesen zu interpretieren, deren Rationalität aus dem Modell eines instrumentellen Wandels der Welt gewonnen wird. Latour hat aufgezeigt, dass dieses Modell nicht mehr funktioniert, vielleicht auch nie funktioniert hat (s. Kapitel 7.4.). Aber auch der postmoderne Ansatz eines sozialen Konstruktivismus wird von Archer kritisiert. Ihrer Auffassung nach lässt sich eine adäquate Beschreibung des Menschlichen nicht aus der Reduktion auf soziale Diskurse gewinnen, denn die entscheidende Eigenschaft des menschlichen Seins liegt in der Interaktion menschlicher Körper mit der Welt. Körper gelten Archer als nicht-linguistische, vor-prädikative Quelle des Sinns des Selbst und damit der Realität im Allgemeinen. Mit dieser Argumentation greift Archer Foucault an, dessen Theorie zufolge Macht, Dominanz und Regierung nur durch Diskurse ausgeübt werde. Damit suggeriere Foucault nicht nur, dass Diskurse selbst soziale Realität konstituierten und mithin soziales Verhalten steuerten, sondern auch, dass alles über Diskurse veränderbar sei. Foucaults Insistieren auf Ordnungsweisen sieht dann so aus, als würde benennende und ordnende Kultur für sich selbst existieren können und damit ein alternatives Konzept sozialer Kausalität vorstellen, das soziale Welt als Diskurs interpretiert.

In der Absetzbewegung zum Poststrukturalismus versucht Archer nun, das Konzept kausaler Vernunft wieder in die Sozialtheorie einzuführen, d.h. vom Standpunkt des Realismus aus, Richtung und Implikation des kausalen Arguments in epiphänomenalistischen und elusionisten Theorien zu kritisieren und zu einer Ontologie der Tiefe weiterzudenken.

Wie oben gesagt stellt Archer vor allem den kulturellen Aspekt von Struktur heraus. Das ist auch und vor allem dann wichtig, wenn im Zuge der dualistischen Analyse davon ausgegangen wird, dass analytische Historien (seien sie sozial, kulturell oder agential) unabhängig von den (sozialen, kulturellen oder agentialen) Entitäten, mit denen sie interagieren oder sich überlagern, erzählt werden können. Agentiale und/oder kulturelle und/oder soziostrukturelle Entwicklungen laufen nicht notwendig synchron ab, verschieben sich, laufen vor oder nach. Dieser Zusammenhang von Differenz und Temporalität wird von der morphogenetischen Theorie genutzt, um die zwischen Entitäten über bestimmte Zeiträume hinweg auftretenden differentialen Modi *Morphogenesis* (Wandel) und *Morphostasis* (Gleichbleiben) zu fassen. Die Basis einer solchen Form kausaler Vernunft bildet die Emergenztheorie – ein Konzept, das Epiphänomenalisten und Elusionisten gleichermaßen ablehnen. Epiphänomenalisten (in Archers Terminologie die *upward Conflationists*) privilegieren volitionale *Agency* und bestreiten damit, dass Struktur in bestimmten Konstellation a) unbeeinflusst von und b) der *Agency* vorlaufend sein kann. Als Epiphänomen kann Struktur kein Status sui generis zugesprochen werden; Struktur ist allein Reflektion, Effekt agentialer Aktivität. Die *downward Conflationists* sprechen sozialen Strukturen eine ermöglichende oder verhindernde Macht zu, die sie über die Agenten ausüben. Damit schließen sie die Vorstellung aus, dass Akteure auch relativ unbeeinflusst von strukturellen Entwicklungen agieren können. Akteure gelten in dieser Konzeption als anonyme Träger, die über den Zustand, Struktur zu instanziieren und zu objektivieren, nicht hinaus kommen. Elusionistsche Ansätze, unter denen besonders der von Giddens hervortritt, verschmelzen Struktur und *Agency* und weisen damit die Möglichkeit zurück, deren Zusammenspiel separat zu untersuchen und zu beschreiben. Damit können Situationen zu den folgenden Fragestellungen nicht analysiert werden: In welcher Form beeinflusst soziale oder kulturelle Struktur handelnde Menschen und wie wirken deren Handlungen auf die Struktur zurück? Erhalten Handlungen Strukturen, mit denen sie konfrontiert werden, oder transformieren sie diese?

Wir haben bereits gesehen, dass Archer das, was in Handlungsdimensionen real an Transformation geschieht, als Prozess der Morphogenese bezeichnet. Dieser Prozess ordnet sich als dreiphasiger Zyklus: struktureller Konditionierung, Emergenz/Interaktion und struktureller Elaborierung. Funktion dieses Dreischritts ist jedoch nicht die Synthese der transferierten und aufnehmenden Elemente. Vielmehr werden die Elemente in der Morphogenese in einem relationalen Möglichkeitsfeld zueinander in Beziehung gesetzt. Das hat Auswirkung auf den Begriff der Rekursion. Nach Archer können Rekursionen nicht auf lineare Rückführungen reduziert werden, sondern ihnen wohnt auch ein kreatives oder kon-kreatives Moment inne. Auf einer solchen kon-kreativen Rekursivität basierende Handlungen resultieren in Prozessen der Aneignung und Auseinandersetzung mit Konfliktpotenzialen, die als solche bereits in den Elementen oder in der Relation der Elemente vorhanden sind, oder durch Interaktion neuer Formierung zugeführt werden.

Diese Konzeption geht damit im Gegensatz zur sozialkonstruktivistischen Perspektive von Giddens wieder auf ontologische Annahmen. Archer geht von der Prämisse aus, dass – unabhängig von unserer Vorstellung –, differente strukturelle Elemente existieren. Diese Elemente stehen zueinander in Relation bzw. werden in Relation gesetzt durch die spezifische Form der Übertragung. Damit übernimmt Archer wissenschaftstheoretisch die Position des kritischen Realismus, die sich vor allem dadurch auszeichnet, dass sie den Erkenntnisgegenstand des Sozialen ontologisch auffasst. Das besagt, dass das Soziale von den Bedingungen der Möglichkeit her, zum »realen Material« von Thematisierungen und Diskursen zu werden, als mehrdeutig und widerspruchsvoll gedacht wird. Weder können strukturelle Elemente nur als neutrale empirische Daten, noch als allein macht- und interessengeleitete Diskurse gelten. Sie lassen sich also nicht in einer einfachen Bedeutung festschreiben. Daher kann auch ihre Analyse nur in mehreren Ebenen gelingen. Wobei die Elemente weder aus einer einzelnen Ebene abgeleitet noch auf diese zurückgeführt werden können. Sich konträr zum Strukturalismus und der Prozessphilosophie in Stellung bringend, führt Archer hier eine starke Variante des Naturalismus ein, die darauf insistiert, dass »we are all realists – naturalistically [...] we cannot be ontologically undermined, in the same sense that natural reality never itself needed reclaiming, for it is selfsubsistent.«[142] Archer spricht, als ob sie Zugang zum Ontischen habe, und damit in der Lage sei, ontologisch zu argumentieren und davon auszugehen, dass basale ontische Realitäten des Menschen unabhängig vom Diskurs existieren. Anders gesagt: Archer geht davon aus, dass wir durch Denken und Sprache dazu befähigt sind, die Existenz des Menschen als unabhängig von unserem Denken und unserer Sprache zu bestätigen.

Sawyer wendet in Bezugnahme auf Archer zu Recht ein, dass in der Philosophie des Geistes Emergenz nicht aus temporaler Sequenz begründet werden kann.[143] Archer kann also nicht temporal unabhängige Existenz meinen, sondern eher Eigendynamiken, die sich in anderen Zeitsequenzen realisieren. Dieser Punkt kann aber vernachlässigt werden, da es Archer um etwas anderes geht, nämlich um den Fakt, dass es ein Handeln gibt, das in eine strukturelle Dimension übergeht und damit Folgen für anschließendes Handeln hat, ohne selbst aus Handlung zu bestehen. Archers Argument besagt, dass das Handeln anderer Folgen haben kann und dass sich diese Folgen auch in nicht sozialen Gegenständen einlagern. Auch wenn sich Folgen in Objekten verwirklichen, die selbst keine Handlungen sind, beschreiben sie noch keine von der *Agency* unabhängige Existenz des Sozialen.

Wenn man sagt, dass ein Stuhl, der einmal hergestellt wurde, relevant für spätere Handlungen sein kann oder auch nicht, erscheint dies erst einmal trivial. Als weniger trivial aber erweist sich die Unterscheidung von Objekten bezüglich ihrer Soziabilität. Archer geht hier von einer Interpretation aus, die das Soziale als etwas definiert, das im Gegensatz zu Kultur oder Natur nicht ohne interpretierende Akteure vorkommen und sich reproduzieren kann. Das Argu-

142 | Archer 2000, S. 2.

143 | Sawyer 2001, S. 570.

ment von Archer besteht nun darin, das es möglich ist, sozialen Objekten (die also nicht im aktuellen Handeln verwirklicht sein müssen) die Fähigkeit zuzusprechen, soziale Interaktion zu beeinflussen. Mit dieser Konstruktion gelingt es Archer, anhand der Einführung zeitlicher Diskontinuitäten, die Giddenssche *central Conflation*, die in ihrer Behauptung der Gleichzeitigkeit die Unabhängigkeit des Sozialen nicht zulässt, aufzulösen.

Bezug nehmend auf Lockwood sagt Archer deshalb: »[...] the distinction between the ›social and the ›system is more than an analytical artifice when temporality is taken into account. Thus [Lockwood] states that ›[t]hough definitely linked, these two aspects of integration are nor only analytically seperable, but also, because of the time element involved, factually distinguishable‹. Indeed the generic explanation of stability and change which he puts forward rests upon the historical coincidence or discrepancy between the properties of *structure* and those of *agency*. Since the two are not held to be temporally co-variant, then examination of their variable historical combinations can become a new source of explanatory power.«[144]

Seit Kant besteht die Frage, ob wir in unseren Aktivitäten mit subsistuenten ontischen Realitäten unabhängig von unserem Wissen oder dessen, was für uns als Erfahrung erscheint, konfrontiert sein können. So beschäftigt sich der Sozialwissenschaftler nicht mit Menschen an sich, sondern mit Erfahrungen, Wahrnehmungen, Gefühlen, Denken und Konzepten von oder über Menschen. Marx hat dies so formuliert, dass man, wenn man eine Bevölkerung studiert, erkennt, dass man sich eigentlich mit Relationen wie z.B. denen zwischen Kapital und Arbeit auseinandersetzt. Mit Archer lässt sich dazu Folgendes sagen: Menschliche Aktivität hat mit der ontischen Welt insoweit zu tun, als sie biologisch, physisch in die Welt und ihre Handlungen in und mit der Welt eingebettet ist. In diesem Zusammenhang rekurriert Archer vor allem auf die Frage der Medialität. Ihr Hauptargument besteht darin, dass Sprache nicht das einzige universelle Medium intellektueller Auseinandersetzung mit der Welt ist. Weil der Sinn für uns selbst aus praktischer Aktivität emergiert, gibt uns das In-der-Welt-Sein kontinuierlichen intellektuellen Zugang zur ontischen Welt selbst. Dies gilt jedoch nicht nur für unsere Wahrnehmung und Erfahrung, sondern auch für die Praxis mit der Welt als innerer Seite unserer Existenz – unser Wissen des Selbst ist ein Aspekt dieser Struktur.

Archer unterscheidet drei Formen der Emergenz: erstens Phänomene kultureller Emergenz, zweitens Phänomene struktureller Emergenz und drittens Phänomene der Metaemergenz, also solche Phänomene, die in Relation zu Akteuren und deren Tätigkeiten hervorgerufen werden. Aus diesen begrifflichen Unterscheidungen sollen Identifikationen spezifischer sozialer Prozesse gewonnen werden, in denen *emergent Properties* transformiert und/oder reproduziert

144 | Archer 1995, S. 68.

werden. Daraus erwächst der vier Zeitpunkte umfassende morphogenetische Zyklus der Transformation bzw. Reproduktion. Mit emergenten Phänomenen sind nicht jene Phänomene gemeint, auf die ein Akteur während des Handelns trifft. Archers Konzeption der Handlungszyklen ist vielmehr im Kontext einer Ontologie der Tiefe zu verstehen. Diese geht von der Existenz einer stratifizierten Wirklichkeit aus, in der aus einer tieferen ontologischen Ebene neue Ebenen emergieren können, die jedoch nicht auf diese reduzierbar sind. So sind z.B. Menschen von ihren Körpern abhängig, Emotionen; Gefühle und Handlungsweisen lassen sich jedoch nicht auf die Körper reduzieren. Umgekehrt involvieren sich Menschen in soziale Aktivität. Die in diesem Zuge produzierten Strukturen und Kulturen verfügen wiederum über emergente Eigenschaften für sich. Diese Eigenschaften werden von menschlicher Aktivität erhalten und reproduziert. Menschliche Aktivität jedoch ist nicht nur jene momentan präsenter Akteure. Aus diesem Grund führt Archer die zeitliche Dimension in die Analyse ein. Aus der Form des morphogenetischen Zyklus geht hervor, dass wir, wenn wir eine spezifische soziale Interaktion untersuchen wollen, nicht bei T_2 (also dort, wo die Interaktion stattfindet) beginnen können, sondern bei T_1 – dem Zeitpunkt, zu dem die strukturelle Konditionierung (als Resultat menschlichen Handelns) bereits geformt wurde, einzusetzen haben. Diese strukturelle Konditionierung kann sich in mehr oder weniger materialen Strukturen wie Institutionen, Organisationen oder Märkte oder Ensembles von Ideen ablagern.

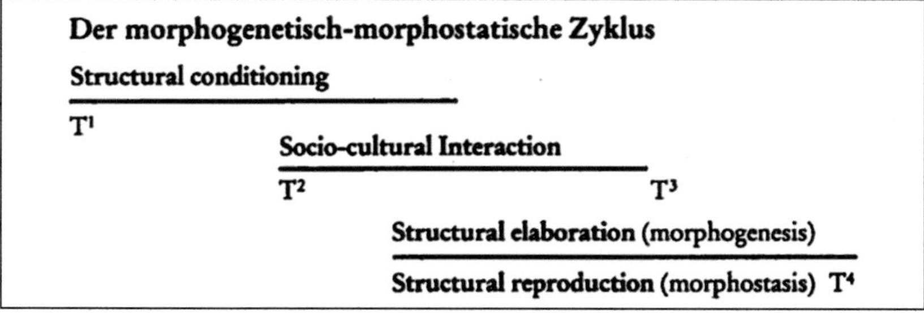

Abb. 10: aus: (Balog, Andreas, Neue Entwicklungen in der soziologischen Theorie, Stuttgart 2001, S. 250)

Die Verortung des Zyklusstartpunktes ist jeweils Gegenstand von Entscheidung und Debatte. Der entscheidende Aspekt liegt nun darin, dass die strukturellen Faktoren unabhängig von dem Bewusstsein der Akteure »agieren«. Mit der Tatsache, dass sich soziale Akteure der Bedingungen, unter denen sie agieren, nicht bewusst sind, ist nicht gesagt, dass die Effekte dieser Bedingungen nicht eintreten. Deshalb sei es – so Archer – die Aufgabe der Sozialwissenschaftler, mit analytischen Narrativen diese Bedingungen zu untersuchen. Die Narrative sind dergestalt zu konstruieren, dass sie als provisorische Struktur debattierbar bleiben.

Im Kontext der *Structure-Agency*-Debatte nehmen strukturelle Elaborationen die Form partikularer Informationssysteme an, die wiederum Teil einer strukturellen Konditionierung des nächsten Zyklus werden können. Die Existenz dieser Systeme hängt jedoch zum Zeitpunkt des nächsten Zyklus nicht mehr von der stattfindenden sozialen Interaktion ab. Natürlich können Strukturen reproduziert oder ignoriert werden; ihre Existenz jedoch, als Produkt vorheriger Interaktionen, behindert oder ermöglicht das, was jetzt stattfindet. Archer beschreibt diesen Vorgang wie folgt: »It is affirmed that social *Structure*s are only efficacious through the activities of human beings, but in the only acceptable manner, by allowing that these are the effects of *past action*, often by long dead people, which survive them (and this temporal escape is precisely what makes them *sui generis)*.«[145] Dies impliziert, dass auch Handlungen nicht mehr lebender Personen Konsequenzen für späteres Handeln haben. Eine Individualismustheorie, die die Sozialstruktur nur auf Handlung zurückführt, ist damit nicht mehr haltbar. Das individualistische Modell ist bestenfalls in der Lage, die Strukturen aktuell beobachtbarer Handlungsverläufe zu erklären.

Erfahrung vs. Wissen

Der Epistemologe George Canguilhem hat in einem Text über seinen Kollegen Gaston Bachelard gesagt, dieser habe es abgelehnt, der Erfahrung eine primäre Rolle in der Wissenschaft zuzusprechen. Für Bachelard galt Erfahrung vielmehr als Malus, der zu überwinden sei. »So it is not surprising that no realism, least of all empirical realism, finds favour as a theory of knowledge in Bachelards eyes.«[146] Bachelard negierte keinesfalls den Einfluss von Erfahrung auf das wissenschaftliche Arbeiten. Sie stellte für ihn jedoch keine Quelle, sondern dasjenige dar, wogegen sich Wissenschaft zu behaupten habe. Dies kongruiert mit Archers Sichtweise dahin gehend, dass es etwas wie Erfahrung von etwas anderem als nur Erfahrung gibt. Mit anderen Worten: als Erfahrung des Ontischen, das sich für das intellektuelle Arbeiten als konstitutiv zeigt. Abgelehnt wird jedoch die Rede davon, dass wissenschaftliche Einsicht bereits im Ontischen oder in der Erfahrung dessen inbegriffen sein könne. Nichtsdestotrotz bleibt zu fragen, was nun eigentlich aus Erfahrung gewonnen wird und was aus intellektueller Arbeit. Wenn z.B. eine systematisch organisierte Erfahrung einer bestimmten Gesellschaftsform existiert, die man Klassengesellschaft nennt, kann hieraus neues Wissen entstehen: und zwar als epistemologischer Akt, der in der Konstruktion des Objekts und damit in der Bestätigung der Einsicht liegt. Wie

145 | A.a.O, S. 148.

146 | Bourdieu et al. 1991, S. 84.

aber kann wissenschaftliche Arbeit gelingen, wenn sie nur mit Konzepten und nicht mit Erfahrungen agiert? Im Prinzip geht Bachelard von einer Aktion des Ordnens aus, die alle verfügbaren Daten erst einmal als rohe behandelt. Dies ist entscheidend: Aus dem Ordnen und nicht aus der Erfahrung gehen die Konzepte hervor. Daten sind keine Inhalte oder Formen, die an Inhalte gebunden sind; sie sind vielmehr als Indikatoren zu verstehen, denen in der Konstellation jeweilig spezifischer wissenschaftlicher Experimentalaufbauten konzeptuell Kohärenz zugefügt werden kann. Hier stoßen wir auf die Frage der Rahmung: Erst wenn das konzeptuelle Rahmenwerk steht, können überhaupt die Daten einem Speicherkatalog zugeführt und in neue Relationen gesetzt werden. Das muss nicht implizieren, die vorliegenden Rohmaterialien (s. Kapitel 7.10.) als chaotisch zu klassifizieren. Man entzieht die Samples nur einer Vor-Beurteilung, um sie so besser konzeptuell integrieren zu können.

Auf eine bestimmte Weise geht Archer von derselben Prämisse aus, wenn sie sagt: »An important part of being human is proofed against language.«[147] Mit Sprache meint sie jedoch nicht die wissenschaftliche Erklärung, sondern Erfahrungen, Intuitionen, Diskurse. Der Begriff der Erfahrung hat sowohl eine objektive wie subjektive Konnotation. Objektiv, weil Erfahrung etwas ist, was wir mit uns betreffend etwas anderem haben. Erfahrung ist subjektiv in dem Sinn, dass sie uns unintentional und unbeabsichtigt affiziert. Das Verhältnis von Phänomen und Erfahrung kann also immer die Oberfläche des Kontakts zwischen zwei Sphären aufzeigen, ohne eine nähere Definition dieses Verhältnisses oder Auskunft darüber geben zu können, was sich manifestiert und wer der Empfänger dieser Manifestation ist. Der kritische Realismus geht nun davon aus, dass wir sehr wohl wissen, was sich manifestiert, was sich hinter der Manifestation (Sichtbarwerdung) verbirgt, was deren Inhalt ist und wer mit diesem Inhalt agiert. Für den kritischen Realismus ist also die Aussage des epistemologischen Realismus, dass unsere Erfahrung der Welt weder Illusion, Projektion oder Konvention, sondern Wissen über die Welt sei, nicht ausreichend. Damit Sozialwissenschaften möglich sind – so die Argumentation –, braucht es einen ontologischen Realismus, der davon ausgeht, dass wir wissen können, wie sich Wirklichkeit unabhängig von unserer Erfahrung zusammensetzt. Denn die wirkliche Welt besteht nicht nur aus dem, was das Objekt unserer unbestimmten subjektiven, individuellen oder sozialen Erfahrung ausmacht, sondern auch a) aus all dem, was irgendwie verwirklicht wird, auch wenn es niemand bemerkt, b) aus grundierenden strukturellen Eigenschaften, die aktuelle und andere mögliche Verwirklichungen einschließen, und schlussendlich c) auch aus externen Umständen, die die notwendigen Bedingungen für die Möglichkeit und Verwirklichung des Aktualen bilden. Anders gesagt: Die reale Welt besteht nicht nur aus dem, was bestimmte Menschen erfahren, sondern

147 | Archer 2000, S. 3.

auch aus dem, was wirklich möglich ist, auch wenn es aktuell nicht realisiert ist, und den strukturellen Elementen, die ein Phänomen zusammen mit seinen Bedingungen generieren und erklären.

Dabei gilt: Strukturen können nicht direkt beobachtet, sondern nur durch Schlussfolgerung gefunden werden. Schlussfolgerung ist intellektuelle Arbeit, die zwar ihren Beginn in Erfahrung nimmt, aber auch andere Ressourcen als Erfahrung heranzieht, wie z.B. die Fähigkeit der Vernunft, mit der Welt auszukommen. Wissenschaften des Sozialen wissen, wie die Welt zusammengesetzt ist. Dieses Wissen besteht jedoch nicht nur in dem und auf Grundlage dessen, was wir wissen. Denn es sind die internen strukturellen Elemente und die externen Umstände, die als jene Gründe »operieren«, die das Objekt des Wissens generieren. Dies steht dem Konventionalismus Humes entgegen, der besagt, dass alles, was wir über die Welt wissen können, und alle Kausalität aus dem gleichzeitigen Vorhandensein kontingenter Ereignisse besteht: Wenn p eintritt, dann tendiert q dazu, einzutreten. Kritischer Realismus hingegen geht nicht davon aus, dass Wissen nur aus dem Registrieren kontingenter Ereignisse und ihres zufälligen Auftretens besteht. Er insistiert darauf, dass Kultur Strukturen schafft, auf deren Basis Wissen entsteht; Strukturen die auch nicht-registriert existieren und ermöglichend auf zukünftige Emergenzen einwirken können.

Kategorien

In *Culture and Agency*[148] stellt Archer vier Kategorien der Analyse auf. Danach können Kultur und soziale Struktur als analytisch zu unterscheidende Konzepte bezeichnet werden, die umgekehrt analytische Unterscheidungen zwischen dem System (als logische Kohärenz) und der sozialkulturellen Interaktion (soziale Kohärenz) vollziehen können. Die Beziehungen zwischen diesen vier Elementen bilden sich dergestalt, dass es logische Relationen zwischen den Komponenten gibt. Das kulturelle System beeinflusst soziokulturelle Interaktion, d.h. es gibt kausale Relationen zwischen den Akteuren, die gleichzeitig das kulturelle System bearbeiten, weil soziokulturelle Interaktion die logischen Relationen zwischen den Komponenten des kulturellen Systems modifiziert. Diese Erkenntnis mutet auf den ersten Blick trivial an. Aber sie ist es nicht, wenn man berücksichtigt, dass sie dazu verpflichtet, das Zusammenspiel logischer Relationen, sozialer Interaktion und Strukturen konzeptuell zu denken und zu unterscheiden.

Interessanterweise wird dem Diskurs durch dieses Denken eine noch autonomere Position als im Poststrukturalismus zugesprochen. Andererseits gerät in den Blick, wie Diskurs und Interaktion zusammenspielen oder welche Konfiguration gegebener kultureller Systeme wie mit welcher Art sozialer Interaktion

148 | Archer 1996.

sich austauscht. Archer stellt also die Relevanz von Konzepten nicht grundsätzlich infrage. Auch ob Konzepte kohärent sind oder nicht, offen oder geschlossen usw. ist durchaus von Belang. Aber ihre Wirkung (und auch ihre Kohärenz selbst) ist abhängig von der spezifischen Situiertheit von Interaktionen, so wie sich Situationen unterschiedlich ausbilden; d.h.: Konzepte werden auf Dauer von dem retroaktiven Effekt ihres Eingebundenseins in Situationen modifiziert. Bei Archer wird jedoch nicht ganz klar, wie die Relationen zwischen Ideen, Konzepten und bestimmten sozialen interaktiven Situationen beschaffen sind. Manchmal erzeugt ihre Argumentation den Eindruck, sie würde auf psychologistische Weise Logik auf Interesse übertragen. Wobei aus dem Blick gerät, dass a) Logik und soziales Handeln durch Interesse erst transportiert bzw. vermittelt werden und b) Interesse immer gesellschaftlich vermittelt existiert.

Sozialwissenschaften untersuchen Ursachen von gesellschaftlichen Mechanismen, Strukturen, Beziehungen und Kräften. Das Argument für den kritischen Realismus lautet, dass es die Philosophie einer Wissenschaft geben muss, die es ermöglicht, die ontologische Komplexität des Objekts Gesellschaft als Theorie und Methode analysieren zu können. Archers kritischer Realismus soll es gestatten, die abstrakten essenziellen Strukturen in Relation zu Erfahrung und aktualen Erscheinungen zu denken und dabei die ontologische Realität der Strukturen in die Theorie zu integrieren. Dies nicht nur als epistemologische Instrumente, sondern als ontologische Kategorien. Unser Wissen basiert dann nicht allein auf der Erfahrung von Phänomenen, sondern auch auf einem intellektuellen Verstehen und der Erklärung des Ontologischen der Realität, wie sie in und für sich selbst ist.[149] In der Konzentration auf die ontologischen Grundlagen sozialer Prozesse liegt aber auch das Problem des Ansatzes. Denn wie können wir wirklich Zugang zum Ontologischen haben und wie kann die Existenz von Phänomenen als unabhängig von Handlung angenommen werden, wenn damit Prozesse vorauszusetzen sind, denen die Existenz der Phäno-

149 | Keine Wissenschaftstheorie ist an sich ontologisch. Bezeichenbar ist nur der praktische Sinn, der sich anhand der theoretischen Kategorie des Habitus beschreiben lässt. In diesem Sinne erinnert die Ausrichtung des kritischen Realismus ein wenig an die Auseinandersetzungen der frühen Frankfurter Schule um den sogenannten Positivismusstreit. Tenor dessen war die Aussage, dass Realität nicht die Summe kontingenter aktualer Ereignisse sein könne. Vergangene Ereignisse seien nur eine Auswahl vieler möglicher Verläufe innerhalb eines gewissen Rahmenwerks gegebener Fähigkeiten und Bedingungen. Deshalb müsse jede Analyse der wirklichen Welt nicht nur dem Empirischen (was in aktuale Erfahrung gebracht werden kann) und dem Aktualen (was in aktuale Erfahrung gebracht werden könnte, wenn es passierte), sondern auch dem, was real innerhalb des Gegebenen möglich ist (allen kontingenten, nicht realisierten äquivalenten Verläufen von Ereignissen und Aktionen) und allem, was in der Zukunft im Rahmen des Möglichen geschehen kann, Rechnung tragen.

mene doch erst zuzuschreiben ist? Wer sind diese »Wir« (*we*), die Archer oben anführt? In welchem Namen spricht sie? Und für wen gilt das »we react back powerfully«[150] unter welcher politischen »Realität«?

7.4 Bruno Latour: Organisation als Aktant

Archer definiert Subjekt oder Subjektivität weniger über die Bestimmung einer Form als durch die Eigenschaft des körperlich verorteten Seins. Das Subjekt ist in dem Zusammenspiel unterschiedlicher, relationaler Wechselwirkungen von *Agency* und Struktur situiert. Wir bekommen jedoch bei Archer kein wirksames Bild der Relationalität des Sozialen als politischer Form. Es bleibt zu fragen, wie Relationalität aufgebaut ist, welche Handlungsformen (*Agencies*) hier zu denken sind und schließlich: Wer handelt wie?

Der Begriff *Agency*, im Deutschen gemeinhin als Handlungsmacht umschrieben, wird in der Philosophie und Soziologie als Kapazität eines Akteurs, in der Welt zu handeln, gedeutet. In den letzten Jahren haben vor allem Bruno Latour und Michel Callon mit der Akteur-Netzwerk-Theorie (ANT) die *Agency* als Akteursqualität und Handlungsmächtigkeit thematisiert. In diesem Ansatz spiegelt sich eine Wende von einem »mentalistischen« (vorwiegend symbolisch orientierten Kulturbegriff) »zu einem materialen Ansatz«[151]. Diese Theorie hebt vor allem darauf ab, dass das relationale Gefüge zwischen Mensch und Technik – sowohl als technische Beherrschung des Körpers wie auch der Vermenschlichung von Maschinen – immer dichter wird. Bellinger und Krieger konstatieren, dass eine »Theorie wie die ANT, die das Zusammenwachsen von Mensch und Technik in den Vordergrund stellt, zwangsläufig zu einer »Schlüsseltheorie wird.«[152] In der Absetzbewegung zu vorwiegend apriorischen Konstruktionen (wie etwa Kommunikationstheorien oder symbolfixierten Kulturtheorien) ist Latours Theorie in der Annahme fundiert, dass nicht nur, als Außendimension, die Performativität von Kultur zu thematisieren, sondern sogar auch Akteuren in nicht menschlicher Gestalt Handlungsmächtigkeit zuzusprechen ist. Artefakte sind »niemals nur *Produkte* von Menschen.«[153] Sie üben vielmehr auf Subjekte (oder diejenigen, die sich dafür halten) eine formative Kraft aus. Aus dieser Perspektive entpuppt sich Rationalität moderner Gesellschaften als Trugbild und die Moderne als eine Epoche, in der sich vor allem die Dinge autonomisieren

150 | Archer 2000, S. 318.

151 | Böhme 2006, S. 99.

152 | Belliger und Krieger 2006, S. 15.

153 | Böhme 2006, S. 18.

und vermehren.[154] Angetreten als lichtbringender Kampf für vernunftgeleitete Subjektivität, offenbart sie nun ihren blinden Fleck: die *Agency* der Dinge selbst.

Während es vor allem Foucault war, der die Sichtbarmachung bestimmter Aspekte und Funktionsmechanismen moderner Herrschaft in die kritische Gesellschaftstheorie betrieb, nimmt Latour in der Wiederaufnahme des *Agency*-Begriffs die Frage der politischen Form des Kollektivs neu in den Blick und weitet vor diesem Hintergrund das Feld der Subjektivität auf die Welt der Objekte radikal aus. In der Akteur-Netzwerk-Theorie fordert er eine neue anthropologische Matrix, in der die Objektwelt auch ihren angemessenen Platz findet, und indem alte Vorstellungen des Subjekts und von *Agency* ersetzt werden durch variable geometrische Entitäten, die zwischen und über die Kategorien hinweg übersetzen statt in Kategorien zu purifizieren. In diesem Kontext nutzt Latour den Begriff der *Agency* selbst mehrdeutig und relational. Bei der Übertragung von Latours in englischer Sprache verfasstem Text *Reassembling the Social* ins Französische, nimmt dieser Terminus so unterschiedliche Formen an wie »mode d'existence« (Existenzform), »Entité« (Entität), »actant« (Aktant), »agent« (Agent, Handlungsträger) oder »agence« (Agentur, als Pendant zu *Agency*).[155]

Wir sahen oben: Giddens baut seine Theorie auf der Dualität von Handlung und Struktur auf. Mit dieser Konzeption gerät die Organisationsentwicklung in Schwierigkeiten, vor allem bei der Frage, was man denn nun mit der Relationalität der Organisation anfangen soll. Irgendwie will die Sache nicht in Bewegung kommen: Entweder bleibt das Handeln nebulös oder die Struktur zu determiniert. Latour bietet ein gegenläufiges Konzept an, das er klar von den Akteur-System-Dichotomien absetzt. Er geht davon aus, dass Handeln nur unter bestimmten Voraussetzungen auftritt und zwar, wenn es »dislokal, artikuliert, delegiert und übersetzt«[156] ist. Gleichzeitig macht es nach Latour aber auch wenig Sinn, sich auf einen Interaktionismus zu stürzen, denn jede Interaktion ist so voller Informationen, dass sie ohne Filter gar nicht zu protokollieren ist. Informationen, Bestandteile, Ressourcen von Interaktionssituationen sind geschichtlich, sie ragen aus anderen Zeiten, anderen Orten und anderen Existenzformen (*Agencies*) in die gegenwärtige Situation hinein. Sobald aber der Beobachtende von diesen Bestandteilen aufgesogen wird, verliert er wiederum die Interaktion aus dem Blick. Es zeigt sich hier das wohlbekannte Dilemma der Struktur-*Agency*-Debatte. Wann immer Forscher sich von der Unergiebigkeit lokaler Aktionen enttäuscht abwenden, suchen sie sofort nach einem Äußeren, einer Struktur oder einem Rahmen, in den die Interaktionen gebettet und von der diese determiniert sind. Struktur erweist sich alsbald als Scheinriese: Wenn man bei der Suche nach dem »Kontext« näher an diesen heranzoomt, sieht man

154 | Vgl. Böhme 2006, S. 17f.

155 | S. Bemerkung Gustav Roßler, in: Latour 2007, S. 79.

156 | Latour 2007, S. 288.

nichts mehr außer purer Abstraktion. »Struktur ist sehr mächtig und doch zu schwach und zu weit entfernt, um irgendeine Wirksamkeit zu besitzen.«[157] Latour sagt deshalb polemisch: »Im Kontext gibt es keinen Parkplatz«[158] und fragt in diesem Sinne: »Führt ein Kanal von der Fabrikhalle zur »kapitalistischen Produktionsweise?«[159] Aus diesem Sachverhalt folgt alsbald ein beständiges Oszillieren der Enttäuschung, von der Interaktion zur Struktur, vom Akteur zum System und zurück, oder es kommt, wie im Fall von Bourdieu und Giddens zu einem höflichen Kompromiss.[160] Latour stellt nun aber die Frage, wie man einen Kompromiss aushandeln kann zwischen zwei Polen, von denen man außer Abstraktionen nichts sieht? Der Ausweg, den Latour skizziert, schlägt nicht vor, die Beobachtung von Handlung und Struktur zu vergleichzeitigen, denn dann wäre nichts gewonnen. Auch eine dialektische Aufhebung beider würde wenig bringen, weil eben die Grundkonstanten nicht stimmen.

Als eine Kernproblematik macht Latour in diesem Zusammenhang aus, dass die Vorstellung der Strukturen des Systems und des Rahmens immer noch von einem »Behälterdenken« ausgeht. Prinzipiell ist es durchaus sinnvoll, Rahmungen zu analysieren. Als problematisch stellt sich jedoch heraus, wenn eine solche Beobachtung zur »Bezeichnung eines Akteurs ›innerhalb‹ eines Systems verwendet wird.«[161] Das impliziert, dass keineswegs geleugnet werden soll, dass es Interaktionen und Strukturen gibt. Das Anliegen ist nur dergestalt, dass akzeptiert wird, dass es unmöglich ist, per Beobachtung in eine Handlung, an einen Ort zu kommen oder einen Kontext als solchen zu fixieren. Wenn es keine Möglichkeit gibt, den Aspekten Interaktion und Struktur handhabbar zu werden, »so bedeutet das ganz einfach, dass diese Orte unerreichbar sind.«[162] Die Enttäuschung liegt nicht am Oszillieren, sondern darin, zu hoffen, man könnte irgendwo ankommen. »So wie wir uns [...] entschieden haben, von den Unbestimmtheiten zu zehren, anstatt sie aufzulösen, ist es jetzt auch wieder möglich, von diesem endlosen Wechsel zwischen polaren Gegensätzen zu profitieren und daraus etwas über die wirkliche Topographie des Sozialen zu lernen.«[163] Durch die Akzeptanz der Bewegung und der darin liegenden Unbestimmtheit wird sozusagen ein Zu-Vermeidendes in eine Ressource uminterpretiert.

157 | A.a.O., S. 291.

158 | A.a.O., S. 289.

159 | Ebda.

160 | Archer kritisiert in ihrem Sozialen Realismus diesen Kompromiss auch als *Conflation*, als unzulässige Durchmischung.

161 | Latour 2007, S. 294.

162 | A.a.O., S. 295.

163 | Ebda.

Unbestimmtheit

Im Konnex von Improvisation erweist sich als besonders relevant, dass Latour in seiner Theorie vor allem dem Faktor »Unbestimmtheit« eine neue Relevanz zuspricht. Organisationale Metaphern (wie z.B. der von den Architekten und Ingenieuren entlehnte »Plan«) dienen nach Latour als Werkzeug, um die Kontinuität der Zeit einer Organisation darzustellen. Es stellt sich zunehmend heraus, dass die damit postulierte Essenz der Organisation wenig Hinweise darauf gibt, was in Zukunft zu tun ist. Latour sagt deshalb: statt den Fluss der organisationalen Zeit mit Plänen nach vorn zu schwimmen, ist es sinnvoller eben diesen Zeitfluss rückwärts zu schwimmen. So könne man Materialien für die Nutzung zukünftiger Unbestimmtheit gewinnen. Auf diese Weise entstünde eine Vorgehensweise, die – so Latour – aktuell noch wenig ausgeübt und noch weniger geübt werde.[164] Latour interpretiert Organisation als materiales Geflecht, das erstens nicht an sich existiert, sondern immer wieder performativ herzustellen ist, zweitens selbst als Ding Wirkmacht entfaltet und drittens als Versammlung von Existenzformen über eine bestimmte (nämlich mit Unbestimmtheiten volle) materiale Ökologie verfügt, die man untersuchen und der man sich bedienen kann. Vor diesem theoretischen Hintergrund wird dem Ding Organisation, gefasst als relationale Anordnung oder Assemblage bzw. Kollektiv, »erlaubt, als vielfältig entfaltet zu werden und damit auch, durch verschiedene Gesichtspunkte erfasst zu werden, bevor es möglicherweise in irgendeinem späteren Stadium vereinheitlicht wird, abhängig von den Fähigkeiten des Kollektivs dazu.«[165] Der Begriff der Ökologie soll hier sagen, dass in Organisation soziale, materiale und affektive Ressourcen, Objekte, Infrastruktursysteme und Handlungen auf unterschiedlichen Maßstabsebenen zusammenwirken. Aus Organisation als relationalem Kollektiv sprechen die vielfältigen Interessen, Bewegungen, Bedürfnisse und Vorstellungen der Raumnutzer, die Raum performativ herstellen. Organisation als sozialer Raum ist kein ostensiver Gegenstand, sondern genuin performativ: Soziale Aggregate sind Gegenstand einer »performativen Definition. Sie werden auf die vielfältigen Arten geschaffen, in denen man von ihnen sagt, sie existieren.«[166] Latour meint damit, dass soziale Aggregate durch die Tätigkeit des Versammelns immer wieder neu produziert werden müssen. Dies steht in Gegensatz zu einer Soziologie, für die »Ordnung die Regel« bildet, »Wandel und Verfall oder Schöpfung die Ausnahme.«[167] Latour hingegen dreht die Figur-Grund-Relation, sieht Ordnung als Ausnahme und Performanz als Regel, so, »als wären in beiden Denkrichtungen Hintergrund und Vorder-

164 | Latour, Bruno, Vortrag an der MAD Conference 2008.

165 | Latour 2007, S. 203.

166 | A.a.O., S. 62.

167 | A.a.O., S. 63.

grund vertauscht.«[168] Aufgrund dieser These sucht Latour eine Analyseform zu entwickeln, die nicht darauf abzielt, Dinge zu erfassen, sondern vielmehr auf das Verfahren selbst. Es geht ihm darum, den Analysten zu befähigen, die unterschiedlichsten Spuren zu kartografieren, mit denen sich der Gegenstand in der performativen Praxis seiner Produktion finden und verfolgen lässt. An dieser Stelle ist zu erkennen, welch hohe Relevanz die Arbeiten der feministischen Theorie über den Performanzbegriff für die Epistemologie aufweisen. Latour konstatiert dementsprechend: »Grace à l'immense travail des féministes, nous disposons dorévant des institutions conceptuelles qui nous permettent de marquer la différence non plus entre homme et femme mais entre, d'une part, le couple ancien, formé de l'homme, catégorie non marquée et de la femme, catégorie seule marquée, et d'autre part, le nouveau couple, infiniment plus problématique, formé par les deux catégories également marquées de l'homme et de la femme.«[169] (s. Kapitel 4.)

Wenn eine Organisation nicht an sich besteht, sondern immer performativ zusammengesetzt werden muss, kommt es zu der entscheidenden Frage: Kann das Soziale neu versammelt werden? Diese Frage sieht Latour in den fünf Quellen der Unbestimmtheiten aufscheinen. Die fünf Unbestimmtheiten definiert er als die Natur von Gruppen, Handlungen, Objekten, Tatsachen und als die Empirie der Sozialwissenschaften. Anstatt Unbestimmtheit zu bekämpfen, auszuschalten oder zu ignorieren, gilt es, »zu lernen, wie man von Unbestimmtheit zehrt, statt im vornhinein zu entscheiden wie das Mobiliar der Welt auszusehen hat.«[170] Latour orientiert die fünf Quellen der Unbestimmtheit an Einsteins Paradigma der Relativität,[171] ebenso wie an der Quantenphysik, dies jedoch ohne einen Eins-zu-eins-Import, sondern durch eine Art themengeleiteter Übersetzung. Gemeint ist: Es verhält »sich niemals so, dass der Analytiker weiß, was die Akteure nicht wissen, noch so, dass die Akteure wissen, was der Analytiker nicht weiß. Aus diesem Grund«, so Latour, »ist es auch notwendig, das Soziale neu zu versammeln.«[172]

Anderes Handeln

In diesem Zuge gerät der Begriff der Handlung ins Wanken. Traditionelle Handlungstheorien basieren auf der Annahme, dass Handlungen intentional sind und damit der rationalen Vernunft von Subjekten zugeordnet werden können. Diese Subjekte sind ihrerseits in intersubjektive Kontexte eingebettet und

168 | Ebda.

169 | Latour 2004, S. 71.

170 | Latour 2007, S. 201.

171 | Latour 1988.

172 | Latour 2007, S. 42.

können in diesen Motive, Interessen und Rechtfertigungen verhandeln. Es treten hier zwei Differenzierungen zutage: zum einen die Differenz von Intentionalität und Spontaneität des Handelns selbst. Diese besagt, dass einer Aktion immer ein Denkvorgang zeitlich vorgelagert ist und Handlung so bestimmbar wird. Ist dies nicht der Fall, so wird von *Agency*, von Spontaneität (Kant) gesprochen. Die zweite Differenz besagt, dass Handlung nur im Bereich der intersubjektiven Sphäre eingelagert ist, also Vergesellschaftung zur Folge und zur Voraussetzung hat. Im Handeln blieben Menschen unter quasi ihresgleichen, Dinge haben zum Handeln keinen Zutritt. Vor allem an der zweiten Differenz setzt Latour an. Nach seinem Diktum ist Nichthumanes in unsere Handlungen eingewoben. Handlungen entfalten sich als assoziierte Hybride von menschlichen und nicht menschlichen Entitäten. Dinge sind zwar keine Akteure, aber zumindest Aktanten.

Traditionellen Handlungstheorien liegt die vorgängige Annahme zugrunde, Dinge aus dem Handlungsbegriff auszuschließen, um den rationalen Anteil von Handlung zu sichern. Wird Handlung irrational, dann kommen die Dinge als »Umstände« oder »Sachzwänge« ins Spiel. Liegt bei einem Autounfall kein menschliches Versagen vor, so wird geprüft, wer für die materiale Konstruktion der Bremse verantwortlich ist. Die Bremse selbst spielt jedoch in ihrer Wirkmächtigkeit keine Rolle. Das ist bei juristischen Verhandlungen auch sinnvoll. Komplizierter wird es in der unüberschaubaren Menge an Interaktionen, z.B. des urbanen Alltags, in denen es weniger auf die Zuweisung Objekt/Subjekt ankommt, sondern auf die vielfältigen Interferenzen materialer und symbolischer, menschlicher und nicht menschlicher Anteile beim alltäglichen Hervorbringen von sozialem Raum als relationaler Handlung. Es wäre hier vielmehr von einer Form der konstruktiven Improvisation zu sprechen, die die Wirkmächtigkeit der Dinge nicht als Unfall, sondern als Option begreift. Damit einher geht die Konzentration, die Versammlung des Selbst und der Dinge als Kollektiv, die in dessen Alltag durch die Assoziationen zwischen Menschen und Dingen charakterisiert wird.

Damit unterminiert sich unsere anthropozentrische Sichtweise auf Handlung: Handeln wird jetzt als komplexe relationale Praxis gedacht, die sich als vielschichtige Assoziation vieler Faktoren entfaltet; wobei Faktoren als Akteure gelten, die in die Handlungsabläufe eingebettet sind: Ein Faktor ist »ein Akteur in einer Verkettung von Akteuren […] und keine Ursache.«[173] Gesellschaft wird durch die Verknüpfungselemente der Assemblage der Akteure und Aktanten als Kollektiv und die damit einhergehenden relationalen Praxen überhaupt erst produziert, »die damit zu vollgültigen Mittlern geworden sind.«[174] Die Umkehrung dieser Kausalität ist das Kernelement Latourscher Argumentation.

173 | A.a.O., S. 187.

174 | Ebda.

Somit wäre es möglich, Organisation nicht nur als räumliche Struktur zu bezeichnen, die von Akteuren durch *Agency* bespielt wird oder umgekehrt in ihrer Strukturiertheit, in welcher Relation auch immer, *Agency* beeinflusst. Vielmehr könnte Organisation auch als Aktant definiert werden, der Koexistenz mit zu organisieren und zu ordnen hilft: als Kollektiv, in dem Dinge als handelnde Akteure zusammen mit menschlichen Akteuren in netzwerkartigen Handlungszusammenhängen agieren. Damit sind Akteure weder rational handelnd noch Systeme als rein verhaltendes System definiert, sondern relational im Verlauf der Handlungszusammenhänge zu bestimmen. Organisation wäre folglich weder Akteur unter anderen noch eine Kraft hinter allen Akteuren, sondern Aktant: ein performativ-relationales Gewebe, das als Verknüpfung Transformationen transportiert und Versammlungen, Assoziationen herstellt. Für die Untersuchung von Organisation heißt dies, nicht mehr danach zu fragen, was Organisation ist (als *Fait Indiscutable*), sondern was sie macht (als *Fait Discutable*). Organisation wäre als relationaler Bereich zu fassen, »der nicht Kausalität transportiert sondern [...] Mittler dazu veranlasst zu koexistieren.«[175]

7.5 Mary Jo Hatch: The Performative Minimal-Structure of Organization

Wie aber wären die oben aufgefächerten Diskursfolien zur *Structure-Agency*-Debatte nun mit dem Feld der Improvisation zu verknüpfen? Es wurde bereits konstatiert, dass es für Organisationen zunehmend wichtiger wird, wandelbar zu agieren. Damit wird aber auch, wie Mary Jo Hatch bemerkt, die Frage nach der Struktur von Organisation neu gestellt: »As businesses become more adaptable and flexible in response to shifting demands and opportunities in their globalizing markets, traditional understandings of organizational structure are breaking down.«[176] Diese Neubestimmmung organisationaler Struktur wurde traditionell als Umformierung der Organisation wahrgenommen. Jedoch erwiesen sich die relationalen Beziehungsgeflechte von Organisationen als zu komplex, um rein formal bestimmbar zu sein. Als die alten strukturalen Konzeptionen weiter zu erodieren begannen, wurde dieser Wandel als »outsourcing«, »de-layering«, »de-differentiation« und »re-engineering« beschrieben. Nun tritt die Organisationstheorie jedoch in die Phase der Netzwerke und virtueller Organisationen über und beginnt traditionelle Konzeptionen von Organisation herauszufordern. In all den neuen Theoriemodellen verschwindet jedoch die Fragestellung der Struktur nicht, im Gegenteil: »Like a collapsing star that forms a black hole, the collapsing notion of organizational structure does not

175 | A.a.O., S. 188.

176 | Hatch 2002, S. 73.

disappear.«[177] Struktur hinterlässt viemehr eine Leerstelle, die eine erneute Berücksichtigung erfordert. Organisationsmitglieder beginnen zunehmend, über fehlende Struktur, mangelhafte Kommunikation, Koordination und den Verlust von Kontrolle und Identität zu klagen. Wenn aber das Konzept organisationaler Struktur aufgrund seiner Statik und Schwerfälligkeit nicht mehr hinreicht, um Organisation zu beschreiben oder zu analysieren, wird es Zeit, über ein Modell nachzudenken, das Struktur neu zu denken in der Lage ist. Ein Modell ist gefragt, das strukturelle Momente in sich trägt *und* Struktur in Frage stellt ohne in rein formale Ansätze zurückzufallen.

Wie bereits konstatiert, erweist sich der Struktuationsansatz von Giddens als eine Möglichkeit, Organisationsstruktur neu zu beschreiben. Der *Morphological Approach* von Archer stellt wiederum eine Erweiterung der Giddens'schen Theorie dar. Dennoch bleiben beide in den Dichotomien modernistischer Soziologie und Organisationstheorie stecken. Hatch versucht, mit der Verwendung von Jazzimprovisation als Metapher Struktur neu zu beschreiben oder zu umschreiben und damit vor allem das Verfahren des Umgangs mit Struktur hervorzuheben und für die Organisationstheorie fruchtbar zu machen. Auch Hatch bezieht sich auf das Metaphernmodell von Morgan.[178] Dieser interpretiert Metapher als Methode, breitere Dimensionen der Erfahrung in die Untersuchung von Organisationen einzubeziehen. Metapher operiert nicht nur auf dem substanziellen Level der Organisation, sondern bezieht auch Ebenen der Kultur, der Ästhetik mit ein. Wie Metaphern zu einer Emergenz neuen Vokaluars beitragen können, beschreibt Richard Rorty: »[...] we need to see the distinction between the literal and the metaphorical in the way Davidson sees it: not as a distinction between two sorts of meaning, nor as a distinction between two sorts of interpretation, but as a distinction between familiar and unfamiliar uses of noises and marks [i.e., words]. The literal uses of noises and marks are the uses we can handle by our old theories ... Their metaphorical use is the sort which makes us get busy developing a new theory.«[179]

Die Handlung, die Hatch als Metapher für den Umgang mit organisationeln Strukturen heranzieht, ist die improvisationale Jazzperformance. Das erscheint zunächst fragwürdig, schätzen wir doch herkömmlich musikalische Improvisation als unstrukturiert ein. Warum? Weil Improvisation nicht in Partituren festgehalten wird, also keine aufweisbaren Strukturen zeigt. Dennoch wissen wir, dass die Musiker beim Improvisieren mit »etwas« beschäftigt sind. Genau an diesem Paradoxon entfaltet sich eine wesentliche organisationale Fragestellung von Improvisation: sie thematisiert und problematisiert das Verhältnis der Akteure, deren Handlungen und Handlungsmacht (*Agency*) zu den vorhandenen

177 | Ebda.

178 | Morgan 1986.

179 | Rorty 1989, S. 17.

Strukturen. Dies gilt ganz besonders dann, wenn Strukturen als totalisierende Agenten interpretiert werden.[180] Damit wird jedoch nicht ausgesagt, dass Organisation und Improvisation gleichzusetzen wären. Hatch geht es vielmehr darum, zu zeigen, wie in einer bestimmten ästhetischen Praxis mit Strukturen umgegangen wird und wie dies in dem *Agency-Structure*-Komplex der Organisationstheorie Eingang finden kann: »My thesis is that orienting ourselves to organizational structure along the lines of the way jazz musicians orient to their structures in performing jazz could help us to generate a redescription of organizational structure that is compatible with the emerging vocabulary of organization studies.«[181] Entscheidend ist der *Performative Turn*, den Hatch hier vorlegt: Organisationale Struktur ist nicht mehr essenziell vorhanden und bestimmbar, sondern wird performativ hergestellt. Anders gesagt: Organisationale Struktur ist performativ: »Thus my use of the jazz metaphor to redescribe organizational structure is performative; it calls upon engagement, or rather re-engagement, with organizational practices and processes, as will be explained below. Furthermore, because my approach is pragmatic/hermeneutic rather than analytic, it will have to be demonstrated rather than explained.«[182] Mit diesem *Shift* rücken Begriffe, die sonst im Zusammenhang mit Struktur keine Rolle zu spielen scheinen, in den Vordergrund: Unbestimmtheit, Zeit, emergente Handlung.

Unter all denjenigen Aspekten, unter denen unter organisationalen Gesichtspunkten Jazz interessant sein könnte, arbeitet Hatch nun diejenigen heraus, die sich explizit mit der Frage der Struktur auseinandersetzen. Zu Beginn ihrer Untersuchung fokussiert Hatch dabei den materialen Charakter der improvisationalen Struktur: Die Struktur ist sozusagen das Material, mit dem die Jazzmusiker arbeiten: »The structure of jazz provides the material idea upon which jazz musicians improvise.«[183] Das ist erstaunlich, hatten wir doch in den vorangegangenen Diskurs-Folien erkennen können, dass Struktur vor allem ermöglichend oder verhindernd wirkt, nie jedoch selbst in die Handlung von Akteuren einbezogen wird. In diesem Merkmal des improvisationalen Gebrauchs von Struktur unterscheidet sich Improvisation von allen anderen Arten von Musikperformanz.

Wie aber funktioniert das? Traditionell sind im Jazz Aufführungen um die Form von Stücken strukturiert, die in sich selbst wiederum durch sogenannte *Heads* lose gekoppelt sind. Der *Head* eines Stücks gibt je nach Form und Ästhetik (traditioneller Jazz unterscheidet sich hier in Material und Form von z.B. modernerem Jazz oder Free Jazz) Angaben über z.B. Akkordsequenzen, basale melodische Ideen, vieleicht eine bestimmte Tonart oder ein Tonzentrum und

180 | Siehe hierzu: Reed 1992; Hassard und Parker 1993; Burrell 1997.

181 | Hatch 2002, S. 74f.

182 | A.a.O., S. 75.

183 | Ebda.

u.U. auch ein bestimmtes Tempo. Um strukturell mit dem Material verfahren zu können, sollten Jazzmusiker in der Lage sein, dieses Material in unterschiedliche Tonarten und Tempi transponieren und während der Performance in verschiedenste Variationen modifizieren, modulieren, also relational machen zu können.

Improvisation zentriert sich sozusagen um das strukturelle Material des *Heads,* der meist einmal im Stück wörtlich dargestellt wird. Bei traditionellen Jazzformen dient der *Head* auch als Rahmung: Er wird einmal am Anfang und einmal am Schluss gespielt. Dazwischen wird sozusagen über den *Head* improvisiert. Der *Head* bietet ein bestimmtes Material für die Improvisation und zwar auf den Ebenen Melodie, Harmonie und Rhythmus. Die Organisation des Stücks wird dann performativ auf dieser Basis hergestellt und zwar in dem Zusammenspiel unterschiedlicher Interpretationen der initialen Materialstruktur als permanentes Umstrukturieren und Neuzusammenstellen der strukturellen Einheiten des Materials und gleichzeitigem Erforschen desselben. Die Struktur der *Heads* bleibt innerhalb der Performance eines Stücks immer implizit anwesend. Anders gesagt: Die Musiker schaffen es, die Muster, die in der Struktur angelegt sind, für sich selbst anschlussfähig zu halten und sozusagen in *realtime* zu verschriftlichen (das ist das, was Giddens *Rekursion* nennt). Jeder Musiker entwickelt eigene Techniken, um sich die Struktur des *Heads* während des Spiels zu vergegenwärtigen.

Organisational changiert eine Jazzperformance in dem *Shiften* unterschiedlicher Schwerpunkte und Rollenverteilungen, wobei jeder jede Rolle einnehmen kann. Dabei steht das Wechselspiel zwischen einem Solospiel und der Begleitung des Solisten im Vordergrund. Auf beiden Ebenen können Musiker neue Ideen in den musikalischen Verlauf hineingeben und damit den Prozess »am Laufen« halten. Das heißt, dass auch die jeweils Begleitenden strukturelle Unterstützung anbieten, während sie gleichzeitig variierend mit der Struktur arbeiten. Solisten wiederum lassen den Impulsen der Begleitenden Raum, um sich inspirieren lassen zu können. Je nach Avanciertheit der Spieler können die Begleiter auch die Unbestimmtheit ihres Begleitens erhöhen, um so die Stimulans zu verstärken. Je fortgeschrittener der Solist, desto mehr genießt er die Unbestimmtheit und das konstruktive Spiel damit. Aus der Interaktion der Musiker entsteht in der Improvisation eine Logik, die sich aus den Konflikten speist, die im improvisationalen Raum enstehen. Konflikte müssen also nicht zielbestimmend abgeschirmt werden, sondern werden wieder als Material benutzt: »Jazz musicians listen to the playing of the other musicians and, in listening, spaces are created and filled by a logic that emerges as part of the interaction of the musicians. This simultaneous listening and playing produces the characteristic give and take of live jazz improvisation and also provides the conditions for conflict that can introduce the unexpected that inspires performance excellence, but also risks disaster.«[184]

Hatch weist darauf hin, dass Hören als Orientierungsleistung in der Improvisation großen Raum einnimmt. Diese erhöhte Stufe der Aufmerksamkeit oder Achtsamkeit ist schon allein deshalb zwingend, weil die Offenheit der muskalischen Grundstruktur die Vorhersehbarkeit des organisationalen Verlaufs beschränkt; im Zuge dessen ist die Wahrscheinlichkeit von konflikthaften Zuständen extrem hoch. Statt jedoch die Performance einzuschränken, führen die Konflikte gerade zu besonders guten Ergebnissen, weil die Spannung auch die Achtsamkeit erhöht und so fort. Gerade das Erklingen unerwarteter Ereignisse reizt den Fortgang des kreativen Prozesses: »These conflicts can challenge the musicians to make sense out of unexpected sound patterns.«[185] Relationale Arbeit ist dabei die improvisationale Methode, um Fehler zu kreativen Ausgangspunkten zu machen: »Accomplished jazz musicians know that mistakes are defined by their context, so, if someone plays a ›wrong‹ note, changing the context can save the situation and, in the best cases, produces a novel idea.«[186] Gleichzeitig bleibt Improvisation ein lernender Prozess, da alle Spieler die Information sofort verarbeiten und weiterverwenden. Zuhören ist wichtig, reicht aber nicht aus: Man muss wissen, was man mit der Information als Material machen kann und dann auch fähig sein, dies umzusetzen. Damit dies gelingen kann, muss das Hören total sein: Jeder Musiker ortet jederzeit den gesamten musikalischen Raum, um sich und sein Spiel orientieren zu können. Dies funktioniert nur, wenn man in er Lage ist, zwischen genauem und unscharfem Hören hin und her zu wechseln, zwischen dem genauen Verfolgen einzelner Linien und dem unscharfen Musterhören, das in nicht linearer Weise als Inspirationsquelle für die Antizipation neuer Entwicklungen dient.

Basis der improvisationalen Zusammenarbeit ist die Gestimmtheit der musikalischen Organisation: »If a band is to achieve peak performance on a given tune, the musicians must find the groove.«[187] Eine Jazzperformance verfügt dann über *Groove,* wenn eine Improvisation »gelingt« und die Musik stimmig ist, in ästhetischer wie körperlicher Weise eine Gestimmheit erreicht. Umgekehrt ist der *Groove* Vorraussetzung, um mit Mustern strukturell so arbeiten zu können, dass ein *Redesign* der Muster entsteht. Der *Groove* setzt sozusagen den Vektor in die Struktur, die Struktur beginnt sich zu bewegen. Durch den *Groove* beginnen die Musiker zu fühlen, wo was hingehört. »Without a strong sense of the groove, the practice of playing ahead or behind the beat would lead to rushing or dragging, but with groove, this practice heightens the emotional content

184 | A.a.O., S. 76f.

185 | A.a.O., S. 77.

186 | Ebda.

187 | Ebda.

of the performance and helps give the music a distinctive feel (which, in this case, is due to the relative placement of notes).«[188] Durch die Verkörperung der Struktur als Spiel wird Struktur gleichzeitig lebendig und vergemeinschaftet: »When groove and feel are fully embodied (creating music that literally and physically moves the listener), a sense of communion occurs among those present (present both physically, and in the sense of being aware of what is going on, i.e., listening).«[189]

Parallelen zwischen Jazz und aktueller Organisationstheorie

In welchem Zusammenhang stehen die obigen Strukturbeobachtungen zu Jazz mit der Organisation? In der aktuellen Organisationstheorie emergieren viele Fragestellungen zur Struktur, die auch im Jazz tragend sind. So gehört beispielsweise die Kapazität, Funktionen von Führung und Unterstützung personell rotieren zu lassen, zu den wesentlichen Merkmalen zeitgenössischer Teamarbeit und performativer Kooperation (s. Kapitel 2). Improvisation im Jazz stellt somit ein Modell dar, dass sich auf die wechselseitige Reziprozität von Solieren und Begleiten bzw. deren immanente Fragestellungen beruft: »Are solos interesting? Are those providing the comping contributing to the soloist's ideas or are they interfering with the soloist's ability to express him or herself? Do players know when to take a solo? Do they know when and how to end one?«[190] Diese Punkte lassen sich erweitern, wenn die Frage nach dem Hören und Interagieren gestellt wird. Ist eine organisationale Kultur so aufgebaut, dass die Interaktion der Organisationsmitglieder emergentes Handeln verhandelbar und speicherbar macht? Diese Punkte korrespondieren mit der Weick'schen Konzeption des *Sensemaking* in Organisationen[191] und dem Strategieprozess, wie er von Mintzberg und anderen entwickelt wurde.[192] Gleichzeitig sind Themen wie Gestimmtheit und *Groove* der Organisation als Merkmale und Voraussetzungen organisationaler Kultur und deren Ästhetik Aspekte, die von unterschiedlichen Protagonisten in den Blick genommen wurden.[193]

Es bleibt jedoch die Frage zu beantworten, ob die Jazzmetapher wirklich einen substantiellen Beitrag zur Organisationstheorie leisten kann. Nach dem Ansatz von Rorty muss diese Metapher in der Lage sein, unser Vokabular über Organisationen grundlegend zu verändern. Um dies leisten zu können, muss, so insistiert Hatch, die Ebene der reinen Eins-zu-eins-Analogie aufgegeben

188 | A.a.O., S. 78.

189 | Ebda.

190 | Ebda.

191 | Weick 1995.

192 | Mintzberg et al. 1976; Pettigrew und Whipp 1991.

193 | Alvesson 1990; Gagliardi 1990.

werden. Hatch rekurriert vielmehr auf den Konzeptionalisierungsprozess, der durch die Metaphernbildung in Gang gesetzt wird. So wird z.B. die Begrifflichkeit des Hörens auf die der Musikalität und des musikalischen Denkens erweitert: »Listening is obviously connected to hearing, but the musicality of all aspects of the metaphor goes much further, inviting us to hear and feel organizing, to listen for and move to its rhythms, harmonies and melodies.«[194]

Weil Hatch mit ihrem Ansatz das Materiale als Sensuelles von Struktur mit einbezieht, kontrastiert dieser deutlich mit denjenigen Konzeptionen, die Struktur nur analytisch zu deuten suchen. Damit werden unter Einbezug von Kultur und Zeit Aspekte des Organisierens um die Körperlichkeit und deren sensorische Kapazität erweitert. Es stellt sich heraus, dass Struktur nicht nur statisch ist, sondern auch dynamisch: Organisation als Struktur ist performativ und wird »erspielt«: »The jazz metaphor encourages us to think about organizational structure with our ears and to engage our bodies and emotions in the process. This sensory and emotional engagement relates to another important feature of jazz – it is played.«[195]

Mit der Jazzmetapher können wir, so Hatch, eine Vorstellung davon bekommen, dass Organisation »geschieht«. Organisationale Struktur ist Aktivität, nicht nur eine abstrakte Kategorie. Als Aktivität stellt organisationale Struktur etwas dar, an dem man teilnimmt, etwas, das man erfährt und das sich durch Erfahrung qualifiziert: »When engaged in this way, imagining organizational structure extends us well into the arena of activity.«[196] Damit gerät organisationale Performanz oder Organisation als Performanz in den Blick, denn auch Jazz fokussiert Performanz. Gleichwohl werden traditionelle Vorstellungen von Performanz herausgefordert – und zwar in dem Sinne, dass auch organisationale Struktur performativ gedacht wird: »[...] suggesting that organizational structure should be redescribed in performative terms (i.e., structure not as a state or outcome, but as a set of performance practices or processes).«[197] Um diese performativen Aspekte zu erhellen, zeigt Hatch auf, wie Jazzmusiker strukturell verfahren, wenn sie spielen.

In der Be-Schreibung des Verfahrens, wie improvisierende Musiker Strukturen interpretieren und nutzen, liegt das metaphorische Um-Schreiben von Organisation via Jazzimprovisation begründet. Aus diesem Verfahren erwächst auch die Erweiterung einer essenzialistischen Betrachtungsweise der Struktur, die diese als Objekt zu bestimmen sucht, bis hin zur Verfahrensfrage und damit der Performanz von Strukturen selbst: Wie geht man mit Strukturen um, was

194 | Hatch 2002, S. 79.

195 | Ebda.

196 | Ebda.

197 | Ebda.

kann man mit ihnen machen? Diese Um-Orientierung ermöglicht es, Engagement und Aktivität in die Konzeption von Organisation mit einzubeziehen.

Eines der Wesensemerkmale der Improvisation ist es, dass Strukturen zwar explizit gemacht, jedoch implizit immer relational gedacht werden. Das heißt, Musiker müssen genauso wie Komponisten genaue Materialuntersuchungen anstellen. Wenn sie dies absolviert haben, müssen sie jedoch das Material stets auf ihre performativ-improvisationale Projektivität hin erarbeiten und prüfen. Das heißt, dass beispielsweise bestimmte Tonkombinationen auf dem ganzen Instrument transponiert und variiert werden, um im Fall der Performance möglichst viele Optionen offen zu haben, die man auch ausagieren, also spielen kann. Das Gleiche gilt für den Rhythmus: Der Puls ist in den Körpern anwesend, muss aber nicht explizit ausgespielt werden. Dadurch entsteht eine rhythmische Plastizität, die sogar im Free Jazz zu einer hohen Spannung und Körperlichkeit führt und sich dadurch von der Pulsation ohne Metrum eines Pierre Boulez[198], die vor allem explizit, also außerhalb der Körper als Ereignis gilt, deutlich unterscheidet. Struktur kommt dann in ein paradoxes »Zwischen«: verortet im Oszillieren zwischen präziser Explikation und impliziter Unbestimmtheit. Dieser spezifische Gebrauch von Struktur stellt jene Technologie dar, die es den Musikern ermöglicht, Prozesse offen und gleichzeitig stabil zu halten und bei gleichzeitigem Fortschreiten des Prozesses den Kontakt zu dessen immanenter Logik nicht zu verlieren. So kann eine maximale Freiheit ermöglicht werden, bei gleichzeitiger Strukturierung des Prozesses, die aber selbst wieder Handlungen impliziert, die neue Strukturen her- oder alte Strukturen umstellen können. Innovation und Wandel werden stimuliert und abgesichert.

Das für die Organisation auf politisch-ethischer Ebene wichtigste Moment ist die Tatsache, dass Jazzmusiker Strukturen nie als gegeben erachten: »Jazz musicians do not accept their structures as given. They believe that the appropriate attitude to structure is one of finding out what you can get away with.«[199] Das bedeutet nicht nur, dass Musiker sich durch die lose Interpretation Spielraum verschaffen und durch die Erhöhung von Unbestimmtheit die Ressourcenlage sogar zu erweitern in der Lage sind; es heißt auch, dass Musiker Strukturen permanent hinterfragen, also gegen die Naturalisierungs- bzw. Essenzialisierungstendenzen der Spuren von Strukturen anarbeiten. Das ist eine wichtige Nachricht für den organisationalen Umgang mit Strukturen, denn es gehört zu deren Wesensmerkmal, dass sie dazu tendieren, als Ordnungen in Organisationen hinein zu sedimentieren.[200] Form bedeutet dann weniger Ordnung sondern mehr Rahmung, die Musiker treten aus dem Rahmen, indem sie ihn nutzen: »That is, not playing structures creates space to improvise and this pro-

198 | Boulez und Häusler 1963.

199 | Hatch 2002, S. 80.

200 | Siehe hierzu: Mouffe 2007.

duces the framebreaking attitude that creativity theorists argue provokes the creative imagination. It also inspires innovation and change. In jazz terms, however, notice how framebreaking means using the frame to step outside the frame.«[201]

Wichtig bleibt zu bemerken, dass alle Formen des Jazz mit Strukturen arbeiten, nur tun sie dies mit unterschiedlichen Rahmungen. Während traditioneller Jazz klar in Takte und Harmonien gegliederte Formen ausweist, bieten modernere Formen eine freiere Rahmung. Das bedeutet jedoch nicht, wie häufig angenommen, dass diese Formen auf Struktur verzichten. Vielmehr radikalisieren sie die strukturelle Arbeit, weil sie Form komplett aus der strukturellen Varianz und performativen Dynamik der Struktur her gewinnen. Form kommt vollständig aus Bewegung: »In fact, some see Free jazz as an attempt to play without any structure at all, though even the most free jazz needs a little structure to permit the musicians to orient themselves to each other within the tune.«[202]

Wenn wir konstatieren können, dass unterschiedliche geschichtliche Formen des Jazz unterschiedliche Umgangsweisen mit Struktur hervorbringen, so können wir auch sagen, dass Improvisation so angelegt ist, dass sie sich als Verfahren selbst transformiert: »Thus, the practices of jazz [...] fill the empty spaces in the structure of jazz as it is currently constituted, and as this happens, the structure of jazz itself is transformed.«[203] Die improvisationalen Praktiken konstituieren damit die Bedingungen ihrer eigenen strukturellen Transformation. Der bestimmt-unbestimmte Umgang mit einer Struktur erzeugt die nächste Struktur und so fort, wobei die Sequenzen, Serien und Reihen immer in struktureller Relation zueinander stehen. Jazzmusiker nutzen Struktur nicht nur, um sich zu organisieren, sie nutzen Struktur, um mit ihr implizit wie explizit zu spielen, um die Identität von Struktur in Anspruch zu nehmen, um sofort wieder improvisatorische Differenz einzufügen. Indem sie Struktur performativ denken, können improvisierende Musiker ihre Strukturen in eine radikale Heterogenese einführen – als Einsicht, dass Geschichte immer heterogen und kontingent ist; was aber nicht heißt, dass man nichts damit machen kann: »Jazz musicians are able to alter their structures radically in the historical sense of creating a discontinuity with the past, but they do this only by building on the continuity of the past that is expressed as the structure they do not play.«[204] Strukturen performativ zu konzipieren, ermöglicht es, die Kontinuität dieser Arbeit in der Differenz[205] in den Körpern zu halten und gleichzeitig different zu handeln.

201 | Hatch 2002, S. 80.
202 | A.a.O., S. 81.
203 | Ebda.
204 | Ebda.
205 | Dell 2002.

Musiker interpretieren Struktur als Material des Eingangs von Transformation und des Umgangs mit Differenz. Wenn wir dieses Verfahren ernst nehmen, kommen wir zu einer völlig neuen Konzeption von Struktur – sowohl in materialer als auch in ontologischer Hinsicht. Struktur wird dynamisch und erhält – wie im morphogenetischen Ansatz von Archer – einen Bezug zu Zeit; nur mit dem Unterschied, dass sich – im Gegensatz zu Archers Theorie – die Komplexität erhöht. Suchte Archer noch mit der Konstanz der Strukturen Emergenz zu erklären, wird in der Improvisation umgekehrt Emergenz zum konstitutiven Merkmal von Struktur: »In this sense, structure has a complex relationship to time: it is simultaneously continuous and discontinuous with the past.«[206] Gleichzeitig eröffnet Struktur Orientierung in zahlreiche Richtungen. Darüber hinaus verfügt Struktur über ästhetische materiale Qualitäten, von denen sich organisational Handelnde affizieren lassen können.

Unbestimmtheit als Ressource

Was aber bedeutet es für die Organisationstheorie, organisationale Struktur als unbestimmt, zeitlich, performativ und dynamisch zu interpretieren? Hatch erhellt dies in Bezugnahme auf die Jazzmetapher und fragt danach, wie eine Organisation aussehen würde, die sich ein musikalisch-improvisatorisches Denken aneignen würde. Wie bereits erwähnt, ermöglicht Struktur bei der Improvisation Innovation und Reinterpretation zeitlicher (geschichtlicher) Verläufe. Die Offenheit in der Strukturierung nutzt Unbestimmtheit als Ressource: »Structuring occurs in what is not specified in the sense that the unspecified is an ambiguity that can be creatively interpreted to produce innovation.«[207] Unbestimmtheit erklärt somit weder etwas im erkenntnistheoretisch-ontologischen noch im empirischen Sinne, sondern ist Funktion selbst, und zwar die Funktion der emergenten Performanz. Gerade weil es nicht um externalisiernde Erkenntnisformen, sondern um gestalterisches Erkennen und Lernen geht, führen die hierbei entstehenden Konfliktfelder nicht mehr zu linearen Abschirmungen und Verengungen, sondern Konflikte werden zum Motor der Performanz selbst, als Einladung zur Um- und Neudeutung relationaler Kontexte, in und aus denen Deutung produziert wird.

Hatch weist darauf hin, dass der Begriff der Unbestimmtheit in der Geschichte der Organisationstheorie zuerst von March und Olsen[208] konzeptionalisiert wurde, und zwar im Zusammenhang mit Entscheidungsfindung und Wahl. March und Olsen spezifizieren vier Modi organisationaler Unbestimmtheit: die Unbestimmtheit der Intention (also falsch definierte Präferenzen oder

206 | Hatch 2002, S. 81.

207 | A.a.O., S. 82.

208 | March und Olsen 1976a.

multiple und koflikthafte Ziele), die Unbestimmtheit der Verständigung (multiple Interpretationen von Intentionen und Feedbackeffekten), die Unbestimmtheit von Geschichte (die Schwierigkeit zu verstehen, was, wann, warum passiert ist) und schließlich die Unbestimmtheit der Organisation selbst (wie ist die Organisation nach verschiedenen Reorganisationsvorgängen beschaffen). March and Olsen verstehen also Unbestimmtheit in Relation zu den formalen, strukturellen und funktionalen Leerstellen, die das Organisieren als transformatorischer Prozess hervorruft. Während diese Unbestimmtheitsmodi bei March und Olsen negativ konnotiert sind, wirken diese Leerstellen bei Improvisationen gerade als jener Möglichkeitsraum, mit dem und in den hinein gearbeitet wird. Für March tritt dies nur in Kraft, wenn gespielt wird. In seiner Auseinandersetzung mit Unbestimmtheit in Organisationen spricht March vom Spiel als eine »strategy for suspending rational imperatives toward consistency«[209]. Das Spiel ist für ihn eine Experimentalsituation, ein irrationaler Sonderfall, der sich jedoch instrumentell einsetzen lässt und der Organisation hilft, ihre Ziele neu zu definieren und in Unbestimmtheit Konsistenz herzustellen: »Playfulness allows experimentation.«[210] March fügt hinzu: »A strict insistence on purpose, consistency, and rationality limits our ability to find new purposes. Play relaxes that insistence to allow us to act ›unintelligently‹ or ›irrationally‹, or ›foolishly‹ to explore alternative ideas of possible purposes and alternative concepts of behavioral consistency.«[211] Hatch denkt nun die Annahmen von March mit der Performativität des Improvisierens zusammen. Zwei Punkte werden dabei aufgestellt: Erstens zeigt March, wie der Aspekt des Spiels oder des Spielerischen in der Neubeschreibung organisationaler Strukturen sinnvoll sein kann. Umgekehrt bietet die Rede von der Improvisation die Möglichkeit, darüber nachzudenken, welche organisationalen Alternativen durch Modi des Spielens wie Solieren, Begleiten, Hören und Reagieren geschaffen werden können. Außerdem zeigt die Metapher, dass es durchaus lohnenswert ist zu erforschen, wie körperliche Aspekte in die Entscheidungsfindung hineinspielen, wie körperliche Aspekte instrumentalisiert werden können und welche Rahmungen dafür bereitgestellt werden müssen.

Die Verbindung zwischen Spiel mit und Redefinition von organisationalen Zielen berührt auch die Frage des strategischen Gebrauchs von Unbestimmtheit. Hatch verweist an dieser Stelle auf Eisenberg, der den strategischen Einsatz von Unbestimmtheit als »unified diversity«[212] beschreibt. Eisenberg weist darauf hin, dass Organisationsmitglieder relativ selten in der Lage sind, Korrespondenzen zwischen ihren Intentionen und den Interpretationen ihrer

---

209 | March 1976.

210 | A.a.O., S. 77.

211 | Ebda.

212 | Eisenberg 1984, S. 230.

Aussagen herzustellen. So passiert es durchaus, dass Organisationsmitglieder vorsätzlich bestimmte Informationen weglassen, um so unterschiedliche Interpretationen zuzulassen. Damit stellen sie eine Unbestimmtheit her, die ihnen hilft, in dem Spannungsverhältnis von organisationaler Zentralisierung und Dezentralisierung Spannung aufrechtzuerhalten und den Korridor offenzuhalten für »multiple interpretations while at the same time promoting a sense of unity«. Nach Eisenberg besteht dann die Aufgabe der Organisationsmitglieder darin, jenes Abstraktionslevel zu finden, »at which agreement can occur«, und auf dem Unbestimmtheit Einigung über die Abstraktionen herstellt »without limiting specific interpretations.«[213]

Eisenbergs Analyse zu Strategie und Unbestimmtheit konvergiert mit dem improvisationalen Umgang mit Struktur: Musiker lassen viele Informationen weg, spielen nur teilweise an, deuten an und geben so multiple Vektoren vor, die wiederum aufgenommen und weitergespielt werden können. Gleichzeitig ist die immanente strukturelle Arbeit so konzis, dass die Einheit (*Unity*) des musikalischen Werks gesichert ist. In Bezug auf die begriffliche Einordnung des Parameters Struktur zeigt sich in der Aufnahme des Eisenberg'schen Ansatzes, dass Unbestimmtheit in der Improvisation sowohl Einheit wie auch Vielfalt in der Lage herzustellen ist. Der Struktur kommt dabei eine duale Rolle zu: erstens die Unterstützung multipler und diverser Inputs und zweitens die Versorgung organisationaler Situationen mit Einheit dergestalt, dass die Interpretation der unterschiedlichen Inputs auf unterschiedlichen Ebenen möglich wird – was bei Organisationen bedeutet, dass ein struktureller Rahmen erzeugt wird, der die Interpretation variirender, divergenter und konflikthafter Beiträge der Organisationsmitglieder als performative Ganzheit erfahrbar macht. Dies ist besonders bei Organisationen wichtig, die unter hohem Druck und variablen Umwelteinflüssen arbeiten und somit mit erhöhter Unbestimmtheit umgehen müssen. Solche Organisationen tun gut daran, eine Kultur auszubilden, die unter einer Orientierung unterschiedlichste Ansätze und Technologien so versammelt, dass die Organisation in der Lage ist, unterschiedlichste Lösungen für die gleiche Fragestellung anzubieten und zu beheimaten und damit auch widersprüchliche Deutungen zuzulassen. Die Akzeptanz von Unbestimmtheit und der konstruktive Umgang damit werden zur Grundlage der Perfomanz dieser Organisationen.

Unbestimmtheit bei der Improvisation erlaubt es den Improvisationsteilnehmern eine gemeinsame Fragestellung unter divergenten Gesichtspunkten und Deutungen so zu bearbeiten, dass Innovation und Transformation nicht nur möglich, sondern auch angestrebt werden. Wenn Organisationsmitglieder Unbestimmtheit auf diese Weise organisational interpretieren, bedeutet dies, dass sie organisationale Strukturen (wie z.B. Werte und Kompetenzen) »um-

213 | A.a.O., S. 231.

spielen« können. Unbestimmtheit erlaubt in diesem Zusammenhang – so Hatch – »organizational members to replay organizational values and competencies in personalized ways that offer the opportunity for creativity and innovation within a cultural context that provides coherence.«[214]

Embodiement, Emotionalität und Struktur

Als eine der größten Leerstellen in der Organisationstheorie betrachtet Hatch die Frage nach der Emotionalität organisationaler Strukturen. Auch wenn Strukturen auf emotionalen Beziehungen basieren, so suchen die Organisationsmitglieder dennoch diese Basis unter der Begründung, dass sie für rationale Entscheidungsfindung hinderlich sei, beiseite zu schieben. Hatch verweist in diesem Zusammenhang auf Max Webers These, dass es der entscheidende Beitrag der Bürokratie zum Kapitalismus sei, Irrationalität und Emotionalität auszuschalten.[215] Heute jedoch nimmt die organisationstheoretische Auseinandersetzung mit Emotionalität in Organisationen wieder stark zu.[216] Forscher betonen den Wert und die Funktion von Emotionen in organisationalen Zusammenhängen, vor allem in Lern- und Wandlungsprozessen.

Unter den (noch wenigen) Arbeiten, die in diesem Kontext auf strukturelle Fragen der Organisation eingehen, findet sich die Studie von Arlie Russel Hochschild[217]. Sie beschreibt emotionale Arbeit mit der Begrifflichkeit des Erspürens von Regeln und Regelhaftigkeit, »feeling rules«. Hatch ergänzt mit dem Verweis auf die Jazzimprovisation, dass Strukturen nicht nur als Regeln, sondern auch als Beziehungsgeflechte gedacht werden können: »If emotion can be communicated, and there is much social-psychological evidence that it can be, then emotion may contribute structurally to organizations by organizing relationships.«[218] Wenn es möglich wird, die Gefühle der Organisationsmitglieder zu einem strukturellen Kompass der Arbeit und damit kommunizierbar zu machen, wird die Tatsache, dass Organisationsmitglieder sich untereinander emotional orientieren, als konstituierend für die Performativität von Organisation konzipiert: »These orientations are part of what constitutes an organization's structure as patterns of interaction and relationship.«[219] Wenn Struktur in dem emotionalen Bereich von Organisation verortet wird, können auch die oft vernachlässigten oder ignorierten Kanäle der Kommunikation, der syn-

214 | Hatch 2002, S. 84.

215 | Hatch verweist in diesem Zusammenhang auf eine Arbeit von: Hopfl und Linstead 1997.

216 | Rafaeli und Sutton 1989; Albrow 1992.

217 | Hochschild 1983.

218 | Hatch 2002, S. 85.

219 | Ebda.

ergetisch-medialen Vermittlung in organisationale Verläufe integriert und eine Komplentärbasis zur rationalen Entscheidungsfindung etabliert werden. Dies wird deutlich am Beispiel des De-layering von Organisation (Restrukturierung der Organisation unter Reduktion der hierarchischen Ebenen). Die Erkenntnis, dass bei Hierarchieverschiebungen immer emotionale Aspekte wie Ablehnung oder Zuneigung zu Personen eine Rolle spielen, ist trivial. Nicht trivial ist jedoch, wenn mit der Bezugnahme auf die Improvisation ein anderer Punkt in den Vordergrund tritt, nämlich die Signifikanz emotionaler Struktur auf der Ebene der Interaktion. Dies erweist sich als besonders relevant für Organisationen, die aufgrund ihrer spezifischen Form auf die permanente Rekonfiguration von Projektgruppen oder das Eingehen zeitlich begrenzter Allianzen angewiesen sind.

Improvisation zeigt an, dass wir immer dann, wenn wir interagieren, in einen Bezugsrahmen emotionalen und psychischen Gefühls gebettet sind, auf den wir instrumentell zugreifen können. Nicht nur nutzen wir diesen Rahmen, auch der Inhalt der Kommunikation selbst wird von emotionalen Strukturen beeinflusst. Die Begriffe, die die Qualität dieser strukturellen Rahmung von Emotionalität angeben, bezeichnet Hatch wiederum mit den der Musiksprache entlehnten Begriffen *Groove* und *Feel:* »Groove and feel in jazz terms involve making structural aspects of performance (e.g. tempo and rhythm) implicit, which jazz musicians accomplish by rendering them subjects of their emotions and physical bodies (i.e., by literally feeling tempo and rhythm in an emotional and physical sense). Just as jazz musicians assign tempo and rhythm to the emotional realm and communicate on this basis to one another as they improvise (even when they have never played together before), workers may equally depend upon their ability to emotionally communicate as they coordinate their efforts for organizational achievement in the context of temporary teams or fluid networks.«[220]

Mit Eisenberg[221] weist Hatch darauf hin, dass wir emotionale Aspekte jeder Kommunikation nicht auf Exklusion und Instrumentalisierung von Gefühlen rezudieren können. Vielmehr erweisen sich diese als notwendig, um Intimität in Interaktionen herzustellen: »That is, we are as capable of using our emotions to form working relationships as we are of using them to form friendship or familial relationships, and this capacity can extend to those with whom we have no relationship at all apart from the opportunity to act together at a particular moment in time.«[222] Wenn organisationale Struktur dynamisiert und auf körperlicher Basis als *Embodiement* eines Zustandes als Material gedacht wird, das Interaktionen ordnet und stimuliert, kann Emotionalität relational interpretiert

220 | Ebda.

221 | Eisenberg 1990.

222 | Hatch 2002, S. 86.

werden. D.h. Subjektivität lässt sich nicht mehr als ein Abgeschlossenes bestimmen, das nur für einen selbst Geltung hat, sondern öffnet sich im Modus der Teilhabe und Partizipation zum konstruktiven Umgang mit kontingenten Situationen in Organisation. Und umgekehrt ist Subjektivität nicht mehr auf die abgeschlossene Form einer Identität oder Form eines a priori Gegebenen zurückzuführen, sondern zeigt sich als etwas, dass als Prozess, mithin als Subjektivierung, immer im Werden begriffen ist. Dieses Werden qualifiziert sich in »gestimmten« Interaktionen (s. Kapitel 7.8.).

Die Verknüpfung von Handlung und Struktur verweist wiederum auf die Performativität der Struktur selbst. Nach Csikszentmihalyi[223] sind *Peak Performances* in vielen beruflichen Feldern von subjektiven Zuständen des *Flow* begleitet, in denen die Ausführenden eine Art Absorption in den Zustand erfahren, die das Zeitmoment des Augenblicks sozusagen vergrößert. Csikszentmihalyis Beschreibung des *Flow* verknüpft den emotionalen Zustand der Intensität mit der Dynamisierung der strukturellen Bedingungen einer Situation. Gleiches gilt für Jazzmusiker, wenn sie über den *Groove* einer Improvisationssituation verhandeln. *Groove* oder auch *Swing* (Ellington) als emotionaler Zustand sind nicht nur Material der musikalischen Performance, sondern auch etwas, was die Musiker verkörpern müssen. Umgekehrt entspannt sich das Verhältnis zum Unbewussten: Statt Gefühle pathetisch zu überhöhen, machen Jazzmusiker ihr Unterbewusstsein zur »Fabrik«, zur Produktionsstätte neuer Ideen, die im *Flow* immer wieder angezapft werden kann (Deleuze).

Improvisation als Technologie macht deutlich, dass über solche relational-emotionalen Zustände und Konstellationen wie *Groove* oder *Swing* eine konstruktive Verhandlung stattfinden kann. Connie Gersick hat diese Form der Koproduktion als »entrainment«[224] bezeichnet. Nach diesem Konzept könnte *Groove* als eine mediale Praxis bezeichnet werden, die Körper so zusammen stimmen lässt (nicht im Sinne von Homogenität sondern von Differenz), dass Koproduktion gelingt. Dies impliziert wiederum, dass Organisationsmitglieder mehr Aufmerksamkeit in die seismografischen Kriechströme organisationalen *Grooves* investieren müssen, um organisationale Potenziale wirklich ausschöpfen zu können.

Struktur und Zeit

Mit der Dynamisierung von Struktur wird auch das Verhältnis von Organisation und Zeit virulent, wie viele Studien zeigen.[225] Hatch indentifiziert in diesem Kontext zwei Themen, die dort eine vorgeordnete Rolle spielen: Tempo bzw.

223 | Csikszentmihalyi 1990.

224 | Gersick 1994.

225 | Jaques 1982; Gherardi und Strati 1988.

Rhythmisierung von Arbeitsabläufen und das Verhältnis der Organisationsmitglieder zu den Zeitkategorien Vergangenheit, Gegenwart und Zukunft. In ihrer ethnografischen Darstellung von Zeitgebrauch in Unternehmen erklärt Frank Dubinskas dieses Phänomen in Bezug zu der strategischen Manipulation von Zeit als »[...] the setting of tempo, the stretching of boundaries, the rushing and relaxing of schedules, and the celebration of passages. This artful manipulation of time is part of the practical and intentional reconstruction of orderliness. The ability or power to exercise this art skillfully, in a recognizably patterned but not rigidly rule-bound way, is a key to the process of building effective social relations.«[226]

Strategische Manipulation von Zeit an sich ist kein neuer Tatbestand. Er gehört zum zentralen Aspekt des *Performative Turn* im Mangement seit Feredric Taylor (s. Kapitel 2.). Gersick zeigt in ihrer aktuellen Studie von Gruppenprojekten jedoch, wie der *Performative Turn* zunehmend in die Steuerung von Organisationen selbst hineindiffundiert. In diesem Zusammenhang identifiziert Gersick das Muster des *Pacing* als organisationale Technik in Projektarbeit. Im Muster des *Pacing* arbeiten sich die Gruppen bis zu einem kritischen Punkt vor, ab dem die Arbeit sich radikal zu beschleunigen beginnt, und zwar durch Zunahme von Komplexität und Dringlichkeit im Hinblick auf eine *Deadline*. Gersick setzt also die Rhythmisierung in Relation zu Anforderungen, die von außen an eine Arbeitsgruppe herangetragen werden.

Diese Perspektive auf Organisation ermöglicht – so Hatch – eine alternative Interpretation des Phänomens Rhythmus. Von der improvisationalen Betrachtungsweise ausgehend, kann man von intrinsischen Rhythmisierungen sprechen: »It suggests that different work processes, like different jazz tunes, may have an inherent tempo and, when played at this tempo, they ›feel right‹. Instead of the tempo changing at the midpoint of a project, as Gersick claimed, perhaps the intensity of involvement, like the crescendo that builds up towards the end of a well-performed jazz tune, alters the internal perception of time, such that one is left with an impression of a faster pace.«[227] Die Betonung der Differenz des Tempos ist deshalb wichtig, weil dadurch eine andere Haltung zur Zeit entsteht: Tempo wird zum strukturellen Material, zur strukturellen Eigenschaft des Produktionsvorgangs, mit dem verfahren werden muss. In der Musik hieße das: Ein Musiker beschleunigt nichts, was er auch nicht schneller spielen kann und was schneller keinen Sinn ergibt. Dies steht im Widerspruch zu der in der postfordistischen Ökonomie ausgegebenen Performanzparole, dass Beschleunigung des Produktionsprozesses ad infinitum fortgeführt werden könne und a priori Sinn mache. Improvisation hingegen funktioniert nur, wenn das Tempo so gewählt ist, dass jeder Teilnehmende es spielen kann.

226 | Dubinskas 1988, S. 14.

227 | Hatch 2002, S. 87.

Am Thema Zeit und Verzeitlichung zeigt sich ein weiteres Paradoxon von Improvisation: Zwar rekurriert sie auf das Gegebene als Material, jedoch kann Improvisation nur gelingen, wenn das Gegebene als Parameter auch auf die Befähigung der an einer Improvisationssituation Teilnehmenden ausgedehnt wird: innere Motive und deren Artikulation wie praktische, interaktionale Umsetzung sind Grundvoraussetzungen für Improvisation. Insofern mutet Improvisation auf den ersten Blick subjektivistisch an, dies ist jedoch gar nicht der Fall. Denn Strukturen werden nicht ignoriert, sondern dynamisiert und gleichzeitig auf das komplette Feld der jeweiligen Situation ausgedehnt.

Antizipation und Gestimmtheit entwickeln sich in Relation zu der Qualität des Zuammenspiels der Organisationsteilnehmer. Intensität ensteht durch ein Layering der gemeinsam erspielten und genutzten Strukturen: »Intensity peaks as all of these ideas are layered together making a final collaborative statement that finds its conclusion by once again playing the head, but this time the head is played with all that has just happened still hanging in immediate memory leaving, in a well-played tune at least, a sense of completion.«[228] Dieses *Layering* kann äquivalent zu der linguistischen Form eines Gleichzeitig-Sprechens von allen gelesen werden. In der Improvisation ist diese Simultaneität durch die dynamische Struktur synchronisiert. Auf Organisation übertragen würde das bedeuten: »Everyone doing their job at once such that ideas and skills come together in an intense moment of interactivity which has the potential to inform and inspire each participant in a different, albeit synchronized, way.«[229]

Das strukturelle Arbeiten gibt der Improvisation im Zeitverlauf Ausgangs-, Orientierungs- und Endpunkte. Gherardi and Strati machen in Organsationen einen Effekt aus, der auf Ähnliches hinweist: Sie beschreiben organisationale Zeit als »the activity of the organizational actors themselves, who see key events as being bounded by a beginning and an end.«[230] Wenn die strukturellen Einheiten in die Handlungszeit eingeführt werden, bieten sie sozusagen topologische Referenzorte. Als eine Art dynamische Spur, die relational verschaltbar ist, rekurrieren die Strukturen auf Vergangenheit und verweisen gleichzeitig auf zukünftige Optionen oder Iterationen, wenn die gegenwärtige Performanz bereits Geschichte ist. Damit trägt Improvisation der Heterogenität ihrer eigenen Geschichte bzw. Historizität Rechnung, sie ent-linearisiert bzw. dekonstruiert die Biografie der Spielenden. In Improvisation wird nicht einfach gespielt, sondern es findet ein konstantes, iteratives *Replay* statt, eine Wiederholung, die Differenz hervorruft. Die Motive tauchen in immer neuen Konstellationen und Variationen auf und halten den offenen Prozess stabil. In Improvisation konvergieren sozusagen die Ansätze von Archer und Butler: Als Zitation werden die

228 | A.a.O., S. 88.

229 | A.a.O., S. 89.

230 | Gherardi und Strati 1988, S. 159.

musikalischen Strukturen iterativ eingesetzt, gleichzeitig wirken sie als Strukturen, die bereits zu anderer Zeit in das kulturelle Feld des Jazz eingeflossen sind: »These ideas and memories enrich the present moment and imbue it with the emotionally attractive forces of recognition and continuity with the past.«[231] Hatch fasst Iteration in Bezugnahme auf Ricoeur[232] als dreifaltige Präsenz von Vergangenheit, Gegenwart und Zukunft.

Wenn die temporale Ebene organisationaler Struktur zu untersuchen ist, gewinnt die dreigliedrige Präsenz an Relevanz. Wenn Organisationen performativ in die Welt kommen, sich also im Prozess er-handeln, so tun sie dies nicht ex nihilo. In ihre Kultur sind Artifakte, Normen, Regeln und Annahmen eingebettet, die durch kulturelle Praxen immer wieder aufgerufen, aber auch – das wissen wir durch Butler – verändert und manipuliert werden. Organisationale Strukturen formen Zukunft in ihrer Kapazität »to stimulate expectations and anticipations that further influence attention, thereby creating a commingling of past and future in the threefold present.«[233] Improvisation spricht also davon, dass die Erinnerungen und Erwartungen organisationaler Akteure als kulturelle Fakten in jedem Moment die emotionalen und temporalen Diemensionen des organisationalen Prozesses strukturieren und Handlung mit beeinflussen. Entscheidend hierbei ist Hatchs Erkenntnis, dass man nur dann organisationalen Wandel herbeiführen kann, wenn man sich selbst in den Prozess begibt, »which means direct engagement in the threefold present of performing. Only through personal engagement can the hermeneutic of memory, attention and expectation be activated, and even then, influence will likely only be in proportion to the degree of emotional/aesthetic involvement of those engaged in the process.«[234] Externalisierendes Management von Organisation bedeutet nicht, dass nichts stattfindet, es bedeutet nur, dass der Prozess innerhalb eines Sets von Akteuren, Materialien und Gruppierungen emotional und temporal von denen abgekoppelt ist, die hoffen, ihn beeinflussen zu können.

Struktur ist insofern temporal, als dass sie rhythmisierend wirkt und verschiedene Zeitformen miteinander verknüpft. Durch die Neuversammlung ihrer Elemente evoziert Struktur körperliche und emotionale Verknüpfungen mit der Vergangenheit so, dass Impulse für zukünftiges Handeln frei werden. Das setzt allerdings voraus, Strukturen relational und temporal zu verstehen und einsetzen zu können. Es ist aber zu betonen, dass die Deutungen und Erfahrungen, die durch eine solche Verfahrensweise hervorgerufen werden, unbestimmt bleiben. Das muss auch so sein, um die Unbestimmtheit als Ressource strukturell einsetzen zu können und Situationen nicht zu früh abzuschließen.

231 | Hatch 2002, S. 89.

232 | Ricoeur und McLaughlin 1984.

233 | Hatch 2002, S. 90.

234 | Ebda.

Die Form muss nicht nur leer sein, damit das Spiel funktioniert, sondern es müssen fortwährend neue leere Formen kreiert werden (s. Kapitel 7.8.), leere Formen »that continuously present new opportunities for structural change via engagement in the play of performance. Thus, we find but one of myriad ways to redescribe structure as simultaneously ambiguous, emotional and temporal using the jazz metaphor.«[235] Für Organisationen stellt das ein Paradox dar: ihre Existenzgrundlage bestand bisher darin, leere Formen zu verhindern.

Mit den obigen Überlegungen wurden unterschiedliche Momente des Struktur-*Agency*-Komplexes im Konnex von Improvisation und Organisation aufgezeigt. Wie aber sieht Hatch die Differenz zu anderen Ansätzen? Was trägt das Prinzip Improvisation zur Debatte der Rekonzeptualisierung organisationaler Struktur bei? Als Fazit kristallisieren sich vier Punkte heraus: Erstens gelingt es Hatch, mithilfe der Einführung von Improvisation in die Organisationstheorie die Wichtigkeit der Struktur wieder einzufordern. Dies ist vor allem deshalb wichtig, weil die Frage nach organisationaler Struktur in den Hintergrund geriet, während sich der Fokus von Organisation hin zu kontingenten Prozessen, Flexibilität und flachen Hierarchien verschob. Zum Zweiten legt Hatch die Betonung darauf, dass Improvisation den emotionalen und ästhetischen Aspekt von Struktur betont: »To be as precise as I can be, I do not find in earlier reconceptualizations of organization structure the emotional and aesthetic dimensions of structure emphasized by the jazz metaphor.«[236] Drittens bietet die Jazzmetapher die Möglichkeit, die Praxen, die beschrieben werden, wiederum als Konzepte auf Organisation zu übertragen, Praxis sozusagen theoretisch fruchtbar zu machen. Viertens schließlich leistet die Neubewertung von Struktur selbst als dynamisches, performatives Moment einen entscheidenden Beitrag zu einem zukünftigen, »musikalischen« Denken[237] von Organisation.

235 | Ebda.

236 | A.a.O., S. 91.

237 | Siehe auch: Dell 2011b.

Teil II
Transformation, Relationalität und Improvisationstechnologie

7.6 DIE PHILOSOPHIE DES RELATIONALEN

In der Einführung sprachen wir von einem Subjektverständnis, welches das Subjekt nicht als feste Form, sondern als Prozess der Subjektivierung begreift. Was aber meint in Subjektivierung in dem Zusammenhang und welche Rolle spielt der Begriff für die Auffassung von Organisation?

Deleuze und Foucault sind jene Theoretiker, die sich der Beschreibung und Konzeptionalisierung dieser Subjektivierungsprozesse im Spannungsfeld gesellschaftlicher Disziplinierungs- und Kontrollpraktiken, Performativität von Macht und »Technologien des Selbst« im Besonderen gewidmet haben. Für sie ist mit der Subjektivierung zunächst ein Prozess gemeint, der es erlaubt und verlangt, Individuen nicht auf prästabilisierte Identitäten bzw. gegebene Formen zu reduzieren. Wenn Deleuze statt von Subjekt von Subjektivierung spricht, sagt er, dass sich Individuen (oder in unserem Kontext »organisationale Akteure«) im Laufe ihrer Biografie durch strukturelle Felder bewegen und sich an diagrammatischen Matrizen abarbeiten, »um sich quer zu einer Ebene zu entwickeln, die [sie] an mehreren Stellen durchquert.«[238] Foucaults Technologien des Selbst (s. Kapitel 7.7.) annoncieren in diesem Zusammenhang jene performativen Ressourcen, die es Individuen ermöglichen, das *Self-design* ihrer Subjektivität auszuagieren.

Die Deleuze'sche Philosophie des Relationalen spricht vor allem von dem Zwischen-Sein, dem Inter-Esse, das ein politisches Projekt des *Co-design* anzeigt, in dem sich die *Agencies* (Handlungswirksamkeiten) direkt auf das kulturelle und soziale Potenzial alltäglicher Arbeits- bzw. Produktions- und Verschaltweisen beziehen. Der konzeptionelle *Grid* relationaler Praxis fächert sich in zwei Modi auf, die miteinander verschränkt sind: erstens der Modus, unterschiedliche Verbindungen auszumachen, um in sie zu intervenieren, und zweitens der Modus des Intervenierens selbst, der es ermöglicht, unterschiedlichste Relationen sichtbar zu machen und zu realisieren. Mit der Verschränkung der Modi werden auch die organisationstheoretischen Begriffe von Taktik und Strategie flüssig. Bestand Strategie traditionell aus einem Plan, der ausgeführt und mithilfe von Taktiken operationalisiert werden sollte, so vermischen sich in den

238 | Deleuze und Guattari 1996, S. 73.

Doppelmodi der relationalen Praxis Strategie als übergeordnete Vision und Taktik als Interaktion im operationalen Trajekt oder Projekt.

Organisationstheorie ist prinzipiell mit der Frage nach der Qualifizierung von Subjektivität konfrontiert. Befördert organisationale Qualifizierung im Sinne von Subjektivierungsprozessen epiphänomenologischen Individualismus oder eine Hypostasierung der *Agency*? Nein. Es geht ganz einfach darum, herauszufinden, was die Wende zur performativen Organisation für Subjekte bedeuten könnte. Der *performative turn* in der Organisationstheorie besagt, dass soziale Ordnungen und Formen wie z.B. eine Organisation nicht Gegenstand ostensiver sondern performativer Definition sind. D.h. Organisationen bestehen nicht ohne ihre Akteure und deren Handlungen. Umgekehrt bedeutet das, dass a) alle organisationalen Ordnungen verhandelbar sind und b) Organisationen nur über Validität verfügen, wenn sie Foren für die Aushandlung ihres jeweils spezifischen »Wir« bereitstellen können. Die Politik dessen besteht nun darin, dass Organisationen zu prüfen haben, wie sie in Relation zu Akteuren und Dingen agieren. Die Bestimmung der Akteure und Dinge ist dann weniger erkenntnistheoretisch (als von der Geschichte unabhängige Wahrheit), sondern ethisch (als historisch situiertes Wissen und sein Eingelagert-Sein in historische Wissensformationen wie Diskurse, Episteme oder Dispositive) fundiert. Der Fokus auf die Situiertheit des Wissens spart für Subjekte jedoch die Frage nicht aus, welche Wahrheit sie in einer Realität außerhalb ihrer erkennen können, welches Wissen sie sammeln können, um daraus Schlüsse für zukünftiges Handeln zu ziehen. Aber solche Sammlung kann nur vor dem Horizont einer Folie funktionieren, die Strukturen und Vektoren der Subjektivität prüft und die Suche nach dem Motiv des Subjekts strukturell in den Vordergrund rückt. Denn was die Subjekte bewegt und affiziert, besteht nicht nur aus den Sachverhalten, die die Subjekte verstehen, sondern ist auch an Sachverhalte gebunden, deren Begreifen ihnen entzogen ist. Damit schiebt sich Differenz vor Identität: als bewegende Kraft eines Selbst, das nicht mehr danach strebt, sich selbst als eine Form zu finden (die als bereits gegeben angenommen wird), sondern eines Selbst, das auf die Herstellung von Differenz zielt, um daraus Subjektivierung voranzutreiben. Subjektivierung meint somit den fortwährenden, ethisch begründeten Versuch des Subjekts, sich Zugang zur Transformation der eigenen Seinsweise zu verschaffen.

Ein solches Verfahren (das auch die Grundlage für das technologische Funktionieren von Improvisation bildet) bezeichne ich als motivbasiertes Agieren und Lernen. Es gründet darauf, dass Handlungen Effekte, Wirkungen hervorbringen. Ist damit ein Pragmatismus intendiert, der sich rein auf Wirksamkeit bezieht? Nein. Die Ablehnung des Pragmatismus begründet sich aus der Tatsache, dass Handlungen im Kontext von Improvisation weder als vorgängig unmittelbar noch als rational gesteuert nachgängig, sondern immer als gesellschaftlich vermittelt zu bestimmen sind. Sie zeigen sich von Vektoren wie auch Bedürfnissen, Wünschen, Begierden, Motiven, Interessen mithin Subjektivierungsprozessen geprägt und durchdrungen. Ich interpretiere Praxis somit weder als ein vorausgehendes, Denken umsetzendes Handeln noch als ein interaktionistisch überhöhtes Voraushandeln, sondern als ein Medium der Ko-Produktion bzw. Koexistenz. Das heißt auch, dass sich im Feld des Handelns und der Subjektivierung unterschiedlichste mediale Praxen als Träger und Produzenten von Wissen und Wissensformen ausbilden können.

Vor solchem Hintergrund erweist sich Foucaults Rückgriff auf den Begriff des Diskurses als praktisch gerechtfertig. Diskurs kommt von *discursus,* dem lateinischen Auseinanderlaufen, Bewegen. D.h.: nicht nur verknüpft sich im Feld des Diskurses das Denken direkt mit dem Handeln. Auch der Diskurs selbst stellt eine mediale Praxis dar, welche instrumentell Differenzen konstituiert und in Situationen interveniert. Subjektivierung meint dann vor allem Ausbildung der relationalen Tugend eines Umgehen-Könnens mit und Kreierens von medialen Praktiken. Ein Begriff des Subjekts als autonomer Behälter wird ersetzt durch die Konzeption des Selbst als flüssiger struktureller Ort. Der flüssige Ort besteht aus jenem Prozess relationaler Disziplinierung, der auf die Akteurkörper und deren Leben ausgeübt wird. Um die Körper- bzs. Lebensbezogenheit der neuen Organsationsweisen herauszustellen, spricht Foucault daher nicht mehr nur von Politik, sondern von bio-politischen Vorgängen. Mit der Frage nach der Biopolitik und damit der Performativität sozialer Strukturen erweitert Foucault so die Dichotomie von Denken und Praxis, Idee und Materie um die Frage nach den körperlichen Aspekten des Diskurses. Der Körper erweist sich für Foucault, ebenso wie für Deleuze, als der Ort, an dem Denkweisen von Affizierungen bzw. deren körperlicher Integration beeinflusst und animiert werden. Subjektivität wäre somit zu bestimmen als körperliche Internalisierung von Mustern, Strukturen, Skripten, Spuren von Relationen. Ein Subjekt verfügt weder über eine feste Identität, auf die es heruntergebrochen werden kann, noch über eine Autonomie einer wie auch immer gearteten Freiheit, sondern zeigt sich als verkörperter relationaler Hub eines »Wir«: Bevor wir »Ich« werden können, sind wir »Wir«. Teil zu sein der Interrelation kollektiver gestaltender Selbstpraktiken erweist sich als essenzieller Fond der Produktion unseres Selbst. Umgekehrt – darauf haben Foucault und Deleuze verstärkt hingewiesen – impliziert körperliche Internalisierung auch eine Veränderung von Machtstrukturen und deren Ausübung: Steuerung äußert sich indirekt, Kontrolle wandert in die Subjekte selbst hinein. Gleichzeitig sprechen relationale Politiken auch von einer unhintergehbaren Performativität von Macht: Wenn ich derjenige bin, der die Steuerung internalisiert hat, dann steuert mich das System nicht nur, es braucht mich auch, um Macht auf mich auszuüben, und: Performativität sozialer Strukturen kann sich nur im Zwischen der Menschen und Dinge abspielen.

Deleuze fasst die Form, in der sich Relationen abspielen, mit dem Begriff der Assemblage, bzw. des Gefüges (*Agencement*). Das Gefüge weist bei Deleuze unterschiedliche Bedeutungen auf (wie z.B. Gruppe oder eine Verbundenheit zu Akteuren bzw. Dingen). Deleuze versteht das formale Gefüge topologisch, d.h. als eine relationale An-Ordnung, deren Nachbarschaftstopologie Gegenstand permanenter Neu-Verhandlung und Neu-Versammlung ist. Die horizontal angelegte Gefügestruktur wird von Deleuze mit einer vertikalen Affektologie verknüpft. Die Affizierung ist es, die das Gefüge als Form zum Funktionieren bringt. Sie verbindet die Körper mit dem Diskurs. Woraus besteht Affizierung? Sie erweist sich als ein reflektives Reservoir von Funktionen und Vektoren, das das (formal leere aber strukturell volle) diagrammatische Feld der Strukturen und Nachbarschaftsordnungen in Fluchtlinien auf unterschiedlichen Ebenen, Dimensionen und Maßstäben (= Plateaus) durchläuft. An bestimmten Punkten, Schnittstellen und Hubs versetzt Affizierung Strukturen in Bewegung, stellt neue Strukturen oder Strukturrelationen her, macht Strukturen performativ (s. Kapitel 7.5.). Affizierung erzeugt agentiale Politik. Eine Politik der *Agency* zielt darauf ab, den Maßstab zu finden, in dem sich Akteure verbinden können und zwar so, dass sich die Handlungswirksamkeit der Akteure maximal entfaltet. Subjektivität gilt als Feld der prozessualen Ausbildung und Formulierung individueller Motive als Inter-Esse. Inter-Esse ist sodann die affektologische Relationalität, die das Zwischen herstellt, in welchem sich Subjekte durch kollektive Praktiken konstituieren.

Agency lässt sich definieren a) als Zentrum, aus dem heraus man handelt und das durch die körperliche und verkörperte Internalisierung von Relationen gefüttert wird, und b) als Form einer medialen Praxis, die das Wie des Verbindens als Übungsraum einer Tugend des Relationalen in den Vordergrund stellt. Daraus ergibt sich die Sichtweise auf Organisation als relationaler Landschaft, in der wir handeln, lernen und anerkennen. Eine Karte dieser Landschaft ist weder die Landschaft selbst noch eine repräsentationale Abbildung der Landschaft, die, als *fait accompli*, Zukünftiges positivistisch naturalisiert vorweg nähme. Eine Karte ist vielmehr Notation, die auf das diagrammatische, performative Herstellen der Landschaft als Soziales in offenen Zukünften verweist und auf die Fragen deutet: »Was passiert in einem jeweiligen Moment? Um was geht es? Welche Bedingungen liegen vor?«

Die analytischen Werkzeuge der relationalen Praktik lassen sich fassen als a) Analyse und Darstellung (= Notation in der Hybridisierung unterschiedlichster Darstellungsformen) der relationalen Anordnung bzw. Orchestrierung des im organisationalen Prozess erhandelten Materials (auf eine solche Weise, dass eine Neuverteilung bzw. Neu-Versammlung möglich wird), b) die Erörterung der Frage nach dem Maßstab der *Agencies*, c) die a-pädagogische Pädagogik der Vermittlung durch mediale Praxis als Medium des Design, d) die Intervention in Situationen und e) wiederum deren Dokumentation bzw. Postproduktion in unterschiedlichen Notationen. Die, hinter einer solchen Konzeption des Relationalen stehende, politische Philosophie zielt also nicht nur auf Kritik der Verhältnisse, sondern auch und vor allem auf Ermöglichung von Transformation durch Metadesign als Entwicklung neuer Gestaltungs- bzw. Sichtbarkeitsformen. Ermöglichung meint hier auch Dispositionsarbeit, verlangt vom Subjekt, sich im Inter-Esse, dem Zwischen-Sein und den zugehörigen Nachbarschaftsbeziehungen von Organisationsanordnungen zu verorten.

Relationale Topologie der Organisation

Wir sagten: die Topologie der Organisation besteht aus Nachbarschaften. Deleuze spricht in diesem Zusammenhang von einem relationalen Regelwerk, das aus der prozessualen Praxis heraus temporäre Nachbarschaftsordnungen erzeugt und dadurch neue Verweiszusammenhänge ermöglicht.[239] Das Regelwerk bringt eine Topologie von Punkten hervor, die im Verhältnis zueinander relativ sind. Die spezifische Topologie bewirkt, dass die relativen Orte ihrer Glieder, Schnitte und Schnittstellen (Hubs) sowohl von dem absoluten Ort eines jeden zu einem bestimmten Moment abhängen, wie von dem relationalen Verhältnis untereinander, das beständig zirkuliert und zu sich selbst verschoben wird. In diesem Sinne ist die Arbeit an der Verschiebung organisationaler Hubs keine formale Addition, »sondern die grundlegende Eigenschaft, die überhaupt erst ermöglicht, die Struktur als Ordnung der Orte unter wechselnden Verhältnissen zu definieren.«[240] Die offene Rahmung, eigentlich ein Abstraktum, wird zur Basis konkreten Handelns: »Die Spiele benötigen das leere Feld, ohne das nichts voranginge noch funktionierte.«[241] Die taktisch-operative Ebene der Organisation wäre topologisch mit dem französischen Wort *Milieu* zu bezeichnen, das sich etymologisch aus den Silben »mi-« (Zwischen) und «-lieu« (Ort dieses

239 | Deleuze 1992b, S. 15. Struktur als Element lässt sich weder durch präexistente Realitäten, ostensive Dinge, die es bezeichnet, noch durch imaginäre Inhalte bestimmen. Sie haben – so Deleuze – weder äußerliche Bezeichnung noch innere Bedeutung. Strukturen lassen sich nur aus ihrem Sinn heraus verstehen und zwar einem Sinn, der durch Anordnung entsteht. Dabei handelt es sich weder um einen physischen noch um einen imaginären, sondern um einen topologischen Ort der Lagebeziehungen. Für Deleuze stellt sich Struktur als reines Spatium, als präextensiver Raum dar, der nur durch Nachbarschaft hervorgebracht wird. Es ist das relationale Denken, das sich in der Struktur darstellt, in dem es Topologien von Ordnungen erstellt, Gedanken in neue Nachbarschaften bringt und auf diese zurückführt. Dieses relationale Denken ist nicht quantitativ, sondern topologisch: Es setzt in Beziehung und macht Beziehungen sichtbar und lesbar.

240 | Deleuze 1992b, S. 45.

241 | Ebda.

Zwischen) zusammensetzt. Ziel dieser Definition ist es, das, der Taktik eigene, Dilemma, dass man das Zwischen nicht sehen kann, wenn man sich darin befindet, zu überwinden. Gelingen soll dies durch die multimaßstäbliche Arbeit, dem beständigen Changieren zwischen Taktik und Strategie, mithin der improvisatorischen Vorgehensweise, Taktiken strategisch zu machen.[242]

Zwischen den drei Ebenen Organisation und Individuum, Strategie und Taktik, Universalität und Singularität spannt sich auf, was sich in der Organisation tatsächlich ereignet. Neben der Adhäsion (also Griffigkeit, Haftfähigkeit) von Organisation, durch strukturell mehr oder weniger feste Kopplungen usw. gerät damit etwas viel Langsameres und weniger Sichtbares und dennoch mindestens ebenso Wichtiges in den Blick: die Kohäsion (die Kraft des inneren Zusammenhangs) von Organisation als jene kleinteiligen Projekte, Interaktionsformen, Handlungsweisen, Verknüpfungen, in denen Motive und Interessen der organisationalen Akteure ihre Artikulation und ihren Ort finden. Die integralen strategischen Vorgehensweisen, die die organisationalen Akteure leiten, sind die Schritte An-Erkennen, Begreifen, Verwandeln und Verknüpfen. »Integral« meint in diesem Zusammenhang soviel wie: das Ganze betreffend. Integralität beinhaltet im Rahmen der Vorgehensweisen auch eine ethische Dimension: In der realen Interaktion geht es darum, die Verantwortung für eigenes Handeln in Gemeinschaft übernehmen zu können und damit eine Basis für neue Erfahrungen und das praktisch-reflexive Erhandeln von Wissen zu schaffen.

Im Gegensatz zur Systemtheorie und ihrem Konzept der Feedbacks als Reflexivität der flexiblen und externalisierenden Anpassungs- und Kontrollstrategie (s. Kapitel 3.) ist diagrammatische Improvisation internalisierende relationale Praxis. Sie schließt die Transformation des Subjekts mit ein und hebt damit die Dichotomie von Akteur vs. Beobachter auf. Dies entspricht Gregory Batesons Vorstellung eines »ökologischen Denkens« (s. Kapitel 7.9.) Verzichtet Improvisation deshalb auf Systeme und agiert rein intuitiv, d.h. privat? Im Gegenteil. Die Relationalität ihrer Praxis zeigt auf, dass sich Improvisation, als diagrammatische Arbeit des Verknüpfens, zwar nicht auf Systeme reduzieren lässt, Systeme jedoch systematisch zur Strukturierung von Lernprozessen und Diagrammatiken nutzt. Aufgrund dessen ist es in Bezug auf die Ökologie von Improvisation und Metalernen fruchtbar, näher auf die Konzeption Batesons einzugehen. Bateson beschreibt das ökologische Denken als *Ökologie des Geistes*.[243] In dem gleichnamigen Buch referiert Bateson vor allem auf die ökologische Anthropologie und das Konzept der Homöostasis. Daraus geht ein spezifischer Denkansatz hervor, der die Welt als Serie von Systemen interpretiert, die wiederum Individuen, Gesellschaften und Ökosysteme enthalten. Jedes System geht durch adaptive Transformationen, die, auf der Basis des Wechsels multip-

242 | Vgl. Dell 2011.

243 | Bateson 1985.

ler Variablen, von *Feedback Loops* gesteuert werden. Im Zusammenhang mit ökologischem Wandel betont Bateson das »Deutero-Lernen.«[244] Dieses Lernen, dass ich als Metalernen bezeichnen möchte, impliziert für Bateson vor allem, auf die »Ökologie der Ideen«[245] abzuheben, die im Gegensatz zur materiellen Ökologie nicht auf Teilmengen reduzierbar ist, sondern aus einer Totalität besteht. Als Kybernetiker wirkt Bateson daran mit, Systemtheorie durch eine Erweiterung um die Sozial- und Verhaltenstheorien zu einer umfassenden Konzeption menschlicher Kommunikation auszuarbeiten. Die Ökologie des Geistes kann in diesem Zusammenhang als eine Meta-Wissenschaft der Epistemologie bezeichnet werden, die unterschiedliche Formen der Systemtheorie interdisziplinär verknüpft.

Wir verstehen Gestaltung von Organisation im erweiterten Sinne nicht als externalisiernde sondern als internalisierende Seinsform. Eine improvisierende Gestaltung funktioniert nicht mit Designern, die die Organisation als gesetzte äußere Realität planen. Alle Organisationsmitglieder sind auf ihre Weise Teil bzw. Gestalter des organisationalen Prozesses und können nur aus seinen immanenten Potenzialen schöpfen. In dem seismografische Abtasten dessen, was ist (An-Erkennen, Begreifen), und die Überführung des Abgetasteten in gestalterische Maßnahmen (Verwandeln und Verknüpfen), könnte – so unsere Annahme – ein Beitrag zur Bewegung von einer passiven zu einer aktiven *Self-designing*-Organisation liegen.[246] Organisation wird dann nicht geplant und konsumiert, sondern von allen in kreativen Akten produziert. Weick hat diesen Vorgang als »Prozess des Organisierens« gefasst. Schwerpunkt bildet für Weick die Wendung von der Organisation als Nomen hin zum Organisieren als Verb. In Prozessen zu agieren, verlangt das permanente Gestalten. Gestaltung ist nach Weick »Handeln, das Rohmaterialien produziert, die anschließend mit Sinn belegt werden können.«[247] Der Begriff des Prozesses bezeichnet keine unwandelbare Substanz, sondern fortbestehende offene Formen, die Rahmen, Rezepte, Schemata, Regeln für Beziehungsgeflechte und Interaktionen in der Zeit bilden. Der Prozess ist kein Ding oder Objekt, sondern zeitlich ausgedehnte Relation. Es stimmt, dass aus diesem Grund Prozesse schwierig zu beschreiben und zu fassen sind. Das macht sie nicht weniger wichtig. Denn Prozesse als Transformation bilden den Kern dessen, was Organisieren ausmacht. Die Vorstellung der Organisation als Prozess impliziert Kontingenz und Unbeständigkeit. Wir geben dieser Auffassung von Organisation den Vorrang, weil sie davon ausgeht, dass Organisation nicht an sich existiert, sondern performativ ist. Das meint, sie wird permanent neu produziert, ihr Sinn entsteht in der Zeit, und:

---

244 | A.a.O., S. 219ff.

245 | A.a.O., S. 15.

246 | Zu *Self-design* von Organisationen siehe auch: Weick 2001c, S. 410ff.

247 | Weick 1985, S. 194.

Man kann Sinnproduktion üben! Üben gemeint als musikalischer Begriff: als indirekt intentionale Handlung, die Erinnerung durch Handlung hervorruft. Sinngebung ist nicht nur der Handlung nachgängig, sie ist auch individuell in der Art, dass sie in subjektive Perspektiven eingebettet ist und, um intersubjektiv vermittelbar zu sein, nicht nur aktive, verantwortliche sondern auch medial orientierte Beteiligung und Sorge der Organisationsmitglieder fordert. D.h. auch, dass Strukturen im interagierenden Handlungsverlauf von Strukturen aus bereits geschehenen Ereignissen überlagert werden können, um eine möglichst große Anzahl an Anschlussmöglichkeiten zu kreieren – Zeit und Material des Prozesses rücken in den Vordergrund.

7.7 Michel Foucault: Improvisation als Technologie des Wir

Foucaults kritische Ontologie

In der in Kapitel 7.2. geführten Auseinandersetzung mit Laclau und Mouffe konnte gezeigt werden: Wenn der Subjektbegriff als formaler Bestimmungsgrund nicht mehr ausreicht, ist auch *Agency* nicht in einem neutralen Kern eines Individuums zu verorten. *Agency* konstituiert sich vielmehr relational in spezifischen Modi in unterschiedlichen Situationen und damit in historischen Kontexten. Das impliziert nicht nur – darauf hat Hanna Meissner in ihrer Studie *Jenseits des autonomen Subjekts* hingewiesen[248] –, dass die Universalisierung der Kriterien menschlicher Emanzipation zu problematisieren ist, sondern auch, dass abstrakte Konzeptionen wie beispielsweise die der »Subjektivität« immer in einem jeweiligen gesellschaftlich-historischen Kontext sich situieren. In diesem Zusammenhang hat Foucault in Anknüpfung an Kants Aufsatz *Was ist Aufklärung?* eine kritische Ontologie vorgeschlagen, die »als eine Haltung vorgestellt werden [muß], ein Ethos [...], in dem die Kritik dessen, was wir sind, zugleich die historische Analyse der uns gegebenen Grenzen ist und ein Experiment der Möglichkeiten ihrer Überschreitung.«[249] Mit dieser Konzeption erhält auch Foucaults Vorarbeit in der Bestimmung der funktionalen Ordnungen einer Archäologie des Wissens (s. Kapitel 7.) ihre Einlösung: Wenn wir zur Bestimmung unseres Gradmessers der Kritik nicht fixierte Normen voraussetzen können, muss es darum gehen, die Funktionen der Normen selbst als Ordnungsweise zu thematisieren und zu problematisieren. Und nur aus der strukturellen (also Ordnung als Ordnung analysierenden) Untersuchung des Gegebenen werden jene Bedingungen der Kontingenz sichtbar, aus denen kon-

248 | Meißner 2010.

249 | Foucault 1990, S. 53.

kret Mögliches gewonnen werden kann. Wollen wir wissen, wer Subjekte sind und was diese Subjekte wollen können, ist zuvorderst mit einer Archäologie der jeweiligen Situation zu beginnen.

Weder ist hier eine kritische Theorie am Werk, die in Form einer Negativität eine gänzlich andere Welt vorschlägt, noch die Forderung nach Alternativen vor dem Hintergrund normativer Projektionen. Foucaults kritische Ontologie beruht allein auf dem Erspüren des Möglichen als immanente Tendenz des Bestehenden selbst, wie Butler hervorhebt: »There's more hope in the world when we can question what is taken for granted, especially about what it is to be a human, which is a really fundamental question.«[250]

Bedeutet dies den Verzicht auf Opposition und Emanzipation? Nein. Es meint nur, dass die Formen von Emanzipation und Widerstand nicht allein als formal/universell vorgefunden bestimmt werden können, sondern auch strukturell und funktional untersucht werden müssen. Es geht also darum, deren Bedingungen zu klären. Die Frage nach *Agency* erweist sich dann vor allem als Arbeit an historischer Bedingtheit und zukünftiger Unbestimmtheit von Gesellschaftskritik und -veränderung. Subjektivität wäre nicht ad acta gelegt, sondern anders gefasst: nicht als Behälter, sondern als zu formende Form, die im relationalen Prozess auszuhandelnder Subjektivierung (s. Kapitel 7.6.) entsteht. Das Moment der *Agency* besagt: gerade weil Subjekte handeln können, sind sie dazu in der Lage, verändernd an der bestehenden Welt teilzunehmen.

Wenn wir den morphogenetischen Ansatz Archers auf Foucaults Analytik der Selbsttechnologie übertragen – das hat Urs Lindner aufgezeigt[251] –, lässt sich sagen, dass Foucault die relationalen Bedingungen zwischen Kultur und Struktur so untersucht, dass diese auch im Hinblick auf die Subjektkonstitution der Handelnden zu beziehen sind. Nicht aus dem Blick geraten darf jedoch die in diese Beziehungen eingeflochtene politische Ökonomie. Das heißt, dass die Logiken der Arbeitsteilung kapitalistischer Gesellschaften zu differenzieren sind. Deren Regelung lässt sich nicht allein auf »die Logik ›warenförmig-privat‹ (Ökonomie)« reduzieren, sondern beinhaltet auch »die Logiken ›nichtwarenförmig-privat‹ (Haushalt), ›verbindlich-öffentlich‹ (Staat) und ›nichtverbindlich-öffentlich‹ (Zivilgesellschaft).«[252] Es darf nicht außer Acht gelassen werden, dass genau aus der Frage danach, was dabei welcher Logik unterliegt und wer dies entscheidet, ein Großteil gesellschaftlicher Konflikte und Auseinandersetzungen resultiert. Diese Konfliktkonstellation ist entscheidend für die Frage, wie Archer das Politische fasst. Nach ihrem Ansatz entstehen politisch-kollektive Handlungseinheiten aus der Relationalität »zwischen ›primary‹ und ›corporate agents‹, zwischen kollektiv geteilten soziostrukturellen Positionierungen und

---

250 | Butler 2004, S. 23.

251 | Lindner.

252 | Ebda.

deren Ausarbeitung.«[253] Archer bestimmt *Corporate Agents* als organisational-funktional integriert und über Öffentlichkeitsbezug verfügend als eine Kategorie höher vergesellschaftet als die *Primary Agents*. Im Gegensatz zu einem solch hierarchisch-formalen Modell entwickelt Foucault eine Theorie, die vielmehr auf die strukturelle Relation, auf das Verfahren der Macht und ihrer Performativität abhebt.

In diesem Konnex vollzieht Foucault seine handlungstheoretische Kehre. Waren seine Untersuchungen seit Mitte der 1970er-Jahre von einer strukturtheoretischen Tendenz gekennzeichnet, so zielen die späten theoretischen Ansätze auf eine Selbstproduktion der Subjekte ab, die Foucault mit den neu eingeführten Begriffen »Selbsttechnologie« und »Selbstsorge« akzentuiert – gesellschaftliche Strukturen treten zugunsten einer Tugend der transformativen Arbeit an sich selbst in den Hintergrund. Gleichwohl ist diese Selbsttechnologie ohne die in den Machtanalysen herausgearbeitete performative Dimension von Macht nicht denkbar. Gleichwohl treten die »emanzipatorischen Anteile[...] an Selbstformierungsprozessen« ebenso zurück, wie die »Ambivalenzen und Bruchlinien herrschaftlicher Subjektkonstitutionen.«[254] Man kann sagen: Der Machtbegriff wird disloziert hin zu einer Metaperformanz als »Handlung auf Handlungen«[255]. Macht artikuliert sich in Form einer gouvernementalen Relation, in der »der eine das Verhalten des anderen zu lenken versucht«[256] und zeigt sich in der Gestaltung von und Selbstbefähigung zur strategischen Interaktion. Diese Foucault'sche Kehre ist im folgenden Abschnitt in der Verknüpfung von Improvisation als Handlungsmodell mit dem ethischen Verfahren der Selbsttechnologie näher zu beleuchten.

Improvisation als Technologie

Wir haben Improvisation im Modus 2 als Improvisationstechnologie bestimmt. (s. Kapitel 6.1.) Improvisation kann aber nicht als eine Technologie gelten, die in Zweck-Mittel-Kategorien endet. Die uns nun leitende Frage lautet daher: wie könnte Improvisation als Sozialtechnologie unter Einbezug Foucault'scher Theoriebestände näher konturiert und in diesem Zuge die der Technologie traditionell zugeordneten Zweck-Mittel-Kategorien überwunden werden?

Das Begriffsarsenal der Techniken des Selbst, wie es in späten Texten Foucaults erscheint, scheint sich hier als eine Option anzubieten. Foucault bezeichnet Selbsttechniken als die Einwirkung des Subjekts auf sich selbst, »durch die man versucht, sich selbst zu bearbeiten, zu transformieren und zu einer be-

253 | Ebda.

254 | Ebda.

255 | Foucault 2007, S. 286.

256 | Ebda.

stimmten Seinsweise Zugang zu gewinnen.«[257] Selbsttechniken haben keinen Zweck auf der ersten Ebene, sondern sind Metazwecke, nämlich die Meisterung seiner selbst. Diese Selbsttechnik als Selbst- und Außenbeziehung ist nicht statisch, sondern formal vielfältig. Denn sie ist wie eine Praxis strukturiert, die ihre Modelle, Konfigurationen, Varianten aber auch Neuanfänge hat. Keine Technik kann ohne Praxis erlernt werden. Selbsttechniken sind nichts, was man schon kann, sondern etwas, das man permanent lernt und weiterentwickelt. Sie implizieren bestimmte Formen der Schulung und der Transformation. Das Lernen als Metazweck zielt nicht nur auf Fertigkeiten, sondern auch auf die Aneignung von Haltung als ethischer Praxis. Damit wäre der technische Aspekt der Improvisation in Bezug auf das Subjekt gedeutet. Improvisation ist jedoch nicht nur Selbsttechnik, sie ist, wie gezeigt, auch »kooperative« Technik, die über das Selbst hinaus weist. Sie fordert die Bestimmung des Moments, den Sinn für Quantität, Qualität, Timing, Rhythmus, den richtigen Augenblick, die Opportunität, die Umstände, den Rahmen, die Strukturen, Formen und Funktionen als auch für die Matrix des Vektorfeldes eines Prozesses.

Techniken des Selbst werden von Foucault definiert als »die in allen Kulturen anzutreffende Verfahren zur Beherrschung oder Erkenntnis seiner selbst, mit denen der Einzelne seine Identität festlegen, aufrechterhalten oder im Blick auf bestimmte Ziele verändern kann oder soll.[258] Die Forderung nach Selbsterkenntnis ergänzt Foucault um »die Sorge um sich«, die den Rahmen dafür bildet, was man mit sich selbst tun soll, wie man sich selbst regieren und welche Arbeit man verfolgen kann. Foucault verweist hier auf Platons *Alkibiades*. Dort erscheint die Sorge um sich – *epilemeia heatou* – als allgemeiner Rahmen, in dessen Kontext die Frage nach Selbsterkenntnis erst ihre Bedeutung erhält. *Epilemeia* steht für die Art und Weise, wie wir eine Haltung entwickeln, überprüfen und üben. Dies geschieht, indem wir diszipliniert, d.h. als geregeltes Üben, Aufmerksamkeit auf uns selbst richten und eigene Verfahren und Zielsetzungen zu entwickeln. *Epilemeia* kann nicht auf die Vorbereitung auf kommendes Handeln reduziert werden, sie ist selbst Kunst der Lebensform. Die Meditation des Übens führt dazu, dass sich die Verfahren in Handlungssituationen reaktionsschnell einstellen, antizipieren lassen. Der Aspekt des Übens spricht von einer Askese, die nicht als Disziplinierungsinstrument zu interpretieren ist, sondern sich auf dem Fundament der Disziplin entwickelt. Hier findet Foucault die Wende von der Disziplinar- zur Performanzgesellschaft: Askese bedeutet nicht Zwangspraxis, sondern zielt auf eine Praxis der Formfindung des Subjekts für sich selbst und sein Leben.

Vor diesem Hintergrund könnte Improvisation als Technik des kooperativen Selbst bezeichnet werden, das Verfahren aus organisationalen Gruppenkontex-

257 | A.a.O., S. 254.

258 | A.a.O., S. 74.

ten entwickelt. In der Improvisation wachsen Handeln und Aneignen zusammen, instrumentelles Verfahren und Performativität, die sich »von selbst« in Gang setzen. Sie ist – mit Foucault gesprochen – ein Ensemble von Techniken, deren Ziel es ist, »Subjekt und Wahrheit miteinander zu verbinden«[259]. Dabei geht es nicht darum, das Subjekt zu ontologisieren, und eine Wahrheit, eine Authentizität in ihm zu entdecken, die vorher bereits festgelegt wäre. Improvisation fordert, das Subjekt mit Werkzeugen zu versehen, um Wahrheiten zu entdecken, die es nicht schon kannte, Wahrheiten, die es gebrauchen kann. Mit Kant gesprochen verpflichtet Improvisation Subjekte auf eine zu entwickelnde Mündigkeit, die ihnen aus der zur Anwendung gebrachten Wahrheit ermöglicht, konstruktiv mit Unordnung umzugehen und so kooperativ an der Produktion von Organisation teilzuhaben.

Daraus entfaltet sich eine direkte Relevanz für Organisationstheorie: Im Prozess des Organisierens kommt der Wahl der Lebensform, der Regulierung des Selbst und der Selbstzuweisung von Zielen und Mitteln vorgeordnete Bedeutung zu. Wobei mitgedacht werden muss, dass sich organisationale Praxis als Kontingentes nur bewegen kann, wenn ein reiner Zweck-Mittel-Instrumentalismus aufgegeben wird und der Sorge um sich selbst und andere als offener Prozess Vorrang eingeräumt wird.

Improvisation ist spielerischer Umgang mit Prozessen. Prozesse werden dabei weder als teleologisch noch als allein von einem »Außen« determiniert oder struktural bestimmt verstanden. Improvisation eröffnet ein Vektorfeld, in dem Prozesse, abhängig von bestimmten Bedingungen, ineinandergreifend Form, Struktur und Funktion konstituieren können, die aber nicht aufhören, sich relational zueinander und damit auch das Vektorfeld zu modifizieren. Anders gesagt: Improvisation ist organisatorische Praxis. Als Praxis kann Improvisation als Handlungs- und Denkweise verstanden werden, die eine Anschlussfähigkeit der wechselseitigen Konstitution von Subjekten als Handlungsverläufe ermöglicht.

Machtanalyse und Vektorfeld. Geschichte

Unterschiedliche gesellschaftliche Epochen weisen unterschiedliche Formen gesellschaftlicher Auseinandersetzung auf. Stand im Feudalismus der Kampf um soziale Herrschaft im Vordergrund, richtete sich der Fokus in der industriellen Epoche des 19. Jahrhundert auf Kämpfe gegen Ausbeutung mit klaren Grenzziehungen zwischen Arbeiter- und Kapitalinteressen. Diese Grenzziehungen beginnen heute zu erodieren. Sie werden zunehmend ersetzt durch die Auseinandersetzung um Formen der Subjektivierung von Arbeit. Dies zeigt sich organisational z.B. in immer neuen Management-Strategien indirekter

259 | A.a.O., S. 132.

Steuerung und anderer Kontrolltechniken; sie stellen das Individuum vor neue Herausforderungen, sich selbst zu definieren, sich zu finden und (performativ) herzustellen (s. Kapitel 1.). Gerade weil durch diese Konflikte das Vektorfeld konstruiert und beeinflusst wird, haben neue Subjektivierungsformen direkte Auswirkungen darauf, wie wir Organisation deuten, organisieren und produzieren. In gewissem Sinne könnte man davon sprechen, dass man als Vektorfeld jene Matrix erkennen kann, in der neue Formen der Selbststeuerung und Selbsttechniken wirksam werden.

In seinen Machtanalysen stellt Foucault fest, dass Macht, ebenso wie Organisation, nicht an sich existiert, sondern hergestellt wird. Deshalb lenkt Foucault den Fokus seines Interesses vom Was einer Ontologie der Macht auf das Wie, also darauf, wie sich komplexe Beziehungsgeflechte als Macht äußern. D.h. Foucault verschiebt den Gegenstand seiner Analyse von Macht als Objekt hin zum Vektorfeld der Machtbeziehungen. Die Frage für ihn lautet nicht, »wie Macht sich manifestiert, sondern wie sie ausgeübt wird.«[260] Macht zeigt sich für Foucault als etwas Performatives, als dasjenige, das geschieht, wenn wir sagen, dass jemand Macht ausübt. Macht steht für Foucault immer in einem organisationalen Rahmen, also dort, wo Beziehungen zwischen Individuen oder Gruppen ins Spiel gebracht werden. Nicht nur bedeutet Macht dann Beziehung unter Partnern, auch ist jede Beziehung mit Machtmechanismen behaftet, mehr noch entsteht erst aus ihnen. Foucault sagt, Macht gilt »als Ensemble wechselseitig induzierter und aufeinander reagierender Handlungen.«[261] Wenn es ohne Handlung keine Macht gibt so impliziert dies auch, dass Macht nicht unbedingt über Zeichen oder Sprache kommuniziert werden muss, sondern rein performativ ins Werk gesetzt werden kann.

Wenn das Vektorfeld der Machtbeziehungen nur als Handlung existiert, so bezieht es sich doch auf bestehende Strukturen. Es ist immer auf einen Raum bezogen, der sich sowohl performativ herstellt als auch mit bereits Existierendem verknüpft ist. Macht zeigt sich schon allein deshalb als Raumphänomen, weil Macht nicht auf Personen einwirkt, sondern auf deren Handeln. Das situative Vektorfeld ist ein Ensemble aus Handlungen, die sich auf mögliches Handeln richten. Operativ wird es geleitet von den Handlungsoptionen raumproduzierender Subjekte. Das Vektorfeld stellt eine Art Metahandeln dar, das Handlungen, und damit Raum, organisiert. Wenn Subjekte Handlungen provozieren, blocken, belohnen, bewerten etc., kommen feinste Steuerungsmechanismen zum Einsatz, die wiederum von den kulturellen Rahmungen des sozialen Raumes her ihre Wirkung erhalten. Steuerung bedeutet, den Machtraum zu gestalten und zu regulieren und so Handlungsfelder einer Organisation zu strukturieren. Das setzt wiederum voraus, dass Organisation und ihre Mitglie-

260 | A.a.O., S. 92.

261 | A.a.O., S. 93.

der über Handlungsoptionen verfügen, denn Handlungsfelder funktionieren nicht als geordnete, statische Räume.[262]

Wir können in diesem Kontext sagen: Machtbeziehungen sind raumkonstitutiv, d.h. sowohl im sozialen Raum selbst integriert wie auch als sozialer Raum wirksam. Sie wirken als Ensemble und nicht als zusätzliche Struktur, die außerhalb von Organisation als zu Beseitigendes gelesen werden könnte. In diesem Sinn lässt sich konstatieren, dass die Organisation in den indirekten Steuerungsmechanismen, also der Verlagerung der Kontrolle in das Subjekt, überhaupt zu sich selbst findet. Aber eine Organisation, in der nicht nur das Einwirken auf das Handeln anderer, sondern auch auf das eigene Handeln jederzeit abgefragt wird, fordert neue Lebensformen, neue Techniken des Selbst. Es ist eine Folge der Komplexität und Heterogenität von aktueller Organisation, dass ihre Vektorfelder und unterschiedliche Organisations- und Lebensformen, die den organisational-sozialen Raum prägen, immer differenzierter werden, sich mannigfaltig überlagern, sich in Situationen gegenseitig aufheben, verstärken oder begrenzen.

Ontologie der Freiheit

Macht ist demnach nichts, von dem man sich befreien müsste, so als ob man ohne Machtbeziehungen leben könnte. Vielmehr ist Macht nur vor dem Hintergrund der Freiheit zu verstehen. Wenn Freiheit als ontologische Bedingung der Macht zu bestimmen ist, folgt daraus, dass Macht nur gegenüber solchen Subjekten ausgeübt werden kann, die frei sind. Machtbeziehungen entstehen dort, wo es mindestens zwei Seiten gibt, und auf beiden Seiten bestimmte Formen der Freiheit vorliegen. Das bedeutet jedoch nicht, dass wir überall von dunklen Mächten gesteuert werden und Widerstand unmöglich wird. Es bedeutet lediglich: »Wenn es Machtbeziehungen gibt, die das gesamte soziale Feld durchziehen, dann deshalb, weil es überall Freiheit gibt.«[263]

Das heißt, Ethik als Haltung zu Machtbeziehungen hat Freiheit zur ontologischen Bedingung. Ethik ist der bewusste Zugang zu dieser ontologischen Bedingung, der vom Subjekt erst zu erarbeiten ist. Sie ist reflektierte Form der Freiheit. In der Ethik findet die Freiheit zu sich selbst: Ethik impliziert, sich für eine bestimmte Weise zu sein zu entscheiden. Ethisch zu sein heißt, eine Seinsweise zu wählen und diese für die Öffentlichkeit sichtbar zu machen. In der

262 | Foucault verwendet den Begriff »Raum« in eher abstraktem Sinn (wie z.B. Raum des Denkens oder Diskurses). »In unserer Zeit kann man nur noch in der Leere des verschwundenen Menschen denken. Diese Leere stellt kein Manko dar, sie schreibt keine auszufüllende Lücke vor. Sie ist nichts mehr und nichts weniger als die Entfaltung eines Raums in dem es schließlich möglich ist zu denken.« Foucault 1991, S. 412.

263 | Foucault 2007, S. 268.

konkreten Lebensform, die gewählt, erfunden wird, problematisiert das Subjekt seine Freiheit, macht sie kenntlich. »Der Mann der ein schönes ethos besitzt [...] ist jemand, der die Freiheit auf eine bestimmte Weise praktiziert.«[264] Es reicht daher nicht aus, nur von »Befreiung« von Macht[265] zu sprechen. Wenn man sich vollkommen von Macht befreite, gäbe es keine Freiheit mehr; wichtiger noch: man hätte keine rechte Vorstellung davon, wie ein Leben in Freiheit auszusehen hätte. Gerade deshalb insistiert Foucault auf »Praktiken der Freiheit«[266], denen es darum zu tun ist, Formen der Freiheit zu kreieren. Ethik ist Praxis der Freiheit, die – via Selbsttechniken – von Subjekten als Arbeit an sich selbst ausgeübt wird. Die Beziehung, die man in diesem Prozess zu sich entwickelt, spielt sich auf dem ontologischen Feld der Seinsweise ab. Durch die Arbeit an mir finde ich zu einer Form zu sein. Das Ethische daran ist, dass ich darüber reflektieren kann und diese Reflexion mit einer Praxis verknüpft ist. Will ich politisch sein, und mich an der Konstitution und Steuerung[267] von Vektorfeldern aktiv beteiligen, dann gehört es dazu, ein kritisches Selbstverhältnis als »Sorge um sich« zu etablieren. Erst wenn ich die Sorge um mich für mich etabliert habe, bin ich im Stande, mich an der Polis zu beteiligen. Die Auseinandersetzung mit und Transformation von mir selbst wird mir zur Voraussetzung politischen Handelns.

Mündigkeit und Improvisation

In seinem Text *Was ist Aufklärung?* drückt Kant aus, dass wer die Welt erhellen will, sie dabei auch erfindet, gestaltet. Diese Erfindung ist nur dann glaubwürdig, wenn sie öffentlich gemacht und zur Diskussion gestellt wird. Kant fragt: Was geschieht gegenwärtig? Wie ist unsere Gesellschaft aufgebaut? Welche Mechanismen sind am Werk? Wie tragen wir selbst, als mündige Subjekte, zur gegenwärtigen Situation bei? Wie werden wir überhaupt mündig?

---

264 | A.a.O., S. 260.

265 | Es ist in diesem Kontext »Macht« von »Herrschaft« zu unterscheiden. Machtbeziehungen können als veränderlich, Herrschaftsbeziehungen als blockiert bezeichnet werden. Wobei Herrschaft als Zustand eines Feldes von Machtbeziehungen verstanden werden kann, in dem Machtbeziehungen erstarren, nicht mehr veränderlich und ohne strategische Optionen sind. Befreien kann und soll man sich von Herrschaft.

266 | Foucault 2007, S. 255.

267 | Wobei die Art und Weise, wie ich strategisch eingreife, wie ich Machtbeziehungen einsetze und steuere, von Foucault als Regierungstechnik oder auch Gouvernementalität bezeichnet wird. Gouvernementalität ist die Gesamtheit der Praktiken, mit denen man die Strategien konstituieren, definieren, organisieren und instrumentalisieren kann, die die Einzelnen in ihrer Freiheit wechselseitig verfolgen können.

Foucault greift diese Fragen auf und führt sie weiter. Für Foucault ist Mündigkeit damit verknüpft, in der Lage zu sein oder sich in die Lage zu bringen, »neue Formen von Subjektivität zu suchen.«[268] Wenn wir nun Improvisation so definieren, dass in ihr die Konvergenz von Handlung und Denken geübt und ausgeübt wird, dass Improvisatoren über Fortgänge, Anschlüsse von Prozessen kollektiv zu entscheiden haben, dann können wir davon sprechen, dass Improvisation Mündigkeit fordert und trainiert. Foucault schreibt, im Rückgriff auf Kant, dem Begriff Aufklärung ein solches Attribut zu. Aufklärung sei – so Foucault – ein Prozess, »an dem die Menschen kollektiv beteiligt sind und ein Akt des Mutes, den jeder persönlich vollbringen muss. Sie sind zugleich Elemente und Handelnde desselben Prozesses«.[269] Mündigkeit als Ausgang aus der eigenen Unmündigkeit bedeutet dann, Zugang des Subjekts zu einer bestimmten Seinsweise und den improvisatorischen Prozess der Transformation, den das Subjekt dabei durchlebt. Mündigkeit bedeutet auch, mit Kant gesagt, Öffentlichkeit, einen *sensus communis* zu schaffen, in dem und aus dem sich Prozesse entwickeln können. Das verlangt, dass das Spiel der Improvisation nicht rein performativ im Sinne von Ausführung, Darstellung, Nachahmung oder Leistung zum Ausdruck kommt. Improvisation funktioniert nur, wenn die Prozesssituation in der Lage ist, sich selbst zu informieren und zu lernen. Anders gesagt: Die Gesamtheit der Verfahren, die in einer bestimmten Situation zum Einsatz kommen, ihre Prinzipien und Regeln sind offenzulegen und so zu kommunizieren, dass die Beteiligten damit arbeiten können. Wobei nicht behauptet wird, dies könne nur in einem hindernisfreien, beschränkungslosen Raum geschehen, der völlig frei von Zwangseffekten ist. Gerade weil Machtbeziehungen energetischer Teil von organisatorischen Situationen sind, bleibt Improvisation mit Konflikten und Auseinandersetzungen behaftet. Improvisation liesse sich als Prozess des Erwerbs von von Mündigkeit und ihrem öffentlichen, politischen Gebrauch beschreiben. In Improvisation laufen Haltung und die Herstellung einer Beziehung zu sich selbst als Selbsttechnik zusammen – nicht-mündige Improvisation gibt es nicht. Der Improvisator ist nicht nur derjenige, der sich und sein Leben in einem sozialen Rahmen neu erfindet und seine Haltung permanent reaktiviert sondern auch derjenige, der Nein sagt. Damit grenzt er sich schnittklar vom neoliberalen, nach außen gerichteten, flexiblen Selbst ab.

Improvisation ist die Technik des Zwischen. Mit Foucault können wir von einer Bewegung sprechen, den Polarisierungen von Innen und Außen, von Die und Wir zu entkommen: »man muss an der Grenze sein.«[270] Es geht nicht darum, sozialen Raum vollkommen transparent und herrschaftslos zu machen,

268 | Foucault 2007, S. 91.

269 | A.a.O., S. 174.

270 | A.a.O., S. 185.

sondern zum einen darum, Machtbeziehungen so zu gestalten, dass sie strategisch und transformativ bleiben, und zum anderen darum, sich durch die Selbsttechniken eine ethische Möglichkeit zu kreieren, »innerhalb der Machtspiele mit einem Minimum an Herrschaft zu spielen.«[271] In der Explikation des performativen Charakters sowohl von Machtbeziehungen als auch des Selbstbezugs kommen Anhaltspunkte für Widerstand zum Vorschein. Die permanente Kritik unseres geschichtlichen Seins sucht nach den aktuellen Grenzen des Notwendigen. Die negativ ausgerichtete Kant'sche Frage nach der Grenze, auf deren Überschreitung wir verzichten müssen, dreht Foucault in eine positive Richtung: »Welcher Anteil an dem als universal, notwendig und obligatorisch Gegebenen ist singulär, kontingent und willkürlichen Zwängen geschuldet?« Foucault wendet die in der Form notwendiger Begrenzung ausgeübte Kritik um in eine »praktische Kritik in der Form möglicher Überschreitung.«[272]

Form als Material

Improvisation ist nicht formlos, sondern sie schafft Form. Sie tut dies jedoch nicht, um allgemeine Strukturen jeder Erkenntnis zu erlangen, sondern Prozesse als transformatorische Ereignisse zum Ausdruck zu bringen. Dem improvisierenden Subjekt geht es nicht nur darum, sich selbst zu erkennen, sondern vor allem darum, sich zu formen, Formen zu finden, zu reflektieren und zu schaffen. Reflexion ist zwar Selbsterkenntnis, aber weniger in universeller, sondern mehr in angewandter Weise: Reflexion zielt auf die Kenntnis und Formung von Regeln (Strukturen) und Gebräuchen (Funktionen). Improvisation benutzt dabei Form nicht als Behälter, sondern als Material. Es geht nicht mehr um die Suche nach universellen Formen, Strukturen oder Funktionen, sondern darum, zu entdecken, welche Prozesse wir durchlaufen, um uns »als Subjekte dessen, was wir tun, denken und sagen zu konstituieren und zu erkennen.«[273] Das geht nur mit einer experimentellen Haltung, die historische Ereignisse nicht teleologisch deutet, sondern immer in Bezug auf dasjenige setzt, was wir real tun, anwenden wollen. Haltung wird Form: die Form zu bestimmen, die wir der Transformation geben müssen.

Improvisation löst Verhältnisse zu Objekten nicht auf. Sie löst sich jedoch davon, empirische Bedingungen zu suchen, die es ermöglichen könnten, von einem Objekt ausgehend zu einer allgemeingültigen Erkenntnis zu gelangen. Vielmehr ist Improvisation kritische Ontologie, die nach dem Modus der Subjektivierung fragt, also danach, wie bestimmt wird, was ein Subjekt ist, wie es sein muss, welchen Bedingungen es unterworfen wird und welche Bedingun-

271 | A.a.O., S. 276.
272 | A.a.O., S. 185.
273 | A.a.O., S. 186.

gen es kreiert. Das Subjekt erfindet nicht alles selbst, sondern rekurriert in seinem ethischen Prozess auf Schemata, die es in dem kulturellen Feld vorfindet und gestaltet diese um (Redesign). Improvisation appeliert daran, dass dieses Vorfinden auch als Vorfinden thematisiert und problematisiert wird. Wobei mitgedacht werden muss, dass – im Sinne Butlers – kein Schema als performative Anleitung von den Subjekten wirklich erfüllt werden kann. Jedes Schema impliziert Fehler, Differenz. Aber herauszufinden, dass das so ist und dies praktisch und für Praxis zu bestimmen, das eben gehört zur Arbeit an der eigenen Seinsweise. Erst dadurch wird ein Schema als kategorische Beschränkung individuellen Handelns überschritten hin zu einem Raum, der mit Geschick und Situationsbewusstsein nicht nur ausgefüllt, sondern mithin erst produziert wird. Wir reden hier jedoch keinem Subjektivismus das Wort, denn: Ethische Haltung fordert verantwortliches Handeln als soziale Rahmenbedingung ein.

Wie aber lässt sich kritische Ontologie fassen? Wenn ich improvisiere, dann muss ich über das gesamte Vektorfeld Bescheid wissen. Es muss mir ontologisch klar sein oder ich muss mir klarmachen, was ich bin, was ich zu machen imstande bin, was die anderen machen und machen können, was es für mich bedeutet, Teilnehmer der Organisation als improvisatorischer Situation zu sein. Dass es diese Bedingungen gibt und dass ich sie kritisieren, hinterfragen, auch transformieren kann, genau das ist kritische Ontologie als Ethik. Foucault wurde oft vorgeworfen, er habe das Subjekt zum Verschwinden gebracht und das Konzept Subjekt durch das Konzept von Strukturen, Machtbeziehungen etc. ersetzt. Folgt man dem späten Foucault, so geht es aber um etwas ganz anderes. Foucault will Theorien des Subjekts wie Phänomenologie oder Existenzialismus problematisieren, die davon ausgehen, dass das Subjekt in einer universellen Form theoretisierbar sei, einer *A-priori*-Form, von der dann Erkenntnisse des Subjekts abgeleitet werden könnten. Diese Sichtweise lehnte Foucault ab. Ihm ging es im Gegenteil darum, zu zeigen, dass es Subjekte nicht an sich gibt, sondern dass sie sich performativ, in Spielen der Wahrheit, Praktiken der Macht erst konstituieren. Für Foucault ist das Subjekt keine Substanz, sondern Form[274]. Aber: Diese Form ist eine Metaform, die auf zwei Ebenen verweist: Erstens. Sie ist nur kritisch ontologisierbar. Zweitens. Sie ist als Form nicht mit sich selbst identisch, d.h. es gibt unterschiedliche Formen, die wir, als Subjekte über die Ebene der Metaform wählen, bestimmen und praktizieren können. Die Metaform stellt sicher, dass es zwischen den unterschiedlichen Formen des Subjekts Beziehungen und Interferenzen gibt. Man steht also nicht in jeder Situation demselben Typ von Subjekt gegenüber. Metaform im Kontext verschiebt die Frage der Identität des Subjekts von der Ontologie hin zur Rahmung. Statt zu fragen, was ich bin, frage ich nach dem Rahmen, in dem ich mich und meine Identität finden bzw. konstituieren kann.

274 | Siehe: Foucault 2007, S. 265.

Foucault sagt, dass das Subjekt nicht an sich seiend ist. Es existiert nicht als Gegebenes, sondern wird als praktisch-ethisches Selbstverhältnis konstituiert. In diesem Sinne ist Improvisation Form der Übung des Selbstverhältnisses als Form, als leerer Form. Die Form muss leer sein, damit ich sie strukturell und funktional bestimmen kann. Improvisation ist dann Praxis, die die Übung des Selbstverhältnisses als angewandte Form wieder einführt. Es geht darum, die ethischen Praktiken selbst zum Gegenstand der Untersuchung zu machen, also die Ausbildung der Verfahren, durch die die ethisch Handelnden dazu gebracht werden, nicht nur sich, sondern vor allem ihre Praxis zu analysieren, zu entschlüsseln, zu beobachten und als Bereich möglichen Wissens anzuerkennen. Üben ist Vorbereitung auf das Handeln. Indem ich mich meditativ auf bestimmte Handlungsabläufe konzentriere, fokussiere, bin ich in der Lage, zu überprüfen, ob ich für bestimmte Prozesse bereit bin und ob ich mein Wissen anzuwenden vermag. Foucault verweist in diesem Zusammenhang auf den Begriff *Melete*. *Melete* war für Griechen die Arbeit, die man unternimmt, um sich auf eine Improvisation der Rede vorzubereiten, indem man über brauchbare Ausdrücke (Form) und Argumente (Struktur) und Ziele (Funktion) im Hinblick auf deren Gebrauch nachdenkt.[275]

Für eine Technologie der Improvisation

Der technologische Aspekt der Improvisation liegt in der Rationalitätsform, in der sie die Weisen des Tuns organisiert. Wobei ich gesagt habe, dass Improvisation derjenige Modus ist, der die maximale situative Kontingenz zulässt und damit anerkennt, dass es nicht sinnvoll ist, einen Standpunkt zu beanspruchen oder zu suchen, der vollständige und endgültige Erkenntnis ergeben könnte, sondern aus der historischen Kontingenz, aus der wir geworden sind, was wir sind, neue Möglichkeiten herauszulösen. Die Freiheit besteht dabei in der Mündigkeit, selbst an den Prozessen und deren Gestaltung praktisch teilzuhaben und so dem Leben eine spezifische Form zu geben, in der man sich anerkennen und von anderen anerkannt werden kann.

In der Improvisation konvergieren Produzierendes und Produziertes. Es gibt keine zu bearbeitende Materie, die in eine Form gepresst wird, sondern einen Praxisverlauf, der als ästhetische Tätigkeit zu sich selbst findet. Improvisation ist deshalb nicht präskriptiv, sondern deskriptiv. Kein Modell kann als verbindliches vorgeschlagen werden, wohl jedoch Qualität als Kriterium: und zwar als Einsicht in die grundsätzliche praktische Verfasstheit des Bezugs zu sich und zu anderen. Das improvisierende Subjekt reagiert darauf, was die anderen tun, bezieht es mit ein, antizipiert und bestimmt bzw. modifiziert selbst die Regelung des Prozesses mit. Daraus ergibt sich die Forderung nach Prozess-

275 | A.a.O., S. 305.

analysen, die aufzeigen, in welcher Weise in Improvisation relationale Praxisstrukturen sich ausbilden und zur Geltung kommen.

Improvisation *hat* keine Form, keinen Ort, beansprucht keine Methode an sich, obwohl sie die Form, den Ort, die Methode als Praxis braucht. Vielmehr ist sie Methode und zwar als kritische Haltung, bei der die Kritik dessen, was wir sind, zugleich als Analyse der uns gesetzten Formen, Funktionen und Strukturen und als Experiment ihrer möglichen Veränderung fungiert. Das Ökologische daran ist, der Frage nachzugehen: Was muss ich über mich selbst und meine Beziehungen zu anderen wissen, um ökologisch handeln, ökologischen Wandel gestalten zu können? An dieser Stelle schließt sich der Kreis: Improvisation ist Lebensform als Ineinanderspielen von Praxis, Haltung und Selbst in einem sozialen Kontext. Sie spricht nicht von Werken, sondern von Beziehungen. Diese Beziehung als singuläre und kollektive Formen des Lebens und das Aushandeln der jeweiligen Grenzen und Rahmungen der Formen kommen performativ zustande. Die Organisation ist das vektorielle Feld dieser Beziehungen, die zwar den Werkcharakter – als ästhetische Bedingung für Auseinandersetzung mit Form – in sich tragen, aber gleichzeitig über ihn hinausweisen. Die Stabilität der Organisation liegt nicht in ihrer Identität als geschlossenes Werk, sondern in der dynamischen Form des offenen Werks, auf das Kräfte wirken, das aber auch selbst Wirkungen auf Lebensformen entfalten kann. Und Improvisation ist, als prozessual-performative Raumproduktion, ihre Praxis, das In-die-Welt-kommen der Organisation als offenes Werk.

7.8 Gilles Deleuze: Performative Strukturen. Die Serie beweglich (= musikalisch/improvisatorisch) machen

Rekapitulieren wir: Organisationskultur bedeutet nicht, abgeschlossene Identitäten in abgegrenzte Behälter zu verpacken, sondern Gestaltung unterschiedlicher Lebensformen von unterschiedlichen Akteuren zu ermöglichen. Dabei geht es weniger um eine Gestaltung nach genialen Ideen, die aus dem Nichts kommen, sondern um eine relationale Gestaltung, die ermöglichend wirkt. Damit ist gemeint: im Prozess des Organisierens, Lernens, Forschens und Interagierens Ressourcen, Potenziale der Organisation zu entdecken, zu verstärken und organisationale Situationen zu kreieren, in denen Beziehungen geknüpft und Bewusstsein erzeugt wird. Organisation wäre dann als Energieort, als Verstärker unterschiedlichster organisationaler Mobilitäten zu verstehen, der sich weniger durch Homogenität als durch Differenz entfaltet.

Deleuze versucht zu zeigen, dass Strukturen nicht nur behindernd, sondern auch ermöglichend wirken können und zwar dann, wenn sie so relational angeordnet sind, dass sie topologisch zum Funktionieren gebracht werden können. Damit kann Deleuze das Werden im Ereignis zeigen und die Linearität des *Chronos* und mithin der metaphysischen Zeitauffassung aufbrechen. Die Methode, die er sich dafür aneignet bzw. schafft, ist der von Foucault nicht unähnlich. Deleuze geht es darum, Philosophie nicht nur transzendental formal, sondern räumlich zu denken. Das heißt, er geht archäologisch und topologisch, in einer Art Geophilosophie vor, einer Geophilosophie, die versucht, Geschichte als weniger teleologischen Prozess denn als Sedimentierung von Gedanken zu deuten, die es freizulegen, zu explizieren gilt, um sie auf ein Werden hin zu öffnen. Aus der Kritik der teleologischen Geschichtsauffassung heraus wird es möglich, Geschichte als kontingent, verknüpft mit einem vielfältigen Fond, aus dem alles seine Quasi-Ursache erhält, zu fassen. Anders als Hegel, der seinen Zeitbegriff in ein finalistisches Konzept des progressiven Weltgeistes packt, sucht Deleuze die vielfältige Unendlichkeit der Zeit aufzuzeigen, zu zeigen, dass in der Zeit selbst ein organisatorischer Verlauf liegt, der sich durch singuläre Artikulationen und Differenzierungsprozesse entfaltet. Zeit ist eine heterogenetische Kraft, die nicht nur das Verbundene, sondern auch das Disparate, Unvermittelte, Konvergente aus sich entlässt. Man könnte sagen, Deleuzes Geophilosophie entnimmt dem strukturalistischen Denken die Struktur als topologisches Element und wendet es zu einer allgemeineren Konzeption. In seiner Definition des Begriffs »Struktur« öffnet Deleuze dessen Möglichkeitsraum: Er bestimmt ihn als »dritte Ordnung«, die zwischen dem Empirischen (Realen) und der Vorstellung (Imaginären) liegt. Ganz im Sinne seiner Geophilosophie interpretiert Deleuze den Begriff der Struktur strukturalistisch, also räumlich: Strukturen werden als Elemente vorgestellt, die einen unausgedehnten, präextensiven Raum einnehmen, als »reines Spatium«, das eine Nachbarschaftsordnung von Plätzen und Positionen bildet. Das hat umgekehrt Auswirkungen auf das Subjektverständnis: Weil das strukturalistische Denken weniger an Subjekten oder Objekten, sondern an den Lagebeziehungen, also den Orten und Positionen, auf die sie sich verteilen, sowie den Relationen, die sich dazwischen herausbilden, interessiert ist, interpretiert es das Subjekt als Relation. Die Struktur ist der Ort der Schnittstelle intersubjektiver (»dividueller«[276]) Verhältnisse, der Ort, an dem sich imaginäres und reales Handeln verbindet. Die relationale Struktur erscheint unsichtbar, als »eine beinahe stumme und blinde Maschine, obgleich sie es ja ist, die zum Sehen oder Sprechen bringt.«[277] Es ist also die Struktur, die in ihrer Unsichtbarkeit und Blindheit, diagrammatisch soziale Realität überhaupt erst produziert.

Deleuze eröffnet hier ein toplogisches Denken, das einen einen Quasi-Grund setzt, der sich aus der präextensionalen Verteilung von Ereignis, Leben und Erfahrung speist. Dementsprechend denkt Deleuze Sinn weder als außer-

276 | Deleuze 1993b.

277 | Deleuze 1992a, S. 52.

halb der Zeit stehend noch als teleologisch intentional, sondern als ein Produkt, das sich als Wirkung, *Effet*, in der Zeit im Prozess, *Flux*, entfaltet. »Sinn ist niemals Prinzip oder original, er ist hergestellt (produit i.O.).«[278] Als Wirkung, Effekt und Funktion breitet sich Sinn auf der Oberfläche des leeren Feldes aus. Seine punktuellen Einschnitte werden durch die Zirkulation des leeren Feldes in den Serien der Struktur produziert. Der Ort an dem diese Sinnproduktion stattfindet, ist die Maschine. »Die Struktur ist wirklich eine Maschine zur Produktion unkörperlichen Sinns.«[279] (Man könnte statt Maschine auch »Diagramm« oder, in unserem Fall, »Organisation« sagen). Sinn hängt jetzt nicht mehr von Tiefe, sondern von der Relationalität des Feldes ab. Es ist an der Tiefe, mehr Oberfläche zu erzeugen und nicht umgekehrt. Diese Sicht führt Deleuze dazu, Freuds Psychoanalyse umzudeuten. Deren Leistung liege nicht darin, die Tiefe menschlicher Ursprünglichkeit entdeckt zu haben. Freud sei vielmehr der »erstaunliche Entdecker der Maschinerie der Unbewußten, durch das der Sinn [...] produziert wird.«[280] Nach Deleuze ist es unsere gestalterische, transformatorisches Aufgabe, zu lernen, wie man das leere Feld zum Zirkulieren bringt, wie man es diagrammatisch bespielt und die Potenziale des Unbewussten ins Spiel wirft und das Unbewusste instrumentalisiert.

Singularität, Ritornell und Improvisation. Minimalstruktur in Bewegung[281]

»La grande ritournelle s'élève à mesure qu'on s'éloigne de la maison, même si c'est pour y revenir, puisque plus personne ne nous reconnaîtra quand nous reviendrons.«[282]
Deleuze/Guattari

»La grande ritournelle se définit par la stricte coexictence ou contemporanéité de trois dynamisme impliqués les uns dans les autres.«[283] Francois Zourabichvili

278 | Deleuze 1993a, S. 99.

279 | A.a.O., S. 97, mit Unkörperlichem meint Deleuze hier den Effekt selbst, die Wirkung: »Wirkungen sind nicht Körper, sondern im eigentlichen Sinn »Unkörperliche«. Es handelt sich nicht um physische Qualitäten oder Eigenschaften, sondern um logische oder dialektische Attribute. Es handelt sich nicht um Dinge oder Dingzustände sondern Ereignisse.« Deleuze 1993a, S. 19.

280 | Deleuze 1993a, S. 99.

281 | Die folgenden Gedankengänge zum Ritornell sind inspiriert durch den Essay »Gilles Deleuze« und Félix Guattaris Phänomenologie des Ritornells« des Philosophen Markus Dick von der Universität Hildesheim. Vgl. Dick 2002, sowie Buchanan und Swiboda 2004; Zourabichvili 2004; Böhringer 2007.

282 | Deleuze und Guattari 1991, S. 181.

283 | Zourabichvili 2004, S. 74.

Deleuze entwickelt eine spezifische Form der Ontologie, in der das Sein nicht nur als sich in der Zeit entfaltend, sondern Zeit selbst als Sein konstituierend interpretiert wird. Im Zuge dieses Beschreibungsversuchs erhalten bemerkenswerterweise vor allem musikalische Elemente neue Relevanz und zwar vor allem jene, die nicht von einem Ursprung, einer Idee her funktionieren, sondern sich in der Variation, der Wiederholung als Differenz entfalten: Modulation, Ritornell, Transposition eines Denkens in der Zeit oder als Zeit. Deleuze kommt dadurch auf einen Synthesebegriff, der nur mit der Zeit verknüpft konzipierbar ist. Denn es ist nach Deleuze die Zeitsynthese, die Objekte, Subjekte, Artikulationen, Bilder erzeugt. Das Entscheidende an dieser spezifischen Form der Synthese zeigt an, dass sie sowohl aktiv als auch passiv funktionieren kann. War bei Kant Synthese nur als Aktives gedacht, können hier auch »gelebte«, also unbewusste Sedimente der Erfahrung, des Erinnerten, der Routine, der Gewohnheit zur Synthese beitragen und sich in Rhythmen, Modifikationen der Wiederholung und »Geboren-Werdens« experimentell fortbewegen und entstehen. Deleuze deutet Rhythmen neu: nicht nur als Maß, sondern auch als das Maß überschreitende leere Formen der Zeit, die zwar pulsierend, aber ohne festes Metrum aktiv sind und sich mannigfaltig überlagern. Die Synthese ist an die Zeit gekoppelt, denn: Wiederholung ist das, was Aktualisierung ermöglicht. Aber nicht als mechanische Wiederholung, sondern als Varianz und Differenz: Arbeit in der Differenz, die das Unterschiedliche wiederkehren lässt, um als Dauer, leere Form der Zeit, Aktualisierung als Singularität, als Ereignis hervorzubringen.

Musikalisch gesprochen: Polytonalität und Polyrhythmik sich verzweigender, wandernder Strukturen überschreiten die Dichotomie zwischen Inhalt und Form.

Besonders gut lässt sich dies an der Behandlung des Begriffs »Ritornell« zeigen, den Deleuze und Guattari in dem Buch *Tausend Plateaus*, genauer: im Kapitel/Plateau *1837 – Zum Ritornell*, ausgearbeitet haben. Textsystematisch vorbereitet ist dieses Kapitel durch eine Stelle im *Plateau 1730 – Intensiv-Werden, Tier-Werden, Unwahrnehmbar-Werden*: »Die Musik ist von Kindheits- und Weiblichkeitsblöcken durchdrungen. Die Musik ist von allen Minderheiten durchdrungen und stellt dennoch eine ungeheure Macht dar. Ritornelle von Kindern, Frauen, Ethnien, Territorien, von Liebe und Zerstörung: die Geburt des Rhythmus. Schumanns Werk besteht aus Ritornellen, aus Kindheitsblöcken, mit denen er auf ganz besondere Weise umgeht: sein eigenes Kind-Werden, sein eigenes Frau-Werden, Clara. Man könnte einen Katalog der diagonalen und transversalen Verwendung des Ritornells in der Musikgeschichte zusammenstellen, alle Kinderspiele und Kinderszenen [...].«[284] Deleuze und Guattari beziehen sich hier auf Schumanns Miniaturen *Kinderszenen op. 15*. Diese stellen

284 | Deleuze und Guattari 1980, S. 409.

nach Deleuze und Guattari den Versuch dar, Musik von »Kindheitsblöcken« durchdringen zu lassen und durch Musik ein Kind-Werden zu evozieren. Die für uns interessante Kernaussage ist vor allem methodisch-systematischer Art: Allen Stücken des zwölfteiligen Zyklus liegt ein Motiv zugrunde, das unterschiedlichste Transformationen durchläuft. Diese Form der durchgängigen Variation eines musikalischen Ausgangs- bzw. Rohmaterials bezeichnen Deleuze und Guattari als Verfahren der Deterritorialisierung eines Ritornells: »Bei Schumann gibt es eine umfangreiche seriöse melodische, harmonische und rhythmische Arbeit, die zu dem schlichten und nüchternen Ergebnis der Deterritorialisierung führt.«[285] Das Telos der Musik wird in dieser Bewegung zum Metatelos: Im Versuch, ein deterritorialisiertes Ritornell zu produzieren und mit einem subjektivierenden Vektor zu versehen. Die Struktur rückt vor die Form oder anders gesagt: Es ist nicht die Form, die die Bewegung der Struktur bestimmt, sondern die funktionale Arbeit ruft an dem Verschalten der Strukturen die Form hervor. Dennoch ginge ohne Form nichts: Form ist hier jedoch nicht Gestalt, Figur, teleologische Ordnung, sondern Rahmung als Metaform. Die Rahmung ersetzt das System: »Das Gefüge für eine kosmische Kraft öffnen. [...] Und dennoch ist das eine schon im anderen enthalten, die kosmische Kraft liegt im [musikalischen] Material, das große Ritornell in den kleinen Ritornellen, der große Kunstgriff im kleinen Trick. Nur ist man niemals sicher, stark genug zu sein, denn man hat kein System, man hat nur Linien und Bewegungen, Sätze. Schuhmann.«[286] Motivisch mit dem Ritornell zu arbeiten bedeutet also, sich als Subjekt der Bewegung der Subjektivierung zu überlassen, in der Affizierung von und dem diagrammatischen Umgang mit dem Material. Deleuze denkt das Subjekt als fluchtpunktlosen Ort, der als Struktur durch de- und reterritorialisierende Kräfte und deren Eigendynamik zum Funktionieren gebracht wird. Die motivbasierte Arbeit an und mit dem Ritornell ermöglicht den konstruktiven Umgang mit der Affizierung; sie erlaubt die Instrumentalisierung des Unbewussten. Die Deterritorialisierung kann das *Chez-soi* nicht völlig auflösen, weil die Arbeit am Motiv dagegen steht. Dies gelingt nur deshalb, weil das Bleiben-am-Motiv das Bei-sich-Bleiben kategorial in die relationale Bewegung selbst hinein verlagert. Das Ritornell wirkt so als strukturelles Element, das in seiner motivbasierten Bewegung eine gleichzeitig deterritorialisierende wie konstitutive, gründende Wirkung entfaltet. Umgekehrt sichert die Reterritorialisierung nicht nur das Bleiben-bei-sich sondern auch das Bleiben-am-Motiv, während das Ritornell im deterritorialisierenden Überlassen an die Eigendynamik der situativ-materialen Vektoren über das Konstituierte hinausgeht, sich ausdifferenziert und sich anschlussfähig hält.

---

285 | A.a.O., S. 478.

286 | A.a.O., S. 433.

Für das Ritornell gelten somit die wesentlichen Merkmale: konkrete Setzung, Bezug der Position und Bewegung in Serien und Konstellationen. Daraus folgt:

1. In offenen Prozessen kann das Ritornell strukturierend wirken, weil es »ein stabiles und ruhiges, [...] stabilisierendes und beruhigendes Zentrum«[287] bildet.
2. Die Setzung eines inneren Zentrums ermöglicht es dem Individuum, in der Bewegung der Transformation bei sich zu bleiben und Richtungen zu orten, sich zu orientieren. So sorgt das Ritornell für Organisation eines Ortes, an dem man bleiben kann (*le Chez-soi*). Wichtig bleibt: Es ist offengelegt, dass es sich bei dem Ritornell nicht um naturalisierbares Territorium, sondern um eine Setzung handelt. Das Ritornell produziert temporäre Stabilitätszentren, innerhalb derer sich Kräfte entfalten, die produktiv nutzbar werden. Die Grenzmarkierung des Ortes wirkt nicht als abgeschlossene Form oder Identität, sondern vielmehr als Filter oder Sieb, um Unordnung konstruktiv bespielbar zu halten. Die Gestimmtheit der Bewegung – man könnte auch mit Hatch sagen: der *Groove* – des Ritornells erzeugt sozusagen eine Schwingung, die den »der Erde innewohnenden Kräften«[288] entspricht und zur Selektion, Elimination, Extraktion der Außeneinflüsse dient. Deleuze und Guattari sprechen in diesem Zusammenhang von »einer Klangmauer, oder jedenfalls einer Mauer, in der bestimmte Steine mitschwingen«[289]. Die Ordnung, die hier im Zusammenspiel mit Unordnung entsteht, ist performativ, nicht ostensiv, d.h. der *Groove* ist immer prekär. Überspitzt formulieren Deleuze und Guattari: »Ein Fehler in der Geschwindigkeit, im Rhythmus oder in der Harmonie wäre eine Katastrophe, denn er würde Schöpfer und Schöpfung zerstören, indem er die Kräfte des Chaos wieder eindringen ließe.«[290]
3. Das dritte Merkmal des Ritornells wirkt als Gegenmoment zum zweiten Merkmal, jedoch nicht in Form einer dialektischen Aufhebung eines Widerspruchs. Das dritte Merkmal soll vielmehr sichern, dass sich die Filter nicht schließen, dass sich endogene Kräfte situationsspezifisch ausbreiten können. Man bewegt sich vom *Chez-soi* zur Welt.

Aus dieser Trias kann das Ritornell als ternäre Bewegung bestimmt werden, die relational im gesetzten Rahmen spezifischer, material gegebener Bereiche wirkt. Diese Bewegung setzt die Räumlichkeit von Strukturen und Feldern voraus und bringt wiederum eine räumliche Ordnung hervor, indem sie mit

287 | A.a.O., S. 382.
288 | A.a.O., S. 424.
289 | Ebda.
290 | Ebda.

in den jeweiligen Situationen wirkenden Vektoren in Wechselbeziehung tritt. Das Ritornell ist räumlich bestimmt, »es ist ortsgebunden, territorial, es ist ein territoriales Gefüge.«[291] Es nimmt »immer Erde mit sich, seine Begleiterin ist eine – manchmal auch spirituelle – Erde.«[292] Weil es auf einer topologischen Organisationsweise basiert, steht das Ritornell immer in Relation zu einem spezifischen (funktionalen) Vektorfeld und dessen begrenzt wirkendem Strukturierungsprozess. Es ist nur aus diesem heraus zu konstituieren. Das Ritornell kommt aus der Musik, aber es bleibt als Verfahren nicht auf die Musik beschränkt. Mit dem musikalischen Konzept des Ritornells wird die Welt als relationales Gefüge denkbar und umgekehrt: Das musikalische Denken ermöglicht es, Welt zu entteleologisieren. Dem Ritornell wohnt, so Deleuze und Guattari, eine universelle Produktionskapazität inne.

In diesem Zusammenhang unterscheiden Deleuze und Guattari zwischen Komponenten- und Gefügearten, die den drei Haupteigenschaften bzw. -modi des Ritornells entsprechend kategorisierbar sind: Das erste Merkmal spricht davon, dass es möglich ist, in der Unordnung ein temporäres Zentrum zu etablieren und so einen medialen Kontakt zwischen Unordnung und einem territorialen Gefüge herzustellen. In diesem medialen Kontakt sehen Deleuze und Guattari die Wirkung von vektoriellen Richtungskomponenten. Die vektorielle Richtungskomponente steuert die jeweils spezifische Motivation in einem multiplen Zielkorridor und stellt so Orientierung sicher. Die Affizierung funktioniert als aktivierender Prozess unterschiedlicher Handlungsweisen. Die zunächst diffuse Materialität der psychisch-emotionalen Energie der Affizierung richtet sich relational nach der Richtung imaginärer, virtueller Zentren. Die vektoriellen Richtungskomponenten rufen in offenen bzw. unbestimmten Situationen eine temporäre Orientierungsleistung hervor, indem sie die Unordnung nicht überplanen, sondern mit einer zentripetalen Dynamik überlagern.

Das Ritornell ist aufgrund seines zu aktualisierenden Potenzials als virtuell zu bezeichnen. Hat es deshalb keinen Ort? Im Gegenteil. Nur bekommt Ort im Kontext des Ritornells eine andere Bedeutung. Deleuze und Guattari sprechen im Zusammenhang des Ritornells von einem territorialen Gefüge. Daraus folgt der zweite Modus des Ritornells: der funktionale *Punch*, die Zugkraft, der *Groove*. Dieser Punch kann sich nur an Orten, Punkten entfalten. Genau deshalb sprechen Deleuze und Guattari vom Gefüge: Dieser Begriff verweist auf die ortsspezifischen strukturellen Verschaltoperationen des Ritornells, die sich sowohl je nach Bewegung verändern als auch mannigfaltigste strukturelle Neu-Versammlungen bzw. Neu-Verschaltungen ermöglichen können. Die Setzung des Ritornells produziert jedoch – darauf hat Markus Dick hingewiesen – »noch

291 | A.a.O., S. 426.

292 | Ebda.

kein vollständig ausdifferenziertes territoriales Gefüge.«[293] Vielmehr kommt man durch die Setzung des Ritornells »vom Chaos an eine Schwelle des territorialen Gefüges.«[294] Deleuze und Guattari bezeichnen diesen Ablauf deshalb auch als Wirkung eines Infra-Gefüges. Diese lässt sich als Effekt eines lokalen Gefüges beschreiben, dessen Grad der Strukturierung so minimal ist (s. Kapitel 5.8.), dass es sich noch nicht ausdifferenzieren muss und somit offen für den maximalen Grad an Affizierung bleiben kann. Ein Gefüge, »das über eine Ausdehnung im Raum und über eine Struktur verfügt«, entsteht erst dann, wenn »die Schwelle/Grenze zum territorialen Gefüge überschritten«[295] ist. In diesem Moment wird es möglich, das Ritornell zu ordnen bzw. zu strukturieren oder zu organisieren. Erst dann entfalten sich jene Vektoren, die das Gefüge räumlich machen, also einen Ort des *Chez-soi* kreieren. Durch diese Bewegung erhält das Ritornell jene Dimensionen, die bewirken, dass das territoriale Gefüge seine punkthaftige Strukturierung zur Relationalität hin überschreiten und sich radial ausdehnen kann. Die so produzierte Binnenstruktur des territorialen Gefüges nennen Deleuze und Guattari Intra-Gefüge. Das Intra-Gefüge ist performativ: Es besteht sowohl aus der Lebendigkeit und Produktionskraft der im Feld des Gefüges aktivierten Vektoren als auch aus der endogenen Selektion, Filterung.

Im dritten Modus erhöht das Ritornell die Durchlässigkeit seiner Grenze. Die Erhöhung der Randdurchlässigkeit aktiviert Potenziale, lässt Wirkkräfte zu. Das Aufmachen kommt aus der Eigenbewegung. Darin liegt ein großer Unterschied zur Flexibilisierung: Die Öffnung der eigenen Grenze ist keine nervöse, ungerichtete Reaktion auf ein Außen, auf eine Umwelt, sondern ist Ausdruck des Erarbeitens und Manifestierens einer »durchlässigen« Souveränität. Nicht nur artikuliert sich der dritte Modus gegenläufig zum Exklusivitätsdrang des Ritornells im Modus 2. Auch bedient er sich des ersten Modus, indem er die Dissonanz des Spiels von Zentrifugal- und Zentripetalkräften nutzbar zu machen sucht. Damit wird deutlich: Erst wenn die Setzung gemacht ist, wenn die Position erarbeitet und territorialisiert ist, herrscht jene ethische Grundbedingung des *Chez-soi* vor, die ermöglicht, ein Gefüge nach dem Kriterium der Öffnung aufzubauen. Kriterium der Öffnung meint hier die Entfaltung jener Kräfte des Innen und des Außen, die die Isolation gegenüber dem Außen, der Welt, überwinden. Es handelt sich bei den Ritornellen also um Minimalstrukturen, um kleinste Bestandteile, die die öffnende Bewegung des Gefüges mit Kohärenz versorgen, Anschlussfähigkeit generieren. Sie sind sozusagen die kleinsten strukturellen Einheiten, Module der Komposition, die performativ in die Improvisation überführt werden können. Deleuze und Guattari sprechen deshalb von Komponenten des Übergangs oder der Flucht. Durch die relationale, multi-

293 | Dick 2002.

294 | Dick 2002, S. 424.

295 | Dick 2002.

maßstäbliche Bewegung des Ritornells transformiert sich das Intra-Gefüge hin zu einem Inter-Gefüge, das wiederum mit neuen Gefügen und deren Vektoren in Verbindung treten kann, um in einem neuen Maßstab weitere Konstellationen und Gefüge zu erzeugen. Deleuze und Guattari fassen diese Bewegung als Akt der Improvisation: »Man bricht aus [aus dem chez-soi], man riskiert eine Improvisation. Aber improvisieren heißt: sich mit der Welt zu verbinden und sich zu vermischen.«[296]

Ritornell-basierte Improvisation zeigt sich – und darin liegt die Überraschung gegenüber traditionellen Perspektiven – gegenläufig zum *Anything goes* einer nach außen gerichteten Flexibilisierung. Motivbasierte Improvisation als Technologie des Ritornells nutzt exogene Kräfte, die jedoch immer durch Diagramme, Schemata laufen müssen und selbst solche generieren können. Diagramme sind dann jene Medien, die als Sieb, als Filter des abgegrenzten Raums funktionieren, die im Zusammenspiel der drei Modi des Ritornells Außenvektoren und Innenkräfte zu einer tentativen, energiegeladenen Vorwärtsbewegung konvergieren lassen. Der Verweis auf Improvisation besagt zum einen, dass die konstruktive Bewegung auf eine Teleologie verzichtet, nicht jedoch auf Pläne. Sie liest Pläne jedoch nicht als abgeschlossene Form, sondern als *Lead-sheet,* als strukturell volle Rahmung, die als formal leer und funktional unterbestimmt sich erweist. Zum anderen ist damit implizit angedeutet, dass es darum geht, Unbestimmtheit, Unvorgesehenes in die Aktion zu integrieren, als Ressource zu nutzen. Der Begriff »Inter-Gefüge« beschreibt sehr gut diese Bewegung, die nicht auf Linien und Punkte verzichtet, diese jedoch performativ-situativ immer neu verschaltet. Und zwar als ein Sich-auf-Linien-Fortbewegen, das auch »Irr-Linien, mit Windungen, Verknotungen, Geschwindigkeiten, Bewegungen, Gebärden und verschiedenen Klängen«[297] mit einbezieht. So entsteht ein Modus des permanenten Modulierens, innerhalb dessen die Interaktion mit Vektoren geschieht, deren Richtungen, Beträge, Funktionen nicht vorab berechenbar sind. Genau deshalb hat Improvisation immer mit Üben zu tun, also mit dem Aus- und Erarbeiten der eigenen Position. Dies ist wesentlich, um sich dazu zu befähigen, überhaupt konstruktiv mit Deterritorialisierungsbewegungen und Affizierungen umgehen zu können. Fürs Improvisieren muss man sich also noch mehr vorbereiten als für einen Plan. Wer sich nicht vorbereitet, ist »nicht stark genug.«[298] In einem solchen Fall gilt es, die *Exit*-Option zu ziehen, Nein zu sagen, um erneut an dem ersten Modus des Ritornells zu bauen. Anderenfalls tendieren die erst als brauchbare rezipierten Vektoren dazu, wieder in der Unordnung zu versinken oder gegen das Selbst zu arbeiten.

296 | Deleuze und Guattari 1980, S. 425.

297 | Ebda.

298 | A.a.O., S. 479.

Auf Organisation bezogen lässt sich sagen, dass organisationale Akteure etwaiger Isolation dann entgegenwirken können, wenn sie in ihren Körpern eine doppelte Perzeptibilität und zwar »als Wahrnehmungsfähigkeit und als Wahrnehmbarkeit«[299] ausbilden. Das meint Körperarbeit, die ermöglicht, im Körper wirkende Kräfte »mit Kräften, die außerhalb eines unmittelbar verfüg- und gestaltbaren Wirkungskreises herrschen«[300] zu verknüpfen. Die Befähigung zum improvisatorischen Verschalten von Wirkkräften kann, weil die Organisation ja immer performativ hergestellt wird, kein Absolutes sein. Daher ist die heterogene Ontogenese der Organisation immer durch eine permanent wirkende »Wechselbeziehung zwischen blockierenden und erschließenden, zwischen zentripetalen und zentrifugalen, (re)territorialisierenden und deterritorialisierenden, Kräften«[301] gekennzeichnet. Und hierin liegt die Funktion der Improvisation als Technologie der Ritornellarbeit: Sie ist das Verfahren, das als mediale Praxis zwischen heterogenen Kräften oder Elementen vermittelt und damit situativ-temporär gewisse Grade an Konsistenz produziert, um so Prozessverläufe offen und gleichzeitig stabil zu halten, zu reorganisieren und zu restrukturieren. Man könnte also sagen, das Ritornell entsteht auf der Basis eines angewandten musikalischen Raumdenkens.[302] Ein musikalisches Element zeigt sich als territorial, als verknüpft mit einem Territorium, das in Relation mit den Vorgängen des Eintretens und Verlassens gesetzt wird. Die Linearität der Zeit wird so gegen eine Linearität bzw. Verflächigung des Raums eingehandelt: Wir können nicht an einem Ort sein, ohne den anderen zu verlassen und vice versa. Zu dem Zeitpunkt, an dem ich das *Chez-soi*-Territorium verlasse, deterritorialisiere ich mich von einem bestimmten Ort und territorialisiere bzw. reterritorialisiere mich an einem anderen, um dort das Motiv zu wiederholen, ein neues Ritornell = Zuhause/Territorium als Minimalstruktur zu produzieren, das, weil es nun in neue Nachbarschaften eingetreten ist, neue Kräfteverhältnisse orten und nutzen kann.

Es ist bemerkenswert, dass Deleuze und Guattari mit dem Ritornell einen musikalischen Begriff nutzen, um die permanente Raummodulation als Wandern von Strukturen und Funktionen als jeweilig changierende territoriale Zustände zu fassen. Warum der Kern der Deterritorialisierung-Reterritorialisierungs-Bewegung als Ritornell zu bestimmen ist, liegt folgender zusammenfassenden Argumentation von Deleuze und Guattari zugrunde: »Wir wissen [...] bereits bei den Tieren [um die Bedeutung], Territorien zu bilden, sie aufzugeben oder zu verlassen, auf etwas anderem und Andersgeartetem erneut ein Territorium zu erstellen (bei den Ethnologen heißt es, der Partner oder Freund des

299 | Dick 2002.

300 | Ebda.

301 | Ebda.

302 | Siehe hierzu auch: Dell 2011c.

Tieres ›kommt einem Zuhause gleich‹, oder die Familie sei ein ›mobiles Territorium‹). Um so mehr gilt dies für die Hominiden: Von Beginn seiner Geschichte an deterritorialisiert er seine Vorderpfote, reißt sie los von der Erde, um daraus eine Hand zu machen, und reterritorialisiert sie an Ästen und Werkzeugen. Ein Stock ist seinerseits ein deterritorialisierter Ast. Man muß nur einmal sehen, wie sich jeder, in jedem Alter, im Kleinsten wie in den allergrößten Prüfungen ein Territorium sucht, Deterritorialisierungen erträgt oder durchführt und sich fast an jedem x-beliebigen reterritorialisiert, Erinnerung, Fetisch oder Traum. Die Ritornelle bringen diese machtvollen Dynamiken zum Ausdruck.«[303]

Um den Zusammenhang des Ritornells mit territorialer Verdichtung als auch mit territorialer Transformation zu beschreiben, können die Begriffe »Milieu« und »Rhythmus« herangezogen werden. Wir haben oben bereits gesagt, dass mit dem französischen Wort »Milieu«, also mi- als Zwischen und -lieu ein Ort des Zwischen beschrieben ist. Interaktion braucht einen Ort und umgekehrt, Interaktion macht aus einem Ort einen lebendigen Raum. Woher kommen nun Milieus, was ist ihr ontologischer Grund? Deleuze und Guattari sprechen davon, dass Milieus der Anordnung des jeweils Gegebenen entstammen. Man kann auch Unordnung oder Noch-nicht-Ordnung dazu sagen. Es handelt sich um Konstellationen, deren Ordnung nur strukturell, nicht jedoch formal oder funktional vorliegt. Milieus befinden sich als strukturelle An-Ordnungen in einem Status reiner Differentialität/Potenzialität. Sie liegen als Rohmaterial vor und können vermittels relationaler Ritornellarbeit aktiviert bzw. aktualisiert werden. Das musikalische Denken von Organisation erweist sich hier deshalb als sinnig, weil es hilft, Milieus als Raum-Zeit-Blöcke[304] zu verstehen. Raum-Zeit-Blöcke konstituieren sich performativ durch die periodisch-permutative Wiederholung minimaler Strukturen. Nur über ein musikalisches Verständnis lässt sich der Status schwingender Bewegung als ontologischer Grundbestand von Raum-Zeit-Blöcken transparent und operational nutzbar machen.

Das Ritornell kann als eine strukturelle Anordnung bezeichnet werden, »ein Prisma, ein Raum-Zeit-Kristall«[305], das durch die Rhythmisierung musikalisch-improvisatorisch unterschiedlichste Serien durchläuft und in diesem Verlauf eine spezifische Organisationsform bewirkt, die aus performativer Bewegung entsteht, einer Bewegung, die in der Lage ist, sich in der Performanz selbst strukturell zu ordnen. Die Temporalisierung als Zeitproduktion verräumlicht sozusagen die Zeit und temporalisiert umgekehrt den Raum: Organisation zeigt sich selbst als performativ. Das Ritornell lässt sich also in unserem Kontext als eine Minimalstruktur definieren, die raumzeitlich organisierend bzw. katalytisch funktioniert. Als Minimalstruktur bezieht sich das Ritornell immer

303 | Deleuze und Guattari 2000, S. 77.

304 | Siehe auch: Dell 2011c.

305 | A.a.O., S. 476.

auf eine bestimmte topologische Nachbarschaftskonstellation, die man auch als Territorium bezeichnen kann. In diesem Bereich kann das Ritornell Transformation hervorrufen, in dem es relational wirkt, d.h. Verbindungen produziert, Elemente rekombiniert, Anordnungen neu versammelt oder Neuversammlung ermöglicht. Da das Ritornell auf Rhythmisierung basiert, wirkt es nicht nur topologisch, sondern auch tempologisch: Es bestimmt die Rhythmisierung seines Verschaltens mit dem, was es umgibt. Aus diesem Feld entfaltet sich ein dreipoliges Geflecht, das sich je nach Lage verschieben kann. Die Pole bestehen a) aus dem Urteilen, Interpretieren bzw. Position beziehen (als Produktion des *Chez-soi,* Territorialisierung) und b) aus der Transformation, dem Über-sich-Hinausgehen (als Improvisation) und c) der Disposition derjenigen, die das Ritornell wahrnehmen und gemäß ihrer affektiven Gestimmtheit in einen sich aus Assoziationen und Affekten konstituierenden Erfahrungshorizont stellen.[306] Zeit der Rezeption und Aktion, der Erfahrung ist nicht objektiv-präexistent. Vielmehr zeigt sich Zeit als Resultat der Ritornellbewegung, die als Minimalstruktur den Ereignis- und Erfahrungshorizont der organisationalen Akteure räumlich und zeitlich strukturieren und organisieren hilft. Hier zeigt sich das Wesentliche an der Minimalstruktur: Sie ist keine vereinheitlichende Form (als Identität), sondern ermöglicht das strukturelle Funktionieren, indem »jedesmal unterschiedliche Tempi«[307] produziert werden, die mit unterschiedlichen Materialkonstellationen korrespondieren.

Deleuze und Guattari verlagern den metaphysischen Grund von einer Ordnung des Teleologischen hin zu einer Ordnung der Affizierung – man könnte fast sagen einer Musikalisierung. Jedoch bleibt das Problem der Verdichtung bestehen: Wie und auf welche Weise können in einer Ordnung der Affizierung »die Komponenten eines territorialen Gefüges zusammenhalten?«[308] Deleuze und Guattari sehen dieses Problem als eines der Form. Ein teleologischer Formbegriff ordnet sich in konsistenten Binaritäten. Die Absetzbewegung zu solchem Formbegriff gelingt Deleuze und Guattari, indem sie sich radikal dem Relationalen zuwenden. Konsistenz rekurriert nicht mehr auf klare Zuweisungen, die immer auf vorgängige Wahrheiten sich beziehen, sondern auf das nicht-reduktionistische Setzen von Relationen; Das heißt: »Das Territorium kann nicht von bestimmten Deterritorialisierungskoeffizienten getrennt werden, die in jedem Einzelfall berechnet werden können und die bewirken, dass die Beziehungen jeder territorialisierten Funktion zum Territorium variieren, aber auch die Beziehungen zu jedem territorialisierten Gefüge.«[309] Aber es gilt auch: »Das territoriale Gefüge kann nicht von den Linien oder Koeffizienten

306 | Ebda.

307 | A.a.O., S. 477.

308 | A.a.O., S. 446.

309 | A.a.O., S. 445.

der Deterritorialisierung, von den Übergängen und Relais zu anderen Gefügen getrennt werden.«[310] Sobald ein territoriales Gefüge in Transformation, in eine deterritorialsierende Bewegung gerät, aktiviert sich das Diagramm als Maschine. Das Diagramm (die blinde Maschine) ist also vom Gefüge zu unterscheiden: »Eine Maschine ist so etwas wie ein Komplex von Schnittkanten, die in ein Gefüge eindringen, dass sich gerade deterritorialsiert, um dessen Variationen und Mutationen aufzuzeichnen.«[311] Das Diagramm wirkt als eine Notationsmaschine für die performativen Bewegungen des Ritornells. Durch die quasi-maschinelle Verschaltung des Territoriums kommt relational die musikalische Poetik der Improvisation zum Funktionieren. Die Minimalstruktur des Ritornells bildet eine Singularität der zeitlichen Momente aus. Als solche konstituiert sie Tableaus, Diagramme der Zeit, Felder der Intensität, Vektoren, die zwar innerhalb des Chronos funktionieren, aber als Singularitäten der komplexen Zeitverdichtung über den Chronos hinausweisen. Neben den Kant'schen Vermögen[312] tritt das Vermögen zur Differenz hinzu. Jeder Körper ist das Feld der Kräfte, auf die er Zugriff erlaubt. Ziel ist es, die dem Körper zukommenden Vektoren zu untersuchen, in der Recherche zu vervielfältigen und als Diagramm einer komplexen Konfiguration sichtbar zu machen. Die Analyse geht vom Kleinen, vom Mikroskopischen aus, um von dort aus einen molekularen Baukasten zu erarbeiten, der in ein abstraktes Diagramm überführt wird, das, als Modell, nach vielen Seiten hin vergrößerbar und verschaltbar ist.

Deleuze versteht Struktur nicht nur als Zeit überdauernde, feste Größe, sondern als etwas, das sich mit der Zeit verändert, variiert und gleichzeitig den Verlauf zu strukturieren hilft. Zeit und Werden sind mit der Struktur verknüpft, in der strukturellen Arbeit zwischen Wiederholung und Unterschied. Der Begriff der Struktur hilft Deleuze, das Felddenken handhabbar zu machen, auf ein Schema zu bringen. Hier greift er zunächst auf das strukturalistische Denken zurück. Den Ausgang nimmt der Strukturalismus in einer Sprachtheorie, die Sprache weniger in Bezug auf ihre historische Entwicklung, sondern auf die außerhalb der Zeit stehenden Strukturen untersucht. (s. Kapitel 4.) Philosophen wie Levi-Strauss und Althusser erweitern diesen Ansatz zu einer Gesellschaftstheorie, die vor allem auf die strukturbildenden Differenzen als Gesellschaft organisierendes Prinzip abhebt. So gilt für Althusser die Aufdeckung der strukturellen Produktionsverhältnisse als Kern strukturalistischer Analyse. Für Deleuze liegt das entscheidende Moment des Strukturalismus jedoch in der Entdeckung, dass es zwischen dem Ideellen, dem Imaginären, der Vorstellung

310 | A.a.O., S. 454.

311 | Ebda.

312 | Kant 1974: »Wir können alle Vermögen des menschlichen Gemüts ohne Ausnahme auf die drei zurückführen: das Erkenntnisvermögen, das Gefühl der Lust und Unlust und das Begehrungsvermögen.«

und dem Realen, dem Materiellen noch eine dritte Kategorie gibt: das Symbolische. Die dritte Ebene des Symbolischen ist es (obwohl sie in sich selbst blind ist, wie Deleuze sagt), die das Reale erst zum Vorschein bringt: indem sie die Nachbarschaftsbeziehungen von Elementen ordnet und in Beziehung setzt. Subjekt wie Sinn sind nicht als Identitäten teleologisch dem Ereignis vorgelagert, sondern entstehen im Ereignis und der im Ereignis sich entfaltenden Nachbarschaftsordnungen, Verschaltungen. Sinn wird dem Prozess nachgeordnet: als Feldeffekt. Das Reale zeigt sich als Wirkung einer spezifischen Organisation des Feldes, die nach relationalen und topologischen Kriterien vorgeht: Struktur ist relationales Regelwerk und temporär sich herausbildende »Nachbarschaftsordnung«[313] eines präextensiven, sozusagen virtuellen Raums. Subjektivität entsteht aus der intersubjektiven, relationalen Arbeit: »nicht allein das Subjekt, sondern die Subjekte, in ihrer Intersubjektivität begriffen, reihen sich dem Zug ein«[314], die struktural-topologische Verschiebung organisiert »die Subjekte in ihren Handlungen, in ihrem Geschick, in ihren Weigerungen, in ihren Verblendungen, in ihrem Erfolg und ihrem Schicksal, ungeachtet ihrer angeborenen Anlagen und ihrer sozialen Erwerbungen.«[315] So steht der Strukturalismus einerseits für die Befreiung von teleologischen transzendentalen Instanzen. Andererseits ist der Strukturalismus in sich selbst teleologisch: indem er die Strukturen aus der Zeit herausschneidet, statisch macht und so die geschlossenen Systeme als unveränderbar darstellt. Deleuze erkennt, dass man nicht nur untersuchen muss, wie Strukturen im Raum verteilt sind, sondern auch, wie sie funktionieren und zum Funktionieren gebracht werden. Es genügt nicht, bestimmte Positionen zu räumen oder zu besetzen, sondern es geht darum, die Struktur selbst als veränderlich zu verstehen. Diese Ausrichtung ermöglicht es Deleuze, den Begriff der Virtualität als Steuerungsinstrument von Prozessen einzuführen. Wenn das »leere« Feld des offenen Prozesses anhand von Strukturen zu bespielen ist, dann ist das Feld nicht »wirklich« leer, sondern voller nahezu unendlicher Verschaltmöglichkeiten, Nachbarschaftsordnungen von Positionen, Strukturen, Elementen, die es, aus der Handlung heraus, zu aktualisieren gilt. Dieses Verfahren wird von Deleuze auch als Heterogenese beschrieben, als das kreative Hervorbringen von Differentem. Aus der Heterogenese geht Denken als darstellerischer und performativer Prozess (als »Theater« im Leibniz'schen Sinne[316]) hervor. Der Hub des Denkprozesses ist die Begriffsperson. Die Begriffsperson führt die unpersönliche Autogenese des Denkens mit der singulären Artikulation, der vektoriell-affizierenden, körperlichen Dynamik und der Frage der Wertbestimmung, Wertsetzung zu-

313 | Deleuze 1992b, S. 15.

314 | Lacan et al. 1991, S. 29.

315 | A.a.O., S. 17.

316 | Bredekamp 2004.

sammen. Wie bereits oben konstatiert: Das Subjekt ist kein festgeschriebener identitätsbezogener Zustand, sondern ein Subjektivierungsprozess, der sich an den Matrizes, Schichten der Fonds abarbeitet: »Ich bin nicht mehr ich, sondern eine Fähigkeit des Denkens sich zu sehen und sich quer zu einer Ebene zu entwickeln, die mich an mehreren Stellen durchquert [...]. Im [philosophischen] Aussageakt tut man nicht etwas, indem man es ausspricht, sondern man macht die Bewegung in dem man sie denkt, vermittels einer Begriffsperson [...]. Wer ist ich? Immer eine dritte Person.«[317]

Perzeption und Assoziation

Deleuze und Guattari trennen zwischen Kunstwerken, die auf die Wahrnehmung zielen, die das Affekt- und Perzeptionsvermögen stimulieren, und der Bewegung des Denkens, das eine fortlaufende Verschiebung erzeugt, um als Prozess die absoluten Territorien, Deterritorialisierungen und Reterritorialisierungen des Denkens zu manifestieren. In unserer Arbeit muss es jedoch darum gehen, die Denkbewegungen des künstlerischen Verfahrens offenzulegen, um die Gestaltung als Diagramm und Vektorfeld auch für zukünftiges Gestalten, quasi auch als qualifizierte Erfahrung in ein reflexives Handeln hinein sedimentieren zu lassen – also auch den gestalterischen Prozess als Heterogenese[318] archäologisch zu untersuchen. Ästhetik und Ethik verknüpfen sich hier im Versuch, die Kräfte, Motivationen, Bedingungen, Problemstellungen und Möglichkeiten im und als Recherchevorgang freizulegen – freizulegen, was als Verfahren von vitalem Interesse ist: Ereignisse, Virtualitäten, Aktualisierungen. So lässt sich das Verfahren des Gestaltens als Recherchevorgang beschreiben, der in einer Feldarbeit der Differenz ebenso nach Singularitäten, Ereignissen sucht wie nach den motivischen Entsprechungen, Varianzen wie Variationsstrukturen, Modulationen wie Modulationsregeln. Das kann auch geschehen, indem man selbst Ereignisse evoziert, um so ins Feld, in die Zeit zu kommen und aus diesem Prozess heraus Beobachtungen herzustellen, mögliche Ordnungen abzuleiten.

Textarbeit wird zum Katalysator neuer Denkbewegungen, der verzweigt, verschaltet, missversteht, scheitert und so weiter. Die Denkpläne, die sich als Diagramme äußern, können sowohl als strukturelle Explikation und abstraktes Modell dieser Bewegung angewendet werden als auch als Strukturbasis für

317 | Deleuze und Guattari 2000.

318 | Deleuze versteht Heterogenese als »eine Anordnung seiner Komponenten durch Nachbarschaftszonen.« (Deleuze und Guattari 1996, S. 27.) Als Kollektiv-Werden artikuliert sich Heterogenese in Form gesellschaftlicher Praxen und politische Interventionsprozesse, die in ihrer Vervielfältigung das gesellschaftliche Unbewußte sichtbar machen, strukturieren und instrumentalisieren.

Zukünftiges, Gegenläufiges. Michaela Ott spricht davon, dass dies die Art und Weise ist, wie Deleuze Denkpläne der ihn verfahrenstechnisch interessierenden Philosophen wie Hume, Kant, Nietzsche revirtualisiert.[319] Beispielhaft hierfür steht Deleuzes Untersuchung zu Kant, die vor allem auf das schematische Zusammenspiel der Kategorien Verstand, Vernunft und Urteilskraft abhebt. Deleuze beschreibt seine Kantstudie als »Buch über einen Feind [...], von dem ich zu zeigen versuche, wie es funktioniert.«[320]

Wie kommt Deleuze zur Betonung der Wahrnehmung und der Assoziation? In seiner Studie zu Hume[321] zeigt sich Deleuze vor allem von dessen Empirismus inspiriert: Der Geist ist nicht ein Gegebenes, sondern kommt durch naturgegebene Affekte und soziale Interaktion in die Welt. Ideen sind keine Formen, Ordnungen oder Objekte, allenfalls Schemata, Konstruktionsregeln, Strukturen. Mit Hume kritisiert Deleuze einen Idealismus der Repräsentation. Naturgesetze sind nicht gegeben, sondern entstehen mithilfe der Einbildungskraft, als mentale Konstruktion auf der Basis von Erfahrung. Das Denken kann nicht auf Ideen zurückgeführt werden, die sich vermeintlich im Verstand ansiedeln. Ideen haben keinen Ort, keine Zeit, sie stehen aber auch nicht außerhalb der Zeit, vielmehr erschienen sie als Schemata, Regeln, die aus den Assoziationen und Perzeptionen der Einbildungskraft in einer leeren Zeit hervorgehen. Perzeption wird von Hume definiert als grundlegendes Vermögen, das nicht nur den menschlichen Geist hervorbringt, sondern diesen auch, vermittels Erfahrung, über sich hinaus erweitern hilft. Dieses Wechselspiel von Konstitution und Erweiterung beschreibt Deleuze als zeitkontraktierende Bewegung. Perzeption wirkt wie eine fotografische Platte, die die Überlagerung koordiniert. Sie fotografiert das eine und hält währenddessen das Gewesene im Speicher fest. Zeitliche Kontraktion ist für Deleuze keine Aktivität des Geistes, keine Reflexion, sondern eine passive Synthese in der Zeit.[322] Perzeption ist eines Trägers ihrer Existenz überhaupt unbedürftig, sagt Deleuze, sie ist sozusagen der kleinste Teil, das Atom des Geistes.[323] Gemeinsam mit der Perzeption tritt die Frage nach der Assoziation, der Verknüpfungen von Perzeptionen als das Wesentliche des Empirismus auf den Plan: das Wesentliche, wovon das Wohl und Wehe der empiristischen Position abhängt, liegt nicht im Vorstellungsatomismus, sondern in der Assoziationslehre.[324] Auch hier soll über die philosophiegeschichtliche Definition hinausgegangen werden. In den Dialogen mit Claire Parnet sagt Deleuze 1977: »Ce n'est pas du tout la question ›est-ce que l'intelligible vient

319 | Ott 2005, S. 48.

320 | Deleuze 1993b, S. 15.

321 | Deleuze 1997.

322 | Vgl. Deleuze 1968, S. 99.

323 | Deleuze 1997, S. 105.

324 | A.a.O., S. 22.

du sensible?‹, mais une tout autre question, celles des relations.«[325] Für Deleuze steht außer Frage, dass sich die Ideen- oder Vorstellungsassoziation nicht auf die von der Philosophiegeschichte aufgestellten Dogmen reduzieren lässt. Bei Hume gibt es die Ideen oder Vorstellungen, dann die Relationen zwischen den Ideen, Relationen, die variieren können, ohne dass die Ideen selbst variieren, schließlich die Umstände, die Handlungen und Affekte, die die Relationen sich wandeln lassen. »Les relations sont au milieu, et existent commes telles. Cette extériorité des relations, ce n'est pas un principe, c'est une protestation vitale contre les principes. [...] Chez Hume, il y a les idées, et puis les relations entre ces idées, relations qui peuvent varier sans que les idées varient, et puis les circonstances, actions et passions, qui font les relations.«[326]

Man kann sagen, dass Deleuze die Konzepte von Hume hier diagrammatisch deutet: Ihm ist vor allem wichtig, wie die Assoziationen als strukturelles Schaltwerk der Verknüpfungen arbeiten. Auch in ihrer Zusammenarbeit berufen sich Deleuze und Guattari in ihrer Definition der Assoziation auf Hume. Dessen Beschreibung der Assoziation als unwillkürlichen und selbsttätigen Vorgang entwickeln Deleuze und Guattari in *Tausend Plateaus* vor allem in Richtung eines pragmatisch-politischen Werts weiter: Assoziationen sind keine aktuellen Verbindungen von Sinnesdaten, sondern virtuelle, sozusagen diagrammatische Verknüpfungen von Singularitäten und Vielheiten. Als passive Synthese sind Assoziationen weder auf Naturprinzipien wie Ähnlichkeit, Kausalität noch auf isolierte Vorstellungen zu reduzieren. Assoziationen vollziehen sich vielmehr als diagrammatische Verkettungen in einem strukturellen Milieu des Unbewussten. Als solche sind sie bereits Erfahrungen, jedoch passive. Dennoch ist diese Passivität produktiv, sie entspricht nur noch keiner gegenständlichen Erfahrung. Diese tritt erst in den Aktualisierungen, sozusagen als »Resultat«, ein. Das heterogenetische Dispositiv gliedert sich in drei Modi: erstens die Redefinition der passiven Synthese (Konnektion), zweitens das Werden als abstrakte Linie (Disjunktion) und drittens die logischen Operatoren, die die Synthesen vektorisieren (Konjunktion). Damit entwickelt Deleuze seine ganz spezifische Spielart des Empirismus, die der Konjunktion (*et*) und deren Synthese den Vorrang gegenüber der Kopula (*est*) gibt. Der metaphysischen Suche nach dem (intentionalen) Grund stellt er die verkettenden Vektoren des (relationalen) Und entgegen. Das Spiel der Verkettungen ist nicht nur auf die, oben beschriebenen, Territorialisierungsprozesse angewiesen, sondern auch mit Prozessen der Disjunktion, also der Teilung bzw. Abspaltung konfrontiert.[327]

---

325 | Deleuze und Parnet 1996, S. 69.

326 | Ebda., S. 69f.

327 | In Disjunktionsprozessen können sich auch Pseudo-Territorialisierungen äußern, die deshalb gefährlich sind, weil sie vermeintlichen Schutz vor Macht- und Gewal-

Subjektivierung und passive Synthese

Wie lässt sich nun die passive Synthese genauer bestimmen? Deleuze sagt, dass es keines vorgeschalteten Subjekts als Setzung bedarf, um Erfahrung in Gang zu setzen. Assoziation ist in diesem Zusammenhang ein Produkt, auf das sich Deleuze sozusagen beruft: Assoziation ist nicht vordergründig subjektiv, da wir sie »laufen lassen«, aber sie erzeugt bestimmte Resultate, auf die wir im Denken zurückgreifen. Deleuze fragt sich, wie das funktionieren kann und deutet den Vorgang vor allem als zeitbasiert: als durchgängige Zeitsynthese, als passive Subjektivierung ohne ein Subjekt, das a priori gegeben ist. Zeitsynthese der Assoziation ist wiederum diagrammatisch relational gedacht: Sie vollzieht sich gerade dadurch, dass sich Erfahrungsmomente von selbst verknüpfen und organisieren. Wenn Deleuze sagt, die Relationen seien ihren Gliedern äußerlich, so meint dies, dass hier zwar eine konstruktive Logik, eine Produktion von etwas entsteht, nämlich die Synthese als Assoziation. Aber die Assoziation ist nicht auf begriffliche Verstandesfunktionen zurückzuführen, sondern bleibt in ihren Elementen heterogen bzw. kontingent.

Das impliziert auch, dass sich die Assoziation, weil sie ja »nur« Verkettung ist, der Repräsentation entzieht. Anders gesagt: Sie wird nicht durch Erkenntnis gebremst, aufgehoben, kann nicht in einem Punkt der Transzendenz festgemacht werden. Was aber ist die Assoziation dann? Um zu zeigen, wie Assoziation Wert und Funktion entfaltet, greift Deleuze auf den Begriff der Struktur zurück, der hier wiederum einen zentralen Stellenwert bekommt. Die Assoziation trägt – so stellt sich das Deleuze vor – die Bestimmungen der Struktur, aber nur insofern sie die in ihr möglichen, »enthaltenen« Relationen als problematisches Feld oder Virtualität herstellt. Die singulären Punkte, die sie verschaltet, haben in sich erstmal keinen Wert, keine Form[328]: sie sind abstrakte Virtualitäten. Dennoch kommt ihnen eine Realität zu, denn sonst wären sie nicht verschaltbar. Sie besitzen sozusagen das Potenzial, das seinen Sinn jedoch erst gewinnt, wenn die Virtualitäten Nachbarschaften bilden, wenn sie via Assoziation einen konkreten Punkt in der differenzierten Topologie eines Diagramms erhalten. Die Struktur entwickelt aus ihrer Bewegung die eigene »Strukturierung« (im Gegensatz zu Giddens Struktuationstheorie, die von Struktur ausgeht, s. Kapitel 7.1.) als Prozess der Differenzierung und der daraus sich entfaltenden Aktualisierung als Wirklichkeit.

---

tausübung durch Territorialisierungsprozesse versprechen und so verkettende Energien lahmlegen, verhindern.

328 | Diese kleinsten strukturellen Einheiten tragen bei den strukturalistischen Denkern unterschiedliche Namen, z.B. »Phoneme« (Jakobson) oder »Mytheme« (Levi-Strauss) u.a.

Organisational hieße das: Die Mikrostrukturen, die sich der Repräsentation entziehen, unterliegen nicht nur genauso gesellschaftlichen Bedingungen und Erfahrungen wie bewusste Strukturen. Sie generieren auch Gesellschaft mit, ja bringen, auch wenn sie in sich selbst blind sind, die Organisation als Diagramm erst zum Funktionieren. Das Problem ist, dass Mikrostrukturen als Potenzialitäten, Virtualitäten ihre Aktualisierung vorzeichnen, sich aber im Moment der Aktualisierung dem Bewusstsein der Organisation entziehen. Sie stellen sozusagen ein implizites Wissen der Organisation dar, das sich weder in aktueller Repräsentation noch in repräsentationslogischer Transzendenz fassen lässt. Der Strukturalismus abstrahiert von der Zeit bzw. operiert mit Punkten, die außerhalb der Zeit stehen. Deleuze versucht nun, die strukturalistischen Verfahren der Verschaltung beizubehalten, aber, anhand der Zeitsynthese, die vom Strukturalismus negierte temporale Dimension wieder in das Verfahren einzuführen. Mit Assoziationen benennt Deleuze diejenigen beweglichen Zeitfaktoren, die es in die strukturale Logik zu integrieren gilt. Deleuze subsumiert sie unter dem Begriff der Wiederholung. Jedoch intendiert Deleuze hier keine Wiederholung, die von dem Subjekt hervorgeholt wird, um vergangene Sachverhalte zu reproduzieren, sondern eine »Wiederholung der Differenz«, die zum Grund der Bewegung selbst vorstößt: in die Tiefe des Unbewussten, das als Strukturiertes in Vergangenheit und Zukunft hineinragt, jedoch nicht aus einer »bewussten« Gegenwart heraus erfasst werden kann, sondern durch eine Art Affektion des Selbst hervorgerufen wird. Assoziation ist eine Weise des Zugangs zum Virtuellen, ohne dessen Zirkulation zu unterbrechen. Vielmehr verstärkt Assoziation die Wucherung der Strukturierungsvorgänge, schneidet ein in Problemstellungen, Schnittstellen der relationalen Gefüge.

Und hierin liegt die politische Dimension des Gedankens der Assoziation begründet. Die Assoziation erlaubt es, über gesellschaftlich Gegebenes hinauszugehen – nicht indem eine neue Form realisiert wird, sondern indem Strukturen, die virtuell vorliegen, in neue Handlungszusammenhänge gestellt werden. Es wird sozusagen nichts Neues geschaffen, sondern der Zugang zum Möglichen durch eine neue Denkungs- und Handlungsart erweitert (s. Kapitel 6.6.). Assoziationen kann man nicht »direkt« sehen, sie sind nicht empirisch nachweisbar. Aber ohne sie gäbe es keine Empirie als Affiziertsein, das über das Gegebene hinausweist: Assoziationen sind konstituierender Teil von Praxis, von Subjektivierung als performativer Prozess.

Leere Form der Zeit

Wir sagten, Deleuze führt die dem Strukturalismus verlorengegange Zeit wieder ein. Wie aber macht er das? Mit der »forme vide du temps.«[329] Die leere

329 | Deleuze 1968, S. 119.

Form der Zeit ist die entscheidende Weiterführung der Konzeption der Zeit und der der leeren Form durch Deleuze. Die leere Zeit wird nicht als losgelöst von der Bewegung verstanden, sondern als deren Fond, als Quasi-Grund. Die Zeit *out of joint*, die aus den Angeln gehobene Zeit, bedeutet die erste kantische Umkehrung: Sie ist die Bewegung, die sich der Zeit unterordnet.[330] Es ist dies der Gedanke einer doppelten Zeitlinie, *Chronos* und *Aion*, die als paradoxes Verhältnis die Konstitution der Subjekte erst ermöglicht: als zeitliche Synthese, in der sich Selbstreflexion und -Verortung als Wechselspiel von Vergangenheit und Zukunft, Gedächtnis und Erinnerung erweist. Wie Nietzsche sucht auch Deleuze nach dem Unzeitgemäßen, einer Form, die weder Ewigkeit (Absenz von Zeit) noch Unendlichkeit (die undefinierte Permanenz in der Zeit einer Natur oder Struktur) impliziert. Deleuze braucht, um dieses Unzeitgemäße zu beschreiben, einen dritten Begriff, der sich zwischen historischer Zeit und Ewigkeit ansiedelt. Diesen findet er im Äon: »Le temps sera clivé, dédoublé, entre Chronos, plan de l'histoire et du mélange physique des corps et Aiôn, plan des devenirs, des évènements et du sens, incorporels. […] [Si] Chronos n'a qu'un temps, le ›présent vivant‹.«[331]

Äon ist für Deleuze das Sinnbild der leeren Form der Zeit. Der Äon befasst sich nicht mit dem empirischen Inhalt der Zeit, mit dem Mobilen, Sukzessiven, Wandelnden, sondern, auf transzendentale Weise, mit der Form selbst, unter der sich Zeit produziert, und den a priori Determinationen bzw. Bedingungen der Zeit. Ähnlich Nietzsches ewiger Wiederkehr, erlaubt der Rückgriff auf Äon, sich von der Repräsentation der Zeit als Passage oder Wandel zu lösen, und stattdessen eine statische Synthese zu implementieren, sich sozusagen von einem teleologischen Werden zu befreien. Deleuze nennt diesen Vorgang auch die Ausbildung von Gewohnheit: »Es ist […] die Gewohnheit, die sich als Synthese erweist; und Gewohnheit ist gleichbedeutend mit Subjekt. Erinnerung ist die ehemalige Gegenwart, nicht die Vergangenheit. Der Zugang zur Zeit wird qualitativ: Vergangenheit ist dann nicht einfach ein strukturell fixierter Block als Gewesenes sondern wird frei für Interpretation, Deutung, Vektoriales: Nicht einfach was gewesen ist als Vergangenheit zu begreifen, sondern was nötigt, was wirkt, was drängt.«[332] Die leere Form der Zeit betrifft nicht mehr den empirischen Inhalt der Zeit, sondern als Werden, das die Vergangenheit als Gründung von Gegenwart und Zukunft begreift, die Form selbst, unter der sich die Zeit als Dauer produziert. Mit Kant denkt Deleuze die Zeit des Denkens selbst mit. Wie gesagt ist für Kant Synthese immer aktiv, ausgeführt von einem Subjekt, das seine Form schon hat. Geht es aber um den Vorgang der Subjektivierung, also des Erzeugens von Subjektivität in der Zeit, kann nicht mehr von

330 | Deleuze 2000, S. 42.

331 | Deleuze 1969, S. 13.

332 | Deleuze 1997, S. 115.

einem fixierten Subjekt ausgegangen werden. Deshalb ist auch der dem Subjekt vorgängigen passiven Synthese produktiver Charakter zuzusprechen. Wir wechseln dann vom Modus der Repräsentation zum Modus der Kontemplation, die, als sich selbst organisierender Prozess unbewusster passiver Synthesen, weder auf der Basis einer Initiative noch einer determinierten Fähigkeit als bewusste Operation agiert. Diese Konzeption lässt sich als Beginn eines Denkens ohne Bilder begreifen, eines Denkens, das sich von der Repräsentation befreit hat. Deleuze zieht in diesem Paradigmenwechsel den Vergleich zur Kunst: »La théorie de la pensée est comme la peinture, elle a besoin de cette révolution qui la fait passer de la représentation à l'art abstrait; tel est l'objet d'une théorie de la pensée sans image.«[333] Ein Bild eines Denkens ohne Bilder, eines immanenten Denkens, das noch nicht vorher weiß, was es denken wird, noch kein Bild von sich hat. Hier deutet sich bereits der Modus der »Blindheit« des Diagramms an.

Es eröffnet sich ein »Meer«, ein problematisches Feld, das durch die Erfahrung bespielt wird, nicht durch die bildliche Vorstellung, die wir von der Erfahrung haben. Während die Welt der Repräsentation auf der Konformität von Ding und Konzept ruht, sucht sich hier eine Welt Bahn, die aus Differenzen, Dynamiken, Potenzialitäten und Singularitäten besteht, aus denen sich Ideen als virtuelle Vielheiten aktualisieren, hervorgehen. Es geht dann nicht mehr darum, durch das »Erkennen« eines Objekts das Reale zu behaupten, sondern »in« das Reale einzusteigen als Lernen und Experimentieren, d.h. als Erfinden von Lösungen in Bezug auf Problemstellungen. Hier wird das diagrammatische Denken, als das Auffinden von Relationen und Beziehungsgefügen und deren Funktionen, wichtig: »Apprendre, c'est pénétrer dans l'universel des rapports qui constituent l'idée, et dans les singularités qui leur correspondent.«[334] Sich in den Prozess hineinzubegeben, lernen, im Meer zu schwimmen, heißt dann Verbindungsarbeit im Experimentellen: »Apprendre à nager, c'est conjuguer les points remarquables de notre corps avec les points singulier de l'idée objective, pour former un champ problématique.«[335] Der Zugang zum »wahren Leben« besteht für Deleuze nicht im Erkennen von Dingen. Es gibt keine Methode, die auf ein Ensemble von Regeln a priori ausgeweitet werden kann, sondern nur der Zugang durch die Öffnung für das Feld: »On ne sait jamais comment quelqu'un va apprendre.«[336] Erst durch einen radikalen Empirismus, der sich via blindem Diagramm durchs Feld bewegt, erhalten wir – so vermutet Deleuze – einen Zugang zu dem Grund, dem »fond dynamique«, der unterhalb der Repräsentationen und Konzepte agiert. Was man als haltlosen Relativismus bezeichnen könnte, ist in Wirklichkeit durchaus zugänglich für Kohärenz und

333 | Deleuze 1968, S. 354.
334 | A.a.O., S. 214.
335 | Ebda.
336 | A.a.O., S. 215.

Konstruktion: durch das Zusammenspiel von Struktur (virtuell) und Prozess (aktuell). Die Kategorie Intensität wird entscheidend: die Erforschung der positiven und realen Konditionen des Sinnlichen (Sensiblen). Diese sind außerhalb der Kategorien Zeit und Raum (die noch für Kant die Bedingungen a priori des Sinnlichen darstellen) zu suchen, jedoch innerhalb der Aktualisierung, als fundamentaler Akt, der die Differenzierung des Aktuellen differenziert (»différencie la différenciation de l'actuel«)[337] und der den Grund des Phänomens, die Bedingung seines Erscheinens bildet: »Tout phénomène trouve sa raison dans une différence d'intensité qui l'encadre.«[338] Mit der Intensität benennt Deleuze die ultimative Differenz: Sie gestaltet das Element, in dem die Prozesse stattfinden, die die dynamische, reale Materialität formen: »Tout phénomène trouve sa raison d'être dans l'intensité.«[339] Während für Kant das Diverse gegeben ist, sieht Deleuze Differenz als den Ort der Kreation.

Wenn das Sensible mit der Differenz verbunden wird, kann kein symmetrisches Verhältnis mehr zwischen Bedingendem und Bedingtem, zwischen dem Sinnlichen und der Konditionierung angenommen werden. Vielmehr entfaltet sich ein Prozess der Kreation von Neuem als das Kommunizieren zwischen zwei Ebenen, die sich in heterogenen Serien verschalten. Dieser Prozess ist tiefer als derjenige der Aktualisation oder Differenzierung, es ist der Ort, an dem die Intensität auf ihre Bedingung zurückgeführt wird: den Ort der Individuation. Deleuze beschreibt mit dem Begriff Individuation das Subjekt als Prozess. Individuation ist keine universelle Form, die in Kontakt zu den Polen der festen Ideen steht, sondern Prozess, der sich aus einem Reservoir von Virtualitäten speist, die aktualisiert werden: dynamische Realität statt fixe Form der Identität. Man könnte sagen, dass Individuation als Differenz aus dem Zusammenspiel der Ebenen Aktuell/Virtuell hervorgeht. Die aus den Materialien und Kräften (Vektoren) zusammengefügte Ebene der Erfahrung versammelt Ereignisse, in denen sich Prozesse der Individuation entwickeln, aus den Funktionen heraus: Das Material gibt den kontingenten Funktionen (des Objekts wie des Subjekts) ebenso einen Ort wie seinen aufgestellten Serien (Subjektilen), seinen Kartografien und seinen Notationen. Die Notationen stellen die Formen der Kräfte dar, die sie produzieren.

Ontologie der Dauer: Zwischen virtuell und aktuell

Grundlegend für Deleuzes Zeitverständnis ist seine Auseinandersetzung mit Henri Bergson. Zentral im Bergson'schen Denken steht der Begriff der Dauer. Darunter versteht Bergson nicht eine chronologische, messbare, in Intervallen

337 | A.a.O., S. 285.

338 | A.a.O., S. 329.

339 | Ebda.

aufteilbare Zeit, sondern ein qualitatives Momentum als unteilbares Strömen (*Flux*). Dauer – so schreibt Deleuze – wird zur veränderlichen Essenz der Dinge und avanciert zum Bezugspunkt einer komplexen Ontologie.[340] Die Dinge sind nicht mehr als Einheiten, sondern als Vielheiten zu denken: Subjekte pulsieren ohne Metrum in unterschiedliche Dimensionen der Dauer, Zeit emergiert als Vielheit, als Verschmelzung der Organisation, der Heterogenität, der qualitativen oder Wesensunterscheidung, als Vielheit, die virtuell und kontinuierlich ist.[341] Die vielschichtige und komplexe Dauer ist das Virtuelle, das sich aktualisiert und das von der Bewegung seiner Aktualisierung untrennbar ist. In der Qualifizierung von Zeit als Wesensmoment zwischen Aktualität und Virtualität erkennen wir, wie Deleuze in Bezug auf Bergson die Qualität der Zeit als Bedingung von Gewohnheit und Wiederholung ausdrückt: Aktualisierung vollzieht sich durch Differenzierung.[342] Vergangenheit wird nicht mehr als etwas gedacht, das es für etwas Neues abzuschütteln gilt, vielmehr ist Gegenwart nur aus der Vergangenheit als Möglichkeit zu verstehen: Vergangenheit ist nicht Resultat von Gegenwärtigem, sondern dessen Bedingung: Jede Gegenwart verweist auf sich selbst als Vergangenheit.[343] Das Gedächtnis ist weniger ein Vermögen, das Vergangene wieder hervorzuholen als eine Totalität des Realen dadurch, dass es sich unter der Form eines globalen Unbewussten konserviert. Deleuze radikalisiert diesen Gedanken, indem er sagt, die Realität als Ensemble finde sich wieder in der einer generellen Vergangenheit als »passé éternel et de tout temps«[344]. Dies führt ihn zu der These: »le passé, c'est l'ontologie pure.«[345] Der Tatbestand des Gedächtnisses erlaubt es sozusagen, in das Sein zu »springen«, und zwar über einen spezifischen Typus der Realität, den Deleuze mit Bergson einführt: Erinnerung, die keine materielle, sondern nur virtuelle Existenz besitzt.

Die Dauer ist das strukturierende Moment unserer konkreten Erfahrung von Zeit in der kontinuierlichen Dynamik der Zeitströme als Multiplizität. Dessen Organisation basiert auf einem immanenten Akt eines Gedächtnisses, das unsere Passage durch die Zeit sozusagen »notiert«. Die Dauer wird von Deleuze jedoch weniger psychologisch gedeutet. Vielmehr stellt sie ein Sprungbrett zu einer neuen Ontologie dar, die beweglich ist. Deleuze geht also noch einen Schritt weiter als Bergson und stellt die Dauer als eine Ebene der Realität vor. Die Dauer hat den Vorteil, kein abstraktes, universelles Prinzip zu sein, sondern sie agiert als variable, plastische Essenz der Dinge. Für das Subjekt kann die Dau-

340 | Deleuze und Weinmann 1989, S. 50.

341 | A.a.O., S. 54.

342 | A.a.O., S. 59.

343 | A.a.O., S. 79.

344 | Deleuze 1966, S. 51-52.

345 | Ebda.

er kein Ding sein, eher etwas, das das Subjekt konstituiert. So präsentiert sich die Dauer als Vielheit erster Ordnung: qualitativ, heterogen, irreduzibel wird sie erfahren und projiziert. Die Vielheit ist fundamental virtuell. Alle virtuellen Multiplizitäten haben für Deleuze ihr Modell in der Dauer. In ihr spielen zwei Pole: a) die Konservierung der Vergangenheit als öffnendes Moment und b) die Kreation als Produktion der Differenzen vermittels Aktualisierung, basierend auf einer Konzeption des Lebens als *Élan vital,* als Ausdruck von Wünschen, Bedürfnissen. Was wir weiter oben als das Aushalten, Entdecken, Zusammenbringen von Potenzialen beschrieben haben, findet bei Bergson seinen Ausdruck im *Élan vital.* Wenn das Gedächtnis als aktiver Speicher den Rahmen für die Vielheit und Virtualität gilt, der als Koexistenz differenter Schichten die Virtualität geordnet vorhält, so ist der *Élan vital* die Bewegung, die entlang von Differenzierungslinien das Virtuelle aktualisiert. Aktualisierung ist der Moment, wo der *Élan vital* ein Bewusstsein von sich gewinnt.[346] Das ist paradox: Der *Élan vital* bedient sich der Strukturen, die virtuell, unbewusst vorliegen und bringt sie ins Bewusstsein und zwar indem er neue Verbindungslinien herstellt. Die Bedingungen der Erfahrung wirken immanent, sozusagen unbewusst. Das Denken im Begriffspaar Aktuell-Virtuell soll die verborgenen Ereignis- und Zeitstrukturen zu problematisieren helfen, um zu zeigen, dass die Differenzresultate im Aktuellen ein nicht ausgeschöpftes Potenzial mit sich tragen.

Der Begriff des *Élan vital* soll es Deleuze erlauben, eine dynamische Analyse des Seins vorzunehmen. Deleuze zielt auf eine ontologische Strategie ab, an deren Ende die Denaturalisierung des Seins steht. Das Sein steht uns dann nicht mehr als abgeschlossenes Produkt gegenüber, sondern kann, unter Berücksichtigung des fundamentalen ontischen Produktionsprozesses, als Produziertes verstanden und analysiert werden. Mit dem *Élan vital* hatte Bergson eine vitale Tendenz des Lebens aufgezeigt, die sich in unterschiedliche Richtungen entwickeln kann. Deleuze erweitert die Argumentation, in dem er sagt, dass es im Prozess des Lebens eine vitale Differenz gibt. Die vitale Differenz artikuliert sich in einem Prozess der Differenzierung, die aus einer inneren Kraft heraustritt. Kraft gilt hier, analog dem Modell der Dauer, als Kreation von Differenz. Dem Prozess der Differenzierung gibt Deleuze den Namen »Aktualisierung«. Wenn das Leben kreiert wird, handelt es sich nicht um einen Vorgang, bei dem etwas realisiert wird, das vorher in Form eines Planes konzipiert wurde und vom Möglichen zum Realen fortschreitet. Vielmehr vollzieht sich hier ein Prozess der Transformation vom Virtuellen zum Aktuellen. Im Gegensatz zur Möglichkeit besitzt das Virtuelle Realität, wenngleich nicht auf der Ebene des Aktuellen. Es ist wichtig zu verstehen, dass Deleuze die Bewegung des Virtuellen an die Bewegung des Aktuellen koppelt. Jeder Prozess, jedes Ereignis produziert sich auf zwei Ebenen: einer aktuellen und einer virtuellen. Ein aktuelles Er-

346 | Deleuze und Weinmann 1989, S. 142.

eignis, das wir wahrnehmen, empirisch erfahren können, schlägt immer Wurzeln in einer anderen Ebene, der des Virtuellen. Virtuelles und Aktuelles stehen zueinander in Beziehung, können sich jedoch nie gleichen: eben weil der Akt der Kreation zwischen ihnen steht. Und darin liegt genau der Unterschied zur Realisation von etwas: Die Realisierung spricht immer von einem Gleichen, das es zu realisieren gilt. Das Reale wird beurteilt nach dem Bild der Möglichkeit, das es realisiert. Im Kontrast zu diesem Denken in Präformationen steht das Virtuelle, das im Modus der unendlichen Differentialität agiert und dessen Moment der Aktualisierung in Transformation und Metamorphose besteht. Wenn sich eine Möglichkeit zur Realisierung anbietet, wird sie selbst als Bild des Realen gedacht und das Reale als eine Ähnlichkeit des Möglichen. Hingegen ist die Bewegung vom Virtuellen zum Aktuellen immer durch Differenz geprägt. »Enfin, dans la mesure où le possible propose á la »réalisation«, il est lui-même conçu comme l'image du réel, et le réel, comme la ressemblance du possible. [...] Telle est la tare (Mangel) du possible, tare qui dénonce comme produit après-coup, fabriqué rétroactivement, lui-même à l'image de ce qui lui ressemble. Au contraire, l'actualisation du virtuel se fait toujours par différence, divergence ou différenciation. L'actualisation ne rompt pas moins avec la ressemblance comme processus qu'avec l'identité comme principe. Jamais les termes actuels ne ressemblent à la virtualité qu'ils actualisent.«[347]

Mit Bergson kritisiert Deleuze eine Möglichkeits-Teleologie des Noch-Nicht, die davon ausgeht, dass das Mögliche zuerst sei, wohingegen doch in Wahrheit erst im Nachhinein das Mögliche sich als möglich herausstellt. Wenn sich die Virtualität aktualisiert, differenziert und entwickelt, wenn sie ihre Teile aktualisiert und entwickelt, dann tut sie dies, indem sie divergenten Linien folgt, die jeweils einer ganz bestimmten Stufe in einer virtuellen Totalität entsprechen. Dort haben wir kein koexistierendes Ganzes mehr, lediglich Aktualisierungslinien, die teilweise aufeinander folgen, teilweise gleichzeitig sind, aber jedes Mal eine Aktualisierung des Ganzen in einer bestimmten Richtung verkörpern und sich nicht mit den anderen Linien und Richtungen verbinden.[348] Dem teleologischen Schema der Bedingung von Möglichkeit und Wirklichem setzt Deleuze somit ein genetisches Schema entgegen. Die Insistenz (Beharrlichkeit) des Virtuellen und die Existenz des Aktuellen bilden einen doppelten Modus des Seins. Dieser Modus agiert als kreative Differentiation ohne Nachahmung, das Aktuelle gleicht nicht dem Virtuellen, das es integriert. Ihr Zusammenspiel ruft eine Univozität des Seins – expressive Einheit des Vielstimmigen – hervor, die die linear-additive Konzeption einer limitierten realen Existenz des Möglichen ablöst. Im Überwinden eines Alles-oder-Nichts, eines Entweder-oder steht die

347 | Deleuze 1968, S. 273.

348 | Deleuze und Weinmann 1989, S. 126.

Korrespondenz des Ungleichen von Problem (virtuell) und Lösung (aktuell). Es entfaltet sich die Formel: Struktur = virtuell und Prozess = aktuell.

Wider die Repräsentation

Repräsentation im Sinne von Kant und Hegel heißt für Deleuze, dass das Denken unausweichlich transzendentale Illusionen absondert, die Identität produzieren. Repräsentation steht hier für ein zweiseitiges Modell: Auf der einen Seite projizieren sich die Charaktere der produzierten Instanzen auf die transzendentale Differenz, auf der anderen Seite die empirischen Resultate, die für das produzierende Prinzip stehen. Deleuze sieht hier einen Stau der Repräsentation im ontologischen Zirkel von Möglichem und Realem. Im Ensemble des repräsentationalen Denkens sieht sich der Dynamismus der Rahmung auf sonderbare Weise unterbrochen, in der Entwicklung blockiert und unter das Gegebene untergeordnet. Dies ohne zu berücksichtigen, dass das Gegebene immer aufgeworfen, entworfen, generiert werden muss. Der Prozess der Genese bleibt im repräsentationalen Denken ausgeklammert, seine Rahmung nicht berücksichtigt. Das Sein wird durch die Wiedererkennung stabilisiert, eine ontologische Intuition über die ontische Wiedererkennung, die einen Raum der Ordnung begründet. Deleuze sucht nun die Ordnung auf ihren Grund hin zu erforschen und archäologische Untersuchungen zur Transformation (*Flux*, Prozess) und Diagrammatik (Material-Vektoren) vorzuschlagen. Es entfaltet sich so eine kreative Differenzierung ohne Mimetismus, als additive Konzeption einer realen Existenz, die das Mögliche sozusagen limitiert. Die Genese des Aktuellen ist via individuierenden Dynamiken als Integration des Virtuellen zu bestimmen. »La représentation n'invoque pas moins l'identité du concept pour expliquer la répétition que pour comprendre la différence. La différence est représentée dans le concept identique, et par là réduite à une différence simplement conceptuelle. Au contraire la répétition est représentée hors du concept, mais toujours sous le présupposé d'un concept identique [...].«[349] Im Gitter der Repräsentation erscheint die Wiederholung nur unter einer negativen Konnotation, wie eine passive, die nicht synthetisch ist, also ohne Konzept, und die nichts von sich weiß. In diesem Konzept ist Wiederholung nur Reproduktion und nicht mehr Transformation, Kreation.

Gegen Kant und Hegel insistiert Deleuze darauf, dass die experimentell-empirische Sinnlichkeit in Form einer Selbstsetzung erfahren werden kann. Entscheidend ist, und darin liegt die Krux des Performativen als nicht repräsentationalem Vektor, dass mit Deleuze gesprochen das Sinnliche nicht Möglichkeit repräsentiert, sondern Wirklichkeit. Deleuzes Apologetik des Experimentalempirismus steht und fällt mit dieser nichtabbildhaften Form des Darstellens und

349 | Deleuze 1968, S. 346-347.

(An-)Ordnens: Es gilt die empirischen Mannigfaltigkeit anzuerkennen und als immanentes Potenzial nutzbar zu machen. Empirismus stellt dann eine eher experimentelle Form der permanenten Differenz und der Differenzierung dar. Das dazugehörige Verfahren lautet Diagrammatik: als angewandte Methode die Offenheit differenter Vielheiten, als offene Matrizes und Schemata verfügbar und verschaltbar zu machen. Diagrammatik wird zu einem empirisch-transzendentalen Differenzmuster, das Schemata anders als Kant nicht als Grund setzt, sondern das Schemata erstellt, Rahmungen der Schemata hinterfragt und in einer permanenten de- und reterritorialisierenden Bewegung verlaufenden Gegenwärtigkeit traditionelle Denkkategorien auseinandernimmt, geradezu die Wiederholung in der Differenz als Transformation erst ermöglicht. Das Sinnliche ruft die Unterscheidungen im performativen Verlauf hervor. »Das Sinnliche als die Wirklichkeit einer spezifischen Aktualisierung bleibt dem Begriff äußerlich; der Begriff bestimmt die Äquivalenz unter den Aktualisierungen (sie alle sind Aktualisierungen desselben Begriffs), das Sinnliche ist der Grund der Differenz.«[350]

Organisationale Subjektivierung

Rekapitulieren wir: Deleuze geht nicht mehr davon aus, dass es im Kant'schen Sinne eine Sicherheit der Korrelation zwischen Einheit der Subjektivität (verortet in und durch die transzendentale Apperzeption[351] des »Ich denke«) und objektiver Einheit (garantiert durch ein Objekt x) geben kann. Vielmehr zielt Deleuze auf ein experimentelles Verfahren der Subjektivierung, gegründet in einem multisensorischen Feld. Sein Empirismus sucht in der Bewegung zwischen dem Virtuellen und Aktuellen eine Ästhetik zu finden, die weder auf eine empirische Konditionierung der Dinge noch auf Überhöhung der Form eines

350 | Balke und Deleuze 1996, S. 35.

351 | »Das Bewußtsein seiner selbst, nach den Bestimmungen unseres Zustandes bei der inneren Wahrnehmung, ist bloß empirisch, jederzeit wandelbar, es kann kein stehendes oder bleibendes Selbst in diesem Flusse innerer Erscheinungen geben, und wird gewöhnlich der innere Sinn genannt oder die empirische Apperzeption. Das, was notwendig als numerisch identisch vorgestellt werden soll, kann nicht als ein solches durch empirische Data gedacht werden. Es muß eine Bedingung sein, die vor aller Erfahrung vorhergeht und diese selbst möglich macht, welche eine solche transzendentale Voraussetzung geltend machen soll. Nun können keine Erkenntnisse in uns stattfinden, keine Verknüpfung und Einheit derselben untereinander, ohne diejenige Einheit des Bewußtseins, welche vor allen Datis der Anschauung vorhergeht, und worauf in Beziehung alle Vorstellung von Gegenständen allein möglich ist. Dieses reine ursprüngliche, unwandelbare Bewußtsein will ich nun die transzendentale Apperzeption nennen.« Immanuel Kant, Kritik der reinen Vernunft, A 107

Subjekts oder Objekts auf dem Niveau des Virtuellen abhebt. Deleuze strebt einen Empirismus an, der sich auf der Ebene des Experiments ansiedelt, ein Experiment, das der Bewegung der Kreation folgt und sein Denken in der Erfahrung des Anderen gründet. Die Ebene der Erfahrung produziert Materialien, Kräfte, Vektoren, aus denen Subjektivierungsprozesse hervorgehen und die sich aus ihrem Funktionieren heraus ordnen. Das Material gibt den kontingenten Funktionen einen Ort, im Prozess der modulierenden Dauer und der Kartografien des Denkens, in denen Formen die Kräfte sind, aus denen sie hervorgehen.

Deleuzes Denkart kann uns einen Ausblick darauf geben, wie wir unsere Vorgehensweise, Projekte, Organisationen zu entwickeln, konzeptionalisieren können. Unsere Arbeit des Gestaltens besteht weniger darin, Neues zu schaffen, nach einem universellen Plan, der seinen Sinn durch absolute Ideen bekommt, sondern erweist sich dann als ein Denken der Relationalen Verschaltung von Linien, Zeichen, Intensitäten, Vektoren, Maschinen etc. Um die Bewegung des Organisationalen zu erfassen, brauchen wir eine Form des Beobachtens, die keine formellen Stanzen auf den Prozess projiziert und ihn dadurch unterbricht. Wenn es vor allem um die Beziehungen, um das Relationsgefüge geht, das seine Bedeutung aus seinem eigenen Prozess heraus heterogen produziert, dann ist die Konstruktion dieser Beziehungen nicht von einem transzendentalen Subjekt und von keinem Plan abhängig, der ihn »gestaltet«. Die Relationen erwachsen aus den vitalen, mithin unbewussten, Bewegungen der Organisation, denen wir in einer seismografischen Arbeit einer experimentellen Kartografie sozusagen nur diagrammatisch nahekommen können. Außerhalb eines Rahmens der Repräsentation stehend, der die Kreuzung eines »ich denke« und der Einheit des Objekts einführt, verlangt der Prozess der Subjektivierung durch passive Synthese nach neuen Modellen der Konzeption und Projektion. Während es Kant darauf ankam, für seine Analysen feste Objekte und ein bereits geformtes Bewusstsein zu setzen, sieht Deleuze Materie und Form nicht als gegeben an. Er forscht nach den Bedingungen der Fakultäten, nach der Reinheit der Formen selbst und fragt: Wie kann Kant die Reinheit der Formen voraussetzen, wie kann er auf die Untersuchung deren Gründung verzichten? Warum untersucht er nicht die Reinheit der Form selbst? Was bedeutet eigentlich Reinheit der Form?[352] Während Kant bei den Bedingungen (Gleichheit von Möglichkeit und Realität, Repräsentation) verharrt, will Deleuze diese Bedingungen nicht

352 | Deleuzes Kritik an Kant weist Ähnlichkeiten zu der des Philosophen, Theologen und Kant-Freundes Johan Georg Hamann auf. Hamann machte gegen Kant nicht nur die Relevanz von Sprache und Geschichte geltend, sondern auch den Widerspruch vom Begriff der Reinheit. Hamann warf Kant vor, in seiner Religionskritik mit dem reinen Vernunftskonzept selbst quasi-religiös zu denken. In seiner Kritik an Kants Idee eines erfahrungsunabhängigen Denkens profilierte Hamann seine theologische Position: in dieser gehören Kreatürlichkeit, Gebrechlichkeit, Unreinheit zum Denken als geistigem

nur hinterfragen, sondern auch mit dem intensiven Feld konfrontieren, das den Bedingungen unterliegt. Deleuze geht es somit darum, Aristoteles' teleologisch-ontologische Begründung der Reinheit der Formen in Zweifel zu ziehen und mit der Neubestimmung der Subjektivierung die Frage nach den Bedingungen der Möglichkeit von Erfahrung neu aufzurollen.

Wenn wir die immanenten Kräfte von Organisationen freilegen wollen, lässt sich die Quintessenz dessen folgendermaßen formulieren: wir versuchen, uns das Unbewusste der Organisation zugänglich zu machen. Damit übertragen wir Deleuzes Körper-Musik-Maschine-Diagramm-Denken auf die Organisation: Die Immanenz ist das Unbewusste selbst und die Eroberung des Unbewussten. Dann wäre der organisationale Raum keine Form bloßer Äußerlichkeit mehr, als eine Art Ausstellungsfläche für Zeit, Dauer und Handlung, sondern würde selbst zum kreativ Produzierten, wäre in den Relationen zwischen den Dingen, Nutzungen und Zeitdauern, fundiert. Deleuze akzeptiert das von Kant dargestellte Spiel der Vermögen nicht als naiv-harmonisches. Er will zeigen, dass dieses Zusammenspiel sich dissonant, konfliktuell zeigt und damit in seinen Grenzgängen als das am fruchtbarsten Seiende. Die Antriebe des Unterbewussten können, im Kontakt mit dem Kant'schen Erhabenen, genutzt werden, indem man den kategorischen Imperativ nicht auf die Unterwerfung unter die Herrschaft der Vernunft reduziert, sondern Verstand, Urteilskraft, Einbildungskraft mit in die schematische Formel des Imperativ einspeist. Ontologisch geht es Deleuze sozusagen um die Grundbedingungen überhaupt, den Imperativ eingehen zu können: frei zu sein. Allerdings – so zeigt der späte Foucault mit der Fundierung der Selbsttechnologie auf Kant (s. Kapitel 7.7.) – springt Deleuze hier in seinem antiautoritären Imperativ hinter seine eigenen Ansprüche der Klärung des Grundes zurück, denn er setzt einen Freiheitsbegriff voraus, der seinerseits wieder naiv-setzend ist. Als interessant erweist sich jedoch das Verfahren und dessen Dissonanz selbst: als der diskordante Einklang, der die Erweiterung des harmonischen Verhältnisses, der Ästhetik als fruchtbaren Generator des Spiels beschreibt. Aus ihm zeigt sich die Deleuze'sche Univozität des Seins als expressive Einheit des Vielstimmigen. So sind nach Deleuze musikalische Kompositionen Werke, die eine spezielle Zeit produzieren, die, wenn sie gelingen, auf die heterogene Bedingtheit von Zeit verweisen, auf deren Chance zur Multiplikation aus sich selbst heraus. Allerdings beschreibt Deleuze hier nur die Phänomenologie der Musik und mit ihr die Perzeption des Univoken. Als Verfahren der Heterogenese muss, um die Zeit wirklich mit der Synthese und der Produktion relational zu verknüpfen, der Begriff »Komposition« durch den der Improvisation ersetzt werden. Es eröffnet sich hier eine neue leere Form als Metaform oder Rahmung des Prozesses. Für Hume galt die Kausalsynthese

---

Dasein dazu. S. u.a.: Hamann, Johan Georg Metakritik über den Purismus der reinen Vernunft, 1784.

als leere Form des Gesetzes, für Kant die Begriffsynthese als leere Form des Begriffs. Nun führt Deleuze die Zeitsynthese als leere Form der Zeit ein, die, wenn wir sie organisational fassen wollen, zur improvisationalen Synthese weitergedreht werden kann, mit der Organisation als leerer Zeit-Metaform.

War die Orientierung im Denken bei Kant noch als harmonischer Zirkelschluss von Objekt und Subjekt und bei Hegel als unendliche Wirkung der Auto-Genese der Identität von Bewusstsein und Welt konzipiert, versucht Deleuze diese Orientierungsleistung als Ebene der Immanenz und Heterogenese, Kreation des Ungedachten darzustellen. Dies bedeutet jedoch nicht, Repräsentation oder Identität abzulehnen, sondern anders zu denken, und zwar als Ereignis: »L'évènement, c'est l'identité de la form et du vide.«[353] Die Ebene der Erfahrung wird aus den Materialien und Kräften (Vektoren) zusammengefügt, sie versammelt Ereignisse, aus denen sich ein Prozess der Individuation entwickelt, im Zusammenspiel der Funktionen: das Material gibt den kontingenten Funktionen (des Objekts wie des Subjekts) einen Ort, seinen aufgestellten Serien (Subjektile), den Kartografien des Denkens, in denen die Formen die Kräfte darstellen, die sie produzieren. Man kann von einem experimentellen Empirismus sprechen, von der Beschreibung einer sensiblen Transzendenz, von der Vereinigung von Transzendenz und Ästhetik im vagabundierenden Sein und dem Ritornell als ästhetisch-relationaler Praxis. Diese Praxis ist es, die als Improvisation bzw. als permanente Modulation den »Processus de subjectivation« steuern hilft und es ermöglicht, die Heterogenese gegen die Konditionierung abzusetzen. Damit kommt der Repräsentation eine neue Funktion zu: Wenn sich traditionell eine Möglichkeit zur Realisierung anbietet, gilt sie selbst als Bild des Realen und das Reale als eine Ähnlichkeit des Möglichen. Deleuze setzt gegen diese Dichotomie von Möglichkeit vs. Realität das Begriffspaar virtuell-aktuell. Die Bewegung vom Virtuellen zum Aktuellen ist jedoch immer durch Differenz geprägt. Dadurch wird es möglich, Differenz produktiv zu machen. Die freie Experimentation ist bei Deleuze immer ethisch intendiert: abstrakte Linien, Linien der Unterbrechung, molekulares Werden hervorrufend, schafft die Ethik als freie Experimentation eine Spur, ein Diagramm, zwischen der Seele und der Spontaneität der Praxis und ordnet so die Affekte als Affizierung. Auf der Ebene der Geschichte mag wenig passiert sein, aber alles hat sich verändert: auf der Ebene des Ereignisses. Das Ereignis eröffnet sich als Theater für plötzliche Verdichtungen, Fusionen, Zustandsänderungen der ausgebreiteten Schichten, Verteilungen und Neugestaltungen von Singularitäten.

Organisational muss es also darum gehen, das Unbewusste der Organisation immanent zu instrumentalisieren. Deleuze zeigt auf: Das Unbewusste ist nicht passiv, es ist voller affizierbarer Energie. Es denkt schon immer in uns, wir werden gedacht, wir laufen uns sozusagen voraus und versuchen, uns einzu-

353 | Deleuze 1969, S. 185.

holen. Und: Das Unbewusste, Körperliche bewegt sich strukturiert. Es ist daher unsere Aufgabe, auf einer Ebene zu agieren, die schon vorbewusst angelegt ist und auf der basal-vitale Prozesse und Formen der Synthese von Materie und Geist stattfinden. Das Unterbewusste stellt durch Hingabe, Kreation, Phantasmen, Rhythmen, Dauern Zeit her. Die Struktur ist die Schicht, das Stratum des Unterbewussten. Das Individuum ist das nicht Teilbare, das zum Zustand des Dividuums übergeht als das Teilbare, Geteilte. Die Teilung selbst besteht aus der Maschine, der Unterbrechung und der Verkoppelung. Wichtig bleibt: Mit Maschine ist kein mechanischer Vorgang gemeint, sondern der vitale Prozess als Modell der Verschaltung.

Leibniz sagt: Die Zeit ist unendlich. Der Mensch erweist sich als eine Minisynthese der Zeit: Wir leben umso intensiver, je mehr wir synthetisieren können. Aber wie geht das? Deleuze sagt: Indem man aktiv die Wiederholung betreibt, (Muster, Formeln, Schemata) und in die Differenz der Wiederholung hinein arbeitet, Wiederholung intensiviert und fragt. Warum wiederholen wir? Wir haben den Drang zu veräußern, um Neues hervorzubringen. De-Konstruktuieren in diesem Kontext heißt: Die Fundamente des Denken mit zu bedenken, infrage zu stellen. Aber auch: unbewusste Grundlegungen bewusst zu machen. Dies ist und bleibt ein unabschließbarer Prozess, denn: Das Unbewusste ist als Affekt, Antrieb, Vektor, Wunsch, Intensität ein Potenzial, das sich aus dem Quasi-Fundament als zyklischem Zeitprozess, der Verzeitigung und Differenzierung, speist. Das Wiederkehrende ist nicht von sich aus produktiv, es ist, via Spiel produktiv zu machen: Im Spiel schöpfen wir aus der zyklischen Zeit, um unser Vorgängiges einzuholen. Das führt zu einem Abstraktionsprozess, einer Art Ikonoklasmus der blinden Maschine: Der kreative Prozess soll soweit durchdrungen werden, bis er reine Abstraktion ist, um in konkrete Bewegung zu münden und aus ihr zu kommen, um improvisatorisch sein, mithin sich mit der Welt vermengen zu können. Die hierbei entstehenden Symbole, Diagramme sind Zeitbilder. Sie bilden Wirklichkeit nicht ab, sondern arbeiten als ein hypothetisches Annähern vermittels radikaler Entfigurierung bei gleichzeitiger Typologisierung in Serien, Katalogen und Indizes. Diese Serien zeigen, dass das Reale eine Versammlung darstellt, die a) neu rekonfiguriert werden kann und b) auf bereits geschehene heterogene Prozesse rekurriert, deren Material erst einmal undurchsichtig vorliegt. Dieses Material gilt es zu fragmentieren, um es sozusagen ordnen zu können, ohne diese Ordnung abschließend zu formieren (s. Kapitel 7.10.). Man könnte auch sagen, die Entfigurierung geschieht durch Übersteuerung des Diagramms – dessen Bildwerdung konstituiert sich performativ und ist auch performativ zu denken. Damit wird die ontologische Grundlegung von Deleuze deutlich: Es gibt keine platonischen »ewigen« Ideen oder Substanzen als feste Größe, sondern nur als Werdensprozesse. Genau deshalb müssen wir molekular an die Analyse herangehen, die Lupe anlegen, in der Zeit zoomen. Organisational gilt dann: Weder das Individuum oder das Subjekt noch die Organisation sind primär, sondern das Werden – das kehrt wieder. Die Lupenmethode besagt aber auch, dass alle Begriffsstrukturen molekularisiert werden können.

Herkömmlicherweise geht die Philosophie von einem Baummodell aus: Unten wächst die Wurzel (der »Grund«); darauf aufbauend fächert sich das Denken zu einem Stamm auf, fein säuberlich gegliedert. Deleuze hingegen spricht von einem »Geflecht« und vom »Synthesizer«: Alles muss in Resonanz, in Schwingung kommen, anklingen. Die transversalen Tiefenbohrungen der molekularen Analyse geraten in Resonanz mit dem diagrammatischen Feld, das sie durchqueren. Das heißt auch: Es gibt kein Fundament an sich, sondern die Wechselwirkung der Verzeitigungsprozesse. Wenn wir rhythmisieren, versuchen wir, diese Prozesse, die uns selbst immer vorläufig sind, einzufangen. Die Grundbewegung ist immer relational, etwas mit anderen verbunden, immer ist vieles gleichzeitig unterwegs. So kommt Deleuze darauf, das Denken als geologischen Prozess der Aneignung und Freilegung wiederzugeben: als Territorialisierung, Deterritorialisierung und Reterritorialisierung, die wie ein kollektives Gemurmel funktioniert, das sich spricht.

Wie Deleuze zeigt, meint das nicht, auf Pläne oder auf Gründung zu verzichten. Pläne werden jedoch nicht als formal abgeschlossen interpretiert, sondern als diagrammatische Folie: Wir legen Pläne an und eröffnen damit eine strukturelle und strukturierte Ebene über die Vielfalt, die wir zusammentragen. Denken ist dann nicht nur Reflexion über etwas, das es schon gibt, kein Erkennen bereits vorgängiger platonischer Ideen, sondern Reflexion und Produktion gehen in eins: Während wir zusammentragen, die Vielfalt als relationale Anordnung strukturell aufzeigen, produzieren wir auch neue Relationen, neue Anschlussstellen und Funktionen. Denken bedeutet in Schichten (Strata) sedimentieren: keine linearen Pläne und Abbilder, sondern das Durchdringen, um das, was da ist, zu aktivieren. *Organisational Design* muss dann *Redesign* werden (s. Kapitel 5.). Es geht nicht mehr um die neue Idee oder das bereits Vorkomponierte zu entdecken, sondern: alles ist bereits da, wir müssen es nur aktivieren. Die Leinwand ist voll! Genau deshalb bedeutet diagrammatisches Aufzeichnen auch eine Form des Wegnehmens, Freistellens, Entfigurierens. In dieser Molekularisierung, Differenzierung und seriellen Fragmentarisierung wird sichtbar, was bisher nicht sichtbar war: die Strukturen. Diese bestehen sowohl aus den Elementen wie aus den Relationen, aus denen Formen zusammengesetzt sind.

Es gibt also eine Art Metaebene: die Immanenzebene, aus der sich alles entfaltet. Oder: Alle Ebenen enthalten alle Ebenen. Man könnte auch von Kompositionsebenen sprechen, deren Kodierung improvisatorisch in der Konsistenzebene[354] neu verzweigt wird. Hierin liegt sozusagen das Diagrammatische:

---

354 | Konsistenzebene meint hier ein lokales Bündnis, das Akteure für eine abgegrenzte Zeit aufbauen, indem sie Verbindungen zueinander ziehen. Anders gesagt: durch Relationenbildung konstruieren Akteure die Konsistenzebene als temporäres Geflecht.

ordnen, wo gar nichts mehr codiert ist und es eine reine Materialität gibt. Das Diagramm ist die Korrekturgröße als Quasi-Grund, von dem her wir die Codierungen nur denken können. Das Diagrammatische fungiert als formlose Größe am Rande des Ausdrucks, des Inhalts – nur von ihr her können wir sprechen. Man könnte sagen: eine Organisationskultur entsteht durch die fortlaufende Gründung der Organisation und der Markierung als Grenze von Organisation, wobei die Nomadisierung (als deterritorialisierende Bewegung) der Kultur immer inhärent ist. Das Feste der Organisation verortet sich somit differenziert auf der Ebene der Improvisation: »sie ist diagrammatisch [...]. Sie wirkt durch Materie und nicht durch Substanz, durch Funktion und nicht durch Form.«[355]

Die Wiederkehr von Motiven ist hierbei die Methode, um mit Diagrammen die Bedingung von Möglichkeit zu denken, dasjenige, das angenommen werden muss, von dem aus man agiert, obwohl man es nicht sehen kann. Wenn wir improvisatorisch mit und ins Diagramm handeln, verfügen wir über kein Axiom, kein Fundament, sondern rekurrieren auf die performative Gründung: auf das Gegebene der Zeit im Umkreisen einer leeren Form. In diesem Kontext erweist sich Schrift nicht als Gegensatz zum Realen, sondern ist auf derselben Ebene angesiedelt. Schrift ist dann nicht repräsentativ abbildend oder beschreibend, sondern wirkt, als Notationsvorgang, selbst performativ und gründet sich immer diagrammatisch: als Einprägung in die Materie und Spur der Ereignisse. Durch die Dekonfigurierung der Schrift der Welt können wir uns dem Diagrammatischen nähern. Das Gelingen dessen geht immer mit einem Instrumentalisieren des Unterbewussten einher, das den differenziellen Umgang mit den Codes der Maschine ermöglicht. Die Maschine als Diagramm ist (als mediale Praxis) Mittel zum Zweck der Bewusstwerdung. Diagrammatisch denken heißt, etwas zu denken, was sich im Begriff des Sich-Abzeichnens befindet. Das Diagramm wirkt also nicht direkt, nicht eins zu eins, sondern transzendental empirisch als eine Grenze, die ich andenken kann und mit der ich auch Randerscheinungen einholen kann, die ich noch nicht kenne. Transformation bedeutet das Durchdringen und nicht Zwang zur Veränderung. Vor diesem Hintergrund wäre Organisation zu untersuchen als Immanenz der Kartierung. Nur von innen kommen wir an die performative Dimension der Organisation heran, an das Modell, die Weltsicht einer Formation als Organisation, deren diagrammatische Geschichten es erst noch zu erzählen gilt.

355 | Deleuze und Guattari 1980, S. 195.

7.9 GREGORY BATESON: METALERNEN UND IMPROVISATIONSTECHNOLOGIE

Ökologischer Wandel und Improvisation

Rekapitulieren wir: Improvisation erzeugt Struktur durch Handlung, gleichzeitig nutzt sie Strukturen einer Situation oder ihre potenzielle Strukturiertheit. Ganz ohne strukturelle Voraussetzungen kann eine Situation keine Bedeutung bekommen. Auf Lernen bezogen heißt dies: wir brauchen eine immanente Perspektive auf Situationen statt den Blick auf einen äußeren Lernkontext zu richten, bei dem ein wie auch immer vordefiniertes »richtiges Verhalten« im Vordergrund steht. Struktur ist nötig, aber Struktur allein genügt nicht. D.h auch: Teilnehmer der Improvisation müssen für die Erzeugung von Strukturen, für die strukturelle Differenzierung »bereit« sein. Diese Bereitschaft zeichnet sich energetisch in dem Sinn aus, dass sie im Vektorfeld der Situation eine Richtung erhält oder erzeugt. Um die Mehrdeutigkeit der Situation zu sichern, darf jedoch die Situation nicht strukturell durch Vektoren totalisiert werden. Bereitschaft ist weder Struktur noch Form. Was aber ist die Bereitschaft? Vielleicht lässt sich die Frage nach dem, was Bereitschaft bedeuten könnte, im Rückgriff auf die Konzeption des »ökologischen Wandels« klären, die Gregory Bateson unter dem Titel *The ecology of mind*[356] in den 1970er-Jahren entwickelte. Bateson definiert dort Bereitschaft »als ungebundene Potenzialität für Veränderung.«[357] Er merkt dazu an, dass die ungebundene Potenzialität nicht nur immer »richtig in einer strukturellen Matrix lokalisiert« sondern »ebenfalls zu jedem Zeitpunkt quantitativ begrenzt sein muss.«[358] Im Konnex von Improvisation wäre zu berücksichtigen, dass die Matrix im Plural auftritt und zwar in Form innerer Notationen, Diagramme, die die Individuen in Situationen mitbringen, während sie Situation erstellen und gegebenenfalls verknüpfen können. D.h. die quantitativen Begrenzungen von Struktur und Form liegen nicht immer »gegeben« vor, sondern konstituieren auch einen Teil des Metalernprozesses mit: als Fähigkeit, Potenzialität zu rahmen, einzugrenzen.

Wir können ökologischen Wandel und Improvisation so zusammenlesen, als wir sagen, dass Improvisation sich als die Fähigkeit zeigt, Potenzialität für Veränderung nutzbar zu machen. Wenn andersherum Organisationen keinen Zugang zu diesem Potenzial haben, wenn Mehrdeutigkeit durch Ordnung und Improvisation durch Routine ersetzt wird, nimmt ihre Befähigung zur differenzierten Wahrnehmung von und aktivem Umgang mit ökologischem Wandel ab. Organisationen, die sich wandeln wollen, tun gut daran, das Metalernen

356 | Bateson 1985

357 | A.a.O., S. 512.

358 | Ebda.

zu fördern und Improvisation zur Routine zu machen, sprich improvisationale Tätigkeiten und Denkweisen in alltägliche Aktivitäten einzuweben. Vermittels Improvisation bringt sich eine Organisation permanent auf den neusten Stand und ermöglicht so eine antizipatorische Haltung zum Wandel, ohne ihm ausgeliefert zu sein. Ein solches Bild von Organisation ist ein anderes als eines, das Organisationen als Gebilde interpretiert, die auf Veränderungen nur reagieren und Wandel so lange ausblenden, wie irgend möglich. Dieses Bild basiert darauf, zu ignorieren, dass Organisationen dauerhaft an der Gestaltung ihrer Umwelten partizipieren, ob sie es wollen oder nicht. Improvisation als Organisationsmodus erkennt diesen Fakt nicht nur an, sondern sucht aktiv das Spiel mit ihm. Das bedeutet, dass Improvisation Akteuren nicht weniger, sondern mehr an Verantwortung zuweist. Zu beachten gilt: Improvisation ist keine spezifische Reihe von Handlungen (Hegel), sondern spielt sich auf der Metaebene ab. Improvisation könnte somit gedeutet werden als eine Art und Weise, Handlung so zu organisieren, dass eine organisationale Situation ihr Potenzial voll entfalten kann.

Was meint der Begriff Ökologie im Kontext des ökologischen Wandels? Bateson unterscheidet zwischen zwei Arten der Ökologie. Erstens die Bioenergetik, als Ökonomie der Energie und der Materialien innerhalb eines materiellen Systems, zweitens die Ökonomie der Ideen. Die Einheiten der beiden Formen der Ökologie sind unterschiedlich begrenzt. Materielle Ökologie hat biologische Grenzen, begrenzte Rohstoffe etc. Ökologie der Ideen ist mit Organisation, Planung von Verläufen und Prozessen gefasst. Die daraus resultierenden Haushalte sind fraktionierend, nicht subtraktiv. Grenzen sind dazu da, um abgesonderte Möglichkeiten nicht aus- sondern einzuschließen. Die Ökologie der Ideen ist nicht auf Teilmengen reduzierbar, sondern besteht aus einer Totalität. Improvisation meint Anerkennung dieser Ökologie der Ideen. Improvisation akzeptiert Pluralität nicht nur, sondern fördert sie, weil sie nach Wegen der Kombination unterschiedlicher Ebenen des unbewussten und bewussten Geistes und deren Konzeptionalisierung sucht. Improvisation übt zu lernen und üben, in neuen Weisen zu verknüpfen. Improvisatorische Konzepte sind daher sehr gut in der Lage, mit statt gegen Komplexität zu arbeiten.

Grundlegend für eine Ökologie des Geistes ist es, Entwicklung nicht-teleologisch zu interpretieren, Abstand von Fortschrittsideologien zu nehmen wie auch reinen Pragmatismus zu überschreiten. Batesons negiert ein pragmatisches Weltbild, das davon ausgeht, dass sich nur solche Elemente durchsetzen, die sich am eigenen Überleben ausrichten. Umwelten sind zu gestalten und nicht zu überplanen, alles andere führt zur Destruktion. Bateson zufolge laufen Elemente, die ihren Raum zumachen, sich homogenisieren, Gefahr, sich selbt zu zerstören. Ökologischer Wandel zielt deshalb auf maximale Heterogenität, deren genetische Beschaffenheit variiert und die eine Bereitschaft für Veränderung mitbringt. Heterogenität erweist sich als »die halbe Miete« zum konstruktiven Umgang mit Unordnung. Das Anerkennen der Tatsache, dass Umgebungen heterogen und komplex sind, hindert nicht, sondern trägt zum Gelingen von Situationen bei.

Zwischen Stabilität und Flexibilität – Pragmatismus zweiter Ordnung

Da der Terminus »Ökologie« meist einen biologistischen Beigeschmack aufweist, könnte in diesem Kontext der Eindruck entstehen, Improvisation sei nur Anpassungsleistung im Sinne von Mittel und Zweck. Margret Mead[359] hat einen gegenteiligen Ansatz vorgeschlagen, der dem Ansatz der Improvisation als soziales Metalernen eher entsprechen könnte. Sie schlägt vor, den Weg eines simplen Instrumentalismus von Zweck-Mittel-Relationen zu verlassen und sich stärker um Richtungen (Vektoren) und Werte ebenso zu kümmern wie darum, aufzuzeigen, durch welche Verfahren diese hergestellt werden. Basierend auf der Untersuchung unterschiedlicher Kulturen stellt Mead fest, dass es im Sinne ökologischen Wandels wichtiger ist, auf Kontexte zu rekurrieren, als ein geplantes Ziel zu verfolgen und dadurch den Horizont einzuengen. Mead spricht nicht auf der ersten Ebene über Mittel und Zweck, sondern reflektiert über die Art und Weise, wie über Zwecke und Mittel nachgedacht, Ideen Wert beigemessen wird. Man könnte hier von einem Pragmatismus zweiter Ordnung sprechen.

Ökologischer Wandel als Improvisation wäre somit als die Fähigkeit zu bezeichnen, mittels Gestaltung Veränderung zu entdecken und zu produzieren. Improvisationstechnologie ist die Kunst, sich eine hinreichende Anzahl von neuartigen Handlungsvarianten oder Handlungsverknüpfungen aufzubewahren oder zu generieren, um Veränderung zu deuten und diese mitzugestalten. Flexibilität allein stellt sich als nicht hinreichend heraus, weil »sich die Organisation kein Gefühl der Einheit und Kontinuität im Zeitverlauf bewahren kann.«[360] Zwanghafte Flexibilität ist ohne Orientierung und stört Identität bzw. Form. Stabilität und Routinen stellen ein probates Mittel dar, um Organisationen in der Spur zu halten. Allerdings weist Stabilität in extrem kontingenten Umgebungen dann Dysfunktionen auf, wenn Veränderungen weder gestaltet noch entdeckt oder gar verschleiert werden.

Improvisation zeichnet sich durch die Kunst aus, auf der Grenze dieser Antinomien zu agieren und deren Grenzen zu thematisieren. Dies ist deshalb entscheidend, weil gerade an dieser Grenze die Verschiebung zur Transformation stattfindet. Das heißt, dass Improvisation nicht auf der Basis eines Kompromisses zwischen den Formen beruht. Kompromissformeln haben die Tendenz, die Erinnerung zu dominieren und Differenz zu minimieren. Wird

359 | Siehe u.a.: Mead 1964.

360 | Weick 1985, S. 307.

Kompromiss als Konsens zum leitenden Prinzip, schwindet die politische Arena, entscheidende Samples bzw. Rohmaterialien (s. Kapitel 7.10.) stehen nicht zu Verfügung, weil nur Oberflächliches gespeichert wurde. Konflikte sollten nicht durch Konsens überdeckt, sondern Lösungswege so entwickelt werden, dass »die in dem Konflikt ausgerückten Polaritäten erhalten statt zerstört werden.«[361] Zielkonsens ist keine Bedingung des konstruktiven Umgangs mit Unordnung. Zwar wird oft behauptet, Gruppen würden sich nur im Hinblick auf die Verwirklichung von vorgefertigten Zielen organisieren. Improvisation dreht jedoch den Verlauf um: Sie verwendet einen offenen, zu interpretierenden Zielhorizont und erkennt damit an, dass eine in Handlungstheorien immer wieder beschworene Zielgerichtetheit des Handelns (s. Kapitel 2. und 3.) sich in permanent ändernden Situationen nur selten als zielführend erweist.

Bateson definiert Flexibilität als »ungebundene Potentialität für Veränderung.«[362] Aber Ungebundenheit reicht nicht aus; wir sehen, dass die Potenzialität in eine Kultur eingebettet sein muss. Dabei geht es sowohl um die Werte und Tendenzen einzelner Variablen (Strukturen) als auch der Relation zwischen diesen Tendenzen und der ökologischen Flexibilität (Vektorfeld). Improvisation bedeutet im ökologischen Sinn, Reservoirs an ungebundener und semi-gebundener Flexibilität zu schaffen. Wobei mitgedacht sei, dass Organisationen dazu neigen, Flexibilität als Ressource eher zu verbrauchen als zu erzeugen. Es ist deutlich, dass Organisationen zur Ausbildung von Routinen tendieren. Das heißt, dass sie dazu neigen, Variablen zu verfestigen und, meist als Reaktion auf Belastungen und Probleme, Flexibilität abzunutzen. Sind Routinen deshalb unnötig? Nein. Routinen werden gebraucht, allein der Umgang mit ihnen ist entscheidend. Das impliziert auch, sich darüber bewusst zu werden, wie Ordnungen als Routinen in Gesellschaft hinein diffundieren und dazu neigen, als prästabilisiert interpretiert zu werden.

Im Unterschied zum neoliberalen Konzept, alle auf einmal ins ungebunden-flexible Territorium des freien Marktes zu schicken, der so frei gar nicht ist, gehen wir davon aus, das Flexibilität mit Fähigkeiten der Organisation gekoppelt sein muss, um das Level der Improvisation zu erlangen. Das Erlernen von Improvisation kann nicht ohne Sicherheitsrahmen funktionieren. Hier hilft der Vergleich mit einem Akrobaten, der übt, und dabei mit einem Netz agiert. Dieser Akrobat hat ein Wesentliches: die Freiheit, Fehler zu machen. Auf Organisationen transferiert bedeutet dies: Ohne die Freiheit, Fehler zu machen, ist ökologischer Wandel nicht zu haben.

361 | A.a.O., S. 314.

362 | Bateson 1985, S. 638.

Ökologischer Wandel und Planung

Gemeinhin wird angenommen, dass Unordnung Organisation unmöglich mache und Organisation dazu da sei, Unordnung zu beseitigen. Hier liegt jedoch ein Widerspruch vor, der auch in Planung von Organisationen oft eine Rolle spielt. Planung geht davon aus, dass Unordnung sich in einem neutralen Raum abspielt und via Überlagerung durch einen Plan beseitigt werden kann. Es wird jedoch immer deutlicher, dass heute solche Überlagerungen nicht mehr funktionieren. In dem Überschreiben von Unordnung bleiben Probleme eher bestehen oder nehmen an Schwere zu. Es gälte dann, im Sinne der Improvisation, anders herum zu denken: Wenn Unordnung nicht nur überschrieben, sondern registriert werden soll, hat das zur Folge, dass die Prozesse der Planung selbst unordentlich werden. Wenn Unordnung nicht registriert wird, kann man nichts mit ihr anfangen, das Potenzial der Situation bleibt unausgeschöpft. Anders gesagt: Durch eine Form der organisierten Gestaltung von Unordnung und der Erhaltung von Ambivalenz können mehr Handlungsoptionen geschaffen werden.

Ökologische Planung hat sich also um die Ökologie von Ordnung und Unordnung zu kümmern. Situativ ist zu erkennen, welche Variablen statisch bleiben sollen und welche transformiert werden können. In diesem Kontext macht es keinen Sinn mehr, zwischen Ideen und Handlungen zu trennen. Bateson geht davon aus, dass Ideen z.T. implizit, z.T. »explizit in den Handlungen und Interaktionen von Personen gegenwärtig« sind.[363] Ökologisch betrachtet, kommen wir zu dem Ergebnis, dass Systeme wie Organisationen vor allem einen Pragmatismus der ersten Ordnung verfolgen. D.h. in ihrer Routinenbildung lassen sie diejenigen Ideen überleben, die bei wiederholter Anwendung funktionieren. »Die Häufigkeit der Verwendung wird zu einer Determinante des Überlebens in der Ökologie der Ideen.«[364] Ich spreche hier deshalb von Pragmatismus erster Ordnung, weil die Routinenbildung dazu dient, die zweite Ordnung auszublenden, also Ideen, die mehrmals funktionieren, dem aufwendigen Bereich der Kritik und Reflexion zu entziehen und damit zu verfestigen. Ideen stellen sich dann – so Bateson – als »hart programmiert«[365] heraus. Wir können sagen, dass Ideen in diesem Fall auf der Kategorienebene des Dauerhaften abgelegt werden und damit den politischen Prozess der Auseinandersetzung verlassen. Diese Ideen werden nichts mehr zur Veränderung beitragen können.

Was hat das mit Improvisation zu tun? Laut Bateson muss man, um die Flexibilität hart programmierter Variablen zu erhalten, Flexibilität üben. Impro-

363 | Bateson 1985, S. 640.

364 | A.a.O., S. 643.

365 | Ebda.

visation ist genau die Technologie, die Menschen dazu ermuntert, statische Variablen einer Kritik zu unterziehen. So könnte der Begriff der Kant'schen Mündigkeit zeitgenössische Wirkung entfalten: Freiheit kennenzulernen und sie gebrauchen. Das wird ohne Übung, und zwar auch eine Übung der Metaebene als Ausbildung eines Verhältnisses zu sich selbst, nicht zu haben sein. Denn wir sind selbst immer Teil des organisationalen Raumes für den wir planen, weil wir ihn mit produzieren. Wenn wir also im Rahmen der Improvisation von Pragmatismus zweiter Ordnung sprechen, so ist dies ein Pragmatismus, der Fragen stellt, der Lernen von Lernen anregt und kein Pragmatismus, der Pläne ökologischen Ideen vorzieht. Nachhaltigkeit ist nicht durch einen Pragmatismus oberflächlicher Probelmlösungsangebote zu erreichen.

Karte vs. Territorium oder: Vom Unterschied

In der Organisation von Organisation als Handlungsverlauf werden Unterschiede gemacht: verschiedene Objekte und Prozesse herausgefiltert, in denen sowohl Kausalstrukturen als auch Interessen wirken. Was aber ist ein Unterschied?

Treten wir zur Erhellung dieser Frage noch einen Schritt zurück: Weick sagt, die Karte ist das Territorium.[366] Korzybiski sagt, die Karte ist nicht das Territorium.[367] Bateson hingegen fragt: »Was vom Territorium gelangt in die Karte?«[368] Was in die Karte gelangt, sind die Unterschiede, in Volumen, Höhe, Demografie. Ein Unterschied ist eine abstrakte Einheit. Diese ist weder Ereignis noch Objekt. Unterschiede bestehen zwischen Objekten und Ereignissen. Aber: Unterschiede sind weder der Raum zwischen den Objekten noch die Zeit zwischen Ereignissen[369]. Ein Unterschied ist etwas, das zum Vektorfeld der Beziehungen, Regelungen, Energien hinzukommt. Bateson geht nun davon aus, dass man, wenn man sich mit Organisation beschäftigt, nicht mehr mit Energien, sondern nur noch mit Unterschieden zu tun hat. Das scheint mir, zumindest im Hinblick auf improvisierende Organisationen, nicht richtig zu sein. Dies deshalb, weil Unterscheidung ein Vorgang ist, der performativ-reflexiv hergestellt werden muss. Es stimmt, dass ein Unterschied auch durch eine *Void,* eine Unterlassung, also dasjenige, was nicht gemacht wird, hervorgebracht wird. Das heißt aber, dass erst eine Lücke *als Teil eines Prozesses* entstehen muss, um Wirkung zu erlangen. Also steht auch der Unterschied ex negativo in einem performativen Vektorenzusammenhang. Außerdem muss es in Organisationen Menschen geben, die die Lücke interpretieren – auch das ist eine Energieleis-

366 | Weick 2001c, S. 346.

367 | Siehe Bateson 1985, S. 577.

368 | A.a.O., S. 580.

369 | Unterschiede durch Zeit werden Transformation genannt.

tung. Kurzum: Nur in kontextuellen Feldern können Unterscheidungen Wirkungen hervorbringen.

Objekte, Situationen verfügen über eine unendliche Zahl an Unterschieden. Unsere reflexive Urteilskraft ist es, die aus dieser Unendlichkeit eine begrenzte Anzahl auswählt. Diese Auswahl bezeichnet Bateson als Information. Information ist Metadifferenz: ein Unterschied, der einen Unterschied ausmacht. Unterschiede in improvisatorischen Situationen können dadurch entstehen, dass Prozesse kontinuierlich transformiert und durch das Vektorfeld mit Energie versorgt werden. Improvisatoren sind darauf vorbereitet, Situationen zu differenzieren, Matrizes abzuscannen und dadurch eine Situation plastisch zu machen, den Raum zu öffnen und die Karte mit dem Territorium zu verknüpfen.

Was ist dann Territorium und was Karte? Das Territorium könnte nach Bateson als das Ding an sich bezeichnet werden, die Welt als Tatsache. Aber mit dieser Tatsache lässt sich nichts tun. Der Prozess der Handlungen und Reflexionen ist ein Filtervorgang, der Karten erzeugt und mit Karten arbeitet, um Tatsachen konstruktiv einsetzen zu können. Der geistige Prozess besteht aus Diagrammen, Notationen, d.h. aus »Karten von Karten ad infinitum«[370]. Handlungen basieren auf der Umwandlung von Rohmaterial durch Einfügen von Unterschieden. Wobei Handlungen wiederum nicht isoliert existieren, sondern Daten erzeugen, die als Umwandlungen der Aktion wirken. Mit Kant können wir sagen, dass Formen, als Unterschiede, der Welt durch uns per Urteilskraft beigelegt werden. Die Natur weiß nichts vom Unterschied. Urteilskraft ist die Kunst der Menschen, Unterschiede einzuführen. Naturgesetze stellen keine von Natur aus notwendige, universelle, ausnahmslos gültige Wahrheit dar. Sie werden von uns, als Strukturen und Formen, der Natur zugefügt. Dieser Tatbestand ist nicht unerheblich; er fordert, dass wir erweiterte Begriffe von Struktur und Form brauchen, die, im Bezug auf die Nutzungen (Funktionen), unterschiedliche Grade von Kontingenz und Stabilität zulassen.

Reihen von Handlungen und Ereignissen werden weitergeführt, andere neu begonnen. Das Vektorfeld speist die Handlungen mit Energie und Koordination. Dabei lässt sich Improvisation nicht auf ein mechanisches Zusammenspiel reduzieren, sondern setzt Handlung und Reflexion in eins. Das Erzeugen von und das Spiel mit den Unterschieden ist selbst Unterschieden unterworfen. Es gilt auch Unterschiede zu klassifizieren und zu differenzieren. Gestaltung könnte man folglich denjenigen Prozess nennen, der Beziehungen von Unterschieden gestaltet und der die Transformation begleitet, die als Bewegung zwischen Unterschieden des Territoriums und Unterschieden der Karte entstehen.

370 | Bateson 1985, S. 584.

Komplexität und Darstellung

Wir haben gesagt, dass heutige Organisationen neue Formen der Komplexität erzeugen. Komplexität als Unordentliches, Kontingentes ist nicht durch Pläne zu bewältigen. Vielmehr erfordert das Organisieren aktuell eine neue Art des Verstehens und Deutens. Sie verlangt, dass man situationsspezifisch analysiert, in welch vielfältiger Weise Kontexte dazu beitragen, Prozesse zu prägen. Geschichtliche Verläufe schaffen im Zusammenwirken mit plötzlichen Ereignissen tatsächliche Formen und Verhaltensweisen. Eine Erkenntnistheorie, die sich auf einen externen Raum der Vernunft beruft, müsste erweitert werden, um ein Modell einer angewandten Theorie, die sich um die Formen der performativen wie improvisatorischen Produktion von Organisation bemüht, und Theorie als Teil des Aneignungsprozesses begreift. Das hieße, unterschiedliche Erklärungen und Modelle auf vielen Analyseebenen zuzulassen und den Erwartungshorizont, es müsse auf der untersten Ebene eine einzige, reduktive Erklärung geben, als zu klein einzuordnen.

Ein situativer Pragmatismus 2ter Ordnung erkennt an, dass es multiple Wege gibt, um das Wesen von Situationen zu beschreiben. Es gilt verschiedene Grade der Verallgemeinerung und verschiedene Abstraktionsebenen als Matrix miteinander zu verschalten. Es geht dann nicht nur darum, welche Darstellung am besten »funktioniert«, sondern auch darum, wie die Darstellung überhaupt gestaltet wird. Dies in dem Bewusstsein, dass Darstellungsmodi von dem vektoriellen Feld von Situationen, also von den Interessen und Fähigkeiten der Teilnehmenden abhängen. Wenn wir improvisatorisch vorgehen, müssen wir Positionen kreieren, möglicherweise auch spontan neue Reihen von Handlungen beginnen. Aber wir tun dies in dem Wissen, dass es sich dabei um einen dynamischen, ideen- und handlungsökologisch geprägten Prozess handelt und die Rückkopplung unserer Kenntnisse über ihn.

Darstellungen im Kontext ökologischen Wandels können nicht auf Allgemeingültigkeit rekurrieren. Sie wirken auf Situationen bezogen, partiell, idealisiert und abstrakt. Die Eigenschaften nicht-universeller Darstellungen funktionieren nur dann, wenn anerkannt ist, dass die Vollständigkeit jeder einzelnen Darstellung Grenzen hat bzw. von anderen Organisationsmitgliedern weitergedacht werden muss. Auf welches Material aber greifen nicht-universelle Darstellungen zu? Die aus einer bestimmten Darstellung sprechenden Muster, Standards, entwickeln sich aus einer Gemengelage von Maßstäben für vorausschauende Nutzung, Heterogenität und Bedeutung. Nutzung, Heterogenität und Bedeutung stellen jene Kriterien dar, die wir in Karten anwenden, um zu verstehen, zu antizipieren und intersubjektiv zu handeln. Universalität liegt hier also nicht auf der Objekt- sondern auf der Relations- bzw. Strukturebene vor. Statt Erklärungen auf physikalische Grundelemente zu reduzieren, gilt es Erklärungen zu entwickeln, die höhere Organisationsebenen beschreiben, die sich erst aus den komplexen Wechselbeziehungen entfalten. Ob eine bestimmte Darstellung als diejenige anerkannt wird, die wir bei Untersuchungen oder Handlungen anwenden, ist mit von pragmatischen Interessen (Vektoren) abhängig, jedoch nicht auf diese reduzierbar. Richtig ist, dass wir Ziele haben, die wir durch die Anwendung von bestimmten Darstellungen erreichen wollen. Es gilt jedoch zu bedenken, dass Ziele sich mit den Darstellungen ändern können. Improvisation fordert, keine Reduktion auf die grundlegende materielle Beschreibung vorzunehmen sondern offenzulassen, welche Abstraktionsebenen zur Anwendung kommen.

Lernendes Lernen

In Bezugnahme auf Bateson verstehen wir Improvisation als handlungsorientiertes Meta- oder »Deutero-Lernen«[371], das ein dynamisches, sich weiterentwickelndes Wissen an die Stelle statischer universeller Formen setzt. Die Spontaneität des Menschen ist dazu in der Lage, neue Kausalstrukturen zu schaffen; ein Umstand, den Hannah Arendt als wesentlich für den Raum der Politik erachtet hat. Ökologische Wandlungen, die aus produktions-, also handlungsorientierten Verfahren erwachsen, fördern Improvisation und umgekehrt. Improvisation ist ein Handlungsverfahren, das auf Transformationsfähigkeit abzielt. Wie wir bereits gesehen haben, setzt Transformationsfähigkeit voraus, dass mit strukturellem Minimalismus gearbeitet wird. Interessant ist, dass im Kontext ökologischen Wandels minimale Strukturen (die im Sinne von March und Olsen[372] als lose gekoppelt bezeichnet werden können), eine hohe Plastizität im Handlungsverlauf erzeugen. Das mag daran liegen, dass sich die Teilnehmer nicht auf Ordnungen zurückziehen können, sondern immer aktiv an der Verhandlung über und an der Schaffung von Ordnungen beteiligt sein müssen. McAdams hat solche Formen ökologischer Wandlungen in sozialen Kontexten beschrieben. Er beobachtet »eine Fähigkeit des sozialen Systems, rasche Verschiebungen vorzunehmen, um mit unvorhergesehenen Bedingungen fertig zu werden.«[373] Situationen des ökologischen Wandels, als die wir Improvisation begreifen können, fördern strukturelle Beweglichkeit und Ambiguität, »welche die Koexistenz von alternativen, ja gegensätzlichen Anpassungsstrategien erlauben.«[374]

Wie auch immer improvisiert wird – ob zieloffen experimentell, ob fehlerhafte Handlungen implementiert, Lösungen erfunden werden, statt sie zu übernehmen, Argumentation gefördert wird – Improvisation kann nur fortbe-

---

371 | A.a.O., S. 219ff.

372 | March und Olsen 1975.

373 | Zitiert nach Weick 1985, S. 264.

374 | Ebda.

stehen, wenn sie die Heterogenität ihrer Bedingungen fördert. Improvisation kultiviert Heterogenität durch Üben, Gestalten und Urteilen, sie fördert ökologischen Wandel des Organisierens und umgekehrt fördert ökologischer Wandel Improvisation. Auf Grund der fehlenden Allgemeingültigkeit im Objektbereich erweisen sich Improvisationen als schwierig zu kategorisieren. Es verursacht zusätzliche Unstabilität, wenn Organisationsmitglieder dazu tendieren, Organisation auf Objektebene zu betrachten, d.h. so als läge Organisation, von Reflexion unabhängig, geordnet als Form vor. Paradoxalerweise gehört es zum ontologischen Bestand von Organsation, eine Tendenz zur eigenen Naturalisierung hervorzurufen, und zwar deshalb, weil sie als Struktur ja geradezu zur Implementierung eines Glaubens an vorgängige Ordnungen erfunden wurde.

Wissen über neue Kausalstrukturen entwickelt sich mit der sich wandelnden Welt weiter. Dabei ist klar: Nicht alle Kausalstrukturen sind gleichermaßen historisch kontingent. Manche wurden früher geschaffen, manche später, manche waren zu bestimmten Zeiten fester, zu anderen Zeiten lockerer, manche Strukturen hatten zu bestimmten Zeiten keinen Wert, während sie in anderen geschichtlichen Phasen sehr wertvoll waren oder noch wertvoll werden können. Die Welt wandelt sich. Unser Wissen passt sich dieser Wandlung nicht nur an, sondern gestaltet diese mit. Deshalb scheint es wenig sinnvoll, in Situationen mit einem vornherein festgelegten statischen, universellen Reservoir an ausnahmslos gültigen Sätzen heranzugehen. Für die Untersuchung historisch kontingenter, kontextabhängiger Strukturen, die sich dynamisch stabilisieren und destabilisieren, brauchen wir eine experimentelle Haltung, die es erlaubt, multiple Szenarien darzustellen und aktiv-reaktiv mit ihnen umzugehen. Improvisation im zweiten Modus, als Improvisationstechnologie, scheint mir diejenige Vorgehensweise zu sein, die anpassungsorientiertes Management überschreitet, und eine permanente Aktualisierung und Deutung der Handlungen als kooperatives, organisationsproduzierendes Verfahren ermöglicht. Um mit der Komplexität und Kontingenz heutiger Organisation umzugehen, brauchen wir die Entwicklung einer Improvisationstechnologie sowohl als experimentelle Art des Deutens, des Organisierens als auch des Handelns und des Metalernens.

7.10 KARL WEICK: GESTALTUNG ALS PROZESS

Rekapitulieren wir: improvisationale Organisationsweisen sind nicht als unorganisiert zu verstehen, sondern vielmehr als Feld von Interaktionsmustern, die sich *zusätzlich* zu normierten Organisationslinien entwickeln. Gemeinhin gilt, dass informelles Organisieren intransparenter sei als formelles Organisieren. Das kann, muss aber nicht so sein. Die Transparenz der informellen Organisationsweise hängt von der Größenordnung ab, sie kann meist nur in kleinem Maßstab gelingen. Das heißt, sie funktioniert mit Organisationsformen, an der wenige Personen beteiligt sind. Informelle Kontakte werden direkt geknüpft. Die Zahl der Entscheidungsstellen, durch die Kommunikation hindurch muss, bevor sie die Einheit erreicht, die handelt, ist geringer. Das macht weniger wahrscheinlich, dass Kommunikation verzerrt wird, heißt aber nicht, dass große Organisationen nicht improvisieren können. Diese müssen, wollen sie improvisatorisch agieren, nur anders formal orientieren: als multimaßstäbliches Vorgehen, das unterschiedliche Konstellationen von Impro-Combos zulässt.

Nach Weick können wir sagen, dass die Tätigkeit des Organisierens definiert ist als durch Konsens gültig gemachte Grammatik für die Reduktion von Mehrdeutigkeit mittels bewusst ineinandergreifender Handlungen.[375] Das heißt, in Organisation werden fortlaufend Handlungen unterschiedlicher Beteiligter zu sinnvollen Handlungen zusammengefügt, sodass sinnvolle Ergebnisse erzielt werden. Da jedoch die koordinierten Aktivitäten und Beziehungen zwischen den Beteiligten von verschiedenartigen Zielen derer beeinflusst werden, ist klar, dass das Wie und das Warum einer Einigung bedarf, und zwar einer Einigung nicht nur darüber, was Wirklichkeit ist, sondern auch und vor allem darüber, wie diese hergestellt, gemacht wird. Weick zufolge konstituiert sich Organisation als Form mit Hilfe von »Plänen, Rezepten, Regeln, Anordnungen und Programmen zum Hervorbringen, Interpretieren und Dirigieren von Verhaltensweisen, die von zwei oder mehr Personen in Angriff genommen werden.«[376] Wird Organisation mit Improvisation zusammengedacht, ist Organisation auch immer Ort der Pluralität und deren Anerkennung und Verstehen. Organisation bedeutet hier kollektive Sinngebung – so, wie sich das Arendt als politischen Raum vorstellt: wir entscheiden und verhandeln gemeinsam darüber, was in der Welt erscheint. Das Modell des Organisierens ist nicht auf Erkenntnistheorie zu reduzieren, sondern umfasst auch Gefühle, Handlungen, Wünsche und den kollektiven Versuch, diese zu interpretieren. Damit können wir auf die drei Vermögen rekurrieren, die Kant aufgezeigt hat: das des Begehrens, das der Erkenntnis und das der Lust.[377] Lust wird von Kant der Urteilskraft zugeschrieben, die auch im improvisierenden Organisieren eine Schlüsselrolle innehat: Es ist die Lust an dem konstruktiven Umgang mit Unordnung in Gemeinschaft und die darin implizierten Problemstellungen. Es geht dann nicht darum, zu sagen, ich nehme diese oder jene Realität an, weil sie eine Tatsache ist, sondern etwas ist eine Tatsache, weil ich es annehme. Erst meine Fakultät der Urteilskraft ermöglicht improvisierende Organisation. Improvisierende Organisationen produzieren, er-handeln einen Raum, der gleichzeitig mit prozessierenden *Mappings*, Notationen verknüpft ist, die in Echtzeit versuchen, Potenziale eines

375 | Weick 1985, S. 11.

376 | A.a.O., S. 334.

377 | Vgl. Kant 1974, S. 20s.

situativen Raums aufzuzeigen und gleichzeitig einen Weg durch diese Möglichkeitslandschaft zu finden.

Die Koordination von Handlungen basiert auf Struktur, mithin auf einer Grammatik, die a) eine systematische Zusammenstellung von Regeln und Routinen bedeutet und die b) die ineinandergreifenden Handlungen so koordiniert, dass ein sozialer Prozess entsteht, der für alle Handelnden Sinn macht. Was allerdings herkömmlich außer Acht gelassen wird: die Substanz der Organisation von Handlung sind die Handlungen selbst. Das heißt: Handlung erzeugt auf organisationaler Ebene Struktur mit. Die Strukturierung aus Handlung ist dasjenige, was Organisation, trotz ihrer Inanspruchnahme formaler Kohärenz und Rationalität, formal so schwer fassbar macht. Wir haben bereits konstatiert, dass Organisation mehrdeutige Situationen reduziert, um arbeiten zu können. Wichtig aber bleibt: Sie muss das nur zu dem Grad an Eindeutigkeit tun, der sie funktionsfähig hält und an den sie gewöhnt ist. Umgekehrt bedeutet dies: Außer ihrer Tätigkeit der Komplexitätsreduktion müsste Organisation auch in der Lage sein, den umgekehrten Weg einzuschlagen, nämlich an dem Grad an Komplexität zu arbeiten, der für sie die operative Ebene noch sichert. Dann würde Organisation nicht nur bedeuten, Möglichkeiten zu verringern, sondern, in Bezug auf Handlungen und Handlungskoordination, die Optionen und Variabilität zu erhöhen.

Tatsächlich wird in Organisationen Zeit dafür aufgewendet, auszuhandeln, was gemacht werden soll und was gemacht wurde und was gemacht wird. Bereits in der Darstellung dessen findet eine konsensuelle Validierung statt, die der Verringerung von Mehrdeutigkeit dient. Pläne sind ein gutes Beispiel hierfür. Pläne sind Symbole, Vorwände für die Behauptung, eine Organisation wüsste bis ins kleinste Detail, was zu tun sei, was natürlich nicht stimmen kann. Das kann so weit gehen, dass Organisation nach Plan dysfunktional wird, weil der Plan zu stark von der Realität der Umwelt abweicht. Das Postulat, dass jede Organisation einen festen Plan haben müsse, suggeriert, dass Organisation eine Form sei, die der Welt übergestülpt werden könne, um diese dann zum Funktionieren oder auch in Ordnung zu bringen. Übersehen werden in diesem Zusammenhang jedoch die vielen Mehrdeutigkeiten, die der Prozess der Planung selbst hervorbringt. D.h.: Auch durch gewissenhaftestes Beobachten nehmen Mehrdeutigkeiten nicht ab. Darin besteht das organisatorische Dilemma, welches Prozesse als kollektiv, fließend und komplex, inhärent aufweist.

Notation

Wir sagten, dass Improvisation weniger auf vorgängige Objekte als auf Relationen geht. Die Darstellungsform organisationaler Relationen können wir daher als Relationmappings beschreiben. Relationmappings funktionieren so, dass sie zu einem bestimmten Zeitpunkt von einer Gruppe erschlosse Variablen,

Muster und Relationen zusammenfassen, nachdem und während die Gruppe einem Prozess ausgesetzt ist. Wobei mitgedacht sei, dass dieser Zustand nicht passiv zu verstehen ist, denn die Gruppe produziert den Prozess selbst mit.

Relationnotationen fungieren als relationales Gedächtnis, als ein Metaordnungsmodell, das sich im Zeitverlauf modifiziert und anreichert. D.h. das Handeln beinhaltende Prozessverläufe der Improvisatoren überlagern die Notationen. Notationen stellen in diesem Zusammenhang keine Pläne dar, sondern wirken als Stimulanzien in zwei Richtungen: zum einen dahingehend, wie Variablen, Muster erkannt und eingeordnet werden können, ohne sie statisch werden zu lassen, zum anderen aufzeigend, in welche Richtung sich Handlung bewegen könnte. Gerade wenn wir Handlung als strukturgenerierend verstehen, kommt der Eigenschaft, dass erhandelte Strukturen selbstbestätigend sein können, entscheidende Bedeutung zu. Diese Bestätigung ist direkt mit der Ethik des Vertrauens und der Aktivität der Sinnzuschreibung verknüpft. Daraus erwachsen Schleifen, *Loops*, die den Prozessraum aus dem Feld des Zusammenspiels von angenommenem Vertrauen, zugeschriebenem Sinn und Ausgangsvariablen beschreibt. Die improvisierte Bewegung steuert den relationalen Raum der Organisation und macht ihn handhabbar, indem sie den ständigen Remix zwischen diesen Parametern betreibt. Wird das Potenzial der Sinnzuschreibung geringer, muss auf der Vertrauensseite und der Variablenseite das Potenzial erhöht werden, um eine gesamte Abwärtsbewegung zu vermeiden. Dies zeigt auch, wie anfällig Improvisationen für Vertrauensverlust sein können, wobei umgekehrt ein Vertrauen in Pläne zwar verständlich, jedoch in vielen Situationen auch dysfunktional sein kann. Relationnotationen zeitigen also bereits aufgrund des Vertrauens, das man ihnen entgegenbringt, höchst unterschiedliche Ergebnisse.

Relationnotationen funktionieren nicht abbildhaft im direkten Sinne von Identät. D.h. sie liegen in Form von Skizzen vor und sie erfordern Interpretation. Jede Interpretation von Notation in Handlungsverläufen ist wiederum an ein Üben und Lernen geknüpft. Ohne Koppelung an den Zeitverlauf kann diese spezifische Form der Konstitition von Bedeutung durch Performanz nicht funktionieren (s. Kapitel 7.3.). Mit jedem folgenden Interpretationszyklus zeigt man sich geübter im Umgang mit den Notationen. Das heißt, dass sich auch bei den Personen selbst, in ihren Vorstellungen, Notationen ausbilden und zwar in Form von Strukturvariablen, nach denen die Handelnden den mentalen Raum permanent scannen. Diese Notationen sedimentieren, als Erfahrungswissen, in das Körpergedächtnis der Akteure hinein und können situativ abgerufen, aktualisiert werden (s. Kapitel 7.8.).

Bewusstsein des Improvisierens

Jeder, der improvisieren will, muss sich über Rahmungen klar werden, über die Gestaltung von Prozessen. Gerade weil improvisierende Akteure in der Handlung Strukturen generieren, ist es für sie Grundbedingung, über Situationen in ihrer Totalität Bescheid zu wissen und ein Bewusstsein für globale Tendenzen und Wirkungsgefüge zu entwickeln. Dieser Sachverhalt lässt sich anhand des Vergleichs zwischen einem Orchestermusiker und einem Jazzmusiker darlegen. Der Orchestermusiker folgt einem externen Plan und führt diesen so gut wie möglich aus. Dazu muss er aber nicht die Partitur kennen, denn Dirigent und Komponist lenken den Prozess. Karajan sagt nicht umsonst: Es gibt zwei Situationen, in denen Diktatur notwendig ist: beim Militär und im Orchester. Der Jazzmusiker hingegen kann gar nicht spielen, wenn er nicht die Partitur, das harmonische Gerüst und die Möglichkeiten, die darin stecken, kennt. Auch wenn sich der Jazzmusiker in bestimmten Situationen für Optionen entscheidet, tut er dies in dem Bewusstsein, dass es auch andere Optionen gegeben hätte. Das Erstaunliche ist, dass ihn dieses Bewusstsein nicht entscheidungsunfähig macht. Gerade darin liegt das Wesen der Haltung von Improvisation.

Nicht-Teleologie

Improvisation bedeutet, dass es nicht ein Ziel gibt, das es zu erreichen gilt, sondern einen Ziele-Korridor, ein Ziele-Feld, das sich im Laufe des Prozesses ändern kann. Improvisation ist damit eine Organisationsform, die nicht notwendigerweise einen Versuch zur Erreichung eines bestimmten Ziels darstellt. Die Behauptung, Zielkonsens müsse vor dem Handeln erreicht werden, dient oftmals nur dazu, die Tatsache zu verdunkeln, dass Konsens erstellt wird, noch bevor überhaupt Konkretes vorliegt. Improvisation denkt genau umgekehrt: Die Tatsache, dass eine Situation, die es zu organisieren gilt, offen sein kann, ermöglicht es, Konkretes durch Offenheit zu finden. Prozess wird dann nicht teleologisch gedacht. Der Gestaltungsprozess produziert Ereignisse, die durch die Urteilskraft interpretiert werden. Situationen sind dann entscheidungsinterpretiert und nicht entscheidungsgeleitet. Verhalten und Handlungen artikulieren sich dementsprechend zielinterpretiert und nicht zielgeleitet. Ordnungen gelten als Vorwände, um Vergangenheit plausibel zu machen.

Handlung und Interesse

Handlung kann nach der hier vorgestellten Konzeption selbst Struktur erzeugen. D.h. auch bereits ereignetes Handeln stellt sich für uns als konkretes Rohmaterial heraus. Dies erklärt und erkennt an, warum Zielerklärungen häufig eher retrospektiv als prospektiv sind. Die Rohmaterialien, die aus Prozessen gewonnen werden und aus denen Prozesse bestehen, lassen sich in ineinandergreifende Interessen, Verhaltensweisen, Dinge und Handlungen gliedern. Gerade weil diese spezifische Gemengelage ständiger Transformation unterliegt, ist das Beobachten, Identifizieren und Darstellen von Prozessperspektiven von äußerster Wichtigkeit. Es bleibt dabei entscheidend, die Kurzlebigkeit dieser Perspektiven nicht aus dem Blick zu verlieren. Kurzlebigkeit bezieht sich hier auf Bedeutung bzw. Interpretation und nicht auf Funktionslatenz. Genau deshalb aber ist es zielführend, Prozessperspektiven vor allem auf seine Minimalstrukturen, Variablen und Interessenslage hin zu untersuchen. Denn diese Strukturelemente von Situationen stellen den Index der in einer Situation vorhandenen Funktionslatenz dar.

Die Funktionslatenz existiert nicht in einem neutralen Raum, sondern ist von Interessenslagen durchdrungen. Um die Wichtigkeit der Interessen und ihre Materialität in Situationsgefügen zu verdeutlichen, möchte ich Interessen als Vektoren kennzeichnen. »Vektor« ist hier nicht als mathematische Größe gedacht, sondern als Energie, die eine bestimmte Gerichtetheit aufweist und Handlungsfelder beeinflusst und umgekehrt auch durch Handlungen beeinflusst wird. Das Besondere an Interessen ist, dass sie oft nicht auf den ersten Blick erkennbar sind, von Interessengruppen verschleiert werden und sich auch in der Zeit entwickeln. Interessen sind die *Tacit*, die »stillen« Steuerungsanteile von Interaktion.

Design, Urteilskraft und Speicherung

Wenn wir nach der Organisation von Organisation fragen und gestaltende Prozesse handhabbarer machen wollen, lohnt es sich, zu den Parametern Form, Struktur und Funktion drei Parameter parallel zu schalten und zwar Design (Gestaltung), Urteilskraft und Speicherung[378]. Für Struktur steht reflektierende Urteilskraft als regelproduzierend, für Funktion steht Design im Sinne von Nutzungen, die mit Handlung verbunden sind, und Speichern für Form. Das Gespeicherte liegt in der Form eines gefrorenen Prozesses vor, der seinerseits wieder prozessiert wird.

Design

Der Prozess des Gestaltens von organisationalen Prozessen erzeugt mögliche Situationsszenarien. Diese müssen im Verlauf des Organisierens ernst genom-

378 | Diese Parameter werden in Anlehnung an Weick aufgestellt (Weick 1985, S, 189). Allerdings spricht Weick von Gestaltung, Selektion und Retention. Die beiden letztgenannten Begriffe habe ich ersetzt, weil sie mir zu biologistisch erscheinen und damit nicht den Kern der Sache treffen.

men und in Auseinandersetzung geklärt werden. In diesem Zusammenhang wäre es falsch zu sagen, die Organisation bearbeitet etwas ihr außen Stehendes. Organisationsproduzierende sind in der Improvisation immer Teil des zu Bearbeitenden. Deshalb kann auch die Differenz zwischen Organisation und Umwelt nicht als stabil angesehen werden. Differenzen verlagern sich, kommen und verschwinden in der Zeit. Genau diese kaum merklichen, *Tacit*-Verschiebungen, nehmen wir oft nicht ernst. Stattdessen gehen wir meist davon aus, Organisationen würden aus einem Etwas, das außerhalb von ihnen ungeordnet vorliegt, erst etwas Vernünftiges machen. So erscheint Organisation als ein sich selbst externalisiernder (= sich von einer Umwelt unterscheidender) Rationalraum der Vernunft, was Organisationen daran hindert, Situationen als ihre eigenen zu erkennen (s. Kapitel 5.21.).

Wenn Design von Situationen kreativ tätig ist, wirkt es auf Improvisation hin. Es erzeugt und verstärkt also Komplexität und Mehrdeutigkeit, anstatt sie zu reduzieren. Design von Prozessen zeigt sich als ein spezifischer Prozess in sich selbst. Design als Improvisation ist Handeln, das Strukturen als Rohmaterialien produziert, die während und nach dem Handeln interpretiert werden können. Der Sinn dieser Strukturen liegt darin, dass sie den Prozess auf nicht teleologische Weise gestalten helfen: ihnen kann retroaktiv Sinn zugeordnet werden. Designprozesse sind Handlungsverläufe, die durch Urteilskraft sinnvoll »gemacht« werden. Darin liegt das Wesen von Organisation als Prozess. Man kann umgekehrt sagen: immer, wenn Sinngebung Handlung nicht vorgeschaltet, sondern parallel oder nachgeschaltet wird, ist Improvisation als Organisation im Gange bzw. funktioniert sie. Organisationales Prozessdesign zielt also nicht darauf ab, Objekte in einem Außen zu identifizieren, sondern versucht anzuerkennen, dass Handlungen interpretiert werden und organisational Handelnde immer Teil der Situation sind, in der sie sich befinden. Daraus ergibt sich eine materiale Definition von Interpretation als Relationnotation, die man dem Handeln zuordnet.

Wenn Menschen improvisieren, handeln sie gestaltend. Durch ihre Handlungen erzeugen sie Strukturen, legen Spuren von Ordnungshaftigkeit und machen Variablen zuordenbar. Handlung definiert Erkenntnis und produziert Ordnung, statt sie zu entdecken. Improvisation wirkt als Setzung: In der Improvisation setzen Menschen Dinge in die Welt, die sie dann wahrnehmen und über die sie sich auseinandersetzen. Setzung von Realität ist dasjenige, was durch das Wort *Design* beschrieben ist. In der organisationalen Verhandlung über das, was als Wirklichkeit erscheinen soll, liegt das Politische von Organisation begründet. Dort eröffnet sich dasjenige, welches Handeln von Herstellen unterscheidet bzw. dem Produzieren poietische Momente beigibt. Im Gestalten von Situationen als Konstruktion von Wirklichkeit finden Ästhetik und Politik zusammen: »Kultur und Politik [...] gehören zusammen, weil es hier nicht um Erkenntnis oder Wahrheit geht, sondern um Urteil und Entscheidung, den vernünftigen Meinungsaustausch über die Sphäre des öffentlichen Lebens und die gemeinsame Welt, ferner um die Entscheidung darüber, welche Handlungsweise in der Welt zu wählen ist, und auch darüber, wie diese Welt künftig auszusehen hat, welche Arten von Dingen in ihr erscheinen sollen.«[379]

Rahmung als Design: Sampling the process

Wenn wir Prozesse auf ihre Minimalstrukturen, Variablen und Interessensvektoren hin untersuchen, lohnt es sich – im Anschluss an Weick – Prozesse als Episoden sozialer Interaktion vorzustellen, die sich zum einen teilen lassen und so handhabbar gemacht werden können, und zum anderen, auf der nächsten Maßstabsebene, als ineinandergreifende Zyklen zuordnen lassen. So behält man Prozesse aus unterschiedlichen Perspektiven im Blick. Interessant ist zu sehen, wie Weick bereits die Rahmung als »Einklammern eines Teilstücks des Erlebnisstroms zwecks weiterer Behandlung«[380] als Gestaltung definiert. Wenn wir annehmen, dass Prozesse vor allem aus Transformation bestehen, dann bedeutet das, dass Improvisation in Ströme fortlaufender Handlungsereignisse gebettet ist. Ist die Transformation zu stark, wird es für die Handelnden schwieriger, den Handlungsverlauf zu organisieren, also Annahmen darüber anzustellen, was gerade wie geschieht und was geschehen wird. Deshalb ist es sinnvoll, Handlungsverläufe in Abschnitte, Segmente »künstlich« einzuordnen, also Rahmungen zu gestalten bzw. daraus Segmente, Samplings abzuleiten. Anders gesagt: Wenn man zukünftige Bewegungen des Prozesses antizipieren will, sollte man in der Lage sein, Grenzen herzustellen. Indem ein Teil eines laufenden Handlungsereignisses ausgegliedert und analysiert wird, stabilisiert er sich. Wichtig bleibt der Interaktionsaspekt von rahmendem Sampling: Da Handlungsverläufe interdependent ablaufen, wird Sampling wertvoller, wenn es in einem Gruppenprozess geschieht. Unterschiedliche Sichtweisen, die das Handeln in einfachen, unterkomplexen Situationen eher erschweren, erhöhen in mehrdeutigen Situationen die Qualität von Samples. Die Verhaltensweisen, die in einer Serie wechselnder Ereignisse mit größerer Wahrscheinlichkeit einen Einschluss zustande bringen, sind solche, die Interdependenz bevorzugen. Wenn A macht, was B inspiriert, wird auch B etwas machen, was A inspiriert. In dieser Wechselwirkung entsteht das, was Weick eine kollektive Struktur nennt. Kollektive Strukturen sind ineinandergreifende Samples, Muster, »eine wiederholende Serie von ineinandergreifenden Verhaltensweisen.«[381] Was kollektive Strukturen so attraktiv macht, ist, dass sie weniger auf Ziele rekurrieren (über die nur schlecht Einigkeit zu erzielen ist, es sei denn als Behauptungen),

379 | Arendt 1968, S. 223.

380 | Weick 1985, S. 68.

381 | A.a.O., S. 132.

sondern auf das Machen als Mittel. In kollektiver Struktur muss also vor allem Einigkeit darüber bestehen, wie Struktur produziert, d.h. welche Mittel angewendet werden. Statt sich in ideologische Debatten zu verlieren, teilen »Partner einer kollektiven Struktur [...] Raum, Zeit und Energie miteinander.«[382]

Urteilskraft

Die zweite Ebene der Prozessorganisation stellt die der Urteilskraft dar, die dem eingeklammerten Teilstück einen begrenzten Satz von Interpretationen auferlegt, und zwar im Hinblick auf seine Form (Ordnung), Struktur (Regeln) und Funktion (Nutzung). Es ist die Urteilkraft, die es ermöglicht, Handlungsverläufe zu Bedeutungsgeweben zu verknüpfen. Beim improvisierenden Organisieren bedeutet dies, dass sie Handlungssituationen produziert, um wiederum Aussicht auf dieses Handeln zu bekommen, um den Weg durch das Handeln nachzuvollziehen, zu ordnen. Es wird nicht das Handeln geordnet, sondern die Metaebene, also die Ebene, auf der wir reflektieren. Dazu braucht es eine Organisationskultur, die Improvisation einzuordnen weiss. Ohne das Vertrauen in die Brauchbarkeit von Improvisation geben Handlungsteilnehmer, frustriert über die Unordentlichkeit, jegliche Versuche auf, Situationen Kohärenz zuzuordnen und nach einer Rationalität zu suchen, die in der mehrdeutigen Situation versteckt sein könnte.

Per Urteilskraft gelingt es den Handelnden, dem Strom der Ereignisse Etikette, Muster zuzuordnen und diese Muster strukturell zueinander in Beziehung zu setzen. Wenn eine der Variabeln modifiziert wird, verändern sich auch andere Variablen. So kann das Vektorfeld unterschiedliche Richtungen entwickeln. Wenn Improvisierende unterstellen, dass kommende Handlungen innerhalb von Unordnung und Mehrdeutigkeit Sinn machen werden, unternehmen sie auch die Anstrengung, sie sinnhaft zu interpretieren. Improvisation schiebt voreilige Urteile bezüglich der Sinnhaftigkeit des Prozesses auf und leistet so einen Beitrag zur Gestaltung der Situation als sinnvoll. Oft wenden Organisationen die umgekehrte Strategie an: Um die Mehrdeutigkeit von Situationen zu reduzieren, unterstellen Organisationen Rationalität an sich und ziehen nicht die Möglichkeit in Betracht, dass Ordnung aus Handlung entstehen könnte. Aufgrund der Annahme, die Welt sei gegeben, werden Anstrengungen unternommen, Ordnungen zu konstruieren, um sie hinterher »vorzufinden«. Die Vorannahme, eine Situation sei eindeutig, vorhersehbar, vereinfacht die Situation, mindert jedoch gleichzeitig die Variablen. Dies geschieht weder aus Böswilligkeit noch aus Ignoranz der Akteure, sondern auf Grund des Zusammentreffens von Routinen und einer mehrdeutigen Situation, auf die man sich nicht einstellen konnte.

---

382 | Ebda.

Oft wird gesagt, Gestaltung bzw. Improvisation entstehe aus dem Bauch heraus. Wenn etwas ordentlich gemacht wird, ist es nicht improvisiert, sondern nach Plan gemacht. Aus unserer Perspektive wird aber deutlich: Gestaltung als Improvisation ist auf Urteilskraft angewiesen. Das bedeutet, dass Menschen, die gestaltend improvisieren, ein Mehr an Reflexion über ihr Tun aufwenden müssen; sie müssen sich der Dinge, die sie tun, bewusster werden. Wer glaubt, sozialer Raum sei irgendwo draußen und könnte aus einem Neutralraum der Vernunft behandelt, gelenkt werden, der verschwendet Ressourcen, weil er den Kontakt zur Wirklichkeit verliert und sich von Potenzialen isoliert.

Uns interessiert im Hinblick auf die Improvisation besonders die reflektierende Urteilskraft, weil sie es ermöglicht, das Allgemeine vom Besonderen aus zu denken. Entscheidend ist an dieser Stelle die Differenz, die Kant zwischen bestimmender und reflektierender Urteilskraft gesetzt hat: »Ist das Allgemeine [...] gegeben, so ist die Urteilskraft, welche das Besondere darunter subsumiert, [...] bestimmend. Ist aber das Besondere gegeben, wozu sie das Allgemeine finden soll, so ist die Urteilskraft bloß reflektierend.«[383] Reflektierende Urteilskraft ist dann am Werk, wenn gefragt wird: Was ist hier los? Der Prozess reflektierenden Urteilens konstruiert und wählt Deutungen und Bedeutungen, Strategien, Handlungsvorschläge und Ziele. Um Handlung zu sichern, wird ein Konsens darüber erzielt, welche Interpretation, Deutung aus einer Reihe von Schlüssen zu wählen und zusammenzufassen ist, um sie für folgendes Handeln verbindlich zu machen. Verbindlichkeit gilt hier insofern, insoweit transparent ist, dass es sich um eine zeitlich begrenzte und auch sozial herbeigeführte Verbindlichkeit handelt. Sie kann nach Situationsverlauf auch als nicht mehr zielführend gelten, nämlich dann, wenn sich herausstellt, dass das Ziel ein falsches war.

Wenn Improvisation mit Skizzen, mit minimalen Strukturen arbeitet, dann erzeugt das Mehrdeutigkeit. Normalerweise wird Mehrdeutigkeit vermieden, um Handlung sicherzustellen. Wenn aber Strukturen in der Handlung entstehen können, wie kann sich dann die Mehrdeutigkeit als konstruktiv herausstellen? Dies gelingt, indem die mehrdeutigen Strukturen durch den Prozess des Urteilens transparent gemacht und auf ihre Anschlussfähigkeit hin geprüft werden. Improvisatorische Handlungen verlangen nach Kommentar und erlangen in dem Kommentar erst Schlüssigkeit. Umgekehrt wird ein Kommentar nur sinnvoll, wenn er seinerseits neue Anschlüsse ermöglicht. Deshalb erweist sich die Frage des Konsenses als entscheidend: Auch ein Anschluss, der einen Kommentar negiert, ist ein Kommentar. Und zwar ein Kommentar, der seinerseits u.U. mehr neue Anschlüsse hervorruft als es ein weiterführender, also konsensueller Kommentar getan hätte. Konflikt ist aus Improvisation nicht ausgeschlossen, sondern konstitutiver Teil des Aushandlungsprozesses über Interpretation und Legitimation.

---

383 | Kant, KdU, Einleitung, A XXIII.

Urteilen ist – das macht Kant deutlich – erst in Gemeinschaft möglich (Kant nennt dies Sensus communis). Urteilen setzt also Organisation geradezu voraus. Improvisation ist ein Gruppenprozess, der die Authentizität des Einzelnen fordert. Gerade in der formalen Offenheit wird es möglich, dass im Prozess des Urteilens in Gemeinschaft durch das teilweise Infragestellen der gestalteten Vektorfelder gerade diejenigen spezifischen Eigenschaften ins Spiel kommen, die von der Norm abweichen und damit neue Normen konstituieren. Das bedeutet auch: Um Improvisation am Laufen zu halten, ist es nötig, sowohl die für das interne wie für das externe Funktionieren der Organisation relevanten Kriterien zu reflektieren. Es kommt selten vor, dass beiden Kriterienkategorien die gleiche Beachtung widerfährt, das ist auch nicht maßgebend. Wichtig aber bleibt, dass die jeweils unterbelichtete Ebene latent mitläuft und nicht im Druck, der von außen oder innen auf die Organisation ausgeübt wird, untergeht. Oft entstehen Machtstrukturen gerade aus dem geschickten Ausblenden von Ebenen des Vektorfeldes, immer mit Hinweis darauf, dass das doch im Moment nicht auf der Tagesordnung stehe, andere Dinge wichtiger seien und man die Sache schon im Griff habe (In einem solchen Fall sollten bei allen Beteiligten die Alarmglocken klingeln.). Handlungen, die entweder nur der äußeren oder nur der inneren Ebene Genüge tun, rufen die Illusion hervor, alles laufe bestens. Es ist dann nicht so, wie Weick meint, dass Organisation in diesem Fall der sich verändernden Wirklichkeit keine Beachtung schenkt.[384] Richtiger wäre es zu sagen, dass sie in diesem Fall an der Gestaltung der Wirklichkeit nicht mehr beteiligt und der Wirklichkeit ausgeliefert ist oder Realität zu einem Außen erst macht.

Urteilen und Gestalten sind nicht eindeutig zu unterscheiden. Beide Parameter fokussieren im Organisationsverlauf auf Sinnkonstruktion. Während der Improvisation produziert das Gestalten unterschiedliche Rohmaterialien, die wiederum dem Urteilsprozess zugeführt werden. Wobei mitgedacht sei, dass Teile des Rohmaterials bereits Strukturen und Bedeutungen aufweisen, die es zu interpretieren gilt, indem z.B. Regeln auf das Rohmaterial angewendet werden. Gestalten ist also vornehmlich mit dem Produzieren beschäftigt, als experimentelles Ansetzen in der Zeit. Es ist die Aufgabe der Urteilskraft, dieser Produktionsbewegung Interpretationen aufzuerlegen.

Vor diesem Hintergrund liegt auf der Hand, dass Improvisation ihre eigenen Probleme erzeugt. Improvisierte Handlungen sind qua Essenz strukturell mehrdeutig. Urteilskraft steht vor dem Dilemma, dass sie entweder Mehrdeutigkeit beseitigt und damit Anschlussoptionen vermindert, oder ihre Intensität der Deutung variieren muss. Der Grad von Festlegung ist somit zu üben und von Situation zu Situation zu variieren. Gleichzeitig ist es von Belang, ein Reservoir an ausgeschiedenen, unterbestimmten Varianten zu speichern, um diese

384 | Siehe Weick 1985, S. 255.

in anderen Situationen nutzen zu können. Damit taucht ein Paradox auf: Es ist eigentlich schwieriger, Unordnung im Sinne von Mehrdeutigkeit zu erhalten und sichtbar zu machen, als mit Ordnung zu überplanen, da die Improvisationsteilnehmer die Tendenz haben, entweder Ordnungen zu fixieren oder in Inputs bereits Ordnung und Transparenz dort zu vermuten, wo geringe oder gar keine vorliegt. Minimal-strukturelle, formal offene Gestaltung tendiert nicht nur zu Fehlurteilen, sondern auch zu Abschottungen im Laufe der Reflektions- und Wahrnehmungsvorgänge. Improvisation wird oftmals a posteriori eine Ordnung im falschen Sinne zugeschrieben. Wo Pläne überschritten wurden, wird hinterher oft angenommen, man habe alles nach Plan gemacht, statt sich die Kontingenz des Handlungsverlaufs klarzumachen.

Genau deshalb ist die Dokumentation von Improvisationen als Ereignis, als performativer Prozess für das Lernen so wichtig. Dokumentation ermöglicht, dass eine Improvisation durch einen späteren Reflektionsvorgang nicht als abgeschlossen-geordneter Vorgang behandelt und keine Improvisation mehr auf diesen angewendet wird. Dokumentationsanalyse von Improvisationshandlungen ermöglicht zu erkennen, wie lose strukturierte Handlungen funktionieren und als Werkzeuge eingesetzt werden können. Es geht hierbei nicht darum zu sagen, die gestalteten Rohmaterialien hätten keine Ordnung, sondern darum, ihre strukturellen Potenziale zu erkennen und die Sinnbelegung deutlich zu machen, um das Verfahren für zukünftiges Handeln auszubauen. Wir sagten bereits: das Gelingen wird oft der Ordnungshaftigkeit des Prozesses zugeschrieben. Das ist prinzipiell nicht falsch. Falsch ist jedoch, diese Ordnungen zu naturalisieren, anstatt das Entstehen der Ordnung als ein nicht-teleologisches, heterogenetisches Werden (s. Kapitel 7.8.) zu verstehen und zu beschreiben. Wenn Ordnung in der Organisation so aufgefasst wird, als würde sie wie eine der Organisation äußerliche Natur in Organisation hinein sedimentieren, gerät die Produziertheit der Ordnung aus dem Blick, nimmt das Verständnis der Akteure darüber, wie sie selbst Ordnung herstellen, ab. Das eigene Handeln wird ihnen genau in dem Moment fremd, in dem sie annehmen, das Improvisierte sei eine fest strukturierte und geplante Form.

Es ist in diesem Zusammenhang zwischen unterschiedlichen Zeitmodi zu unterscheiden: der Zeit der Handlung und der Zeit der Handlungsanalyse. Sowohl in der improvisierten Handlung (Gestaltung) als auch in der nach oder vorgeschalteten Analyse (Üben, Kritisieren) ist Urteilskraft am Werk. In der Analysezeit kann Reflexion geübt werden, um den Reflexionsvorgang bei der Handlung zu beschleunigen, zu verbessern. Nur hat die Handlungszeit ihren Fokus auf die Entscheidung und das Aufrechterhalten des Prozessflusses und die Analysezeit den Schwerpunkt auf der Kritik und auf dem Zerschneiden von Prozessverläufen in Segmente.

Wie funktioniert Urteilskraft? Wir haben gesagt, dass Improvisation derjenige Modus ist, der die meiste Mehrdeutigkeit in einer Situation zulässt. Warum aber brauchen wir Mehrdeutigkeit, Unordnung und Kontingenz? Weick verweist hier auf das Konzept der notwendigen Mannigfaltigkeit. Bezugnehmend auf Buckley stellt er fest, dass die »Mannigfaltigkeit innerhalb eines Systems mindestens ebenso groß sein muss wie die Umweltmannigfaltigkeit, auf die sie sich einzustellen sucht. Prägnanter formuliert: Nur Mannigfaltigkeit kann Mannigfaltigkeit regulieren.«[385]

Je heterogener der organisationale Raum wird, desto heterogener müssen wir unsere Organisationskonzepte gestalten und umgekehrt: Organisation von Organisation kann nur gelingen, wenn sie auf Heterogenität ausgerichtet ist.[386] Das verlangt eine Disziplin der Differenz. In der Improvisation bestimmen die Strukturen und ihre Anwendung die Mehrdeutigkeit des Prozesses und das Maß an Heterogenität. Wann immer eine Differenz eintritt, wird die Frage danach, was eigentlich im Gange ist, virulent. Die Kunst des Improvisierens liegt darin, innerhalb des Prozesses Differenzen konstruktiv zu behandeln. Wenn zu wenig Differenz behandelt wird, wird der Prozess eingeengt. Wird zuviel Differenz zugelassen, verliert sich der Prozess im Unspezifischen. Ein mehrdeutiger Prozess enthält lose, zu einem gewissen Grad undifferenzierte Strukturen, denen Regeln zugeordnet werden können. Die Merkmale einer improvisatorischen Situation, viele Varianten, lose Strukturen und schwache Zuordnungen verlangen mediale Praktiken, die zum einen das Rohmaterial korrekt identifizieren und zum anderen in der Lage sind, zu verknüpfen und zu differenzieren. Ausdifferenzierung muss stattfinden, um der Mehrdeutigkeit der Situation gerecht zu werden.

Sampling

Als dritte Ebene des Organisierens zeigt sich der Prozess des Samplings, der die interpretierten Segmente für zukünftige Anwendung speichert. Im Prinzip könnte man hier von einem *Loop*-Sampling-Verfahren sprechen: ein Stück Zeit, Rhythmus, wird ausgeschnitten, bearbeitet, gefiltert und als Datei für zukünftigen Einsatz abgelegt. Worum geht es dabei? Um als Organisationen überhaupt lernen zu können, muss sie ihr Gedächtnis zu organisieren lernen. Und zwar nicht nur in der Exaktheit des Speicherns, sondern auch in der Einsicht in die Bedingungen, unter denen Erinnerungssegmente (Samples) entstehen, interpretiert und eingesetzt werden. Auch hat die Organisation nicht nur Darstellungsweisen ihres Gedächtnisses zu entwickeln, sie muss auch in der Lage sein, über den Einfluss, den die Darstellungsform der gespeicherten Interpretationen auf den Gerbrauch, den sie von diesen macht, zu reflektieren.

385 | A.a.O., S. 269.

386 | Ebda.

Das Speichern von Samples stellt nicht einfach einen Lagerplatz für Interpretationen dar. Vielmehr können gespeicherte Samples immer neu geordnet, zusammengestellt werden. So kommt Speicherung beständig in Konflikt mit Gestaltung und Interpretation und beeinflusst nachfolgende Prozesse, denn: letztere können quer zu den Intentionen desjenigen stehen, der den Sample implementieren will. Das bedeutet auch: Samples konstituieren sich als Wissen. Sie erweisen sich also nur in dem Maße als wertvoll, in dem Improvisationsteilnehmer über ihre Inhalte und die Organisation dieser Inhalte informiert sind. Samples kann es auch auf der Metaebene geben: diese Samples speichern mögliche Variationen der Samplekopplung. Es gehört zum Wesen der Improvisation, dass nicht alle Variationen eingesetzt werden. Dennoch können nicht genutzte Variationen in anderen Zusammenhängen nützlich sein. Daher kommt dem Metasamplingkatalog wichtige Bedeutung zu. Er erhält Variationen und dehnt so die Zeit, die die Urteilskraft benötigt, um Vorteile von nicht gebrauchten Variationen zu orten und sie der Nutzung zuzuführen. So versorgt sie in ökologischem Wandel (s. Kapitel 7.9.) nicht nur Handlungsverläufe, sondern auch deren Verknüpfungen mit Nachhaltigkeit. Im Zuge dessen wird ökologischer Wandel nicht zum Störfaktor bestehender Ordnung, sondern als Quelle für Rohmaterialien gesehen werden. Dies allerdings nur dann, wenn Organisation Samples improvisatorisch einsetzt und nicht als gespeicherte Ordnung fixiert bzw. als Erfahrung früherer Prozesse formal festhält.

Speicherung eines Samples macht aus dem Prozess ein Produkt. Es ist wichtig, diese Tatsache als solche zu thematisieren und Sampling-Produkte nicht als Prozesse auszugeben. Dieser analytische Blick auf das Samplingverfahren weist den kybernetischen Ansatz als mangelhaft aus. Die Kybernetik versucht, den Prozess zu einem Produkt zu machen, indem sie suggeriert, das Totale sei in seinen Strukturen und Regelungen erfassbar und auf Input-Output-Relationen zu reduzieren, ohne aber deutlich zu machen, dass es sich bei Schaltplänen nur um Samples handelt. Ein Sample ist ein Produkt, das gewonnen wird, indem man ein Teilstück eines Prozesses auf seine Parameter (Funktion, Form, Struktur) gliedert, ordnet. So wird zwar die Mehrdeutigkeit des Prozesses reduziert, indem ein Moment in seinem Verlauf festgehalten, dokumentiert und analysiert wird. Dies jedoch in dem Wissen, dass auch andere Prozessverläufe möglich gewesen wären. Das Sample ist eine mögliche Version dessen, worauf sich die Kontingenz des Prozesses bezieht. Das Entscheidende eines Samplings und Samplingkatalogs ist, auf diese Möglichkeiten zu verweisen, mögliche Verknüpfungen der Vergangenheit auch für die Zukunft bereit zu stellen.

Samples verweisen auf Retention. Retention bedeutet nach James, »Verfügbarkeit für das Ins-Gedächtnis-Zurückrufen, und sie bedeutet nichts als diese Verfügbarkeit. Retention einer Erfahrung ist, kurz gesagt, nichts anders als ein anderer Name für die Möglichkeit, sie wieder zu denken, oder die Tendenz, sie wieder zu denken – mitsamt ihrer früheren Umgebung«[387].

Das Verfahren des Samplings ist im Kontext der Improvisation jedoch um einiges komplexer als basale Retention, denn hier wird mitgedacht, dass die Art und Weise der Verfügbarkeit Einfluss darauf hat, wie Samples interpretiert und gebraucht werden.

Der Prozess des Samplings reorganisiert Erinnerung. Das heißt, dass Erinnertes nicht eins zu eins zur Verfügung steht, sondern im Hinblick auf zukünftige Möglichkeiten aufbereitet wird. Dabei treten Alterationen auf, Akzente werden verschoben, Segmente unter unterschiedlichen Kategorien geordnet, Unschärfen eingebaut, Dinge weggelassen. Genau die Unschärfe und Alterationsprozesse sind wichtig, um Samples anschlussfähig zu machen. Der Prozess macht weiterhin deutlich, dass Erinnerung sich als Erfahrung qualifiziert, indem sie mit dem Prozess der Urteilskraft kurzgeschlossen wird: Es gibt keine neutrale Erinnerung im Kontext sozialer Situationen. Effektivität besteht nicht in dem genauen und umfassenden Wiedergeben von Geschehenem, sondern in der differenzierten Aufbereitung. Gestaltung als Improvisation kann nur auf der Basis dieser Alterationen funktionieren, um Potenzialität sichtbar zu machen, mehr noch: die Archivarbeit an den Samples ist selbst bereits Gestaltung.

Muster

Samples stellen selbst Muster dar, die sich auf der Metaebene des Organisierens von Erinnerung in Beziehungsmustern ordnen lassen. Muster funktionieren relational, sie verbinden die Weise (Stil, Verfahren), wie der Organisationsprozess konstruiert, erhandelt wird, mit der rezipierten Mehrdeutigkeit, Unbestimmtheit, »die in dem Vorgang, auf den der Prozess sich richtet, präsent ist«[388]. Muster sind Relationskonstellationen, Relationssets, die die Beziehungen zwischen Variablen als diejenigen Wirklichkeiten aufzeigen, mit denen die Organisation zu tun hat. Es gehört zur Eigenart von Mustern, dass sie unmittelbar an den Aspekt der Gestaltung gebunden sind, sie liegen uns »in Wirklichkeit weniger häufig in der Form von eindeutigen Substantiven und häufiger in der Form von ungeklärten Wörtern, Synonymen und Adjektiven vor«[389]. Muster erzeugen Spuren, die amplifizierende Auswirkungen auf folgende Muster haben. Vor allem Muster, die mit einem Hub, einem Knotenpunkt, einem zentralen Muster verbunden sind, verstärken wiederum dieses zentrale Muster.[390] Homogenität wirkt in diesem Kontext kontraproduktiv: Muster werden durch identische Mus-

387 | Zitiert nach: Weick 1985, S. 295.

388 | A.a.O., S. 167.

389 | A.a.O., S. 259.

390 | A.a.O., S. 303.

ter geschwächt. Hingegen können Muster von Mustern, die ihnen ähneln, aber nicht genau identisch sind, verstärkt werden. Auf der Matrix der Metaebene lassen sich Folgen von differenten Mustern zu einem Makromuster zusammengedeuten, reorganisieren. Dies ist kein linearer Ablauf, der durch einfache Addition akkumuliert. Vielmehr wird der Prozess durch die Mehrdimensionalität der Aufarbeitung von Erinnerung verdichtet. Samples als gespeichertes Material wirken erst, wenn sie der Reorganisation unterliegen.

D.h.: Wenn Improvisation als Technologie funktionieren soll, ist es unvermeidlich, diesen Prozess der Datenspeicherung ernst zu nehmen. Arbeit mit und an Samples zielt darauf ab, laufende Projekte systematisch mit früheren Erfahrungen zu verbinden. Gestaltung und Urteilskraft müssen mit der Speicherung verknüpft werden, um auch hierfür Rahmen zu finden; zu entscheiden, wann das Archiv voll ist, und zu wissen, dass das Rohmaterial anschlussfähig gemacht werden muss. Das bedeutet auch, den Samplingprozess als aktive Erinnerungsarbeit in Improvisation einzubeziehen und so einen durchgängigen roten Faden im Bewusstsein der teilnehmenden Personen aufrechtzuerhalten.

Weick macht deutlich: Die Frage nach Organisation ist die Frage nach Prozessen, nicht nach Objekten. Anders herum können Objekte in Prozesse eingeführt werden, um Variablen zu erhöhen, verfestigte Variablen zu lösen und Muster erkennbar zu machen oder zu ändern – mithin organisationalen Raum neu zu organisieren. Grundlage für diesen Umgang mit Organisation ist die Annahme, dass Prozesse in der Zeit stattfinden. Wichtig wird dann herauszufinden, wie Zeitlichkeit strukturiert ist. Und zwar konkret in Zusammenhang mit dem Alltag, seiner Praxis und seinen Momenten. Denn unterschiedliche Momente in der Zeit haben unterschiedliche Qualitäten. Momente beinhalten sowohl die absolute Qualität von Zeit als auch ein Gefühl für ihr Vergehen, ihre Rhythmen, Struktur, rhythmische Muster, Zyklen. Wie aber ist mit Mustern umzugehen? Um Muster zu untersuchen und zu transformieren braucht es die Metasicht, die Abstraktion. Um Muster zu nutzen, braucht es das Konkrete, den Zugang zur alltäglichen Praxis. Drei Faktoren spielen hier eine vorgeordnete Rolle: erstens die Beschreibung, die sich aus der Beobachtung einer Erfahrung speist, zweitens die Analyse der Erfahrung und zwar so, wie sie bezüglich ihrer Strukturen, Muster beschrieben wird und drittens eine Untersuchung der Modifikationen dieser Muster in ihrer Entwicklung in der Zeit und die Einordnung der Strukturen in generellere Musterordnungen.

Vektorenfeld. Notation, Schema und Symbol

Es gibt die Möglichkeit, das Vektorenfeld eines Prozesses auf seine Phänomenologie hin zu untersuchen, also darauf, wie die Vektoren tatsächlich verlaufen. Die andere Möglichkeit besteht darin, die Motive, die Beweggründe und Intentionen, kurz: die Interessenlage eines Prozesses zu analysieren. Daraus ergäben sich zwei unterschiedliche Notationen des Samples, eine Interessennotation und eine Relationnotation. Diese Notationen werden per reflektierende Urteilskraft in fixen Formen stabilisiert und können als eine Art *Abstract* eines Prozessverlaufs verstanden werden. Da auch sie auf Handhabbarkeit in zukünftigen Handlungsverläufen zugeschnitten werden müssen, werden sie meist minimale Strukturen aufweisen, die aber maximal strukturiert sind. Dazu haben Improvisatoren je nach Prozess geeignete Darstellungsmittel zu finden, also Symbolformen, die eine Offenheit von Zeichen ermöglichen und dennoch Situationen Richtung geben können. Symbole sind Etikette, Teile einer mehrdeutigen Vorlage zur improvisierenden Handlung in Situationen.

Symbole können zu Schemata zusammengefasst werden. Schemata fungieren als abgekürzte, verallgemeinerte und korrigierbare Gliederung von Erfahrung. Aus Schemata können Bezugsrahmen für Handlungen abgeleitet werden. Neisser beschreibt Schemata als Strukturen, die dynamisch sind. Als dynamisch bestimmbare Strukturen nehmen Informationen auf und steuern das Handeln. »Das Schema nimmt Information auf, so wie sie an der Sinnesoberfläche zugänglich ist; und es wird durch diese Information verändert. Es dirigiert Bewegungen und Erkundungstätigkeiten, welche mehr Information zugänglich machen, wodurch es weiter umgeformt wird.«[391] Um der Organisation von Lernen und Lernverarbeitung innerhalb der Improvisation näherzukommen, ließe sich auch der Begriff des Schemas, wie ihn Hans Lenk entwickelt hat, zu Hilfe nehmen. Vermittels Lenks Begriff lassen sich diejenigen vom Subjekt vorgenommenen Konstruktionsbildungen beschreiben, »die von umfassender Bedeutung für alle über das flüchtige Einzelerlebnis hinausgehenden Verknüpfungen, Verbindungen, Vereinheitlichungen und Verallgemeinerungen sind.«[392] Wie eine Matrix der Orientierung trägt das Schema den Charakter eines Dispositionsnetzes.

Das Konzept des Schemas könnte dazu beitragen, zu verstehen, wie Improvisation als dispositionelles Handlungs- und Kognitionsnetz organisiert ist, das Erfahrungen in Echtzeit verarbeitet und für aktiv-reaktive Interaktionen fruchtbar macht und dabei den Horizont der Impro-Teilnehmer selbst modifiziert. Das bedeutet weiterhin, dass Improvisation nicht Alles ist: Improvisation kann nur dasjenige weiterverarbeiten, für das sie bereits Ankopplungselemente besitzt. Wie oben gezeigt, kann Improvisation dabei auf die kognitiven, sozialen, affektiven und technischen Ressourcen der Impro-Teilnehmer zurückgreifen (s. Kapitel 5.19.). Intentionalität und Kohärenz der Improvisation können jedoch auch durch formalisierende Maßnahmen außerhalb der Improvisation stimuliert werden, z.B. durch die Konzeption von Minimalstrukturen als Schema der

391 | Neisser, U., Cognition and Reality, San Francisco 1976, S. 54, zitiert nach Weick 1985, S. 223.

392 | Lenk 1995, S. 65.

Improvisationsvorgabe. Ein solches Schema ist als eine Art Minimallandkarte zu verstehen, die es der Impro-Combo ermöglicht, Leerläufe und Missverständnisse sowie Inkohärenzen zu vermeiden und einen gemeinsamen Zielkorridor zu bestimmen. Wenn wir uns ein Reglersystem vorstellen, so können wir sagen, dass je niedriger der Pegel der Struktur ist, desto höher müssen die Regler für Interaktion und Kommunikation hochgefahren werden. Improvisation benutzt darüber hinaus Mikrostrukturen auch so, dass das Ändern der Grundstrukturen der Performance möglich wird. Auch ist sie in der Lage, verdeckte, emergente Handlungsoptionen aufzudecken bzw. im Handeln aufzuzeigen, welche Praktiken die Struktur unterstützt, ohne dass dies vorher explizit sichtbar war.

Relationsnotationen bestehen aus der Bezeichnung untereinander verbundener Variablen und Interessennotationen, zeigen die Kausalverhältnisse dieser Relationen auf. Sie fassen zwar Kovariationen zwischen minimalen Strukturen einer mehrdeutigen Vorlage zusammen, bleiben aber in ihren Symbolen in sich selbst mehrdeutig. Diese Notationen sind nicht nur zur Speicherung gedacht (auf die dann eine Anwendung folgt), sondern das Üben mit Notationen erzeugt wiederum eine Erhöhung der Urteilskraft in Situationen. Personen, die sich häufig an Prozessnotationen üben, trainieren, diese zu verfertigen, sind dazu befähigt, zu erkennen und zu interpretieren, was in Situationen passiert. Bei Eingang von Mehrdeutigkeit und Unordnung der Situation bleiben sie in der Lage, sich in der Situation auszudrücken, sich anderen ausreichend verständlich zu machen und kooperativ Handlungsfähigkeit zu sichern. Notationen fassen die Variablen und Beziehungen eines Samples zusammen. Gewöhnlicherweise halten Menschen solche Notationen im Gedächtnis fest. So können Notationen im unterbewussten System der Verhaltensweisen sedimentieren. Um diese zu transformieren, braucht es immer die Anstrengung der Reflexion. Organisationen verlangen, dass Notationen festgehalten und in Regeln transponiert werden, die in Organisationen für Routinen sorgen. D.h. umgekehrt: wenn die Gestaltung von Notationen nicht von vornherein auf zukünftige Gestaltungen abzielt bzw. keine unabgeschlossenen Anschlussstellen produziert, kann es dann, wenn Organisationen sich ändern sollen bzw. wollen, zu erheblichen Problemen kommen.

Handelnde, die Improvisation nutzen, machen sich selbst beständig Vorhersagen, welche Variante der Notationkonstellation im nächsten Moment relevant sein kann bzw. sein könnte. Damit vertrauen sie dem Prozessverlauf und unterstellen vornherein diesem jene Rationalität, derer sie sich erst im Verlauf versichern können. Je öfter Handelnde mit Improvisation arbeiten, je mehr Erfahrung sie mit dem technologischen Modus des Improvisierens haben, desto sicherer können sie Vorannahmen treffen. Ein Weniger an Struktur zu Beginn der Handlung erfordert ein Mehr an Vertrauen in die Antizipation von Handlungsverläufen. Wenn umgekehrt Improvisierende kein Vertrauen in die organisierende Fähigkeit ihres Handelns und des Handelns der in der Situation

Mitagierenden besitzen, sinkt der Grad der zugeschriebenen Sinnhaftigkeit und produziert Handlungen, die wiederum weniger Sinn aufweisen. Somit ist Improvisation auch mentales Modell: Handlungen hängen von den Haltungen ab, die man zur Handlung hat. Auch sind sie auf die mentale Fähigkeit angeweisen, nach Variablen, Strukturen in einer Situation Ausschau zu halten, und die Beziehungen, die diese Variablen untereinander haben, zu erschließen. Improvisation benötigt sowohl Vertrauen in sich selbst als auch in andere. D.h. der Umgang mit Mehrdeutigkeit und Unordnung einer Situation erweist sich sowohl als sozialer wie auch als individueller Prozess.

Notationen, die eher auf zukünftige Improvisationen als auf Routinen ausgerichtet sind, lassen sich als Annäherungen bestimmen, die auf Wahrscheinlichkeiten zielen. Genau weil Unvorhersehbarkeit Teil der Situation bleibt, ist es notwendig, dass die in einer Situation Improvisierenden einen Konsens darüber erzielen, mit welchem Material die Gruppe als Organisation zu tun hat und wie dieses zu behandeln ist. Wobei mitgedacht sei, dass dieses Material auch im Handeln als Design mitproduziert wird. Die Improvisierenden versuchen also, ihre Handlungen zu synchronisieren, in einen kooperativen Fluss zu bringen, um mit Unvorhersehbarkeit umzugehen. Improvisationen haben die Routine, Routine zu hinterfragen – was auf Routinen destabilisierend wirken kann, denn Routinen bestehen aus zugeschriebenen Standarisierungen, die durch die Tatsache gestützt werden, dass die Organisationsmitglieder Situationen meiden, in denen sie etwas über eben diese Standarisierung erfahren könnten. Um also eher Improvisationen als Routinen anzusteuern, entwickeln Organisationen Routinen auf der Metaebene, also auf der Ebene, wo geordnet und der Fluss in einen groovenden Rhythmus gebracht wird.

Beigegebene Ordnung

Wichtig bleibt, dass die Ordnung des Prozesssamples eine ihm zugefügte, eine in den Prozesssample hineingefilterte, sprich: nicht eine gegebene Ordnung darstellt. Somit ist sie eine Ordnung von vielen möglichen. Gerade weil Prozesssamples durch andersartige Kriterien, Kategorien verknüpft und bearbeitet werden können, ist es wichtig, diagrammatisch Prozesskataloge zu erstellen (s. Kapitel 7.8.), die genau dies im Blick haben und damit zukünftige Retention erleichtern. Von Kant wissen wir, dass Ordnung nur dort ist, wo wir eine vorgefasste Annahme darüber haben, was Ordnung sein soll und nicht umgekehrt Ordnung als etwas erkannt wird, das außerhalb unserer Vorannahmen existieren würde. So sind z.B. Naturgesetze eine Art und Weise, Natur zu interpretieren und nicht zu entdecken, was sich in der Natur real abspielt. Ordnung wird produziert. Wenn Ordnung produziert werden muss, um als Orientierung für zukünftiges Handeln zu funktionieren, dann bedeutet dies, dass Ordnung keine Tatsache darstellt, sondern eine gewisse Art und Weise, Wissen zu organisieren. Insofern ist Improvisation als konstruktiver Umgang mit Unordnung Handlung, die auf der Annahme basiert, dass Ordnungen Möglichkeiten von Interpretationen darstellen. Die Funktion von Improvisation besteht darin, Wissen so zu organisieren, dass Mehrdeutigkeit auf der ersten Ebene des Prozesses und Ordnung auf der Metaebene des Prozesses entsteht und möglich ist. Das verlangt, darüber zu reflektieren, und explizit, also öffentlich zu machen, welche vorgefassten Annahmen in Bezug auf Ordnung vorliegen.

Rezepte

Wenn Prozesse als Episoden sozialer Interaktion vorzustellen sind, lohnt es sich, nach Rezepten, Bedienungsanleitungen für Prozesse zu suchen oder solche zu erfinden. Wie lassen sich Rezepte näher bestimmen? Man könnte sagen, Rezepte bilden den Energiekern von Organisationsprozessen. Wir können uns Rezepte als Montageanleitung, als Versuchsregelung für Prozesse vorstellen. Als Energiekerne bündeln sie Wissen und Vektoren in minimalen Strukturen und multiplen Funktionszusammenhängen. Auf diese Weise sind sie für das strukturelle Ermöglichen des Funktionierens der Beziehungen von Strukturen, Variablen und Interessen verantwortlich. Rezepte können wir demnach auch als Vektorfeld oder als Diagramm bezeichnen, das nicht direkt beschreibbar, aber aufgrund seiner Wirkungen zu orten ist. Ein Rezept ist Vektorfeld, weil es, als Ausdrucksschema, Handlungen eine Richtung gibt, Handlungsdirektiven enthält. Rezepte dienen Menschen als Orientierungskompass, um sich in komplexen Situationen zu orientieren. Weick beschreibt Rezepte, mit Verweis auf Schütz, auch als Interpretationsschemata. »Ein Rezept dient als Interpretationsschema dadurch, dass es eine automatische Erklärung dessen liefert, worauf in bestimmter Weise handelnde Leute aus sind.«[393] Ein Rezept, als Vektorfeld, strebt mit seiner Energie auf eine spezifische Art und Weise in bestimmte Richtungen. Eine Person, die sich an ein Rezept hält oder ein spezifisches Rezept entwickelt, wird sowohl mit den Effekten, Ergebnissen dieses Rezeptes identifiziert als auch mit der Ästhetik des Rezeptes. Es ist klar, dass Rezepte ihren expressiven Modus nicht offensichtlich zeigen. Der Interpretationsmodus bedarf deshalb einer zusätzlichen Reflexion über Interessenvektoren, die aus dem Vektorfeld des Rezeptes herauszufiltern sind.

Rezepte liegen als Bündel von Handlungsempfehlungen vor. Das ermöglichende Potential von Rezepten entfaltet sich erst dann, wenn improvisatorisch mit Rezepten gearbeitet wird. Improvisation kann hier verstanden werden als Fähigkeit zum offenen Organisieren und Koordinieren von Handlungsempfehlungen. Wenn wir technologisch improvisieren, wenden wir Rezepte nicht nur an, sondern reflektieren sie mit, denn Improvisieren ist Handlung, die ständig

393 | Weick 1985, S. 70.

mit einem Metalernen verkoppelt ist (s. Kapitel 7.9.). Improvisation im Modus 2 agiert im Handeln reflexiv. Weder verzichtet sie auf Reflexion noch lässt sie sich auf eine Intuition reduzieren, die aus (hypostasierter) Unmittelbarkeit sich begründet. Sie agiert vielmehr mit einem Mehraufwand von Reflexion, da sie ihre eigene Rahmung performativ mitdenkt. Ohne das ständige Hinterfragen und Koordinieren von Rezepten und Rezeptbündeln können wir nicht improvisieren. Das bedeutet auch, dass wir für Improvisation ein Bewusstsein für die in einer Situation befindlichen Rohmaterialien (einschließlich unserer eigenen Person, d.h. sBefindlichkeit, Körperlichkeit) entwickeln müssen. Mit Rezepten arbeiten heißt dann, Rohmaterialien durch die in Improvisation Handelnden kollektiv so zu prozessieren, dass die Rohmaterialien als Muster geortet und diagrammatisch für Handlung nutzbar gemacht werden können. Als Vektorlinie, die in allen Rezepten mitläuft, ist implizit mitzudenken, wie Muster eine maximale Variationsbreite erhalten und erzeugen.

Die Organisationsform Improvisation dient dazu, mit der Unordnung und Mehrdeutigkeit des Prozesses als Fluss in der Zeit umgehen zu können und zwar in einer konstruktiven Weise. Es sei immer mitgedacht, dass genau dasjenige, was in einem solchen Prozess als konstruktiv oder ordentlich interpretiert wird, Gegenstand von Reflexion und Verhandlung ist. Der Nachteil von Improvisation ist also, dass sie die Komplexität von Situationen erhöht. Ihr Vorteil besteht darin, dass Improvisation den Umgang mit Komplexität erleichtert. Improvisationen als Prozesse werden »aus Flüssen zusammengesetzt, richten sich auf Flüsse und fassen Flüsse zusammen.«[394] Das Politische an Improvisation äußert sich somit auch darin, dass Improvisatoren, um überhaupt arbeiten zu können, entworfene und angewendete Rezepte, Schemata und Regelungen daraufhin prüfen, wie diese ins Spiel gebracht werden und wer darüber wie entscheidet.

Interaktionszyklen sind nach Weick der stabile Teil von Organisation. Auch Interaktionszyklen sind mit Interessenvektoren verbunden und zwar in den Verbindungslinien der Skalierung: Sie können relationale, mehrdeutige Ereignisse in Handlungsmaterial umwandeln, die in größere Einheiten zusammengefasst werden. Das heißt, Rezepte haben die Funktion, Prozesssamples zu größeren Blöcken zusammenzufügen. Diese Rezepte lassen sich als Rezepte zweiter Ordnung bezeichnen. Sie dienen dazu, ineinandergreifende Prozesssamples, die bereits gesichert und gefiltert wurden, im Hinblick auf ihre Nutzung für zukünftige Prozesse zusammenzufügen. Wenn wir solche Sampleblocks gestalten, können wir von Metarezepten, Metaprogrammen sprechen. Wichtig ist, dass die Regeln, die in einem Programm benutzt werden, den Prozess konstruieren und damit als existent unterstellt werden. Wir nehmen das

394 | A.a.O., S. 71.

an, was als Hintergrund, als Steuerung dient und damit auch die Existenz des Prozesses sichert.

Regeln, als Subelemente von Rezepten, erzeugen die Kriterien, die die Koordination von Rohmaterialien und Interaktion steuern und damit die Auswahl aus dem Katalog aller in einer spezifischen Situation möglichen Interaktionszyklen auswählen. Um in der Koordination von Prozesshandlung und Rezept die Handlungsfähigkeit von Improvisation aufrechtzuerhalten, müssen wir uns Muster vorstellen, die die Wechselwirkung von Programm mit der Unordnung und Mehrdeutigkeit des Prozesses modulieren und navigieren helfen. Denn es gilt: je größer das wahrgenommene und interpretierte Maß an Mehrdeutigkeit und Unordnung, desto geringer die Anzahl angewandter Strukturen und Regelungen. D.h. auf der Strukturebene wird vereinfacht und auf der Variationsebene verkompliziert.

Wenn ein Prozess einen hohen Grad an Unordnung oder Mehrdeutigkeit aufweist, wird oft versucht, die Situation zu entschärfen: Regelung von außen zu erhöhen, Strukturen zu verfestigen und Ordnung zu implementieren. Das ist verständlich, denn wenn ein Prozess als hochgradig mehrdeutig gelesen wird, steigt die Unsicherheit darüber, wie er aufgebaut und wie er zu behandeln ist. Dies macht es wiederum schwieriger zu beurteilen, welche der bereits gesichteten Prozesssamples, Muster und welches Programm anzuwenden sind. In diesem Fall ist jedoch häufig die gegenteilige Strategie die richtigere: je höher der Grad an Unordnung und Mehrdeutigkeit, desto geringer sollte die Regelung und die extern gestaltete Ordnung ausfallen, um Handlungsoptionen offenzuhalten. Improvisation wäre in diesem Zusammenhang als derjenige Modus von Organisation zu bezeichnen, der den höchsten Grad an Mehrdeutigkeit zulässt.

An dieser Stelle zeigt sich die pragmatische Relevanz des Imperativs der Improvisation: Wenn wir einen Prozess konstruieren und koordinieren wollen, müssen wir zuerst das Ausmaß von Mehrdeutigkeit und Unordnung einer Situation beurteilen, um dann zu beurteilen, welche Regeln angewendet, welche Strukturen bereitgestellt, welche Rahmungen vorgenommen werden müssen. Das heißt auch, von jeder Situation und der in ihr vorhandenen Rohmaterialien wird angenommen, dass sie, im zeitlichen Verlauf des Prozesses, Auswirkungen auf die Regeln und Strukturen, ja u.U. sogar auf die Rahmung haben. Wenn wir weniger Regeln, Strukturen verwenden und eine einfachere Rahmung zulassen wollen, müssen wir mehr über eine Situation und ihre Bedingungen wissen. Das heißt, wir müssen uns intensiver mit der Analyse und der Art und Weise befassen, wie wir den Prozess so gestalten, dass er trotz Mehrdeutigkeit, Unvorhersehbarkeit und Unordnung handhabbar bleibt.

Daraus folgt: Die Beziehung zwischen der wahrgenommenen und interpretierten, also der erkannten Mehrdeutigkeit eines Prozesses und die Vorbereitung auf diesen Prozess können als proportional bezeichnet werden. Je höher der Grad an Mehrdeutigkeit, desto höher der Aufwand an Vorbereitung.

Es klingt paradox, macht aber doch Sinn: Um improvisieren zu können, also um das Unvorbereitete zu tun, muss man sich umso mehr vorbereiten! Dies in zwei Modi: dem Modus der Analyse und Beobachtung und dem Modus der Handlungsfähigkeit in offenen Situationen, d.h. Befähigung zum Koordinieren von Handlungen unter schwacher Regelung, minimaler Strukturierung und einfacher Rahmung.

Der Inhalt von Rezepten und die regulative Energie ihrer Vektoren unterscheiden sich nicht nur von Situation zu Situation, sondern sind auch von Befähigung der Mitimprovisierenden abhängig. Die schlechte Nachricht lautet also: Improvisation muss geübt werden. Die gute Nachricht ist: Im Eingang von offenen Prozessen selbst kann Improvisationsfähigkeit gelernt werden. Wie aber übt man Improvisation? Indem man erstens Handlungsverläufe in *Minimal Samples* teilt und so basale Strukturen von Handlungen in den Griff bekommt. Zweitens können Situationen modellhaft durchspielt und künstlich verkompliziert werden und dadurch als Training im Umkombinieren von Handlungssequenzen zu neuen Interaktionszyklen wirken. So entsteht organisationales Lernen auf der zweiten Stufe. Man lernt nicht, mit einem bestimmten formalen Ansatz ein Produkt herzustellen, sondern mit einem vorhandenen Katalog an Mitteln neue Verknüpfungsweisen zu kreieren.

Metaebene des Improvisierens

Wer improvisieren will, denkt also immer die Metaebene mit, macht sich Gedanken darüber, welche Regel gilt, um Regeln auszuwählen und zu produzieren. Um Unordnung einer Situation zuzulassen und mit ihr konstruktiv umzugehen, wird die Ordnung auf der Metaebene erhalten, also dort, wo wir uns darüber bewusst werden, wie Organisieren funktioniert. Auch oder gerade weil Zielerklärung retrospektiv sein kann, fordert Improvisation umso mehr: Die Teilnehmenden der Improvisation hinterfragen, warum und unter welchen Bedingungen sie teilnehmen. Was auch heißen kann: Sie nehmen Teil, um Bedingungen und Motive auszuhandeln = die Arbeit auf der Metaebene mitzudenken.

Improvisationsteilnehmer sind dann Handelnde, die sich dem Handeln so aussetzen, dass es sie selbst beeinflusst. Um eigene Handlungen als konkretes Material zu verwenden, ist es nicht unwahrscheinlich, dass improvisierende Organisationen immer und immer wieder mit sich selbst reden, um herauszufinden, was sie eigentlich machen. Das bedeutet auch, permanent zu kritisieren und zu zweifeln, womit die Improvisation ihre eigenen Krisen selbst hervorbringt. Der Vorteil ist, dass die Krisen sofort Teil der Arbeit sind. Es macht das Wesen von Improvisation aus, dass Improvisierende ihre eigenen Fehler, Unangepasstheiten, Schwierigkeiten, Unvermögen ins Spiel bringen können. Sie nähren so beständig systematische Zweifel daran, ob vergangene Regelungen für gültig befunden werden können. Das hat den Nachteil, dass Organisation beständig destabilisiert wird. Die Kunst des Improvisierens ist es aber, genau dann noch handeln zu können. Und der Vorteil liegt darin, dass man in der Lage ist zu vermeiden, von seinen eigenen Plänen und Methoden, also von der eigenen Rationalität hereingelegt zu werden oder wenigstens zu thematisieren, dass dies geschieht. Gerade in der nicht rein-rationalen Form des Improvisierens wird der Versuch unternommen, einem größeren Teil der Realität Sinn und Kohärenz zuzuordnen, als wir es bei engeren Zielkorridoren tun.

Groupthink

Wir sagten: Notationen liegen nicht nur materiell als Diagramme vor, sondern existieren auch als kognitive Karten in den *Mind Sets* der Handelnden. Dies ist jedoch nicht nur ein subjektiver Vorgang. Improvisation geschieht vor allem in gruppenorientierten, organisatorischen Situationen. Wir haben auch gesagt, dass Improvisation dasjenige Organisationsmodell ist, das den höchsten Grad an Mehrdeutigkeit zulässt.

Es ist richtig, dass sich die Notationen der Handelnden unterscheiden; jeder im Team bildet seine eigenen Orientierungsmatrizes aus. Improvisation sucht diese Differenzen nicht auf eine normierte Gesamtform zu reduzieren, sondern die Mehrdeutigkeit, Differenz als Potenzial zu nutzen. Das heißt auch: Improvisation braucht eine besondere Betonung der Koordination. Man könnte, wie Weick es tut, davon ausgehen, dass diese Koordination an einen Konsens zwischen den Teilnehmern gekoppelt ist, »bezüglich dessen was geschehen ist und was damit getan werden soll.«[395] Wir hingegen bestimmen Improvisation als einen konflikthaften Prozess des Aushandelns, bei dem schon die Metaebene des Verhandelns mit gedacht ist. Erst wenn die Auseinandersetzung darüber stattgefunden hat, was geschehen ist und was damit getan werden soll, kann Improvisation gelingen, geschehen. Entscheidende Handlungen improvisierender Organisationen bestehen dann darin, wie sie die Interpretation von Ereignissen aushandeln. Wie geschieht das? Indem die Organisationsmitglieder über das Vektorfeld reflektieren, also danach fragen, welche Variablen und welche Beziehungen für spezifische Situationen gelten. Diese Verhandlungen erzeugen jene Überlappungen der Notationen, die die Improvisation weitergehen lassen und unterstützen. Improvisation ist individueller und auch sozialer Prozess: Improvisation lebt sowohl von der eigenen Weiterentwicklung, Transformation und Disziplin (dem Üben) als auch von den interaktiven Handlungsabläufen, in denen voneinander gelernt wird und Notationen koordiniert werden. Wir sagten oben, dass Sinngebung nicht nur der Handlung nachsteht, sondern auch in die subjektive Perspektiven der Individuen eingebettet ist. D.h. umgekehrt:

395 | A.a.O., S. 206.

Improvisatoren können ihre subjektive Perspektive so strukturieren, dass die Strukturen während des interagierenden Handlungsverlaufs von bereits geschehenen Ereignissen strukturell überlagert werden. Das erhöht die Anzahl an strukturellen Anschlussmöglichkeiten für die Beteiligten. Es ist klar, dass diejenigen, die über die meiste Erfahrung im Improvisieren in Organisation verfügen, die größte Zahl an Anschlussmöglichkeiten erzeugen.

Improvisation gestaltet Vektorfelder, und das Resultat dieser Gestaltung zeigt sich als eine mehrdeutige Skizze. Improvisation muss immer skizzenhaft (als diagrammatische Notation) bleiben, um Anschlussmöglichkeiten zu generieren. Ob mit materieller oder kognitiver Notation: die Improvisierenden differenzieren aufgrund vorheriger, qualifizierter Erfahrungen, diese Skizze aus und machen sie nutzbar. Improvisation gibt keinen Plan vor, sondern fordert, anhand von minimalen Strukturen, minimalen Erinnerungen, ein aktives Erstellen von Handlungsverläufen aufgrund von Optionalität. Diagrammatische Notationen helfen der Urteilskraft, die skizzenhafte Gestaltung in eine Struktur von Variablen zu ordnen, die vektoriell durch Kausalbeziehungen verknüpft sind. Das Urteilen besteht darin, die Angemessenheit dieser Kausalbeziehungen zu prüfen, und zwar immer sowohl pragmatisch, d.h. im Hinblick auf die praktische Anwendbarkeit, als auch strategisch, also im Hinblick auf die Entwicklung des relationalen Vektorfeldes selbst. Rückschau, Handlung und Antizipation konvergieren so als improvisatorischer Raum. Hier ist der Begriff des Feldes angemessen: »Zu jedem gegebenen Zeitpunkt wird mehr als ein Informationsstück bearbeitet; die verschiedenen Stücke befinden sich in verschiedenen Stadien des Organisationsprozesses.«[396] Die verschiedenen Inputs beeinflussen einander in der Form, dass die einem Input zugewiesene Interpretation den Sinn eines anderen Input verändern kann. Der Deutungshorizont eines jedes Samples, eines jeden Segments des Organisierens wird wiederum durch den Kontext des vektoriellen Feldes beeinflusst. In dem Feld finden permanent Aktionen statt: hier bearbeiten organisationale Akteure Samples, nutzen, lesen oder verändern Notationen, speisen Informationen ein, erstellen und verhandeln Deutungen.

Ökologie der Improvisation lässt sich bestimmen a) als der Umfang der Transformation, die Energie der Urteilskraft, mit der gestaltet wird und Gestaltung gesteuert wird und b) als die unterschiedlichen Stadien, in denen Veränderung geschieht. Wenn wir hier in Variationen, Samplings, Mappings denken, könnte der Einrduck entstehen, es würde rein linear-sequenziell vorgegangen. Das ist aber mitnichten der Fall: zu jedem Zeitpunkt der Improvisation geschehen mehrere Prozesse gleichzeitig. Es ist nur zur Analyse wichtig, sich komplexe Ereignisse in überlagerte Sequenzen, Serien, Reihen kataloghaft einzuteilen, um sie später intuitiv zu komplexen Handlungen zusammenzusetzen. Das Se-

396 | A.a.O., S. 209.

quenzieren, also das Fokussieren auf bestimmte Teilparameter und Teilstücke, könnte man in Anlehnung an die Musik als Form des Übens bezeichnen. Wichtig ist hier, zwischen phänomenologischem und handlungsorientiertem Ansatz zu unterscheiden. Phänomenologisch gesehen ist Improvisation ein vernetzter, mehrdeutiger und überlappender Verlauf. Handlungsorientiert betrachtet wird nach Anschlüssen gesucht, um neue Handlungsketten in Gang zu setzen, weiterzuführen oder neu zu beginnen.

Fassen wir zusammen: Improvisieren heißt: permanent Gestalten. Gestaltung ist nach Weick »Handeln, das Rohmaterialien produziert, die anschließend mit Sinn belegt werden können.«[397] Der hier implizierte Begriff des Prozesses bezeichnet keine unwandelbare Substanz, sondern eine fortbestehende offene Form, die Rahmen, Rezepte, Schemata, Regeln für Beziehungsgeflechte und Interaktionen in der Zeit bilden. Prozess ist kein Ding, Objekt, sondern zeitlich ausgedehnte Relation. Es stimmt, dass aus diesem Grund Prozesse schwierig zu beschreiben und zu fassen sind. Das macht sie nicht weniger wichtig. Denn Prozess als Transformation ist der Kern dessen, was Organisation ausmacht. Die Vorstellung von Organisation als Prozess impliziert ihre Kontingenz, ihre Unbeständigkeit. Wir geben dieser Auffassung von Organisation den Vorrang, weil sie davon ausgeht, dass Organisation nicht an sich existiert, sondern performativ ist. Das meint, sie wird permanent neu produziert. Das Handlungsmodell, diese permanente Produktion von Organisation zu bespielen heißt: Improvisation (als Technologie).

397 | A.a.O., S. 194.

8. Resümee

Improvisation im Modus 2 – Improvisationstechnologie als neues organisationales Modell?

Nachdem die Organisationstheorie der 80er-und 90er-Jahre vor allem damit beschäftigt war, die Unbestimmtheit als Fakt anzuerkennen, geht es jetzt um die Fragestellung, wie überhaupt Organisationen im Kontext von Unsicherheit agieren oder wieder Zugang zur Handlungsfähigkeit bekommen können. Müller konstatiert: »Die organisationsexterne Umwelt ist durch ein bestimmtes Maß an Komplexität und Unsicherheit sowie Schnelligkeit von Veränderungen gekennzeichnet [...]. Dieses Maß bestimmt [...] die Notwendigkeit zur Improvisation.«[1] Improvisation wird also an Bedeutung in all jenen organisationalen Komplexen zunehmen, in denen Unbestimmtheit, Kontingenz und Differenz vorherrscht. Wenn Improvisation notwendig ist, dann lohnt es sich, darüber nachzudenken, wie man aus dem Modus 1 der Reparatur in den Modus 2 der Improvisation als Metalernen hineinkommt und sich so antizipatorisch die Möglichkeit des Handelns aneignet. In diesem Sinne definiere ich Improvisation im Modus 2 (= Improvisationstechnologie) als Handlungsmodell zum konstruktiven Umgang mit Unordnung in Gemeinschaft. Improvisationstechnologie erkennt Unordnung an – im Sinne von zunehmender Komplexität, Ambiguität und Unvorhersehbarkeit – und »versucht mit den Potentialen, die in einer Situation vorhanden sind, zu arbeiten. Improvisation bedeutet dann, mit den Materialien der Wirklichkeit zu arbeiten und gleichzeitig diese Wirklichkeit mit zu gestalten.«[2]

Während sich Umweltbedingungen von Organisationen rasant wandeln, wird es für Organisationen zunehmend schwieriger, an Planungen festzuhalten, die zu einem bestimmten Zeitpunkt x entworfen wurden. Mit dem Maß an organisationsexterner Komplexität erhöht sich auch die Notwendigkeit zur

1 | Müller 2007, S. 271.

2 | Ebda.

organisationsinternen Improvisation – als lernbare Handlungskompetenz.[3] Es entsteht die paradoxe Situation, dass Organisationen dasjenige, was sie ausmacht, nämlich Routinen auszubilden, konstruktiv unterlaufen müssen. Das heißt, dass Handlungsmuster reversibel und wandelbar zu gestalten sind, um Korridore multipler Optionen offenzuhalten. In diesem Zusammenhang geraten traditionelle Organisationstheorien bzw. -formen wie etwa tayloristische Managementkonzepte zunehmend unter Legitimationsprobleme. Während Unsicherheit zunimmt, wird der Bedarf an Sicherheit immer größer. Die Spannung zwischen Sicherheitsbedürfnis, das einerseits durch Planung befriedigt werden soll und der realen Erfahrung von Unsicherheit andererseits, wird zur Zerreißprobe für Organisationen und ihre Akteure. Unbestimmbarkeit, Mehrdeutigkeit und Unvorhersehbarkeit können immer weniger ausgeblendet werden. In Frage steht nun, wie Organisationen in komplexen und unbestimmten Situationen Pläne überschreiten und Unbestimmtheit zur Ressource machen können. Dazu gilt es, strukturell so zu arbeiten, dass Prozesse offen und gleichzeitig stabil gehalten werden. Um dies zu leisten, wird es unabdingbar, die Tabula-rasa-Haltung von Planung abzulegen und verstärkt die strukturelle Wahrnehmung und Durchleuchtung prozessualer Transformation ebenso wie die Konstitution der Neuarrangements von in Situation vorhandenen Akteuren, Aktanten, Kollektiven, Materialien und Ressourcen als Handlungskunst in den Blick zu nehmen: das Prinzip Improvisation als Technologie. Mit Improvisation als Technologie wird, gegenläufig zur Dichotomie zwischen dem mittelbaren Streben nach Sicherheit durch Planung und Berechnung einerseits und der unmittelbar erlebten Erfahrung der Unsicherheit andererseits eine dritte Option vorgeschlagen. Es konnte aufgezeigt werden, dass diese Option sich nur dann als tragfähig erweist, wenn sie eine Neukonzeptionalisierung von Organisation mit sich führt.

Mit dem oben am Performanzparadigma skizzierten Wandel der Gesellschaft stehen Organisationen vor neuen Herausforderungen. Transformation und Unbestimmtheit können immer weniger als etwas zu Bewältigendes verstanden werden, sondern werden zum Status quo. Die Annahme, man könne durch ein Mehr an Planung Unbestimmtheit und Unsicherheit bewältigen, wirkt nicht nur dysfunktional, sondern wird auch zunehmend zum Hemmnis für Wandel. Turbulente Umgebungen führen Organisationen mehr und mehr in widersprüchliche Prozesse hinein: Reflektion steht gegen Lernen, Lernen gegen Handlung bzw. Geschwindigkeit, Unbestimmtheit gegen Planung, Entscheidung gegen Unbestimmtheit usw. Gleichzeitig kann aus dieser Perspektive weder Organisation noch dem organisationalen Subjekt der Charakter einer vorgängigen Form bzw. Wirklichkeit oder abschließbaren »Entität« zukommen. Organisationen konstituieren sich ebenso wie Individuen nicht vorgeordnet

3 | Vgl. Müller 2007, S. 271.

sondern situativ. Unser Ansatz der Improvisation als Technologie geht in diesem Zusammenhang davon aus, dass es sich hier nicht a priori um destruktive Widersprüche handelt, sondern um Komplexität: um eine Unordnung, die konstruktiv genutzt werden kann. Nicht mehr die starken Signale der Umgebung sondern die schwachen Signale, die minimalen Strömungen und *Flows* von Handlungen und Kommunikation stellen die Wegweiser für anschlussfähige Entscheidungen dar.

Organisationen sehen sich immer häufiger dem Druck ausgesetzt, sich selbst und ihre Umgebungen in einen Zustand zu versetzen, in dem Routinen wieder funktionieren. Anders gesagt: Organisationen, die vormals zur Aufrechterhaltung von bestimmten Routinen in der Veränderlichkeit der Umwelt eingerichtet wurden, stehen heute vermehrt selbst unter dem Zwang, eben jene Routinen in Frage zu stellen. Dies führt oftmals zum Versuch, vermittels eines »Mehr an Planung« der unordentlich sich zeigenden Lage Herr zu werden – was wiederum zu einer Konfrontation mit jenen Dilemmata des Realen führt, denen sich Organisation durch Planung zu entziehe suchte. Gleichzeitig aber entfernt sich paradoxerweise Organisation durch ihre planimmanente Externalisierungsstrategie von den Potentialen, die in realen Bedingungen vorzufinden wären. Eine improvisierende Organisation hingegen agiert genau umgekehrt: sie versucht Situationen anzuerkennen, in diese hineinzukommen, den Plan zu überschreiten und sich so Zugang und Kontakt zur Materialität der Situation selbst zu verschaffen. Sie scannt die Möglichkeiten und die Potenziale, die in einer Situation vorhanden sind, um diese anschlussfähig und nutzbar zu machen. Das bedeutet weiterhin: wenn Organisationen der Zugang zu dem Potenzial der Improvisation verwehrt ist, wenn sie Mehrdeutigkeit durch Ordnung und Improvisation durch Routine ersetzen muss, bekommt sie Probleme, ihre Befähigung zur differenzierten Wahrnehmung von und aktivem Umgang mit dem Wandel aufrechtzuerhalten.

Improvisation folgt dem Diktum Latours[4], dass man nicht mehr externalisieren kann. Für uns ist daher der Raum der Organisation kein Raum, in dem man bestimmt, was schon da ist, sondern er ist ein Raum, der durchdrungen ist von Möglichkeiten, ein Feld der zu antizipierenden Optionen. Traditionelle Organisationstheorie versteht den organisationalen Handlungsraum als objektiv-rationales Gefüge, das nur dann durchbrochen wird, wenn »etwas schief geht«. Wenn dies passiert, repariert man die Situation, und alles kann wie geplant weitergehen. Diese Art, solche komplexen Situationen zu lösen, könnte man als *Improvisation erster Ordnung* bezeichnen. Die *Improvisation erster Ordnung* agiert allein als reaktives, reparierendes, den Mangel ausgleichendes Prinzip, das auf Externalisierung von Wirklichkeit beruht. Unser Anliegen hingegen ist es, die Produktionsweise der aktuellen organisationalen Realität aufzuzeigen, also die

4 | Latour 2005.

Organisationsproduzenten in ihrer Subjektivierung mit zu thematisieren. Wie geht das? Anhand der *Improvisation zweiter Ordnung*: dem Überführen erlernter Regeln und Praxen in ein antizipatorisches Konzept, das nicht auf Planung oder Rahmung verzichtet, sondern diese transversal zu überschreiten sucht – und zwar als permanentes Experiment und andauernde Navigationsübung, die mal mehr und mal weniger krisenhaft ist. *Improvisation zweiter Ordnung* ist Organisationsproduktion als Kreation genau weil Improvisation – das legt der Begriff bereits nahe – als Methode mehr im Sinne einer nicht standarisierbaren Techne, Kunst zu bestimmen wäre. Deshalb definiere ich Improvisation im Modus 2 als Improvisationstechnologie. Diese zeigt sich als Metasozialtechnologie, die die Handlungsverläufe der Organisationsproduktion zu organisieren hilft. Man kann sagen: Improvisation als Technologie ist als *techne* eine Handlungskunst, die als -logie um sich weiss. Solche Handlungskunst kann als lernend so sich positionieren, dass sie sich in die Lage versetzt, Handlung in der Art zu organisieren, dass Situationspotenziale sichtbar und voll ausschöpfbar werden: »[T]he main point is that there appear to be important lessons to be learned from the way improvisation in the arts redefines the concept of structure to permit creativity, innovation and continuous learning.«[5] Improvisationstechnologie ist aber zugleich Wirklichkeitsauffassung, Ontologie der Transformation, die den Akzent vom Objekt zur Beziehung und von der Beziehung zum Prozess verschiebt.

Als Technologie erweist sich Improvisation, wenn sie zum einen als Organisationselement aus ihren Handlungsverläufen Informationen generiert, die sie den Handelnden wiederum zur künftigen Orientierung zur Verfügung stellt und zum anderen, wenn sie konstruktive Auswirkung auf die Mehrdeutigkeit einer Situation hat. Als Technologie schafft Improvisation eine große Menge an Rohdaten, was es für die Improvisatoren in noch stärkerem Maße erforderlich macht, die Analyse zu organisieren, also Rohdaten so einzuklammern, dass die Handlung nicht nur möglich bleibt, sondern auch erfolgt. Bei der Improvisationstechnologie geht es deshalb um die Entwicklung einer Improvisationskultur in der Organisation, die diese feinen Strömungen und Potenziale komplexer Situationen in- und außerhalb der Organisationen anerkennt, sicht- und nutzbar macht. Handelnde werden zu Beobachtern und umgekehrt. Donald A. Schoen nennt dies den »Reflective Practitioner«[6]. Für den »Reflective Practitioner« gibt es vieles, das falsch gemacht werden kann, aber es gibt keine Fehler an sich. Bei der Improvisation wäre Komplexität Bedingung für die Fehlerfreundlichkeit von Systemen; Fehler wirken als Generatoren neuer Lösungen. Bedingung dessen ist, mit Weick[7] gesagt, die Vorbereitung auf das Unerwartete. Improvisation

5 | Kamoche und Cunha 2001, S. 756.

6 | Schön 1983.

7 | Weick und Sutcliffe 2003.

geht davon aus, dass die Koordination von Operationen und Beobachtungen offenbleibt: Komplexität wird zum Katalysator multipler Lösungsansätze, die sich im Prozess der Handlung selbst generieren. Dies impliziert auch, dass wir uns als Beobachter stets in die Analyse mit einbeziehen, das zu untersuchende Verfahren auf uns selbst anwenden. Das Gebiet, auf dem wir die Improvisation handhaben, bestimmt die Organisation sowohl in ihren organisationalen Kategorien als auch – und das wird zunehmend zum Entscheidenden im Komplex organisationaler Performanz – ihren kulturellen Formen.

Eine zentrale Kritik an der traditionellen Konzeptualisierung von Organisation besteht darin, dass deren Denkfiguren nicht berücksichtigen, wie Handlungen Strukturen hervorrufen können. Ferner ziehen sie nicht in Betracht, dass Form aus Bewegung entstehen kann. Genau deshalb ist es Organisationen oft unmöglich, in Situationen vorhandene Ressourcen voll auszuschöpfen: Wenn Organisation Ressourcen keinen strukturellen Wert zuordnen kann, sieht sie sie einfach nicht, kann sie nicht interpretieren. Genau deshalb spricht Weick davon, dass es heute weniger darum geht zu entscheiden, sondern zu lernen, im Handlungsverlauf interpretieren zu können, um so aus dem Prozess heraus zu handeln.

Diese Arbeit setzt jedoch weniger ein anderes Arbeiten als vielmehr völlig neue *Mind Sets* und Methodologien des Arbeitens voraus.

Die kritische Auseinandersetzung in Kapitel 1. bis 6. hat aufgezeigt, dass es nicht ausreicht, Organisationen als performativ bzw. prozessual zu bestimmen. Improvisationstheorie zeigt an, dass es nun darum gehen muss, Organisationen performativ-prozessual zu bespielen, ohne sie formal abzuschließen. Improvisationstechnologie kann in diesem Zuge als ein Handlungsmodell gelten, das solches zu leisten im Stande ist. Improvisation im Modus 2 sichert die Unabhängigkeit der in ihr enthaltenen Strukturen als Wert und bewahrt gerade auf diesem Weg die Feinheit der Gestaltung. Wer Improvisation übt, übt Muster zu erkennen, die andere übersehen, und diese Muster pragmatisch und subtil zu nutzen bzw. wieder in organisationale Prozesse einzuspeisen. Daraus wird deutlich, dass Improvisation nicht, wie oft gemeint, weniger Zeit und weniger Planung braucht. Das Gegenteil ist der Fall: Der konstruktive Umgang mit Unordnung als kooperative Überschreitung des Plans ist potenziell schwieriger, kostet mehr Zeit an Vorbereitung und Nachbereitung. Auch kann eine zu große Offenheit den Prozess schwächen und richtungslos machen. Deshalb verlangt Improvisation eine hohe Konzentration auf koordinierende Maßnahmen und Interaktion.

Aus den Analysen wurde deutlich, wie komplex sich das Feld der Improvisationstechnologie entfalten lässt. Als Aspekte der Improvisation erweisen sich vor allem folgende als bedeutsam: mit Giddens der Begriff der Rekursivität, der aufzeigt, wie Routinen ebenso wie Neues aus der sich wiederholenden Struktur entsteht, die sich selbst hinterfragt. Mit Laclau und Mouffe sehen wir, dass es sich bei dieser Arbeit um eine beständige Dislozierung handelt, in der es keinen festen Ort und noch weniger fest bestimmbare Subjekte gibt. Von Archer können wir lernen, dass Handlungen selbst in der Zeit und in dem kulturellen Prozess Strukturen erzeugen können und nicht nur auf solche rekurrieren. Latour zeigt auf, dass wir Handlung neu zu bestimmen haben, weil wir uns permanent in einem Aushandlungsprozess der Kollektivierung von humanen und non-humanen Akteuren befinden. Foucault stimmt der These, dass es keine festen Subjekte gibt, zu, nur fragt er auch nach den Technologien, die es den Subjekten ermöglichen, ihre Form zu finden bzw. Zugang zu einer Transformation ihrer Seinsweise zu erlangen. (Als eine solche Technologie bezeichnen wir die Technologie der Improvisation.). Deleuze macht deutlich, dass performative Strukturen im Prozess der Subjektivierung nicht einfach frei flottieren, sondern dass die motivbasierte Arbeit an und mit Strukturen einen wesentlichen Teil des Prozesses darstellt. Mit Bateson erfahren wir, wie Improvisation als Handlung lernt: indem sie sich selbst permanent zum Objekt der Erkenntnis macht, in Form des Metalernens und der Frage danach, worum es immer jeweils geht. Weick schließlich gibt uns Hinweise darauf, wie eine Methodologie einer Improvisation als Prozessgestaltung aussehen könnte.

Aus der Konvergenz dieser Aspekte im Feld der Improvisationstechnologie eröffnet sich folgende relationale Anordnung, die wir hier anhand einer Grafik veranschaulichen wollen. Sie zeigt auf, wie sich die einzelnen Punkte in einem Vektorenfeld der Parameter Zeit und Struktur verorten und zueinander in Beziehung stehen.

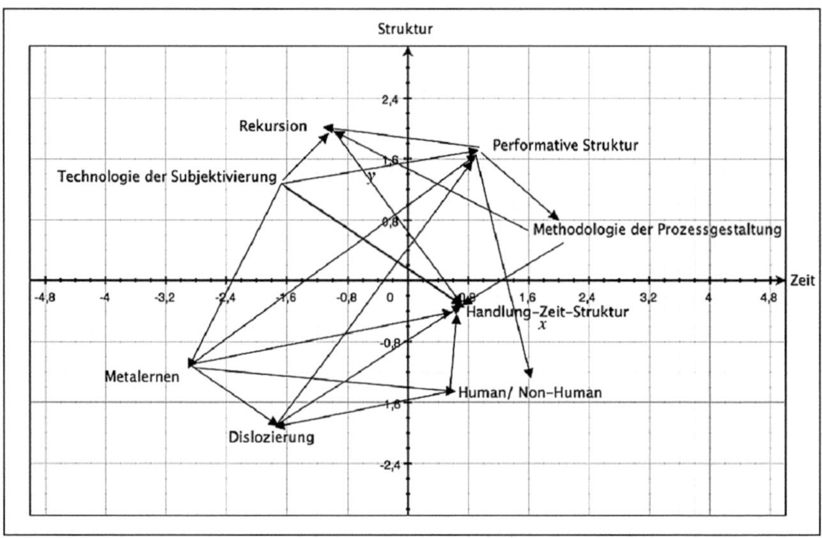

Abb. 11: Zeit-Struktur-Feld-Matrix (Quelle: Institut für Improvisationstechnologie, Berlin 2012)

Aus dieser Matrix ergibt sich das Zeit-Struktur-Feld einer Improvisationssynthese, die das Provisorische bespielbar hält, statt es zu überplanen. Der improvisatorische Umgang mit diesem Zeit-Struktur-Feld basiert auf folgendem Handlungsaufbau:

Konzeption/Handlung/Rahmung	Metaform
Scanning/Dekonstruktion von Situationen auf Ressourcen	Performative Struktur
Neu-Arrangieren, Neu-Versammeln (Redesign)	Diagrammatik

Auf eine Kurzformel gebracht, basiert meine Arbeit auf einer Neubestimmung der Improvisationstechnologie als organisationalem Redesign. Entscheidend bei dieser Definition ist a) die Konvergenz zwischen Konzeption und Handlung zu denken und zu rahmen b) die Befähigung aus bestehenden Ressourcen heraus zu agieren und c) spezifische Situationen konzeptionell auf Ressourcen hin so zu zerlegen und zu scannen, dass d) ein beständiges Redesign, also Neu-Versammeln und Verschalten der vorhandenen Ressourcen in Interaktion möglich wird. In Bezug auf Gestaltung impliziert dies die Bildung von a) Metaformen auf die eine Organisation oder soziales System sich einigt, um den Prozess offen halten und trotz erhöhter Konfliktbildung gemeinsam arbeiten zu können und b) minimalen Strukturen, die es ermöglichen, offene Prozesse stabil und konstruktiv zu halten und neue Anschluss- bzw. Nutzungsoptionen zu eröffnen c) diagrammatischen Darstellungsformen, die eine Iteration und Speicherung von Prozesshandlung ermöglichen ohne abschließend zu wirken.

Konstitution von Organisationen geschieht durch Performanz. Die Lenkung dieser Performanz emergiert bei relationalen Organisationen durch Improvisation als Technologie, d.h. durch den konstruktiven Umgang mit Unordnung in Gemeinschaft. Dabei findet der Improvisationsvollzug in Rahmungen statt, die sich die Organisation gibt, und geschieht im alltäglichen organisationalen Handeln nicht nur im Rückgriff auf institutionalisierte Strukturen, sondern interpretiert diese Strukturen wiederum relational: als Ausgangspunkte für die Bildung und Emergenz neuer Strukturen oder Strukturkonstellationen. Es hat sich jedoch gezeigt, dass ein solches improvisatorisches Arbeiten im organisationalen Zusammenhang methodisch noch unzureichend entwickelt ist. Vor dem Hintergrund der Überlegungen der vorliegenden Arbeit sollte jedoch klar geworden sein, dass Improvisation künftig an Gewicht gewinnt; dies auch im Hinblick auf die Unterstützung von Lernprozessen in Teams durch Improvisation. Es eröffnet sich die Perspektive eines organisationalen Lernens, das darin besteht, auf ungewissen organisatorischen Pfaden intersubjektiv Lösungen zu konstruieren und so zur Verbesserung eines Organisationsumfeldes beizutragen. Verbesserung meint hier nicht Bewältigung von Provisorien, sondern konstruktive Navigation im offenen Raum. Improvisation ist dabei kein Patentrezept, das sich leicht und ohne Übung anwenden ließe. Erfahrungen des Misslingens gehören dazu. Sie sind jedoch auch Ausgangspunkt für Transformation: In dem Erkennen, Evaluieren und Nutzen des Fehlers liegt die Kunst, das Unplanbare nutzbar zu machen.

Die vorliegende Untersuchung gilt der organisationalen Improvisation in unterschiedlichen Kontexten. Vor diesem Hintergrund kann ich sagen, dass Improvisation auf Selbstorganisation von Kleingruppen basiert und sich auf die systemtheoretischen Begriffe der Unterscheidung beruft. Improvisation überschreitet die Systemtheorie aber insofern transversal, als dass sie als »reflexive Praxis« die Onta in der Welt nicht auf Begriffe der Differenz und der Vergleichbarkeit reduziert, sondern ontologische Reflexion innerhalb des Welthorizonts, innerhalb derer die Operationen der Unterscheidungen vollzogen werden, thematisiert.[8] In diesem Sinne ist Improvisation bei der Bestimmung der Lebenswelt einerseits konkrete Universalität und andererseits Universum der Anschaubarkeit im Hinblick auf das, was Unterscheidung überhaupt erst ermöglicht. Es scheinen dies Bedingungen zu sein, die so selbstverständlich anmuten, dass sie gar nicht ausdrücklich thematisiert oder genannt werden müssten. Jedoch: Improvisation ist der Raum, in dem Differenz erst möglich wird. Dieser Raum ist nicht als ein Behälter zu verstehen, sondern als Geflecht von Bewegung, das prozessual in der Zeit entsteht und existiert. Dies wird, wie gesehen, besonders dann relevant, wenn Situationen extrem kontingent sind.

Improvisation rekurriert vor allem auf Performativität: Entscheidend ist, was gemacht wird und wie geübt wird. Es ist zu berücksichtigen, dass in diesem Zusammenhang Inkohärenz, Vertrauenskrisen und falscher Leistungsanspruch in psychischen Stress umschlagen und mit Burn-Out-Erscheinungen einhergehen können.[9] Wie sich ein Leistungsanspruch, der um ein Vielfaches komplexer ist als Formen einer Belehrungsdidaktik, zukünftig in konkreter organisationaler Improvisation auswirkt, wäre daher ein wichtiges Forschungsfeld. So wäre, um ein ganzheitliches Arbeiten zu ermöglichen, begleitende Supervision und fachliche Weiterbildung in Improvisation zu verstärken und bereits in basalen Ausbildungsgängen Elemente improvisatorischen Lernens und Lehrens zu integrieren. Nicht nur kann Improvisation Teamwork verbessern helfen, auch umgekehrt ist die Verbesserung von Improvisation auf Team-

8 | Siehe hierzu: Dell 2002.

9 | Damit bleibt jedoch eine Frage noch ausgeklammert: die des ökonomischen Drucks. Hier reichen organisationale Transformationsprozesse nicht hin. Ökonomischem Druck nur kann begegnet werden, wenn Improvisation angemessen entlohnt wird. Angemessene Entlohnung kann aber nur fordern, wer um die Wertigkeit seiner Improvisation weiss.

work angewiesen: Lerndefizite lassen sich dann nicht mehr allein durch individuelle Weiterbildung beheben, sondern machen das lernende Improvisieren in Organisation erforderlich.[10]

In der Organisationsliteratur werden Unbestimmtheit, Unordnung und Turbulenz als die häufigsten Auslöser von Improvisation angegeben.[11] Diese Einschätzung lässt von der Improvisation als reaktives oder reparierendes Element sprechen, mithin von Improvisation im Modus 1. Es gibt jedoch auch Organisationen, die sich proaktiv auf Kontingenzen in der Umgebung und der eigenen Handlungsstruktur einstellen, diese sogar suchen. Bettis und Hitt gehen davon aus, dass solche Organisationen in Zukunft besser in der Lage sind, mit entstehenden Turbulenzen umzugehen.[12] Gerade die Tatsache, dass Wandlungsprozesse von der Performanz der Organisation, also dem, was sie tut, abhängen, verstärkt die Komplexität, die soziale Konstruktionsleistung, das *Sensemaking* der organisationalen Akteure und damit den Reflexionsanteil am organisationalen Handeln selbst. Man könnte sagen, Unordnung, Unbestimmtheit und Improvisation stehen in einem feingliedrigen Wechselverhältnis. Dieses Verhältnis justiert sich je nach Fertigkeit und kultureller Förderung von Improvisation in jeweiligen Organisationen. Ein Mehr an Turbulenz impliziert jedoch nicht unbedingt ein Mehr an Improvisation 2. Ordnung und – wenn die Turbulenz das Level der Improvisationskapazität überschreitet – kommt es zu dysfunktionalen Situationen.[13] In solch einem Fall entsteht ein Patt; Planung und Improvisation können nicht mehr in Relation gesetzt werden. Dies hat gewöhnlich zweierlei Implikationen, die sich zu einem *circulus vitiosus* addieren: auf der einen Seite wird Improvisation destruktiv und auf der anderen Seite werden immer neue Pläne gemacht, um der Situation Herr zu werden, was wiederum zu noch mehr Unkohärenz zwischen Plan und Handlung führt.[14] Daraus folgt: Improvisation muss immer trainiert, geübt werden, und zwar auch in Zeiten, in denen es gerade nicht unordentlich ist, um im Moment der Krise bereit zu sein. Erst dann kann Improvisation zum Bespielen übersteuerter Situationen eingesetzt werden: im Finden des »moderate level of turbulence – a level high enough to trigger the unexpected events that fuel it, but low enough to allow past plans and experiences to guide and focus members' actions«[15].

Oft vermeiden Organisationen Improvisation als Technologie. Warum? In den meisten Fällen darum, weil keine Zeit zur Verfügung steht oder investiert wird, um mehrdeutige Gestaltungen zu interpretieren. Warum lohnt es sich

10 | Vgl. Geißler 2000.

11 | Perky 1991; Crossan und Sorrenti 1997; Moorman und Miner 1998a.

12 | Bettis und Hitt 1995.

13 | Smircich und Stubbart 1985.

14 | Hatch 1997; Stacey 1996.

15 | Kamoche et al. 2002b.

dennoch, Zeit in Improvisation, sprich handelnde Interpretation zu investieren? Weil die, die sich die Zeit nehmen, über Situationen und deren Potenziale zu reflektieren und zu versuchen, diese Reflektionen in offene Handlungsprozesse zu integrieren, in der Lage sind, Mehrdeutigkeit anzunehmen und somit ihren Handlungsspielraum zu erweitern. Warum? Weil sie erkennen können, wann Mehrdeutigkeit funktional und wann sie dysfunktional ist. Wobei beides auf der Metaebene einer Situation funktional sein kann. Je höher die Improvisationsfähigkeit, desto größer ist die Befähigung, Mehrdeutigkeit in der jeweils zur Verfügung stehenden Zeit zu prozessieren. Denn: Je mehr Improvisationen man gemacht hat, desto mehr beginnt man, globale Zeithorizonte als auch Makrorhythmen zu erkennen und zu bespielen.

Die kritische Interpretation der Untersuchung ergibt auch, dass Improvisation Implikationen für die Art und Weise, wie Organisationen mit Innovation umgehen, beinhaltet. Gerade in Bezug auf das *New Product Development* (NPD) ergeben sich damit neue Gesichtpunkte. In der Vergangenheit richtete sich die Produktentwicklung vor allem auf gut geplante Ansätze, die von einer klaren Strukturiertheit des Innovationsverlaufs und einem rational-funktionalistischem Paradigma ausgingen. Dieses Modell erweist sich jedoch als zunehmend weniger funktional.[16] Deshalb wird es für Organisationen nötig, eine neue Balance zwischen Struktur und Flexibilität herzustellen: »To be an appropriate way to manage the contradicting demands of control and creativity faced by organizations in highly competitive environments.«[17] Improvisation scheint mit dem Konzept *Minimal Structures* diese Synthese zu begünstigen. Minimale Strukturen – so Kamoche und Cunha – erlauben, »to merge composition and performance, and then proceed to apply this approach to new product development.«[18]

Der Ansatz organisationaler Improvisation lässt nicht nur Improvisation als Handlungsweise technologisch werden, sondern verändert auch die Beziehung der Organisation zu Technologie. Bezugnehmend auf Giddens Strukturationstheorie kritisiert Orlikowski[19] die duale Sicht auf Technologie: »The duality of technology identifies prior views of technology – as either objective force or as socially constructed product – as a false dichotomy«[20] und er ersetzt die Konzeption von Struktur als eingebettete Eigenschaft durch das performative *Enactment* oder performativen Gebrauch.[21] Orlikowskis Improvisationsansatz untersucht, wie Menschen mit Technologien in ihren Praxen interagieren und Strukturen *enacten,* die wiederum den emergenten und situativen Gebrauch der

16 | Kamoche et al. 2002a.

17 | Kamoche und Cunha 2001, S. 733.

18 | Ebda.

19 | Orlikowski 1992.

20 | Orlikowski 2000, S. 406.

21 | DeSanctis und Poole 1990.

Technologien strukturieren. Dadurch entsteht eine Perspektive auf organisationale Transformation, dass Wandel in den Praktiken des Organisierens verortet und damit als durch die situativen, relationalen Praxen organisationaler Akteure hervorgebracht interpretiert wird. Akteure transformieren die Organisation im performativen *Enactment,* wenn sie improvisieren, Innovation schaffen und ihre Routinen über die Zeit hinweg verändern und adjustieren.

Improvisationales Lernen und Forschen

Auf den ersten Blick sieht Improvisation so aus, als würde sie unordentlich arbeiten und erscheint damit als unrentabel oder uneffektiv. Gerade dieser Schein bezeugt, dass der Prozess funktioniert. Warum? Weil der Prozess Fragen auslöst, die er auslösen will. Anders gesagt: Die Improvisation funktioniert, weil sie Differenz, Lücken, Lockerheit und Zwischenräume enthält, die für aktive Deutungsarbeit der Rezipienten zur Verfügung stehen und so deren Erfahrung zu qualifizieren hilft. Deutungsarbeit wird so komplexer. In einem improvisationalen Prozess entwickeln die Akteure jene Sensoren, die sie benötigen, um die Mehrdeutigkeit einer Situation direkt zu erfassen, zu interpretieren und nutzbar zu machen. Cunha konstatiert: »In the improvisational mode, people act in order to learn.«[22] Was bedeutet das? Ich möchte es so formulieren: Improvisation kann als ein Prozess beschrieben werden, der es erlaubt, *Serendipity* (das plötzliche Finden von etwas Wertvollem) als einen Prozess der Handlung zu integrieren, der als proaktives Lernen funktioniert. Heißt das, dass Analyse abgelehnt wird? Nein, im Gegenteil. Analyse wird nur anders verwendet und zwar so, dass der performative Aspekt des Lernens in den Vordergrund gerückt wird. Analyse konzentriert sich in diesem Kontext auf das Re-Arrangieren, Re-Kombinieren und strukturelle Ordnen der Materialien, die durch den Improvisationsvorgang gewonnen werden. Das Ordnen geschieht so, dass die Materialien für zukünftige Improvisationen in der Zeit anschlussfähig gehalten werden. Die analytische Arbeit basiert auf qualifizierter und zu qualifizierender Erfahrung und auf der Entwicklung von Komplexitätssensoren. Was dazu führt, Einstellungen zu transformieren und somit ökologischen Wandel zu ermöglichen. Um dies zu können, benötigt man Fähigkeiten, die es ermöglichen, Wandel zu erkennen, zuzulassen und mitzugestalten.

Mintzberg und Westley[23] haben in einer Studie gezeigt, dass Menschen in drei Modi lernen können: Analyse, Intuition und Improvisation. Analyse wird hier beschrieben als ein strukturierter Prozess, der möglicherweise zu neuen Erkenntnissen führt. Es ist jedoch für uns entscheidend, von wo aus der analytische Modus operiert. Nicht nur nimmt die Analyse eine ontologische Grün-

22 | Cunha 2005, S. 8.

23 | Mintzberg und Westley 2001.

dung an, die außerhalb realer Situationen existiert, sie beginnt ihre Arbeit auch dort. Der Modus der Intuition hingegen erhält seine Ergebnisse aus der neuen Verknüpfung bereits bestehender etablierter Relationen, die jedoch noch nicht im Blickfeld standen. Im Improvisationsmodus handeln die Akteure nicht nur, um zu lernen, sie versuchen auch, analytische Rahmungen in die Handlung so zu integrieren, dass Handlung zum Labor des Lernens für den »reflective practitioner«[24] wird. Graebner[25] hat darauf hingewiesen, dass *Serendipity* als wichtige Quelle für die Transformation der Haltungen organisationaler Akteure fungieren kann. Dies gilt dann, wenn *Serendipity* mit der Öffnung von und der Mischung mit unterschiedlichen Praktiken konfrontiert wird. In der vorliegenden Arbeit versuche ich genau das: den Prozess auszulösen und dabei die Tatsache zu nutzen, dass unterschiedliche Praktiken unterschiedliche Formen der Überraschung mit sich führen. In dieser Art und Weise wende ich das, was ich untersuche, auf mein Verfahren selbst an. Die einzige Möglichkeit, dies zu erreichen, besteht darin, Improvisation in die Experimentation und den Forschungsprozess zu integrieren und dies auch sichtbar zu machen.

Zum Schluss bleibt zu bemerken, dass die hier vorliegende Auseinandersetzung mit dem Zusammendenken von Improvisation und Organisation das Themenfeld nicht abschließend formulieren, sondern nur Forschungsperspektiven und Fragestellungen anreißen kann. Dennoch ist bereits zu konstatieren, dass der Wirkungsgrad organisationaler Improvisation zunimmt, wie Kamoche, Cunha und Cunha bestätigen: »This concept appears to have substantial implications for a number of organizational phenomena, ranging from teamwork and creativity to product innovation and organizational adaptation and renewal.«[26] Improvisation wird zunehmend zum zentralen Feld organisationalen Alltags und »indeed a definite feature of the way we are go about our day-to-day activities [...] This reality is enacted in our personal lives as well as in the organizational context.«[27] Genau aus diesem Grund wird es wichtig, der Improvisation als technologisches Konzept lernender Organisation verstärkt Beachtung zu schenken: »Finding new ways to address organizational challenges as well as filling gaps that existing methods of apprehending organizational reality have not fully adressed. Indeed one of the underlying rationales for improvisation has to do with the dissatisfaction with the enduring conception of structure.«[28]

24 | Schön 1983.

25 | Graebner 2004.

26 | Kamoche et al. 2003, S. 2024.

27 | Kamoche et al. 2002a, S. 1.

28 | A.a.O., S. 5.

Vom agogischen zum improvisatorischen Subjekt

Wir bewegen uns heute in einem Gesellschaftstypus der Performanz, der, mittels der Bewegung weg von Traditionen, sich seine Grundlagen selbst zu schaffen sucht. Gestaltung von Gegenwart fällt dann immer mehr der kritischen Selbstreflexion des Einzelnen zu. Jeder muss sie für sich selbst erfüllen. Das hat zur Folge, dass sich Arbeit und Leben in einer neuen Intensität durchdringen. Biografien verlaufen nicht mehr linear, mäandern in transformativen Brüchen: Jeder wird zum Designer seiner selbst. Eine solche Subjektform möchte ich als agogisches Subjekt bezeichen. Agogik, abgeleitet von dem griechischen Verb agein, »führen, lenken«, bedeutet in der Musik die lebendige Gestaltung eines Musikstückes, im Unterschied zur mechanisch-exakten Wiedergabe wie z.B. einer Spieldose. Das agogische Subjekt gestaltet kein Produkt, sondern einen Prozess. Das agogische Subjekt nimmt Zeit zur Konstruktion von Realität in Anspruch. Übertragen auf die Subjektivierungsformen der Arbeit könnte der Begriff Agogik erklären helfen, *wie* sich die mechanischen, disziplinatorischen Arbeitsmodelle hin zur prozessualen Selbstführung verschieben. Das agogische Subjekt führt sich selbst oder meint, sich selbst zu führen, es steht immer unter dem Druck, Orientierungsleistung zu vollbringen. Im Raum organisatorischer Performanz ist das agogische Subjekt selbst der Gestalter von Arbeit, ist Unternehmer seiner selbst. Lebendige Gestaltung von Arbeit kann dann aber auch heißen: Vereinnahmung des Lebens durch Arbeit. Das agogische Subjekt steht konstant an der Schwelle zwischen Autonomie und Überforderung. Steuerungsmodell des agogischen Subjekts wird die Päd-Agogik: Sie überführt die von Foucault beschriebene Pastoralmacht in die säkulare Welt des lebenslangen Lernens. Getrieben vom Imperativ des *be creative*, ist das agogische Subjekt zum Agieren verdammt. Im performativen Agieren konvergiert der Modus des Handelns und des »Eine-Rolle-spielens«. Entlehnt aus dem gleichbedeutenden lateinischen agere, »treiben, in Bewegung setzen« ist agieren etymologisch Ausgangspunkt für Agilität (Beweglichkeit, Gewandtheit), für den Akteur (Handelnder, Schauspieler), für Aktivität (Unternehmung, Tat) und permanente Aktualität (zeitgemäß, zeitnah, vordringlich).

Die Technik der indirekten Führung erzeugt als Mikromachtverhältnis einen performativen Raum der Arbeit, in den sich das Verhalten der agogischen Subjekte einschreibt und dieses Verhalten selbst mitverstärkt. Diese Konstellation verändert die Frage nach Macht: Es wird nicht nur nach externer Steuerung, sondern vor allem nach interner Steuerung, nach Führung des Selbst des agogischen Subjekts gefragt. Agogische Subjekte existieren nur dann, wenn die Führungstechnik der indirekten Steuerung darauf abzielt, dem Einzelnen den Status des Unternehmenden, des Agierenden zu verleihen. Politisch bedeutet dies, dass über Änderung von Rahmenbedingungen Verhaltensweisen gefördert werden, die den Menschen mit eigenständiger Lebensführung konnotieren. Die Rede von der »erhöhten Bereitschaft zur Eigenverantwortung«, die Reformbemühungen zur Verlagerung der Lasten von dem Staat auf den Einzelnen hat das agogische Subjekt zum Konvergenzpunkt. Auf dieses sich selbst führende, bewegende und lenkende Subjekt richtet sich in der Performanzgesellschaft das gesamte Wirken aus. So konstatiert der Bericht der Kommission für Zukunftsfragen der Freistaaten Bayern und Sachsen, an dem auch der Soziologe Ulrich Beck teilhatte: »Zur Weckung unternehmerischer Kräfte müssen vorrangig individuelle Sicht- und Verhaltensweisen sowie kollektive Leitbilder [...] verändert werden.«[29] Das agogische Subjekt ist nicht allein Gegenstand von Erwerbsarbeit und Daseinsfürsorge, sondern auch und vor allem von Päd-Agogik: Der »unternehmerisch handelnde Mensch wird zum Bildungsziel« erklärt, an dessen Ende mehr »Eigeninitiative und Selbstverantwortung«[30] stehen.

Vers un sujét improvisatoire

In einer Zeit, in der sich die Sensibilisierung für das eigene Verhalten zu demokratisieren beginnt, wird Selbstentdeckung zur Lebensaufgabe. Identitätsfindung kann sich dann jedoch nicht auf der Ebene der Verbesserung operationalen Könnens abspielen, sondern muss sich auf die Lebensentwürfe, Selbstdeutungen und die Strukturen der Lebenswelt einlassen.

Notwendig wird eine Kompetenz, die dazu befähigt, sich in den Diskontinuitäten, Ausdifferenzierung des Gesellschaftlichen nicht nur zu bewegen, sondern diese auch mit zu konstituieren und zu produzieren. Ziel ist der konstruktiv-improvisatorische Umgang mit der Unordnung aktueller Lebenswelt.

Dort wo ein Ich ist, das improvisiert oder versucht, zu improvisieren und dabei einen Effekt im Diskurs erzeugt, ist auch ein Diskurs, der dem Ich vorangeht und das Ich ermöglicht, also das sprachliche Bett der Improvisation bereitstellt. Es gibt kein Subjekt, das außerhalb des Diskurses stehen und durch den Diskurs seine Improvisation ausführen könnte. Im Gegenteil, das improvisierende Subjekt kommt erst zum Vorschein durch die Konfrontation, durch die Anrufung oder im Althusserschen Sinne durch Interpellation[31]; den Einspruch des Anderen. Diese diskursive Konstitution erfolgt vor dem Ich, es konstituiert das Ich und seine Improvisation: Somit kann von einer Originalität, geschweige denn einer Authentizität keine Rede sein. Das Ich ist immer ein Zitat meiner Position im Diskurs. Erst wenn ich diese Position als relational im produzierten und zu produzierenden Raum begreife, kann ich in Anerkennung der Entfremdung durch den Diskurs, diesen transversal überschreiten, allerdings ohne sicher sein zu können, dass dieses Überschreiten gelingt. Wenn Improvisation an

29 | Miegel und Beck 1998, S. 111.

30 | Ebda.

31 | Althusser 1984.

Performanz gekoppelt ist und Performanz wiederum nur dann geschieht, wenn sie, wie Derrida sagt, in irgendeiner Form als Zitat identifizierbar ist, dann ist Improvisation ohne Zitat nicht möglich. Ein Zitat in der Zeit ist jedoch wiederum in Differenz gefaltet. Performative Setzungen ereignen sich für Derrida wesentlich als Differenzsetzungen (s. Kapitel 4.). Sie partizipieren als Diskontinuitäten an der Weiterführung der Improvisation; sie entspringen ihrer Verkettung, bleiben überall auf sie bezogen. Die Differenz hat in der Performanz ihre Genese, ihren Bezug und ihre Begründung. Es gibt Improvisation als Bruch nur im Bezug auf ihre Kontinuität, d.h. solange sie ihren Grund in der Fortsetzung hat und solange eine Fortschreibung ihrer Markierungen erfolgt.

Ins Offene

Es wird offenbar, dass im Ausführen der Improvisation etwas entdeckt wird, das sich der Beschreibung, dem Zeichen und der Regel entzieht. Weder geht Improvisation im Prinzip der Regel, noch in der Bestimmung ihrer Markierung auf; vielmehr verharrt sie in der Paradoxie, in der Regel ein Irreguläres und in der Wiederholung ein Nichtwiederholbares zu denken, d.h. etwas zu denken, was im Modus der kritischen Affirmation die Begriffe und die Markierungen, die Parameter Struktur, Form und Vektors sowohl benutzt, als auch sich ihnen widersetzt. Weil sich Improvisation im Einsatz gleichermaßen setzt wie fortsetzt, funktioniert sie als Regel irregulär und als Markierung, die durch ihre Wiederholbarkeit bestimmt ist, markierungslos. Aus diesem Fakt ergründet sich Derridas Bemerkung, dass er die Improvisation für etwas Wunderbares halte, dafür kämpfe, aber gleichzeitig wisse, dass es Improvisation nicht wirklich gebe, denn: »Where there is improvisation I am not able to see myself. I am blind to myself. And it's what I will see, no, I won't see it. It's for others to see. The one who is improvised here, no I won't ever see him.«[32]

32 | Derrida 1982.

9. Ausblick

Forschung und Implementierung

Aus den diskursanalytischen Folien (s. Kapitel 7.) wurde deutlich, dass es im Konnex der Improvisationstechnologie eine der Kernaufgaben für Organisationen sein wird, Strukturen nicht mehr als Substanz, sondern als Performativ zu verstehen. Das heißt: Was in der Organisationstheorie traditionell als soziale Struktur interpretiert wird, existiert nicht vorgängig und projiziert sich in die Organisation, sondern wird durch soziale Aktivität sowie durch die performativ-hybride Gemengelage zwischen Menschen, Dingen, Techniken und Infrastrukturen produziert bzw. reproduziert. Dies hat Implikationen für die Konzeptionalisierung des Organisierens selbst: Die häufig als »ordentlich« begriffenen kontinuierlichen und vermessbaren Organisationshandlungen bzw. -routinen existieren nicht jenseits sozialer Praxis, sondern sind performativen Praktiken zu verdanken, die sich oftmals improvisatorisch entfalten. Da aber kein Bewusstsein für konstruktive Improvisation besteht, können Organisationen ein riesiges Potenzial an Ressourcen nicht nutzbar machen.

Mit Deleuze wurde deutlich, dass die Arbeit an und mit Improvisation auf Basis der musikalischen Figur des Ritornells funktioniert. Deleuze instrumentalisiert hier sozusagen eine Form des musikalischen Denkens[1]. Was aber bedeutet musikalisches Denken? Und wie könnten Organisationen davon lernen? Und wie kann eine solche Konzeption in Organisationen implementiert werden? Wie kann so eine Kultur der Improvisation entwickelt werden?

Im Rahmen der Arbeiten des Forschungsprojektes »Music_Innovation_Corporate Culture«[2] (MICC) hat das Orglab (Universität Duisburg-Essen) in Kooperation mit dem Institut für Improvisationstechnologie (ifit, Berlin) ein Format entwickelt, das diesen Fragen nachzugehen sucht. In dem Forschungsvorhaben MICC geht es darum, an der Schnittstelle von Musik und Organisation neue Ebenen, Plattformen und Erfahrungen zu entwickeln, anhand derer komplexe organisatorische Prozesse sichtbar, erfahrbar und gestaltbar werden. Musik

1 | Vgl. Dell 2011b.

2 | Näheres zu MICC ist der Internetseite www.micc-project.org zu entnehmen.

wird als Referenzquelle herangezogen, um mit spezifischen Organisationsweisen bzw. -mustern quergeschaltet zu werden. Das Medium Musik wirkt hier sowohl als Metapher wie auch als ästhetisches Verfahren und mediale Praxis, das selbst über einen komplexen Organisationsverlauf verfügt und gerade in seinem Abstraktionsgrad und in seiner Immaterialität das *Wie* des Organisierens in den Vordergrund stellt. Der Neurologe Oliver Sacks sagt,[3] dass sich Musik als die verknüpfendste aller Künste erweist und in ihrer Grundverfasstheit relational angelegt ist: Rhythmen, Töne, Harmonien machen erst im Verhältnis zu anderen Rhythmen, Tönen und Harmonien Sinn. Das Schöne dabei ist: Trotz ihres Abstraktionsgrades ist Musik direkt erfahrbar und hinterlässt direkte Spuren in unserem Körper.

Wie aber geht der Transfer vor sich? Im Dreischritt von Wahrnehmung, Konzeption und Erleben von Organisation »als Musik« wird gezeigt, wie Organisation »anders« gelesen werden könnte. Via Öffnung von Musik als »performatives Fenster« soll der Verlauf von Organisation auf andere Art erkennbar werden, als dies traditionell der Fall ist. Ziel ist die Übung einer Aufmerksamkeit dafür, wie organisationale Ebenen (un)stimmig, (un)harmonisch sein können und wie eine Organisation (trotzdem) gut funktioniert oder auch nicht und welche Elemente der Organisation dabei sichtbar werden.

Ziel ist jedoch nicht, Organisation eins zu eins musikalisch abzubilden, sondern musikalisch zu denken. Um dieses musikalische Denken zu implementieren, entwickelt MICC das Improlab. In diesem Lab kommen vier Methoden zur Anwendung: das Gesprächskonzert bzw. die Lecture Performance, die Organisationspartitur, die Musteranalyse und der reactable©. Das Gesprächskonzert dient als direktes Werkzeug für den Dialog über Musik und Verfahren als Gespieltes im Kontext von Organisation. Die Partitur ist metareflexives Werkzeug: Sie verweist auf etwas anderes als sich selbst, nämlich auf die Organisation oder darauf, wie wir uns vorstellen, dass eine Organisation klingt, wenn sie von Musikern gespielt würde. Die Musteranalyse soll helfen, die strukturellen Elemente von Organisation sichtbar zu machen, zu ordnen und performativ neu zu verschalten. Viertes Werkzeug ist die reactable©, ein *sampler*, an dem (auch musikalisch unkundige) Organisationsmitglieder intuitiv *samples* verschalten und aus diesen *Ready-mades* eine Art musikalisches Bild der Organisation entwerfen können.

Welche Konzeption verbirgt sich hinter dieser Vorgehensweise?

Organisation wird im Rückgriff auf ihre Kultur nicht als substantielle Form oder neutraler Behälter verstanden, in dem organisationale Akteure handeln. Vielmehr wird Organisation performativ gedacht, d.h. sie entsteht durch Ausübung – Wiederholung, Routine, Rituale, Muster – und ihr Wissen ist *Tacit*, d.h. ihre Regeln bleiben meist im Dunkeln. Als performativer Akt ist Organisation

3 | Hagedorn 2008.

prozesshaft und entwickelt sich durch ein Handeln, das an Wertvorstellungen, Materialien und Strukturen geknüpft ist. Das Erforschungswürdige an diesem Konzept ist, dass wir meist kein bewusstes Konzept der Performanz von Organisation haben, also von dem, was wir als Kultur einer Organisation »machen« – uns fehlt mithin die Urteilkraft fürs Relationale, Situative und Performative.

Deshalb ist es ein Anliegen von MICC, die Befähigung dazu, organisationale Kulturalität in ihrem relationalen Verlauf wahrzunehmen und zu konzeptionalisieren, zu er-üben.

Musik hilft uns dabei als Übungsfeld. Warum Musik? Weil ihr Sinn sui generis aus dem relationalen Zusammenhang, aus einer Topologie ihrer strukturellen Momente entsteht. Und: Diese Relationalität muss hervorgebracht werden. Der Sinn von Musik entfaltet sich erst aus der Relationalität von Rhythmus, melodischer Anteile, harmonischer Verläufe, Klangfarbe etc., die nicht allein als physikalische Vorgänge von akustischen Schwingungen, sondern als ein »sinnvolles« Konglomerat wahrgenommen werden können.

Wichtig ist die Niedrigschwelligkeit: Jeder/jede soll mitmachen können. Musikalische Strukturen dieser Vorgänge bilden für alle Hörer gleichermaßen eine Grundlage. Sie können jenseits tertiärer Eigenschaften »Anlass für zusammenhängende Erfahrung«[4] sein und bilden so wahrnehmungsstrukturierende Modelle, die nicht nur Spezialisten der Musik, sondern auch jedem Laien zugänglich und plausibel sind. Diese Modelle sorgen dafür, dass die Hörer, und das ist für die Methoden von MICC entscheidend, eine Praxis bzw. ein Tun nachvollziehen und, anhand der medialen Praktik des Partiturzeichnens, daraus eine Form der Kohärenz ableiten. Eine solche mediale Praktik des Nachvollzugs und der Produktion von Prozessverläufen möchte ich als musikalisches Denken bezeichnen.

Dieser Nachvollzug ist jedoch stark subjektiv gefärbt, eine Eigenschaft, die durch die Tatsache, dass in dem MICC-Projekt organisationale Strukturen auf einen musikalischen Verlauf projiziert werden und umgekehrt, noch verstärkt wird. Wichtig bleibt: Die Musik bedeutet nicht die Organisation, sondern das Tun eines musikalischen Spiels wird nachvollzogen oder im Schreiben der Partitur vorgedacht. Der Erfahrungsraum des Musikmachens oder Musikhörens wird also umgekehrt zum strukturierenden Moment einer Reflexion über Organisation. Das ist wichtig, denn wir gehen ja davon aus, dass Musikhören ebenso wie das daran angeschlossene oder vorgeschaltete Partiturenzeichen nicht rein rezeptiv oder interpretatorisch zu verstehen ist, sondern dass darin Elemente einer Praxis enthalten sind, die sich daran beteiligen, musikalischen Sinn überhaupt erst zu »produzieren«.

4 | Vogel 2007, S. 327.

Der Fokus auf die Produktion von Sinn, auf das Verfahren des Musizierens selbst, rückt ein spezifisches Verfahren der Musikproduktion in den Blick: das der Improvisation.

Didaktische Planung des ImproLab. Eine Beispielskizze

Spezifische Rahmenbedingungen:	
TN Anzahl:	ca. 7 TeilnehmerInnen
TN Struktur:	div. Machtebenen
TN Profil:	kommunale Beamte u. Angestellte

Spezifische Fragestellung/Herausforderung:
Innovation unter limitierten Ressourcen und hoher Komplexität
ImproLab Variante: n. n.

Aktion 1	**Vorstellung, Opening, Warm-Up**
Ziel:	musikalischen Kanal öffnen
Methode:	Blitzlichtvariation, Abfrage
Vorgehen:	Organisation mit musikalischen Adjektiven beschreiben Frage an die TN: Wie nehmen Sie Ihre Organisation aktuell wahr? Wählen Sie drei Karten mit je einem musikalischen Begriff!
Erläutern Sie die Auswahl!	
Moderator/Helfer clustert parallel auf Moderationswand!	
Material	Große Spielkarten mit Auswahl an musikalischen Adjektiven, Moderationswand
Zeit:	45 min
Akteure:	TN, CD, Helfer

Aktion 2	**ImproLab – Modul 1**
Ziel:	Erfahrungsraum *Improvisation* aufmachen
Methode:	Lecture Performance
Vorgehen:	Input ggf. Übung zu Improvisation
Material:	Vibrafon (analog)
Zeit:	30 min
Akteure:	CD

Aktion 3	**ImproLab – Modul 2**
Ziel:	Bewusst machen und erarbeiten eigener organisationaler Improvisationsmuster (org.-typisches improvisationales Handeln)
Methode:	Workshop
Vorgehen:	Beispiele bringen (Prototypen/Best Practice). Musterdefinition bringen (Muster als Situation). Pattern-Mining und Mapping. Gemappte Pattern beschreiben und nach Funktion, Form und Struktur katalogisieren. Anschließend diskutieren im Plenum und prüfen auf Instrumentalisierbarkeit bzw. Anschlussfähigkeit.
Material:	Vibrafon (analog), Moderationswand, ggf. Flipchart, Moderationskarten
Zeit:	30 min
Akteure:	TN, CD, OB

Aktion 4	**ImproLab – Modul 3**
Ziel:	Vertonen von Impro-Pattern aus Aktion 3 oder Adjektive aus Aktion 1
Methode:	Workshop mit nutzerorientiertem experimentellen Zugang
Vorgehen:	Aussuchen von Samples aus Samplebatterie (5 bis 10 Samples/Styles pro Adjektiv).Versuchsweise Spielen der Samples auf reacTable (Tuning in) in Kleingruppen oder Individual. Solo Performance à 3 min (Take wird erzeugt).
Material:	reacTable, Recording-Hardware
Zeit:	45 min
Akteure:	TN, CD, OB (reacTable-Operator, Recording)

Aktion 5	**ImproLab – Modul 4**
Ziel:	Rahmen herstellen, Resümee mit Ausblick auf zukünftiges Handeln/zukünftige Herausforderungen der Organisation/Abteilung/Gruppe/Projekt (hier konkret Projekt Familienzentren)
Methode:	Diskussion/Reflexion, Moderation
Vorgehen:	Connecting & Relating; Scanning; Framing
Material:	Handout: Recording Take Solo Performance
Zeit:	45 min
Akteure:	TN, CD, OB (reacTable-Operator, Recording)

Nach den Aktionsteilen:
Dokumentation aufbereiten und nachbereiten bzw. auswerten der Beobachtungsprotokolle.

Diese Module sind relational zu verstehen d.h. operativ: Sie können sequenziell unterschiedlich verschaltet bzw. in unterschiedlichen Reihen durchgespielt und wiederholt werden.

Wie greifen die einzelnen Elemente des Improlabs ineinander?

Als Methode reflexiver Organisationsentwicklung stehen die *Organisations-Partituren* für die praktische Umsetzung des Verfahrens eines »musikalischen« Denkens als mediale Praxis. Partituren sind Formen des Erschließens von Sinn in der Musik: Wenn wir eine Symphonie von Beethoven »verstehen« wollen, nehmen wir eine Partitur zur Hand und lesen beim Hören mit. Die Partituren der Neuen Musik (seit Mitte des 20. Jahrhunderts) jedoch bilden den genauen Verlauf der Musik nicht mehr eins zu eins ab. Diese Partituren sind demnach im Sinne von Deleuze als *nicht-repräsentationale Partituren* zu bezeichnen – sie funktionieren diagrammatisch. Deren Sinnproduktion hängt nicht mehr nur vom Autor (Komponisten) ab, sondern ebenso von den Ausführenden (Interpreten). Die Musiker führen nicht nur ein Notensystem aus, sondern produzieren performativ den Verlauf der Partitur aus eigenen Handlungsformen, die sie selbst strukturell, also durch Mustererkennung, -produktion und -nutzung explikativ entwickeln. Dieses Verfahren ist für Innovation in Organisationen deshalb interessant, weil hier »unscharfe« Anweisungen darauf abzielen, »scharfe« Ergebnisse hervorzurufen: Eine Organisationspartitur verweist damit auf einen Metaspielraum, eine Form der Planung, die nicht teleologisch funktioniert, sondern als Zielekorridor, in dem Konflikte nicht abgeschirmt werden müssen, sondern gerade zum Potenzial der Ausschöpfung der Situationsressourcen beitragen. Es erwächst mithin eine Metaform, in der Planung mit der ungeplanten (weil unplanbaren) Nutzung von Freiheitsgraden und Handlungsspielräumen (= performativen Strukturen s. Kapitel Hatch) von Akteuren in Organisationen für Innovationsprozesse konvergiert.

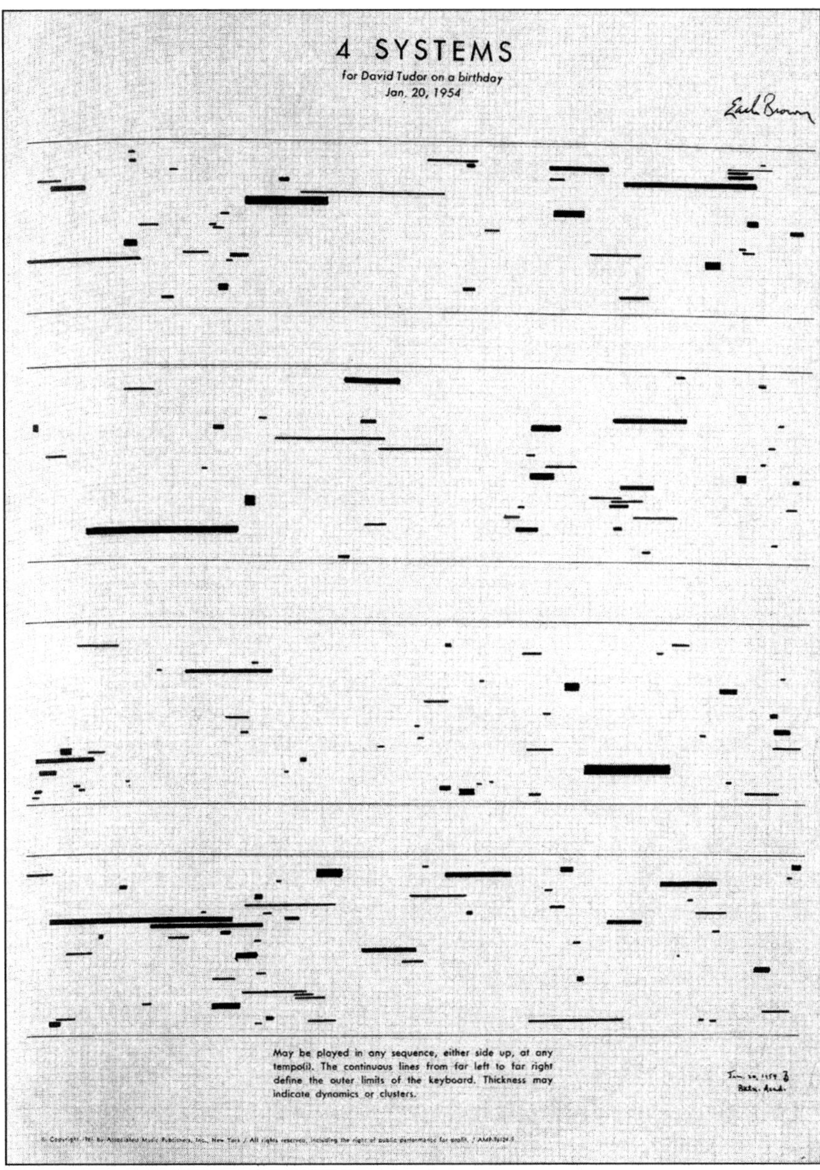

Abb. 12: Earle Brown »Four Systems« (1954)

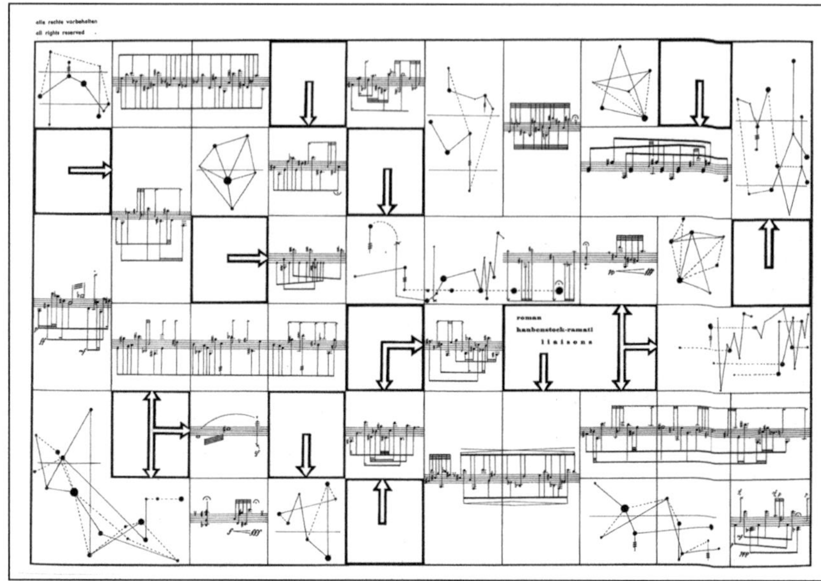

Abb. 13: Roman Haubenstock-Ramati, Aktions-Partitur (1964)

Gesprächskonzerte und Organisationspartituren[5] sind sozusagen gleichzeitig Werkzeuge und Form, um mit dem Medium der Musik neue Reflexions- wie Praxisebenen für die Analyse von organisationalen Zusammenhängen, Abläufen, Prozessen und Ereignissen zu erschließen und nutzbar zu machen. Indem Muster der Organisationskultur musikalisiert werden, zeigen sich die musikalischen Aspekte von Organisation, d.h. die prozessualen Elemente bzw. performativen Strukturen von Organisation treten hervor. Analytisch ermöglicht dies die Zugänge zu den Tiefendimensionen von Organisationen. Praktisch lassen sich die dekonstruierten performativen Strukturen zu einer Mustersprache der Organisationen neu versammeln[6].

Das heißt, organisationale Mustersprachen können dazu genutzt werden, ein improvisationales Redesign von Abläufen und Prozessen (z.B. im Rahmen einer Krisenbewältigung) ins Werk zu setzen. Somit zeigen sich Gesprächskonzerte, Lecture Performance und Partituren als Bausteine eines Instrumentenkatalogs, anhand dessen Organisation das »musikalische Denken« ihres eigenen Handelns instrumentalisieren kann.

5 | Vgl.: Vossebrecher und Stark, S. 129-137.

6 | Vgl.: Baitsch und Nagel 2009.

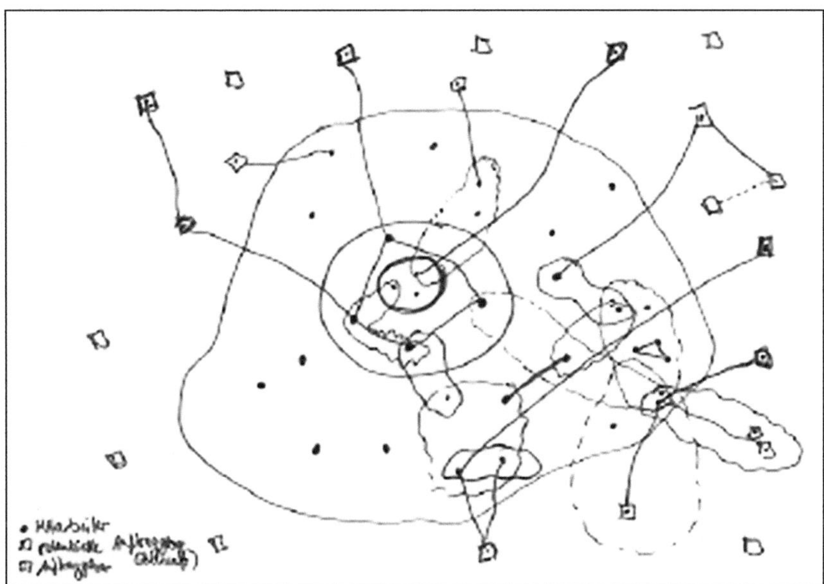

Abb. 14: Organisationspartitur

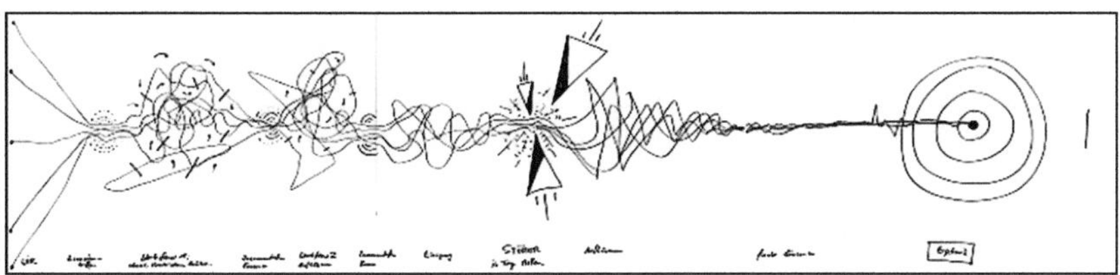

Abb. 15: Organisationspartitur

Die Form des *MICC_Impro_Labs* ermöglicht es, die Fragen, die der Prozess des Improvisierens auslöst, zu erforschen. Denn nicht nur die Performanz, sondern vor allem das Verfahren der Improvisation enthält Differenz, Lücken, Lockerheit und Zwischenräume. Das ImproLab macht diese Differenzen zum Kern der Arbeit als aktiver Deutungsarbeit der Organisationsmitglieder und sucht so deren Erfahrung zu qualifizieren. Dabei steht die Erarbeitung und Gestaltung der Schnittstelle von Improvisations- mit Organisationstheorie bzw. -praxis im Zentrum.

MICC-Impro-Lab1: Lecture-Performance »Improvisation as Technology«

Im Rahmen einer interaktiven Lecture Performance (LP) wird der Link zwischen dem künstlerischen Improvisieren und der organisationalen Mustersprache hergestellt: Die Potenziale musikalischer Muster für organisationale Innovationsprozesse werden diskutiert und exemplarisch am Instrument Beispiele für Musterarbeit in der musikalischen Improvisation gegeben. »Lecture as performance refers to the bringing together of dramaturgy and pedagogy in the context of lectures. Thus, lectures can be approached as a drama, and dramatic theories and techniques can be utilized to facilitate affective, social, and intellectual engagement with the topic.«[7] Das Format der LP versteht sich als performativ-kritische Auseinandersetzung mit Verfahrensweisen der Organisation und der Musik vor dem Hintergrund improvisatorischer Praxis. Da sie ihr Thema auf sich selbst anwendet, ist sie selbst Improvisation. LP verbindet Wissenschaft und Kunst und zeichnet als Medium den historisch veränderlichen Umgang mit Wissen als Erfahrung nach. Anders gesagt: Die LP ist eine eigenständige Kunstform, die nicht pädagogisch arbeitet, sondern a-pädagogisch agiert und Anschlusswerte zu erzeugen sucht, die die Zuschauer für sich selbst weiterentwickeln. Erfahrungswissen »meint Wissen, daß sich in der Praxis alltäglich, implizit und individuell umsetzt«[8]. Die Methode der LP besteht darin, zum einen geteilte oder mimetisch mitempfundene Erfahrung als Rahmung einer Auseinandersetzung mit Fremdem zu erzeugen. Dieses Wissen bleibt jedoch erst einmal implizit. Die LP sucht dieses Wissen in einen Diskurs zu bringen und explizit zu machen. Das ImproLab bietet die Möglichkeit, dokumentiertes Erfahrungswissen in Muster zu fassen und diesen Mustern soziale und kulturelle Bedeutung zuzuweisen. Die LP ist sozusagen ein Erfahrungsraum, in dem durch die Verfremdung in der Performance und der Musik ein Spiegeleffekt entsteht, der den Organisationsmitgliedern eigene Erfahrungen im improvisatorischen Verlauf ihrer Organisationen mediatisiert und dann auch handhabbar bzw. reflexiv zu machen sucht.

Die LP steht somit für eine Erweiterung des bereits eingeführten Formats des Gesprächskonzerts (GK). Der Unterschied zwischen LP und GK besteht darin, dass das GK ein Konzert in den Vordergrund stellt, das es hinterher zu thematisieren gilt. In der LP steht ein Vortrag voran, in den performative und interaktive Elemente eingewoben sind.

MICC-Impro-Lab2: Impro-Muster-Workshop

Die LP mündet in einen Workshop zur Erarbeitung von improvisationalen Mustern der Organisation. Dieser Teil des Workshops stellt eine Kommunikationsplattform dar, innerhalb derer die Muster erkannt, formuliert und als relationale Anordnung so katalogisiert werden, dass die strukturell-diagrammatische Neuverschaltung möglich wird, ohne die Offenheit des Prozesses zu

7 | http://en.wikiversity.org/wiki/Lecture_as_performance.

8 | Schmolke.

beeinträchtigen. Es geht also weniger darum, Neues zu erfinden, als darum, bereits vorhandene, aber noch nicht erkannte bzw. freigestellte und identifizierte improvisationale Organisationsweisen bzw. -muster zu erkennen und zu ordnen. Die Beobachtung der eigenen Handlungen aus der Perspektive der Improvisationstechnologie ist somit Grundlage des Diskurses über Improvisation in der eigenen Organisation. Der Workshop dient dazu, sich Muster ins Bewusstsein zu rufen, die in der jeweiligen Organisation improvisational ablaufen. Diese Muster werden kartiert (Organisationspartituren), beschrieben und nach den Parametern Funktion, Form und Struktur katalogisiert; um sie dann zu diskutieren und auf Instrumentalisierbarkeit bzw. Anschlussfähigkeit hin zu überprüfen.

MICC-Impro-Lab3: Mit musikalischen Mustern improvisieren

Basierend auf dem Einsatz des *Reactable* (www.reactable.com) – eines für musikalische Anwendungen entwickelten *Tangible User Interfaces*[9] – arbeiten die Teilnehmer interaktiv und intensiv mit vorab eingespielten *Musical Patterns*, um auf einer körperlich-praktischen Ebene ins musikalische Denken hineinzukommen und niedrigschwellig konstruktiv zu improvisieren. *Samples* sind deshalb vorgegeben, um den Prozess zu beschleunigen. Es können aber je nach Zeitaufwand eigene Samples erarbeitet und integriert werden. Um das Spiel reflexiv zu halten, werden die Samples musikalischen Adjektiven zugeordnet. In diesem Zusammenhang rekurrieren wir auf Weick, nach dessen These Muster genau deshalb unmittelbar an den Aspekt der Prozessanalyse gebunden sind, weil sie uns »in Wirklichkeit weniger häufig in der Form von eindeutigen Substantiven und häufiger in der Form von ungeklärten Wörtern, Synonymen und Adjektiven«[10] vorliegen. Sobald die musikalisch-organisatorischen Muster mit einer Adjektivlegende versehen sind, treten sie in einen subjektivierenden Status ein (s. Kapitel 7.6., 7.8.) und erhalten somit vektoriale Energie, ohne dabei linear zu sein. Mithilfe interaktiver Softwareanwendungen werden im Verlaufe des Workshops Muster von den Teilnehmern immer wieder neu arrangiert und erprobt; sie ermöglichen so einen nutzerorientierten experimentellen Zugang zum erarbeiteten Material. Auch bereits erstellte Organisationspartituren können hier zum Einsatz kommen und von Organisationsmitgliedern selbst vertont werden. Abschließend werden die losen Enden und Rohmaterialien aus den unterschiedlichen vorhergehenden Formaten diskursiv zusammengeführt und Ausblicke auf zukünftiges Handeln in Organisation gegeben.

9 | Kaltenbrunner 2009.

10 | Weick 1985, S. 259.

Ausblick

Mit dem MICC ImproLab ist ein erster Schritt getan, die Diskussion zur Umsetzung von Improvisation als Technologie in Organisationen voranzutreiben. Es gilt, neue Formen für einen intensiven Schematismus zu kreieren. Intensiver Schematismus meint das instrumentelle Erkennen, Darstellen und Kritisieren naturalisierter Sedimente kultureller Verfestigungen in Organisation. Ziel solcher Arbeit ist es, einen Weg zu finden, kritisch in den *Groove* bzw. die Gestimmtheit und den *Flow* des Prozesses von Organisation hineinzukommen. Jedoch stellt dies erst den Beginn einer Forschung dar. Die in vorliegender Studie skizzierten theoretischen Ansätze sollen die konzeptionelle Fundierung hierzu bieten.

Literaturverzeichnis

Ackoff, Russell L. (1961): Systems, Organizations, and interdisciplinary Research. In: Donald P. Eckman (Hg.): Systems: research and design. Proceedings of the first systems symposium at Case Institute of Technology. 1. Aufl. New York, NY: J. Wiley, S. 26-42.

Ackoff, Russell L.; Emery, Frederick E. (1972): On purposeful systems. 1. Aufl. Chicago Ill. u.a: Aldine Atherton.

Albrow, M. (1992): Sine Ira et Studio -- or Do Organizations Have Feelings? In: *Organization Studies* 13 (3), S. 313-329.

Alinsky, Saul D. (1971): Rules for radicals. A practical primer for realistic radicals. New York: Random House.

Althusser, Louis (1971): Ideology and Ideological State Apparatuses (Notes towards an Investigation. In: Louis Althusser: Essays on Ideology. London: Verso, S. 1-60.

Althusser, Louis (1984): Ideology and the Ideological State Apparatuses. In: Louis Althusser: Essays on ideology. London: Verso.

Alvesson, Mats (1990): Organization. From substance to image? In: *Organization studies*, S. 373-394.

Ancona, Deborah G.; Caldwell, David F. (1992): Bridging the Boundary: External Activity and Performance in Organizational Teams. In: *Administrative Science Quarterly* 37 (4), S. 634-665. Online verfügbar unter www.jstor.org/stable/2393475.

Anderson, John Robert (1983): The architecture of cognition. 3. Aufl. Cambridge, Mass: Harvard Univ.Pr (Cognitive science series, 5).

Archer, Margaret Scotford (1995): Realist social theory. The morphogenetic approach. Cambridge: Cambridge Univ. Press.

Archer, Margaret Scotford (1996): Culture and agency. The place of culture in social theory. Cambridge: Cambridge Univ. Press.

Archer, Margaret Scotford (1998): Critical realism. Essential readings. London: Routledge (Critical realism). Online verfügbar unter www.loc.gov/catdir/enhancements/fy0649/98018861-d.html.

Archer, Margaret Scotford (2000): Being human. The problem of agency. Cambridge: Cambridge Univ. Press. Online verfügbar unter www.loc.gov/catdir/samples/cam031/00031287.html.

Arendt, Hannah (1968): The Crisis in Culture: Ist Social and Political Significance. In: Hannah Arendt: Between past and future. Eight exercises in political thought. [Enl. ed.]. New York: Viking Press.

Argyris, Chris; Schön, Donald A. (1978): Organizational learning. A theory of action perspective. Reading, Mass: Addison-Wesley.

Argyris, Chris; Schön, Donald A. (1996): Organizational learning II. Theory, method, and practice. Reading, Mass: Addison-Wesley.

Argyris, Chris; Schön, Donald A. (1999): Die lernende Organisation. Grundlagen, Methode, Praxis. 1. Aufl. Stuttgart: Klett-Cotta.

Ashby, William R. (1970): An introduction to cybernetics. Reprinted. London: Chapman and Hall (University paperbacks, 80).

Atkinson, John (1985): The Changing Corporation. In: David Clutterbuck (Hg.): New patterns of work. New York, NY: St. Martin's Press, S. 137-171.

Austin, John L. (1972): Zur Theorie der Sprechakte. = (How to do things with words). Stuttgart: Reclam.

Austin, John L. (2005): Zur Theorie der Sprechakte. (How to do things with words). 2002. Aufl. Stuttgart: Reclam.

Ausubel, David P. (1965): Introduction (Theories of Cognitive Organization and Functioning). In: Richard C. Anderson und David P. Ausubel (Hg.): Readings in the psychology of cognition. New York, S. 3-16.

Bacal, Robert (1999): Performance management. New York: McGraw-Hill.

Baecker, Dirk (1999): Organisation als System. Aufsätze. Frankfurt a.M.: Suhrkamp (Suhrkamp-Taschenbuch Wissenschaft, 1434).

Baitsch, Christof; Nagel, Erik (2009): Organisationskultur – das verborgene Skript der Organisation. In: Rudolf Wimmer, Jens O. Meissner und Patricia Wolf (Hg.): Praktische Organisationswissenschaft. Lehrbuch für Studium und Beruf. 1. Aufl. Heidelberg: Carl-Auer-Verl (Management, Organisationsberatung), S. 219-240.

Balke, Friedrich; Deleuze, Gilles (1996): Gilles Deleuze – Fluchtlinien der Philosophie. München: Fink.

Barley, Stephen R. (1988): Technology, Power, and the Social Organization of Work. Towards a Pragmatic Theory of Skilling and Deskilling. In: Samuel B. Bacharach und Nancy DiTomaso (Hg.): Research in the sociology of organizations. A research annual. Greenwich, Conn.; London: JAI Press (6), S. 33-80.

Barrett, F. J. (1995): The Central Role of Discourse in Large-Scale Change: A Social Construction Perspective. In: *The Journal of Applied Behavioral Science* 31 (3), S. 352-372.

Barrett, Frank J. (1998): Coda: Creativity and Improvisation in Jazz and Organizations: Implications for Organizational Learning. In: *Organization Science* 9 (5), S. 605-622. Online verfügbar unter www.jstor.org/stable/2640303.

Barrett, Frank J.; Peplowski, Ken (1998): Minimal Structures within a Song: An Analysis of »All of Me«. In: *Organization Science* 9 (5), S. 558-560. Online verfügbar unter www.jstor.org/stable/2640294.

Bastien, David T.; Hostager, Todd J. (1991): Jazz As Social Structure, Process and Outcome. In: Reginald T. Buckner (Hg.): Jazz in mind. Essays on the history and meanings of Jazz. Detroit: Wayne State Univ. Press (Jazz history, culture, and criticism series), S. 148-165.

Bastien, David T.; Hostager, Todd J. (2002): Jazz as a process of organizational innovation. In: Ken N. Kamoche, Miguel Pina e Cunha und Joao Vieira da Cunha (Hg.): Organizational Improvisation. London, New York: Routledge, S. 13-26.

Bateson, Gregory (1985): Ökologie des Geistes. Anthropolog., psycholog., biolog. u. epistemolog. Perspektiven. 1. Aufl. Frankfurt a.M.: Suhrkamp (/Suhrkamp-Taschenbuch/Wissenschaft] Suhrkamp-Taschenbuch Wissenschaft, 571).

Baudrillard, Jean (1979): Im Schatten der schweigenden Mehrheiten oder das Ende des Sozialen. In: *Freubeuter* (1 und 2), S. 17-33 und 37-55.

Baum, Joel A. C.; Singh, Jitendra V. (Hg.) (1994): Evolutionary dynamics of organizations. New York: Oxford University Press.

Bauman, Zygmunt (2003): Flüchtige Moderne. 1. Aufl. Frankfurt a.M.: Suhrkamp.

Baumgärtner, Klaus; Bühler, Hans; Gerhardt, Marlis (1976): Funk-Kolleg Sprache. Eine Einführung in die moderne Linguistik. Frankfurt a.M.: Fischer-Taschenbuch-Verl.

Beech, N. (2004): Paradox as invitation to act in problematic change situations. In: *Human Relations* 57 (10), S. 1313-1332.

Beer, Michael (1984): Managing human assets. New York: The Free Press.

Behr, Wolfgang (1973): Strukturprobleme der politischen Bildung. In: *Aus Politik und Zeitgeschichte* 23 (5), S. 3-47.

Bell, Nancy E.; Staw, Barry M. (1989): People as sculptors versus sculpture: the roles of personality and personal control in organizations. In: Michael B. Arthur, Douglas T. Hall und Barbara Steinberg Lawrence (Hg.): Handbook of career theory. Cambridge, England, New York: Cambridge University Press, S. 232-251.

Belliger, Andréa; Krieger, David J. (2006): Eine Einführung in die Akteur-Netzwerk-Theorie. In: Andréa Belliger und David J. Krieger (Hg.): ANThology. Ein einführendes Handbuch zur Akteur-Netzwerk-Theorie. Bielefeld: transcript Verlag (ScienceStudies), S. 13-50.

Benhabib, Seyla; Butler, Judith; Cornell, Drucilla; Fraser, Nancy (Hg.) (1993): Der Streit um Differenz. Feminismus und Postmoderne in der Gegenwart. Frankfurt a.M.: Fischer Taschenbuch Verlag.

Beratergruppe Neuwaldegg (Hg.) (1995): Strategie: Jazz oder Symphonie? Aktuelle Beispiele strategischer Improvisation. Wien: Service-Fachverl (Management unterwegs, 3).

Berger, Peter L.; Luckmann, Thomas (1967): The social construction of reality. A treatise in the sociology of knowledge. New York: Doubleday (Anchor books/Anchor books, 589).

Berliner, Paul (1994): Thinking in jazz. The infinite art of improvisation. Chicago: Univ. of Chicago Pr (Chicago studies in ethnomusicology).

Berry, John W.; Irvine, S.H (1986): Bricolage: Savages do it daily. In: Robert J. Sternberg und Richard K. Wagner (Hg.): Practical intelligence. Nature and origins of competence in the everyday world/edited by Robert J. Sternberg and Richard K. Wagner. Cambridge: Cambridge University Press, S. 271-306.

Bettis, Richard A.; Hitt, Michael A. (1995): The New Competitive Landscape. In: *Strategic management journal* 16, S. 7-19.

Bhaskar, Roy (1979): The possibility of naturalism. A philosophical critique of the contemporary human sciences. Brighton: The Harvester Press (Harvester philosophy now).

Bickel, Andreas A. (op. 2000): Moderne Performance-Analyse und performance presentation standards. Bern, Stuttgart, Wien: Verlag Paul Haupt.

Blau, Peter M.; Falbe, Cecilia McHugh; McKinley, William; Tracy, Phelps K. (1976): Technology and organization in manufacturing. In: *Administrative Science Quarterly* 21 (1), S. 20-40.

Bloch, Ernst (1985): Philosophische Ansicht des Detektivromans. In: Ernst Bloch: Werkausgabe. Band 8. 1. Aufl. Frankfurt a.M: Suhrkamp (Suhrkamp-Taschenbuch Wissenschaft, 588), S. 242-263.

Böhme, Hartmut (2006): Fetischismus und Kultur. Eine andere Theorie der Moderne. 1. Aufl. Reinbek bei Hamburg: Rowohlt-Taschenbuch-Verl.

Böhringer, Hannes (2007): Fehlendes Volk. Über den Begriff des Ritornells in »Tausend Plateaus« und »Was ist Philosophie?« von Gilles Deleuze und Félix Guattari. In: Peter Gente und Gilles Deleuze (Hg.): Deleuze und die Künste. 1. Aufl. Frankfurt a.M.: Suhrkamp (Suhrkamp-Taschenbuch Wissenschaft, 1780), S. 148-167.

Boltanski, Luc; Chiapello, Ève (2003): Der neue Geist des Kapitalismus. Konstanz: UVK-Verl.-Ges (Édition discours, 30).

Boulez, Pierre; Häusler, Josef (1963): Musikdenken heute. Mainz: Schott (Darmstädter Beiträge zur neuen Musik, ...).

Bourdieu, Pierre; Passeron, Jean-Claude (1990): Reproduction in education, society and culture. 2. Aufl. Cambridge: Sage (Theory, culture and society).

Bourdieu, Pierre; Wacquant, Loïc J. D. (1996): Reflexive Anthropologie. Unter Mitarbeit von Hella Beister. 1. Aufl. Frankfurt a.M.: Suhrkamp.

Bourdieu, Pierre; Chamboredon, Jean-Claude; Passeron, Jean-Claude (1991): The craft of sociology. Epistemological preliminaries. Hg. v. Beate Krais. Berlin, New York: de Gruyter.

Bowen, René: Relational Knowledge Discourses and Power Asemmetries. In: Proceedings of the fourth symposium on power dynamics and organizational change. Lisbon, May 2003. [Lisbon].

Boyett, Joseph H.; Conn, Henry P. (1995): Maximum performance management. How to manage and compensate people to meet world competition. 2. Aufl. Lakewood, Col: Glenbridge Pub.

Bratton, John; Gold, Jeffrey (2003): Human resource management. Theory and practice. 3. Aufl. Houndmills, Basingstoke, Hampshire, New York: Palgrave Macmillan.

Bredekamp, Horst (2004): Die Fenster der Monade. Gottfried Wilhelm Leibniz' Theater der Natur und Kunst. Berlin: Akad.-Verl (Acta humaniora). Online verfügbar unter www.gbv.de/dms/faz-rez/FD1N200502078327 4.pdf.

Brillouin, Léon (1956): Science and information theory. New York: Academic Press.

Brinkmann, Reinhold (Hg.) (1979): Improvisation und neue Musik. 8 Kongreßreferate. Mainz: Schott (Veröffentlichungen des Instituts für Neue Musik und Musikerziehung, 20).

Bröckling, Ulrich; Krasmann, Susanne; Lemke, Thomas; Foucault, Michel (Hg.) (2000): Gouvernementalität der Gegenwart. Studien zur Ökonomisierung des Sozialen. 1. Aufl. Frankfurt a.M.: Suhrkamp.

Brown, John Seely; Duguid, Paul (1991): Organizational Learning and Communities-of-Practice: Toward a Unified View of Working, Learning, and Innovation. In: *Organization Science* 2 (1), S. 40-57. Online verfügbar unter www.jstor.org/stable/2634938.

Brown, Shona L.; Eisenhardt, Kathleen M. (1997): The Art of Continuous Change: Linking Complexity Theory and Time-Paced Evolution in Relentlessly Shifting Organizations. In: *Administrative Science Quarterly* 42 (1), S. 1-34. Online verfügbar unter www.jstor.org/stable/2393807.

Bublitz, Hannelore (2008): Diskurs. In: Sina Farzin und Stefan Jordan (Hg.): Lexikon Soziologie und Sozialtheorie. Hundert Grundbegriffe. Stuttgart: Reclam, S. 47.

Buchanan, Ian; Swiboda, Marcel (2004): Deleuze and music. Edinburgh: Edinburgh University Press.

Burns, Tom; Stalker, George Macpherson (1961): The management of innovation. London: Tavistock Publications.

Burrell, Gibson (1997): Pandemonium. Towards a retro-organization theory. London: Sage.

Busch, Sigi (1996): Improvisation im Jazz. Ein dynamisches System. Rottenburg: Advance Music.

Butler, Judith (1990): Gender trouble. Feminism and the subversion of identity. New York, NY: Routledge (Thinking gender).

Butler, Judith (1991): Das Unbehagen der Geschlechter. 1. Aufl. Frankfurt a.M.: Suhrkamp.

Butler, Judith (1993a): Bodies that matter. On the discursive limits of »sex«. New York, NY: Routledge.

Butler, Judith (1993b): Für ein sorgfältiges Lesen. In: Seyla Benhabib, Judith Butler, Drucilla Cornell und Nancy Fraser (Hg.): Der Streit um Differenz. Feminismus und Postmoderne in der Gegenwart. Frankfurt a.M.: Fischer Taschenbuch Verlag, S. 122-132.

Butler, Judith (1997): Körper von Gewicht. Die diskursiven Grenzen des Geschlechts. 1. Aufl. Frankfurt a.M.: Suhrkamp (Gender studies, 1737 = N.F., 737).

Butler, Judith (1998): Weitere Reflexionen zu Hegemonie und Gender. In: Judith Butler und Oliver Marchart (Hg.): Das Undarstellbare der Politik. Zur Hegemonietheorie Ernesto Laclaus. Wien: Turia und Kant, S. 254-257.

Butler, Judith (2004): Undoing gender. New York, NY: Routledge. Online verfügbar unter www.loc.gov/catdir/enhancements/fy0646/2003066872-d.html.

Cainzos, Miguel (1994): Marxism, Post-Marxism, and the Actionalist Turn in Social Theory. In: Piotr Sztompka (Hg.): Agency and structure. Reorienting social theory. Yverdon, Switzerland: Gordon and Breach (International studies in global change, 4), S. 83-123.

Callewaert, Staf: Towards a Critique of the Social Theory of Language of Bourdieu: the Contribution of Ruqaiya Hasan. In: o. A. (Hg.): Socialiseringsprocesser i kulturelt perspektiv med særlig henblik på tredjeverdens lande. Kopenhagen, S. 139-163.

Carter, Bob; New, Caroline (2004): Making realism work. Realist social theory and empirical research. London: Routledge. Online verfügbar unter www.loc.gov/catdir/enhancements/fy0654/2004046852-d.html.

Carter, Nancy M. (1984): Computerization as a Predominate Technology: Its Influence on the Structure of Newspaper Organizations. In: *The Academy of Management Journal* 27 (2), S. 247-270. Online verfügbar unter www.jstor.org/stable/255924.

Certeau, Michel de (1988): Kunst des Handelns. Berlin: Merve-Verlag (Internationaler Merve-Diskurs, 140).

Chakravarthy, Bela (1997): A new strategy framework for coping with turbulence. In: *Sloan Management Review* 38 (2), S. 69-82.

Chia, R. (2000): Discourse Analysis Organizational Analysis. In: *Organization* 7 (3), S. 513-518.

Chia, R. (2006): Strategy as Practical Coping: A Heideggerian Perspective. In: *Organization Studies* 27 (5), S. 635-655.

Chia, Robert (1996): Organizational analysis as deconstructive practice. 1. Aufl. Berlin: de Gruyter.

Chomsky, Noam (1998): Profit over people. Neoliberalism and global order. 1. Aufl. New York, NY: Seven Stories Press.

Chow, Brian G.; Silberglitt, R. S.; Hiromoto, Scott (2009): Toward affordable systems. Portfolio analysis and management for Army science and technology programs. Santa Monica, CA: RAND.

Ciborra, Claudio U.; Lanzara, Giovan F. (1991): Designing Networks in Action: Formative Contexts and Post-Modem Systems Development. In: Roger Clarke und Julie Cameron (Hg.): Managing information technology's organisational impact. Amsterdam: North-Holland, S. 265-279.

Clegg, S. R.; da Cunha, J. V.; e Cunha, M. P. (2002): Management Paradoxes: A Relational View. In: *Human Relations* 55 (5), S. 483-503.

Cohen, Michael D. (1991): Individual Learning and Organizational Routine: Emerging Connections. In: *Organization Science* 2 (1), S. 135-139. Online verfügbar unter www.jstor.org/stable/2634944.

Cohen, Michael D.; Bacdayan, Paul (1994): Organizational Routines Are Stored As Procedural Memory: Evidence from a Laboratory Study. In: *Organization Science* 5 (4), S. 554-568. Online verfügbar unter www.jstor.org/sta ble/2635182.

Cooper, Robert (1990): Organization/Disorganization. In: John Hassard und Denis Pym (Hg.): The Theory and philosophy of organizations. Critical issues and new perspectives. London; New York: Routledge, S. 167-197.

Cooper, Robert G. (1993): Winning at new products. Accelerating the process from idea to launch/Robert G. Cooper. 2. Aufl. Reading, Mass. ; Wokingham: Addison-Wesley.

Cooper, Robert G. (1994): Third-Generation New Product Processes. In: *Journal of Product Innovation Management* 11 (1), S. 3-14.

Cooper, Robert; Law, John (1995): Organisation: Distal and proximal views. In: *Research in the Sociology of Organisations* 13, S. 237-274.

Cooperrider, David L. (2000): Appreciative inquiry. Rethinking human organization toward a positive theory of change/edited by David L. Cooperrider ... [et al.]. Champaign, Ill: Stipes Pub.

Crawford, C. Merle (1992): The Hidden Costs of Accelerated Product Development. In: *Journal of Product Innovation Management* 9 (3), S. 188-199.

Crossan, Mary M. (1998): Improvisation in Action. In: *Organization Science* 9 (5), S. 593-599. Online verfügbar unter www.jstor.org/stable/2640301.

Crossan, Mary M.; Sorrenti, Mark (1997): Making sense of improvisation. In: James P. Walsh und Anne S. Huff (Hg.): Advances in Strategic Management. 14. Aufl. Greenwich, CT: JAI Press, S. 155-180.

Crossan, Mary M.; Sorrenti, Mark (2002): Making Sense of Improvisation. In: Ken N. Kamoche, Miguel Pina e Cunha und Joao Vieira da Cunha (Hg.): Organizational Improvisation. London, New York: Routledge, S. 27-48.

Crossan, Mary M.; Lane, Henry W.; White, Roderick E.; Klus, Leo (1996): The improvising organization: Where planning meets opportunity. In: *Organizational Dynamics* 24 (4), S. 20-35.

Crossan, Mary; e Cunha, Miguel Pina; Vera, Dusya; Cunha, João (2005): Time and Organizational Improvisation. In: *The Academy of Management Review* 30 (1), S. 129-145. Online verfügbar unter www.jstor.org/stable/20159099.

Csikszentmihalyi, Mihaly (1990): Flow. The psychology of optimal experience/ Mihaly Csikszentmihalyi. 1. Aufl. New York: Harper & Row.

Cunha, João Vieira Da; Cunha, M. P. e.; Cunha, Miguel Pina E.; Moreira (2001): Improvisation and Learning: Soulmates or Just Friends? Universidade Nova de Lisboa,, Faculdade de Economia. Online verfügbar unter http://portal.fe.unl.pt/FEUNL/bibliotecas/BAN/wp-1999.htm.

Cunha, Miguel Pina (2004): Management Improvisation. FEUNL Working Paper No. 460. Universidade Nova de Lisboa, Faculdade de Economia. Lisboa. Online verfügbar unter http://ssrn.com/abstract=882455.

Cunha, Miguel Pina E. (2005): Serendipity: Why Some Organizations are Luckier than Others. Hg. v. Universidade Nova de Lisboa,, Faculdade de Economia. Lissabon (FEUNL Working Paper Series, 472). Online verfügbar unter http://ssrn.com/abstract=882782.

Curry, James; Kenney, Martin (1999): Beating the Clock: Corporate Responses to Rapid Change in the PC Industry. In: *California Management Review* 42 (1), S. 8-36. Online verfügbar unter www.jstor.org/stable/41166017.

Daft, Richard L. (1986): Organization theory and design. 2. Aufl. St. Paul, Minn: West Publ.

Daft, Richard L.; Lewin, Arie Y. (1993): Where Are the Theories for the »New« Organizational Forms? An Editorial Essay. In: *Organization Science* 4 (4), S. i. Online verfügbar unter www.jstor.org/stable/2635077.

Daft, Richard L.; Weick, Karl E. (1984): Toward a Model of Organizations as Interpretation Systems. In: *The Academy of Management Review* 9 (2), S. 284-295. Online verfügbar unter www.jstor.org/stable/258441.

Dahrendorf, Ralf (1965): Homo sociologicus. Ein Versuch zur Geschichte, Bedeutung und Kritik der Kategorie der sozialen Rolle. 5. Aufl. Köln: Westdt. Verl.

Davidson, Donald (1981): What metaphors mean. In: Mark Johnson (Hg.): Philosophical perspectives on metaphor. Minneapolis: Univ. of Minnesota Press, S. 200-220.

Davis, Anne S.; Maranville, Steven J.; Obloj, Krzysztof (1997): The Paradoxical Process of Organizational Transformation: Propositions and a Case Study. In: *Research in Organizational Change and Development* (10), S. 275-314.

Dean, Mitchell (1999): Governmentality. Power and rule in modern society. London, Thousand Oaks, Calif: Sage Publications.

Deeks, Emma (2001): Northumberland is star performer for Best Value. In: *People Management* 7 (7), S. 8.

Deleuze, Gilles (1966): Le bergsonisme. Paris: P.U.F (Initiation philosophique, 76).

Deleuze, Gilles (1968): Différence et répétition. Paris: Presses Universitaires de France.

Deleuze, Gilles (1969): Logique du sens. Paris: Ed. de Minuit (Collection critique).

Deleuze, Gilles (1992a): Foucault. Frankfurt a.M.: Suhrkamp (Suhrkamp-Taschenbuch Wissenschaft, 1023).

Deleuze, Gilles (1992b): Woran erkennt man den Strukturalismus? Berlin: Merve-Verl (Internationaler Merve-Diskurs, 166).

Deleuze, Gilles (1993a): Logik des Sinns. 1. Aufl. Frankfurt a.M.: Suhrkamp (Aesthetica).

Deleuze, Gilles (1993b): Unterhandlungen. 1972-1990. Frankfurt a.M.: Suhrkamp (Edition Suhrkamp. Neue Folge, 1778).

Deleuze, Gilles (1996): Lust und Begehren. 1. Aufl. Berlin: Merve-Verl.

Deleuze, Gilles (1997): David Hume. Dt. Erstausg. Frankfurt a.M.: Campus-Verl (Einführungen, 1059).

Deleuze, Gilles (2000): Kritik und Klinik. 1. Aufl. Frankfurt a.M.: Suhrkamp (Aesthetica, 1919 = N.F., 919). Online verfügbar unter www.gbv.de/dms/faz-rez/F18200010175798 37.pdf.

Deleuze, Gilles; Guattari, Félix (1980): Tausend Plateaus. Berlin: Merve-Verl (Kapitalismus und Schizophrenie, 1).

Deleuze, Gilles; Guattari, Félix (1991): Qu'est-ce que la philosophie? Paris: Éd. de Minuit (Collection »Critique«).

Deleuze, Gilles; Guattari, Félix (1996): Was ist Philosophie? 1. Aufl. Frankfurt a.M.: Suhrkamp.

Deleuze, Gilles; Guattari, Félix (2000): Was ist Philosophie? 1. Aufl. Frankfurt a.M.: Suhrkamp (Suhrkamp-Taschenbuch Wissenschaft, 1483). Online verfügbar unter www.gbv.de/dms/faz-rez/F19960913PLALEUZ100.pdf.

Deleuze, Gilles; Guattari, Félix (2007): Was ist Philosophie? repr. Frankfurt a.M.: Suhrkamp (Suhrkamp-Taschenbuch Wissenschaft). Online verfügbar unter www.gbv.de/dms/faz-rez/F19960913PLALEUZ100.pdf.

Deleuze, Gilles; Kocyba, Hermann (1987): Foucault. Frankfurt a.M.: Suhrkamp.

Deleuze, Gilles; Parnet, Claire (1996): Dialogues. Nouv. éd. Paris: Flammarion (Champs, 343).

Deleuze, Gilles; Weinmann, Martin (1989): Bergson zur Einführung. 1. Aufl. Hamburg: Ed. SOAK im Junius Verl (SOAK-Einführungen, 44).

Dell, Christopher (2002): Prinzip Improvisation. Köln: Verl. der Buchhandlung König (Kunstwissenschaftliche Bibliothek, 22).

Dell, Christopher (2004): Möglicherweise Improvisation. In: Wolfram Knauer (Hg.): Improvisieren ... Darmstädter Beiträge zur Jazzforschung, Band 8 ; [Symposium des 8. Darmstädter Jazzforums im September 2003]. Jazz-Institut; Darmstädter Jazzforum. Hofheim: Wolke (Darmstädter Beiträge zur Jazzforschung, 8), S. 9-16.

Dell, Christopher (2011a): Die Performanz des Raums. In: Christopher Dell: Replaycity. Improvisation als urbane Praxis. Berlin: Jovis, S. 45-56.

Dell, Christopher (2011b): Organisation Musikalisch Denken. In: *praeview – Zeitschrift für innovative Arbeitsgestaltung und Prävention* (1), S. 24-25.

Dell, Christopher (2011c): Replaycity. Improvisation als urbane Praxis. Berlin: Jovis.

Deming, William E. (1986): Out of the crisis. Quality, productivity and competitive position. Cambridge: Cambridge Univ. Press.

Derrida, Jacques (1982)unpubliziertes Interview.

Derrida, Jacques (1988): Signature, Event, Context. In: Jacques Derrida: Limited Inc. Hg. v. Gerald Graff. Evanston, IL: Northwestern University Press, S. 1-24.

DeSanctis, G.; Poole, M. S. (1990): Understanding the use of group decision support systems: the theory of adaptive structuration. In: Janet Fulk (Hg.): Organizations and communication technology. Newbury Park u.a: Sage Publ, S. 173-193.

Deutsch, Karl W. (1963): The nerves of government. Models of political communication and control. Glencoe: The Free Press.

Deutsch, Karl W. (1966): The nerves of government. Models of political communication and control ; with a new introduction. New York: Free Press.

Deutsch, Karl W.; Häckel, Erwin (1970): Politische Kybernetik. Modelle und Perspektiven. 2. Aufl. Freiburg/Brsg: Rombach (Sozialwissenschaft in Theorie und Praxis, 6).

DeVries, David L. (1981): Performance appraisal on the line. New York, NY: Wiley.

Diamond, Elin (1995): Introduction. Performance an cultural politics. In: Elin Diamond (Hg.): Writing Performances. London: Routledge, S. 1-2.

Dick, Markus (2002): Zu Gilles Deleuze' und Félix Guattaris Phänomenologie des Ritornells Plateau XI aus Mille Plateaux. Online verfügbar unter http://marcusdick.net/deleuze_guattari.htm, zuletzt geprüft am 10.12.2011.

Dienstbach, Horst (1968): Die Anpassung der Unternehmungsorganisation. Zur betriebswirtschaftlichen Bedeutung der Konzeption des »Planned organizational change«. Univ., Diss. München.

Dienstbach, Horst (1972): Dynamik der Unternehmungsorganisation. Anpassung auf der Grundlage des »Planned Organizational Change«. Wiesbaden.

Dolan, Jill (1989): In Defense of the Discourse: Materialist Feminism, Postmodernism, Poststructuralism... And Theory. In: *TDR (1988-)* 33 (3), S. 58-71. Online verfügbar unter www.jstor.org/stable/1145987.

Dosi, Giovanni (1988): The nature of the innovative process. In: Giovanni Dosi (Hg.): Technical change and economic theory. London: Pinter (IFIAS research series, 6), S. 221-238.

Dougherty, Deborah (1992): Interpretive Barriers to Successful Product Innovation in Large Firms. In: *Organization Science* 3 (2), S. 179-202. Online verfügbar unter www.jstor.org/stable/2635258.

Dougherty, Deborah (1996): Organizing for Innovation. In: Stewart Clegg (Hg.): Handbook of organization studies. 1. Aufl. London: Sage, S. 424-439.

Drucker, Peter Ferdinand (1954): The practice of management. 1. Aufl. New York: Harper.

Dubinskas, Frank Anthony (Hg.) (1988): Making time. Ethnographies of high-technology organizations. Philadelphia: Temple University Press.

Easton, David (1953): The political system. An inquiry into the state of political science. 1. Aufl. New York, NY: Knopf (Borzoi Books in Political Science).

Easton, David (1965a): A framework for political analysis. 2. Aufl. Englewood Cliffs, NJ: Prentice-Hall (Prentice-Hall contemporary political theory series).

Easton, David (1965b): A systems analysis of political life. New York, NY: John Wiley & Sons.

Easton, David (1966): Varieties of political theory. 1. Aufl. Englewood Cliffs NJ: Prentice-Hall (Prentice-Hall contemporary political theory series).

Ehrenberg, Alain (1991): Le culte de la performance. Paris: Calmann-Lévy.

Eisenberg, Eric M. (1984): Ambiguity as strategy in organizational communication. In: *Communication Monographs* 51 (3), S. 227-242.

Eisenberg, Eric M. (1990): Jamming: Transcendence Through Organizing. In: *Communication Research* 17 (2), S. 139-164.

Eisenhardt, Kathleen M. (1989): Making Fast Strategic Decisions in High-Velocity Environments. In: *The Academy of Management Journal* 32 (3), S. 543-576. Online verfügbar unter www.jstor.org/stable/256434.

Eisenhardt, Kathleen M. (1993): High reliability organizations meet high velocity environments: Common dilemmas in nuclear power plants, aircraft carriers, and microcomputer firms. In: Karlene H. Roberts (Hg.): New challenges to understanding organizations. New York, Toronto, New York: Macmillan; Maxwell Macmillan Canada; Maxwell Macmillan International, S. 117-135.

Eisenhardt, Kathleen M.; Tabrizi, Behnam N. (1995): Accelerating Adaptive Processes: Product Innovation in the Global Computer Industry. In: *Administrative Science Quarterly* 40 (1), S. 84-110. Online verfügbar unter www.jstor.org/stable/2393701.

Emery, Fred; Trist, Eric (1960): Socio-technical systems. In: Management sciences. Models and techniques ; proceedings of the sixth international meeting of the Institute of Management Sciences, Conservatoire National des Arts & Métiers, Paris, 7 - 11 September 1959. Institute of Management Sciences; International meeting of the Institute of Management Sciences (TIMS). Oxford.

Farr, Roger (1999): Portfolio Management System (Elements of Literature Second Course). Holt: Rinehart and Winston.

Faupel, Klaus (1971): Zu Almonds und Eastons Versionen des input-output-Schemas und zum dominanten Systemkonzept bei Almond: Eine logische Analyse. In: Dieter Oberndörfer (Hg.): Systemtheorie, Systemanalyse und Entwicklungsländerforschung. Einf. u. Kritik. Berlin: Duncker u. Humblot, S. 361-405.

Feldman, Martha S. (2003): A performative perspective on stability and change in organizational routines. In: *Industrial and corporate change* 12 (4), S. 727-752.

Feldman, Martha S.; Pentland, Brian T. (2003): Reconceptualizing Organizational Routines as a Source of Flexibility and Change. In: *Administrative Science Quarterly* 48 (1), S. 94-118. Online verfügbar unter www.jstor.org/stable/3556620.

Feldman, Martha S.; Rafaeli, Anat (2002): Organizational Routines as Sources of Connections and Understandings. In: *J Management Studies* 39 (3), S. 309-331.

Fischer, Bernd R. (2001): Performanceanalyse in der Praxis. Performancemasse, Attributionsanalyse, DVFA performance presentation standards. 2. Aufl. München, Wien: Oldenbourg.

Fochler, Oliver (2002): Performancemessung und -Attribution. Universität Zürich. o. A. Online verfügbar unter www.bf.uzh.ch/publikationen/diplomarbeiten/lbdipl_forchler_oliver.pdf, zuletzt geprüft am 17.11.2011.

Forte, Jeanie (1990): Women's Performance Art: Feminism and Postmodernism. In: Sue-Ellen Case (Hg.): Performing feminisms. Feminist critical theory and theatre. Baltimore: Johns Hopkins University Press, S. 251-269.

Foucault, Michel (1976): Mikrophysik der Macht. Über Strafjustiz, Psychiatrie und Medizin. Berlin: Merve-Verl. (Merve-Titel, 61).

Foucault, Michel (1990): Was ist Aufklärung? In: Eva Erdmann (Hg.): Ethos der Moderne. Foucaults Kritik der Aufklärung. Frankfurt a.M.: Campus-Verl, S. 35-54.

Foucault, Michel (1991): Die Ordnung der Dinge. Eine Archäologie der Humanwissenschaften. 10. Aufl. Frankfurt a.M.: Suhrkamp (Suhrkamp-Taschenbuch Wissenschaft, 96).

Foucault, Michel (1995): Archäologie des Wissens. 7. Aufl. Frankfurt a.M.: Suhrkamp.

Foucault, Michel (2001): Dits et Ecrits. Schriften. Band 1. 1. Aufl. 4 Bände. Hg. v. Daniel Defert. Frankfurt a.M.: Suhrkamp.

Foucault, Michel (2003): Die Wahrheit und die juristischen Formen. Frankfurt a.M.: Suhrkamp (Suhrkamp Taschenbuch Wissenschaft, 1645).

Foucault, Michel (2007): Ästhetik der Existenz. Schriften zur Lebenskunst. Hg. v. Daniel Defert. Frankfurt a.M.: Suhrkamp.

Foucault, Michel; Köppen, Ulrich (1997): Archäologie des Wissens. 1. Aufl. Frankfurt a.M.: Suhrkamp (Suhrkamp-Taschenbuch Wissenschaft, 356).

Foucault, Michel; Ott, Michaela (1999): In Verteidigung der Gesellschaft. Vorlesungen am Collège de France (1975 – 76). 1. Aufl. Frankfurt a.M.: Suhrkamp. Online verfügbar unter www.gbv.de/dms/faz-rez/02LIT19991022060063.pdf.

Franke, Richard Herbert; Kaul, James D. (1978): The Hawthorne Experiments: First Statistical Interpretation. In: *American Sociological Review* 43 (5), S. 623-643. Online verfügbar unter www.jstor.org/stable/2094540.

Fried, Robert C. (1976): Performance in American bureaucracy. Boston: Little Brown.

Furtwängler, Wilhelm (1955): Heinrich Schenker. Ein zeitgemäßes Problem. In: Wilhelm Furtwängler: Ton und Wort. Aufsätze und Vorträge, 1918 bis 1954. 3. Aufl. Wiesbaden: Brockhaus, S. 198-204.

Gagliardi, Pasquale (1990): Gagliardi, Pasquale, Artifacts and pathways and remains of organizational life. In: Pasquale Gagliardi (Hg.): Symbols and artifacts. Views of the corporate landscape. Berlin: de Gruyter (De Gruyter studies in organization, 24), S. 3-38.

Galbraith, Jay R. (1973): Designing complex organizations. Reading Mass: Addison-Wesley (Addison-Wesley series on organization development).

Galbraith, John K. (1968): Die moderne Industriegesellschaft. München u.a: Droemer Knaur.

Garfinkel, Harold (1967): Studies in ethnomethodology. 9. Aufl. Englewood Cliffs, NJ: Prentice-Hall.

Geißler, Harald (2000): Organisationspädagogik. Umrisse einer neuen Herausforderung. München: Vahlen (Vahlens Handbücher der Wirtschafts- und Sozialwissenschaften).

Gellner, Ernest (1968): Holism versus individualism. In: May Brodbeck (Hg.): Readings in the philosophy of the social sciences. 2. Aufl. New York: Macmillan Co, S. 256-261.

George, F. H. (1963): From Molar To Molecular. In: Melvin Herman Marx (Hg.): Theories in contemporary psychology. New York, London: Macmillan; Collier-Macmillan.

Gersick, Connie J. G. (1991): Revolutionary Change Theories: A Multilevel Exploration of the Punctuated Equilibrium Paradigm. In: *The Academy of Management Review* 16 (1), S. 10-36. Online verfügbar unter www.jstor.org/stable/258605.

Gersick, Connie J. G. (1994): Pacing Strategic Change: The Case of a New Venture. In: *The Academy of Management Journal* 37 (1), S. 9-45.

Gerwin, Donald; Moffat, Linda (1997): Withdrawal of Team Autonomy during Concurrent Engineering. In: *Management Science* 43 (9), S. 1275-1287. Online verfügbar unter www.jstor.org/stable/2634638.

Gherardi, S.; Strati, A. (1988): The Temporal Dimension in Organizational Studies. In: *Organization Studies* 9 (2), S. 149-164.

Giddens, Anthony (1976): New rules of sociological method. A positive critique of interpretative sociologies. London: Hutchinson.

Giddens, Anthony (1984): The constitution of society. Outline of the theory of structuration. Berkeley, Los Angeles: Univ. of California Press.

Giddens, Anthony (1988): Die Konstitution der Gesellschaft. Grundzüge einer Theorie der Strukturierung. Frankfurt a.M.: Campus-Verl. (Theorie und Gesellschaft, 1).

Gioia, Ted (1988): The imperfect art. Reflections on jazz and modern culture. New York, NY: Oxford University Press.

Gore, Al: From Red Tape to Results. Creating a Government that Works Better & Costs Less : Report of the National Performance Review. United States. Office of the Vice President.

Gore, Albert (1995): Common sense government. Works better and costs less. New York, NY: Random House.

Görg, Christoph (1994): Der Institutionenbegriff in der»Theorie der Strukturierung«. In: Josef Esser (Hg.): Politik, Institutionen und Staat. Zur Kritik der Regulationstheorie. Hamburg: VSA-Verlag, S. 31-84.

Grabher, Gernot (2004): Learning in Projects, Remembering in Networks?: Communality, Sociality, and Connectivity in Project Ecologies. In: *eur urban reg stud* 11 (2), S. 103-123.

Graebner, Melissa E. (2004): Momentum and Serendipity: How Acquired Leaders Create Value in the Integration of Technology Firms. In: *Strategic management journal* 25 (8/9), S. 751-777.

Grant, Robert M. (1996): Prospering in Dynamically-Competitive Environments: Organizational Capability as Knowledge Integration. In: *Organization Science* 7 (4), S. 375-387. Online verfügbar unter www.jstor.org/stable/2635098.

Griffin, Abbie (1997): Drivers of NPD success. The 1997 PDMA report. Chicago: PDMA.

Groth, Torsten (2003): Enactment. In: Systemisches Management – multimedial. CD-ROM. Heidelberg.

Groth, Torsten (2004): Klassiker der Organisationsforschung (3): Karl E. Weick. In: *OrganisationsEntwicklung* (3), S. 88-95, zuletzt geprüft am 11.09.2011.

Gruhn, Wilfried (1998): Der Musikverstand. Neurobiologische Grundlagen des musikalischen Denkens, Hörens und Lernens. Hildesheim: Olms (Olms Forum, 2).

Habermas, Jürgen (1981): Theorie des kommunikativen Handelns. Frankfurt a.M.: Suhrkamp.

Habermas, Jürgen (1985): Der philosophische Diskurs der Moderne. Zwölf Vorlesungen. 1. Aufl. Frankfurt a.M.: Suhrkamp.

Hage, Jerald; Aiken, Michael (1970): Social change in complex organizations. New York, NY: Random House (Studies in sociology, 41).

Hagedorn, Volker (2008): Musik vergisst man nie. In: *Die Zeit* (23), S. 57-58.

Hall, Stuart; Jacques, Martin (1989): New times. The changing face of politics in the 1990s. 1. Aufl. London: Lawrence & Wishart.

Hammer, Michael; Champy, James (1993): Reengineering the corporation. A manifesto for business revolution. London: Brealey.

Hanna, David P. (1988): Designing organizations for high performance. Reading, Mass: Addison-Wesley Pub. Co.

Harrison, E. Frank (1975): The managerial decision-making process. Boston: Houghton Mifflin.

Hasan (1999): The disempowerment game: a critique of Bourdieu's view of language. In: *Linguistics and Education* 9 (10), S. 443-459.

Hassard, J. (1991): Aspects of Time in Organization. In: *Human Relations* 44 (2), S. 105-125.

Hassard, John; Parker, Martin (1993): Postmodernism and organizations. London: Sage Publications.

Hatch, Mary Jo (1993): The Dynamics of Organizational Culture. In: *The Academy of Management Review* 18 (4), S. 657-693.

Hatch, Mary Jo (1997): Jazzing up the theory of organizational improvisation. In: James P. Walsh (Hg.): Organizational learning and strategic management. Greenwich, Conn: JAI Press (Advances in Strategic Management, 14), S. 181-191.

Hatch, Mary Jo (1998): Jazz as a Metaphor for Organizing in the 21st Century. In: *Organization Science* 9 (5), S. 556-557. Online verfügbar unter www.jstor.org/stable/2640293.

Hatch, Mary Jo (1999): Exploring the Empty Spaces of Organizing: How Improvisational Jazz Helps Redescribe Organizational Structure. In: *Organization Studies* 20 (1), S. 75-100.

Hatch, Mary Jo (2002): Exploring the Empty Spaces of Organizing: How Improvisational Jazz Helps Redescribe Organizational Structure. In: Ken N. Kamoche, Miguel Pina e Cunha und Joao Vieira da Cunha (Hg.): Organizational Improvisation. London, New York: Routledge, S. 73-95.

Haug, Wolfgang Fritz (1985): Pluraler Marxismus. Beiträge zur politischen Kultur. Band 1. 1. Aufl. 2 Bände. Berlin: Argument (1).

Hauser, John R.; Clausing, Don (1988): Wenn die Stimme des Kunden bis in die Produktion vordringen soll. In: *Harvard-Manager* 10 (4), S. 57-70.

Hay, Colin (1995): Structure and Agency. In: David Marsh und Gerry Stoker (Hg.): Theory and methods in political science. Basingstoke, Hampshire: Macmillan, S. 189-206.

Hochschild, Arlie Russell (1983): The managed heart. Commercialization of human feeling. Berkeley: Univ. of California Press.

Holbeche, Linda (1999): Aligning human resources and business strategy. Oxford, Boston: Butterworth-Heinemann.

Homans, George C. (1966): Bringing Man Back In. In: Albert H. Rubenstein, Chadwick J. Haberstroh und Conrad M. Arensberg (Hg.): Some theories of organization. Rev. ed. Homewood, Ill: Irwin (The Irwin-Dorsey series in behavioral science).

Homans, George Caspar (1960): Theorie der sozialen Gruppe. Köln [u.a.]: Westdt. Verl.

Hoopes, David G.; Postrel, Steven (1999): Shared Knowledge, »Glitches,« and Product Development Performance. In: *Strategic management journal* 20 (9), S. 837-865. Online verfügbar unter www.jstor.org/stable/3094209.

Hopfl, H.; Linstead, S. (1997): Introduction: Learning to Feel and Feeling to Learn: Emotion and Learning in Organizations. In: *Management Learning* 28 (1), S. 5-12.

Howell, William C.: An Overview of Models, Methods and Problems. In: William C. Howell und Edwin A. Fleishman (Hg.): Human performance and productivity. Volume II: Information Processing and Decision Making. Hillsdale N.J: L. Erlbaum, S. 1-30.

Hunt, Earl B. (1962): Concept learning. An information processing problem. New York, NY: Wiley.

Husserl, Edmund (1985): Texte zur Phänomenologie des inneren Zeitbewusstseins (1893-1917). Hg. v. Rudolf Bernet. Hamburg: F. Meiner.

Hutcheon, Linda (1985): A theory of parody. The teachings of twentieth-century art forms. New York, NY: Methuen.

Hutchins, Edwin (1991): Organizing Work by Adaptation. In: *Organization Science* 2 (1), S. 14-39. Online verfügbar unter www.jstor.org/stable/2634937.

Hutton, Will; Giddens, Anthony (Hg.) (2000): On the edge. Living with global capitalism. London: Jonathan Cape.

Iansiti, M.; MacCormack, A. (1997): Developing products on Internet time. In: *Harvard Business Review* 75 (5), S. 108-117.

Iansiti, Marco (1995): Shooting the Rapids: Managing Product Development in Turbulent Environments. In: *California Management Review* 38 (1), S. 37-58. Online verfügbar unter www.jstor.org/stable/41165820.

James, William (1950): The principles of psychology. New York, NY: Dover Publications.

Jaques, Elliott (1982): The form of time. New York: Crane Russak; London: Heinemann.

Jennings, Devereaux; Greenwood, Royston (2003): Constructing the iron cage: Institutional theory and enactment. In: Robert Ian Westwood und Stewart Clegg (Hg.): Debating organization. Point-counterpoint in organisation studies. Malden, Mass: Blackwell, S. 195-207.

Joas, Hans (1992): Die Kreativität des Handelns. 1. Aufl. Frankfurt a.M.: Suhrkamp.

Kahn, Robert L.; Wolfe, Donald M.; Quinn, Robert P.; Snoek, J. Diedrick; Rosenthal, Robert A. (1964): Organizational stress. Studies in role conflict and ambiguity. New York: Wiley.

Kaltenbrunner, Martin (2009): reacTIVision and TUIO : A Tangible Tabletop Toolkit. Proceedings of the ACM International Conference on Interactive Tabletops and Surfaces (2009).

Kamoche, K.; Cunha, M. P. e. (2001): Minimal Structures: From Jazz Improvisation to Product Innovation. In: *Organization Studies* 22 (5), S. 733-764. Online verfügbar unter https://files.pbworks.com/download/GaYoHueE86/sjbae/32906736/Minimal %20Structure_From %20Jazz %20Improvisation %20to %20Product %20Innovation.pdf.

Kamoche, Ken N.; Pina e Cunha, Miguel; Vieira da Cunha, Joao (2002a): Introduction and Overview. In: Ken N. Kamoche, Miguel Pina e Cunha und Joao Vieira da Cunha (Hg.): Organizational Improvisation. London, New York: Routledge, S. 1-12.

Kamoche, Ken N.; Pina e Cunha, Miguel; Vieira da Cunha, Joao (Hg.) (2002b): Organizational Improvisation. London, New York: Routledge.

Kamoche, Ken; Cunha, Miguel Pina E.; Cunha, Joao Vieira da (2003): Towards a Theory of Organizational Improvisation: Looking Beyond the Jazz Metaphor. In: *J Management Studs* 40 (8), S. 2023-2051.

Kant, Immanuel (1974): Kritik der Urteilskraft. 1. Aufl. Frankfurt a.M.: Suhrkamp (suhrkamp-taschenbücher wissenschaft, 57).

Katz, Daniel; Kahn, Robert L. (1966): Ths social psychology of organizations. New York: Wiley.

Kendall, Gavin; Wickham, Gary (1999): Using Foucault's methods. London: Sage (Introducing qualitative methods). Online verfügbar unter www.loc.gov/catdir/enhancements/fy0656/98061653-d.html.

King, Thomas (1994): Performing Akimbo: Queer Pride and Epistemological Prejudice. In: Moe Meyer (Hg.): The Politics and poetics of Camp. London: Routledge, S. 20-39.

Kirsch, Werner (1977): Einführung in die Theorie der Entscheidungsprozesse. 2. Aufl. Wiesbaden: Th. Gabler Verlag.

Klaube, Jürgen (2004): Die Detektive der Aufklärung. Lehre von den wissenschaftlichen Temperamenten: Zur Verleihung des Balzan-Preises. In: *Frankfurter Allgemeine Zeitung*, 26.11.2004 (277), S. 50.

Kohler, Klaus J. (1977): Einführung in die Phonetik des Deutschen. 1. Aufl. Berlin: Schmidt (Grundlagen der Germanistik, 20).

Kornberger, Martin; Clegg, Stewart R.; Carter, Chris (2006): Rethinking the polyphonic organization: Managing as discursive practice. In: *Scandinavian Journal of Management* 22 (1), S. 3-30.

Kurt, Ronald; Näumann, Klaus (2008): Menschliches Handeln als Improvisation. Sozial- und musikwissenschaftliche Perspektiven/Ronald Kurt, Klaus Näumann (Hg.). Bielefeld: Transcript (Kultur- und Medientheorie).

Lacan, Jacques; Haas, Norbert; Gasché, Rodolphe (1991): Schriften. [Einzelbände in verschiedenen Auflagen]. Weinheim: Quadriga (Das Werk von Jacques Lacan).

Laclau, Ernesto (1988a): Metaphor and Social Antagonisms. In: Cary Nelson und Lawrence Grossberg (Hg.): Marxism and the interpretation of culture. Urbana: University of Illinois Press, S. 249-257.

Laclau, Ernesto (1988b): Politics and the Limits of Modernity. In: Andrew Ross (Hg.): Universal Abandon. The politics of postmodernism. Minneapolis: Univ. of Minnesota Pr (Cultural politics), S. 63-82.

Laclau, Ernesto (1990): New reflections on the revolution of our time. London: Verso (Phronesis).

Laclau, Ernesto; Mouffe, Chantal (1985): Hegemony and socialist strategy. Towards a radical democratic politics. London: Verso.

Laclau, Ernesto; Mouffe, Chantal (1991): Hegemonie und radikale Demokratie. Zur Dekonstruktion des Marxismus. 1. Aufl. Wien: Passagen-Verlag (Passagen-Politik).

Lakoff, George; Johnson, Mark (1980): Metaphors we live by. Chicago: Univ. of Chicago Press. Online verfügbar unter www.loc.gov/catdir/description/uchi051/80010783.html.

Lamers, Jan (1994): Theatertexte: Gedächtnis. Hg. v. Marianne v. Kerkhoven. Brüssel.

Lanzara, Giovan Francesco (1983): Ephemeral Organizations in Extreme Environments: Emergence, Strategy, Extinction. In: *J Management Studies* 20 (1), S. 71-95.

Latour, Bruno (1988): A Relativistic Account of Einstein's Relativity. In: *Social Studies of Science* 18 (1), S. 3-44. Online verfügbar unter www.jstor.org/stable/285375.

Latour, Bruno (2004): Politiques de la nature. Comment faire entrer les sciences en démocratie. 2. Aufl. Paris: La Découverte (Sciences humanines et sociales, 166).

Latour, Bruno (2005): En tapotant légèrement sur l'architecture de Koolhaas avec un bâton d'aveugle ... In: *L'architecture d'aujourd'hui* (361), S. 70-73.

Latour, Bruno (2007): Eine neue Soziologie für eine neue Gesellschaft. Einführung in die Akteur-Netzwerk-Theorie. 1. Aufl. Frankfurt a.M.: Suhrkamp.

Latour, Bruno (2008): A Cautious Prometheus? A Few Steps A Cautious Prometheus? A Few StepsToward a Philosophy of Design (with Special Attention to Peter Sloterdijk). Online verfügbar unter www.bruno-latour.fr/sites/default/files/112-DESIGN-CORNWALL-GB.pdf.

Lave, Jean; Wenger, Etienne (1991): Situated learning. Legitimate peripheral participation/Jean Lave, Etienne Wenger. Cambridge: Cambridge University Press (Learning in doing : social, cognitive, and computational perspectives).

Leavitt, Harold J.; Whisler, Thomas L. (1985): Management in the 1980's. In: *Harvard Business Review*, S. 41-48.

Lenk, Hans (1995): Schemaspiele. Über Schemainterpretationen und Interpretationskonstrukte. 1. Aufl. Frankfurt a.M.: Suhrkamp.

Lévi-Strauss, Claude (1968): Das wilde Denken. Frankfurt a.M.: Suhrkamp.

Lewin, Kurt (1982): Werkausgabe. Band 4: Feldtheorie. Hg. v. Carl F. Graumann. Bern, Stuttgart: H. Huber; Klett-Cotta.

Lewin, Kurt; Cartwright, Dorwin (1951): Field theory in social science. Selected theoretical papers. New York: Harper & Brothers (The Research Center for Group Dynamics series).

Lewin, Kurt; Weiss Lewin, Gertrud (1953): Die Lösung sozialer Konflikte. Ausgewählte Abhandlungen über Gruppendynamik. 1. Aufl. Bad Nauheim: Christian-Verlag.

Lewin, Kurt; Heider, Fritz; Heider, Grace M. (1936): Principles of topological psychology. 1. Aufl. New York, London: McGraw-Hill book company, inc.

Lindner, Urs: Alles Macht, oder was? Foucault, Althusser und kritische Gesellschaftstheorie. Online verfügbar unter www.rote-ruhruni.com/cms/IMG/pdf/ProklaAllesMacht.pdf, zuletzt geprüft am 10.12.2011.

Lockwood, David (1964): Social integration and system integration. In: George K. Zollschan (Hg.): Explorations in social change. London: Routledge & Kegan Paul, S. 244-257.

Lösch, Andreas; Schrage, Dominik; Spreen, Dierk; Stauff, Markus (Hg.) (2001): Technologien als Diskurse. Konstruktionen von Wissen, Medien und Körpern. Heidelberg: Synchron Wiss.-Verl. der Autoren (Diskursivitäten, 5).

Loyal, S.; Barnes, B. (2001): »Agency« as a Red Herring in Social Theory. In: *Philosophy of the Social Sciences* 31 (4), S. 507-524.

Luhmann, Niklas (1969): Legitimation durch Verfahren. Neuwied am Rhein u.a.: Luchterhand.

Luhmann, Niklas (1990): Soziologische Aufklärung 5. Konstruktivistische Perspektiven. Wiesbaden: Westdeutscher Verlag (5).

Luhmann, Niklas (1997): Die Gesellschaft der Gesellschaft. 1. Aufl. Frankfurt a.M.: Suhrkamp.

Luhmann, Niklas (2000): Organisation und Entscheidung. 1. Aufl. Opladen [u.a.]: Westdt. Verl.

Lyotard, Jean-François (1994): Das postmoderne Wissen. Ein Bericht. 3. Aufl. Wien: Passagen-Verl (Edition Passagen, 7).

MacGregor, Douglas; Bennis, Warren G.; Schein, Edgar H.; MacGregor, Caroline (Hg.) (1966): Leadership and motivation. Essays of Douglas McGregor. Cambridge Mass, London: The M.I.T. Press.

Magala, Slawomir J. (1997): The making and unmaking of sense. In: *Organization studies* 18 (2), S. 317-338.

Mandelbaum, Maurice (1973): Societal facts. In: John O'Neill (Hg.): Modes of individualism and collectivism. London: Heinemann (Heinemanns Educational), S. 223-234.

Marable, Manning (1991): Race, reform, and rebellion. The second Reconstruction in black America, 1945-1990. 2. Aufl. Jackson: University Press of Mississippi.

Marcelli, Daniel (2004): La performance à l'épreuve de la surprise et de l'autorité. In: Benoît Heilbrunn (Hg.): La performance, une nouvelle idéologie? Critique et enjeux. Paris: La Découverte, S. 28-42.

March, James G. (1976): The technology of foolishness. In: James G. March und Johan P. Olsen (Hg.): Ambiguity and choice in organizations. Bergen: Universitetsforlaget, S. 76-78.

March, James G. (1981): Footnotes to organizational change. In: *Administrative Science Quarterly* 26 (4), S. 563-577.

March, James G.; Olsen, Johan P. (1975): The Uncertainty of the Past: Organizational Learning Under Ambiguity. In: *Eur J Political Res* 3 (2), S. 147-171.

March, James G.; Olsen, Johan P. (1976a): Organizational choice under ambiguity. In: James G. March und Johan P. Olsen (Hg.): Ambiguity and choice in organizations. Bergen: Universitetsforlaget, S. 10-23.

March, James G.; Olsen, Johan P. (Hg.) (1976b): Ambiguity and choice in organizations. Bergen: Universitetsforlaget.

March, James G.; Simon, Herbert A. (1958): Organizations. New York: Wiley.

Marx, Karl (1953): Grundrisse der Kritik der politischen Ökonomie. (Rohentwurf) 1857-1858 : Anhang 1850-1859. Frankfurt a.M.: Europ. Verlagsanst. (Politische Ökonomie Geschichte und Kritik).

Mayntz, Renate (1967): Formalisierte Modelle in der Soziologie. Neuwied am Rhein: Luchterhand (Soziologische Texte, 39).

Mayntz, Renate (1996): Politische Steuerung: Aufstieg, Niedergang und Transformation einer Theorie. In: Klaus von Beyme und Claus Offe (Hg.): Politische Theorien in der Ära der Transformation: Westdeutscher Verlag (Politische Vierteljahresschrift, 26), S. 148-168.

Mayo, Elton (1945): The social problems of an industrial civilization. 4. Aufl. Boston: Harvard Univ.

McAnulla, Stuart (2002): Structure and Agency. In: David Marsh und Gerry Stoker (Hg.): Theory and methods in political science. 2. Aufl. Basingstoke: Palgrave Macmillan (Political analysis), S. 271-291.

McGuire, Joseph (1964): Theories of business behaviour. Englewood Cliffs NJ: Prentice-Hall.

McKenzie, Jon (2001): Perform or else. From discipline to performance. London, New York: Routledge.

Mead, Margaret (1964): Anthropology. A human science ; selected papers, 1939 – 1960. Princeton, NJ: Van Nostrand (22).

Meißner, Hanna (2010): Jenseits des autonomen Subjekts. Zur gesellschaftlichen Konstitution von Handlungsfähigkeit im Anschluss an Butler Foucault und Marx. Bielefeld: Transcript (Gender studies). Online verfügbar unter http://d-nb.info/998765236/04.

Mesarovic, Mihajlo D.: On Self-Organizing Systems. In: Self-organizing systems. (proceedings of the conference on self-organizing systems held on May 22, 23, and 24, 1962 in Chicago, Ill.). Washington, S. 9-15.

Meyer, Alan D.; Brooks, Geoffrey R.; Goes, James B. (1993): Organizations reacting to hyperturbulence. In: George P. Huber und William H. Glick (Hg.): Organizational change and redesign. Ideas and insights for improving performance. Oxford: Oxford University Press, S. 66-111.

Meyer, Moe (1994): Introduction. Reclaiming the discourse of Camp. In: Moe Meyer (Hg.): The Politics and poetics of Camp. London: Routledge, S. 1-19.

Miegel, Meinhard; Beck, Ulrich (1998): Erwerbstätigkeit und Arbeitslosigkeit in Deutschland. Entwicklung – Ursachen – Maßnahmen ; Leitsätze, Zusammenfassung und Schlußfolgerungen der Teile I, II und III des Kommissionsberichts. München: Olzog.

Miller, George A.; Galanter, Eugene; Pribram, Karl H. (1960): Plans and the structure of behavior. New York, NY: Henry Holt and Co, Inc.

Miller, James G. (1965): Living systems: Basic concepts. In: *Behavioral Science* 10 (3), S. 193-237.

Millward, Neil (1995): Workplace industrial relations in transition. The ED-ESRC-PSI-ACAS surveys. Aldershot, Brookfield (Vt.), Hong Kong [etc.]: Dartmouth.

Miner, Anne S.; Bassoff, Paula; Moorman, Christine (2001): Organizational Improvisation and Learning: A Field Study. In: *Administrative Science Quarterly* 46 (2), S. 304-337. Online verfügbar unter www.jstor.org/stable/2667089.

Mintzberg, Henry (1987): Crafting strategy. In: *Harvard Business Review*, S. 66-75.

Mintzberg, Henry (1995a): Das wahre Geschäft der strategischen Planer. In: Beratergruppe Neuwaldegg (Hg.): Strategie: Jazz oder Symphonie? Aktuelle Beispiele strategischer Improvisation. Wien: Service-Fachverl (Management unterwegs, 3).

Mintzberg, Henry (1995b): The structuring of organizations. In: Henry Mintzberg, James Brian Quinn und John Voyer (Hg.): The strategy process. Collegiate ed. Englewood Cliffs, NJ: Prentice Hall, S. 350-371.

Mintzberg, Henry; Waters, James A. (1985): Of strategies, deliberate and emergent. In: *Strategic management journal* 6 (3), S. 257-272.

Mintzberg, Henry; Westley, Frances (2001): Decision Making: It's Not What You Think. In: *MIT Sloan Management Review* 43, S. 89-93.

Mintzberg, Henry; Raisinghani, Duru; Théorêt, André (1976): The structure of »unstructured« decision processes. In: *Administrative Science Quarterly* 21 (2), S. 246-275.

Moen, Marcia K. (1991): Peirce's Pragmatism as Resource for Feminism. In: *Transactions of the Charles S. Peirce Society* 27 (4), S. 435-450. Online verfügbar unter www.jstor.org/stable/40320345.

Moorman, Christine; Miner, Anne S. (1998a): Organizational Improvisation and Organizational Memory. In: *The Academy of Management Review* 23 (4), S. 698-723. Online verfügbar unter www.jstor.org/stable/259058.

Moorman, Christine; Miner, Anne S. (1998b): The Convergence of Planning and Execution: Improvisation in New Product Development. In: *The Journal of Marketing* 62 (3), S. 1-20. Online verfügbar unter www.jstor.org/stable/1251740.

Morgan, Gareth (1986): Images of organization. 1. Aufl. Beverly Hills, Calif: Sage Publ.

Morgan, Gareth (1997): Bilder der Organisation. Stuttgart: Klett-Cotta.

Mouffe, Chantal (2007): Über das Politische. Wider die kosmopolitische Illusion. 1. Aufl. Frankfurt a.M.: Suhrkamp.

Mueller, Frank; Sillince, John; Harvey, Charles; Howorth, Chris (2004): »A Rounded Picture is What We Need«: Rhetorical Strategies, Arguments, and the Negotiation of Change in a UK Hospital Trust. In: *organ stud* 25 (1), S. 75-93.

Müller, David (2007): Bestimmungsfaktoren der Improvisation im Unternehmen. In: *Zeitschrift für Planung & Unternehmenssteuerung* 18 (3), S. 255-277.

Mwita, John Isaac (2000): Performance management model: A systems-based approach to public service quality. In: *International Journal of Public Sector Management* 13 (1), S. 19-37.

Nagel, Reinhart; Wimmer, Rudolf (2004): Systemische Strategieentwicklung. Modelle und Instrumente für Berater und Entscheider. 2. Aufl. Stuttgart: Klett-Cotta.

Newell, Allen; Simon, Herbert Alexander (1972): Human problem solving. Englewood Cliffs, N.J: Prentice-Hall.

Niederhauser, Jürg (1995): Metaphern in der Wissenschaftssprache als Thema der Linguistik. In: Lutz Danneberg (Hg.): Metapher und Innovation. Die Rolle der Metapher im Wandel von Sprache und Wissenschaft ; [... Beiträge des Kolloquiums »Metapher und Innovation« ... Februar 1993 in Bern ...]. Bern: Haupt (Berner Reihe philosophischer Studien, 16), S. 290-298.

Noe, Raymond A.; Hollenbeck, John R.; Gerhart, Barry A.; Wright, Patrick M. (2007): Fundamentals of human resource management. 2. Aufl. Boston, Mass: McGraw-Hill/Irwin.

Noglik, Bert (1990): Klangspuren. Wege improvisierter Musik. 1. Aufl. Berlin: Verl. Neue Musik.

Nonaka, Ikujiro (1991): The knowledge-creating company. In: *Harvard Business Review* 69, S. 96-104.

Orlikowski, W. J. (1996): Improvising Organizational Transformation Over Time: A Situated Change Perspective. In: *Information Systems Research* 7 (1), S. 63-92.

Orlikowski, Wanda J. (1992): The Duality of Technology: Rethinking the Concept of Technology in Organizations. In: *Organization Science* 3 (3), S. 398-427.

Orlikowski, Wanda J. (2000): Using Technology and Constituting Structures: A Practice Lens for Studying Technology in Organizations. In: *Organization Science* 11 (4), S. 404-428.

Ott, Michaela (2005): Gilles Deleuze zur Einführung. 1. Aufl. Hamburg: Junius (Zur Einführung, 303).

Papke, Dieter; Berg, Markus (2004): Mit Change Theater Veränderungsprozesse gestalten. In: *Lernende Organisation* (18), S. 6-23.

Parsons, Talcott (1937): The structure of social action;. A study in social theory with special reference to a group of recent European writers. 1. Aufl. New York: McGraw-Hill book company, inc.

Parsons, Talcott (1951): The social system. 1. Aufl. Glencoe Ill: Free Press.

Parsons, Talcott (1964): Beiträge zur soziologischen Theorie. 3. Aufl. Darmstadt: Luchterhand (Soziologische Texte, 15).

Parsons, Talcott (1969): Evolutionäre Universalien der Gesellschaft. In: Wolfgang Zapf (Hg.): Theorien des sozialen Wandels. Köln [u.a.]: Kiepenheuer & Witsch, S. 55-74.

Parsons, Talcott; Platt, Gerald M. (1968): Considerations on the American Academic Systems. In: *Minerva* 6 (4), S. 497-523.

Parsons, Talcott; Shils, Edward (1951): Toward a general theory of action. Cambridge: Harvard University Press.

Pawlowski, Suzanne D.; Watson, Edward F.; Nenov, Ivan N.: Enterprise Systems, minimal Structures of Knowledge and organizational Improvisation. Hg. v. cInformation Systems and Decision Sciences Department. Louisiana State University. Online verfügbar unter http://www2.warwick.ac.uk/fac/soc/wbs/conf/olkc/archive/oklc5/papers/f-4_pawlowski.pdf, zuletzt geprüft am 10.06.2011.

Perky, Lee T. (1991): Strategic improvising: How to formulate and implement competitive strategies in concert. In: *Organizational Dynamics* 19 (4), S. 51-64.

Perrow, Charles (1986): Complex organizations. A critical essay. 3. Aufl. New York: McGraw-Hill. Online verfügbar unter www.loc.gov/catdir/description/mh021/00699828.html.

Pettigrew, A. (2000): Innovative forms of organising in Europe and Japan. In: *European Management Journal* 18 (3), S. 259-273.

Pettigrew, Andrew M. (1985): The awakening giant. Continuity and change in imperical chem. industries. Oxford: Blackwell.

Pettigrew, Andrew M. (1987): Context and Action in the Transformation of the Firm. In: *J Management Studies* 24 (6), S. 649-670.

Pettigrew, Andrew M.; Whipp, Richard (1991): Managing change for competitive success. Oxford.

Phelan, Peggy (1993): Reciting the Citation of Others; or, A Second Introduction. In: Lynda Hart und Peggy Phelan (Hg.): Acting out. Feminist performances. Ann Arbor: University of Michigan Press, S. 13-34.

Piore, Michael J.; Sabel, Charles F. (1984): The second industrial divide. Possibilities for prosperity. New York: Basic Books.

Plichta, Annamaria (2009): organisiertes Improvisieren = improvisierendes Organisieren. Improvisation als eigenständiges organisationstheoretisches Phänomen. Magisterarbeit. Universität Wien. Wien. Online verfügbar unter http://othes.univie.ac.at/4364/1/2009-03-27_0205700.pdf, zuletzt geprüft am 28.11.2011.

Polányi, Michael (1967): The Tacit dimension. New York, NY: Doubleday (Anchor books, 540).

Poole, Marshall Scott (2000): Organizational change and innovation processes. Theory and methods for research. Oxford: Oxford Univ. Press.

Poole, Marshall Scott; van de Ven, Andrew H. (1989): Using Paradox to Build Management and Organization Theories. In: *The Academy of Management Review* 14 (4), S. 562-578. Online verfügbar unter www.jstor.org/stable/258559.

Poole, Marshall Scott; van de Ven, Andrew H. (2004): Handbook of organizational change and innovation. Oxford: Oxford University Press.

Posselt, Gerald (2003): Performativität (D). Hg. v. Anna Babka. produktive differenzen: forum für differenz- und genderforschung. Online verfügbar unter http://differenzen.univie.ac.at/glossar.php?sp=4, zuletzt aktualisiert am 17.11.2011.

Powell, Walter W.; DiMaggio, Paul J. (Hg.) (1991): The new institutionalism in organizational analysis. Chicago: University of Chicago Press.

Preisendörfer, Peter (2008): Organisationssoziologie. Grundlagen, Theorien und Problemstellungen. 2. Aufl. Wiesbaden: VS, Verl. für Sozialwiss.

Probst, Gilbert J. B.; Büchel, Bettina (1994): Organisationales Lernen. Wettbewerbsvorteil der Zukunft. 1. Aufl. Wiesbaden: Gabler.

Rafaeli, Anat; Sutton, Robert I. (1989): The expression of emotion in organizational life. In: *Research in organizational behavior* (11), S. 1-43.

Rancière, Jacques (2008): Le spectateur émancipé. Paris: Fabrique.

Reed, Michael I. (1992): Rethinking organization. New directions in organization theory and analysis. London: Sage.

Reif, Adelbert; Barthes, Roland (Hg.) (1973): Antworten der Strukturalisten. 1. Aufl. Hamburg: Hoffman und Campe.

Reinfeldt, Sebastian; Schwarz, Richard (1993): Konstruktion des politischen oder Dekonstruktion der Politik? Kommentar zu Laclau/Mouffe.

Reinhardt, Rüdiger (1995): Das Modell organisationaler Lernfähigkeit und die Gestaltung lernfähiger Organisationen. 2. Aufl. Frankfurt a.M.; Berlin; Bern; New York; Paris; Wien: Lang.

Rheinberger, Hans-Jörg (2006): Epistemologie des Konkreten. Studien zur Geschichte der modernen Biologie. 1. Aufl. Frankfurt a.M.: Suhrkamp (Suhrkamp-Taschenbuch Wissenschaft, 1771).

Rice, R. E.; Rogers, E. M. (1980): Reinvention in the Innovation Process. In: *Science Communication* 1 (4), S. 499-514.

Ricoeur, Paul; McLaughlin, Kathleen (1984): Time and narrative. Chicago: Univ. of Chicago Pr (1).

Rindova, Violina P.; Kotha, Suresh (2001): Continuous »Morphing«: Competing through Dynamic Capabilities, Form, and Function. In: *The Academy of Management Journal* 44 (6), S. 1263-1280. Online verfügbar unter www.jstor.org/stable/3069400.

Rochlin, G. I. (1989): Informal organizational networking as a crisis- avoidance strategy: US naval flight operations as a case study. In: *Organization & Environment* 3 (2), S. 159-176.

Roethlisberger, Fritz Jules; Dickson, William John; Wright, Harold A. (1966): Management and the worker. An account of a Research Program conducted by the Western Electric Company, Hawthorne Works, Chicago. 14. Aufl. Cambridge Mass: Harvard U. P.

Rorty, Richard (1989): Contingency, irony, and solidarity. Cambridge: Cambridge Univ. Press.

Rose, Michael (1988): Industrial behaviour. Research and control. 2. Aufl. London: Penguin.

Rousseau, Denise M. (1995): Psychological contracts in organizations. Understanding written and unwritten agreements. Thousand Oaks, Calif. [u.a.]: Sage Publications.

Rüsenberg, Michael (2004): Improvisation als Modell wirtschaftlichen Handelns. Eine Erkundung. In: Wolfram Knauer (Hg.): Improvisieren ... Darmstädter Beiträge zur Jazzforschung, Band 8 ; [Symposium des 8. Darmstädter Jazzforums im September 2003]. Jazz-Institut; Darmstädter Jazzforum. Hofheim: Wolke (Darmstädter Beiträge zur Jazzforschung, 8), S. 201-215.

Samson, Ivan (Hg.) (2003): L'économie contemporaine en 10 leçons. Paris: Sirey.

Sawyer, R. Keith (2001): Emergence in Sociology: Contemporary Philosophy of Mind and Some Implications for Sociological Theory. In: *American Journal of Sociology* 107 (3), S. 551-585.

Scharmer, Claus O. (2009): Theorie U – von der Zukunft her führen. [Öffnung des Denkens, Öffnung des Fühlens, Öffnung des Willens ; Presencing als soziale Technik]. 1. Aufl. Heidelberg: Carl-Auer-Systeme (Management). Online verfügbar unter www.socialnet.de/rezensionen/isbn.php?isbn=978-3-89670-679-9.

Schechner, Richard (1977): Essays on performance theory, 1970-1976. 1. Aufl. New York: Drama Book Specialists.

Scherrer, Christoph (1995): Eine diskursanalytische Kritik der Regulationstheorie. In: *Prokla* 25 (100), S. 457-482.

Schmid, Bernd (2004): Die Theatermetapher in der Praxis. In: *Lernende Organisation* (18), S. 56-63.

Schmolke, Michael: Ausstellungen als Instrument der Wissensvermittlung. Workshop am 26. und 27. April 2002. Helmholtz-Zentrum Für Kulturtechnik, Humboldt-Universität zu Berlin. Online verfügbar unter http://www2.hu-berlin.de/hzk/files/Schmolke.pdf.

Schön, Donald A. (1983): The reflective practitioner. How professionals think in action. New York: Basic Books.

Schrage, Michael (1996): The Gary Burton Trio, Lessons on business from a jazz legend. Interview with Gary Burton. Fast Company. Online verfügbar unter www.fastcompany.com/magazine/06/burton.html?page=0%2C1, zuletzt geprüft am 10.06.2011.

Schultz, Theodore W. (1981): Investing in people. The economics of population quality. Berkeley, Calif: University of California Press.

Schumpeter, Joseph A. (1950): Kapitalismus, Sozialismus und Demokratie. 6. Aufl. Tübingen: Francke (Uni-Taschenbücher, 172).

Schütz, Alfred (1960): Der sinnhafte Aufbau der sozialen Welt. Eine Einleitung in die verstehende Soziologie. 2. Aufl. Wien: Springer-Verlag.

Scribner, Sylvia (1986): Thinking in Action: Some Characteristics of Practical Thought. In: Robert J. Sternberg und Richard K. Wagner (Hg.): Practical intelligence. Nature and origins of competence in the everyday world/edited by Robert J. Sternberg and Richard K. Wagner. Cambridge: Cambridge University Press, S. 13-30.

Searle, John R. (1971): Sprechakte. Ein sprachphilosophischer essay. 1. Aufl. Frankfurt a.M.: Suhrkamp.

Seiffert, Helmut (1970): Information über die Information. Verständigung im Alltag, Nachrichtentechnik, wissenschaftliches Verstehen, Informationssoziologie, das Wissen des Gelehrten. 2. Aufl. München: Beck (Beck'sche Schwarze Reihe, 56).

Simon, Herbert A. (1957a): Administrative behaviour. A study of decision-making processes in administrative organization. 1. Aufl. New York: Macmillan.

Simon, Herbert A. (1957b): Models of man. Social and rational; mathematical essays on rational human behavior in society setting. New York: Wiley.

Simon, Herbert A. (1977): The new science of management decision. 3. Aufl. Englewood Cliffs/N.J: Prentice-Hall.

Simons, Jon (1995): Foucault & the political. 1. Aufl. London: Routledge (Thinking the political).

Smircich, Linda; Stubbart, Charles (1985): Strategic Management in an Enacted World. In: *The Academy of Management Review* 10 (4), S. 724-736.

Stacey, Ralph D. (1996): Complexity and creativity in organizations. San Francisco: Berrett-Koehler.

Staehle, Wolfgang H.; Conrad, Peter; Sydow, Jörg (1999): Management. Eine verhaltenswissenschaftliche Perspektive. 8. Aufl. München: Vahlen.

Star, Susan Leigh; Griesemer, James R. (1989): Institutional Ecology, »Translations« and Boundary Objects: Amateurs and Professionals in Berkeley's Museum of Vertebrate Zoology, 1907-39. In: *Social Studies of Science* 19 (3), S. 387-420. Online verfügbar unter www.jstor.org/stable/285080.

Stein, Daniel L. (1989): Preface. In: Daniel L. Stein (Hg.): Lectures in the sciences of complexity. The proceedings of the 1988 Complex Systems Summer School held June – July, 1988 in Santa Fe, New Mexico. Redwood City, Calif: Addison-Wesley Publ. Co (Santa Fe Institute studies in the sciences of complexity. Lectures, 1), S. XIII–XXIII.

Stiegler, Bernard (2005): Constituer l'Europe. Paris: Galillée (Collection Débats).

Stourdzé, Yves (1978): Les États-Unis et la guerre des communications. In: *Le Monde*, 13.12.1978, S. 40.

Styhre, Alexander; Sundgren, Mats (2005): Managing creativity in organizations. Critique and practices. Basingstoke, New York: Palgrave Macmillan.

Tatikonda, Mohan V.; Rosenthal, Stephen R. (2000): Successful execution of product development projects: Balancing firmness and flexibility in the innovation process. In: *Journal of Operations Management* 18 (4), S. 401-425.

Taylor, Frederick Winslow (1954): The principles of scientific management. New York, NY: Harper.

Taylor, James R.; van Every, Elizabeth J. (2000): The emergent organization. Communication as its site and surface. Mahwah, NJ: Erlbaum. Online verfügbar unter www.loc.gov/catdir/enhancements/fy0709/99039626-d.html.

Thayer, Lee (1988): Leadership/communication: A critical review and a modest proposal. In: Gerald M. Goldhaber (Hg.): Handbook of organizational communication. Norwood/N.J: Ablex Publ (Communication and information science), S. 231-263.

Thomke, Stefan; Reinertsen, Donald (1998): Agile Product Development: Managing Development Flexibility in Uncertain Environments. In: *California Management Review* 41 (1), S. 8-30. Online verfügbar unter www.jstor.org/stable/41165973.

Thompson, James D. (1956): On building an administrative science. In: *Administrative Science Quarterly* 1 (1956/57), S. 102-111.

Thompson, Paul (1989): The nature of work. An introduction to debates on the labour process. 2. Aufl. Houndmills, Basingstoke, Hampshire: Macmillan.

Thompson, Paul; McHugh, David (2002): Work organisations. a critical introduction. 3. Aufl. Basingstoke: Palgrave.

Touraine, Alain (1969): La société post-industrielle. Paris: Denoel (Bibliothèque médiations, 61).

Townley, Barbara (1994): Reframing human resource management. Power, ethics and the subject at work. London, Thousand Oaks, Calif: Sage.

Tsoukas, Haridimos (1993): Analogical Reasoning and Knowledge Generation in Organization Theory. In: *Organization Studies* 14 (3), S. 323-346.

Tsoukas, Haridimos; Chia, Robert (2002): On Organizational Becoming: Rethinking Organizational Change. In: *Organization Science* 13 (5), S. 567-582.

Tsoukas, Haridimos; Papoulias, Demetrios B. (2005): Managing third-order change: the case of the Public Power Corporation in Greece. In: *Long Range Planning* 38 (1), S. 79-95.

Turner, Victor W. (1982): From ritual to theatre. The human seriousness of play. New York: Performing Arts Journal Publ.

Vaill, Peter B. (1989): Managing as a performing art. New ideas for a world of chaotic change. 1. Aufl. San Francisco: Jossey-Bass.

van de Ven, Andrew H. (2007): Engaged scholarship. A guide for organizational and social research. Oxford: Oxford Univ. Press. Online verfügbar unter www.loc.gov/catdir/enhancements/fy0737/2007008539-b.html.

Vogd, Werner (2006): Die Organisation Krankenhaus im Wandel. Eine dokumentarische Evaluation aus Sicht der ärztlichen Akteure. 1. Aufl. Bern: Huber (Programmbereich Gesundheit). Online verfügbar unter www.gbv.de/dms/faz-rez/FD1200609017860l2.pdf.

Vogel, Matthias (2007): Nachvollzug und die Erfahrung musikalischen Sinns. In: Alexander Becker (Hg.): Musikalischer Sinn. Beiträge zu einer Philosophie der Musik. Frankfurt M: Suhrkamp (Suhrkamp-Taschenbuch Wissenschaft, 1826).

Voß, Günther; Pongratz, Hans G. (1998): Der Arbeitskraftunternehmer. Eine neue Grundform der »Ware Arbeitskraft«? In: *Kölner Zeitschrift für Soziologie und Sozialpsychologie* 50, S. 131-158.

Vossebrecher, David; Stark, Wolfgang: Music, Innovation, Corporate Culture – innovative Organisationskulturen musikalisch verstehen. In: Innovationsfähigkeit sichert Zukunft. Beiträge zum 2. Zukunftsforum Innovationsfähigkeit des BMBF. 1. Aufl., S. 129-137.

Watson, Tony J. (1986): Management, organisation, and employment strategy. New directions in theory and practice. London, Boston: Routledge & Kegan Paul.

Watzlawick, Paul; Bavelas, Janet Beavin; Jackson, Don D. (1969): Menschliche Kommunikation. Formen, Störungen, Paradoxien. Bern: Huber.

Weick, Karl E. (1985): Der Prozeß des Organisierens. 1. Aufl. Frankfurt a.M.: Suhrkamp (Theorie).

Weick, Karl E. (1989): Organized improvisation: 20 years of organizing. In: *Communication Studies* 40 (4), S. 241-248.

Weick, Karl E. (1993): The Collapse of Sensemaking in Organizations: The Mann Gulch Disaster. In: *Administrative Science Quarterly* 38 (4), S. 628-652. Online verfügbar unter www.jstor.org/stable/2393339.

Weick, Karl E. (1995): Sensemaking in organizations. 2. Aufl. Thousand Oaks: Sage (Foundations for organizational science).

Weick, Karl E. (1996): Drop Your Tools: An Allegory for Organizational Studies. In: *Administrative Science Quarterly* 41 (2), S. 301-313. Online verfügbar unter www.jstor.org/stable/2393722.

Weick, Karl E. (1999): The Aesthetic of Imperfection on Orchestras and Organizations. In: Miguel Pina Cunha und Carlos Alves Marques (Hg.): Readings in organization science. Organizational change in a changing context. Liboa: ISPA, S. 545-546.

Weick, Karl E. (2001a): Drop your Tools. Ein Gespräch mit K. E. Weick. In: Theodor M. Bardmann und Torsten Groth (Hg.): Zirkuläre Positionen. Organisation, Management und Beratung. 1. Aufl. Opladen: Westdeutscher Verlag (3), S. 123-138.

Weick, Karl E. (2001b): Improvisation as a Mindset for Organizational Analysis. In: Karl E. Weick: Making sense of the organization. Oxford, UK, Malden, MA: Blackwell Publishers, S. 284-304.

Weick, Karl E. (2001c): Making sense of the organization. Oxford, UK, Malden, MA: Blackwell Publishers.

Weick, Karl E. (2001d): Organizational redesign as improvisation. In: Karl E. Weick: Making sense of the organization. Oxford, UK, Malden, MA: Blackwell Publishers, S. 57-92.

Weick, Karl E. (2001e): Substitutes for strategy. In: Karl E. Weick: Making sense of the organization. Oxford, UK, Malden, MA: Blackwell Publishers, S. 345-355.

Weick, Karl E. (2002): The aesthetic of imperfection in organizations. In: Ken N. Kamoche, Miguel Pina e Cunha und Joao Vieira da Cunha (Hg.): Organizational Improvisation. London, New York: Routledge, S. 166-184.

Weick, Karl E.; Roberts, Karlene H. (1993): Collective Mind in Organizations: Heedful Interrelating on Flight Decks. In: *Administrative Science Quarterly* 38 (3), S. 357-381. Online verfügbar unter www.jstor.org/stable/2393372.

Weick, Karl E.; Sutcliffe, Kathleen M. (2003): Das Unerwartete managen. Wie Unternehmen aus Extremsituationen lernen. 2. Aufl. Stuttgart: Klett-Cotta.

Weick, Karl E.; Westley, Frances (1996): Organizational Learning: Affirming an Oxymoron. In: Stewart Clegg (Hg.): Handbook of organization studies. 1. Aufl. London: Sage, S. 440-458.

Weick, Karl E.; Geirland; John (1996): Complicate Yourself. Complicate Yourself. Online verfügbar unter http://yoz.com/wired/2.04/features/tw_weick.html, zuletzt geprüft am 30.01.2011.

Weick, Karl E.; Sutcliffe, Kathleen M.; Obstfeld, David (1999): Organizing for High Reliability: Processes of Collective Mindfulness. In: Robert I. Sutton und Barry M. Staw (Hg.): Research in organizational behavior. An annual series of analytical essays and critical reviews/editors: Robert I. Sutton, Barry M. Staw. Stamford, Conn: JAI Press (1), S. 81-123.

Weick, Karl E.; Sutcliffe, Kathleen M.; Obstfeld, David (2005): Organizing and the Process of Sensemaking. In: *Organization Science* 16 (4), S. 409-421.

Weik, Elke (2005): Moderne Organisationstheorien. 1. Handlungsorientierte Ansätze. Wiesbaden: Gabler (Lehrbuch).

Weiskopf, Richard; Loacker, Bernadette (2006): »A snake's coils are even more intricate than a mole's burrow.« Individualization and subjectivation in post-disciplinary regimes of work. In: *Management Review* 17 (4), S. 395-419.

Wenger, Etienne (1998): Communities of practice. Learning, meaning, and identity. Cambridge: Cambridge University Press (Learning in doing).

Wenger, Etienne (2006): Communities of practice. a brief introduction. Online verfügbar unter www.ewenger.com/theory/, zuletzt aktualisiert am Juni 2006, zuletzt geprüft am 15.11.2011.

West, Michael A. (1995): Creative values and creative visions in teams at work. In: Cameron M. Ford und Dennis A. Gioia (Hg.): Creative action in organizations. Ivory tower visions & real world voices. Thousand Oaks: Sage Publ, S. 71-77.

Wheelwright, Steven C.; Clark, Kim B. (1992): Revolutionizing product development. Quantum leaps in speed, efficiency, and quality. 7. Aufl. New York: Free Press.

Wiener, Norbert (1948): Cybernetics, or, Control and communication in the animal and in the machine. New York: Wiley.

Wieser, Wolfgang (1959): Organismen, Strukturen, Maschinen. Zu einer Lehre vom Organismus. Orig.-Ausg. Frankfurt a.M.: Fischer.

Williams, Richard S. (1998): Performance management. Perspectives on employee performance. 1. Aufl. London, Boston: International Thomson Business Press.

Wilson, David C. (1992): A strategy of change. Concepts and controversies in the management of change.

Wind, Jerry; Mahajan, Vijay (1997): Editorial: Issues and Opportunities in New Product Development: An Introduction to the Special Issue. In: *Journal of Marketing Research* 34 (1), S. 1-12. Online verfügbar unter www.jstor.org/stable/3152060.

Wirth, Uwe (2002): Performanz. Zwischen Sprachphilosophie und Kulturwissenschaft. 5. Aufl. Frankfurt a.M.: Suhrkamp.

Woodruffe, Charles (1992): What is meant by a competency? In: Rosemary Boam und Paul Sparrow (Hg.): Designing and achieving competency. A competency-based approach to developing people and organizations. London, New York: McGraw-Hill, S. 16-31.

Zourabichvili, François (2004): Le vocabulaire de Deleuze. Paris: Ellipses (Vocabulaire de.).

Zürn, Michael (1998): Gesellschaftliche Denationalisierung und Regieren in der OECD-Welt. In: Beate Kohler-Koch (Hg.): Regieren in entgrenzten Räumen. Opladen [u.a.]: Westdeutscher Verlag (Politische Vierteljahresschrift, 29), S. 91-120.

Sozialtheorie

Ullrich Bauer, Uwe H. Bittlingmayer, Carsten Keller, Franz Schultheis (Hg.)
Bourdieu und die Frankfurter Schule
Kritische Gesellschaftstheorie im Zeitalter des Neoliberalismus

Mai 2013, ca. 350 Seiten, kart., 19,80 €,
ISBN 978-3-8376-1717-7

Wolfgang Bonss, Ludwig Nieder, Helga Pelizäus-Hoffmeister
Handlungstheorie
Eine Einführung

Januar 2013, ca. 280 Seiten, kart., ca. 22,80 €,
ISBN 978-3-8376-1708-5

Silke Helfrich, Heinrich-Böll-Stiftung (Hg.)
Commons
Für eine neue Politik
jenseits von Markt und Staat

April 2012, 528 Seiten, Hardcover, 24,80 €,
ISBN 978-3-8376-2036-8

Leseproben, weitere Informationen und Bestellmöglichkeiten finden Sie unter www.transcript-verlag.de

Sozialtheorie

NADINE MARQUARDT, VERENA SCHREIBER (HG.)
Ortsregister
Ein Glossar zu Räumen der Gegenwart

2012-09-24, 320 Seiten, kart., 26,80 €,
ISBN 978-3-8376-1968-3

STEPHAN MOEBIUS, SOPHIA PRINZ (HG.)
Das Design der Gesellschaft
Zur Kultursoziologie des Designs

Februar 2012, 438 Seiten, kart., zahlr. Abb., 29,80 €,
ISBN 978-3-8376-1483-1

RUDOLF STICHWEH
Inklusion und Exklusion
Studien zur Gesellschaftstheorie
(2., erweiterte Auflage)

April 2013, ca. 250 Seiten, kart., zahlr. Abb., ca. 25,80 €,
ISBN 978-3-8376-2294-2

Leseproben, weitere Informationen und Bestellmöglichkeiten finden Sie unter www.transcript-verlag.de